Einführung in die Theorie der Stromrichter

Von

A. Glaser und K. Müller-Lübeck

Erster Band

Elektrotechnische Grundlagen

Von

K. Müller-Lübeck

Mit Beiträgen von
W. Dällenbach, E. Gerecke, K. Kettner
und G. Reinhardt

Mit 313 Textabbildungen

Berlin
Verlag von Julius Springer
1935

ISBN-13: 978-3-642-47175-9 e-ISBN-13: 978-3-642-47492-7
DOI: 10.1007/978-3-642-47492-7

Vorwort.

Dieses Buch soll ein einführendes Lehrbuch in das Gesamtgebiet der elektrischen Stromrichter sein. Der vorliegende, von mir verfaßte erste Band soll nach einer orientierenden Einleitung über den Zweck und die Anwendungsgebiete der Stromrichter sowie über die Ausführung der Entladungsgefäße die elektrotechnischen Grundlagen der Stromrichterschaltungen entwickeln, während ein zweiter, von Herrn Dr. A. Glaser verfaßter und später erscheinender Band eine eingehende Darstellung der physikalischen Grundlagen der Entladungsgefäße zur Aufgabe hat.

Den Plan zu diesem Buch faßte ich im Januar 1931, zu einer Zeit, in der die Entwicklung der gesteuerten Gleichrichter, Wechselrichter und Umrichter mit größter Lebhaftigkeit einsetzte, und ein allgemeines Bedürfnis nach einer einführenden und zugleich wegeweisenden Darstellung des neuen Gebietes sich geltend machte. Die Stromrichter sind ja, das erkannte man damals allgemein, ein ganz großes Beispiel für die seit Jahren wachsende gegenseitige Durchdringung von moderner Physik und klassischer Elektrotechnik oder, wie wir sagen, ein Beispiel für die langsame Entstehung einer neuen, breiter gegründeten Elektrotechnik. Damals mit dem Entwurf eines geschlossenen Bildes der Stromrichter herauszutreten, wäre indessen bei dem noch bestehenden Widerstreit der Meinungen noch verfrüht gewesen. Es war deshalb gut, daß ich vier Jahre daran setzte, die noch ungeklärten Fragen der Gleichrichter und Wechselrichter zu studieren und die gewonnenen Ergebnisse zusammen mit den inzwischen in der Literatur erschienenen Untersuchungen anderer Autoren so weit ausreifen zu lassen, daß man es wagen konnte, an eine systematische und weitgehend anschauliche Darstellung des ganzen Stoffes heranzugehen.

Wenn ich diesem Ziel nahe gekommen bin, so verdanke ich dies nicht zuletzt der Möglichkeit eines ständigen Gedankenaustausches mit Herrn Dr. W. Dällenbach, der sich überdies der großen Mühe unterzogen hat, die ganze Korrektur mit zu lesen. Ferner lieferten Herr Dr. Dällenbach und Herr E. Gerecke wertvolle Beiträge zur Kenntnis der Spannungscharakteristik der gesteuerten Gleichrichter und Wechselrichter. Die Darstellung der Umrichter, ein Gebiet, auf dem ich selbst nicht tätig gewesen bin, wurde mir ermöglicht durch einen wertvollen, bisher unveröffentlichten Beitrag von Herrn Dr. K. Kettner über die Systematik der Umrichterschaltungen und ferner durch einen ausgiebigen Gedankenaustausch mit Herrn Dr. G. Reinhardt, der mir außerdem noch einiges Versuchsmaterial zugänglich machte und mir bei der Korrektur behilflich war.

Wenn von einer elektrotechnischen Theorie der Stromrichter die Rede ist, so verstehen wir darunter weniger eine bloße mathematische Beschreibung der Strom- und Spannungsverläufe, als vielmehr eine Untersuchung der charakteristischen Zusammenhänge der Betriebseigenschaften mit den Elementen der Schaltungen. Sie soll zu einer vergleichenden Übersicht führen und es ermöglichen, die Elemente der Schaltungen für bestimmte gewünschte Betriebseigenschaften vorauszuberechnen; ferner soll sie es ermöglichen, experimentelle Untersuchungen zur Prüfung der Richtigkeit der vermuteten Zusammenhänge auf wenige prinzipielle Untersuchungen zu beschränken. Eine solche Theorie hat somit zwar von der Klärung der Strom- und Spannungsverläufe auszugehen, jedoch aus ihnen erst gewisse Betriebskenngrößen abzuleiten und alsdann diese in Abhängigkeit von der Belastung zu diskutieren.

Dieses Vorhaben ist zum ersten Male in der berühmten Gleichrichterarbeit von Dällenbach und Gerecke im Jahre 1924 und in dem wertvollen Gleichrichterbuch von Prince und Vogdes aus dem Jahre 1927 durchgeführt worden, jedoch in beiden Fällen unter einer Reihe einschränkender Voraussetzungen, die die Beantwortung einer großen Zahl der in der heutigen Praxis gestellten Fragen noch ausschließen. Es war deshalb notwendig, die methodische Basis wesentlich zu verbreitern. Den Schlüssel dazu liefert allein das eingehende Studium der ungesteuerten Einphasen- und Zweiphasengleichrichter. Sie bilden daher auch den Untergrund für die Entwicklung des ganzen methodischen Rüstzeuges, weshalb es unumgänglich war, ihnen einen verhältnismäßig großen Raum in diesem Buch zu widmen. Von dieser Basis aus ist es nicht mehr schwer, die ungesteuerten Mehrphasengleichrichter und alsdann die gesteuerten Gleichrichter und Wechselrichter in Angriff zu nehmen. Bei den Umrichtern freilich mußte ich mich noch darauf beschränken, nur ihre grundsätzliche Wirkungsweise zu schildern, da für eine Untersuchung ihrer Betriebseigenschaften die Zeit noch nicht reif und außerdem der Umfang des Buches zu sehr begrenzt war.

Es wäre mir wohl unmöglich gewesen, eine Theorie zu entwerfen, die, wie ich hoffe, der Praxis auf den Leib gemessen ist, wenn ich nicht durch meine frühere Tätigkeit in der Glas- und Eisengleichrichterfabrik der AEG in ständiger Fühlung mit der Praxis gestanden hätte und wenn der Leiter des Forschungsinstitutes der AEG, Herr Professor Ramsauer, und mein unmittelbarer Vorgesetzter, Herr Dr. Glaser, es mir nicht ermöglicht hätten, die gewonnenen praktischen Erfahrungen theoretisch zu verarbeiten. Ferner stellte sich Herr Dr. H. Scherp zur Beratung in einigen Transformatorfragen zur Verfügung, während mir Herr Dipl.-Ing. F. Barz in Fragen der Gittersteuerungsmethoden und der Umrichterschaltungen zur Seite stand. Herrn Dr. F. Hauffe und Herrn Dr. H. U. Neidhardt verdanke ich Anregungen auf dem Gebiet der Kondensatorwechselrichter und die Überlassung von demnächst erscheinenden Arbeiten darüber; auch Herr Dr. W. Schilling stellte mir zwei demnächst erscheinende Beiträge darüber zur Verfügung. Einen ausführlichen Nachweis für die unveröffentlichten Arbeiten findet man in dem Namenverzeichnis am Ende des Buches. Schließlich gilt mein Dank dem Verleger, der mich hinsichtlich des Umfanges des Buches zwar sehr im Zaume halten mußte, aber die Fertigstellung des Werkes mit erstaunlicher Geduld abwartete.

Berlin-Reinickendorf, im März 1935
AEG-Forschungsinstitut.

Kurt Müller-Lübeck.

Inhaltsverzeichnis.

III. Der Umrichter.

Druckfehlerberichtigung.

S. 162, Zeile 15 von oben:

Anstatt „im Falle a)“ muß es heißen „außer $m = 3$ im Falle a)“.

S. 168, letzte Zeile und 169, erste Zeile:

Anstatt „nicht mehr lohnend ist.“ muß es heißen „nicht mehr lohnend ist; wir gelangen so zu Gleichrichtern, in denen, wie wir wissen, stets zwei Spannungen wirksam sind, und die man daher als Zweispannungsgleichrichter bezeichnen könnte.“

Einleitung.

Einteilung und Anwendungsgebiete der Stromrichter. Stromrichter sind Einrichtungen, die die Aufgabe erfüllen, eine gegebene Stromart in eine andere gewünschte Stromart lediglich mittels periodischer Schaltfunktionen umzuwandeln; sie ermöglichen damit eine Übertragung elektrischer Energie zwischen dem System der einen Stromart und dem System der anderen Stromart ohne Inanspruchnahme von mechanischer Energie als Zwischenenergieform. Insbesondere verstehen wir unter Stromrichter im allgemeinen und in diesem Buch ausschließlich solche Anordnungen, bei denen diese Schaltfunktionen durch elektrische Bogenentladungen vollzogen werden[1]. Wir rechnen die Stromrichter, ähnlich wie die Transformatoren, zu den elektrischen Maschinen im weiteren Sinne, im Gegensatz zu der älteren Auffassung, sie zur Klasse der Apparate zu rechnen. Gegenstand dieses Buches sind Stromrichter aller Leistungsstufen von einigen Watt bis zu einigen Tausend kW je Einheit, wobei indessen das Schwergewicht auf die höheren Leistungen von etwa 100 kW an aufwärts gelegt sein soll.

Die einfachsten Stromrichter sind die seit einigen Jahrzehnten bekannten Gleichrichter; sie zählen heute nach ihrer Funktion, einen ein- oder mehrphasigen Wechselstrom in Gleichstrom umzuwandeln, zu der einen der großen Gruppen innerhalb der Stromrichter. Diese erste Gruppe umfaßt einerseits die eben genannten Gleichrichter, die in die sog. ungesteuerten und die gesteuerten Gleichrichter zerfallen, und andererseits die sog. Wechselrichter, die ihrer Funktion nach die Umkehrung der gesteuerten Gleichrichter darstellen. Alle übrigen Stromrichter fassen wir unter der Bezeichnung Umrichter zusammen, die die zweite große Gruppe unserer Einteilung ausmachen. Die Umrichter gliedern sich in zwei Untergruppen. Die erste Untergruppe umfaßt die sog. Gleichumrichter, deren Funktion die Umformung eines Gleichstromes einer Spannung in solchen anderer Spannung ist, während die zweite Untergruppe die sog. Wechselumrichter umfaßt, deren Aufgabe in der

---

[1] Die Bezeichnung „Stromrichter" rührt von W. Wechmann her, vgl. Elektrotechn. Z. Bd. 53 (1932) S. 771. Während der Drucklegung dieses Buches wurde noch ein Vorschlag von BBC, die internationalere Bezeichnung „Mutator" zu wählen, bekannt, vgl. Brown Boveri Mitt. 21 (1934) Heft 12.

Umformung eines beliebigen ein- oder mehrphasigen Wechselstromes in einen anderen beliebigen Wechselstrom besteht. Vollführen die Umrichter diese Aufgabe unter Bildung einer vermittelnden Zwischenstromart, so nennen wir sie insbesondere mittelbare Umrichter, während wir sie sonst als unmittelbare Umrichter bezeichnen. Die Stromrichter gliedern sich somit nach der folgenden allgemeinen Systematik:

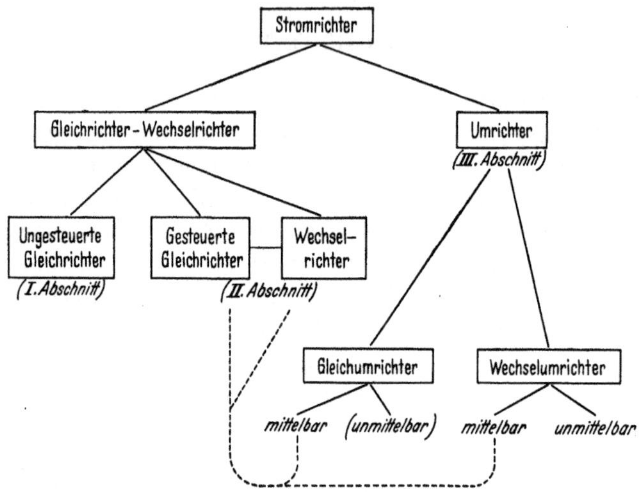

Im Sinne dieser Systematik ist das vorliegende Buch in drei Hauptabschnitte geteilt, deren erster die ungesteuerten Gleichrichter, deren zweiter die einander verwandten gesteuerten Gleichrichter und Wechselrichter, und deren dritter die Umrichter zum Gegenstand hat. Im letzten Abschnitt sind die mittelbaren Gleichumrichter und die mittelbaren Wechselumrichter als Kombinationen von gesteuerten Gleichrichtern und Wechselrichtern aufzufassen, wie man in der Tabelle auch angedeutet findet. Aus alledem ergeben sich die folgenden Möglichkeiten für die Umformung von Stromarten bei zyklisch geordneter Reihenfolge:

1. Einphasenwechselstrom $\rightleftarrows$ Gleichstrom.
2. Gleichstrom $\rightleftarrows$ Gleichstrom.
3. Gleichstrom $\rightleftarrows$ Mehrphasenwechselstrom.
4. Mehrphasenwechselstrom $\rightleftarrows$ Mehrphasenwechselstrom.
5. Mehrphasenwechselstrom $\rightleftarrows$ Einphasenwechselstrom.
6. Einphasenwechselstrom $\rightleftarrows$ Einphasenwechselstrom,

worin die doppelsinnig gezeichneten Pfeile die jeweils möglichen beiden Energierichtungen anzeigen sollen. Unter diesen Fällen von Umformungen sind die unter 1, 3, 5 genannten die weitaus bedeutendsten, wobei als Mehrphasenstrom insbesondere der Dreiphasenstrom hervortritt. Bedenken wir noch, daß die unter 1 genannte Umformungsart im allgemeinen den kleineren Leistungen vorbehalten bleibt, so verbleiben für größere Leistungen als die wichtigsten die folgenden Umformungsarten:

Dreiphasenwechselstrom → Gleichstrom,

Dreiphasenwechselstrom → Einphasenwechselstrom,

wobei die Pfeilrichtung die vorwiegende Energierichtung andeuten soll.

Die Arbeitsweise der praktisch ausführbaren Stromrichter ist geknüpft an eine endliche Zahl von Schaltprozessen je Zeiteinheit; durch diese Schaltprozesse werden endlich große Kurvenstücke der einen Stromart herausgeschnitten und in einer der Elektrodynamik des Stromrichters eigentümlichen Weise zu endlich großen Kurvenstücken der anderen Stromart zusammengefügt. Eine solche Arbeitsweise ist damit gebunden an eine mindestens teilweise Unvollkommenheit der Kurvenform oder Oberwelligkeit der entnommenen und gelieferten Spannungen und Ströme. Aber nicht alle diese Oberwellen sind notwendig in der beschränkten Anzahl der Schaltprozesse begründet, ein bestimmter Anteil derselben ist unter Umständen in dem grundsätzlichen zeitlich verschiedenen Verlauf der eingehenden und abgehenden momentanen Leistung bedingt. Letzterer Umstand liegt z. B. bei den Umformungsbeispielen 1, 5 und 6 vor, bei denen die Einphasenstromleistung bei oberwellenfreiem Strom grundsätzlich nicht konstant sein kann; in solchem Falle müßte man, um zu oberwellenfreien Strömen und Spannungen zu gelangen, ein Mittel zur Leistungspufferung anwenden, das sich bei den rotierenden Umformern bekanntlich vermöge ihrer Schwungmassen ganz von selbst darbietet. Bei den Umformungsbeispielen 2, 3 und 4 hingegen sind die eingehenden und abgehenden Leistungen bei oberwellenfreien Strömen und Spannungen konstant, so daß man hier in der Lage wäre, sich den idealen Strömen und Spannungen um so mehr zu nähern, je größer man die Häufigkeit der Schaltprozesse wählen würde.

Fassen wir eine bestimmte Energierichtung eines in Betrieb befindlichen Stromrichters ins Auge, so entspricht der abgehenden Energie die sog. Belastung des Stromrichters, die im übrigen durch den Verlauf der abgehenden Spannungen und Ströme charakterisiert ist. Für die Arbeitsweise eines Stromrichters ist es nun von Bedeutung, daß die Belastung entweder von der Art sein kann, daß ihre Spannungen durch den Stromrichter selbst zustande kommen müssen, oder aber daß diese Spannungen durch die Belastung schon aufgeprägt sind. Der erstere Fall liegt immer dann vor, wenn die Belastung durch eine Kombination von Ohmschen Widerständen, Induktivitäten oder auch Kapazitäten hergestellt ist, der zweite Fall dagegen, wenn die Belastung aus einem

System gebildet ist, das neben Ohmschen Widerständen, Induktivitäten oder Kapazitäten, die alsdann nur der Strombegrenzung dienen, eine aufgeprägte EMK aufweist. Eine solche aufgeprägte EMK liegt z. B. bei einer Batteriebelastung oder bei der Speisung einer fremderregten oder unter Umständen auch selbsterregten rotierenden Maschine vor. Ein bedeutendes Beispiel ähnlicher Art stellt nicht zuletzt die Energieübertragung zwischen zwei Stromversorgungsnetzen mit aufgeprägten Spannungen, die sog. Netzkupplung, vor.

Wir sind mit diesen Erörterungen bei der Besprechung der Anwendungsgebiete der Stromrichter angelangt. Ohne diese erschöpfend aufführen zu wollen, machen wir wenigstens einige orientierende Bemerkungen darüber. Die einfachsten Stromrichter, die ungesteuerten Gleichrichter, wurden in ihren ältesten, heute etwa 30 Jahre zurückliegenden Formen[1] zunächst für den Zweck der Batterieladung mittels einphasigem oder dreiphasigem Wechselstrom entwickelt; auch heute noch zählt dieses Anwendungsgebiet zu einem der bedeutendsten. Im Laufe der weiteren Entwicklung der Gleichrichter kamen alsdann neue Anwendungsgebiete hinzu, nämlich der sog. Licht- und Kraftbetrieb, der Betrieb von Gleichstrombahnen und der Elektrolysebetrieb. Bei dem Licht- und Kraftbetrieb denken wir an die Gesamtheit der Gleichstromverbraucher mittlerer Leistungen, insbesondere an die Verbraucher der durch Gleichrichterunterwerke entlasteten städtischen Gleichstromnetze. Bei dem Betrieb von Gleichstrombahnen handelt es sich vornehmlich um städtische Straßenbahnen, Hoch- und Untergrundbahnen sowie Vorortbahnen, bei denen es auf die Ausnutzung der guten Anfahr- und Reguliereigenschaften der Gleichstrommotoren ankommt; in einer Reihe von Ländern, insbesondere in Belgien, England, Frankreich, Holland, Italien und Spanien, führt man auch die Elektrifizierung der Fernbahnen auf der Basis von mittels Gleichrichtern erzeugtem hochgespanntem Gleichstrom durch. Eine erhebliche Bedeutung hat endlich heute der Elektrolysebetrieb erlangt.

Auf allen diesen Gebieten vollzog sich die weitere Entwicklung im Sinne einer fortgesetzten Steigerung der Forderungen nach größerer Vielseitigkeit der Betriebseigenschaften der Gleichrichter, insbesondere in bezug auf bequeme Art der Spannungsregelung. Die in dieser Richtung unternommenen Anstrengungen führten zur Einführung der sog. Gitter-

---

[1] Die ersten Quecksilberdampfgleichrichter hat P. Cooper-Hewitt angegeben [vgl. DRP. 157642 v. Dez. 1902; siehe Elektrotechn. Z. Bd. 26 (1905) S. 1041; vgl. auch Elektrotechn. Z. Bd. 24 (1903) S. 87, 187 und Elektrotechn. Z. Bd. 27 (1906) S. 123], vgl. auch den Bericht von v. Recklinghausen: Elektrotechn. Z. Bd. 25 (1904) S. 1102. Bezüglich der ersten von C. P. Steinmetz in der Gen. El. Co. entwickelten Quecksilberdampfgleichrichter siehe z. B. Elektrotechn. Z. Bd. 26 (1905) S. 448.

steuerung[1], die sich alsbald nach ihrer ersten Anwendung für die Lösung ganz neuer Aufgaben in wohl kaum geahnter Weise als fruchtbar erwies. So wurde mit Einführung der Gittersteuerung nicht nur eine stetige Spannungsregelung unter Anwendung sehr kleiner Regelleistungen und sehr leicht automatisierbarer Regelmethoden für Batterieladebetrieb, Licht- und Kraftbetrieb, Bahnbetrieb und für den Elektrolysebetrieb ermöglicht, sondern es wurden neue Funktionen erschlossen, wie z. B. das Hochfahren eines Lichtnetzes vom kalten Zustande aus, oder wie z. B. bei Licht- und Kraftbetrieb sowie Bahnbetrieb die Durchführung von Schaltfunktionen bei plötzlichen Betriebsstörungen infolge von Kurzschlüssen oder Rückzündungen der Gleichrichter.

Aber darüber hinaus entdeckte man in der Gittersteuerung noch ein Mittel, die bisher nur als Gleichrichter verwendeten Stromrichter für die umgekehrte Aufgabe, nämlich Gleichstrom in ein- oder mehrphasigen Wechselstrom umzuwandeln, heranzuziehen. Man wurde damit in den Stand gesetzt, sog. Wechselrichter auszubilden oder Gleichrichter zu einer der umgekehrten Energierichtung entsprechenden Arbeitsweise zu veranlassen. Hiermit ermöglichte man z. B. einen Bahnbetrieb mit Einschluß der Nutzbremsung, oder z. B. den Reversierbetrieb von Fördereinrichtungen oder Walzwerksantrieben. Als weiteres Anwendungsfeld eröffnete sich z. B. für Gleichstrombahnen hoher Gleichspannung der Betrieb von Glühlampen und Heizkörpern mit niedergespanntem Wechselstrom. Von großer Bedeutung scheint endlich die Möglichkeit einer Erzeugung von Hochfrequenzströmen mittels Wechselrichter zum Betrieb von Induktionsöfen zu werden. Bei einer Kombination von Gleichrichtern und Wechselrichtern eröffnen sich natürlich nahezu beliebige Anwendungsmöglichkeiten; diese beziehen sich einerseits auf die Umformung von Gleichstrom einer Spannung in solchen anderer Spannung[2] und andererseits auf die Frequenz- und Phasenumwandlung von Wechselströmen. In diesem Zusammenhang denkt man unter anderem an die Möglichkeit einer Kupplung von Wechselstromnetzen über hochgespannten Gleichstrom als Bindeglied auf große Entfernungen[3].

[1] Das Prinzip der Gittersteuerung einer Bogenentladung hat J. Langmuir im Jahre 1914 entdeckt (USA. Patent 1289823). Eine Methode zur Anwendung der Gittersteuerung zur Spannungsregelung wurde zuerst von P. Toulon im Jahre 1922 angegeben, vgl. DRP. 415910 (1923, AEG), vgl. auch L. Dunoyer und P. Toulon: C. R. Acad. Sci., Paris (1924) S. 179; J. Physique Radium Bd. 5 (1924) S. 257, 289. Vgl. auch A. W. Hull: Hot-cathode Thyratrons, Gen. electr. Rev. Bd. 32 (1929) S. 213, 390.

[2] Angegeben von D. C. Prince, vgl. Gen. electr. Rev. Bd. 31 (1928) S. 347.

[3] Vgl. Ossanna: Elektrotechn. Z. Bd. 43 (1922) S. 1025, 1061; ferner R. Rüdenberg: Elektrische Hochleistungsübertragung auf weite Entfernung (Vortragsreihe im EV, gehalten von Rüdenberg, Pohlhausen, Mandl, Friedländer, Rachel, Piloty, Mattias, 1931). Berlin: Julius Springer 1932, sowie O. Burger: Berechnung von Gleichstrom-Kraftübertragungen. Berlin: Julius Springer 1932.

Damit sind wir zu denjenigen Anordnungen gelangt, die man als Umrichter und zwar insbesondere als mittelbare Umrichter bezeichnet. Das bei ihrer Entwicklung hauptsächlich vorschwebende Ziel war indessen die Lösung eines anderen sehr aktuell gewordenen Problems, nämlich der Elektrifizierung von Fernbahnen auf der Grundlage von Einphasenwechselstrom der Frequenz $16^2/_3$ bei allen denjenigen Ländern, die sich infolge ihrer früher begonnenen Entwicklung dieser Elektrifizierung mehr oder weniger für diese Stromart entschieden haben, insbesondere Deutschland, Österreich und Schweiz, bei Heranziehung des Drehstromes der Frequenz 50 der allgemeinen Landesversorgung. Mit der weiteren Entwicklung erkannte man die für die mittelbaren Umrichter charakteristische Zwischenstromart jedoch als entbehrlich und gelangte so zwangläufig zu den unmittelbaren Umrichtern[1]. Die diesen eigentümliche Arbeitsweise, die es ihnen ermöglicht, innerhalb jeder Periode des Wechselstromes abwechselnd Gleichrichter- und Wechselrichterfunktionen in bezug auf das eine oder andere Wechselstromnetz zu vollführen, erschließt die unmittelbaren Umrichter zu einem Bindeglied für beide Energierichtungen sowie zur Blindleistungsübertragung, die bei den mittelbaren Umrichtern mit Gleichstrom als Zwischenstromart nicht ohne weiteres möglich ist. Dagegen erfordert es größere Anstrengungen, mit unmittelbaren Umrichtern das Problem einer phasen- und frequenzelastischen Umrichtung zu lösen; indessen sind auch die hiermit zusammenhängenden Aufgaben schon mit Erfolg in Angriff genommen worden[1].

Lassen wir die Mannigfaltigkeit der Anwendungsgebiete der Stromrichter beliebig wachsen, so eröffnet sich ein Wunschbild der Elektrizitätswirtschaft, das sich dahingehend formulieren läßt, daß als Vermittler zwischen den von den Verbrauchern jeweils gewünschten Stromarten und der von den Generatoren einheitlich zu erzeugenden Stromart, die im allgemeinen ein normalfrequenter Drehstrom sein wird, neben Transformatoren nur noch Stromrichter wirksam sind, wobei man als ihre wesentlichen Vorzüge ihren weitgehend lastunabhängigen Wirkungsgrad und ihre leichte und sehr vielseitig mögliche Automatisierbarkeit ins Feld führt. Inwieweit freilich dieses Wunschbild Aussichten auf Realisierung hat oder als teilweise Überschätzung der Bedeutung der Stromrichter zu werten ist, wird sich erst später übersehen lassen, wenn neben den rein elektrotechnischen Fragen die physikalischen Probleme zu einer gewissen endgültigen Klärung gelangt sein werden, wovon man

---

[1] Einen guten Einblick in die anfängliche Entwicklung der Wechselrichter und Umrichter gewähren der Vortrag im EV von M. Schenkel im Februar 1932 und die anschließenden Diskussionsbeiträge von Wechmann, Petersen, Löbl, Tröger, Reichel, Kleve, Glaser, Nowag, Laub, Stöhr, v. Issendorff und Berdelle; vgl. Elektrotechn. Z. Bd. 53 (1932) S. 761.

bei aller Anerkennung der bisherigen erstaunlichen Fortschritte wohl noch einigermaßen entfernt ist.

Ausbildung und Arbeitsweise der Entladungsgefäße der Stromrichter. Das Charakteristische der Stromrichter ist, wie wir schon sagten, die Bewerkstelligung der für ihre Arbeitsweise erforderlichen periodischen Schaltfunktionen durch elektrische Bogenentladungen[1]. Eine solche Bogenentladung wird jeweils zwischen zwei Elektroden zur Ausbildung gebracht, deren Merkmal in der Aufrechterhaltung verschiedener physikalischer Zustände derselben besteht, so daß eine Stromdurchlässigkeit der Entladungsstrecke in der einen Stromrichtung und eine Stromsperrung in der anderen Stromrichtung resultiert. Das Gemeinsame aller Entladungsstrecken der Stromrichter ist also ihre Befähigung zur sog. Gleichrichter- oder Ventilwirkung.

Die physikalische Unterschiedlichkeit der Elektroden einer Bogenentladung beruht darauf, daß man die jeweils als Kathode wirksame Elektrode in einen Zustand versetzt, der sie befähigt, verhältnismäßig leicht Elektronen zu emittieren, und daß man im Gegensatz dazu bei der anderen als Anode wirksamen Elektrode die Elektronenemission nach Möglichkeit unterbindet. Bei genügend großer positiver Spannung zwischen Anode und Kathode kann alsdann eine Bewegung der Elektronen zur Anode hin, d. h. ein im üblichen Sinne positiv gerechneter Stromfluß von der Anode zur Kathode hin stattfinden, während der umgekehrte Stromfluß praktisch unterdrückt ist. Die besondere Eigenschaft einer Bogenentladung, die ihre technische Anwendung erst rechtfertigt, ist die verhältnismäßig niedrige Brennspannung, die durch die der Bogenentladung eigentümliche Ionenbildung und die hiermit verbundene Raumladungsverminderung bedingt ist.

Je nachdem eine Bogenentladung in einem luftleer gepumpten Entladungsgefäß oder unter Atmosphären- oder höherem Druck erzeugt wird, sprechen wir von einem Vakuumbogen oder von einem Hochdruckbogen; beide Entladungsformen sind Gegenstand technischer Anwendung geworden, und zwar ist der heutige Stand der Beurteilung der, daß für Stromrichter aller Spannungsstufen bis etwa zur Größenordnung 10000 V die Anwendung von Vakuumbogen vorbehalten bleibt, während für Stromrichter für Spannungen der Größenordnung 100000 V die Anwendung von Hochdruckbogen ins Auge gefaßt wird.

Die Entladungsgefäße für Vakuumbogen haben sich im Laufe der Jahre vornehmlich in drei Formen entwickelt, die in Abb. 1 in Gestalt von einanodigen Röhren schematisch wiedergegeben sind. Die unter *a* und *b* aufgeführten Gefäße weisen als Kathode eine sog. Glühkathode

---

[1] Eine Darstellung der gesamten Technik der Bogenentladungen findet man in v. Engel und Steenbeck: Elektrische Gasentladungen Bd. 2. Berlin: Julius Springer 1934.

auf. Diese besteht aus einem Träger einer hochgradig emissionsfähigen Substanz, der mittels eines von außen zugeführten Heizstromes direkt oder indirekt geheizt wird. Ihr gegenüber befindet sich die Anode. Zur Ermöglichung der für die Bogenentladung lebenswichtigen Ionen-

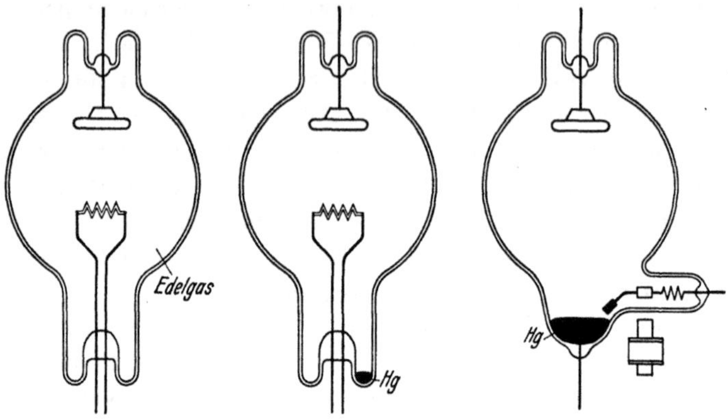

Abb. 1. Die grundsätzlich möglichen Arten von Entladungsgefäßen für Vakuumbogen. a) mit Glühkathode und Edelgasfüllung, b) mit Glühkathode und Quecksilberdampffüllung, c) mit Quecksilberkathode.

bildung ist das unter *a* aufgeführte Rohr mit einem Edelgas, meistens Argon, gefüllt, während in dem unter *b* aufgeführten Rohr ein Quecksilbertropfen eingebracht ist, der nach Maßgabe der Umgebungstemperatur des Rohres zur Verdampfung gelangt. Die Entladung geht alsdann so vor sich, daß die von der Kathode emittierten Elektronen im Gasraum durch Stoßionisation neue positive und negative Träger bilden und dabei ein Entladungsgebilde, das sog. Plasma, aufbauen, in dem Gasatome, Elektronen und Ionen in verschiedenem Umfange gerichtete und ungerichtete Wimmelbewegungen ausführen. Eine solche Bewegung entsteht unter der Wirkung der gegenüber dem Feld der Elektroden um Größenordnungen stärkeren Eigenfelder der Ladungsträger und der dauernden Zusammenstöße aller Teilchen. An den Begrenzungsflächen dieses Plasmas, nämlich sowohl an den Gefäßwänden als auch an den Elektroden, muß infolgedessen ein Einstrom von Ladungsträgern stattfinden, wobei sich zwischen dem Plasma und den Begrenzungsflächen Übergangsgebiete ausbilden. Zu den Gefäßwänden hin sind diese Ströme sehr groß, einfach wegen der Größe der Oberfläche dieser Wände; dagegen sind die Ströme zu den Elektroden hin erheblich kleiner, aber nur sie sind an dem eigentlichen Stromtransport beteiligt. Über den Mechanismus der Ströme zu den Gefäßwänden hin ist zu sagen, daß sie sich aus Elektronen- und Ionenströmen zusammensetzen, wobei der Gleichgewichtszustand zwischen beiden das Wandpotential regelt. Zur Anode fließt aus dem Plasma ein reiner Elektronenstrom. Zur Kathode hin strömen dagegen aus dem Plasma positive Ionen, und diese ermöglichen und regeln vermöge ihrer Raumladungswirkung das Abfließen der Elektronen, die die Kathode emittiert.

Der an der Glühkathode stattfindende Energieumsatz kann unter Umständen, sofern die Elektronenemission der Kathode einmal in Gang gebracht worden ist, allein die Aufrechterhaltung einer Entladung ermöglichen. Damit nähern wir uns aber der unter c) aufgeführten Art von Entladungsgefäßen. Diese weist eine Quecksilberkathode auf. Leitet man auf ihrer Oberfläche z. B. mittels einer an einen Hilfsstromkreis angeschlossenen Tauchelektrode, der sog. Zündanode, einen kleinen Hilfslichtbogen ein, so bildet sich auf der Oberfläche ein sog. Kathodenfleck, ein sehr kleines abgegrenztes Gebiet hoher Elektronenemission, aus, das die für die Entladung erforderlichen Elektronen hergibt. In dessen unmittelbarer Umgebung nimmt das Quecksilber infolge des sehr konzentrierten Energieumsatzes in der Zone des Fleckes selbst eine hohe Temperatur an, was zur Folge hat, daß eine Verdampfung von Quecksilber stattfindet, und zwar im allgemeinen in so beträchtlicher Menge, daß man den größten Teil davon durch Kondensation, also durch Zurückführung in den flüssigen Zustand, wieder unschädlich machen muß.

Überblicken wir nunmehr das so gewonnene Bild, so gliedern sich die für Stromrichter angewandten Bogenentladungen nach folgender Systematik:

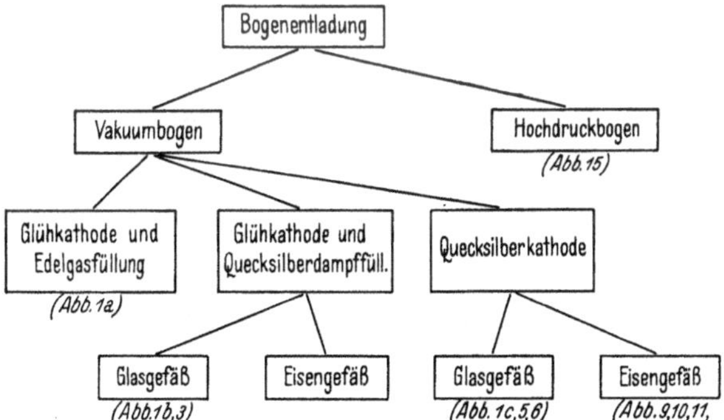

in der noch zum Ausdruck gebracht ist, daß je nach der Größe der Entladungsgefäße eine Ausführung als Glasgefäß oder als Eisengefäß möglich ist, und in der die angegebenen Abbildungen auf die späterhin noch gegebenen Beispiele hinweisen. Innerhalb der so gegebenen Arten von Entladungsgefäßen gibt es unter Umständen noch Modifikationen, so gibt es z. B. auch Entladungsgefäße mit Quecksilberkathode und Edelgasfüllung. Diese wenigen Andeutungen reichen schon aus, um die typischen Eigenschaften der verschiedenen Entladungsgefäße im Betrieb zu erkennen und danach die ihnen eigenen Anwendungsbereiche abzuschätzen. Vorerst müssen wir jedoch noch einige elektrotechnische Bemerkungen über die grundsätzlichen Strom- und Spannungsverhältnisse der in den Stromrichterschaltungen wirksamen Entladungsstrecken vorausschicken.

Entladungsstrecken der beschriebenen Art unterliegen in Gleichrichterschaltungen Strom- und Spannungsverhältnissen, wie sie in Abb. 2a für das Beispiel eines Dreiphasengleichrichters veranschaulicht sind. Der in jeder Periode der Wechselspannungen fortwährend sich wiederholende Vorgang verläuft dabei so, daß während der sog. Brenndauer der Anode eine den ansteigenden und wieder abklingenden Anodenstrom führende Entladung stattfindet, wobei die Spannung zwischen Anode und Kathode zunächst den etwas höheren Zündspannungswert annimmt und dann auf den Wert der eigentlichen Brennspannung oder, um im Sinne der Elektrotechnik der Stromrichter zu sprechen, auf den Wert des sog. Lichtbogenabfalles absinkt. Unmittelbar nach Verlöschen des Lichtbogens, etwa im Nulldurchgang des Anodenstromes, tritt die sog. negative Sperrspannung auf. Sie setzt zuerst plötzlich mit dem Wert der sog. Sprungspannung ein, wächst alsdann allmählich an, um nach Durchlaufen eines Maximums in einiger Zeit zum zweiten Male durch Null zu gehen, bis sie im positiven Gebiet wieder den Wert der Zündspannung erreicht hat, worauf unmittelbar die Wiederzündung der Entladung stattfindet. Die bis dahin verstrichene Zeit nennen wir die Sperrdauer der Anode. Unmittelbar zu Beginn der Sperrdauer setzt der sog. Entionisierungsvorgang, die Abwanderung der noch verbliebenen Restionen zu den Wänden und Elektroden bzw. ihre Rückbildung zu neutralen Atomen ein. Im

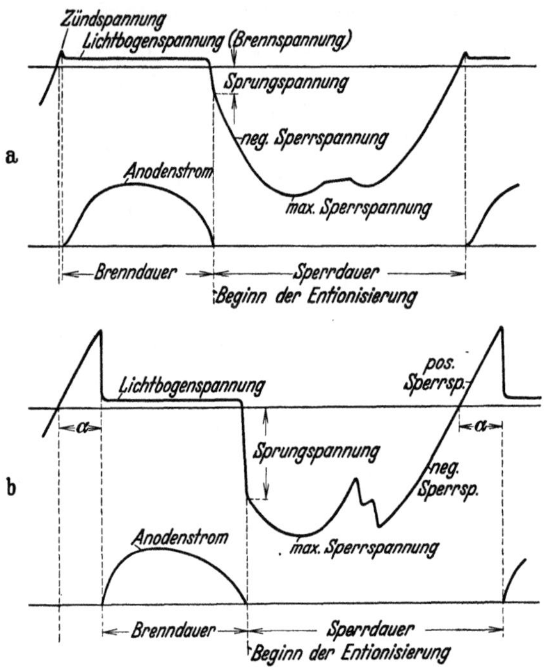

Abb. 2. Grundsätzlicher Verlauf des Anodenstromes und der Spannung zwischen Anode und Kathode eines ungesteuerten (a) und eines gesteuerten (b) Entladungsgefäßes, erläutert am Beispiel eines Dreiphasengleichrichters.

Interesse einer ungestörten Arbeitsweise der Entladungsstrecke ist anzustreben, daß die Entionisierung möglisch rasch vor sich geht, so daß nach einer möglichst kurzen Zeit nur noch eine unschädliche Menge von Restionen übriggeblieben ist. Im anderen Falle würden nämlich die unter der Sperrspannung zur Anode hin beschleunigten Ionen bei Hinzutreten einiger anderer, hier nicht zu erörternden Nebenumstände an der Anode Elektronenauslösungen und im Gefolge damit einen Zündvorgang auslösen können. Dieser mit Rückzündung bezeichnete Vorgang würde einen Lichtbogen der umgekehrten Stromrichtung nach sich ziehen, der zusammen mit den nacheinander zündenden Vorwärtsstromlichtbogen der weiteren Anoden des Entladungsgefäßes des Stromrichters zur Einleitung von Kurzschlußströmen führen würde.

Das Merkmal der bisher beschriebenen Entladungsstrecken ist ihre Zündung bei einem bestimmten Wert der Anodenspannung, also die Abhängigkeit des Zündeinsatzes nur von dieser Anodenspannung. Bringt man aber an Stelle einer Anode zwei Elektroden an, von denen die eine die bisherige Anode ist und die zweite in Form eines Gitters ausgebildet und zwischen Anode und Kathode angeordnet ist, so wird jetzt die Zündung der Entladung zur Anode nicht nur von der Anodenspannung, sondern auch von der an das Gitter angeschlossenen Spannung abhängen, so daß man in der Lage sein muß, bei einer beliebigen positiven Anodenspannung oberhalb eines bestimmten Wertes derselben den Zündeinsatz der Anode von der Gitterspannung abhängig zu machen. Eine solche Beeinflussung des Zündeinsatzes bezeichnet man als Gittersteuerung; sie ist es, die es überhaupt erst möglich gemacht hat, die sonst nur für Gleichrichter anzuwendenden Entladungsgefäße den allgemeinen Verwendungszwecken zuzuführen, die den Stromrichtern eigentümlich sind. Damit aber ein solches Gitter eine Steuerfunktion hinreichend exakt erfüllen kann, ist eine genügende Ionenfreiheit der Entladungsstrecke vor der Zündung erforderlich, da sich sonst bei der dann noch negativen Gitterspannung die Ionen zum Gitter hin bewegen und dieses elektrisch abschirmen, also unwirksam machen würden. Ist alsdann die Entladung einmal gezündet, so ist infolge der alsdann erst recht eintretenden Abschirmung des Gitters eine weitere Beeinflussung der Entladung bei beliebiger Gitterspannung gewöhnlich unmöglich; ein Verlöschen der Entladung ist daher nach wie vor nur infolge Nulldurchganges des Stromes möglich[1].

Die bei einer solchen Steuerung der Entladungsgefäße bei allen in Stromrichterschaltungen wirksamen Entladungsstrecken auftretenden Strom- und Spannungsverhältnisse veranschaulicht Abb. 2b für das

[1] Hier sei erwähnt, daß in Amerika für die Glühkathoden- und Quecksilberkathoden-Entladungsgefäße mit Steuergitter die der Gen. El. Co. geschützte Bezeichnung „Thyratron“ (nach ϑυϱα = Tür) gebräuchlich ist.

Beispiel eines gesteuerten Dreiphasengleichrichters. Wie darin vor allem auffällt, wächst die von negativen Werten kommende Sperrspannung nach ihrem zweiten Nulldurchgang als sog. positive Sperrspannung über den Wert der Zündspannung nach Abb. 2a hinaus, um erst um eine Zeit α hinter dem Nulldurchgang zur Wiederzündung der Entladung zu führen. Nach dieser Zeit, die wir die Zündverzögerung der Anode nennen, hat die Gitterspannung denjenigen Wert erreicht, der bei dem gerade auftretenden Momentanwert der Anodenspannung unter den herrschenden Umständen zur Zündung führt. Weiterhin ist auffallend, daß die Sprungspannung, mit der die Sperrspannung nach Verlöschen des Anodenstromes einsetzt, beträchtliche Werte angenommen hat. Für die Steuerfähigkeit des Gitters ist, wie wir schon sagten, erforderlich, daß die Entladungsstrecke innerhalb der Zündverzögerungsdauer so weitgehend ionenfrei ist, daß das Gitter bei allen zur Sperrung der Entladung notwendigen negativen Gitterspannungen hinreichend unbeeinflußt durch die Ionen bleibt. Um hierfür ein Maß zu erhalten, bezeichnet man diejenige Zeitdauer, nach welcher der Bruchteil der Restionen so klein geworden ist, daß das Gitter seine volle Steuerfähigkeit wiedererlangt hat, als die Freiwerdezeit. Bezeichnet man außerdem die Zeit bis zu dem Nulldurchgang der Sperrspannung als die Ruhezeit des Steuergitters, so muß offenbar die Freiwerdezeit merklich kleiner als die Ruhezeit ausfallen.

Wir geben nunmehr einen Überblick über die ihre Anwendungsbereiche begrenzenden Eigenschaften der Entladungsgefäße, wobei wir auch das Wichtigste über ihre wirklichen Ausführungsformen sagen wollen. Die Entladungsgefäße mit Glühkathode und Edelgasfüllung, die meistens einanodig, oft auch zweianodig ausgebildet sind, haben ziemlich konstante, d. h. temperatur- und stromunabhängige Eigenschaften und sind im wesentlichen den kleineren Leistungen vorbehalten. Bei kleineren Sperrspannungen bis zu einigen hundert Volt werden sie für Anodenströme bis zu etwa 50 A ausgeführt, wobei dann ihre Brennspannung etwa 6 bis 10 V beträgt; bei anderen Ausführungen für höhere Spannungen sind bei kleineren Strömen Sperrspannungen bis zu einigen tausend Volt erreichbar.

Entladungsgefäße mit Glühkathode und Quecksilberdampffüllung erschließen dagegen einen weit größeren Anwendungsbereich; sie eignen sich für Sperrspannungen bis zu einigen zehntausend Volt und sind für Anodenströme bis über 1000 A ausführbar. Ihre Eigenschaften zeigen eine gewisse Temperaturabhängigkeit, die unter Umständen technische Gegenmaßnahmen erfordert; ihre Brennspannung beläuft sich auf etwa 10 bis 20 V. Als Ausführungsbeispiel zeigt Abb. 3 ein solches Glühkathodenrohr für etwa 200 A Anodenstrom bei einer zulässigen Sperrspannung von etwa 10000 V; das Rohr ist mit einer indirekt geheizten Topfkathode einer Graphitanode und einem zwischen beiden angeordneten Steuergitter ausgestattet. Das rechte Bild zeigt den mittleren Teil des gleichen Rohres mit aufgeschnittenen Einzelteilen, die den inneren Aufbau derselben deutlich sichtbar werden lassen. Die erforderliche Heiz-

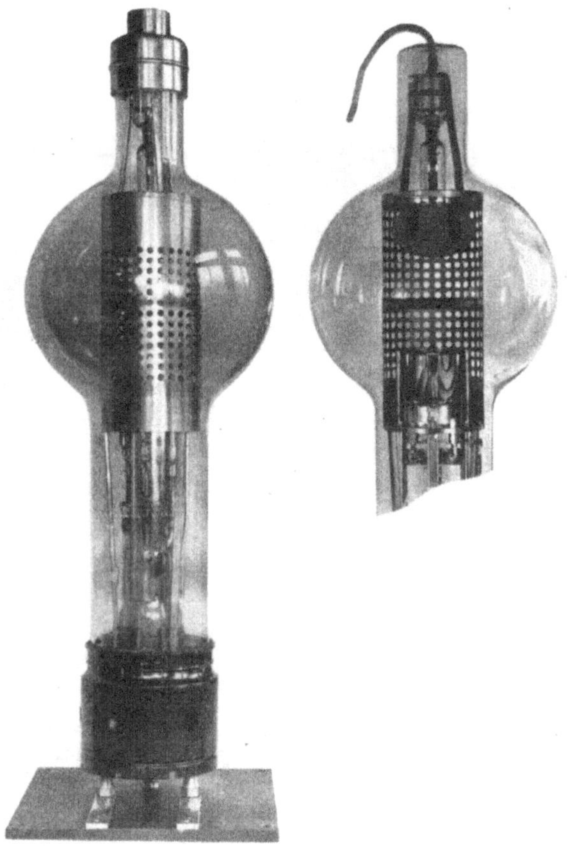

Abb. 3. Glühkathodenrohr mit Quecksilberdampffüllung, mit Steuergitter für max. Anodenstrom von 200 A bei max. Sperrspannung von etwa 10000 V (AEG).

leistung der Kathode hat bei diesen Rohren Werte bis herab zu 1 W je 1 A Kathodenstrom. Zur Veranschaulichung der Steuereigenschaften von derartigen Röhren zeigt Abb. 4 beispielsweise einige sog. Wiederzündcharakteristiken, dies sind diejenigen Charakteristiken, die die einander zugehörigen Werte der Anodenspannung und der Gitterspannung angeben, bei denen im Gebiet der positiven Sperrspannung die jeweilige Wiederzündung der Anode erfolgt. Infolge des Einflusses des Dampfdruckes und des Entionisierungsvorganges ist der Verlauf der Charakteristiken, wie unter *a* gezeigt wird, temperaturabhängig, und, wie unter *b* gezeigt wird, frequenzabhängig. Im übrigen sind die Charakteristiken weitgehend geradlinig, so daß man im geradlinigen Gebiet derselben berechtigt ist, eine Rechengröße einzuführen, die dem Durchgriff bei Hochvakuumröhren verwandt ist, wenngleich sie keine durch die geometrischen Abmessungen allein gegebene Konstante mehr ist.

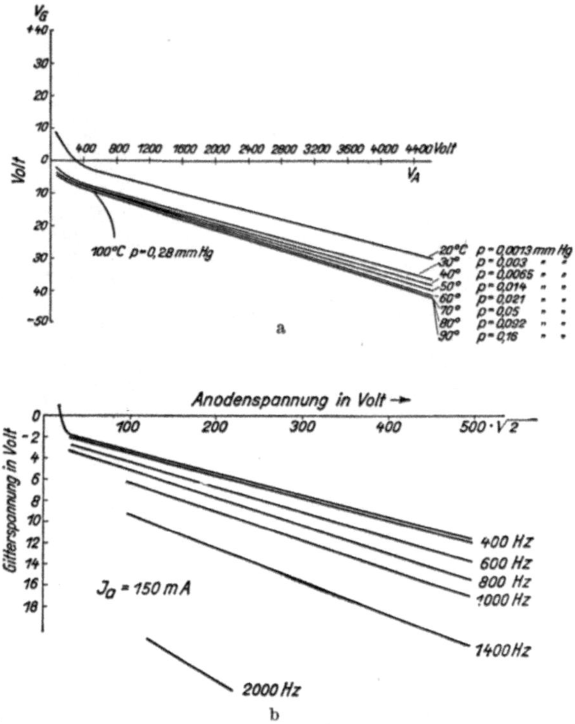

Abb. 4. Wiederzündcharakteristiken von Glühkathodenrohren mit Quecksilberdampffüllung a) bei verschiedenen Temperaturen, b) bei verschiedenen Frequenzen.

Die Entladungsgefäße mit Quecksilberkathode, denen wir uns jetzt zuwenden wollen, sind die historisch ältesten; an ihnen ist eine jahrzehntelange Entwicklungsarbeit geleistet worden, die wahrscheinlich bei weitem noch nicht abgeschlossen ist. Sie haben sich in zwei Formen mehr oder weniger unabhängig voneinander entwickelt, je nachdem das Gefäß als Glasgefäß oder als Eisengefäß hergestellt ist, wobei diese Gefäße fast ausnahmslos mit mehreren Anoden und einer gemeinsamen Quecksilberkathode ausgestattet sind. Die Anwendungsgebiete der Glas- und Eisengefäße sind leistungsmäßig mehr oder weniger scharf abgegrenzt, die obere Grenze für die Anwendung von Glasgefäßen liegt bei Gleichrichtern heute etwa bei 500 kW je Einheit, für die Anwendung von Eisengefäßen etwa bei 5000 kW je Einheit und darüber, sofern man eine mittlere

Gleichspannung von etwa 500 bis 700 V zugrunde legt. Ihre Eigenschaften haben das Merkmal einer gewissen Temperaturabhängigkeit

Abb. 5. Glasgleichrichtergestell mit sechsarmigem Glaskörper mit Steuergitter, für 350 A Gleichstrom. Darunter: Ansicht eines einzelnen Armes des Glaskörpers (AEG).

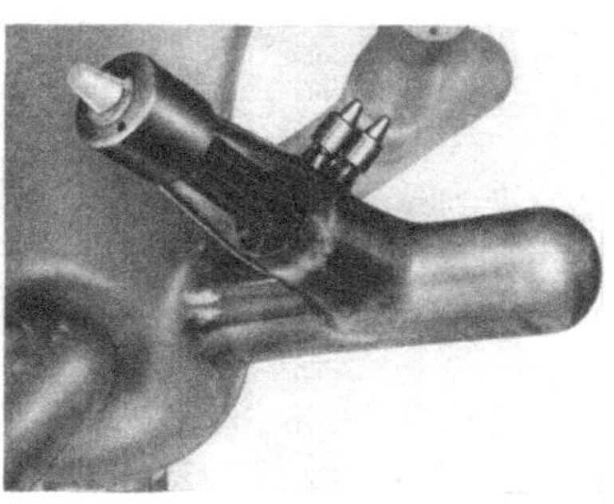

und Stromabhängigkeit, die unter Umständen ganz einschneidende technische Gegenmaßnahmen notwendig machen. Als Beispiel der wirklichen Ausführung eines größeren Glasgefäßes und seines konstruktiven Zusammenbaues zu einer geschlossenen Einheit zeigt Abb. 5 einen gesteuerten Gleichrichter für 350 A Gleichstrom. Wie man dort erkennen kann, zweigen oberhalb der Kathode des Glaskörpers sechs Arme für die Hauptanoden und Steuergitter sowie einige kleinere Arme für eine Zündanode und zwei Erregeranoden ab. Darüber erhebt sich der sog. Kondensationsdom, an dessen Oberfläche der größte Teil des aufsteigenden Quecksilberdampfes kondensiert, um alsdann als flüssiges Quecksilber zur Kathode zurückzukehren. Einen genaueren Einblick in die Anordnung von Anode und Steuergitter gewährt das darunter stehende Bild. Einen Gesamteindruck von der Anordnung mehrerer Gleichrichtereinheiten einer Anlage bietet endlich Abb. 6. Der Lichtbogenabfall von Glasgefäßen bewegt sich in den Grenzen zwischen 15 und 30 V; den Verlauf des Lichtbogenabfalles eines 400 A - Gleichrichtergefäßes als Funktion des Gleichstromes zeigt beispielsweise Abb. 7, wobei die Charakteristik a sich auf eine Schaltung bezieht, bei der jeweils eine Anode den ganzen Gleichstrom führt, während die Charakteristik b sich auf eine andere Schaltung bezieht, bei der sich jeweils zwei Anoden in den Gleichstrom teilen. Die Größe des Kondensationsdomes richtet sich nach der Gefäßleistung in der Weise, daß bei gegebener Gleichspannung seine Oberfläche etwa dem Gleichstrom proportional ist und bei gleichen Gleichstromwerten mit wachsender Gleichspannung nach einem für alle Gefäße ziemlich ähnlichen Gesetz zunimmt. Um hierfür einen Anhaltspunkt zu geben, gibt Abb. 8 die spezifischen Gleichstromwerte einer Serie von Glasgefäßen als Funktion der Gleichspannung, die die sog. Rückzündungsgrenze charakterisieren, wieder. Die Charakteristiken a und b beziehen sich auf ventilatorgekühlte Glaskörper, und zwar gilt der Verlauf a für solche mit weitem Eintrittsquerschnitt zum Kondensdom, während der Verlauf b für solche mit engerem Querschnitt gilt; der Verlauf c bezieht sich dagegen auf Glaskörper mit natürlicher Luftkühlung. Die Werte,

Abb. 6. Glasgleichrichteranlage, bestehend aus vier gittergesteuerten Einheiten für je 500 A Gleichstrom (AEG).

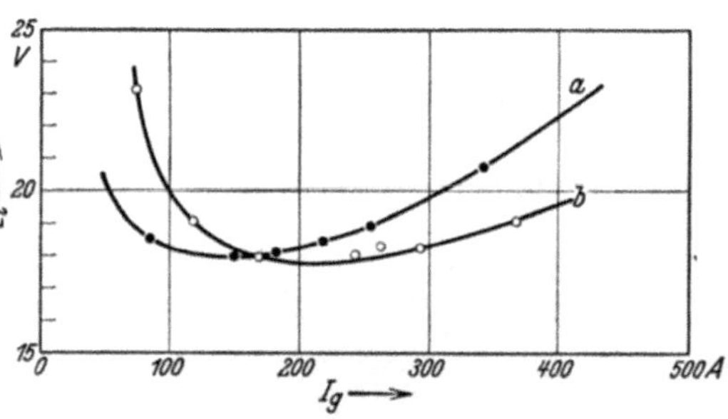

Abb. 7. Lichtbogencharakteristik eines sechsarmigen 400 A-Glaskörpers a) bei einanodiger Betriebsweise, b) bei zweianodiger Betriebsweise.

für die die Glaskörper tatsächlich auszulegen sind, liegen entsprechend tiefer; der bei 550 V eingetragene Punkt *d* charakterisiert beispielsweise die Auslegung von modernen ventilatorgekühlten sechsarmigen Glaskörpern mit weiter Eintrittsöffnung in den Kondensdom für etwa 150—450 A Gleichstrom.

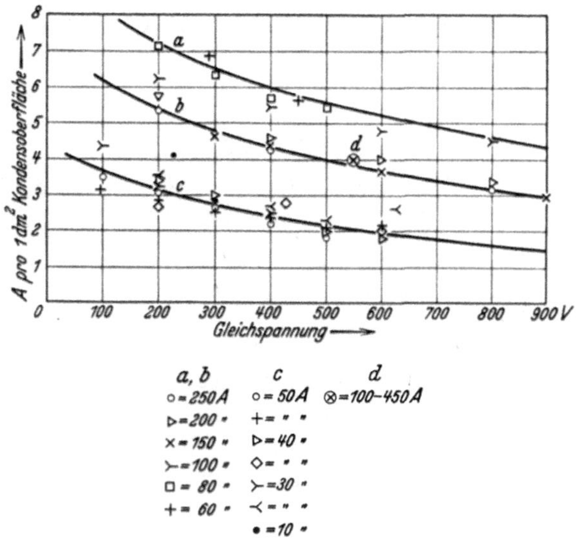

Abb. 8. Charakteristiken für die Leistungsgrenze von Glasgleichrichtern. *a*, *b*, *c* = Spez. Rückzündungskurven von älteren Glaskörpern (übertragen aus Prince and Vogdes: Principles of Mercury arc Rectifiers and their circuits, S. 55, 56. New York: Mc Graw-Hill 1927). *d* = Spez. Auslegung von modernen Glaskörpern (nach Auswertungen des Verf.).

Während sich bei den Glasgefäßen Möglichkeiten für ihre technische Gestaltung nur innerhalb geringer Grenzen bieten, ergeben sich bei den Eisengefäßen sehr viel freiere Konstruktionsmöglichkeiten, ohne die die Weiterentwicklung der Gefäße für höhere Leistungen undenkbar gewesen wäre[1]. Als Beispiel für die heutige Konstruktion eines Eisengefäßes zeigt Abb. 9 den schematischen Schnitt eines Großgleichrichters für 2000 A Gleichstrom bei 850 V Gleichspannung. Das eigentliche Vakuumgefäß *V* besitzt an seinem Boden die isolierte Kathode *K*, in die die Zündelektrode *Z* eintaucht, und an seinem Deckel die kranzförmig angeordneten Anoden *A* mit den Steuergittern *G* und mit den beide umschließenden Schutzrohren, die den direkten

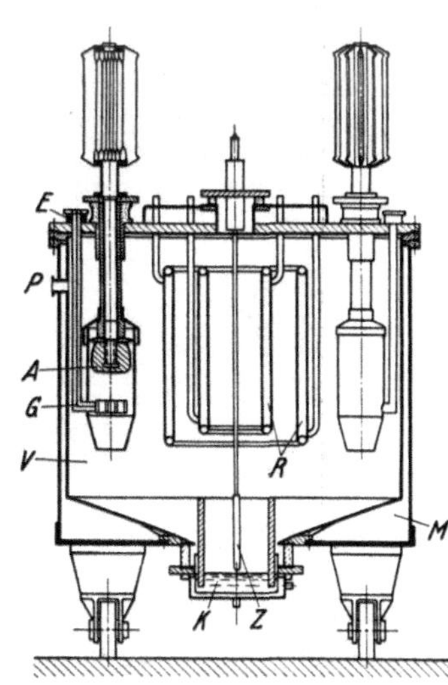

Abb. 9. Eisengleichrichter mit Steuergitter, schematischer Schnitt (SSW, entnommen aus v. Engel und Steenbeck: Elektrische Gasentladungen, Bd. 2, S. 264. Berlin: Julius Springer 1934).

[1] Bezüglich der ersten Konstruktionen von Eisengleichrichtern siehe z. B. Bela B. Schäfer: Elektrotechn. Z. Bd. 32 (1911) S. 2; Bd. 33 (1912) S. 1164; Bd. 34 (1913) S. 253, 284. Weitere Angaben siehe in Prince and Vogdes: Principles of Mercury arc Rectifiers and their circuits, S. 29. New York: Mc Graw-Hill 1927, sowie in Müller-Lübeck: Der Quecksilberdampfgleichrichter, Bd. 2, S. 163. Berlin: Julius Springer 1929.

Einstrom von Quecksilberdampf erschweren und die Entionisierung beschleunigen sollen. Oberhalb der Kathode ist ein System von wassergekühlten Ringkühlern *R* angeordnet, an denen der aufströmende Quecksilberdampf kondensiert. Das ganze Gefäß ist von dem wassergekühlten

Abb. 10. Anode mit Steuergitter und Schutzrohr eines 5000 A-Eisengleichrichters (AEG).

Mantel *M* umgeben. Der Rohrstutzen *P* führt zu einem Pumpensystem, das zur Aufrechterhaltung des Vakuums dient. Der Anodenaufbau im einzelnen ist noch deutlicher sichtbar in Abb. 10, die eine Anode mit ihrem Steuergitter und Schutzrohr eines 5000-A-Gleichrichters anderer Konstruktion nebeneinandergelegt zeigt. Das äußere Aussehen eines Groß-

Abb. 11. Eisengleichrichteranlage, gittergesteuert, für 4000 A Gleichstrom bei 500 V Gleichspannung (AEG).

gleichrichters zeigt Abb. 11, die eine Anlage für 4000 A Gleichstrom und 500 V Gleichspannung darstellt, und Abb. 12, die ein Einzelgefäß für 2000 A Gleichstrom bei 3000 V Gleichspannung wiedergibt. Der Lichtbogenabfall solcher Gefäße bewegt sich etwa zwischen 20 und 35 V, seinen Verlauf als Funktion des Gleichstromes zeigt Abb. 13 für das Beispiel eines 5000-A-Gleichrichters, wobei eine Schaltung zugrunde gelegt ist, bei der sich je vier Anoden in den Gleichstrom teilen. In der Abbildung bezieht sich die ausgezogene Charakteristik auf die ganze Brennspannung, während die gestrichelt gezeichnete Charakteristik das Potential des Gehäuses gegenüber der Kathode vorstellt. Der Vollständigkeit wegen zeigt schließlich Abb. 14 noch eine Spezialausführung eines Hochspannungsgleichrichters für 50000 V Gleichspannung bei 40 A Gleichstrom.

Abb. 12. Eisengleichrichter, gittergesteuert, für 2000 A Gleichstrom bei 3000 V Gleichspannung (BBC).

Für sehr viel höhere Gleichspannungen über hunderttausend Volt bei hohen Leistungen versucht man einen von dem bisherigen ganz abweichenden Weg einzuschlagen, nämlich unter Atmosphärendruck stehende Entladungsstrecken anzuwenden[1]. Für diese ist die etwas unbestimmte Bezeichnung Lichtbogenstromrichtergefäße gebräuchlich geworden; ein solches zeigt schematisch Abb. 15. Der zu Beginn der Brenndauer mittels einer Hilfsspannung über Hilfselektroden jeweils neu gezündete Lichtbogen brennt zwischen zwei Elektroden A und B, die in einer unter strömender Preßluft stehenden Kammer eingeschlossen sind. Außerdem sorgt ein Magnetsystem für eine ständige Rotation des Lichtbogenfußpunktes um die Achse der Elektroden, wodurch eine Verminderung des Elektrodenabbrandes und der Metalldampfentwicklung erreicht werden soll; die Brennspannung des Bogens beträgt dabei etwa 100 V und darüber. Nach Verlöschen

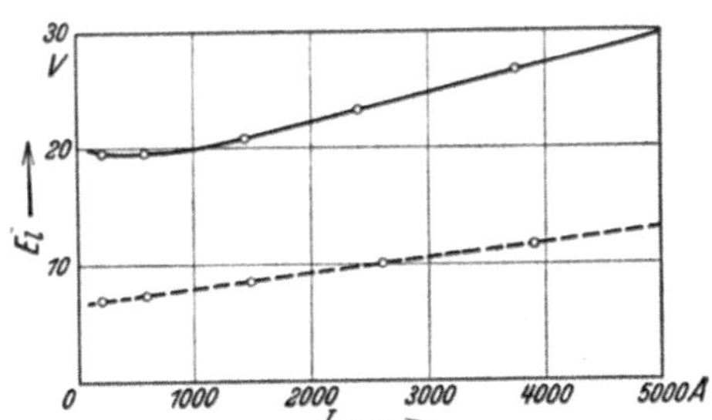

Abb. 13. Lichtbogencharakteristik eines 5000 A-Eisengleichrichters. a) Spannung zwischen Anode und Kathode, b) Spannung zwischen Gefäßwand und Kathode.

[1] Angegeben von E. Marx: Vgl. Lichtbogen-Stromrichter für sehr hohe Spannungen und Leistungen. Berlin: Julius Springer 1932; ferner Elektrotechn. Z. Bd. 53 (1932) S. 737.

des Lichtbogens setzt unter der strömenden Preßluft eine sehr schnelle Entionisierung bis zur Wiederherstellung der hohen Sperrfähigkeit ein.

Abb. 14. Hochspannungs-Eisengleichrichter mit Gittersteuerung für 50000 V Gleichspannung bei 40 A Gleichstrom (BBC).

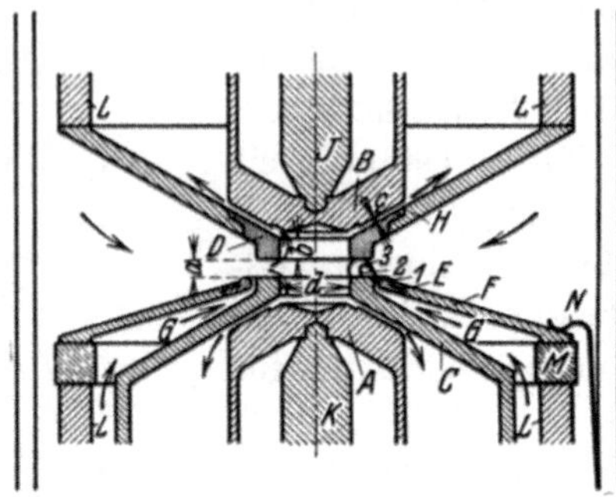

Abb. 15. Lichtbogenstromrichtergefäß, Schnitt durch die Hauptelektroden und Zündelektrode [aus E. Marx: Elektrotechn. Z. Bd. 55 (1934) S. 861].

Diese Entladungsgefäße befinden sich gegenwärtig noch im Stadium der Entwicklung.

Über die Messung des Lichtbogenabfalles. Die Brennspannung oder der Lichtbogenabfall der jeweils verwendeten Entladungsstrecken ist neben den Wiederzündspannungen der Steuergitter die wichtigste physikalische Größe, die in die folgenden elektrotechnischen Überlegungen eingeht. Es erscheint daher notwendig, einige Bemerkungen über die betriebsmäßige Messung des Lichtbogenabfalles einzuschalten.

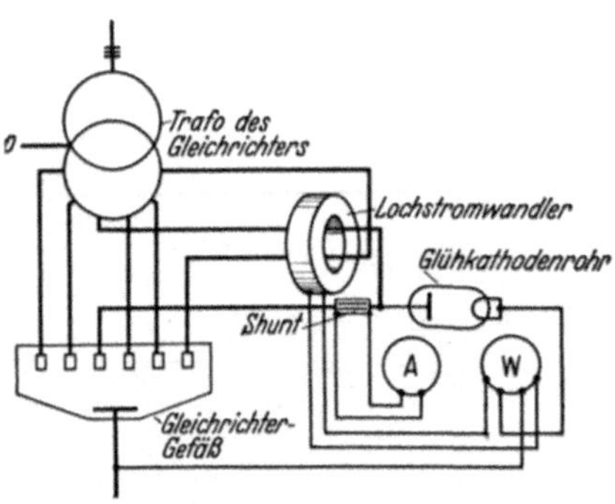

Abb. 16. Wattmetrische Messung des mittleren Lichtbogenabfalles eines im Betrieb befindlichen Gleichrichters (nach O. Marti).

Die bekannteste Meßmethode des Lichtbogenabfalles eines in Betrieb befindlichen Stromrichtergefäßes ist die wattmetrische. Bei ihr wird die mittlere Leistung einer Entladungsstrecke mittels eines Wattmeters und der mittlere Anodenstrom mittels eines Drehspulamperemeters gemessen; das Verhältnis der Leistung zum Anodenstromwert ergibt dann einen Mittelwert des Lichtbogenabfalles. Bei größeren Anlagen mit hohen Strömen und Spannungen erfordert eine solche Messung noch Vorkehrungen, um die Anwendung eines Stromwandlers in einer Anodenleitung zu ermöglichen und ferner die wiederkehrende Sperrspannung von der

Spannungsspule des Wattmeters fernzuhalten. Eine so modifizierte Meßmethode ist z. B. die in Abb. 16 wiedergegebene.

An Stelle dieser recht umständlichen und bei großen Anlagen kaum durchführbaren Methode, die überdies noch den Rechenprozeß einer Division erforderlich macht, geben wir in Abb. 17 eine sehr bequeme Meßmethode an, die eine unmittelbare Ablesung des mittleren Lichtbogenabfalles ermöglicht[1]. Die Einrichtung erfordert zur Messung eines ungesteuerten Gleichrichters drei kleine Gleichrichterrohre, zur Messung eines beliebigen Stromrichters drei solche Rohre mit Steuergitter; außerdem erfordert sie einen mittelangezapften Widerstand von einigen hundert Ohm und ein Drehspulvoltmeter. Ihre Wirkungsweise beruht darauf, daß das Voltmeter die Brennspannung der einen der beiden angeschlossenen Anoden nicht über die ganze belastungsabhängige Brenndauer, sondern nur über die konstante Zeitdauer zwischen dem Zündeinsatz dieser Anode und dem Zündeinsatz der anderen Anode integriert, so daß man das Voltmeter in Voltbeträgen des Lichtbogenabfalles eichen kann. Ist der Lichtbogenabfall über die Brenndauer des Anodenstromes konstant und gleich E_l und beträgt die Brennspannung der Glühkathodenrohre E_R, so wird die mittlere Spannung E_V am Voltmeter für den einfachsten Betriebsfall des Gleichrichters, bei dem außerhalb der Kommutierung immer nur ein Anodenstrom fließt,

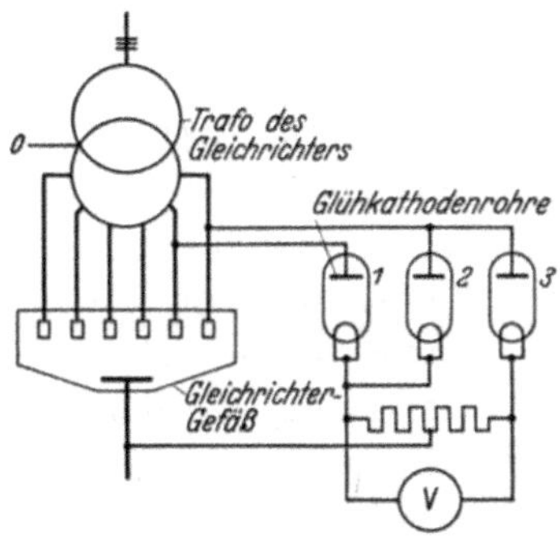

Abb. 17. Methode zur direkten Messung des mittleren Lichtbogenabfalles eines im Betrieb befindlichen Gleichrichters. (nach Müller-Lübeck).

$$E_V = \frac{1}{p}(E_l - E_R), \quad (1)$$

worin p die Anodenzahl des Gleichrichters bedeutet. Ist der Lichtbogenabfall über die Brenndauer veränderlich, so erhält man durch Vertauschen der Anodenzuleitungen der Meßanordnung zwei etwas verschie-

Abb. 18. Kathodenstrahloszillograph als Netzanschlußgerät für Wechselstrom (AEG).

[1] Näheres über diese Meßmethode siehe in einem im Jahrbuch des Forschungsinstitutes der AEG 1933/34 erscheinenden Aufsatz.

dene Werte von E_V. Das Mittel aus beiden liefert dann genau denjenigen Mittelwert von E_l, der dem Absinken der mittleren Gleichspannung des Gleichrichters infolge des veränderlichen Lichtbogenabfalles entspricht.

Den zeitlichen Verlauf des Lichtbogenabfalles über die ganze Brenndauer kann man natürlich nur mittels eines Oszillographen ermitteln, wobei es oft unerläßlich ist, zu einem Kathodenstrahloszillographen zu greifen; eine betriebsfertige Ausführung eines solchen zeigt beispielsweise Abb. 18. Solche Geräte sind außer zur Untersuchung des Lichtbogenabfalles auch für zahlreiche andere Untersuchungen an Stromrichtern verwendbar, so daß sie beginnen, zum festen Bestand des Meßgeräteinventars der Stromrichter zu zählen.

Damit haben wir das Nötigste über die Messung des Lichtbogenabfalles gesagt. Auf weitere meßtechnische Fragen einzugehen, haben wir hier keinen Anlaß.

I. Der ungesteuerte Gleichrichter.

1. Der Einphasengleichrichter mit Widerstandsbelastung.

Mittelwerte von Gleichspannung und Gleichstrom. Schaltet man in einen Stromkreis, der aus einer Wechselspannung und einem Ohmschen Widerstand besteht, ein Gleichrichterrohr ein, so entstehen Stromhalbwellen nur der einen Richtung, die Stromhalbwellen der anderen Richtung werden durch das Gleichrichterrohr verhindert. Es entsteht somit Strom von stets gleicher Richtung oder „Gleichstrom". Ebenso kann man davon sprechen, an dem Widerstand liege nunmehr eine „Gleichspannung". In einer solchen Anordnung haben wir die einfachste Form eines Gleichrichters vor uns, man bezeichnet diese als Halbwellengleichrichter, Einweg- oder Einphasengleichrichter (weniger glücklich auch oft Halbweggleichrichter). Abb. 19 zeigt dessen prinzipielle Schaltung.

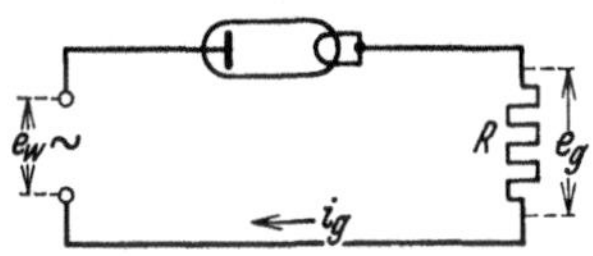

Abb. 19. Einphasengleichrichter mit Widerstandsbelastung.

Sieht man von der Zündspannung und dem Lichtbogenabfall des Gleichrichterrohres zunächst ab, so erfolgt die Zündung des Lichtbogens jeweils im Nulldurchgang der einen Halbwelle der Wechselspannung, im nächsten Nulldurchgang erlischt der Lichtbogen wieder usf., wie die Abb. 20 veranschaulicht. Der erzielte Gleichstrom ist kurvenmäßig noch sehr mangelhaft, einige formelmäßige Überlegungen sollen das sogleich erläutern.

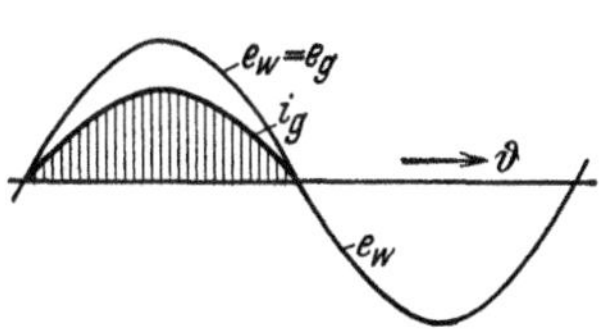

Abb. 20. Verlauf von Wechselspannung, Gleichspannung und Gleichstrom.

Die sinusförmig angenommene Wechselspannung habe den Momentanwert $e_w = \sqrt{2}\, E_w \sin\vartheta$, worin E_w deren Effektivwert und $\vartheta = \omega t$ mit $\omega = 2\pi f$ die in elektrischen Graden gemessene Zeit bedeutet. Die an dem Widerstand R liegende momentane Gleichspannung sei e_g. Dann errechnet sich der arithmetische oder gewöhnliche Mittelwert E_{gm} der Gleichspannung zu

$$E_{gm} = \frac{\sqrt{2}\, E_w}{2\pi} \int_0^{\pi} \sin\vartheta\, d\vartheta = \frac{\sqrt{2}}{\pi} E_w = 0{,}450\, E_w\,, \tag{2}$$

dies ist die zur Beurteilung des Gleichrichters zuerst interessierende Größe. Die Beziehung ermöglicht die Angabe der mittleren Gleichspannung aus der effektiven Wechselspannung und umgekehrt. Der mittlere Gleichstrom J_{gm} ergibt sich daraus zu E_{gm}/R.

Für die thermische Beanspruchung der Bestandteile der Schaltung und des Wechselstromnetzes interessiert vorerst der quadratische Mittelwert oder Effektivwert J_{ge} des Gleichstromes. Dieser ergibt sich aus

$$J_{ge}^2 = \frac{1}{2\pi}\int_0^{2\pi} i_g^2\, d\vartheta = \frac{2\,E_w^2}{2\pi R^2}\int_0^{\pi} \sin^2\vartheta\, d\vartheta = \frac{E_w^2}{2R^2},$$

zu

$$J_{ge} = \frac{1}{\sqrt{2}}\,\frac{E_w}{R} = 0{,}707\,\frac{E_w}{R} = \frac{\pi}{2}\,J_{gm} = 1{,}57\,J_{gm}. \tag{3}$$

Der Wert 1,57 ist der Formfaktor des Gleichstromes, d. h. das Verhältnis von J_{ge} zu J_{gm}. Seine Abweichung von 1 ist ein qualitatives Maß für die Welligkeit des Gleichstromes; außer dieser werden wir jedoch noch andere Maßzahlen zu definieren haben.

Sperrspannung und Scheitelstrom. Für die elektrische Beanspruchung des Gleichrichterrohres sind vorderhand zwei Größen von Bedeutung. Die eine Größe ist die höchste Spannung, die am Rohr während der Sperrperiode auftritt und die das Rohr, ohne rückzuzünden, aushalten muß; wir nennen diese die maximale negative Sperrspannung E_{Sp}. Im vorliegenden Falle ist diese gleich dem Scheitelwert $\sqrt{2}E_w$ der Wechselspannung. Durch die mittlere Gleichspannung ausgedrückt, wird also

$$E_{Sp} = \pi \cdot E_{gm} = 3{,}14\,E_{gm}. \tag{4}$$

Die zweite wichtige Größe ist der Maximalwert des im Rohr fließenden Stromes, dieser soll der Scheitelstrom J_S heißen. Bei Glühkathodenröhren ist dieser für die Beanspruchung der Kathode maßgebend. Im vorliegenden Falle ist $J_S = \sqrt{2}E_w/R$, oder, durch den mittleren Gleichstrom ausgedrückt:

$$J_S = \pi \cdot J_{gm} = 3{,}14\,J_{gm}. \tag{5}$$

Nach den Werten von E_{Sp} und J_S ist das Gleichrichterrohr auszulegen. Außerdem ist mitunter für die Beanspruchung des Rohres noch der bereits angegebene Effektivwert des Stromes von gewisser Bedeutung, sofern die durch diesen bedingte zusätzliche Aufheizung der Kathode merklich wird.

Oberwellen und Welligkeit des Gleichstromes. Wir untersuchen nun den Gleichstrom i_g genauer. Zu diesem Zweck denken wir uns diesen in seine Harmonischen zerlegt. Hierzu machen wir den Ansatz

$$i_g = J_{gm} + \sqrt{2}\sum_{\varkappa} J_{g\varkappa}\sin(\varkappa\vartheta - \alpha_\varkappa), \quad \varkappa = 1, 2, \ldots, \infty. \tag{6}$$

Darin ist $J_{g\varkappa}$ der Effektivwert der $\varkappa$-ten Oberwelle und $\alpha_\varkappa$ deren Phasenwinkel zur Wechselspannung. Nach bekannten Sätzen findet man $J_{g\varkappa}^2 = J_{g\varkappa}'^2 + J_{g\varkappa}''^2$ und $\operatorname{tg}\alpha_\varkappa = J''_{g\varkappa}/J'_{g\varkappa}$ mit

$$J'_{g1} = \frac{1}{\sqrt{2}\pi}\int_0^{2\pi} i_g \sin\vartheta\, d\vartheta = \frac{J_{gm}}{\sqrt{2}}\int_0^{\pi} \sin\vartheta \sin\vartheta\, d\vartheta = \frac{\pi}{2\sqrt{2}} J_{gm}, \qquad (6\text{a})$$

$$J''_{g\varkappa} = -\frac{1}{\sqrt{2}\pi}\int_0^{2\pi} i_g \cos\varkappa\vartheta\, d\vartheta = -\frac{J_{gm}}{\sqrt{2}}\int_0^{\pi} \sin\vartheta \cos\varkappa\vartheta\, d\vartheta = \frac{\sqrt{2}}{\varkappa^2 - 1} J_{gm}$$

$$\text{für } \varkappa = 2, 4, 6, \ldots,$$

während die übrigen $J'_{g\varkappa}$ und $J''_{g\varkappa}$-Werte sich zu Null ergeben. Die so erhaltenen $J_{g\varkappa}$- und $\alpha_\varkappa$-Werte sind für $\varkappa = 1$ bis 10 in der nachfolgenden Tabelle zusammengestellt:

Effektive Oberwellen des Gleichstromes für $\varkappa = 1$ bis 10.

$\varkappa$	$J_{g\varkappa}/J_{gm}$	$\alpha_\varkappa$	$\varkappa$	$J_{g\varkappa}/J_{gm}$	$\alpha_\varkappa$
1	1,1107	0	6	0,0404	90°
2	0,4714	90°	7	0	—
3	0	—	8	0,0224	90°
4	0,0943	90°	9	0	—
5	0	—	10	0,0143	90°

An Hand dieser Tabelle werden wir einige wichtige Feststellungen machen. Nach einem ebenfalls bekannten Satze ist das Quadrat des Effektivwertes eines mehrwelligen Stromes gleich der Summe der Quadrate der Effektivwerte der Harmonischen. Hat also der Effektivwert der Summe aller Oberwellen des Gleichstromes, d. h. des dem mittleren Gleichstrome überlagerten Wechselstromes, den Wert $\tilde{J}_g$, so muß $\tilde{J}_g^2 = \sum_\varkappa J_{g\varkappa}^2$ sein. Unter Verwendung der in der Zahlentabelle angegebenen Werte für die ersten zehn Oberwellen entsteht so

$$\tilde{J}_g^2 = (1{,}1107^2 + 0{,}4714^2 + 0{,}0943^2 + 0{,}0404^2 + 0{,}0224^2 + 0{,}0143^2)\, J_{gm}^2$$
$$= 1{,}4670\, J_{gm},$$

oder $\tilde{J}_g = 1{,}211\, J_{gm}$. Der Effektivwert des überlagerten Wechselstromes beträgt hier also 121% des mittleren Gleichstromes. Der Wert $\tilde{J}_g$ läßt sich aber auch direkt, d. h. ohne Verwendung der Harmonischen, berechnen. Der Momentanwert $\tilde{i}_g$ des überlagerten Wechselstromes ist nämlich $= i_g - J_{gm}$. Infolgedessen ist

$$\tilde{J}_g^2 = \frac{1}{2\pi}\int_0^{2\pi} (i_g - J_{gm})^2\, d\vartheta = \frac{1}{2\pi}\int_0^{2\pi} i_g^2\, d\vartheta - \frac{J_{gm}}{\pi}\int_0^{2\pi} i_g\, d\vartheta + J_{gm}^2 = J_{ge}^2 - J_{gm}^2$$

und daher

$$\tilde{J}_g = \sqrt{J_{ge}^2 - J_{gm}^2}\,. \tag{7}$$

Durch Einsetzen von (3) in (7) ergibt sich $\tilde{J}_g^2 = \left(\frac{\pi^2}{4} - 1\right) J_{gm}^2 = 1{,}4674 \cdot J_{gm}^2$. Die Übereinstimmung mit dem vorigen Resultat unter Berücksichtigung der ersten zehn Oberwellen ist also eine recht gute.

Das Verhältnis $\tilde{J}_g/J_{gm}$ des effektiven Wechselstromanteiles zum mittleren Gleichstrom stellt ein Maß für die Schwankungen des Gleichstromes dar, wir nennen es fortan die Welligkeit w_{J_g} des Gleichstromes. Sie beträgt

$$w_{J_g} = \frac{\sqrt{J_{ge}^2 - J_{gm}^2}}{J_{gm}}\,. \tag{8}$$

Im vorliegenden Falle ist $w_{J_g} = \sqrt{\frac{\pi^2}{4} - 1} = 1{,}211$. Bezeichnet man den vorhin genannten Formfaktor, d. h. das Verhältnis J_{ge}/J_{gm} mit f_{J_g}, so läßt sich schreiben

$$w_{J_g} = \sqrt{f_{J_g}^2 - 1}\,. \tag{8a}$$

Wir haben die Oberwellen des Gleichstromes berechnet, um deren störenden Einfluß beurteilen bzw. um den Aufwand von Mitteln übersehen zu können, der erforderlich ist, die Oberwellen zu vermindern oder wirkungslos zu machen. Kennzeichnend für die Wirkung der Oberwellen sind dabei zunächst die Verschlechterung des Wirkungsgrades und des Leistungsfaktors. Außer diesen gibt es jedoch noch andere Wirkungen, die zu Störungen Anlaß geben können, nämlich die Erzeugung von Störgeräuschen.

Störspannung. Als akustische Elemente, die Störgeräusche vermitteln können, kommen vor allem Telephon und Rundfunkempfänger in Frage. Die Beeinflussung der Stromkreise dieser Elemente durch den Stromkreis des Gleichrichters erfolgt dabei in der Regel infolge induktiver oder galvanischer Übertragung. Zur Beurteilung der Störwirkung auf den beeinflußten Stromkreis wollen wir eine Maßzahl ableiten, die man als relative Störspannung oder Fernsprechformfaktor bezeichnet.

Hierzu gehen wir von den die Geräuschspannungen des gestörten Stromkreises verursachenden Oberwellen des störenden Gleichrichterstromkreises aus. Bei induktiver Übertragung sind diese die Stromoberwellen $J_{g\varkappa}$; um sie jetzt nach der Frequenz $\nu = \varkappa f$ zu bezeichnen, schreiben wir sie $J_{g\nu}$. Bei galvanischer Übertragung haben wir im allgemeinen mit den Spannungsoberwellen $E_{g\varkappa}$ zu rechnen, für die wir jetzt $E_{g\nu}$ schreiben. Haben wir es in dem gestörten Stromkreis mit einem einfachen Stromgebilde zu tun, so sind die verursachten Geräuschspannungen nur durch den Kopplungsgrad bedingt[1]. Im Falle der induktiven Übertragung ist das Kopplungsmaß für die einzelnen Harmo-

[1] Vgl. z. B. A. Zastrow u. E. R. Benda, Elektrotechn. Z. Bd. 46 (1925) S. 1478.

nischen frequenzproportional, bezogen auf eine bestimmte Frequenz ν_0 sind die Geräuschspannungen also durch $\frac{\nu}{\nu_0} J_{g\nu}$ gegeben. Im Falle der galvanischen Übertragung ist das Kopplungsmaß dagegen frequenzunabhängig, so daß die Geräuschspannungen durch $E_{g\nu}$ gegeben sind. Die so in Rechnung gesetzten Geräuschspannungen gehen nun in den gesamten Störeffekt mit verschiedenem Gewicht ein.

Jede der Geräuschspannungen erzeugt nämlich in dem akustischen Element einen Ton, der gemäß der physiologisch bedingten Gehörempfindlichkeit für die betreffende Frequenz gehört wird. Diese Gehörempfindlichkeit nimmt erfahrungsgemäß mit wachsender Frequenz ν zunächst zu, erreicht bei etwa 1000 Hertz ein Maximum, um mit höheren Frequenzen wieder abzunehmen. Bezieht man ihre Werte auf den für 800 Hertz, den man gewöhnlich $= 1$ setzt, so erhält man die in Abb. 21 veranschaulichten Bewertungsziffern, die wir mit λ_ν ($\lambda_{800} = 1$) bezeichnen wollen.

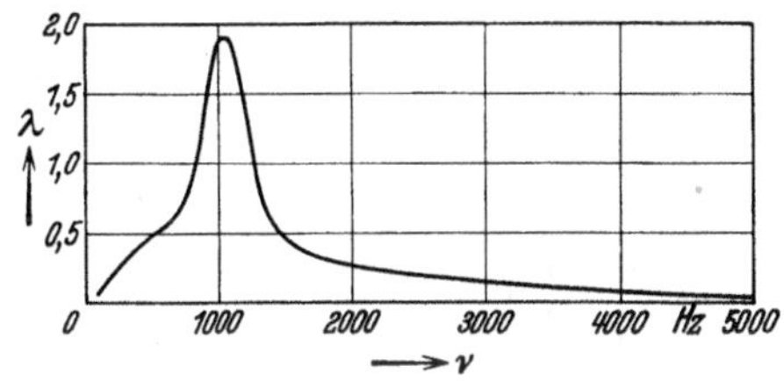

Abb. 21. Bewertungsziffern für Störspannungen (nach der „Commission consultative internationale“, 1931).

Nach Kenntnis dieser Bewertungsziffern tragen wir dem Gewicht der Oberwellen $\frac{\nu}{\nu_0} J_{g\nu}$ bzw. $E_{g\nu}$ Rechnung, indem wir sie mit λ_ν multiplizieren, wobei wir wieder $\nu_0 = 800$ Hertz festlegen. Die so entstehenden Größen beziehen wir, um sie zu relativen zu machen, noch auf J_{gm} bzw. E_{gm} und gewinnen dann die mit $e_{\lambda\nu}$ bezeichneten Ausdrücke

$$e_{\lambda\nu} = \frac{\nu}{800} \lambda_\nu \frac{J_{g\nu}}{J_{gm}} \quad \text{bzw.} \quad e_{\lambda\nu} = \lambda_\nu \frac{E_{g\nu}}{E_{gm}}, \tag{9a}$$

je nachdem die Übertragung eine induktive oder galvanische ist; diese Ausdrücke pflegt man als relative Störspannungen zu bezeichnen. Die aus den einzelnen Störspannungen resultierende relative Störspannung, die wir mit e_λ bezeichnen, ergibt sich alsdann aus der Quadratsumme der $e_{\lambda\nu}$ zu

$$e_\lambda = \sqrt{\sum_\nu e_{\lambda\nu}^2}\,; \tag{9b}$$

wir nennen sie künftig die Störspannung des Gleichrichters schlechthin und verwenden sie, in Prozenten ausgedrückt, als Vergleichsmaß der Störfähigkeit seines Stromkreises.

Für das vorliegende Beispiel des Einweggleichrichters errechnet man mit (6a) und für $f = 50$ Hertz

für induktive Übertragung . . . . $e_\lambda = 1{,}9\%$
für galvanische Übertragung . . . . $e_\lambda = 4{,}0\%$

Die Verteilung der einzelnen Störspannungen über das ganze Frequenzgebiet veranschaulicht Abb. 22, in der vergleichsweise auch die hier einander gleichen $J_{g\nu}/J_{gm}$- und $E_{g\nu}/E_{gm}$-Werte eingetragen sind.

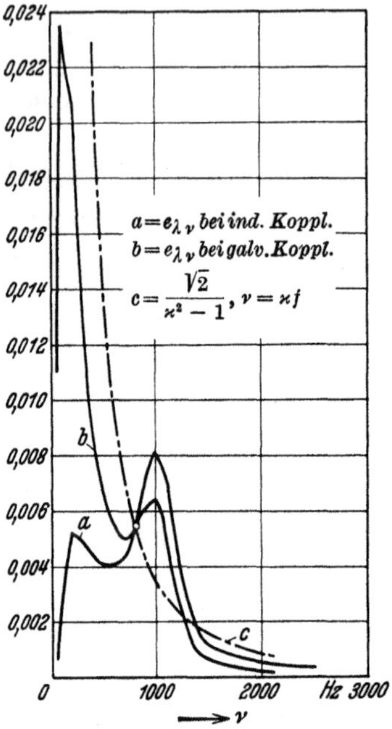

Abb. 22. Verteilung der Einzel-Störspannungen des Einphasengleichrichters bei induktiver oder galvanischer Übertragung über alle hörbaren Frequenzen, bei $f = 50$ Hertz, verglichen mit den Oberwellenwerten $\frac{J_{g\nu}}{J_{gm}} = \frac{E_{g\nu}}{E_{gm}} = \frac{\sqrt{2}}{\varkappa^2 - 1}$.

Arbeitsweise des Transformators, Wechselstrombedingung, Leistungsverhältnisse. Der Zusammenhang zwischen der mittleren Gleichspannung E_{gm} und der Wechselspannung E_w ist durch die Beziehung (2) festgelegt. Im allgemeinen hat die vorliegende Wechselspannung einen von E_w abweichenden Wert, so daß die Zwischenschaltung eines Transformators erforderlich ist, dessen Primärspannung E_p gleich der gegebenen Wechselspannung und dessen Sekundärspannung $E_s = E_w$ ist. Die primäre Wicklung soll n_p, die sekundäre Wicklung n_s Windungen haben, dann ist das Leerlauf-Übersetzungsverhältnis $z = E_p/E_s = n_p/n_s$.

Von Streuung sehen wir vorerst ab. Der sekundärseitig in n_s fließende Strom sei $i_s = i_g$, der primärseitig in n_p auftretende sei i_p. Abb. 23 veranschaulicht dies. Bei Leerlauf, d. h. $i_s = 0$, ist i_p gleich dem sog. Leerlaufstrom j_0, der den zur Induzierung der Spannungen e_p und e_s erforderlichen magnetischen Fluß Φ gemäß $e_p = z e_s = n_p \cdot 10^{-8} \cdot d\Phi/dt = \omega n_p \cdot 10^{-8} \cdot d\Phi/d\vartheta$ aufzubringen hat. Nimmt man der Einfachheit wegen die Magnetisierungskurve des Eisens als geradlinig an, so ist der Zusammenhang zwischen Φ und j_0 durch $\Phi = 0{,}4\,\pi \cdot n_p \cdot j_0/W$ gegeben, worin W den magnetischen Widerstand des Eisenkernes bedeutet. Nennt man $X_0 = 0{,}4\,\pi \cdot \omega \cdot n_p^2 \cdot 10^{-8}/W$ die Leerlaufreaktanz des Transformators und ist R_p der Ohmsche Widerstand der Primärwicklung, so ist bei Leerlauf offenbar

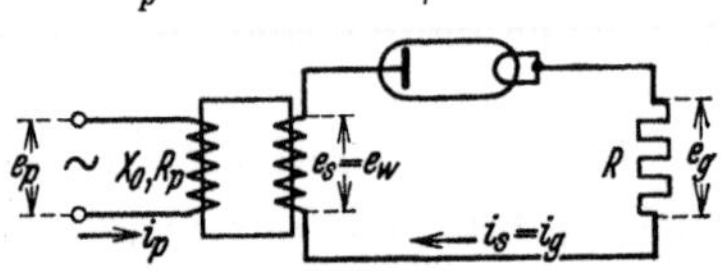

Abb. 23. Einphasengleichrichter mit Transformator.

$$e_p = X_0 \frac{d j_0}{d\vartheta} + R_p j_0,$$

so daß mit $e_p = \sqrt{2} E_p \sin\vartheta$ in an sich bekannter Weise $j_0 = \sqrt{2} E_p/\sqrt{X_0^2 + R_p^2} \cdot \sin(\vartheta - \operatorname{arctg} X_0/R_p)$ folgt, woraus man weiter für den Effektivwert des Leerlaufstromes $J_0 = E_p/\sqrt{X_0^2 + R_p^2}$ abliest; den Nenner darin bezeichnet man bekanntlich als die Leerlaufimpedanz des Transformators.

Bei Belastung durch $i_s = i_g$ bildet sich der Primärstrom i_p so aus, daß der Differenzstrom $i_p - \frac{1}{z} i_g$ den zur Induzierung der Spannungen erforderlichen Fluß Φ sicherstellt. Die Magnetisierungsbedingung allein bestimmt indessen Φ nur bis auf einen konstanten Anteil und also auch i_p nur bis auf einen konstanten Anteil; letzterer stellt sich jedoch aus Energiegründen, wie sich zeigen wird, stationär stets so ein, daß i_p ein reiner Wechselstrom wird. Anders ausgedrückt, übertragen sich somit nur die Wechselanteile von i_g transformatorisch auf die Wechselstromseite. Wir haben jetzt

$$e_p = X_0 \frac{d}{d\vartheta}\left(i_p - \frac{1}{z} i_g\right) + R_p i_p .$$

Multipliziert man darin beide Seiten mit $d\vartheta$ und integriert über die Periode 2π, so resultiert für den stationären Zustand

$$R_p \int_0^{2\pi} i_p \, d\vartheta = 0 , \tag{10}$$

man nennt dies die Wechselstrombedingung des Primärstromes[1]. Wir sondern jetzt in i_p den Leerlaufstrom ab, schreiben also $i_p = j_p + j_0$ und erhalten für den ideellen Anteil des Primärstroms die Gleichung

$$0 = X_0 \frac{d}{d\vartheta}\left(j_p - \frac{1}{z} i_g\right) + R_p j_p .$$

Darin setzen wir $i_g = \sqrt{2}\, E_p/z R \cdot \sin\vartheta$ für $\vartheta = 0$ bis π und $i_g = 0$ für $\vartheta = \pi$ bis 2π ein; dies bedeutet zwar eine gewisse Ungenauigkeit, da ja e_s nicht mehr streng $= \sqrt{2}\, E_p/z \cdot \sin\vartheta$ ist und dementsprechend Zündpunkt und Löschpunkt von i_g etwas anders ausfallen, jedoch wollen wir von dieser Ungenauigkeit absehen. Als Lösung der Gleichung für j_p findet man unter Berücksichtigung der Grenzbedingungen

$$j_{p\vartheta=0} = j_{p\vartheta=2\pi} \quad \text{und} \quad j_{p\vartheta=\pi} = j_{p\vartheta=\pi} ,$$

worin immer der linke Stromwert die Lösung für die erste Halbperiode, der rechte die Lösung für die zweite Halbperiode vorstellt,

$$j_p = \frac{\sqrt{2}\, E_p}{z^2 R}\left(\sin(\vartheta + \beta) - \frac{\sin\beta}{1 - e^{-\pi \operatorname{tg}\beta}} e^{-\vartheta \operatorname{tg}\beta}\right), \qquad \text{für } \vartheta = 0 \text{ bis } \pi$$

$$j_p = -\frac{\sqrt{2}\, E_p}{z^2 R} \frac{\sin\beta}{1 - e^{-\pi \operatorname{tg}\beta}} e^{-(\vartheta - \pi) \operatorname{tg}\beta} . \qquad \text{,,} \quad \vartheta = \pi \text{ bis } 2\pi$$

Darin ist $\operatorname{tg}\beta = R_p/X_0$. Der vorhin schon angegebene, sich über j_p

[1] Vgl. Faye-Hansen: Elektrotechn. Z. Bd. 46 (1925) S. 1104.

überlagernde Leerlaufstrom j_0 stellt sich in der gleichen Schreibweise in der Form

$$j_0 = -\frac{\sqrt{2}\,E_p}{X_0}\cos\beta\cos(\vartheta+\beta) \tag{11}$$

dar. Noch übersichtlicher wird die Schreibweise der Gleichungen, wenn man darin den Mittelwert $J_{gm} = \sqrt{2}\,E_p/z\pi R$ des Gleichstromes einführt. Dann lassen sich die Stromverhältnisse des Transformators in der folgenden Weise zusammenfassen:

$$\begin{aligned}
&\text{Sekundärstrom } i_s = i_g = J_{gm}\cdot\pi\sin\vartheta && \text{für } \vartheta = 0 \text{ bis } \pi\\
&\qquad\qquad = 0 && \text{,, } \vartheta = \pi \text{ bis } 2\pi\\
&\text{Primärstrom } i_p = j_p + j_0 && (12)\\
&= J_{gm}\frac{\pi}{z}\left(\sin(\vartheta+\beta) - \frac{\sin\beta}{1-e^{-\pi\,\mathrm{tg}\,\beta}}e^{-\vartheta\,\mathrm{tg}\,\beta} - z^2\frac{R}{R_p}\sin\beta\cos(\vartheta+\beta)\right), && \text{für } \vartheta = 0 \text{ bis } \pi,\\
&= J_{gm}\frac{\pi}{z}\left(-\frac{\sin\beta}{1-e^{-\pi\,\mathrm{tg}\,\beta}}e^{-(\vartheta-\pi)\,\mathrm{tg}\,\beta} - z^2\frac{R}{R_p}\sin\beta\cos(\vartheta+\beta)\right) && \text{für } \vartheta = \pi \text{ bis } 2\pi.
\end{aligned}$$

Bemerkenswert ist an dieser Darstellung, daß die Kurvenform des Primärstromes, abgesehen von dem Widerstandsverhältnis $z^2 R/R_p$, nur von der Größe β abhängt, die übrigens dadurch charakterisiert ist, daß $\sin\beta$ der Leistungsfaktor bei Leerlauf ist.

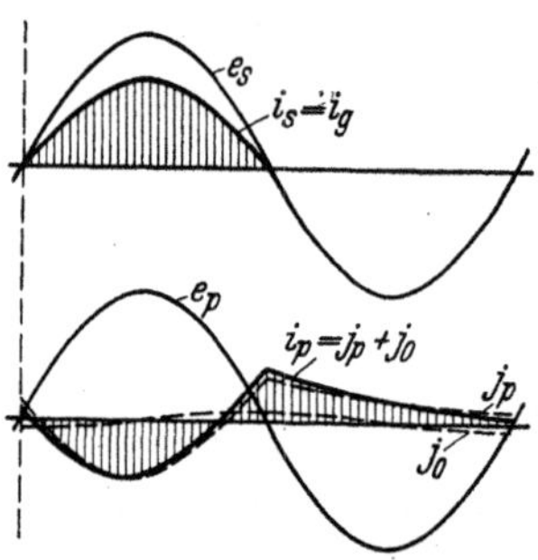

Abb. 24. Verlauf von Sekundärstrom und Primärstrom des Transformators.

Zur Veranschaulichung dieses Ergebnisses sind die Ströme nach (12) für einen Leerlaufleistungsfaktor $\sin\beta = 0{,}3$ und $z = 1$ in Abb. 24 wiedergegeben. Um zu einer vernünftigen Annahme für das Widerstandsverhältnis $z^2 R/R_p$ zu gelangen, führen wir dieses auf das Verhältnis des effektiven Leerlaufstromes zum effektiven Primärstrom bei Belastung zurück. Dies ist diejenige Größe, mit der man im praktischen Transformatorenbau stets zu rechnen pflegt; wir wollen sie künftig den prozentualen Leerlaufstrom nennen und mit $\varkappa$ bezeichnen. Der effektive Leerlaufstrom ist nach (12) $J_0 = J_{gm}\frac{\pi}{z}\cdot\frac{z^2}{\sqrt{2}}\frac{R}{R_p}\sin\beta$, den effektiven Primärstrom bei Belastung schätzen wir mit $R_p = 0$ und $X_0 = \infty$ gemäß einer später abgeleiteten Formel ab zu $J_p \approx J_{gm}\cdot\frac{1}{z}\sqrt{\frac{\pi^2}{4}-1}$. Daraus ergibt sich

$$z^2\frac{R}{R_p}\sin\beta \approx \frac{\sqrt{2}}{\pi}\sqrt{\frac{\pi^2}{4}-1}\cdot\varkappa = 0{,}54\,\varkappa \quad \text{mit} \quad \varkappa = \frac{J_0}{J_{pe}}. \tag{13}$$

In Abb. 24 haben wir $J_0 = 0{,}10\,J_p$, also $\varkappa = 0{,}10$ angenommen.

Nach diesem genaueren Einblick in die primären Stromverhältnisse wollen wir zur Vereinfachung der weiteren Überlegungen die Gleichungen für den Primärstrom durch den Grenzübergang $R_p \to 0$ annähern, wodurch diese nämlich in anderer Hinsicht verallgemeinerungsfähig werden. Zunächst erhält man für (12) mit $\beta \to 0$

$$i_p = J_{gm} \frac{\pi}{z}\left(\sin\vartheta - \frac{1}{\pi} - z^2 \frac{R}{X_0}\cos\vartheta\right), \qquad \text{für } \vartheta = 0 \text{ bis } \pi\,,$$

$$= -J_{gm} \frac{\pi}{z}\left(\frac{1}{\pi} + z^2 \frac{R}{X_0}\cos\vartheta\right), \qquad ,, \ \vartheta = \pi \text{ bis } 2\pi\,.$$

Diese beiden Gleichungen lassen sich ausdrücken durch die einzige Gleichung

$$i_p = \frac{1}{z}(i_g - J_{gm}) + j_0 \quad \text{mit } j_0 = \frac{1}{X_0}\int e_p\, d\vartheta\,, \tag{14}$$

die auch für beliebigen Verlauf des Gleichstromes i_g und der Primärspannung e_p noch richtig ist und die im Grunde genommen die im Sinne der Wechselstrombedingung (10) richtige allgemeine Lösung der Spannungsgleichung $e_p = X_0 \frac{d}{d\vartheta}\left(i_p - \frac{1}{z} i_g\right)$ vorstellt. Für den hier angenommenen Verlauf von i_g und e_p erhält man so den in Abb. 25 wiedergegebenen Verlauf von i_p.

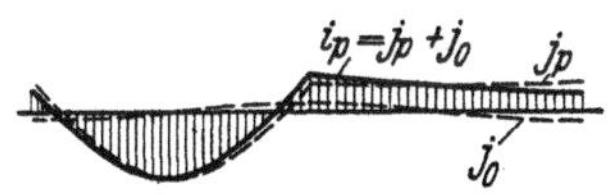

Abb. 25. Verlauf des Primärstromes bei $R_p \to 0$.

Wir wollen jetzt noch die gefundenen Stromspannungsverhältnisse energiemäßig verstehen lernen. Die Abb. 24 und 25 lassen erkennen, daß einer gleichstromseitigen Leistungsabgabe nur in der ersten Halbperiode $(0, \pi)$ eine primärseitige Leistungsentnahme in beiden Halbperioden $(0, \pi)$ und $(\pi, 2\pi)$ entspricht. Der Transformator deckt also offenbar eine gewisse Speicherleistung, die in der Ungleichheit der primären und sekundären Amperewindungen begründet ist und die eine Vergleichmäßigung der primären Leistungsentnahme schafft. Diese Speicherleistung ist mit (14) gegeben durch

$$e_p i_p - e_s i_s = -e_p \cdot \frac{1}{z} J_{gm} + e_p j_0 = \frac{\sqrt{2}\,E_p J_{gm}}{z}\sin\vartheta + \frac{E_p^2}{X_0}\sin 2\vartheta\,.$$

Darin ist der erste Anteil die einfachfrequente Leistung, die durch die konstante Vormagnetisierung durch $-n_s J_{gm}$ gedeckt wird und den Leistungsausgleich zwischen der primären und sekundären Transformatorseite herstellt. Der zweite Anteil ist die doppelfrequente, für die Spannungsinduzierung aufzukommende Magnetisierungsleistung, die sich primärseitig als Blindleistung offenbart.

Wir berechnen jetzt die für die Auslegung des Transformators interessierenden effektiven Wicklungsströme. Der effektive Sekundärstrom J_s ist identisch mit dem effektiven Gleichstrom J_{gl}. Der effektive Primärstrom J_p errechnet sich mit (14) aus

$$J_p^2 = \frac{q}{2\pi}\int_0^{2\pi}\left[\frac{1}{z}(i_g - J_{gm}) + j_0\right]^2 d\vartheta$$

$$= \frac{1}{z^2}J_{ge}^2 + \frac{1}{z^2}J_{gm}^2 + J_0^2 - \frac{2}{z}J_{gm}\cdot J_{gm} + \frac{2}{2\pi z}\int_0^{2\pi}(i_g - J_{gm})j_0 d\vartheta$$

zu

$$J_p = \sqrt{\frac{1}{z^2}(J_{ge}^2 - J_{gm}^2) + J_0^2}, \tag{15a}$$

denn der rechts stehende Integralausdruck ist hier Null. J_0 bedeutet wieder den effektiven Leerlaufstrom. Mit (3) und mit Verwendung der Verhältnisgröße $\varkappa$ für den Leerlaufstrom wird

$$J_p = \sqrt{\frac{1}{z^2}\left(\frac{\pi^2}{4} - 1\right)J_{gm}^2 + J_0^2} = \sqrt{1 + \varkappa^2}\cdot\frac{\sqrt{\frac{\pi^2}{4} - 1}}{z}\cdot J_{gm}, \tag{15b}$$

worin $\sqrt{\frac{\pi^2}{4} - 1} = 1{,}21$ ist. Bei vernachlässigtem Leerlaufstrom ist also $J_p = 1{,}21/z\cdot J_{gm}$. Würde der Ausgleichstrom $-\frac{1}{z}J_{gm}$ nach (14) nicht auftreten, d. h. $i_p = \frac{1}{z}i_g + j_0$ sein, so würde bis auf den Leerlaufstrom $J_p = \frac{\pi}{2}\cdot\frac{1}{z}J_{gm} = 1{,}57/z\cdot J_{gm}$ ausfallen, also um 30% größer. Man kann leicht zeigen, daß der Ausgleichstrom tatsächlich den kleinstmöglichen Effektivwert J_p, oder, was dasselbe bedeutet, die kleinstmöglichen Kupferverluste der Primärwicklung des Transformators herbeiführt. Hierzu gehen wir aus von der Spannungsgleichung $e_p = X_0\frac{d}{d\vartheta}\left(i_p - \frac{1}{z}i_g\right)$ und setzen i_p unbestimmt an in der Form $i_p = \frac{1}{z}i_g + j_0 + j$ mit $j_0 = \frac{1}{X_0}\int e_p d\vartheta$, worin j der noch unbestimmte konstante Ausgleichsstrom sein soll. Nun soll J_p, d. h. also auch $J_p^2 = \frac{1}{2\pi}\int i_p^2 d\vartheta$ ein Minimum annehmen. Dazu ist notwendig, daß

$$\frac{\partial}{\partial j}\int_0^{2\pi}\left(\frac{1}{z}i_g + j_0 + j\right)^2 d\vartheta = 2\int_0^{2\pi}\left(\frac{1}{z}i_g + j_0 + j\right)d\vartheta = 0, \quad \text{d. h.} \quad j = -\frac{1}{2\pi z}\int_0^{2\pi} i_g d\vartheta$$

wird. Es ist also $j = -\frac{1}{z}J_{gm}$, die Minimalbedingung ist also mit der Wechselstrombedingung (10) gleichbedeutend.

Hinsichtlich der Größe $\varkappa$ bemerken wir, daß man für diese im allgemeinen Werte von 0,05 bis 0,10 einzusetzen hat. Für $\varkappa = 0{,}10$ wird $\sqrt{1 + \varkappa^2} = 1{,}005$, allgemein ist $\sqrt{1 + \varkappa^2} \approx 1 + \frac{\varkappa^2}{2}$. Der Einfluß des Leerlaufstromes auf den Effektivwert des Gesamtstromes ist also meist vernachlässigbar.

Wir wenden uns nun der eigentlichen Berechnung des Transformators zu. Die Dimensionierung des Transformators ist, wenn man von der konstruktiv zu lösenden Aufgabe der Erzielung einer guten magnetischen Verkettung der Wicklungen absieht, ein Erwärmungsproblem. Um dieses zu klären, geht man im allgemeinen von der Größe und Art der abkühlenden Oberflächen und von den Verlusten im Transformator aus, die an den abkühlenden Oberflächen abzuführen sind. Die Verluste setzen sich dabei aus den Eisenverlusten V_{Fe} und den Kupferverlusten V_{Cu} zusammen. Wir wollen in den folgenden Überlegungen annehmen, daß die thermische Beanspruchung des Transformators durch eine resultierende Oberfläche und durch die Gesamtverluste $V_{Fe} + V_{Cu}$ definiert ist, was nur mit gewissen Einschränkungen richtig ist.

Die Eisenverluste V_{Fe} des Transformators setzen sich aus den Hystereseverlusten und den Wirbelstromverlusten im Eisenkern zusammen und sind praktisch dem Quadrat der Induktion B_S in den Kernsäulen, dem Quadrat der Frequenz f und dem Kerngewicht proportional, sie lassen sich also schreiben

$$V_{Fe} = a \cdot \left(\frac{B_S}{10\,000}\right)^2 \quad \text{mit} \quad a = k_E \cdot k_W \cdot G. \tag{16a}$$

Darin ist k_E die Hysterese-Verlustziffer für die Induktion 10000 und für die Frequenz f, und k_W der Wirbelstromfaktor. G ist das auf die Induktion B_S reduzierte Gewicht des Eisenkernes. Besteht dieser z. B. aus Kernsäulen mit dem Gewicht G_S und dem Querschnitt q_S und aus Kernjochen mit dem Gewicht G_J und dem Querschnitt q_J, und bezieht sich B_S auf die Kernsäulen, so hat man für G den Wert $G_S + \left(\frac{q_J}{q_S}\right)^2 G_J$ einzusetzen.

Die Kupferverluste V_{Cu} des Transformators lassen sich, sofern man nur die Joulesche Wärme der Wicklung in Betracht zieht, ebenfalls als Funktion von B_S ausdrücken, und zwar in der Form

$$V_{Cu} = b \cdot \left(\frac{B_S}{10\,000}\right)^{-2}. \tag{16b}$$

Um dies einzusehen, gehen wir davon aus, daß $V_{Cu} = R_p J_p^2 + R_s J_s^2$ ist, wenn R_p und R_s den Ohmschen Widerstand der primären und sekundären Wicklung vorstellen; dabei ist außerdem $J_s = J_{ge}$. Bedeuten weiter l_m die mittlere Windungslänge der Wicklungen, n_p und n_s die Windungszahlen, q_p und q_s die Kupferquerschnitte der Wicklungsdrähte, und λ die elektrische Leitfähigkeit von Kupfer, so ist $V_{Cu} = \frac{l_m n_p}{\lambda q_p} J_p^2 + \frac{l_m n_s}{\lambda q_s} J_s^2$, wofür man schreiben kann

$$V_{Cu} = \left(\frac{n_p}{q_p}\left(\frac{J_p}{J_{gm}}\right)^2 + \frac{n_s}{q_s}\left(\frac{J_s}{J_{gm}}\right)^2\right)\frac{l_m}{\lambda} J_{gm}^2 .$$

Der gesamte Kupferquerschnitt der Wicklungen sei $Q = n_p q_p + n_s q_s$. Erweitert man die rechte Seite der vorigen Gleichung durch Multiplizieren mit $n_p q_p + n_s q_s$ und Dividieren durch Q, und macht die Annahme, daß die Stromdichten J_p/q_p und J_s/q_s gleich sind, so entsteht

$$V_{Cu} = \left(\frac{J_p}{J_{gm}} + \frac{1}{z}\,\frac{J_s}{J_{gm}}\right)^2 \frac{l_m}{\lambda Q}\, n_p^2 J_{gm}^2 .$$

Hierin soll noch die Windungszahl n_p durch die Induktion $B_\varkappa$ und durch die Gleichspannung ausgedrückt werden. Hierzu gehen wir von der Fundamentalbeziehung für die Windungsspannung $e = E_p/n_p = E_s/n_s$ des Transformators

$$e = \pi\sqrt{2}\, f \cdot q_S \cdot B_S \cdot 10^{-8} = 4{,}44 f \cdot q_S \cdot \frac{B_S}{10000} \cdot 10^{-4}$$

aus. Schreiben wir darin $e = E_p/n_p$ und drücken E_p mittels der Beziehung (1) durch die mittlere Gleichspannung $\left(\text{d. h. } E_p = z\frac{\pi}{\sqrt{2}}E_{gm}\right)$ aus und setzen den dann entstehenden Wert für n_p in die vorige Gleichung ein, so entsteht ein Ausdruck mit $\left(\frac{B_S}{10000}\right)^{-2}$ als Faktor. Daraus entnimmt man den Faktor b der Beziehung (16b), wenn man noch die Werte für J_p/J_{gm} und J_s/J_{gm} nach (15b) und (3) einsetzt, in der folgenden Form

$$b = \frac{l_m}{\lambda Q}\left(\frac{2 \cdot 10^4}{\pi\sqrt{2}\, e f q_S}\right)^2 \cdot \frac{\pi^2}{8}\left(\sqrt{1+\varkappa^2}\sqrt{\frac{\pi^2}{4} - 1} + \frac{\pi}{2}\right)^2 \cdot E_{gm}^2 J_{gm}^2 . \qquad (16\text{c})$$

Hierin ist der erste Faktor durch die konstruktiven Daten des Transformators, durch die gewählte Windungsspannung e und durch die Grundfrequenz f der Wechselspannung festgelegt. Der zweite Faktor ist eine für die vorliegende Gleichrichterschaltung charakteristische Größe. Das Produkt $E_{gm} \cdot J_{gm}$ ist diejenige Leistungsgröße, die wir die Gleichstromleistung (nicht identisch mit der abgegebenen Wirkleistung, die hier $= E_{ge} \cdot J_{ge}$ ist) nennen wollen.

Wäre der Transformator ein gewöhnlicher Wechselstromtransformator zur Abgabe der effektiven Wechselspannung E_s und des effektiven Wechselstromes J_s, so würde sein

$$b = \frac{l_m}{\lambda Q}\left(\frac{2 \cdot 10^4}{\pi\sqrt{2}\, e f q_S}\right)^2 \cdot E_s^2 J_s^2 . \qquad (16\text{d})$$

Darin wäre das Produkt $E_s J_s$ diejenige Leistungsgröße, die man als Scheinleistung bezeichnet.

Ohne hieraus gleich Folgerungen zu ziehen, wollen wir vorerst die Gesamtverluste $V_{Fe} + V_{Cu} = a \cdot \left(\frac{B_S}{10000}\right)^2 + b \cdot \left(\frac{B_S}{10000}\right)^{-2}$ des Transformators berechnen. Man erkennt, daß diese je nach der sog. Verlustaufteilung $V_{Cu}/V_{Fe} = v = \frac{b}{a}\left(\frac{B_S}{10000}\right)^{-4}$ verschiedene Werte haben. Eliminiert man nämlich durch Einführung der Verlustaufteilung v die Induktion in dem vorigen Ausdruck, so findet man

$$V_{Fe} + V_{Cu} = 2\sqrt{ab} \cdot \frac{1}{2}\left(\sqrt{v} + \frac{1}{\sqrt{v}}\right). \quad (17)$$

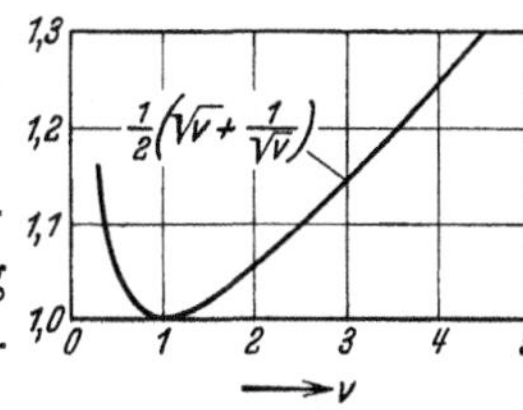

Abb. 26. Vergrößerung der Verluste als Funktion der Verlustaufteilung.

Hiernach stellt $2\sqrt{ab}$ den kleinsten Wert der Verluste dar, der bei $v = 1$ eintritt. Die Vergrößerung der Verluste bei einer von 1 verschiedenen Verlustaufteilung ist in Abb. 26 veranschaulicht. Die Abbildung zeigt, daß das Minimum der Verluste verhältnismäßig schwach ausgeprägt ist; erst bei $v > 3$ gewinnt die Erhöhung der Verluste praktische Bedeutung. Von dieser Feststellung werden wir eine wichtige Nutzanwendung machen. Werten wir die Gleichung (17) unter Benutzung von (16a) und (16c) aus, so ergibt sich

$$V_{Fe} + V_{Cu} = \quad (18)$$

$$\frac{\left(\sqrt{v} + \frac{1}{\sqrt{v}}\right) 2 \cdot 10^4}{\pi\sqrt{2}\, e f q_s} \sqrt{\frac{k_E k_w G l_m}{\lambda Q}} \cdot \frac{\pi}{2\sqrt{2}} \left(\sqrt{1+\varkappa^2}\sqrt{\frac{\pi^2}{4} - 1} + \frac{\pi}{2}\right) \cdot E_{gm} J_{gm} .$$

Wäre der Transformator jedoch ein gewöhnlicher Wechselstromtransformator, so würde sein

$$V_{Fe} + V_{Cu} = \frac{\left(\sqrt{v} + \frac{1}{\sqrt{v}}\right) 2 \cdot 10^4}{\pi\sqrt{2}\, e f q_s} \sqrt{\frac{k_E k_w G l_m}{\lambda Q}}\, E_s \cdot J_s . \quad (19)$$

Hält man daran fest, daß die Leistungsgrenze des Transformators durch die zulässige Grenze der Verluste $V_{Fe} + V_{Cu}$ gegeben ist, und sieht man von der geringen Veränderlichkeit von $\sqrt{v} + \frac{1}{\sqrt{v}}$ ab, betrachtet also den die Transformatordaten enthaltenden Faktor als konstant, so besagen die Gleichungen (18) und (19), daß die thermische Beanspruchung des Transformators und damit dessen Ausnutzung proportional ist dem Produkt des Effektivwertes der Spannung mit dem Effektivwert des Stromes, d. h. derjenigen Größe, die man als Scheinleistung bezeichnet. Während jedoch bei einem gewöhnlichen Transformator mit Wechselstrombelastung die primäre Scheinleistung $N_p = E_p J_p$ und die sekundäre Scheinleistung $N_s = E_s J_s$ einander gleich sind, tritt bei einem Gleichrichtertransformator die Eigentümlichkeit auf, daß diese beiden Scheinleistungen verschieden sind; die sekundäre Scheinleistung ist stets die größere von beiden, wie sich nach der Wechselstrombedingung leicht einsehen läßt. Im vorliegenden Falle ist die primäre Scheinleistung

$$N_p = \frac{\pi}{\sqrt{2}} \sqrt{\frac{\pi^2}{4} - 1} \cdot \sqrt{1 + \varkappa^2}\, E_{gm} J_{gm} = 2{,}69\sqrt{1 + \varkappa^2} \cdot E_{gm} J_{gm} , \quad (20\text{a})$$

dagegen die sekundäre Scheinleistung

$$N_s = \frac{\pi^2}{2\sqrt{2}} E_{gm} J_{gm} = 3{,}49 \cdot E_{gm} J_{gm}\,. \tag{20b}$$

Die sich damit ergebende Beanspruchung des Transformators folgt nach (18) dem mittleren Werte zwischen N_p und N_s, der für $\varkappa = 0$ gleich

$$N_t = \frac{1}{2}(N_p + N_s) = \frac{\pi}{2\sqrt{2}}\left(\sqrt{\frac{\pi^2}{4} - 1} + \frac{\pi}{2}\right) E_{gm} J_{gm} = 3{,}09\, E_{gm} J_{gm}\,. \tag{20c}$$

Denjenigen Wert N_t, der (18) dem höchstzulässigen Wert der Verluste $V_{Fe} + V_{Cu}$ des Transformators entspricht, nennt man die Typenleistung des Transformators, sie sei mit $\bar{N}_t$ bezeichnet.

Im Anschluß an die Beziehungen (20a), (20b) und (20c) sollen künftig die Verhältniswerte

$$C_p = N_p/E_{gm} J_{gm}, \quad C_s = N_s/E_{gm} J_{gm}, \quad C_t = \tfrac{1}{2}(C_p + C_s) = N_t/E_{gm} J_{gm} \tag{21}$$

als Ausnutzungsfaktoren bezeichnet werden, und zwar nennen wir C_p den primären, C_s den sekundären und C_t den mittleren Ausnutzungsfaktor des Transformators. Im vorliegenden Beispiel ist bei $\varkappa = 0$ offenbar $C_p = 2{,}69$, $C_s = 3{,}49$ und $C_t = 3{,}09$. Dies bedeutet z. B., daß die mittlere Scheinleistung des Transformators 3,09mal so groß zu veranschlagen ist wie die Gleichstromleistung. Der Ausnutzungsfaktor eines gewöhnlichen Wechselstromtransformators mit Ohmscher Belastung wäre = 1, die Abweichung der obigen Werte von 1 kennzeichnen also die ungünstigere Ausnutzung durch den Gleichrichterbetrieb.

Die Gleichungen (20a) bis (20c) lassen sich natürlich auch in der Weise ableiten, daß man den Begriff der Scheinleistung durch bloße Definition als obere Grenze der Wirkleistung bei reiner Wechselstrombelastung durch einen Ohmschen Widerstand einführt. Man würde dann jedoch nicht ohne weiteres verstehen, wieso die Scheinleistung ein Maß für die thermische Beanspruchung darstellt. Aus diesem Grunde haben wir den Umweg über die Verluste des Transformators gewählt. Wesentlich ist bei diesen Überlegungen, daß die Gleichrichterdaten abgestellt werden auf die äquivalenten Wechselstromdaten, die bei Transformatoren gegebener Konstruktion als bekannt vorauszusetzen sind.

Abschließend weisen wir noch darauf hin, daß sich die Gleichung (19) bei bekannten höchstzulässigen Verlusten $V_{Fe} + V_{Cu}$ zur Berechnung der Typenleistung $\bar{N}_t$ des Transformators heranziehen läßt, wenn die übrigen Größen der Gleichung gegeben sind. Dann ist

$$\bar{N}_t = \frac{\pi\sqrt{2}\, e f q_S (V_{Fe} + V_{Cu})}{\left(\sqrt{v} + \frac{1}{\sqrt{v}}\right) 2 \cdot 10^4} \sqrt{\frac{\lambda Q}{k_E k_w Q l_m}}\,. \tag{22a}$$

Eine ähnliche Beziehung, die in dieser enthalten ist, sich jedoch ihrer größeren Einfachheit wegen weit besser für den praktischen Gebrauch eignet, erhält man, wenn man von (16b) und (16d) in Verbindung mit der Formel für die Windungsspannung ausgeht. Man findet dann

$$\overline{N}_t = \frac{1}{2}\,e\sqrt{\frac{V_{Cu}\lambda Q}{l_m}}\,, \tag{22b}$$

eine Beziehung, die man auf folgendem Wege auch direkt erhalten kann. Die beiden Wicklungen denkt man sich als eine einzige mit dem Querschnitt Q, der Windungszahl 1 und dem Ohmschen Widerstand $l_m/\lambda Q$ und stromdurchflossen von dem Strom $n_p J_p + n_s J_s = 2 n_p J_p$. Dann folgt $V_{Cu} = l_m/\lambda Q \cdot 4 n_p^2 J_p^2$ oder $n_p J_p = \frac{1}{2}\sqrt{V_{Cu}\lambda Q/l_m}$. Multipliziert man beide Seiten der Gleichung mit der Windungsspannung e, so erhält man links $E_p J_p = \overline{N}_t$ und damit (22b). In dieser Beziehung ist übrigens die einfachere

$$\overline{N}_t = \tfrac{1}{2}\,esQ \tag{22c}$$

enthalten, in der s die Stromdichte in den Wicklungen bedeutet; diese ist zwar zur Vorausberechnung einer Typenleistung ungeeignet, da ja s zunächst nicht bekannt ist, leistet jedoch zu raschen Abschätzungen gute Dienste. Auch diese Beziehung erhält man auf einem direkten Wege, indem man von $N_t = E_p J_p$ ausgeht, mit n_p und q_p erweitert und die Faktorenzerlegung $E_p J_p = \frac{E_p}{n_p} \cdot \frac{J_p}{q_p} \cdot n_p q_p$ vornimmt.

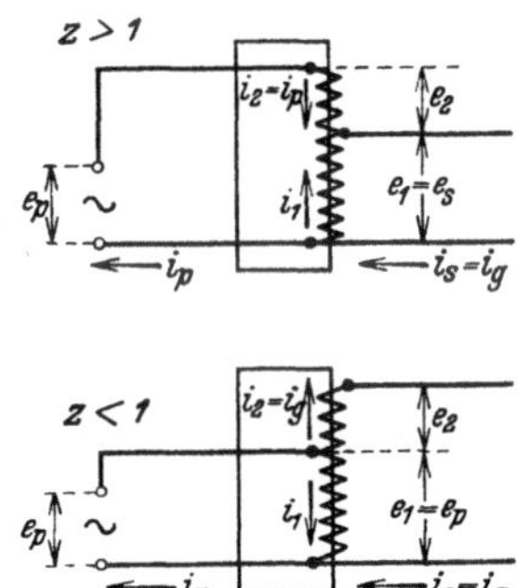

Abb. 27. Einphasentransformator in Sparschaltung.

Wir haben bisher angenommen, daß der Transformator getrennte Wicklungen besitzt; wir wollen daher nachholen, welche Stromverhältnisse bei einer Wicklung in Sparschaltung eintreten. Abb. 27 zeigt eine Ausführung einer solchen Sparwicklung für ein Übersetzungsverhältnis $z > 1$ und < 1. Die zwei durch die Anzapfungen begrenzten Wicklungsteile sind mit *1* und *2* numeriert. Der Strom i_1 der Innenwicklung *1* ist kleiner als i_p oder i_s, nämlich $= i_s - i_p$, hierauf beruht ja die Ersparnis an Leitermaterial; die Ersparnis ist jedoch nicht so erheblich wie bei gewöhnlichen Wechselstromtransformatoren, da ja i_s und i_p nicht die gleiche Kurvenform aufweisen. Nach Gleichung (14) ist, da sich durch die Sparschaltung an dem Verlauf von i_p nichts ändert,

$$i_1 = \frac{1}{z}\left((1 - z)\,i_g - J_{gm}\right) + j_0\,. \tag{23}$$

Der Effektivwert J_1 dieses Stromes errechnet sich ähnlich (15a) und (15b) aus

$$J_1^2 = \frac{1}{2\pi}\int\limits_0^{2\pi}\left[\frac{1}{z}((1 - z)\,i_g - J_{gm}) + j_0\right]^2 d\vartheta = \frac{1}{z^2}((1 - z)^2 J_{ge}^2 - (1 - 2z)\,J_{gm}^2) + J_0^2$$

zu

$$J_1 = \sqrt{\left(\frac{1 - 2z}{z^2}\left(\frac{\pi^2}{4} - 1\right) + \frac{\pi^2}{4}\right) J_{gm}^2 + J_0^2}\,. \tag{23a}$$

Führt man darin an Stelle des effektiven Leerlaufstromes J_0 wieder sein Verhältnis $\varkappa$ zum effektiven Primärstrom $J_p \approx \sqrt{\frac{\pi^2}{4} - 1} \cdot J_{gm}/z$ ein, so wird

$$J_1 = J_{gm} \sqrt{\left(\frac{1-2z}{z^2} + \varkappa^2\right)\left(\frac{\pi^2}{4} - 1\right) + \frac{\pi^2}{4}}. \qquad (23\,\text{b})$$

Der effektive Strom J_2 in der zweiten Wicklung ist, wie aus Abb. 27 zu ersehen ist, für $z > 1$ gleich J_p, für $z < 1$ gleich J_{ge}. In Abb. 28 findet man die Ströme J_1 und J_2 als Funktion des Übersetzungsverhältnisses z aufgetragen. Die Abbildung veranschaulicht, wie man auch aus (23b) ablesen kann, daß der Spartransformator für $z = 1$, wie wir schon sagten, keineswegs „leerläuft", vielmehr hat dann J_1, von J_0 abgesehen, den Wert des mittleren Gleichstromes. Wir ergänzen diese Angaben noch durch den Hinweis, daß das Windungsverhältnis n_2/n_1 der beiden Wicklungen für $z > 1$ gleich $z - 1$, für $z < 1$ gleich $\frac{1}{z} - 1$ gewählt werden muß.

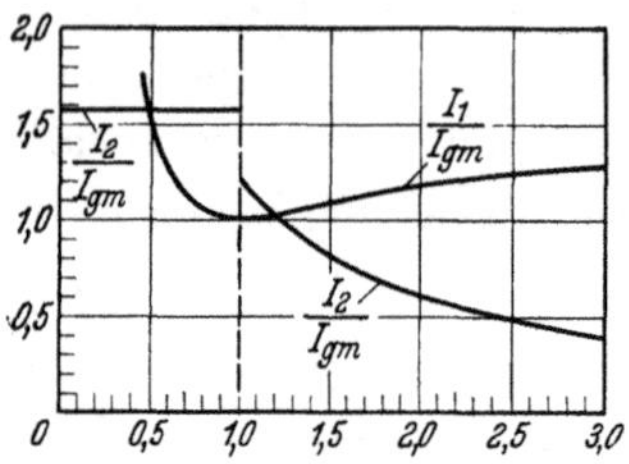

Abb. 28. Effektive Ströme des Einphasen-Spartransformators bei $\varkappa = 0$.

Der Ausnutzungsfaktor C_t des Transformators errechnet sich aus den Scheinleistungen der Wicklungsteile in der folgenden Weise:

$$\begin{aligned} &z > 1 \\ &C_t = \frac{\pi}{2\sqrt{2}}\left(\sqrt{\left(\frac{1-2z}{z^2} + \varkappa^2\right)\left(\frac{\pi^2}{4} - 1\right) + \frac{\pi^2}{4}} + (z-1)\sqrt{(1+\varkappa^2)\left(\frac{\pi^2}{4} - 1\right)}\right) \\ &z < 1 \\ &C_t = \frac{\pi}{2\sqrt{2}}\left(z\sqrt{\left(\frac{1-2z}{z^2} + \varkappa^2\right)\left(\frac{\pi^2}{4} - 1\right) + \frac{\pi^2}{4}} + (1-z)\frac{\pi}{2}\right). \end{aligned} \qquad (24)$$

In Abb. 29 findet man die Werte von C_t als Funktion von z aufgetragen. Der Übersetzungsbereich, innerhalb dessen C_t nach (24) kleiner ist als für den Transformator mit getrennten Wicklungen nach (20a) bis (20c), innerhalb dessen also eine Ausführung als Spartransformator wirtschaftlich ist, liegt bei $\varkappa = 0$ etwa zwischen $z = 0$ und $z = 2{,}3$.

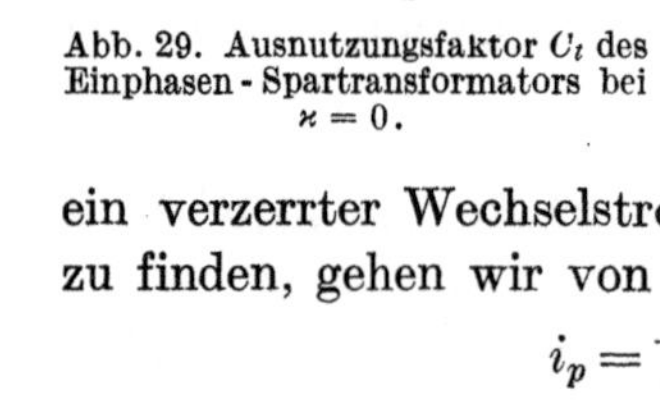

Abb. 29. Ausnutzungsfaktor C_t des Einphasen-Spartransformators bei $\varkappa = 0$.

Oberwellen und Verzerrung des Wechselstromes. Der primäre Wechselstrom i_p des Transformators ist, wie wir gefunden haben, kein sinusförmiger, sondern, wie wir sagen, ein verzerrter Wechselstrom. Um ein Maß für seine Kurvenqualität zu finden, gehen wir von der Fourier-Entwicklung

$$i_p = \sqrt{2}\sum_{\varkappa} J_{p\varkappa} \sin(\varkappa\vartheta - \beta_\varkappa), \quad \varkappa = 1, 2, \ldots, \infty \quad (25)$$

aus und bilden das Verhältnis zwischen dem Effektivwert der Summe aller Oberwellen und dem Effektivwert der Grundwelle; dieses Verhältnis soll die Verzerrung v_{J_p} des Primärstromes heißen.

Die Oberwellen des Primärstromes lassen sich mit Hilfe von (14) und den nach (6a) gegebenen Harmonischen des Gleichstromes leicht angeben. Man findet so

$$J_{p1} = \sqrt{\left(\frac{\pi}{2\sqrt{2}z} J_{gm}\right)^2 + J_0^2}, \qquad \beta_1 = \operatorname{arctg} \frac{J_0}{\frac{\pi}{2\sqrt{2}z} J_{gm}}$$
$$J_{p\varkappa} = \frac{\sqrt{2}}{z(\varkappa^2 - 1)} J_{gm}, \qquad \beta_\varkappa = 90°,\ \varkappa = 2, 4, \ldots, \tag{25a}$$

während die übrigen Oberwellen sich zu Null ergeben. Die nachfolgende Tabelle stellt einige Werte von $J_{p\varkappa}/J_{p1}$ für $J_0 = 0$ zusammen; darin ist $J_{p1} = \frac{1}{z} \cdot \frac{\pi}{2\sqrt{2}} J_{gm} = \frac{1{,}111}{z} \cdot J_{gm}$.

Unter Verwendung der in dieser Tabelle angegebenen Werte errechnet man für den Effektivwert J_p des Primärstromes

$$J_p^2 = (1 + 0{,}4244^2 + 0{,}0849^2 + 0{,}0364^2 + 0{,}0202^2 + 0{,}0129^2)\, J_{p1}^2$$
$$= 1{,}189\, J_{p1}^2,$$

woraus folgt $J_p = 1{,}0905\, J_{p1} = \frac{1{,}210}{z} J_{gm}$ in Übereinstimmung mit dem früheren Ergebnis (15b). Der Effektivwert $\tilde{J}_p$ der Summe aller Oberwellen ist nun offenbar

$$\tilde{J}_p = \sqrt{J_p^2 - J_{p1}^2},$$

sein Verhältnis zur Grundwelle wollen wir die Verzerrung v_{J_p} des Wechselstromes nennen, diese ist daher

$$v_{J_p} = \frac{\sqrt{J_p^2 - J_{p1}^2}}{J_{p1}}. \tag{26}$$

Effektive Oberwellen des Wechselstromes für $\varkappa = 2$ bis 10.

$\varkappa$	$J_{p\varkappa}/J_{p1}$	$\beta_\varkappa$
2	0,4244	90°
4	0,0849	90°
6	0,0364	90°
8	0,0202	90°
10	0,0129	90°

Im vorliegenden Falle wird aus (15b) und (25a) $J_p = \sqrt{2 - \frac{8}{\pi^2}} \cdot J_{p1}$, also $v_{J_p} = \sqrt{1 - \frac{8}{\pi^2}} = 0{,}434$. Aus der obigen Zahlenrechnung ergibt sich $v_{J_p} = \sqrt{0{,}189} = 0{,}434$, übereinstimmend mit dem vorigen Wert.

Definition von Wirkleistung, Blindleistung, Verzerrungsleistung und Scheinleistung. Wir hatten oben festgestellt, daß die primäre und die sekundäre Scheinleistung des Transformators unter sich verschieden und daß beide beträchtlich größer sind als die Gleichstromleistung $E_{gm} \cdot J_{gm}$. Wir wollen dieser Eigentümlichkeit, nachdem wir den Primärstrom des Transformators in seine Harmonischen zerlegt haben, etwas weiter nachgehen und dazu die primäre Scheinleistung $N_S = E_p J_p$

näher untersuchen. Unter Verwendung der Stromharmonischen schreibt sich diese Scheinleistung

$$N_S = E_p\sqrt{J_{p1}^2 + J_{p2}^2 + J_{p3}^2 + \cdots},$$

hierfür kann man schreiben

$$N_S = E_p\sqrt{(J_{p1}\cos\beta_1)^2 + (J_{p1}\sin\beta_1)^2 + J_{p2}^2 + J_{p3}^2 + \cdots}$$

Dieser Ausdruck ist gleichbedeutend mit dem folgenden

$$N_S = \sqrt{N_W^2 + N_B^2 + N_V^2}, \tag{27}$$

worin N_W, N_B, N_V gewisse Leistungsgrößen vorstellen, die durch die Gleichungen

$$\begin{aligned} N_W &= E_p J_{p1}\cos\beta_1, \\ N_B &= E_p J_{p1}\sin\beta_1, \\ N_V &= E_p\sqrt{J_{p2}^2 + J_{p3}^2 + \cdots} \end{aligned} \tag{27a}$$

gegeben sind und als folgende Größen aufzufassen sind:

Die erste Leistungsgröße N_w ist die primärseitige Wirkleistung, die bei Vernachlässigung aller Verluste gleich der gleichstromseitigen Wirkleistung ist. Tatsächlich ist

$$N_w = \frac{1}{2\pi}\int_0^{2\pi} e_p i_p d\vartheta = \frac{1}{2\pi}\int_0^{2\pi} e_g i_g d\vartheta = \frac{1}{2\pi}\cdot\frac{2E_s^2}{R}\int_0^{\pi}\sin^2\vartheta\, d\vartheta = \frac{\pi^2}{4}E_{gm}J_{gm}, \tag{28}$$

während nach (25a)

$$N_w = E_p J_{p1}\cos\beta_1 = E_p\sqrt{\left(\frac{\pi}{2\sqrt{2z}}J_{gm}\right)^2 + J_0^2}\cdot\frac{1}{\sqrt{1+\left(\frac{J_0}{\frac{\pi}{2\sqrt{2z}}J_{gm}}\right)^2}}$$

$$= \frac{\pi}{2\sqrt{2z}}J_{gm}\cdot E_p = \frac{\pi^2}{4}E_{gm}J_{gm}$$

sich das gleiche Resultat ergibt. Man kann dies auch sofort einsehen, indem man davon ausgeht, daß nach der Fourier-Zerlegung von i_p

$$E_p J_{p1}\cos\beta_1 = E_p\cdot\frac{1}{\pi\sqrt{2}}\int_0^{2\pi} i_p\sin\vartheta\, d\vartheta = \frac{1}{2\pi}\int_0^{2\pi} e_p i_p d\vartheta = N_w$$

sein muß. Etwas schwieriger zu interpretieren ist die zweite der genannten Leistungsgrößen N_B, die man als Blindleistung bezeichnet. Formal ergibt sich diese aus (25a) zu

$$N_B = E_p J_{p1}\sin\beta_1 = E_p\sqrt{\left(\frac{\pi}{2\sqrt{2z}}J_{gm}\right)^2 + J_0^2}\cdot\frac{\frac{J_0}{\frac{\pi}{2\sqrt{2z}}J_{gm}}}{\sqrt{1+\left(\frac{J_0}{\frac{\pi}{2\sqrt{2z}}J_{gm}}\right)^2}} = E_p J_0, \tag{29}$$

sie ist also im vorliegenden Falle gleich der Magnetisierungsblindleistung des Transformators. Nach der Fourier-Zerlegung läßt sich die Blindleistung auffassen als

$$E_p J_{p1} \sin\beta_1 = E_p \cdot \frac{1}{\pi\sqrt{2}} \int_0^{2\pi} i_p \cos\vartheta \, d\vartheta ,$$

d. h. als Wirkleistung des Stromes i_p und der um 90° in der Phase verschobenen Spannung e_p.

Die hier vorliegende physikalische Bedeutung der Blindleistung als Magnetisierungs-Speicherleistung ist jedoch nicht zwingend: die Existenz von Blindleistung nach der durch (27a) gegebenen Definition ist nur an eine Phasenverschiebung der Grundwelle des Stromes zur sinusförmig angenommenen Spannung gebunden, ob diese Phasenverschiebung auf Speicherleistung oder andere physikalische Ursachen zurückzuführen ist, ist an sich nebensächlich. Im vorliegenden Falle ist der ideelle Anteil $\frac{1}{z}(i_g - J_{gm})$ des Primärstromes i_p symmetrisch zur Spannung, so daß nur der Magnetisierungsstrom j_0 einen Beitrag zur Blindleistung liefern kann.

Während die bisher genannten Leistungen nur durch die Grundwelle des Primärstromes bedingt sind, rührt die dritte Leistungsgröße N_V in (27a) von den Oberwellen des Primärstromes her; da diese den Strom, verglichen mit der Sinusform, verzerren, nennt man N_V die Verzerrungsleistung[1]. Um dies noch weiter zu veranschaulichen, gehen wir von der momentanen Leistung $e_p \cdot i_p$ aus. Diese zerlegt sich bei sinusförmig angenommener Spannung in den von der Grundwelle des Stromes herrührenden Anteil und die von den Oberwellen des Stromes herrührenden Anteile. Der erstere Anteil läßt sich auftrennen in einen beständig positiven Anteil, dieser ist die momentane Wirkleistung mit dem Mittelwert N_W, sowie in einen oszillierenden Anteil mit dem Scheitelwert N_B. Die weiteren, von den Oberwellen des Stromes herrührenden Anteile stellen Leistungsoszillationen mit periodisch veränderlicher Amplitude nach Art von Schwebungen dar, aus diesen ergibt sich nach einem etwas komplizierteren Bildungsgesetz die Verzerrungsleistung N_V. Ohne dieser Zurückführung der Leistungsgrößen N_W, N_B und N_V auf gewisse Anteile der momentanen Leistung weiter nachzugehen, wollen wir als gegeben hinnehmen, daß ihre Definition mathematisch und praktisch zweckmäßig ist. Einige Bestätigungen dieser Zweckmäßigkeit werden sich bald zeigen.

Definition des Leistungsfaktors. Die Leistungsgrößen N_B und N_V sind diejenigen, die bewirken, daß die Scheinleistung größer wird als

[1] Die Definition der Verzerrungsleistung rührt von C. Budeanu her, vgl. A. Fraenkel: Elektrotechn. Z. Bd. 49 (1928) S. 97.

die Wirkleistung N_W, die somit die thermische Überbeanspruchung des Netzes bzw. dessen Generators hervorrufen. Unter der zunächst einfachsten Annahme, daß unser Gleichrichter die einzige Belastung des stromliefernden Generators vorstellt, ist die Scheinleistung N_S ein Maß für die Beanspruchung des Generators, denn für den Generator gelten grundsätzlich die gleichen Überlegungen wie die, die wir für den Transformator angestellt haben; das Verhältnis N_W/N_S ist somit ein Maß für die relative Ausnutzung des Generators durch den Verbraucher; dieses Maß nennt man den Leistungsfaktor. Aus Gründen mathematischer Zweckmäßigkeit bezeichnen wir diesen so definierten Leistungsfaktor mit $\cos\alpha_0$. Dieser Leistungsfaktor ist ein Maß für die Verschlechterung des Wirkungsgrades des Generators infolge der von der Ohmschen abweichenden Belastung. Ist nämlich der Wirkungsgrad bei einer Ohmschen Belastung gleicher Wirkleistung gleich η', so ist der Wirkungsgrad bei der tatsächlichen Belastung

$$\eta = \frac{\eta' \cos\alpha_0}{1-(1-\cos\alpha_0)\,\eta'} < \eta'.$$

Im vorliegenden Falle ist mit Rücksicht auf (20a)

$$\cos\alpha_0 = \frac{N_W}{N_S}$$

$$= \frac{\frac{\pi^2}{4} E_{gm} J_{gm}}{\frac{\pi}{\sqrt{2}}\sqrt{\frac{\pi^2}{4}-1}\cdot\sqrt{1+\varkappa^2}\,E_{gm} J_{gm}} = \frac{1}{\sqrt{2-\frac{8}{\pi^2}}}\cdot\frac{1}{\sqrt{1+\varkappa^2}} = \frac{0{,}92}{\sqrt{1+\varkappa^2}}. \quad (30)$$

Der Winkel α_0 hat eine gewisse geometrische Bedeutung; er ist, wie Abb. 30 veranschaulicht, der Winkel, den die Diagonale N_S des aus N_W, N_B und N_V gebildeten rechtwinkligen Parallelepipeds mit N_W einschließt. Da nach dieser Darstellung der Winkel α_0 stets reell ist, ist der Leistungsfaktor $\cos\alpha_0$ stets $\leqq 1$. Dieser Leistungsfaktor hat indessen im allgemeinen nur eine geringe Bedeutung, denn in Wirklichkeit hat man ja damit zu rechnen, daß der Gleichrichter einen zu einer bereits vorhandenen Grundbelastung des Generators hinzutretenden Verbraucher vorstellt[1].

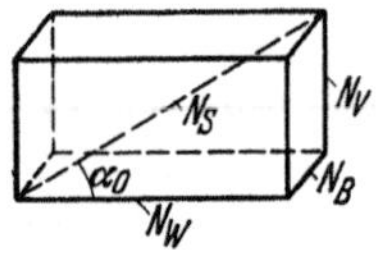

Abb. 30. Raumdiagramm von N_S, N_W, N_B, N_V und α_0.

Wir nehmen zunächst an, daß die Grundbelastung beliebig im Vergleich zur Gleichrichterleistung und daß ihr Strom sinusförmig ist. Die Grundbelastung sei gekennzeichnet durch die Wirkleistung N_{W1} und die Blindleistung N_{B1}, während der Gleichrichter die Wirkleistung N_{W2}, die Blindleistung N_{B2} und die Verzerrungsleistung N_{V2} aufweisen soll. Wir können dann die resultierende Scheinleistung N_{Sr} am Generator

[1] Hierauf hat zuerst L. P. Krijger hingewiesen. Vgl. Elektrotechn. Z. Bd. 44 (1923) S. 286.

in ähnlicher Weise wie in Abb. 30 konstruieren; sie ist, wie Abb. 31 veranschaulicht[1], die Raumdiagonale eines Parallelepipeds mit den Kanten $N_{W1} + N_{W2}$, $N_{B1} + N_{B2}$ und N_{V2}. Sie ist daher auch die Flächendiagonale des Rechtecks mit den Seiten $N_{W1} + N_{W2}$ und $\sqrt{(N_{B1} + N_{B2})^2 + N_{V2}^2}$, diese letztere Seite ist in Abb. 32 für sich herausgezeichnet; ist die Grundbelastung, wie es im allgemeinen zu sein pflegt, groß gegenüber der Gleichrichterbelastung, so kann man für die Wurzel angenähert $N_{B1} + N_{B2} + \frac{N_{V2}^2}{2N_{B1}}$ schreiben. Hiernach kann man aber den Gleichrichter auffassen als einen Sinusstromverbraucher mit der Wirkleistung N_{W2} und der gegenüber N_{B2} etwas vergrößerten Blindleistung

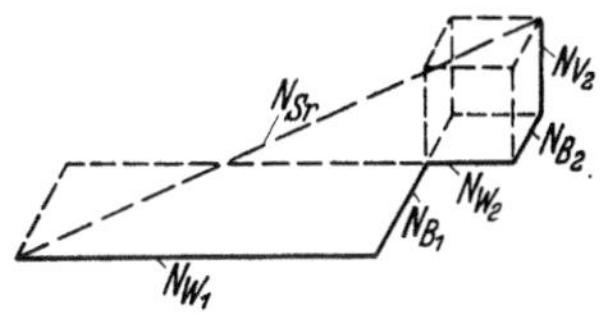

Abb. 31. Raumdiagramm der Leistungen von Grundbelastung und Gleichrichter.

$\tilde{N}_{B2} = N_{B2} + \frac{N_{V2}^2}{2N_{B1}}$, derart, daß die Summe $N_{B1} + \tilde{N}_{B2}$ als resultierende fiktive Blindleistung des Generators erscheint, in der dann der Anteil der Verzerrungsleistung N_{V2} schon enthalten ist. Wir nennen $\tilde{N}_{B2}$ die maßgebende Blindleistung des Gleichrichters, sie ist also angenähert

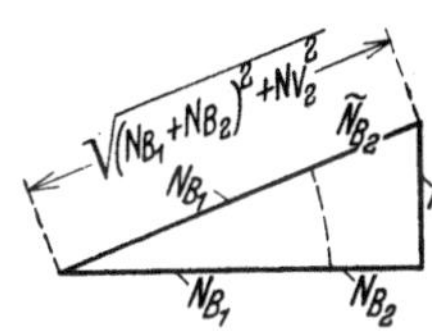

Abb. 32. Konstruktion der maßgebenden Blindleistung des Gleichrichters.

$$\tilde{N}_{B2} = N_{B2} + \frac{N_{V2}^2}{2N_{B1}}. \tag{31}$$

Wie Abb. 32 zeigt, kann man $\tilde{N}_{B2}$ sehr leicht auf zeichnerischem Wege finden, indem man um die linke Ecke des Dreiecks mit N_{B1} einen Kreisbogen schlägt, dieser teilt dann die Diagonale in die beiden Streckenabschnitte N_{B1} und $\tilde{N}_{B2}$.

Ist die Grundbelastung sehr groß im Vergleich zur Gleichrichterbelastung, so wird $\tilde{N}_{B2} \approx N_{B2}$, d. h. die maßgebende Blindleistung des Gleichrichters wird gleich ihrer Eigenblindleistung, wie man nach der Abb. 32 auch leicht einsieht. Wegen ihrer rechtwinkligen Anfügung an die Blindleistung $N_{B1} + N_{B2}$ liefert die Verzerrungsleistung N_{V2} praktisch keinen Beitrag zur resultierenden Blindleistung mehr.

Mit der maßgebenden Blindleistung $\tilde{N}_{B2}$ läßt sich ein maßgebender Leistungsfaktor $\cos\tilde{\alpha} = N_{W2}/\sqrt{N_{W2}^2 + \tilde{N}_{B2}^2}$ definieren. Bei sehr großer Grundbelastung wird dieser $= N_{W2}/\sqrt{N_{W2}^2 + N_{B2}^2}$, dies ist offenbar der größte Wert, den der maßgebende Leistungsfaktor annehmen kann; dieser Wert ist jedoch der Leistungsfaktor der Grundwelle des Stromes, wir bezeichnen ihn fortan mit $\cos\alpha_1$. Hiernach ist offenbar

$$\cos\alpha_0 \leqq \cos\tilde{\alpha} \leqq \cos\alpha_1 \leqq 1, \tag{32}$$

wobei insbesondere bei sehr großer Grundbelastung $\cos\tilde{\alpha} \approx \cos\alpha_1$ wird.

[1] Vgl. O. Löbl, VDE-Fachberichte 1931, S. 24.

Im vorliegenden Falle wird mit Rücksicht auf (29) $\operatorname{tg} \alpha_1 = N_{B2}/N_{W2}$ $= E_p J_0 / E_{ge} J_{ge} = \frac{2\sqrt{2}}{\pi} \sqrt{\frac{\pi^2}{4} - 1} \cdot \varkappa$, und daher

$$\cos \alpha_1 = \frac{1}{\sqrt{1 + \left(2 - \frac{8}{\pi^2}\right) \varkappa^2}}. \tag{33}$$

Da dieser nach obigem im allgemeinen auch der maßgebende Leistungsfaktor ist, so folgt, daß im vorliegenden Falle für diesen nur der Leerlaufstrom des Transformators ausschlaggebend ist.

Berücksichtigung des Lichtbogenabfalles. Wir haben bisher für die Bestimmung der Spannungs- und Stromdaten von Verlusten abgesehen. Es soll jetzt der Lichtbogenabfall des Gleichrichterrohres in die Rechnung mit einbezogen werden; dieser sei zeitlich konstant und gleich E_l. Dann zündet das Gleichrichterrohr nicht mehr jeweils im Nulldurchgang der Wechselspannung, sondern erst nach deren Überschreitung des Wertes E_l. Der alsdann einsetzende Gleichstrom hat den Momentanwert $\frac{e_w - E_l}{R}$, dieser erlischt offenbar wieder, sobald e_w den Wert E_l unterschritten hat. Da $e_w = \sqrt{2} E_w \sin \vartheta$ ist, beginnt der Gleichstrom bei $\vartheta = \arcsin \sigma$ und erlischt wieder bei $\vartheta = \pi - \arcsin \sigma$, wenn

$$\sigma = \frac{E_l}{\sqrt{2}\, E_w} \tag{34}$$

bedeutet. Den Verlauf des Gleichstromes veranschaulicht Abb. 33. Infolge des Lichtbogenabfalles entsteht eine Verminderung der mittleren Gleichspannung und des Stromes, und zwar einerseits durch Spannungsabsenkung und andererseits durch Verminderung der Brenndauer des Lichtbogens. Die mittlere Gleichspannung E_{gm} wird jetzt

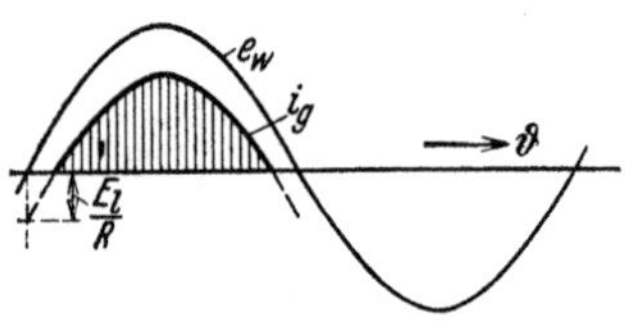

Abb. 33. Verlauf des Gleichstromes bei Berücksichtigung des Lichtbogenabfalles.

$$E_{gm} = \frac{\sqrt{2}\, E_w}{2\pi} \int\limits_{\arcsin \sigma}^{\pi - \arcsin \sigma} (\sin \vartheta - \sigma)\, d\vartheta = E_w \cdot \frac{\sqrt{2}}{\pi} \left(\sqrt{1 - \sigma^2} - \sigma \arccos \sigma\right). \tag{35}$$

In Abb. 34 findet man E_{gm}/E_w als Funktion von σ aufgetragen. Für kleine σ-Werte ist es bequemer, (35) durch den Anfang der Reihenentwicklung nach σ zu ersetzen; diese lautet:

$$E_{gm} = E_w \cdot \frac{\sqrt{2}}{\pi} \left(1 - \frac{\pi}{2} \sigma + \cdots\right),$$

woraus mit Rücksicht auf (34) folgt

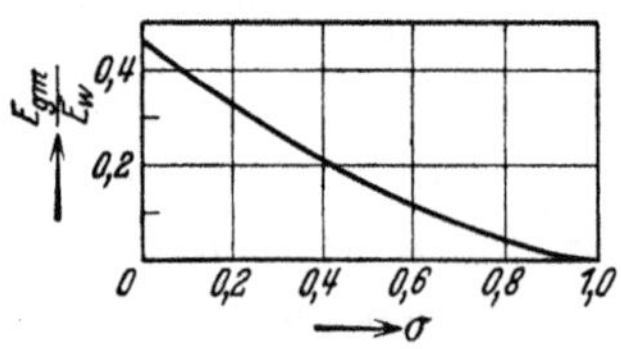

Abb. 34. Mittlere Gleichspannung als Funktion des Lichtbogenabfalles.

$$E_{gm} = \frac{\sqrt{2}}{\pi} E_w - \frac{1}{2} E_l = 0{,}450\, E_w - 0{,}500\, E_l. \tag{35a}$$

Mit Hilfe dieser Beziehung läßt sich auch ohne weiteres E_w aus E_{gm} und E_l bestimmen, was aus (35) nur unter Anwendung eines kleinen Kunstgriffes möglich ist. Hierzu muß man nämlich zunächst beide Seiten von (35) durch E_l zu dividieren, so daß die Gleichung

$$\frac{E_{gm}}{E_l} = \frac{1}{\pi}\left(\frac{\sqrt{1-\sigma^2}}{\sigma} - \operatorname{arc}\cos\sigma\right)$$

folgt. Berechnet man E_l/E_{gm} als Funktion von σ und trägt diesen Zusammenhang invers auf, so entsteht die in Abb. 35 wiedergegebene Kurve, die bei gegebenen Werten von E_{gm} und E_l den Wert von σ und damit $E_w = E_l/\sqrt{2}\,\sigma$ zu bestimmen gestattet.

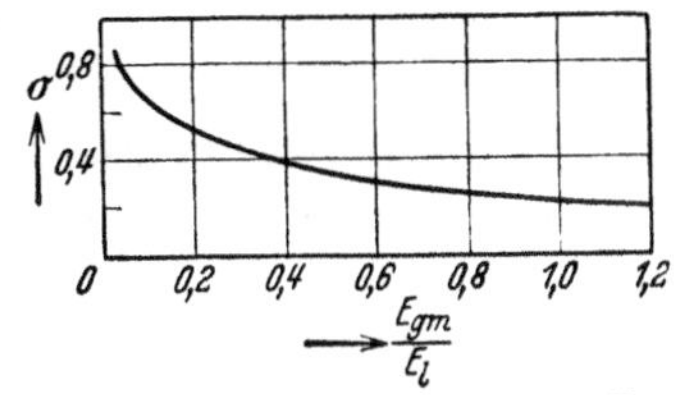

Abb. 35. Zur Bestimmung von E_w aus E_{gm} und E_l.

Wir berechnen noch den effektiven Gleichstrom J_{ge}. Man findet

$$J_{ge}^2 = \frac{2E_w^2}{2\pi R^2}\int\limits_{\operatorname{arc}\sin\sigma}^{\pi-\operatorname{arc}\sin\sigma} (\sin\vartheta - \sigma)^2 d\vartheta = \frac{E_w^2}{R^2}\cdot\frac{1}{\pi}\left((1+2\sigma^2)\operatorname{arc}\cos\sigma - 3\sigma\sqrt{1-\sigma^2}\right),$$

und daraus

$$J_{ge} = \frac{E_w}{R}\sqrt{\frac{1}{\pi}\left((1+2\sigma^2)\operatorname{arc}\cos\sigma - 3\sigma\sqrt{1-\sigma^2}\right)}. \tag{36}$$

Für kleine σ-Werte läßt sich die rechte Seite durch die Entwicklung $E_w/R\sqrt{2}\cdot\left(1 - \frac{4}{\pi}\sigma + \cdots\right)$ annähern, woraus mit (34) folgt:

$$J_{ge} = \frac{1}{R}\left(\frac{1}{\sqrt{2}}E_w - \frac{2}{\pi}E_l\right) = \frac{1}{R}(0{,}707\,E_w - 0{,}637\,E_l). \tag{36a}$$

Für $\sigma = 0$, d. h. $E_l = 0$, gehen die Gleichungen (35) und (36) bzw. (35a) und (36a) in die früheren (2) und (3) über.

Da Gleichspannung und Gleichstrom einander proportional sind, erhält man aus (35a) und (35b) unmittelbar einen Ausdruck für den Formfaktor f_{J_g} des Gleichstromes, der sich entwickeln läßt

$$f_{J_g} = 1{,}57 + 0{,}331\,\frac{E_l}{E_w}. \tag{37a}$$

Diese Formel zeigt die Zunahme des Formfaktors mit wachsender Gegenspannung. Besser noch erkennt man die Verschlechterung der Stromkurvenform an der Welligkeit $w_{J_g} = \sqrt{f_{J_g}^2 - 1}$, für die man findet

$$w_{J_g} \approx 1{,}21 + 0{,}430\,\frac{E_l}{E_w}. \tag{37b}$$

Der Leistungsfaktor wird ebenfalls durch den Lichtbogenabfall verschlechtert. Wir berechnen zuerst den totalen Leistungsfaktor $\cos\alpha_0$, wobei wir den Leerlaufstrom vernachlässigen können. Ausgehend von der allgemeinen Beziehung $\cos\alpha_0 = E_{ge}J_{ge}/E_p J_p = E_{ge}J_{ge}/E_w\sqrt{J_{ge}^2 - J_{gm}^2}$ findet man

$$\cos\alpha_0 = \frac{\frac{E_{ge}}{E_w}\frac{E_{ge}}{E_{gm}}}{\sqrt{\left(\frac{E_{ge}}{E_{gm}}\right)^2 - 1}} = \frac{E_{ge}}{E_w}\cdot\frac{f_{J_g}}{\sqrt{f_{J_g}^2 - 1}}, \tag{38}$$

worin die durch (35) und (36) bzw. (35a) und (36a) gegebenen Ausdrücke einzusetzen sind. Letztere ergeben angenähert

$$\cos\alpha_0 = 0{,}920 - 0{,}822\,\frac{E_l}{E_w}. \tag{38a}$$

Zur Bestimmung des Leistungsfaktors der Grundwelle $\cos\alpha_1$ gehen wir davon aus, daß $\operatorname{tg}\alpha_1 = E_{pl}J_0/E_{gl}J_{gl} = E_{pl}J_{pl}\varkappa/E_{gl}J_{gl} = \varkappa/\cos\alpha_0$, also allgemein

$$\cos\alpha_1 = \frac{1}{\sqrt{1 + \frac{\varkappa^2}{\cos^2\alpha_0}}} \tag{39}$$

ist. In dieser Beziehung kann man z. B. den durch (38a) gegebenen Wert von $\cos\alpha_0$ einsetzen.

Der Lichtbogenabfall bewirkt außerdem Verluste, die einen Wirkungsgrad des Gleichrichters <1 zur Folge haben. Diese Verluste sind $= E_l \cdot J_{gm}$. Für den Wirkungsgrad η ergibt sich daraus $\eta = E_{ge}J_{ge}/(E_{ge}J_{ge} + E_l J_{gm})$, sofern man von den Transformatorverlusten absieht; hierfür läßt sich schreiben $\eta = E_{ge}^2/(E_{ge}^2 + E_l \cdot E_{gm})$. Setzt man darin die Ausdrücke nach (35) und (36) ein, so entsteht

$$\eta = \frac{(1 + 2\sigma^2)\arccos\sigma - 3\sigma\sqrt{1-\sigma^2}}{\arccos\sigma - \sigma\sqrt{1-\sigma^2}}. \tag{40}$$

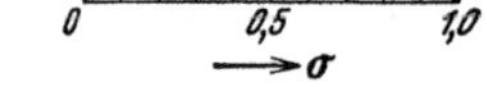

Abb. 36. Wirkungsgrad als Funktion des Lichtbogenabfalles.

Die Auswertung dieser Beziehung ergibt die Abb. 36, nach der mit großer Annäherung $\eta = 1 - \sigma$ gesetzt werden kann. In dieser Beziehung zeigt sich die Unabhängigkeit des Wirkungsgrades von der Belastung und außerdem die charakteristische Eigenschaft des Gleichrichters, daß seine Wirtschaftlichkeit mit der zu übertragenden Spannung wächst. Um jetzt noch den Transformatorverlusten Rechnung zu tragen, bezeichnen wir den eben berechneten Wirkungsgrad als Lichtbogenwirkungsgrad mit η_L, den Wirkungsgrad des Transformators mit η_T. Alsdann ist, wie man leicht einsieht, der Grundwirkungsgrad des Gleichrichters $\eta = \eta_L \cdot \eta_T$. Im allgemeinen berechnet man den Gesamtwirkungsgrad direkt aus

$$\eta = \frac{E_{ge}J_{ge}}{E_{ge}J_{ge} + E_l J_{gm} + V_{Fe} + V_{Cu}}, \tag{41}$$

worin die Eisenverluste praktisch konstant, die Kupferverluste proportional J_{ge}^2 sind. Als Kennlinie pflegt man den Wirkungsgrad ebenso wie den Leistungsfaktor als Funktion von J_{gm} aufzutragen.

Berücksichtigung von induktivem Spannungsabfall, Gleichspannungscharakteristik, das Reduktionsproblem. Nach den bisherigen Voraussetzungen war die erzielte mittlere Gleichspannung unabhängig von der Belastung. Die tatsächliche Abweichung hiervon ist außer in einer geringen Abhängigkeit des Lichtbogenabfalles von der Belastung in Ohmschem und induktivem Spannungsabfall begründet. Letzterer ist entweder auf Induktivitäten zurückzuführen, die absichtlich in den Gleichstromkreis oder Wechselstromkreis eingefügt sind oder einen Bestandteil der nicht rein Ohmschen Belastung ausmachen, oder ist zurückzuführen auf die Streuung der Transformatorwicklungen. Unter der nachher zu beweisenden Voraussetzung, daß alle diese Induktivitäten einander gleichwertig sind, denken wir uns diese in der Induktivität L bzw. der Reaktanz $\omega L = X$ konzentriert. Die Induktivität bewirkt, wie wir feststellen werden, eine Verlangsamung des Stromanstieges und des Absinkens des Stromes und damit eine Verlängerung der Brenndauer des Lichtbogens. Dies hat eine Verminderung der mittleren Gleichspannung zur Folge.

Wir sehen vorerst von der Berücksichtigung des Lichtbogenabfalles ab. Dann setzt der Strom, da sich durch die Induktivität an dem Zündeinsatz des Lichtbogens nichts ändert, zur Zeit $\vartheta = 0$ mit dem Anfangswert $i_g = 0$ ein. Sobald der Strom fließt, ist

$$e_g = e_w - X\frac{d i_g}{d\vartheta}.$$

Abb. 37. Einphasengleichrichter mit Induktivität im Gleichstromkreis.

Multipliziert man auf beiden Seiten mit $d\vartheta$ und integriert über die Brenndauer des Stromes, die λ betragen soll, so verschwindet der mit X behaftete Bestandteil, da i_g bei $\vartheta = 0$ und $\vartheta = \lambda$ den Wert Null hat. Also wird die mittlere Gleichspannung

$$E_{gm} = \frac{1}{2\pi}\int_0^\lambda e_w d\vartheta = \frac{\sqrt{2}E_w}{2\pi}\int_0^\lambda \sin\vartheta\, d\vartheta = \frac{\sqrt{2}}{\pi}E_w \cdot \frac{1-\cos\lambda}{2}. \qquad (42)$$

Um die Größe der Brenndauer λ zu bestimmen, gehen wir davon aus, daß das Spannungsgleichgewicht nach der Bedeutung von e_w und e_g

$$\sqrt{2}E_w \sin\vartheta = R i_g + X\frac{d i_g}{d\vartheta}$$

lautet, woraus mit $i_g = 0$ für $\vartheta = 0$ folgt

$$i_g = \frac{\sqrt{2}\,E_w}{R}\cos\varrho\left(\sin(\vartheta - \varrho) + \sin\varrho\, e^{-\vartheta\operatorname{ctg}\varrho}\right). \qquad (43)$$

Darin bedeutet $\varrho = \operatorname{arctg} X/R$. Für $\vartheta = \lambda$ soll der Strom wieder den Wert Null erreicht haben; man hat also, um λ zu finden, in (43) $\vartheta = \lambda$

und den Klammerausdruck $= 0$ zu setzen. Dies ergibt die Bestimmungsgleichung für λ

$$\sin(\lambda - \varrho) + \sin\varrho\, e^{-\lambda \operatorname{ctg}\varrho} = 0\,, \tag{44}$$

die sich allgemein nur graphisch lösen läßt. Für ϱ-Werte zwischen 0° und 45° bzw. X/R-Werte zwischen 0 und 1 ist mit guter Näherung

$$\lambda \approx \pi + \varrho = \pi + \operatorname{arc\,tg}\frac{X}{R}\,, \tag{44a}$$

da dann die e-Funktion vernachlässigbar ist. Die streng durchgeführte graphische Lösung von (44) ergibt den in Abb. 38 dargestellten Zusammenhang zwischen λ und ϱ bzw. X/R.

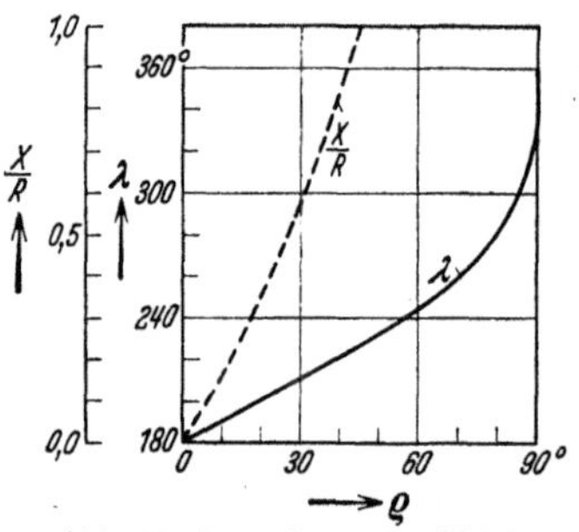

Abb. 38. Brenndauer des Gleichstromes als Funktion von $\varrho = \operatorname{arc\,tg} X/R$.

Wir stellen uns jetzt vor, daß die Reaktanz X eine konstante Größe ist, und daß der Widerstand R verändert, also der mittlere Gleichstrom verändert wird. Dann wird mit Verkleinerung des Widerstandes R der mittlere Gleichstrom, der nach (42) durch

$$J_{gm} = \frac{E_w}{R} \cdot \frac{\sqrt{2}}{\pi} \cdot \frac{1 - \cos\lambda}{2}$$

gegeben ist, wachsen, gleichzeitig wird aber auch X/R und damit ϱ wachsen, d. h. die Brenndauer λ zunehmen. Mit der Zunahme der Brenndauer tritt jedoch gemäß (42) ein Sinken der mittleren Gleichspannung ein.

Um dies zu veranschaulichen, gehen wir zunächst von der Stromgleichung (43) aus, die wir uns in der Form

$$i_g = \frac{\sqrt{2}E_w}{X} \cdot \sin\varrho \left(\sin(\vartheta - \varrho) + \sin\varrho\, e^{-\vartheta \operatorname{ctg}\varrho}\right) \tag{45}$$

geschrieben denken, und werten diese für $X/R = 0{,}1$; $0{,}2$; $0{,}4$; $0{,}6$; $1{,}0$; $2{,}0$; $5{,}0$ und ∞ aus. Die zugehörigen ϱ-Werte sind $\varrho = 5^\circ\,40'$; $11^\circ\,20'$; $21^\circ\,50'$; $31^\circ\,0'$; $45^\circ\,0'$; $63^\circ\,30'$; $78^\circ\,40'$ und 90°. Das Ergebnis dieser Auswertung zeigt Abb. 39. Die erste der wiedergegebenen Stromkurven ist noch praktisch sinusförmig, sie entspricht einer kleinen Belastung. Die letzte Stromkurve für $X/R = \infty$ entspricht dem ideellen Kurzschluß mit $R = 0$ und $E_{gm} = 0$. Die zugehörigen Werte des mittleren Gleichstromes errechnen sich aus $J_{gm} = \frac{E_w}{X} \cdot \frac{\sqrt{2}}{\pi} \operatorname{tg}\varrho \cdot \frac{1 - \cos\lambda}{2}$. Für den Kurzschlußpunkt ist insbesondere

$$J_{gmk} = \frac{\sqrt{2}E_w}{X}\,, \tag{45a}$$

für ihn gilt $i_g = \frac{\sqrt{2}E_w}{X}(1 - \cos\vartheta)$. Hieraus und aus (42) entnehmen wir die beiden Gleichungen $E_{gm}/\sqrt{2}E_w = \frac{1 - \cos\lambda}{2\pi}$ und $J_{gm}/J_{gmk} = \operatorname{tg}\varrho \frac{1 - \cos\lambda}{2\pi}$, die unter Verwendung der durch Abb. 38 gegebenen λ-Werte $E_{gm}/\sqrt{2}E_w$ als Funktion von J_{gm}/J_{gmk} zu berechnen gestatten. Diesen Zusammenhang nennen wir die Strom-Spannungscharakteristik des Gleichrichters, und zwar insbesondere die relative, wenn sie durch die Verhältnisgrößen dargestellt ist. Ihren so gefundenen Verlauf zeigt

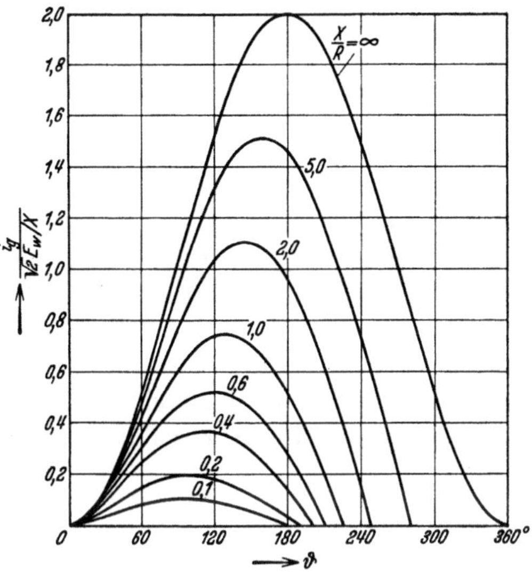

Abb. 39. Verlauf des Gleichstromes für konstante Reaktanz bei Verkleinerung des Widerstandes bis zum Kurzschluß.

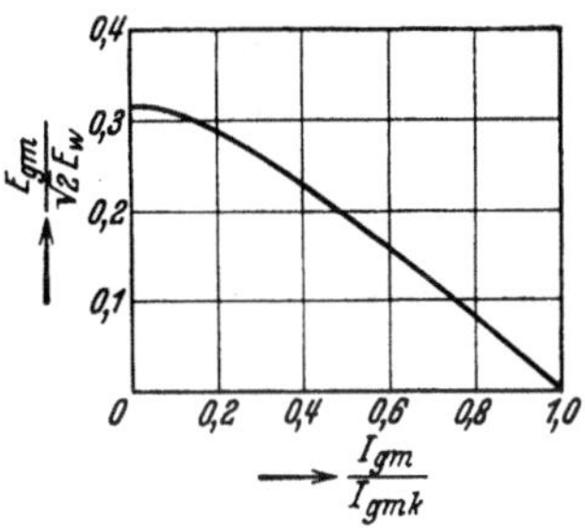

Abb. 40. Strom-Spannungscharakteristik zwischen Leerlauf und Kurzschluß.

Abb. 40. Für den Anfang der Charakteristik läßt sich eine Näherungsformel angeben. Es ist nämlich mit (44a) näherungsweise

$$\frac{E_{gm}}{\sqrt{2}E_w} \approx \frac{1+\cos\varrho}{2\pi} \approx 1 - \frac{\varrho^2}{4}, \quad \frac{J_{gm}}{J_{gmk}} \approx \frac{\operatorname{tg}\varrho}{\pi} \approx \frac{\varrho}{\pi}$$

zu schreiben, woraus nach Eliminieren von ϱ hervorgeht

$$\frac{E_{gm}}{\sqrt{2}\,E_w} = \frac{1}{\pi} - \frac{\pi}{4}\left(\frac{J_{gm}}{J_{gmk}}\right)^2. \tag{46}$$

Hierfür läßt sich jedoch mit Einführung der ideellen Gleichspannung $E'_{gm} = \frac{\sqrt{2}}{\pi} E_w$ schreiben:

$$E_{gm} = E'_{gm} - \frac{1}{4}\,\frac{X^2}{E'_{gm}} \cdot J_{gm}^2\,. \tag{46a}$$

Die Spannungscharakteristik ist also in ihrem Anfang eine Parabel.

Die mit der Belastung zunehmende Verminderung der Gleichspannung geschieht naturgemäß wattlos und ist daher mit der Entstehung von Blindleistung verbunden. Hiervon wird nachher noch die Rede sein.

Wir wollen nun den Lichtbogenabfall in die Überlegungen einbeziehen. Die Zündung des Lichtbogens erfolgt jetzt anstatt bei $\vartheta = 0$

bei $\vartheta = \arcsin\sigma$, so daß die mittlere Gleichspannung

$$\left.\begin{aligned} E_{gm} &= \frac{\sqrt{2}E_w}{2\pi}\int\limits_{\arcsin\sigma}^{\lambda+\arcsin\sigma}(\sin\vartheta - \sigma)\,d\vartheta \\ &= \frac{\sqrt{2}}{\pi}E_w\cdot\frac{1}{2}\Big((1-\cos\lambda)\sqrt{1-\sigma^2} - (\lambda - \sin\lambda)\sigma\Big) \end{aligned}\right\} \quad (47)$$

wird. Bei Leerlauf ist die Brenndauer $\lambda = \pi - 2\arcsin\sigma = 2\arccos\sigma$, die Gleichspannung hat dann die durch (35) gegebenen Werte. Hierdurch ist der Anfangspunkt der Spannungscharakteristik festgelegt. Bei totalem Kurzschluß, d. h. $R = 0$ bzw. $E_{gm} = 0$, ist J_{gm} gleich dem Kurzschlußstrom J_{gmk}. Wir wollen diesen zunächst bestimmen, da die Rechnung verhältnismäßig einfach ist und dadurch auch der Endpunkt der Spannungscharakteristik festgelegt ist. Außerdem ist für spätere Überlegungen die Kenntnis von der Abnahme des Kurzschlußstromes mit dem Lichtbogenabfall von Wichtigkeit. Im Kurzschluß gilt die Spannungsgleichung

$$\sqrt{2}E_w(\sin\vartheta - \sigma) = X\frac{d i_{gk}}{d\vartheta},$$

die mit der Anfangsbedingung $i_g = 0$ für $\vartheta = \arcsin\sigma$ ergibt

$$i_{gk} = \frac{\sqrt{2}E_w}{X}\left(\sqrt{1-\sigma^2} - \cos\vartheta - \sigma(\vartheta - \arcsin\sigma)\right). \quad (48)$$

Der mittlere Gleichstrom J_{gmk} folgt daraus zu

$$\begin{aligned} J_{gmk} &= \frac{1}{2\pi}\int\limits_{\arcsin\sigma}^{\lambda+\arcsin\sigma} i_{gk}\,d\vartheta \\ &= J'_{gmk}\cdot\frac{1}{2\pi}\left((\lambda - \sin\lambda)\sqrt{1-\sigma^2} - \left(\frac{\lambda^2}{2} - 1 + \cos\lambda\right)\sigma\right), \end{aligned} \quad (49)$$

worin J'_{gmk} den durch (45a) gegebenen ideellen Kurzschlußstromwert für $\sigma = 0$ bedeutet. Zur Auswertung dieser Beziehung fehlt uns indessen noch die Kenntnis der Brenndauer. Um diese zu finden, setzen wir in (48) $\vartheta = \lambda + \arcsin\sigma$ und $i_{gk} = 0$, dann ergibt sich[1]

$$\frac{\sigma}{\sqrt{1-\sigma^2}} = \frac{1-\cos\lambda}{\lambda - \sin\lambda}. \quad (50)$$

Diese Gleichung läßt sich bequem lösen, wenn man vorübergehend $\sigma = \sin\delta$ setzt, dann wird die linke Seite $= \mathrm{tg}\,\delta$. Das Ergebnis der Auswertung zeigt Abb. 41.

Im Anschluß hieran zeigt Abb. 42 die Auswertung von (49), sie veranschaulicht das Zurückgehen des Kurzschlußstromes mit wachsendem Lichtbogenabfall. Mit diesen Angaben ist der Endpunkt der Spannungscharakteristik festgelegt.

[1] Vgl. auch Prince and Vogdes: a. a. O. S. 120.

Zur Angabe des ganzen Verlaufes der Charakteristik müßte man von der allgemeinen Stromgleichung ausgehen und diese hinsichtlich Brenndauer und Mittelwert vollständig auswerten. Wir wollen dies

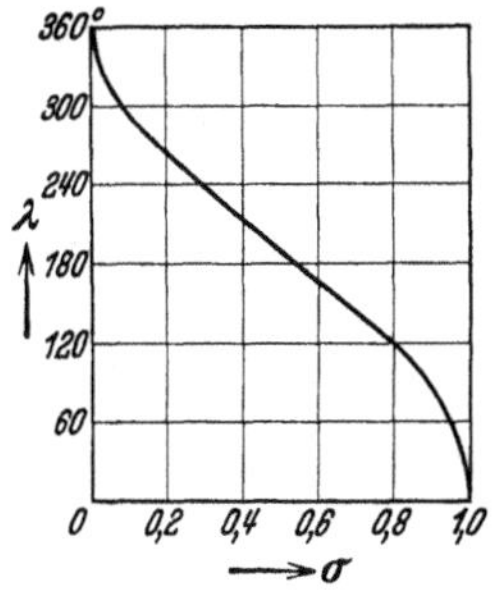

Abb. 41. Brenndauer des Kurzschlußstromes als Funktion des Lichtbogenabfalles.

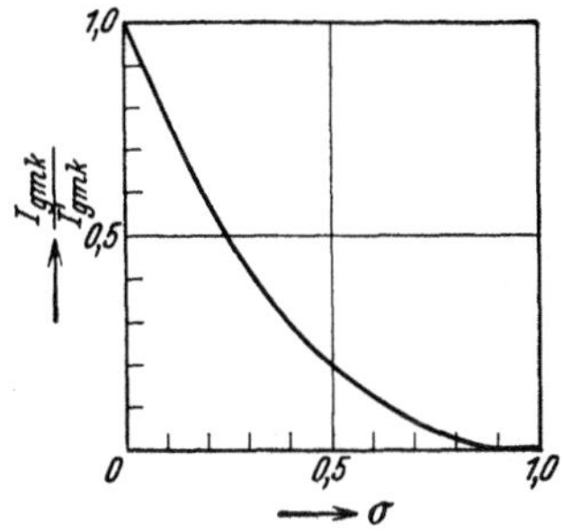

Abb. 42. Sinken des mittleren Kurzschlußstromes infolge des Lichtbogenabfalles.

jedoch nur für das Anfangsgebiet der Charakteristik tun. Allgemein gilt die Spannungsgleichung

$$\sqrt{2}\,E_w(\sin\vartheta - \sigma) = R\,i_g + X\,\frac{d\,i_g}{d\,\vartheta},$$

die mit $i_g = 0$ für $\vartheta = \arcsin\sigma$ die Lösung (51)

$$i_g = \frac{\sqrt{2}\,E_w}{R}\left(\cos\varrho\sin(\vartheta-\varrho) - \sigma + \sin\varrho\left(\sigma\sin\varrho + \cos\varrho\sqrt{1-\sigma^2}\right)e^{-(\vartheta-\arcsin\sigma)\operatorname{ctg}\varrho}\right)$$

hätte. Durch Einsetzen von $\vartheta = \lambda + \arcsin\sigma$ und Nullsetzen würde die Bestimmungsgleichung für die Brenndauer entstehen. Wir beschränken uns jedoch auf die Näherungslösung für kleine ϱ-Werte sowie kleine σ-Werte, vernachlässigen daher wieder die e-Funktion und erhalten zunächst

$$\lambda = \pi + \varrho - 2\sigma. \tag{52a}$$

Setzt man dies in (47) ein und entwickelt noch ϱ und σ, so entsteht $E_{gm}/\sqrt{2}\,E_w = \frac{1}{\pi} - \frac{\sigma}{2} + \frac{\sigma^2}{2\pi} - \frac{\varrho^2}{4\pi}$. Dies mit $\operatorname{tg}\varrho$ bzw. mit ϱ multipliziert, ergibt J_{gm}/J'_{gmk}. Eliminiert man aus beiden Ausdrücken ϱ, so entsteht nach einiger Rechnung die gesuchte Beziehung für den Anfang der Spannungscharakteristik

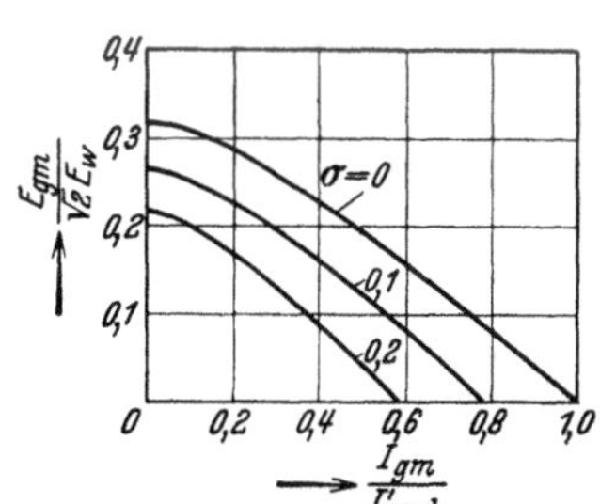

Abb. 43. Strom-Spannungscharakteristik bei verschiedenen Lichtbogenabfällen.

$$\frac{E_{gm}}{\sqrt{2}\,E_w} = \frac{1}{\pi} - \frac{1}{2}\,\sigma\left(1 - \frac{\sigma}{\pi}\right) - \frac{\pi}{4}\,(1 + \pi\sigma)\cdot\left(\frac{J_{gm}}{J'_{gmk}}\right)^2. \tag{52b}$$

Diese Gleichung, zusammen mit der Kenntnis des Endpunktes der Spannungscharakteristik, setzt uns in den Stand, die ganze Charakteristik zu entwerfen. Dies, für $\sigma = 0{,}1$ und $0{,}2$ durchgeführt, ergibt die Abb. 43. Der Vollständigkeit wegen geben wir noch an, daß sich für (52) mit Einführung der ideellen Gleichspannung $E'_{gm} = \frac{\sqrt{2}}{\pi} E_w$ und des Wertes für J'_{gmk} schreiben läßt

$$E_{gm} = E'_{gm} - \frac{1}{2} E_l \left(1 - \frac{E_l}{\pi^2 E'_{gm}}\right) - \frac{1}{4} \frac{E'_{gm} + E_l}{E'_{gm}} \cdot \frac{X^2}{E'_{gm}} \cdot J^2_{gm}. \quad (52\text{c})$$

Nach Klärung der Spannungscharakteristik wenden wir uns noch der Untersuchung der Leistungsverhältnisse als Funktion der Belastung zu, und zwar beschränken wir uns dazu auf den Gleichrichter mit vernachlässigtem Lichtbogenabfall. Für diesen gilt für den Gleichstrom die Gleichung (45), wir denken uns wieder X konstant und R veränderlich. Dann ergibt sich für die Wirkleistung

$$N_W = \frac{\sqrt{2}\, E_w}{2\pi} \int_0^\lambda i_g \sin\vartheta \, d\vartheta$$

$$= \frac{E_w^2}{2\pi X} \sin^2\varrho \left[\frac{2\lambda - \sin 2\lambda}{2\,\mathrm{tg}\varrho} - \sin^2\lambda + \sin^2\varrho \left(1 - \frac{\sin(\lambda + \varrho)}{\sin\varrho} e^{-\lambda\,\mathrm{ctg}\varrho}\right)\right]$$

und für die Blindleistung

$$N_B = -\frac{\sqrt{2}\, E_w}{2\pi} \int_0^\lambda i_g \cos\vartheta \, d\vartheta$$

$$= \frac{E_w^2}{2\pi X} \sin^2\varrho \left[\frac{2\lambda + \sin 2\lambda}{2} - \frac{\sin^2\lambda}{\mathrm{tg}\varrho} - \frac{\sin^2\varrho}{\mathrm{tg}\varrho} \left(1 - \frac{\cos(\lambda + \varrho)}{\cos\varrho} e^{-\lambda\,\mathrm{ctg}\varrho}\right)\right].$$

Für ϱ-Werte bis etwa 45° können wir, wie wir oben festgestellt hatten, $\lambda = \pi + \varrho$ setzen und außerdem die e-Funktion vernachlässigen. Dadurch vereinfachen sich die Ausdrücke zu

$$N_W = \frac{E_w^2}{8\pi X} \sin 2\varrho \cdot (2\pi + 2\varrho - \sin 2\varrho)$$

und (53)

$$N_B = \frac{E_w^2}{4\pi X} \sin^2\varrho \cdot (2\pi + 2\varrho + \sin 2\varrho).$$

Diese verwenden wir dazu, den Leistungsfaktor in seiner Abhängigkeit von der Blindleistung zu bestimmen. Wir berechnen nur den Leistungsfaktor $\cos\alpha_1$, der durch $\mathrm{tg}\,\alpha_1 = N_B/N_W$ gegeben ist. Nach (53) erhält man für diesen

$$\mathrm{tg}\,\alpha_1 = \frac{2\pi + 2\varrho + \sin 2\varrho}{2\pi + 2\varrho - \sin 2\varrho} \mathrm{tg}\varrho. \quad (54)$$

Der hieraus hervorgehende Wert $\cos\alpha_1$ ist der Leistungsfaktor der Grundwelle des Primärstromes, der der Reaktanz X zuzuschreiben ist. Wir haben diesen Wert an der Sekundärseite des Transformators berechnet, da die Blindleistung, abgesehen von der jetzt außer acht gelassenen Leerlaufblindleistung, auf beiden Seiten des Transformators gleiche Werte hat. Um $\cos\alpha_1$ als Funktion der Belastung zu erhalten, haben wir nur von der früheren Beziehung $J_{gm}/J_{gmk} \approx (1+\cos\varrho)\,\mathrm{tg}\,\varrho/2\pi$ Gebrauch zu machen. Auf diese Weise wurden die Anfangsstücke der in Abb. 44 wiedergegebenen Kurven berechnet. Um ein vollständiges Bild zu erhalten, wurden ferner noch einige weitere Kurvenpunkte bis zum Kurzschluß unter Verwendung der streng gültigen Formeln für N_W und N_B sowie der Kurven in Abb. 38 und 40 ermittelt.

Für kleine J_{gm}/J_{gmk}-Werte bzw. kleine ϱ-Werte wird nach (54) $\cos\alpha_1 = \cos\varrho$, während andererseits $J_{gm}/J_{gmk} = \mathrm{tg}\,\varrho/\pi$ wird. Hieraus folgt die einfache Formel

$$\cos\alpha_1 = \frac{1}{\sqrt{1+\pi^2\left(\frac{J_{gm}}{J_{gmk}}\right)^2}}\,. \qquad (54\,\mathrm{a})$$

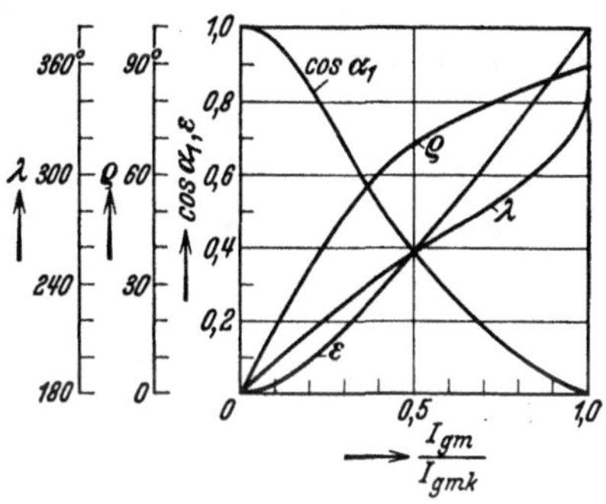

Abb. 44. Gleichspannungsabfall ε, Leistungsfaktor $\cos\alpha_1$, Brenndauer λ und ϱ als Funktion der Belastung.

Zu einer weiteren anschaulichen Beziehung gelangen wir unter Verwendung des Gleichspannungsabfalles $E'_{gm} - E_{gm}$ oder vielmehr des prozentualen Gleichspannungsabfalles $\varepsilon = (E'_{gm} - E_{gm})/E'_{gm}$, der ja ebenfalls eine Funktion von J_{gm}/J_{gmk} ist und der unter Verwendung der Kurve in Abb. 40 in Abb. 44 eingetragen ist. Für kleine ϱ-Werte ist mit $\lambda = \pi + \varrho$ nach (42)

$$\varepsilon = \frac{1-\cos\varrho}{2} = \sin^2\frac{\varrho}{2}\,. \qquad (54\,\mathrm{b})$$

Hieraus ergibt sich für $\cos\alpha_1 = \cos\varrho$ die einfache Beziehung

$$\cos\alpha_1 = 1 - 2\varepsilon\,. \qquad (54\,\mathrm{c})$$

Die so errechneten Leistungsfaktorwerte erfahren noch eine Verminderung infolge der Leerlaufblindleistung des Transformators. Diese ist $N_{B_0} = E_p \cdot J_0 = E_p J_p \cdot \varkappa$, worin $\varkappa$ wieder den prozentualen Leerlaufstrom bedeutet. Setzen wir mit (15b) näherungsweise $J_p = \frac{E_w}{z R} \cdot \frac{\sqrt{2}}{\pi}\sqrt{\frac{\pi^2}{4} - 1}$ an, so können wir $N_{B_0} = \frac{E_w^2}{X}\,\mathrm{tg}\,\varrho \cdot \frac{\sqrt{2}}{\pi}\sqrt{\frac{\pi^2}{4} - 1} \cdot \varkappa$ schreiben. Addiert man diesen Wert zu dem unter (53) gefundenen N_B-Wert, so entsteht für kleine ϱ-Werte die Formel

$$\mathrm{tg}\,\alpha_1 = \mathrm{tg}\,\varrho + \frac{2\sqrt{2}}{\pi}\sqrt{\frac{\pi^2}{4} - 1} \cdot \varkappa\,, \qquad (55\,\mathrm{a})$$

die sich mit (54b) in der der Formel (54c) entsprechenden Form schreiben läßt:

$$\mathrm{tg}\,\alpha_1 = \sqrt{2\varepsilon} + \frac{2\sqrt{2}}{\pi}\sqrt{\frac{\pi^2}{4} - 1} \cdot \varkappa = 1{,}41\sqrt{\varepsilon} + 1{,}09\,\varkappa\,. \qquad (55\,\mathrm{b})$$

Mit Hilfe dieser Formeln läßt sich der Leistungsfaktor $\cos \alpha_1$ in seiner Abhängigkeit vom Gleichspannungsabfall und vom Leerlaufstrom für jede Belastung ermitteln. Nehmen wir an, daß bei dem Nennstrom $\bar{J}_{gm}$, z. B. dem Vollastgleichstrom, der Gleichspannungsabfall $\bar{\varepsilon}$ und der prozentuale Leerlaufstrom $\bar{\varkappa}$ beträgt, so folgt aus (55a) und (55b) unter Benutzung der Beziehung $J_{gm}/J_{gmk} = \operatorname{tg}\varrho/\pi$ für jeden anderen Gleichstrom J_{gm}

$$\operatorname{tg}\alpha_1 = 1{,}41\sqrt{\bar{\varepsilon}} \cdot \frac{J_{gm}}{\bar{J}_{gm}} + 1{,}09\,\bar{\varkappa}\,\frac{\bar{J}_{gm}}{J_{gm}}. \tag{55c}$$

Damit sind die wichtigsten Fragen über den Einfluß einer Reaktanz auf die Arbeitsweise des betrachteten Gleichrichters geklärt; wir hätten vielleicht noch den Einfluß eines Ohmschen Abfalles zu untersuchen, wovon wir hier jedoch absehen wollen. Wir haben jetzt nur noch den Nachweis nachzuholen, daß es zulässig ist, die verteilten Reaktanzen eines Gleichrichters in einer einzigen konzentriert zu denken, wie in Abb. 37 gezeigt war.

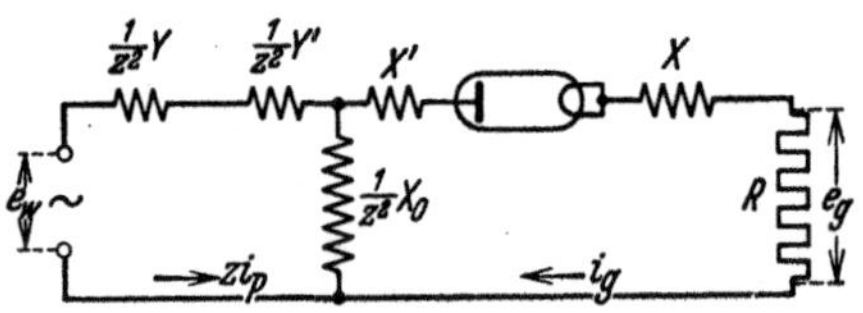

Abb. 45. Ersatzbild eines Einphasengleichrichters mit Transformator und verteilten Reaktanzen.

Gehen wir von dem bekannten Ersatzbild eines Transformators aus, so ergibt sich für den Gleichrichter mit verteilten Reaktanzen das in Abb. 45 gezeigte Ersatzbild. Darin sei X_0 die Leerlaufreaktanz des Transformators, X' und Y' seien dessen sekundäre und primäre Streu- bzw. Kurzschlußreaktanz. X und Y seien weitere Reaktanzen. Ferner sei in der Bezeichnungsweise der Abb. 23 $e_w = e_s = \frac{1}{z} e_p$. Außerdem sei $R_p = 0$ angenommen. Dann gelten folgende zwei Spannungsgleichungen

$$\begin{aligned} e_w &= \frac{1}{z^2}(Y + Y')\frac{d}{d\vartheta}(z i_p) + \frac{1}{z^2} X_0 \frac{d}{d\vartheta}(z i_p - i_g)\,, \\ &= \frac{1}{z^2}(Y + Y')\frac{d}{d\vartheta}(z i_p) + (X + X')\frac{d i_g}{d\vartheta} + R i_g + E_l. \end{aligned}$$

Eliminiert man darin i_p, so entsteht die einzige Gleichung

$$e_w = \tilde{X}\frac{d i_g}{d\vartheta} + \tilde{R} i_g + \tilde{E}_l,$$

in der die Ersatzgrößen $\tilde{X}$, $\tilde{R}$ und $\tilde{E}_l$ sich zu

$$\left.\begin{aligned} \tilde{X} &= \left(1 + \frac{Y + Y'}{X_0}\right)(X + X') + \frac{1}{z^2}(Y + Y')\,, \\ \tilde{R} &= \left(1 + \frac{Y + Y'}{X_0}\right) R\,, \\ \tilde{E}_l &= \left(1 + \frac{Y + Y'}{X_0}\right) E_l \end{aligned}\right\} \tag{56}$$

ergeben. Der Gleichrichter verhält sich also wie der nach Abb. 37 mit $X = \tilde{X}$, $R = \tilde{R}$ und $E_l = \tilde{E}_l$. Der Zündeinsatz mit $i_g = 0$ erfolgt entsprechend nicht mehr bei $\delta = \arcsin\sigma$, sondern bei

$$\delta = \arcsin\left[\left(1 + \frac{Y + Y'}{X_0}\right)\sigma\right]. \tag{56 a}$$

Die so durchgeführte Übertragung der Verhältnisse des Gleichrichters mit verteilten Reaktanzen auf die Verhältnisse der Grundschaltung bezeichnen wir als den Inhalt des Reduktionsproblemes der Gleichrichterschaltungen. Dieses Problem wird bei den mehrphasigen Gleichrichtern noch oft eine Rolle spielen[1].

Wir haben bei alledem angenommen, daß die einzelnen Reaktanzen wirklich bekannt sind. Sofern diese nicht schon durch Vorausberechnung gegeben sind, sind sie durch Messung zu ermitteln. Die Reaktanzen X', Y' und X_0 kann man durch eine Kurzschluß- und durch eine Leerlaufmessung bestimmen; die Reaktanzen X und Y sind dabei ausgenommen und überdies wohl sowieso bekannt. Die Kurzschlußmessung besteht darin, daß man den Transformator sekundärseitig kurzschließt und den Primärstrom J_p mißt, der bei einer primär angelegten Wechselspannung E_p auftritt. Dann ist $E_p/J_p = z^2\left(X' + \frac{1}{z^2}Y'\right)$; X' und $\frac{1}{z^2}Y'$ sind an sich nicht unterscheidbar, jedoch ist hier $X' = \frac{1}{z^2}Y'$ anzunehmen. Im allgemeinen wählt man E_p so, daß J_p gleich dem primären Nennstrom wird; alsdann nennt man E_p die Kurzschlußspannung; ihr Verhältnis zur primären Nennspannung, in Prozenten ausgedrückt, nennt man die prozentuale Kurzschlußspannung u_k des Transformators. Diese Überlegungen gelten eigentlich unter Vernachlässigung von X' und $\frac{1}{z^2}Y'$ gegen $\frac{1}{z^2}X_0$; sie lassen sich auch genauer durchführen, woran wir jedoch kein Interesse haben.

Berücksichtigung der Zündspannung. Mitunter spielt es eine Rolle, außer der Brennspannung E_l noch die Zündspannung E_z des Gleichrichterrohres, die einen höheren Wert hat als die Brennspannung, mit in Rechnung zu ziehen. Sie bewirkt eine Verspätung des Zündeinsatzes des Stromes und damit eine Verminderung der mittleren Gleichspannung. Bei rein Ohmscher Belastung würde diese anstatt

$$E_{gm} = E_w \cdot \frac{\sqrt{2}}{\pi}\left(\sqrt{1-\sigma^2} - \sigma \arccos\sigma\right)$$

nach Gl. (35) den Wert

$$E_{gm} = E_w \cdot \frac{\sqrt{2}}{\pi} \cdot \frac{1}{2}\left(\sqrt{1-\sigma_z^2} + \sqrt{1-\sigma^2} - \sigma(\arccos\sigma_z + \arccos\sigma)\right) \tag{57}$$

[1] Vgl. auch Müller-Lübeck: Der Quecksilberdampfgleichrichter, Bd. 1 S. 83. Berlin: Julius Springer 1925.

betragen, wenn $\sigma_z = E_z/\sqrt{2}E_w$ bedeutet. Wie man aus der Reihenentwicklung des ersten Ausdruckes

$$E_{gm} = E_w \cdot \frac{\sqrt{2}}{\pi}\left(1 - \frac{\pi}{2}\sigma + \frac{1}{2}\sigma^2 + \cdots\right)$$

und des zweiten Ausdruckes

$$E_{gm} = E_w \cdot \frac{\sqrt{2}}{\pi}\left(1 - \frac{\pi}{2}\sigma + \frac{1}{2} \cdot \frac{\sigma_z^2 + \sigma^2}{2} + \cdots\right)$$

erkennt, ist jedoch die Verminderung der mittleren Gleichspannung in erster Näherung vernachlässigbar.

Verbesserung der Kurvenform der Gleichspannung mittels Kondensator, Analogiesätze. Wie wir feststellen mußten, war die Kurvenform der Gleichspannung und des Gleichstromes des bisher untersuchten Gleichrichters eine sehr mangelhafte. Eine Verbesserung dieser Kurvenformen ist grundsätzlich immer durch Energiespeicher möglich, d. h. z. B. durch eine Induktivität zur Glättung des Stromes oder durch einen Kondensator zur Glättung der Spannung. Die Anwendung einer Induktivität scheidet im vorliegenden Falle jedoch aus, da diese eine Verlängerung der Brenndauer und damit eine Verminderung der mittleren Gleichspannung bewirkt; es verbleibt daher nur die Anwendung eines Kondensators oder einer Kombination von Kondensatoren und Induktivitäten. Die einfachste solcher Schaltungen zeigt die Abb. 46, bei dieser liegt ein Kondensator parallel zum Belastungswiderstand. Der Kondensator nimmt während der Brenndauer des Gleichrichterrohres Speicherenergie auf und gibt diese während der Sperrzeit an den Widerstand wieder ab, so daß im Widerstande ein kontinuierlicher Gleichstrom entsteht. Die Vergleichmäßigung des Gleichstromes mit wachsender Kapazität des Kondensators geht jedoch, wie sich zeigen wird, Schritt mit einer Verkürzung der Brenndauer des Lichtbogens und einem Anwachsen des Scheitelwertes des Röhrenstromes, so daß die Schaltung noch verbesserungsbedürftig sein wird.

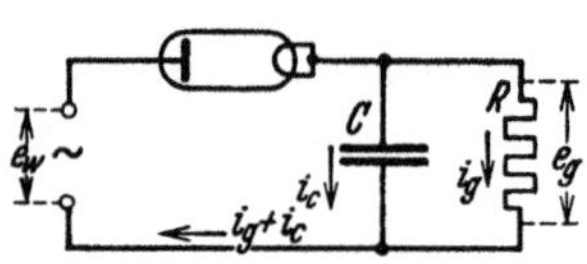

Abb. 46. Einphasengleichrichter mit Glättungskondensator.

Bedeutet C die Kapazität des Kondensators und i_c den in ihm fließenden Strom, so ist während der Brenndauer des Lichtbogens, die bei $\vartheta = \delta$ beginnen und um die Zeitdauer λ später endigen soll,

$$e_w = \frac{1}{\omega C}\int i_c \, d\vartheta = R i_g \quad \text{mit} \quad e_w = \sqrt{2}\,E_w \sin\vartheta\,,$$

wenn wir von dem Lichtbogenabfall absehen; damit ist

$$i_c = \sqrt{2}\,E_w \omega C \cos\vartheta \quad \text{und} \quad i_g = \frac{\sqrt{2}\,E_w}{R}\sin\vartheta\,. \tag{58a}$$

Während der Sperrzeit des Gleichrichterrohres ist $-i_c = i_g$ und damit

$$-\frac{1}{\omega C}\int i_g\, d\vartheta = R i_g, \quad \text{d. h.} \quad i_g = A e^{-\vartheta \operatorname{ctg}\gamma},$$

wenn $\operatorname{tg}\gamma = \omega R C$ bedeutet und A eine noch zu bestimmende Konstante vorstellt.

Der Lichtbogen zündet, wenn, wie Abb. 47 veranschaulicht, die Wechselspannung e_w die Spannung e_c am Kondensator, die gleich $R i_g$ ist, übersteigt, d. h. wenn $\sqrt{2}\,E_w \sin\delta = R A e^{-(2\pi+\delta)\operatorname{ctg}\gamma}$ wird. Hieraus folgt die Größe von A, und damit ergibt sich für den Gleichstrom während der Sperrzeit

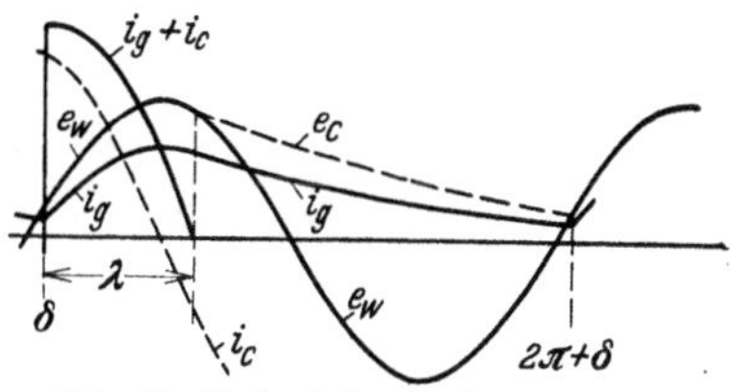

Abb. 47. Verlauf der Ströme und Spannungen im Widerstand und im Kondensator.

$$i_g = \frac{\sqrt{2}\,E_w}{R} e^{(2\pi+\delta-\vartheta)\operatorname{ctg}\gamma} \cdot \sin\delta\,. \qquad (58\,\text{b})$$

Der Lichtbogen erlischt, wenn der Strom $i_g + i_c$ im Gleichrichterrohr den Wert Null erreicht hat, d. h. sobald $i_g = -i_c$ oder

$$\frac{\sqrt{2}E_w}{R}\sin(\delta+\lambda) = -\sqrt{2}\,E_w \omega C \cos(\delta+\lambda)$$

ist, woraus hervorgeht

$$\delta = \pi - \gamma - \lambda\,. \qquad (59)$$

Um danach den Zündwinkel δ und die Brenndauer λ einzeln zu erhalten, gehen wir von der Übergangsbedingung aus, daß bei $\vartheta = \delta + \lambda$ die Spannung am Kondensator stetig verlaufen muß. Hiernach muß

$$\sqrt{2}\,E_w \sin(\vartheta_0 + \lambda) = \sqrt{2}\,E_w e^{(2\pi-\lambda)\operatorname{ctg}\gamma} \sin\vartheta_0$$

sein, woraus sich mit (59) ableitet:

$$-\sin(\gamma+\lambda) + e^{-(2\pi-\lambda)\operatorname{ctg}\gamma} \cdot \sin\gamma = 0\,. \qquad (60)$$

Führt man jetzt noch $\lambda = 2\pi - \lambda'$ ein, so nimmt die Gleichung die Form der Gleichung (44) für die Brenndauer des Stromes eines Gleichrichters mit Induktivität an. Daraus entnimmt man das bemerkenswerte Resultat, daß der Kondensator bei einer Zeitkonstanten RC die Brenndauer um den gleichen Betrag verkürzt, wie eine Induktivität bei der gleichen Zeitkonstanten L/R die Brenndauer verlängern würde. Die Abb. 48 gibt diesen Sachverhalt wieder. Der nach Kenntnis von λ aus (59) sich ergebende Zündwinkel δ ist darin gleichfalls eingetragen.

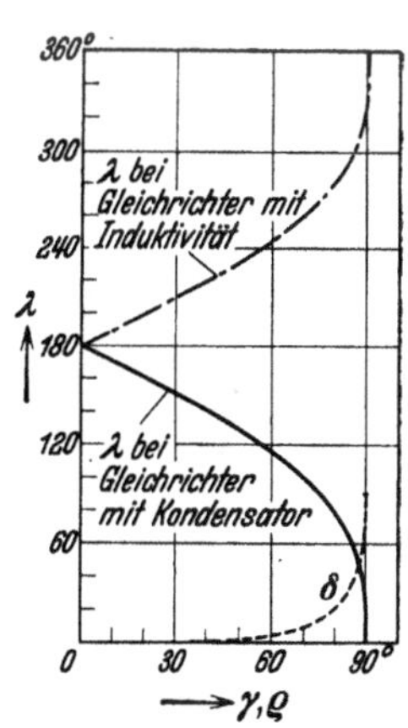

Abb. 48. Brenndauer des Lichtbogens bei einem Kondensator, verglichen mit der bei einer Induktivität.

Die mittlere Gleichspannung E_{gm}, die wir nun bestimmen wollen, erfährt durch den Kondensator eine Erhöhung, im Grenzfalle $C \to \infty$ würde sich der Kondensator auf die Scheitelspannung $\sqrt{2}E_w$ aufladen. Die Berechnung von E_{gm} aus $e_g = Ri_g$ unter Benutzung von (58a) und (58b) und bei Berücksichtigung von (60) führt zu der Beziehung

$$E_{gm} = \frac{\sqrt{2}}{\pi} E_w \cdot \frac{1-\cos\lambda}{2\cos\gamma}. \tag{61}$$

Diese, durch R dividiert, ergibt den mittleren Gleichstrom J_{gm}. Wir wollen diesen jedoch durch den ideellen Scheitelwert $\bar{J}_c = \sqrt{2}E_w\omega C$ des Kondensatorstromes i_c ausdrücken, da sich dann eine weitere Verwandtschaft mit dem Gleichrichter mit Induktivität offenbart. Der Strom $\bar{J}_c$ vertritt nämlich dann die Stelle des Kurzschlußstromes J_{gmk} im Falle einer Induktivität. Für den mittleren Gleichstrom folgt so

$$J_{gm} = \frac{\sqrt{2}E_w\omega C}{\pi} \cdot \frac{1-\cos\lambda}{2\sin\gamma} = \bar{J}_c \frac{1-\cos\lambda}{2\pi\sin\gamma}. \tag{62}$$

Um die Analogie mit dem Gleichrichter mit Induktivität noch mehr zu veranschaulichen, stellen wir die gefundenen Formeln einmal zusammen:

Analogiesatz.

Gleichrichter mit Kondensator	Gleichrichter mit Induktivität
$\frac{E_{gm}}{\sqrt{2}E_w} = \frac{1-\cos\lambda}{2\pi\cos\gamma}$	$\frac{E_{gm}}{\sqrt{2}E_w} = \frac{1-\cos\lambda}{2\pi}$
$\frac{J_{gm}}{\bar{J}_c} = \frac{1-\cos\lambda}{2\pi\sin\gamma}$	$\frac{J_{gm}}{J_{gmk}} = \frac{1-\cos\lambda}{2\pi\,\mathrm{ctg}\,\varrho}$

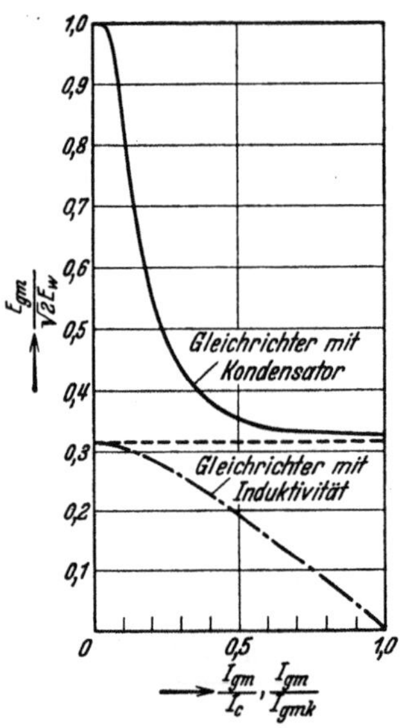

Abb. 49. Strom - Spannungscharakteristik bei einem Kondensator, verglichen mit der bei einer Induktivität.

Wir sind jetzt in der Lage, die Strom-Spannungscharakteristik, d. h. den Zusammenhang von E_{gm} und J_{gm} bei konstantem C, zu berechnen; auch diese wollen wir der des Gleichrichters mit Induktivität gegenüberstellen. Das Ergebnis zeigt die Abb. 49; die mittlere Gleichspannung hat danach bei Leerlauf den Scheitelwert $\sqrt{2}E_w$, sinkt mit wachsender Belastung herab, um asymptotisch dem Grenzwert $\frac{\sqrt{2}}{\pi}E_w$ zuzustreben. Der Stromwert $J_{gm} = \bar{J}_c$, der bei $\mathrm{tg}\,\gamma/2 = 1/2\pi$, d. h. bei $\gamma = 18°$ bzw. $\lambda = 162°$ eintritt, ist hier nicht Grenzwert von J_{gm}, denn mit $R \to 0$ geht ja $J_{gm} \to \infty$; der zu $J_{gm} = \bar{J}_c$ gehörige E_{gm}-Wert ist jedoch schon $= 0{,}462\, E_w$, also nur wenig verschieden von dem $0{,}450\, E_w$ betragenden Grenzwert von E_{gm} für $J_{gm} \to \infty$.

Wie wir schon sagten, wächst infolge des Kondensators die Strombeanspruchung des Gleichrichterrohres. Der Röhrenstrom beträgt

$$i_g + i_c = \sqrt{2}\, E_w \omega C\, (\operatorname{ctg}\gamma \sin\vartheta + \cos\vartheta);$$

sein Maximum J_S liegt, wie man durch Differentiieren findet, bei $\vartheta = \frac{\pi}{2} - \gamma$ und hat den Wert

$$J_S = \frac{\sqrt{2}\, E_w \omega C}{\sin\gamma} = \bar{J}_c \cdot \frac{1}{\sin\gamma} \tag{63a}$$

oder, durch J_{gm} ausgedrückt,

$$J_S = \frac{2\pi}{1 - \cos\lambda} \cdot J_{gm}. \tag{63b}$$

In Abb. 50 ersieht man den Verlauf von J_S/J_{gm} als Funktion von $J_{gm}/\bar{J}_c$, und ebenso wieder den entsprechenden Verlauf bei einer Induktivität.

Der Zweck des Kondensators war die Verbesserung der Kurvenform der Gleichspannung bzw. des Gleichstromes. Um dem nachzugehen, berechnen wir die Welligkeit w_{E_g} der Gleichspannung, die wir jedoch der Einfachheit wegen nicht wie in Gl. (7) als $\sqrt{E_{ge}^2 - E_{gm}^2}/E_{gm}$, sondern als $(E_{g\,max} - E_{g\,min})/2\sqrt{2}\, E_{gm}$ darstellen, worin $E_{g\,max}$ den höchsten, $E_{g\,min}$ den tiefsten Momentanwert von e_g vorstellen; für eine Spannung mit sinusförmiger Oberwelle wären beide Ausdrücke für w_{E_g} identisch. Es ist nun $E_{g\,min} = \sqrt{2}\, E_w \sin\delta$, $E_{g\,max} = \sqrt{2}\, E_w$, so daß sich ergibt:

$$w_{E_g} = \frac{\pi}{\sqrt{2}} \, \frac{(1 - \sin(\gamma + \lambda)) \cos\gamma}{1 - \cos\lambda}. \tag{64}$$

Auch diese Größe ist in Abb. 50 als Funktion von $J_{gm}/\bar{J}_c$ eingetragen. Für kleine Belastungen bzw. kleine Werte von $1/\omega RC$ $\left(\text{d. h. } \gamma \to \frac{\pi}{2}\right)$ ist angenähert:

$$w_{E_g} \approx \frac{\pi}{\sqrt{2}} \, \frac{1}{\omega RC}. \tag{64a}$$

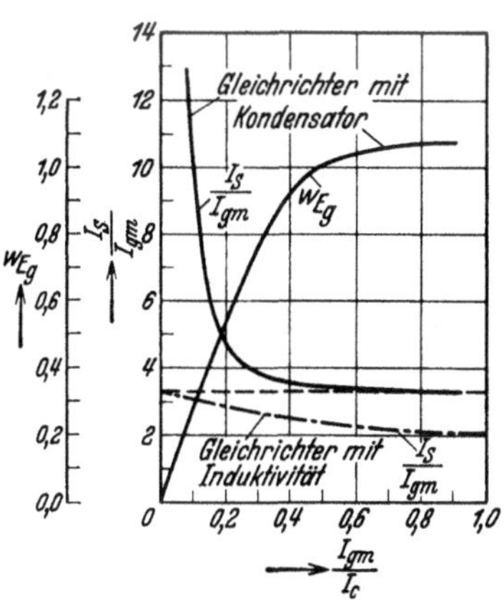

Abb. 50. Scheitelstrom des Gleichrichterrohres bei einem Kondensator und bei einer Induktivität sowie Welligkeit der Gleichspannung bei einem Kondensator.

Um die vorliegende Gleichrichterschaltung noch zu verbessern, d. h. die ungünstige Beanspruchung des Gleichrichterrohres zu vermeiden, kann man Mittel vorsehen, die den Ladestromstoß des Kondensators mildern. Hierzu eignet sich entweder ein kleiner Widerstand oder eine kleine Induktivität, die, wie Abb. 51 zeigt, zwischen Gleichrichterrohr und Kondensator eingeschaltet sind. Beide Mittel bewirken, daß der

Ladestrom des Kondensators mit dem Werte Null einsetzt und führen dadurch eine Verlängerung der Brenndauer des Röhrenstromes herbei. Bei gleichem Ladungsanstieg des Kondensators muß sich daher ein niedrigerer Scheitelwert des Röhrenstromes ergeben.

Der Ohmsche Widerstand nach Abb. 51a betrage r, der Reaktanzwert der Induktivität nach Abb. 51b betrage x, beide Werte seien

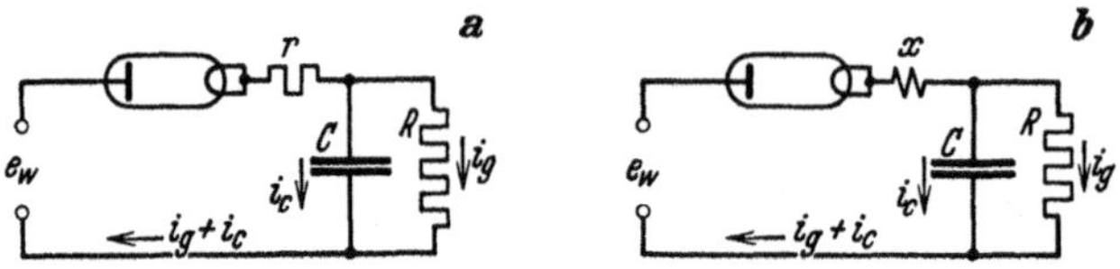

Abb. 51. Anordnung eines Ohmschen Widerstandes (a) bzw. einer Induktivität (b) zur Verminderung des Röhrenstromes.

klein gegenüber R, ferner sei $1/\omega C$ klein gegenüber R. Unter dieser Bedingung ist die Welligkeit der Gleichspannung klein und ebenso wie die Höhe der Gleichspannung von r und x praktisch unabhängig. Es ist also während der Brenndauer des Lichtbogens angenähert $e_g = \sqrt{2} E_w \sin\vartheta$, und nach Verlöschen des Lichtbogens

$$e_g \approx \sqrt{2} E_w e^{-\frac{\vartheta - \frac{\pi}{2}}{\omega R C}},$$

woraus in Übereinstimmung mit (64a) eine Welligkeit

$$w_{E_g} \approx \frac{\pi}{\sqrt{2}} \frac{1}{\omega R C}$$

hervorgeht. Der Ladevorgang des Kondensators ist eben trotz der verlängerten Brenndauer immer noch kurz im Vergleich zur Periode 2π, so daß der Verlauf des Gleichstromes im wesentlichen unverändert bleibt. Die jeweilige Zündung des Lichtbogens bei $\vartheta = \delta$ setzt ein, wenn die Wechselspannung e_w die abklingende Gleichspannung übersteigt, d. h. wenn

$$\sqrt{2} E_w \sin\delta = \sqrt{2} E_w e^{-\frac{2\pi + \delta}{\omega R C}}$$

ist. Diese Beziehung läßt sich nach $\omega R C$ auflösen, es wird

$$\omega R C = \frac{2\pi + \delta}{\ln \frac{1}{\sin\delta}}. \qquad (65)$$

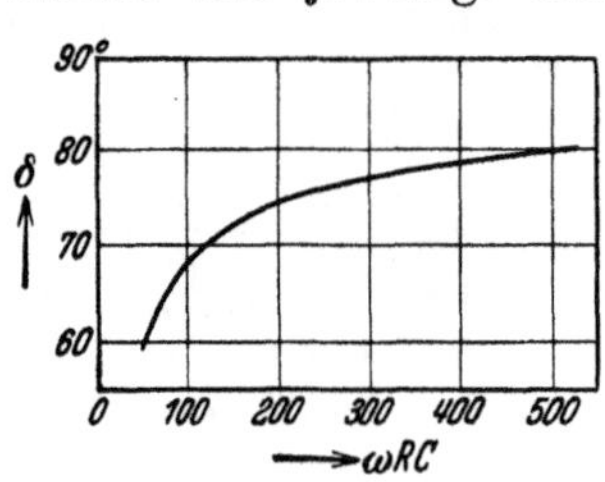

Abb. 52. Zündwinkel δ als Funktion von $\omega R C$ bei großen $\omega R C$-Werten.

Berechnet man $\omega R C$ als Funktion von δ und trägt den Zusammenhang invers auf, so ergibt sich der in Abb. 52 dargestellte Verlauf. Für sehr großen $\omega R C$-Wert gilt

$$\delta \approx \frac{\pi}{2} - \sqrt{\frac{5\pi}{\omega R C}}. \qquad (65a)$$

Wir wenden uns nun der Berechnung des Ladestromes i_c des Kondensators während der Brenndauer des Lichtbogens zu; für den Ansatz der Gleichungen erfassen wir gleich beide Fälle a und b, indem wir uns r und x in Serie geschaltet denken und nachher x oder r in der Rechnung fortlassen. Dann gilt offenbar

$$e_w = r(i_g + i_c) + x\frac{d}{d\vartheta}(i_g + i_c) + R i_g$$

und außerdem

$$\frac{1}{\omega C}\int i_c d\vartheta = R i_g \quad \text{oder} \quad i_c = \omega R C \frac{d i_g}{\delta\vartheta}.$$

Führt man die zweite Gleichung in die differentiierte erste Gleichung ein, so entsteht

$$\sqrt{2}\, E_w \cos\vartheta = \frac{r + R}{\omega R C} i_c + \left(r + \frac{x}{\omega R C}\right)\frac{d i_c}{d\vartheta} + x\frac{d^2 i_c}{d\vartheta^2},$$

wozu wegen der Stetigkeit der Kondensatorspannung bei $\vartheta = \delta$ die Anfangsbedingung $i_c = 0$ hinzutritt. Nun können wir diese Differentialgleichung für die Fälle a und b getrennt integrieren; wir wollen gleich die Lösungen angeben.

Im Falle a, d. h. bei Ohmschem Widerstand r allein ($x = 0$), findet man bei Vernachlässigung von r gegenüber R

$$i_c = \sqrt{2}\, E_w \omega C\left(\cos(\vartheta - \alpha) - \cos(\delta - \alpha)\, e^{-(\vartheta-\delta)\operatorname{ctg}\alpha}\right), \tag{66}$$

worin $\operatorname{tg}\alpha = r\omega C$ vorstellt.

Im Falle b, d. h. bei Induktivität x allein ($r = 0$), tritt zu der Anfangsbedingung $i_c = 0$ noch die weitere $d i_c/d\vartheta = 0$ hinzu. Unter Vernachlässigung des Gliedes mit $x/\omega R C$ ergibt sich dann

$$i_c = \frac{\sqrt{2}\, E_w}{\frac{1}{\omega C} - x}\left(\cos\vartheta + \frac{\sin\delta}{\beta}\sqrt{1 + \frac{\beta^2}{\operatorname{tg}^2\delta}} \cdot \sin\left(\beta(\vartheta - \delta) - \operatorname{arc\,tg}\frac{\beta}{\operatorname{tg}\delta}\right)\right). \tag{67}$$

Darin bedeutet $\beta = 1/\sqrt{x\omega C}$. Von der weiteren Untersuchung dieser beiden Gleichungen hinsichtlich des Scheitelstromes und der Brenndauer sehen wir ab.

Wir haben abschließend noch festzustellen, daß der Energiespeicher zur Verbesserung der Kurvenform des abgegebenen Gleichstromes, also in diesem Falle der Kondensator, infolge der Verkürzung der Brenndauer des Lichtbogens, verglichen mit dem Gleichrichter ohne Kondensator, eine Verschlechterung der Kurvenform des primären Wechselstromes im Gefolge hat. Dieser Umstand, daß ein Energiespeicher die Verbesserung der Kurvenform des abgegebenen Stromes auf Kosten der Kurvenform des entnommenen Stromes bewerkstelligt, wird später noch von grundsätzlicher Bedeutung werden.

2. Der Einphasengleichrichter mit Batteriebelastung.

Strombegrenzung durch Ohmschen Widerstand. An Stelle des Ohmschen Widerstandes als Belastung des Gleichrichters soll jetzt eine Batterie treten. Diese hat, sofern wir von ihrem inneren Widerstand absehen, das Merkmal einer fest aufgeprägten Spannung oder EMK, so daß wir jetzt den Fall vorzuliegen haben, daß der Gleichrichter in einen Verbraucher hineinspeist, der seine Spannung selbst stellt. Dieser Umstand erfordert jedoch Mittel zur Strombegrenzung. Am einfachsten ist hierzu die Heranziehung eines Ohmschen Widerstandes, wie Abb. 53 veranschaulicht.

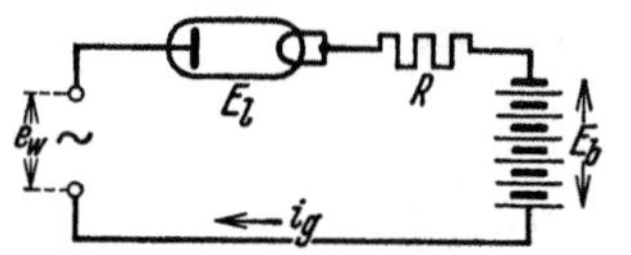

Abb. 53. Einphasengleichrichter mit Batteriebelastung, Strombegrenzung durch Ohmschen Widerstand.

Die Spannung der Batterie sei E_b, ferner bedeute $\tau = E_b/\sqrt{2}E_w$. Von dem Lichtbogenabfall E_l des Gleichrichterrohres sehen wir vorerst ab. Da die Schaltung offenbar dann mit der nach Abb. 19 übereinstimmt, nur daß an Stelle von E_l jetzt E_b getreten ist, gelten die in Abb. 33, 34 und 35 dargestellten Zusammenhänge. Es ist nach der dortigen Gl. (35) der mittlere Gleichstrom J_{gm} also

$$J_{gm} = \frac{E_w}{R} \cdot \frac{\sqrt{2}}{\pi} \left(\sqrt{1-\tau^2} - \tau \arccos \tau\right). \tag{68}$$

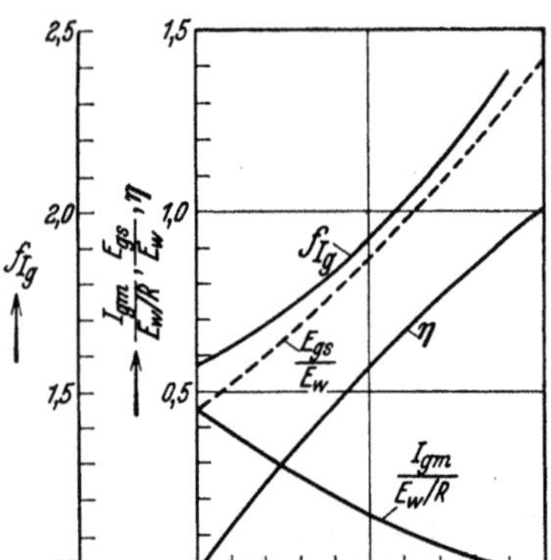

Abb. 54. Mittlerer Gleichstrom, Formfaktor des Gleichstromes, Wirkungsgrad und scheinbare Gleichspannung als Funktion von τ.

In gleicher Weise ergibt sich der effektive Gleichstrom J_{ge} nach Gl. (36) zu $J_{ge} = f_{J_g} \cdot J_{gm}$ mit

$$f_{J_g} = \frac{\sqrt{\frac{1}{\pi}\left((1+2\tau^2)\arccos\tau - 3\tau\sqrt{1-\tau^2}\right)}}{\frac{\sqrt{2}}{\pi}\left(\sqrt{1-\tau^2} - \tau\arccos\tau\right)}. \tag{69}$$

Darin ist f_{J_g} wieder der Formfaktor des Gleichstromes, aus dem die Welligkeit zu $w_{J_g} = \sqrt{f_{J_g}^2 - 1}$ hervorgeht.

Die abgegebene Leistung ist gleich $E_b \cdot J_{gm}$, während die aufgenommene Leistung $E_b \cdot J_{gm} + R J_{ge}^2$ beträgt. Hieraus errechnet sich ein Wirkungsgrad von

$$\eta = \frac{2\tau\left(\sqrt{1-\tau^2} - \tau\arccos\tau\right)}{\arccos\tau - \tau\sqrt{1-\tau^2}}. \tag{70}$$

Den Verlauf von J_{gm}, f_{J_g} und η als Funktion von τ zeigt Abb. 54.

Außer diesen Größen berechnen wir noch eine weitere, die wir die scheinbare Gleichspannung E_{gs} nennen wollen; sie ist die zwischen der Kathode des Gleichrichterrohres und dem Minuspol der Batterie gemessene mittlere Spannung bei Belastung und ist stets größer als die Leerlaufgleichspannung bei abgeschalteter Batterie. Dies kommt daher, weil sie während der Brenndauer des Lichtbogens gleich der Wechselspannung e_w, außerhalb der Brenndauer gleich der Batteriespannung ist, so daß sich ihr mittlerer Wert mit (68) zu

$$E_{gs} = \sqrt{2}\, E_w \left(\frac{1}{\pi} \left(\sqrt{1 - \tau^2} - \tau \arccos \tau \right) + \tau \right) \tag{71}$$

ergibt; auch dieser ist in Abb. 38 als Funktion von τ eingetragen.

Bei Mitberücksichtigung des Lichtbogenabfalles gelten ähnliche Beziehungen. Die Zündung des Lichtbogens setzt einfach anstatt bei $\arcsin \tau$ bei $\vartheta = \arcsin(\sigma + \tau)$ ein, entsprechend liegt der Löschpunkt bei $\vartheta = \pi - \arcsin(\sigma + \tau)$. Für J_{gm} und f_{J_g} gelten daher dieselben Kurven nach Abb. 54, nur daß man die Werte $J_{gm} \Big/ \frac{E_w}{R}$ und f_{J_g} anstatt bei τ bei $\sigma + \tau$ abzugreifen hat. Für den Wirkungsgrad gilt dagegen

$$\eta = \frac{2\tau \left(\sqrt{1 - (\sigma + \tau)^2} - (\sigma + \tau) \arccos(\sigma + \tau) \right)}{\arccos(\sigma + \tau) - (\sigma + \tau)\sqrt{1 - (\sigma + \tau)^2}}, \tag{72}$$

d. h. es gilt die η-Kurve in Abb. 38, nur mit im Verhältnis $\tau/(\sigma + \tau)$ verkleinerten und bei $\sigma + \tau$ abzugreifenden Werten.

Strombegrenzung durch eine Induktivität. Die zweckmäßigere Strombegrenzung bewerkstelligt man durch eine Induktivität; einerseits erfolgt diese Strombegrenzung verlustlos, andererseits erreicht man unter Umständen eine selbsttätige Anpassung des Ladestromes an den Ladezustand der Batterie. Der Reaktanzwert der Induktivität der in Abb. 55 schematisch dargestellten Gleichrichterschaltung sei X.

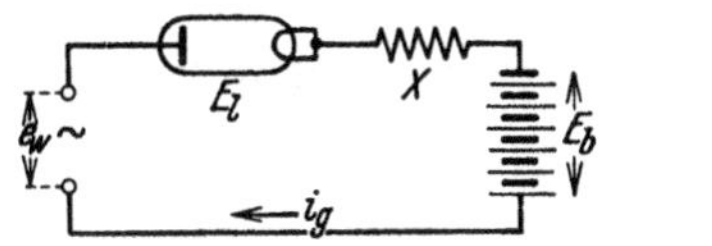

Abb. 55. Einphasengleichrichter mit Batteriebelastung, Strombegrenzung durch Induktivität.

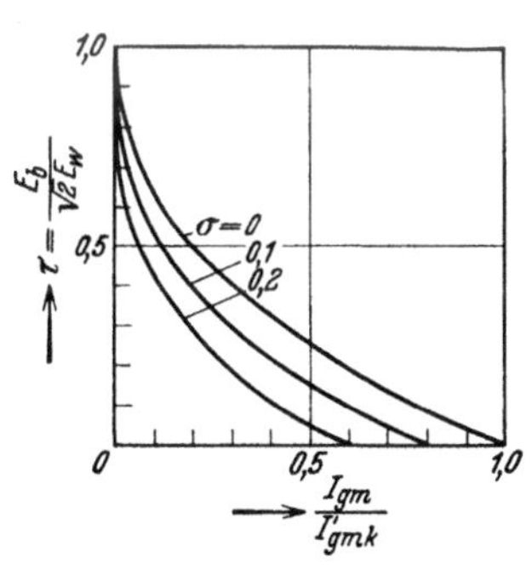

Abb. 56. Strom-Spannungscharakteristik unter Berücksichtigung des Lichtbogenabfalles.

Die Schaltung ist elektrisch gleichwertig der in Abb. 37 gezeigten Schaltung bei $R = 0$, d. h. für den Kurzschlußfall, nur daß an Stelle von E_l jetzt $E_l + E_s$ tritt. Es lassen sich also die durch Abb. 24 und 25 dargestellten Zusammenhänge sofort übernehmen. Die Abb. 25 insbesondere liefert, invers aufgetragen, die Strom-Spannungscharakteristik; zieht man von deren Ordinatenwerten, die $\sigma + \tau$ vorstellen, σ ab, erhält man die τ-Werte. Auf diese Weise wurde die Abb. 56 gezeichnet, die drei Charakteristiken für $\sigma = 0$; 0,1 und 0,2 wiedergibt. Darin bedeutet wieder $J'_{gmk} = \sqrt{2}E_w/X$ den ideellen Kurzschlußstrom bei $\sigma = 0$. Der Vergleich dieser Charakteristiken mit den bei Ohmscher Belastung nach Abb. 26 liefert das bemerkenswerte Ergebnis, daß die ersteren immer oberhalb von den letzteren liegen und daß ihre Neigung in der Nähe des Kurzschlußpunktes ebenso wie der Ort des Kurzschlußpunktes für jeden Wert von σ übereinstimmen. Abb. 57 veranschaulicht dies für $\sigma = 0$.

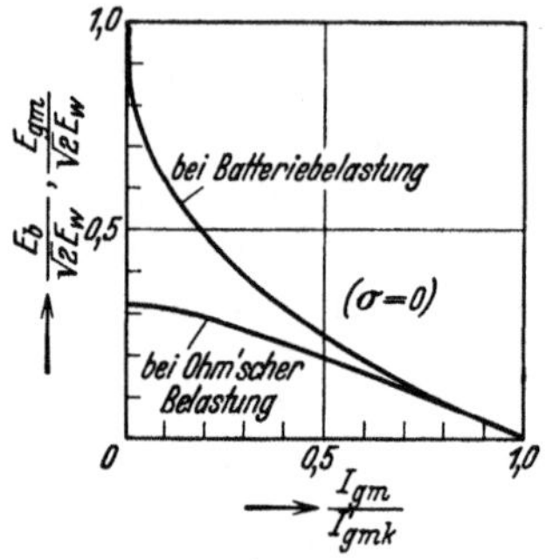

Abb. 57. Vergleich der Spannungscharakteristik bei Batterie- und bei Ohmscher Belastung.

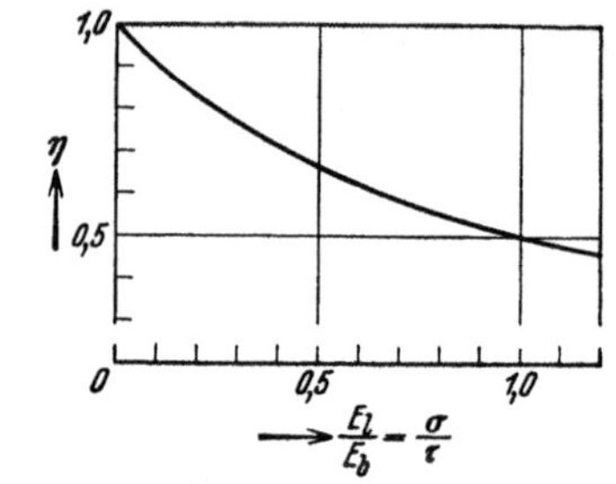

Abb. 58. Wirkungsgrad als Funktion des Lichtbogenabfalles.

Wir berechnen noch den Wirkungsgrad des vorliegenden Gleichrichters. Die abgegebene Leistung ist $E_b \cdot J_{gm}$, während die aufgenommene Leistung $E_l J_{gm} + E_b J_{gm}$ beträgt. Der Wirkungsgrad ist daher

$$\eta = \frac{E_b}{E_b + E_l} = \frac{1}{1 + \frac{E_l}{E_b}}, \tag{73}$$

also nur eine Funktion des Spannungsverhältnisses $E_l/E_b = \sigma/\tau$ und damit unabhängig von der Belastung; die Abb. 58 zeigt seinen Verlauf als Funktion von E_l/E_b. Auch hier zeigt sich die schon einmal festgestellte charakteristische Eigenschaft des Gleichrichters, daß seine Wirtschaftlichkeit mit der Höhe der Gleichspannung zunimmt.

3. Der Zweiphasengleichrichter mit Widerstandsbelastung.

Schaltung ohne und mit Nullpunktsbildung. Das Bestreben zur Verbesserung der Gleichrichterschaltungen ist dahin gerichtet, gleichzeitig einen möglichst gleichförmigen Gleichstrom und einen möglichst sinusförmigen Wechselstrom zu erzielen. Das Einschalten eines Energiespeichers bringt, wie wir bisher feststellten, in dieser Richtung nur einen teilweisen Erfolg, da die Verbesserung des Gleichstromes nur auf Kosten einer Verschlechterung der Kurvenform des Wechselstromes vor sich geht. Es bietet sich jedoch ein anderer Weg, der auch tatsächlich schon von jeher beschritten wurde, nämlich die Erhöhung der Zahl der Schaltfunktionen, d. h. die Erhöhung der Zahl der Ventilstrecken. Für die Gleichrichtung eines einphasigen Wechselstromes eröffnet sich damit die Erhöhung der Zahl der Schaltfunktionen von bisher einer pro Periode auf zwei pro Periode, leider aber auch nicht mehr. Man bezeichnet einen solchen Gleichrichter als Zweiweg- oder besser als Zweiphasengleichrichter[1] (weniger glücklich auch oft Vollweggleichrichter).

Es gibt zwei Möglichkeiten der Schaltung eines Zweiphasengleichrichters, sie sind in Abb. 59 schematisch dargestellt, und zwar unter Annahme einer rein Ohmschen Belastung. Die erste mit *a* bezeichnete Schaltung ist einem zweipoligen Kommutator ähnlich, dessen Schaltfunktionen durch vier Gleichrichterrohre übernommen werden[2]. Bei dieser sind während der positiven Halbwelle der Wechselspannung e_w die Rohre *1* und *4*, während der negativen Halbwelle die Rohre *2* und *3* stromführend. Der Transformator dient nur zur Spannungstransformierung; in seiner Primärwicklung entsteht während jeder Halbwelle der dem Sekundärstrom entsprechende Gegenstrom, wobei je zwei aufeinanderfolgende Gegenströme sich zu einem reinen Wechselstrom ergänzen, so daß also stets Gleichgewicht der Amperewindungen herrscht.

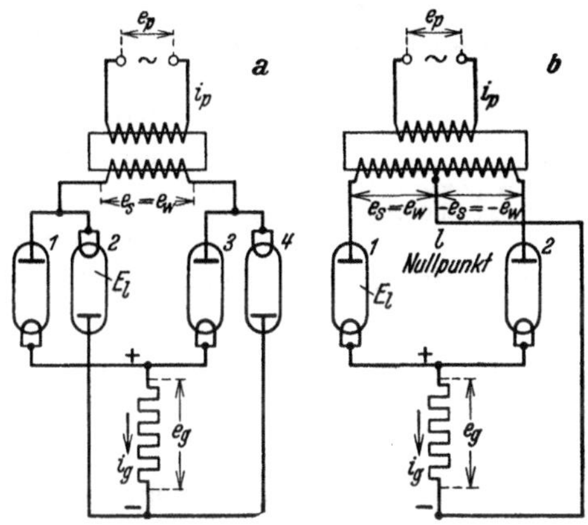

Abb. 59. Schaltung eines Zweiphasengleichrichters ohne und mit Nullpunktsbildung im Transformator.

Die zweite mit *b* bezeichnete Schaltung ist eine Vereinfachung der ersten Schaltung, sie entsteht aus dieser durch Fortlassen der Rohre *2* und *4* und Anschließen des negativen Gleichstrompoles an den Nullpunkt der sekundären Transformatorwicklung[3]. Bei dieser ist während der positiven Halbwelle der Wechselspannung das Rohr *1* und die linke sekundäre Wicklungshälfte, während der negativen Halbwelle das Rohr *2* und die rechte sekundäre Wicklungshälfte des Transformators stromführend. Der Transformator dient zur Spannungstransformierung und zur Nullpunktsbildung; in seiner

[1] Unter der sog. Phasenzahl eines Gleichrichters verstehen wir grundsätzlich die Zahl der nach Maßgabe der Zündung der Anoden innerhalb der ganzen Periode nacheinander wirksamen Wechselstromkreise.

[2] Angegeben von L. Graetz. Vgl. Elektrotechn. Z. Bd. 18 (1897) S. 423 und unabhängig davon von Ch. Pollak. Vgl. Elektrotechn. Z. Bd. 18 (1897) S. 359 (sog. einphasige Graetzschaltung).

[3] Angegeben von P. Cooper Hewitt. Vgl. Elektrotechn. Z. Bd. 25 (1904) S. 1106.

Primärwicklung ergänzen sich die Gegenströme beider Halbwellen zu einem reinen Wechselstrom, es herrscht also wieder Gleichgewicht der Amperewindungen. Sieht man von dem Lichtbogenabfall, von Reaktanzen und von dem Leerlaufstrom des Transformators vorerst ab, so hat man bei beiden Schaltungen die in Abb. 60 gezeigten Stromverläufe. Der Gleichstrom verläuft nach aneinandergereihten Sinusbogen, der primäre Wechselstrom dagegen rein sinusförmig. Die Ablösung der Lichtbogen und der durch sie geführten Ströme erfolgt in den Nulldurchgängen der Wechselspannungen; jeder ablösende Strom setzt mit dem Werte Null ein, nachdem der abzulösende Strom nach seinem Absinken auf Null verloschen ist.

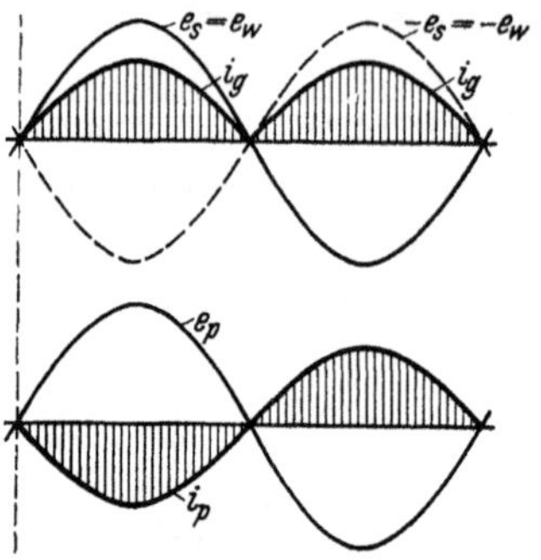

Abb. 60. Verlauf des Gleichstromes und des primären Wechselstromes bei rein Ohmscher Belastung.

Die mittlere Gleichspannung E_{gm} errechnet sich zu

$$E_{gm} = \frac{\sqrt{2}\, E_w}{\pi} \int_0^\pi \sin\vartheta \, d\vartheta = \frac{2\sqrt{2}}{\pi} E_w = 0{,}900\, E_w, \tag{74}$$

und zwar für beide Schaltungen a und b. Unterschiedliche Merkmale der beiden Schaltungen ergeben sich dagegen bei der Berechnung der für die Beanspruchung der Bestandteile der Gleichrichter maßgebenden Größen. So ist der Sekundärstrom des Transformators in Schaltung a ein reiner Sinusstrom, denn er setzt sich aus je zwei aufeinanderfolgenden Halbwellen zusammen; daher beträgt sein Effektivwert J_s

$$J_s = \frac{\pi}{2\sqrt{2}} J_{gm} = 1{,}11\, J_{gm}. \tag{75a}$$

Jeder der beiden Sekundärströme des Transformators in Schaltung b weist dagegen nur eine Halbwelle auf, die eine fließt während der ersten Halbperiode, die zweite während der zweiten Halbperiode; daher betragen deren Effektivwerte

$$J_s = \frac{\pi}{4} J_{gm} = 0{,}785\, J_{gm}. \tag{75b}$$

Bedeutet, wie bisher, $z = E_p/E_s$ das Übersetzungsverhältnis des Transformators, d. h. das Verhältnis der primären zur sekundären Windungszahl (bei Schaltung b jeder Teilwicklung), so beträgt für beide Schaltungen der Effektivwert J_p des Primärstromes

$$J_p = \frac{\pi}{2\sqrt{2}\, z} J_{gm} = \frac{1{,}11}{z} J_{gm}. \tag{76}$$

Errechnet man hieraus die Scheinleistungen der Transformatoren und drückt man diese durch die Gleichstromleistung $E_{gm} \cdot J_{gm}$ aus, berechnet man also die Verhältniswerte, die wir im Sinne von (21) die Ausnutzungsfaktoren C_s, C_p und C_t der Transformatoren nennen, so ergeben sich die in der folgenden Tabelle eingetragenen Zahlenwerte:

Transformatordaten usw. von Zweiphasengleichrichtern.

Schaltung	C_s	C_p	C_t	E_{Sp}/E_{gm}	J_S/J_{gm}
a	$\frac{\pi^2}{8} = 1{,}23$	$\frac{\pi^2}{8} = 1{,}23$	1,23	$\frac{\pi}{2} = 1{,}57$	$\frac{\pi}{2} = 1{,}57$
b	$\frac{\pi^2\sqrt{2}}{8} = 1{,}74$	$\frac{\pi^2}{8} = 1{,}23$	1,48	$\pi = 3{,}14$	$\frac{\pi}{2} = 1{,}57$

Ferner berechnen wir noch die für die Beanspruchung der Gleichrichterrohre interessierenden Größen, nämlich die maximale Sperrspannung und den Scheitelstrom. Bei Schaltung *a* ist die maximale Sperrspannung E_{Sp} gleich dem Scheitelwert der sekundären Wechselspannung, ausgedrückt durch die mittlere Gleichspannung, also

$$E_{Sp} = \frac{\pi}{2} E_{gm} = 1{,}57\, E_{gm}\,. \tag{77a}$$

Bei Schaltung *b* liefert diesen Betrag jede der sekundären Teilwicklungen, die maximale Sperrspannung ist daher doppelt so groß, also

$$E_{Sp} = \pi E_{gm} = 3{,}14\, E_{gm}\,. \tag{77b}$$

Für den Scheitelstrom J_S der Gleichrichterrohre, ausgedrückt durch den mittleren Gleichstrom, errechnet man für beide Schaltungen

$$J_S = \frac{\pi}{2} J_{gm} = 1{,}57\, J_{gm}\,. \tag{78}$$

Auch diese für E_{Sp} und J_S gefundenen Daten sind in der vorigen Tabelle eingetragen, die nun die Eigenschaften der beiden Schaltungen leicht zu übersehen gestattet.

Die erste Schaltung *a*, die vier Rohre erfordert, eignet sich bei gegebener Sperrspannung der Rohre für die doppelte Gleichspannung und stellt damit die für Hochspannungsgleichrichter geeignetere Schaltung dar. Sie besitzt auch einen wicklungstechnisch einfacheren Transformator. Die zweite Schaltung *b* erfordert nur zwei Rohre und ist die für normale Spannungen gegebene Schaltung; sie erfordert dafür aber einen in der Typenleistung um 20% größeren Transformator. Hinsichtlich der Strombeanspruchung der Rohre sind beide Schaltungen gleichwertig.

Der Umstand, daß bei der zweiten Schaltung *b* die beiden Kathoden einen gemeinsamen Pol bilden, führt, wenn nicht andere Gründe dagegen sprechen, zur Ausbildung von Entladungsgefäßen mit zwei Anoden und gemeinsamer Kathode. Solche zeigt schematisch Abb. 61, und zwar als Glühkathodenrohr und als Quecksilberkathodengefäß.

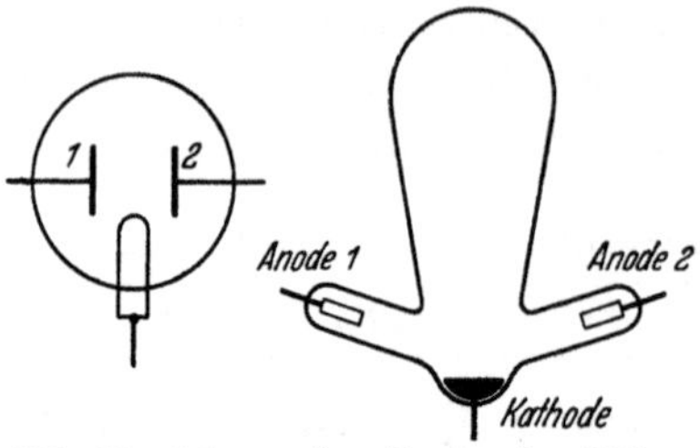

Abb. 61. Schema eines Zweianoden-Glühkathodenrohres und eines Zweianoden-Quecksilberkathodengefäßes.

Oberwellen und Welligkeit des Gleichstromes. Der Vergleich der in Abb. 60 gezeigten Stromverläufe mit den in Abb. 60 gezeigten Stromverläufen des Einphasengleichrichters offenbart eine wesentliche Verbesserung der Kurvenformen der Ströme. Um dies zahlenmäßig auszudrücken, zerlegen wir den Gleichstrom i_g wieder in seine Harmonischen; man findet dabei, daß nur Cosinusglieder auftreten, so daß die Entwicklung lautet:

$$i_g = J_{gm} - \sqrt{2} \sum_{\varkappa} J_{g\varkappa} \cos \varkappa \vartheta . \tag{79}$$

Die Berechnung der Effektivwerte $J_{g\varkappa}$ der Oberwellen ergibt:

$$J_{g\varkappa} = -\frac{2}{\sqrt{2}\pi} \int_0^\pi i_g \cos \varkappa \vartheta \, d\vartheta = -\frac{J_{gm}}{\sqrt{2}} \int_0^\pi \sin \vartheta \cos \varkappa \vartheta \, d\vartheta$$

$$= \frac{\sqrt{2}}{\varkappa^2 - 1} J''_{gm}, \quad \varkappa = 2, 4, 6, \ldots; \tag{80}$$

es treten nur geradzahlige Harmonische als Oberwellen auf, nämlich gerade die derjenigen Ordnungszahlen, die ganzzahlige Vielfache der Phasenzahl 2 sind. Diese Oberwellen haben, bezogen auf den mittleren Gleichstrom, die gleichen Effektivwerte wie die gemäß Gleichung (6a) gefundenen Oberwellen gleicher Ordnung des Einphasengleichrichters, dieser weist eben nur noch die Oberwelle für $\varkappa = 1$ auf. Diese Feststellung, daß die Verbesserung der Kurvenform der Ströme mit der Erhöhung der Phasenzahl auf dem Ausfall bestimmter Harmonischer beruht, und daß die verbleibenden Harmonischen ihre Werte unverändert behalten, wird sich noch als von größerer Tragweite erweisen.

Aus den gefundenen einzelnen Oberwellen läßt sich wieder der Effektivwert $\tilde{J}_g$ der Summe aller Oberwellen und weiterhin dessen Verhältnis zum mittleren Gleichstrom, das wir die Welligkeit w_{J_g} nannten, berechnen. Wir wählen jedoch gleich den direkten Weg, nach dem $\tilde{J}_g = \sqrt{J_{ge}^2 - J_{gm}^2}$ ist. Da $J_{ge} = \frac{\pi}{2\sqrt{2}} J_{gm}$ ist, ergibt sich

$$w_{J_g} = \sqrt{\frac{\pi^2}{8} - 1} = 0{,}48; \tag{81}$$

der Effektivwert aller Oberwellen beträgt also 48% des Gleichstrommittelwertes, während bei dem Einphasengleichrichter der Oberwellengehalt des Gleichstromes 121% seines Mittelwertes betrug.

Der primäre Wechselstrom ist rein sinusförmig, woran sich unter den üblichen Voraussetzungen auch bei Mitberücksichtigung des Leerlaufstromes des Transformators nichts ändert. Das Bild ändert sich jedoch gleich, wenn wir unsere bisherigen vereinfachenden Annahmen aufgeben werden.

Störspannung. Die Berechnung der Störspannung e_λ des Zweiphasengleichrichters nach der durch (9a) und (9b) gegebenen Vorschrift ergibt mit den Oberwellenwerten nach (80a)

$$\text{für induktive Übertragung } e_\lambda = 1{,}9\%,$$

$$\text{für galvanische Übertragung } e_\lambda = 3{,}8\%.$$

Diese Werte sind praktisch die gleichen wie die des Einphasengleichrichters. Der Grund hierfür liegt darin, daß die bei dem Zweiphasengleichrichter in Fortfall kommende erste Harmonische mit nur sehr kleinem Gewicht in die Störspannung eingeht.

Strom- und Leistungsdaten eines Transformators in Sparschaltung. Über die Arbeitsweise des Transformators eines Zweiphasengleichrichters war nicht viel zu sagen; es ist eben stets Gleichgewicht der Amperewindungen vorhanden, so daß die Wechselstrombedingung keinen zusätzlichen Ausgleichstrom erfordert und daher auch keine Energiespeicherung stattfindet. Der Primärstrom ist, von dem Leerlaufstrom abgesehen, in jedem Augenblick das Abbild des jeweils fließenden Sekundärstromes.

Unter diesen Annahmen haben wir die Daten des Transformators angegeben. Wir ergänzen diese Angaben jetzt noch durch die Daten der Transformatoren bei Sparschaltung. Bei Schaltung *a* ist hierzu nichts Neues zu sagen; bei dieser nämlich heben sich die Ströme in dem gemeinsamen Wicklungsteil so weit auf, daß in ihm außer dem Leerlaufstrom nur die Differenz der Ströme auftritt. Bei Schaltung *b* liegen die Verhältnisse jedoch anders, diese müssen wir daher eingehender durchrechnen. Wir legen eine symmetrische Sparwicklung zugrunde, wie sie in Abb. 62 gezeigt ist. Die am Nullpunkt liegenden Wicklungsteile sind mit *1*, die äußeren Wicklungsteile mit *2* numeriert. Der Innenstrom i_1 ist im Falle $z > 2$ und $z < 2$ während der einen Halbperiode der Wechselspannung $= i_p - i_g$, während der anderen Halb-

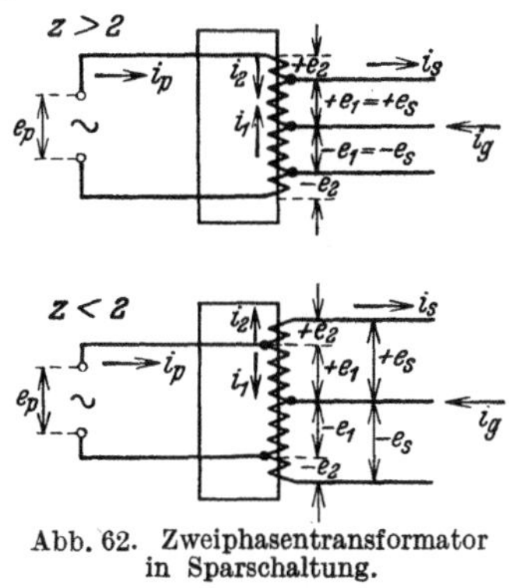

Abb. 62. Zweiphasentransformator in Sparschaltung.

periode $= i_p$. Der primäre Netzstrom i_p ist während der ersten Halbperiode $= \frac{1}{z} i_g + j_0$, während der zweiten Halbperiode $= -\frac{1}{z} i_g + j_0$; infolgedessen ist der Innenstrom

$$i_1 = -\frac{z-1}{z} i_g + j_0 \quad \text{bzw.} \quad = -\frac{1}{z} i_g + j_0 .$$

Sein Effektivwert J_1 ergibt sich aus

$$J_1^2 = \frac{1}{2\pi}\left(\int_0^{\pi}\left(-\frac{z-1}{z} i_g + j_0\right)^2 d\vartheta + \int_{\pi}^{2\pi}\left(-\frac{1}{z} i_g + j_0\right)^2 d\vartheta\right)$$

$$= \frac{2-2z+z^2}{2z^2} J_{gc}^2 + J_0^2$$

zu

$$J_1 = \sqrt{\frac{2-2z+z^2}{2z^2}\cdot\frac{\pi^2}{8} J_{gm}^2 + J_0^2}.$$

Führt man darin wieder den prozentualen Leerlaufstrom $\varkappa = J_0/J_p$ mit $J_p = \frac{\pi}{2\sqrt{2}\,z} J_{gm}$ ein, so ergibt sich

$$J_1 = \frac{\pi}{2\sqrt{2}z} J_{gm}\cdot\sqrt{\frac{2-2z+z^2}{2} + \varkappa^2}, \tag{82}$$

und zwar gilt dies für beliebige Werte von z. Der effektive Strom J_2 in den äußeren Wicklungsabschnitten ist für $z > 2$ gleich dem primären Netzstrom $J_p = \frac{\pi}{2\sqrt{2}\,z}\sqrt{1+\varkappa^2} J_{gm}$, für $z < 2$ dagegen gleich dem sekundären Phasenstrom $J_s = \frac{\pi}{4} J_{gm}$. In Abb. 63 findet man die verschiedenen Ströme für $\varkappa = 0$ als Funktion von z aufgetragen. Wir ergänzen diese Angaben noch durch den Hinweis, daß das Windungsverhältnis n_2/n_1 für $z > 2$ gleich $\frac{z}{2} - 1$, für $z < 2$ gleich $\frac{2}{z} - 1$ sein muß.

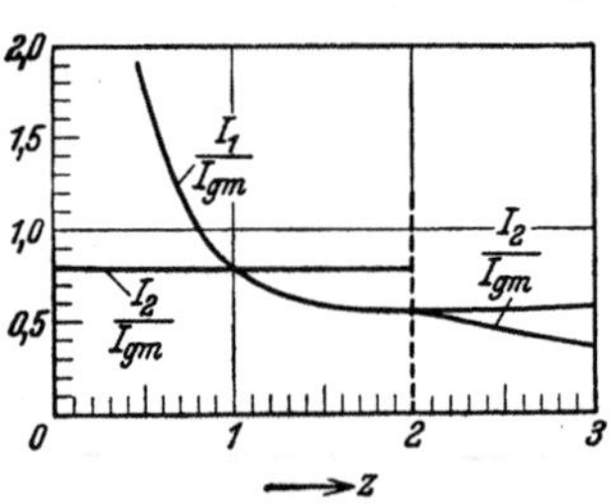

Abb. 63. Effektive Ströme des Zweiphasen-Spartransformators bei $\varkappa = 0$.

Der Ausnutzungsfaktor C_t des Transformators errechnet sich aus den Stromgleichungen zu

$z > 2$

$$C_t = \frac{\pi^2}{16z}\left(2\sqrt{\frac{2-2z+z^2}{2} + \varkappa^2} + (z-2)\sqrt{1+\varkappa^2}\right),$$

$z < 2$

$$C_t = \frac{\pi^2}{16}\left(\sqrt{\frac{2-2z+z^2}{2} + \varkappa^2} + \frac{2-z}{\sqrt{2}}\right). \tag{83}$$

Den Verlauf von C_t als Funktion von z für $\varkappa = 0$ zeigt Abb. 64. Im übrigen bemerken wir, daß die C_t-Werte für alle Werte von z kleiner sind als der Wert des Transformators mit getrennten Wicklungen, der $=\frac{\pi^2}{16}\left(\sqrt{2}+\sqrt{1+\varkappa^2}\right)$ ist; letzterer ist gleich den Grenzwerten von C_t nach Gl. (84) für $z=0$ und $z\to\infty$. Die Ausführung eines Transformators in Sparwicklung ist also hinsichtlich des Wertes C_t stets wirtschaftlich.

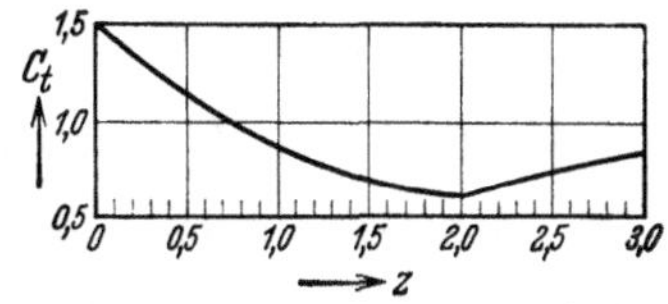

Abb. 64. Ausnutzungsfaktor C_t des Zweiphasen-Spartransformators bei $\varkappa=0$.

Leistungsfaktor. Da unter den bisherigen Voraussetzungen der primäre Netzstrom i_p sinusförmig ist, gibt es keine Verzerrungsleistung, und es ist daher über den Leistungsfaktor nichts Besonderes zu sagen. Die Eigenleistungsfaktoren $\cos\alpha_0$ und $\cos\alpha_1$ sind einander gleich und daher auch gleich dem maßgebenden Leistungsfaktor $\cos\tilde{\alpha}$. Mit Rücksicht auf den Leerlaufstrom errechnet man

$$\cos\alpha_0=\cos\alpha_1=\frac{1}{\sqrt{1+\varkappa^2}}. \tag{84}$$

Mit der Aufgabe der bisherigen Voraussetzungen treten jedoch ganz andere Verhältnisse ein.

Berücksichtigung des Lichtbogenabfalles. Da jeder Strom der einen Phase unabhängig von dem der anderen Phase einsetzt und verlischt, so ist sein Verlauf derselbe wie bei dem Einphasengleichrichter. Es gelten daher wieder die Beziehungen (35) und (36), nur mit dem Unterschiede, daß die mittlere Gleichspannung doppelt so groß, der effektive Gleichstrom $\sqrt{2}$ mal so groß wird wie dort angegeben. Infolgedessen beträgt die mittlere Gleichspannung jetzt

$$E_{gm}=E_w\cdot\frac{2\sqrt{2}}{\pi}\left(\sqrt{1-\sigma^2}-\sigma\arccos\sigma\right), \tag{85}$$

wofür man für kleine Werte von σ näherungsweise

$$E_{gm}=\frac{2\sqrt{2}}{\pi}E_w-E_l=0{,}900\,E_w-E_l \tag{85a}$$

schreiben kann. Der effektive Gleichstrom beträgt

$$J_{ge}=\frac{E_w}{R}\sqrt{\frac{2}{\pi}\left((1+2\sigma^2)\arccos\sigma-3\sigma\sqrt{1-\sigma^2}\right)}, \tag{86}$$

wofür man näherungsweise

$$J_{ge}=\frac{1}{R}\left(E_w-\frac{2\sqrt{2}}{\pi}E_l\right)=\frac{1}{R}(E_w-0{,}300\,E_l) \tag{86a}$$

schreiben kann. Hieraus ergibt sich für den Formfaktor des Gleichstromes angenähert

$$f_{J_g}\approx 1{,}11+0{,}234\,\frac{E_l}{E_w} \tag{87}$$

und daraus für die Welligkeit

$$w_{J_g} \approx 0{,}480 + 0{,}541 \frac{E_l}{E_w}. \qquad (87\,\mathrm{a})$$

Bezieht man darin den Lichtbogenabfall anstatt auf E_w auf die ideelle Gleichspannung $E'_{gm} = 0{,}900 E_w$, so wird $w_{J_g} = 0{,}480 + 0{,}487 \frac{E_l}{E'_{gm}}$. Für den Einphasengleichrichter würde man aus (37b) $w_{J_g} = 1{,}21 + 0{,}193 \frac{E_l}{E'_{gm}}$ erhalten. Es zeigt sich also, daß die Welligkeit des Zweiphasengleichrichters zwar wesentlich kleiner ist als die des Einphasengleichrichters, aber mit E_l sehr viel schneller anwächst.

Der Leistungsfaktor wird ebenfalls wieder durch den Lichtbogenabfall verschlechtert, vor allem werden die Eigenleistungsfaktoren infolge der jetzt aufkommenden Verzerrungsleistung voneinander verschieden. Für den totalen Leistungsfaktor $\cos\alpha_0$ findet man in Anbetracht des in Abb. 65 gegebenen Stromverlaufes bei vernachlässigtem Leerlaufstrom die Beziehung $\cos\alpha_0 = E_{ge} J_{ge} / E_p J_p = E_{ge} J_{ge} / E_w J_{ge}$ oder

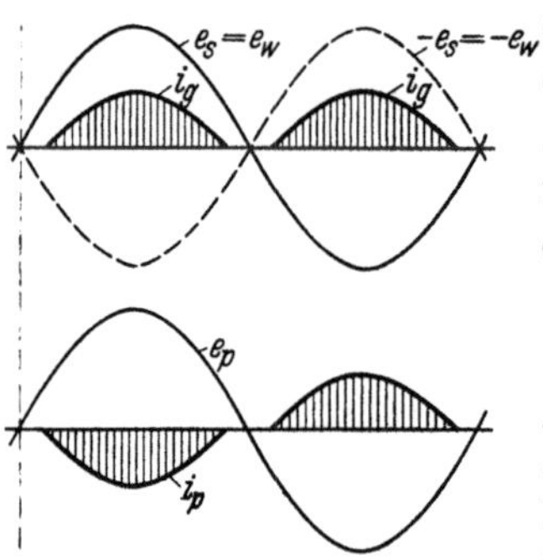

Abb. 65. Verlauf der Ströme unter Berücksichtigung des Lichtbogenabfalles.

$$\cos\alpha_0 = \frac{E_{ge}}{E_w}, \qquad (88)$$

worin man die Beziehung (87) einzusetzen hätte. Mit der Näherungsgleichung (87a) erhält man

$$\cos\alpha_0 = 1 - 0{,}900 \frac{E_l}{E_w}. \qquad (88\,\mathrm{a})$$

Für den Leistungsfaktor der Grundwelle $\cos\alpha_1$ ist der Leerlaufstrom wesentlich. Es ist $\mathrm{tg}\,\alpha_1 = E_p J_0 / E_{ge} J_{ge} = E_p J_p \cdot \varkappa / E_{ge} J_{ge} = \varkappa / \cos\alpha_0$ und damit

$$\cos\alpha_1 = \frac{1}{\sqrt{1 + \frac{\varkappa^2}{\cos^2\alpha_0}}} \qquad (88\,\mathrm{b})$$

genau ebenso, wie wir für den Einphasengleichrichter gefunden hatten.

Für den Wirkungsgrad infolge des Lichtbogenabfalles kann sich nichts anderes ergeben als bei dem Einphasengleichrichter, so daß wir nur auf die dortigen Beziehungen (40) und (41) zu verweisen brauchen.

Berücksichtigung von induktivem Spannungsabfall, der Kommutierungsvorgang, Gleichspannungscharakteristik und Welligkeitscharakteristik. Mit der Einbeziehung von Induktivitäten in unsere Überlegungen sind wir wieder imstande, ebenso wie bei dem Einphasengleichrichter, auch hier die Abhängigkeit der Gleichspannung und anderer Kenngrößen von der Belastung zu studieren. Aus Gründen, die wir erst später einsehen werden, wollen wir vorerst bei der Annahme einer reinen Widerstandsbelastung bleiben und uns nur in den sekundären Transformatorphasen Induktivitäten von dem Reaktanzwert X_a eingefügt denken. Ohne Einschränkung der Allgemeinheit legen wir dabei die Schaltung *b* der Abb. 59 zugrunde, in der Weise, wie Abb. 66 wiedergibt. Von dem Lichtbogenabfall sehen wir vorerst noch ab. Die zu den Anoden *1* und *2* des Gleichrichtergefäßes fließenden sekundären Phasenströme des Transformators bezeichnen wir als die Anodenströme i_1 und i_2.

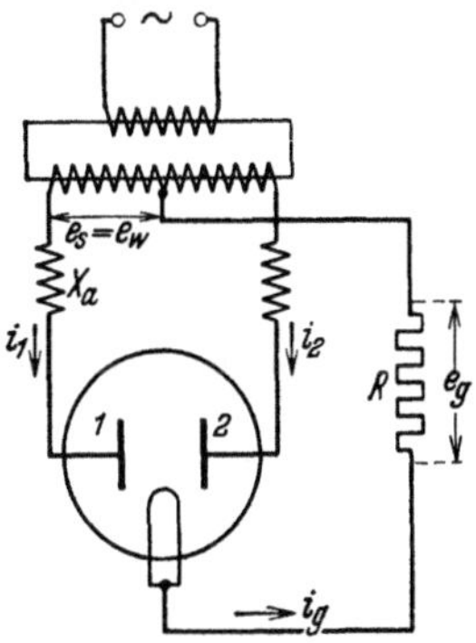

Abb. 66. Zweiphasengleichrichter mit anodenseitigen Induktivitäten.

Könnte jeder der beiden Anodenströme unabhängig von dem anderen fließen, so würde jeder im Nulldurchgang der zugehörigen Phasenspannung zünden und so fließen, wie wir bei dem Einphasengleichrichter gefunden hatten, d. h. mit einer über π hinaus verlängerten Brenndauer, wie Abb. 38 angibt. Da sich jedoch die beiden Anodenströme in dem Belastungswiderstand vereinigen, so muß zunächst einmal eine Verspätung der Zündung jedes Stromes eintreten, denn im Nulldurchgang der Spannung der zündenden Phase ist die Gleichspannung bzw. die Spannung an der Kathode infolge der verlängerten Brenndauer des Stromes der vorgehenden Phase noch nicht Null. Infolgedessen tritt die Zündung jeweils um einen Winkel δ später, nämlich dann ein, wenn die Spannung der zündenden Phase gerade positiver wird als die Gleichspannung unter dem Strom der vorgehenden Phase. Man kann die Größe von δ leicht abschätzen. Im Zündaugenblick ist die Spannung der ablösenden Phase $\sqrt{2}\,E_w \sin\delta$. Die Gleichspannung unter dem Strom der vorgehenden Phase ergibt sich bei Verwendung des Stromes nach Gl. (43) des Einphasengleichrichters jedoch angenähert zu $\sqrt{2}\,E_w \cos\beta \sin(\pi + \delta - \beta)$, wenn $\operatorname{tg}\beta = X_a/R$ bedeutet, und man bei $\vartheta = \pi + \delta$ das Exponentialglied vernachlässigt. Dies ergibt $\sin\delta = \cos\beta \sin(\beta - \delta)$ oder

$$\operatorname{tg}\delta \approx \frac{\sin\beta\cos\beta}{1+\cos^2\beta}. \qquad (89)$$

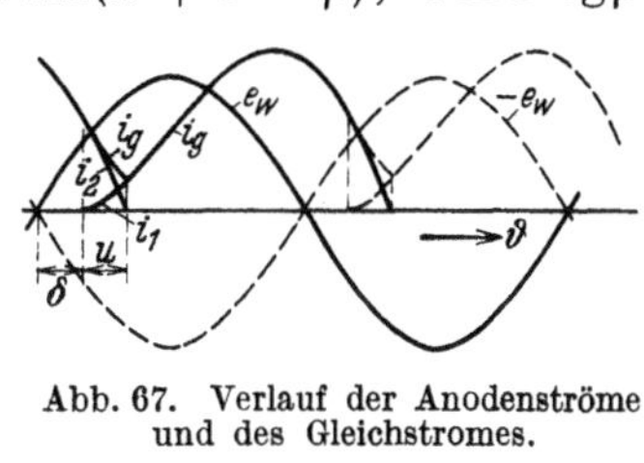

Abb. 67. Verlauf der Anodenströme und des Gleichstromes.

Für sehr kleine β-Werte ist danach $\delta \approx \frac{\beta}{2} = \frac{X_a}{2R}$. Den weiteren Verlauf der Anodenströme veranschaulicht Abb. 67. Nach der Zündung des neuen Anodenstromes, z. B. i_1, verklingt der vorhergehende Strom i_2, um bei $\vartheta = \delta + u$ zu verlöschen; bis dahin setzen sich beide Ströme zum Gleichstrom zusammen, d. h. es ist $i_1 + i_2 = i_g$, von $\vartheta = \delta + u$ ab ist dann i_1 allein Träger des Gleichstromes. Wir bezeichnen diesen

Ablösungsvorgang der Anodenströme sinngemäß als Kommutierung, das Intervall u nennen wir die Kommutierungszeit oder die Überlappungsdauer. Der Vorgang der Kommutierung gewinnt an Anschaulichkeit, wenn man sich das in Abb. 68 gegebene Bild vor Augen hält, wonach die Ablösung z. B. des Anodenstromes i_2 durch den Anodenstrom i_1 in der Weise vor sich geht, daß nach Zündung von i_1 der Strom i_2 als Gleichstrom an sich weiterfließt, jedoch der durch die Zündung der Anode *1* eingeleitete Anodenkurzschluß einen durch $2e_w$ erzeugten und durch $2X_a$ begrenzten Kurzschlußstrom i_1 auslöst, der so lange anwächst, bis der von der Anode *2* geführte Differenzstrom $i_g - i_1$ auf den Wert Null herabgedrückt ist, so daß dieser dann erlischt. Von $\vartheta = \delta + u$ bis $\vartheta = \pi + \delta$ ist, wie schon gesagt wurde, i_1 Träger des Gleichstromes; anschließend erfolgt wieder dessen Ablösung durch i_2. Bei $\vartheta = \pi + \delta + u$ ist auch diese vollzogen, so daß dann $i_1 = 0$ ist; die ganze Brenndauer eines Anodenstromes beträgt somit $\lambda = \pi + u$.

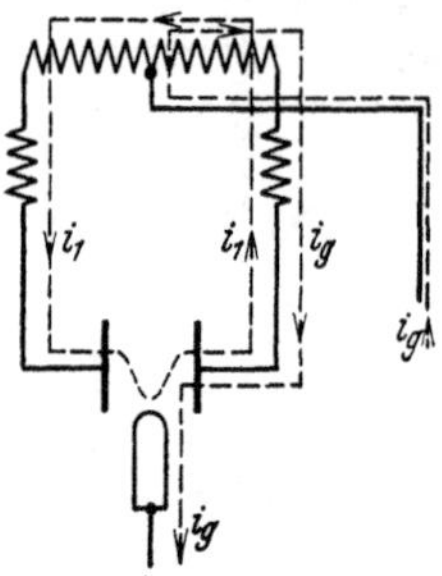

Abb. 68. Erläuterung des Kommutierungsvorganges.

Zur Berechnung der Stromverhältnisse gehen wir wie immer von den Spannungsgleichungen aus. Während der Kommutierungsdauer ist

$$\text{I.}\qquad \begin{aligned} \sqrt{2}\,E_w \sin\vartheta &= R\,i_g + X_a \frac{d i_1}{d\vartheta}, \\ -\sqrt{2}\,E_w \sin\vartheta &= R\,i_g + X_a \frac{d i_2}{d\vartheta}, \end{aligned} \qquad \vartheta = \delta \text{ bis } \delta + u,$$

woraus wegen $i_1 + i_2 = i_g$ durch Addieren und Subtrahieren

$$\text{a)}\qquad 0 = 2R\,i_g + X_a \frac{d i_g}{d\vartheta},$$

$$\text{b)}\qquad 2\sqrt{2}\,E_w \sin\vartheta = X_a \frac{d}{d\vartheta}(i_1 - i_2)$$

folgt. Nach der Kommutierungsdauer ist

$$\text{II.}\qquad \sqrt{2}\,E_w \sin\vartheta = R\,i_g + X_a \frac{d i_g}{d\vartheta}, \qquad \vartheta = \vartheta_0 + n \quad \text{bis} \quad \pi + \vartheta_0 .$$

Zu diesen Gleichungen treten eine Reihe von Bedingungen, und zwar entsprechend den fünf Unbekannten in Form von drei Integrationskonstanten sowie δ und u gerade fünf Bedingungen, nämlich eine Zündbedingung und vier Übergangsbedingungen.

Die Zündbedingung verlangt, daß bei $\vartheta = \delta$ die Phasenspannung $\sqrt{2}\,E_w \sin\delta$ gleich der Gleichspannung unter dem Anodenstrom der vorgehenden Phase wird, d. h. gleich $\sqrt{2}\,E_w \sin(\pi + \delta) - X_a \frac{d i_g^{II}}{d\vartheta}$. Es muß daher sein

$$2\sqrt{2}\,E_w \sin\delta = -X_a \frac{d i_g^{II}}{d\vartheta}.$$

Außerdem muß aber i_g bei $\vartheta = \delta$ stetig sein oder

$$\sqrt{2}E_w \sin\delta - X_a \frac{d i_1^I}{d\vartheta} = \sqrt{2}E_w \sin(\pi + \delta) - X_a \frac{d i_g^{II}}{d\vartheta},$$

also mit Rücksicht auf die vorige Beziehung $= \sqrt{2}\,E_w \sin\delta$. Hieraus resultiert $\frac{d i_1}{d\vartheta} = 0$ bei $\vartheta = \delta$, d. h. der ablösende Anodenstrom i_1 setzt mit wagerechter Tangente ein. Daraus ergibt sich weiter, daß die Tangenten des Gleichstromes und die des abklingenden Stromes i_2 bei $\vartheta = \delta$ stetig sein müssen. Führt man die Bedingung $\frac{d i_1}{d\vartheta} = 0$ für $\vartheta = \delta$ in der ersten der Gleichungen I ein, so folgt, daß bei $\vartheta = \delta$ der Gleichstrom den Wert $i_g = \frac{\sqrt{2}E}{R}\sin\delta$ haben muß. Es gelten daher, zusammen mit den übrigen Übergangsvorschriften, die folgenden Bedingungen

1)	bei $\vartheta = \delta$	$i_1 = 0, \quad i_2 = i^I_{g(\delta)} = i^{II}_{g(\pi+\delta)} = \frac{\sqrt{2}E_w}{R}\sin\delta,$
2)	bei $\vartheta = \delta + u$	$i_2 = 0, \quad i_1 = i^I_{g(\delta+u)} = i^{II}_{g(\delta+u)};$

diese reichen zur Bestimmung der unbekannten Größen gerade aus. So ergeben die Differentialgleichungen I mit der Bedingung 1)

$$\text{I.} \qquad i_g = \frac{\sqrt{2}E_w}{R}\sin\delta\, e^{-(\vartheta-\delta)2\operatorname{ctg}\beta},$$

$$i_1 = \frac{\sqrt{2}E_w}{R}\left(\frac{\cos\delta - \cos\vartheta}{\operatorname{tg}\beta} - \frac{\sin\delta}{2}\left(1 - e^{-(\vartheta-\delta)2\operatorname{ctg}\beta}\right)\right), \tag{90}$$

$$i_2 = \frac{\sqrt{2}E_w}{R}\left(-\frac{\cos\delta - \cos\vartheta}{\operatorname{tg}\beta} + \frac{\sin\delta}{2}\left(1 + e^{-(\vartheta-\delta)2\operatorname{ctg}\beta}\right)\right),$$

während die Differentialgleichung II, ebenfalls mit der Bedingung 1)

$$\text{II.} \quad i_g = \frac{\sqrt{2}E_w}{R}\left(\cos\beta\sin(\vartheta-\beta) + (\sin\delta + \cos\beta\sin(\delta-\beta))\,e^{(\pi+\delta-\vartheta)\operatorname{ctg}\beta}\right) \tag{91}$$

ergibt. Dabei wurden die Gleichungen für i_1 und i_2 nach (91) aus i_g und $i_1 - i_2$ mittels der Beziehungen $i_1 = \frac{1}{2}(i_g + (i_1 - i_2))$ und $i_2 = \frac{1}{2}(i_g - (i_1 - i_2))$ gefunden.

Die noch nicht ausgenützten Bedingungen 2) ergeben die Bestimmungsgleichungen für die Unbekannten δ und u, leider jedoch in einer Form, die nicht ohne weiteres δ und u für sich als Funktion von β zu berechnen gestattet. Es ist jedoch möglich, beide Gleichungen nach δ hin aufzulösen, d. h. Beziehungen in der Form $\delta = f(u, \beta)$ und $\delta = g(u, \beta)$ zu gewinnen, die zwei Kurven liefern, deren Schnittpunkte die zusammengehörigen δ- und u-Werte ergeben. Die erste Bedingung $i_2 = 0$ für $\vartheta = \delta + u$ liefert mit (91) eine Gleichung, die sich schreiben läßt

$$\operatorname{tg}\delta = \frac{1 - \cos u}{\frac{\operatorname{tg}\beta}{2}\left(1 + e^{-2u\operatorname{ctg}\beta}\right) - \sin u}. \tag{92}$$

Die zweite Bedingung ist z. B. $i_1^I = i_g^{II}$ für $\vartheta = \delta + u$, die sich jedoch in der gleichwertigen Form $i_1 - i_2^I = i_g^{II}$ einfacher schreiben läßt; sie liefert mit (91) und (92) eine Gleichung, die sich ebenfalls nach δ auflösen läßt, und zwar ergibt sich nach einiger Rechnung

$$\operatorname{tg}\delta = \frac{\sin\beta\cos\beta\, e^{(\pi-u)\operatorname{ctg}\beta} - \cos\beta\sin(u-\beta) + \dfrac{2(1-\cos u)}{\operatorname{tg}\beta}}{1 + (1+\cos^2\beta)\, e^{(\pi-u)\operatorname{ctg}\beta} + \cos\beta\cos(u-\beta) - \dfrac{2\sin u}{\operatorname{tg}\beta}}. \qquad (93)$$

Uns interessiert zuerst der Anfangsverlauf der beiden Beziehungen für kleine β-Werte. In (93) treten dann die hinteren Glieder gegenüber den mit den e-Funktionen behafteten zurück und es schält sich die schon durch andere Überlegungen gefundene Näherungsgleichung (90) heraus, die für sehr kleine β-Werte $\delta = \beta/2$ ergab. Um auch eine Beziehung für u zu erhalten, führen wir in (93) Reihenentwicklungen nach u und β durch; das Ergebnis ist in erster Näherung eine Beziehung, die sich als eine solche für u/β schreiben läßt und dann lautet

$$q^2 + q = \tfrac{1}{2}(1 + e^{-2q}), \qquad (94\text{a})$$

worin abkürzend $q = u/\beta$ gesetzt ist. Auf graphischem Wege findet man deren Wurzel zu $q = 0{,}472$. Also ist als erste Annäherung

$$\delta = 0{,}500\,\beta, \qquad u = 0{,}472\,\beta. \qquad (94\text{b})$$

Für größere β-Werte ($>10°$) hat man die Beziehung (93) exakt auszuwerten. Für β-Werte bis etwa 45° genügt es noch, δ mit Hilfe der Näherungsgleichung (90) zu bestimmen und durch Auswertung von (93) für verschiedene u-Werte denjenigen u-Wert zu suchen, der zu demselben δ-Wert führt. Für β-Werte $>45°$ hat man jedoch an Stelle von (90) die streng gültige Gleichung (93) zugrunde zu legen und diese ebenso wie (93) für verschiedene u-Werte auszuwerten. Die Aufsuchung des u-Wertes, der zu den glei chen δ-Werten führt, erfolgt am besten graphisch. In Abb. 69 findet man das für $\operatorname{tg}\beta = 0{,}2$; 0,4; 0,6; 1,0; 2,0 und 5,0 durchgeführt; darin stellen die ausgezogenen Kurvenstücke die Beziehung (90) bzw. (94) dar, während die gestrichelten Kurven der Gleichung (93) folgen. Eine Verbindung der Schnittpunkte durch eine Kurve ergibt den Zusammenhang zwischen δ und u; die strichpunktiert gezeichnete Anfangstangente entspricht dabei der aus (95b) hervorgehenden Geraden $\delta = 1{,}06\beta$. Für $\beta \to \frac{\pi}{2}$ erreicht δ wieder den Wert Null, während u dem Grenzwert π zustrebt.

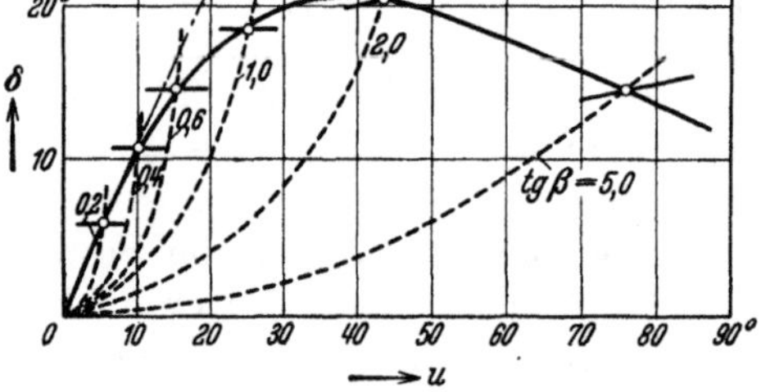

Abb. 69. Zur Bestimmung von δ und u als Funktion von β.

Wir sind damit in der Lage, sowohl δ als auch u als Funktion von β aufzutragen; das Ergebnis zeigt die Abb. 70. Da $\pi + u$ die mit λ bezeichnete Brenndauer der Anodenströme ist, so kann man in der Abbildung sofort λ ablesen und ist dann imstande, einen Vergleich mit der in Abb. 38 gezeigten Brenndauer des Einphasengleichrichters zu vollziehen. Wir finden als bemerkenswertes Ergebnis, daß $\lambda + \delta$ nach Abb. 70 nahezu die gleichen Werte aufweist wie λ nach Abb. 38. Dies besagt, daß der Löschpunkt des Anodenstromes i_1 des Zweiphasengleichrichters bei gleichem X_a/R-Wert fast den gleichen Zeitwert hat wie der Löschpunkt des Stromes des Einphasengleichrichters; nur die Zündeinsätze sind als Folge des Kommutierungsvorganges unterschiedlich, und ungefähr um diesen Betrag sind auch die Brenndauern verschieden.

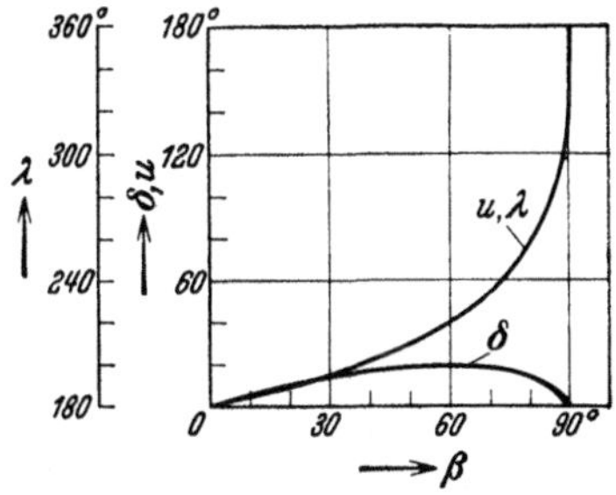

Abb. 70. Zündwinkel δ, Überlappungswinkel u und Brenndauer $\lambda = \pi + u$ der Anodenströme als Funktion von β.

Wir wenden uns nun der Gleichspannungscharakteristik zu. Für die Berechnung der mittleren Gleichspannung E_{gm} und des mittleren Gleichstromes geht man dazu am besten von den Anfangsgleichungen für die momentane Gleichspannung e_g, nämlich

$$e_g = e_1 - \frac{d i_1{}^I}{d\vartheta} \text{ für } \vartheta = \delta \text{ bis } \delta + u, \qquad e_g = e_w - \frac{d i_g{}^{II}}{d\vartheta} \text{ für } \vartheta = \delta + u \text{ bis } \pi + \delta$$

aus; mit diesen findet man

$$E_{gm} = \frac{1}{\pi}\left(\int\limits_{\delta}^{\pi+\delta} e_w\, d\vartheta - X_a \cdot i_{g(\delta)}\right).$$

Hieraus folgt mit $i_{g(\delta)} = \frac{\sqrt{2} E_w}{R} \sin\delta$ und $X_a = R \operatorname{tg}\beta$ die einfache Beziehung

$$E_{gm} = \frac{\sqrt{2}}{\pi} E_w (2\cos\delta - \operatorname{tg}\beta \sin\delta)\,. \tag{95}$$

Weiter ergibt sich für den mittleren Gleichstrom $J_{gm} = E_{gm}/R = E_{gm}/X_a \cdot \operatorname{tg}\beta$ die Beziehung

$$J_{gm} = \frac{\sqrt{2}}{\pi} \frac{E_w}{X_a} \operatorname{tg}\beta\, (2\cos\delta - \operatorname{tg}\beta \sin\delta)\,. \tag{96}$$

Wie bisher tragen wir bei der kurvenmäßigen Auswertung an Stelle von E_{gm} und J_{gm} Verhältnisgrößen auf, nämlich $E_{gm}/\sqrt{2} E_w$, und ferner das Verhältnis von J_{gm} zu dessen Höchstwert J_{gmk} bei Kurzschluß $(R = 0)$. Den Kurzschlußstrom J_{gmk} kann man sehr leicht direkt berechnen. Bei Kurzschluß sind nämlich die Anodenströme voneinander unabhängig; der eine, z. B. i_1, folgt der Gleichung $e_w = X_a \frac{d i_1}{d \vartheta}$, zu der die Zündbedingung $i_1 = 0$ für $\vartheta = 0$ hinzutritt. Dies ergibt, genau ebenso wie bei dem Einphasengleichrichter,

$$i_1 = \frac{\sqrt{2}\, E_w}{X_a}(1 - \cos\vartheta).$$

Der Gleichstrom ist die Summe beider Anodenströme, d. h.

$$i_g = \frac{\sqrt{2}\, E_w}{X_a}(1 - \cos\vartheta) + \frac{\sqrt{2}\, E_w}{X_a}(1 + \cos\vartheta) = \frac{2\sqrt{2}\, E_w}{X_a},$$

also konstant. Er stimmt daher auch überein mit seinem Mittelwert J_{gm} bzw. J_{gmk}, und wir erhalten

$$J_{gmk} = \frac{2\sqrt{2}\, E_w}{X_a}. \tag{96a}$$

Auf diese Weise erhalten wir die Gleichungen für die Verhältnisgrößen

$$\frac{E_{gm}}{\sqrt{2}\, E_w} = \frac{1}{\pi}\left(2\cos\delta - \operatorname{tg}\beta \sin\delta\right), \quad \frac{J_{gm}}{J_{gmk}} = \frac{1}{2\pi}\operatorname{tg}\beta\left(2\cos\delta - \operatorname{tg}\beta\sin\delta\right).$$

Wertet man sie für verschiedene β-Werte unter Zuhilfenahme der Abb. 70 aus und trägt $E_{gm}/\sqrt{2}\, E_w$ als Funktion von J_{gm}/J_{gmk} auf, so entsteht die in Abb. 71 dargestellte vollständige Charakteristik. Ihr Anfangsverlauf folgt einer Parabel; für diese soll noch eine Näherungsformel entwickelt werden, die für die praktische Anwendung von Bedeutung ist und einen Vergleich mit dem durch Gleichung (46) und (46a) gegebenen Anfangsverlauf der Charakteristik des Einphasengleichrichters eröffnet. Entwickelt man die Ausgangsbeziehungen für $E_{gm}/\sqrt{2}\, E_w$ und J_{gm}/J_{gmk} nach δ und β und setzt darin $\delta = \beta/2$ ein, so ergibt sich näherungsweise $E_{gm}/\sqrt{2}\, E_w = \frac{2}{\pi}\left(1 - \frac{3}{8}\beta^2\right)$ und $J_{gm}/J_{gmk} = \frac{1}{\pi}\beta$, also

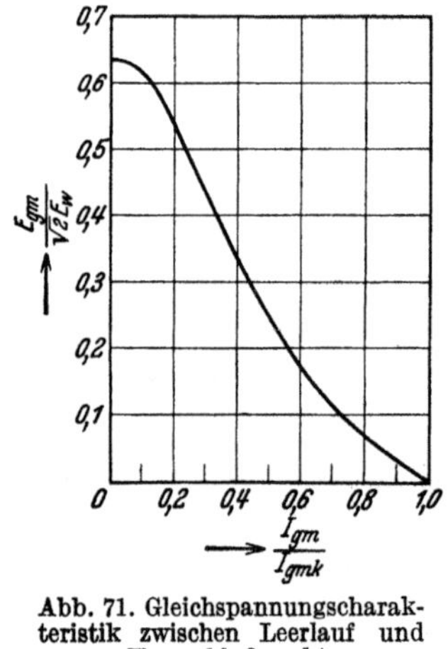

Abb. 71. Gleichspannungscharakteristik zwischen Leerlauf und Kurzschlußpunkt.

$$\frac{E_{gm}}{\sqrt{2}\, E_w} = \frac{2}{\pi} - \frac{3\pi}{4}\left(\frac{J_{gm}}{J_{gmk}}\right)^2. \tag{97}$$

Hierfür läßt sich wegen (97a) und mit Einführung der ideellen Gleichspannung $E'_{gm} = \frac{2\sqrt{2}}{\pi} E_w$ schreiben

$$E_{gm} = E'_{gm} - \frac{3}{8}\frac{X_a^2}{E'_{gm}} \cdot J_{gm}^2. \tag{97a}$$

Nicht weniger wichtig ist es, den Endverlauf der Charakteristik in der Nähe des Kurzschlusses durch eine Näherungsformel darzustellen. Hierzu setzen wir $\beta = \frac{\pi}{2} - \beta'$ und $u = \pi - u'$, führen dies in die Gleichungen (93) und (94) ein und entwickeln nach β' und u'. Es entsteht dann

$$\delta = 2\beta'\left(1 - \frac{u'^2}{4}\right)(1 + \pi\beta') \quad \text{und} \quad \delta = 2\beta'\left(1 - \frac{u^2}{8}\right),$$

woraus hervorgeht

$$\begin{aligned} \delta &= 2\beta'(1 - \pi\beta'(1 - 2\pi\beta'))\,, \\ u' &= \sqrt{8\pi\beta'}\,. \end{aligned} \tag{98a}$$

Führt man dies in die Ausgangsbeziehungen für $E_{gm}/\sqrt{2}E_w$ und J_{gm}/J_{gmk} ein, so entsteht die in der Umgebung des Kurzschlußpunktes gültige Näherung

$$\frac{E_{gm}}{\sqrt{2}\,E_w} = \frac{1}{\pi + \frac{1}{\pi}}\left(1 - \frac{J_{gm}}{J_{gmk}}\right), \tag{98b}$$

die einen geradlinigen Verlauf der Charakteristik aufweist. Dieser Endverlauf ist fast übereinstimmend mit dem Endverlauf der Charakteristik eines Gleichrichters mit reiner Gegenspannung. Für diesen würde man nämlich aus (49) und (50) erhalten

$$\sigma = \frac{1}{\pi}\left(1 - \frac{J_{gm}}{J_{gmk}}\right).$$

Wir wollen jetzt noch den Lichtbogenabfall in die Rechnung einbeziehen, und zwar werden wir uns wieder wie bei dem Einphasengleichrichter darauf beschränken, den Anfangsverlauf und den Kurzschlußpunkt der Spannungscharakteristik festzulegen, um dann ihren Zwischenverlauf zu interpolieren.

Den Kurzschlußstrom J_{gmk} bei berücksichtigtem Lichtbogenabfall im Verhältnis zu seinem ideellen Wert $J'_{gmk} = 2\sqrt{2}E_w/X_a$ entnehmen wir der letzten Gleichung, die in den jetzigen Bezeichnungen geschrieben

$$J_{gmk} = J'_{gmk}(1 - \pi\sigma)$$

lautet und im übrigen auch dem aus Abb. 42 zu ersehenden Endverlauf entspricht.

Um uns nun dem Anfangsverlauf der Charakteristik zuzuwenden, gehen wir davon aus, daß an Stelle der bisherigen Spannungsgleichungen jetzt die folgenden treten

$$\left.\begin{aligned} &\text{I.} \quad \sqrt{2}E_w(\sin\vartheta - \sigma) = R i_g + X_a \frac{d i_1}{d\vartheta}, \\ &\qquad \sqrt{2}\,E_w(-\sin\vartheta - \sigma) = R i_g + X_a \frac{d i_2}{d\vartheta}, \\ &\text{oder} \\ &\qquad -2\sqrt{2}\,E_w\sigma = 2 R i_g + X_a \frac{d i_g}{d\vartheta}, \\ &\qquad 2\sqrt{2}\,E_w \sin\vartheta = X_a \frac{d}{d\vartheta}(i_1 - i_2) \end{aligned}\right\} \quad \vartheta = \delta \text{ bis } \delta + u,$$

und

II. $$\sqrt{2}\,E_w(\sin\vartheta - \sigma) = R\,i_g + X_a\frac{d\,i_g}{d\,\vartheta}, \quad \vartheta = \delta + u \text{ bis } \pi + \delta.$$

Hierzu treten, wie man sich im Anschluß an die früheren Überlegungen leicht klarmachen kann, die folgenden Bedingungen

1. bei $\vartheta = \delta$ | $i_1 = 0, \quad i_2 = i^{I}_{g(\delta)} = i^{II}_{g(\pi+\delta)} = \frac{\sqrt{2}\,E_w}{R}(\sin\delta - \sigma)$.
2. bei $\vartheta = \delta + u$ | $i_2 = 0, \quad i_1 = i^{I}_{g(\delta+u)} = i^{II}_{g(\delta+u)}$.

Dies führt zu den folgenden Stromgleichungen

$$\text{I.} \quad i_g = \frac{\sqrt{2}\,E_w}{R}\left(\sin\delta\, e^{-(\vartheta-\delta)\,2\,\mathrm{ctg}\,\beta} - \sigma\right),$$

$$i_1 = \frac{\sqrt{2}\,E_w}{R}\left(\frac{\cos\delta - \cos\vartheta}{\mathrm{tg}\,\beta} - \frac{\sin\delta}{2}\left(1 - e^{-(\vartheta-\delta)\,2\,\mathrm{ctg}\,\beta}\right)\right), \tag{99}$$

$$i_2 = \frac{\sqrt{2}\,E_w}{R}\left(-\frac{\cos\delta - \cos\vartheta}{\mathrm{tg}\,\beta} + \frac{\sin\delta}{2}\left(1 + e^{-(\vartheta-\delta)\,2\,\mathrm{ctg}\,\beta}\right) - \sigma\right)$$

und

$$\text{II.} \quad i_g = \frac{\sqrt{2}\,E_w}{R}\left(\cos\beta\sin(\vartheta-\beta) + (\sin\delta + \cos\beta\sin(\delta-\beta))\,e^{(\pi+\delta-\vartheta)\,\mathrm{ctg}\,\beta} - \sigma\right). \tag{100}$$

Außerdem liefern die unter 2) stehenden Bedingungen die zwei Bestimmungsgleichungen für δ und u, die wir jedoch nur für kleine β-Werte diskutieren wollen. Wir können dann anstatt der Bedingung 2) von der Zündbedingung ausgehen, nach der die Gleichspannung $R\,i^{II}_{g(\pi+\delta)} = \sqrt{2}\,E_w(\sin\delta - \sigma)$ sein muß. Setzt man darin den Wert aus (101) unter Vernachlässigung des mit der e-Funktion behafteten Bestandteiles ein, so entsteht $-\cos\beta\sin(\delta-\beta) - \sigma = \sin\delta - \sigma$, woraus wieder hervorgeht

$$\mathrm{tg}\,\delta = \frac{\sin\beta\cos\beta}{1 + \cos^2\beta},$$

in Übereinstimmung mit (90). Für sehr kleine β-Werte ist daher auch wieder $\delta = \beta/2$. Insofern ist also δ von σ unabhängig; allerdings gilt die Beziehung erst von dem β-Wert ab, für den der Gleichstrom nicht mehr lückenhaft ist. Da die Brenndauer der Anodenströme, die bei lückenhaftem Gleichstrom nach (51) $\lambda = \pi + \beta - 2\sigma$ beträgt, $\geqq \pi$ sein müßte, erkennt man, daß der lückenlose Zustand bei $\beta = 2\sigma$ einsetzt. Es ist somit $\delta = \beta/2 \geqq \sigma$. Um uns nun der Bestimmungsgleichung für u zuzuwenden, gehen wir von der Bedingung 2), nämlich $i_{2(\delta+u)} = 0$ aus, die mit (100) eine Gleichung ergibt, die sich wieder nach δ auflösen läßt. Um aus ihr zu einer Näherungsformel zu gelangen, entwickeln wir ihre Bestandteile nach u und β; alsdann entsteht die Beziehung

$$\tfrac{1}{2}(1 + e^{-2q}) - q^2 - q = 2s, \tag{101a}$$

in der $q = u/\beta$ und $s = \sigma/\beta$ bedeutet. Auch diese Gleichung, die eine Verallgemeinerung von (95a) vorstellt, schließt die Bedingung $2s \leqq 1$,

d. h. $\beta \geqq 2\sigma$ in sich ein. Ihre Auswertung zeigt die Abb. 72. Wie man erkennt, ist der Zusammenhang zwischen u/β und σ/β ziemlich genau linear, nämlich $u/\beta \approx 0{,}472(1 - 2\sigma/\beta)$; eine Entwicklung der linken Seite von (102) nach q würde tatsächlich $u/\beta = \frac{1}{2}(1 - 2\sigma/\beta)$ ergeben. In Verbindung mit der Beziehung für δ wird somit

$$\begin{aligned} \delta &= 0{,}500\,\beta\,, \quad \beta \geqq 2\sigma\,, \\ u &= 0{,}472\,\beta \backsim 0{,}944\,\sigma\,. \end{aligned} \qquad (101\,\mathrm{b})$$

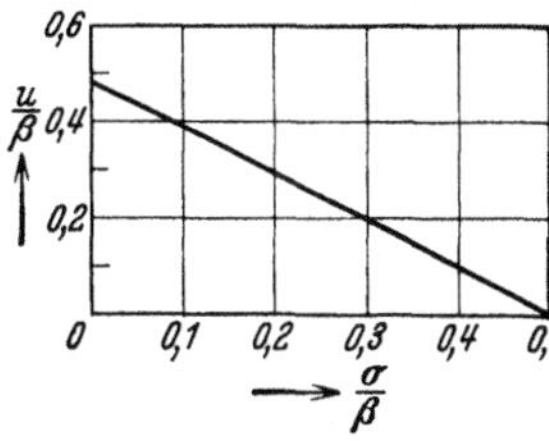

Abb. 72. Überlappungswinkel u als Funktion von β und σ.

Damit sind wir so weit, daß wir den Anfangsverlauf der Spannungscharakteristik angeben können. Ist $\beta < 2\sigma$, so ist der Gleichstrom lückenhaft, und es gilt bei sinngemäßer Anwendung der Näherungsgleichung (52) des Einphasengleichrichters

$$\frac{E_{gm}}{\sqrt{2}\,E_w} = \frac{2}{\pi} - \sigma\left(1 - \frac{1}{\pi}\,\sigma\right) - \frac{\pi}{2}\,(1 + \pi\sigma)\left(\frac{J_{gm}}{J'_{gmk}}\right)^2, \qquad (102\,\mathrm{a})$$

worin J'_{gmk} den ideellen Kurzschlußstrom für $\sigma = 0$, der $2\sqrt{2}\,E_w/X_a$ beträgt, vorstellt. Bei $\beta = 2\sigma$ hört der Gleichstrom gerade auf zu lücken, die Brenndauer der Anodenströme ist dann $= \pi$; der hierzu gehörige J_{gm}/J'_{gmk}-Wert ist $\sigma\left(\frac{2}{\pi} - \sigma\right)$, während der zugehörige $E_{gm}/\sqrt{2}\,E_w$-Wert $\frac{2}{\pi} - \sigma\left(1 + \frac{1}{\pi}\,\sigma\right)$ beträgt. Ist $\beta > 2\sigma$, so verläuft der Gleichstrom fortan lückenlos, und wir können zur Bestimmung der mittleren Gleichspannung von der nach dem früheren, leicht verständlichen Beziehung $E_{gm} = \frac{1}{\pi}\int\limits_{\delta}^{\pi+\delta} e_w\,d\vartheta - \sqrt{2}\,E_w\sigma - \frac{X_a}{\pi}\,i_{g(\delta)}$ mit $i_{g(\delta)} = \frac{\sqrt{2}\,E_w}{R}(\sin\delta - \sigma)$ ausgehen. Hieraus erhält man mit $\delta = \beta_0/2$ näherungsweise $E_{gm}/\sqrt{2}\,E_w = \frac{2}{\pi} - \sigma - \frac{\sigma}{\pi}\,\beta - \frac{3}{4\pi}\beta^2$ und weiter $J_{gm}/J'_{gmk} = \frac{1}{\pi}\,\beta\left(1 - \frac{\pi}{2}\,\sigma\right)$. Eliminiert man darin β, so entsteht

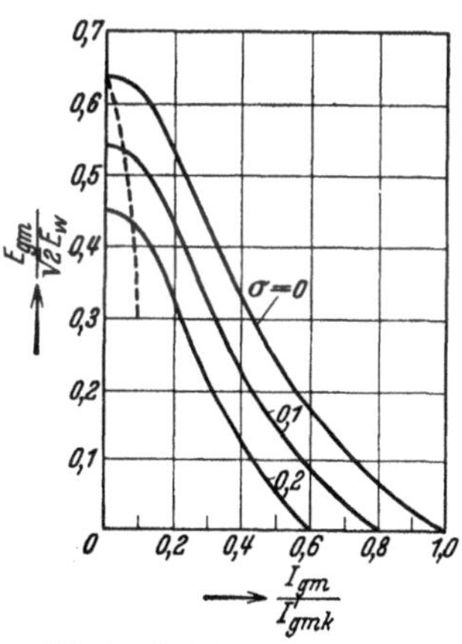

Abb. 73. Gleichspannungscharakteristik bei verschiedenen Lichtbogenabfällen.

$$\frac{E_{gm}}{\sqrt{2}\,E_w} = \frac{2}{\pi} - \sigma + \sigma\left(1 + \frac{\pi}{2}\,\sigma\right)\frac{J_{gm}}{J'_{gmk}} - \frac{3\pi}{4}\,(1 + \pi\sigma)\left(\frac{J_{gm}}{J'_{gmk}}\right)^2. \qquad (102\,\mathrm{b})$$

Die Charakteristik enthält also außer einem quadratischen Glied von J_{gm}/J'_{gmk} noch ein lineares Glied; dieses ist so beschaffen, daß die Charakteristik an der Grenze vom lückenhaften zum lückenlosen Zustand stetig und in erster Näherung ohne Knick verläuft. In Abb. 73

sind die hiernach entworfenen Charakteristiken für $\sigma = 0$; 0,1; 0,2 eingetragen. Der Endverlauf derselben wurde den in Abb. 56 angegebenen Charakteristiken, von denen wir für $\sigma = 0$ festgestellt hatten, daß sie praktisch denselben Endverlauf haben, nachgezeichnet.

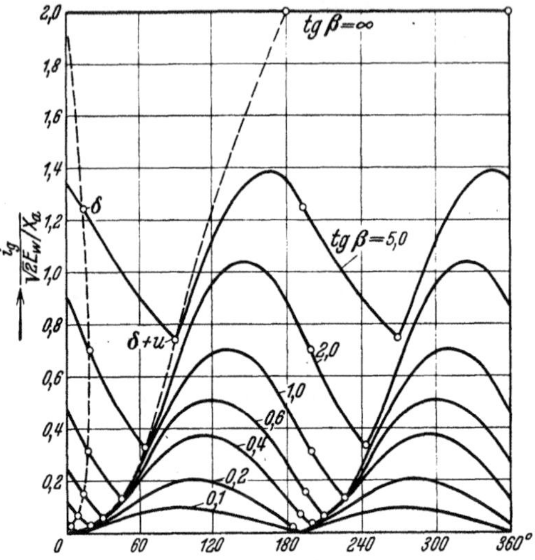

Abb. 74. Verlauf des Gleichstromes bei konstanter Reaktanz und Verkleinerung des Widerstandes bis zum Kurzschlußpunkt.

Die Induktivitäten bewirken außer dem bisher untersuchten induktiven Gleichspannungsabfall eine Verminderung der Welligkeit des Gleichstromes; bei Kurzschluß ist ja, wie wir gefunden haben, der Gleichstrom konstant. Um uns das zu veranschaulichen, denken wir uns die Induktivitäten wieder konstant und den Widerstand R verändert und untersuchen den Verlauf des Gleichstromes mit Hilfe der Gleichungen (91) und (92), die wir in der Form

$$i_g = \frac{\sqrt{2}\,E_w}{X_a} \cdot \operatorname{tg}\beta \sin\delta\, e^{-(\vartheta-\delta)\,2\operatorname{ctg}\beta}$$

bzw.

$$= \frac{\sqrt{2}\,E_w}{X_a}\left(\sin\beta\sin(\vartheta-\beta) + \operatorname{tg}\beta(\sin\delta + \cos\beta\sin(\delta-\beta))\, e^{(\pi+\delta-\vartheta)\operatorname{ctg}\beta}\right)$$

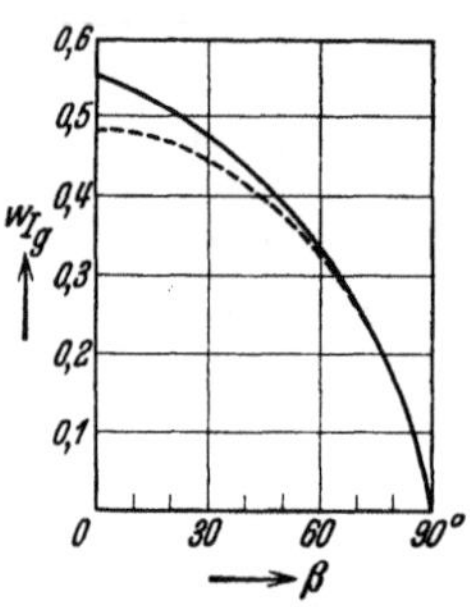

Abb. 75. Welligkeit w_{J_g} des Gleichstromes als Funktion von β.

benutzen. Wertet man diese für die Beiwerte $\operatorname{tg}\beta = X_a/R = 0{,}1$; 0,2; 0,4; 0,6; 1,0; 2,0; 5,0 und ∞ punktweise aus, so entsteht die Abb. 74, sie entspricht genau der Abb. 40 für den Einphasengleichrichter. Die gezeichneten Kurven setzen uns in den Stand, die Welligkeit des Gleichstromes als Funktion von β graphisch zu ermitteln. Hierzu greifen wir der Einfachheit wegen von jeder Kurve den jeweils tiefsten Gleichstromwert J_1 und den höchsten Wert J_2 ab und bilden

$$w_{J_g} = \frac{J_2 - J_1}{2\sqrt{2}\,J_{gm}};$$

mittels dieser Ersatzformel haben wir schon öfter Welligkeitswerte näherungsweise berechnet. Das Ergebnis der Rechnung zeigt Abb. 75;

die genaue Rechnung nach (7) würde etwa die dort eingetragene gestrichelte Kurve ergeben.

Für die Berechnung der Welligkeit bei nichtberücksichtigtem Lichtbogenabfall darf man wahrscheinlich davon ausgehen, daß die absolute Welligkeit, d. h. $w_{J_g} \cdot J_{gm}$, von σ in erster Näherung unabhängig ist.

Berücksichtigung verteilter Reaktanzen; allgemeines Reduktionsproblem, das Theorienschema. Wir wollen jetzt prüfen, inwieweit wir mit den bisher berücksichtigten Reaktanzen bereits wirklichen Verhältnissen Rechnung getragen haben und inwieweit wir unsere Überlegungen noch weiter auszudehnen haben. Hierzu denken wir uns, ähnlich wie wir dies bei dem Einphasengleichrichter getan haben, eine dem allgemeinsten Fall entsprechende Verteilung von Reaktanzen, wie sie Abb. 76 wiedergibt. Darin ist der Transformator dargestellt durch seine Leerlaufreaktanz X_0 und seine Kurzschlußreaktanzen X und Y. Wir nehmen der Einfachheit wegen $X_0 = \infty$ an, dann ist der Primärstrom das Abbild von $i_1 - i_2$. In der primären Zuleitung des Transformators liege die Reaktanz Z; sie ist in dem Schaltbild vierfach eingetragen, da dem Ersatzbild des Transformators ja ein Übersetzungsverhältnis $z = 2$ entspricht, weshalb wir auch alle primärseitigen Spannungen doppelt zu nehmen und entsprechend den Primärstrom nur in halber Höhe einzusetzen haben[1]. In den sekundären Anodenzuleitungen seien weitere Reaktanzen eingesetzt, die zudem noch gekoppelt sein mögen; sie sollen die Eigenreaktanz P und die Gegenreaktanz Q haben, wobei Q je nach der Art der Kopplung positiv oder negativ zu nehmen ist. Schließlich soll auf der Gleichstromseite noch die Reaktanz S liegen, die in der Belastung enthalten sein oder eine besondere Reaktanz vorstellen kann. Wir wollen künftig Reaktanzen wie Z mit Primärdrosseln, Reaktanzen wie P mit Anodendrosseln und Reaktanzen wie S mit Gleichstromdrosseln oder Kathodendrosseln bezeichnen.

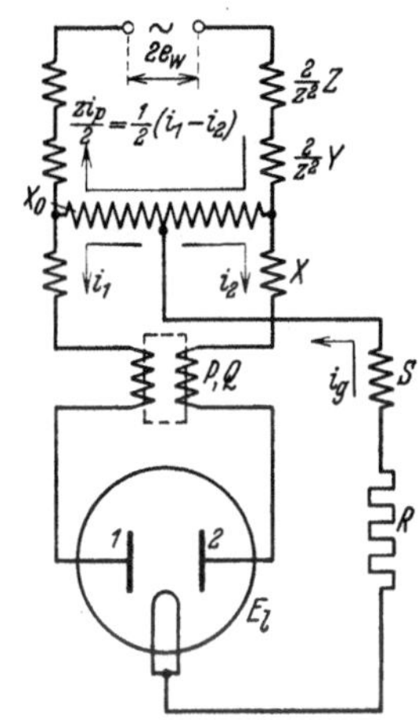

Abb. 76. Ersatzbild des Zweiphasengleichrichters mit verteilten Reaktanzen.

[1] Die Reaktanz Z erscheint hier, wie auch im allgemeinen, in den späteren Beispielen, sofern nichts Besonderes über diese Reaktanz gesagt wird, z. B. daß sie eine Primärdrossel vorstellen soll, als das Attribut eines spannungsnachgiebigen, d. h. eines nicht mehr unendlich starken Wechselstromnetzes. Sie steht, wenn man von Ohmschen Widerständen absehen kann, in unmittelbarem Zusammenhang mit der sog. prozentualen Kurzschlußspannung des Netzes, von der noch die Rede sein wird.

Unter diesen Voraussetzungen ist während der Kommutierungsdauer

$$e_w - E_l = R i_g + S\frac{d i_g}{d\vartheta} + X\frac{d i_1}{d\vartheta} + P\frac{d i_1}{d\vartheta} + Q\frac{d i_2}{d\vartheta} + \frac{1}{z^2}(Y+Z)\frac{d}{d\vartheta}(i_1 - i_2),$$

$$-e_w - E_l = R i_g + S\frac{d i_g}{d\vartheta} + X\frac{d i_2}{d\vartheta} + P\frac{d i_2}{d\vartheta} + Q\frac{d i_1}{d\vartheta} - \frac{1}{z^2}(Y+Z)\frac{d}{d\vartheta}(i_1 - i_2),$$

$$\vartheta = \delta \quad \text{bis} \quad \delta + u,$$

woraus hervorgeht

$$\text{I.} \qquad -2E_l = 2 R i_g + (2S + X + P + Q)\frac{d i_g}{d\vartheta},$$

$$2 e_w = \left(X + P - Q + \frac{2}{z^2}(Y + Z)\right)\frac{d}{d\vartheta}(i_1 - i_2). \tag{103}$$

Außerhalb der Kommutierungszeit ist dagegen

$$\text{II.} \quad e_w - E_l = R i_g + \left(S + X + P + \frac{1}{z^2}(Y+Z)\right)\frac{d i_g}{d\vartheta}, \quad \vartheta = \delta + u \text{ bis } \pi + \delta.$$

Diese Gleichungen besagen, wie man sich leicht überzeugen wird, daß die allgemeine Gleichrichterschaltung nach Abb. 76 ersetzbar ist

a) durch eine Schaltung mit einer Primärdrossel $\tilde{Z}$ und einer Kathodendrossel $\tilde{S}$ mit

$$\begin{aligned} \frac{1}{z^2}\tilde{Z} &= \frac{1}{2}(X + P - Q) + \frac{1}{z^2}(Y + Z), \\ \tilde{S} &= S + \tfrac{1}{2}(X + P + Q), \end{aligned} \tag{103a}$$

b) durch eine Schaltung mit gekoppelten Anodendrosseln $\tilde{P}$, $\tilde{Q}$ mit

$$\begin{aligned} \tilde{P} &= S + X + P + \frac{1}{z^2}(Y + Z), \\ \tilde{Q} &= S + Q - \frac{1}{z^2}(Y + Z). \end{aligned} \tag{103b}$$

Diese beiden einander gleichwertigen Grundschaltungen sind in Abb. 77 gezeigt, wir bezeichnen sie künftig als die Normalschaltungen des Gleichrichters. Die durchgeführte Überlegung nennen wir die Reduktion der allgemeinen Schaltung auf die Normalschaltung. Die Reaktanzwerte $\tilde{Z}$, $\tilde{S}$ und $\tilde{P}$, $\tilde{Q}$ der beiden möglichen Normalschaltungen sind verknüpft durch die Beziehungen

$$\begin{aligned} \tilde{S} &= \frac{\tilde{P} + \tilde{Q}}{2}, & & & \tilde{P} &= \tilde{S} + \frac{1}{z^2}\tilde{Z}, \\ & & \text{oder} & & & \\ \frac{1}{z^2}\tilde{Z} &= \frac{\tilde{P} - \tilde{Q}}{2}, & & & \tilde{Q} &= \tilde{S} - \frac{1}{z^2}\tilde{Z}. \end{aligned} \tag{104}$$

In den Größen der Normalschaltungen ausgedrückt, schreiben sich die Spannungsgleichungen, von denen wir ausgegangen sind, in der folgenden Weise:

Schaltung a)

$$\text{I.}\qquad -2E_l = 2Ri_g + 2\tilde{S}\frac{di_g}{d\vartheta},$$

$$2e_w = \frac{2}{z^2}\tilde{Z}\frac{d}{d\vartheta}(i_1 - i_2), \tag{105a}$$

$$\text{II.}\qquad e_w - E_l = Ri_g + \left(\tilde{S} + \frac{1}{z^2}\tilde{Z}\right)\frac{di_g}{d\vartheta},$$

Schaltung b)

$$\text{I.}\qquad -2E_l = 2Ri_g + (\tilde{P} + \tilde{Q})\frac{di_g}{d\vartheta},$$

$$2e_w = (\tilde{P} - \tilde{Q})\frac{d}{d\vartheta}(i_1 - i_2), \tag{105b}$$

$$\text{II.}\qquad e_w - E_l = Ri_g + \tilde{P}\frac{di_g}{d\vartheta}.$$

Hierzu treten wieder fünf Bedingungen hinzu, die die drei Integrationskonstanten sowie δ und u bestimmen. Vier Bedingungen sind wieder die Stromübergangsbedingungen, während die fünfte wieder die Zündbedingung von i_1 vorstellt, mit der wir uns jetzt sorgfältiger zu befassen haben. Wir gehen dazu von den noch nicht reduzierten Gleichungen (103) aus.

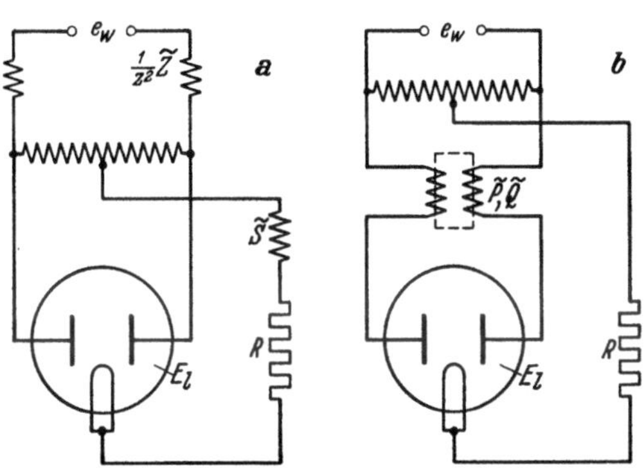

Abb. 77. Die zwei möglichen Normalschaltungen eines Zweiphasengleichrichters.

Die Zündbedingung besagt zunächst, daß die ideelle Gleichspannung

$$Ri_g + S\frac{di_g}{d\vartheta} + E_l$$

kurz vor der Zündung, d. h. für $i_g = i_g^{II}$ gleich der Gleichspannung kurz nach der Zündung, d. h. für $i_g = i_g^{I}$ sein muß, woraus wegen der Stetigkeit von $Ri_g + E_l$ für den Zündaugenblick

$$\frac{di_g^I}{d\vartheta} = \frac{di_g^{II}}{d\vartheta}$$

folgt. Die Zündung erfolgt in dem Augenblick, in dem die Anodenspannung der ablösenden Anode $e_{w(\delta)} - \left[Q - \frac{1}{z^2}(Y + Z)\right]\frac{di_g^{II}}{d\vartheta}$ gleich der Anodenspannung der abzulösenden Anode $e_{w(\pi+\delta)} - \left[X + P + \frac{1}{z^2}(Y + Z)\right]\frac{di_g^{II}}{d\vartheta}$ wird, so daß also

$$2e_{w(\delta)} = -\left[X + P - Q + \frac{2}{z^2}(Y + Z)\right]\frac{di_g^{II}}{d\vartheta}$$

sein muß. Da aber kurz nach der Zündung nach (103) I

$$2e_{w(\delta)} = \left[X + P - Q + \frac{2}{z^2}(Y + Z)\right] \frac{d}{d\vartheta}(i_1 - i_2)^I$$

ist, so folgt mit Rücksicht auf die vorhin abgeleitete Beziehung, daß im Zündmoment $\frac{d i_1}{d\vartheta} = 0$ ist. Der Anodenstrom setzt also, sofern eine endliche Kommutierung überhaupt stattfindet, mit waagerechter Tangente ein. Setzt man den Wert für $\frac{d i_g}{d\vartheta}$ in (103) I, 1. Gleichung ein, so findet man

$$R i_{g(\delta)} = \frac{S + \frac{1}{2}(X + P + Q)}{\frac{1}{2}(X + P - Q) + \frac{1}{z^2}(Y + Z)} e_{w(\delta)} - E_l$$

$$= \frac{z^2 \tilde{S}}{\tilde{Z}} e_{w(\delta)} - E_l \quad \text{bzw.} \quad = \frac{\tilde{P} + \tilde{Q}}{\tilde{P} - \tilde{Q}} e_{w(\delta)} - E_l .$$

Die fünf Bedingungen der Grundgleichungen lassen sich somit in der Form schreiben

$$\begin{array}{l|l} 1.\ \text{bei}\ \vartheta = \delta & i_1 = 0, \quad i_2 = i^I_{g(\delta)} = i^{II}_{g(\pi+\delta)} = \frac{1}{R}\left(\frac{z^2\tilde{S}}{\tilde{Z}} e_{w(\delta)} - E_l\right) \\ & \qquad\qquad\qquad\qquad \text{bzw.} = \frac{1}{R}\left(\frac{\tilde{P}+\tilde{Q}}{\tilde{P}-\tilde{Q}} e_{w(\delta)} - E_l\right) \\ 2.\ \text{bei}\ \vartheta = \delta + u & i_2 = 0, \quad i_1 = i^I_{g(\delta+u)} = i^{II}_{g(\delta+u)}. \end{array} \qquad (106)$$

Die gewonnenen Gleichungen haben wir ganz allgemein für beliebige Verteilung der Reaktanzen abgeleitet. Hiermit verglichen bezog sich der früher durchgerechnete Fall auf die Schaltung nur mit ungekoppelten Anodendrosseln, dieser entsprach also den Gleichungen (105a) mit speziell $\tilde{S} = \frac{1}{z^2}\tilde{Z}$ oder den Gleichungen (105b) mit speziell $\tilde{Q} = 0$. Wir wollen unsere bisherigen Überlegungen noch etwas weiterführen. Im Rahmen dieser Weiterführung lassen sich sofort einige interessante Grenzfälle voraussagen.

Die Merkmale dieser Grenzfälle sind, rein formal betrachtet, die möglichen Kommutierungszeiten, insbesondere die Kommutierungszeit Null und die maximal mögliche Kommutierungszeit. Wie man aus den Gleichungen I entnehmen kann, ist eine endliche Kommutierungszeit unmöglich, also $u = 0$ zu erwarten, wenn bei a) entweder $\tilde{S} = 0$ oder $\tilde{Z} = 0$ ist, oder wenn bei b) entweder $\tilde{Q} = -P$ oder $\tilde{Q} = P$ ist. Die maximal mögliche Kommutierungszeit tritt dagegen, wie wir sehen werden, dann ein, wenn bei a) $\tilde{S} \to \infty$ oder bei b) $\tilde{P} + \tilde{Q} \to \infty$ ist.

1) Der erste Grenzfall ($\tilde{S} = 0$ oder $\tilde{Q} = -P$) entspricht dem Gleichrichter nur mit einer Primärdrossel oder mit gegensinnig vollkommen gekoppelten Anodendrosseln. Als wesentlicher Effekt stellt sich heraus,

daß die Gleichspannung einen mit der Belastung wachsenden induktiven Abfall erfährt, die Gleichstromwelligkeit jedoch praktisch unverändert bleibt.

2) Der zweite Grenzfall ($\tilde{Z} = 0$ oder $\tilde{Q} = P$) entspricht dem Gleichrichter nur mit einer Kathodendrossel oder mit gleichsinnig vollkommen gekoppelten Anodendrosseln. Als wesentlicher Effekt stellt sich heraus, daß die Gleichstromwelligkeit mit der Belastung sinkt, die Gleichspannung dagegen unverändert bleibt.

3) Alle übrigen Fälle sind Zwischenfälle innerhalb der Grenzfälle 1) und 2), bei ihnen ist somit eine primärdrosselartige Wirkung und eine kathodendrosselartige Wirkung gemischt. Ein Sonderfall unter diesen ist derjenige, den wir oben schon untersucht haben, nämlich der dem Gleichrichter nur mit ungekoppelten Anodendrosseln entsprechende, für den $\tilde{S} = \frac{1}{z^2}\tilde{Z}$ oder $\tilde{Q} = 0$ ist. Dieser Fall ist dadurch gekennzeichnet, daß die Anodendrosseln zur Hälfte primärdrosselartig, zur anderen Hälfte kathodendrosselartig wirken. Ein weiterer interessanter Sonderfall ist der einer Gleichrichterschaltung nur mit Streureaktanzen des Transformators entsprechende. Für diesen Fall ist $\tilde{S} = \frac{1}{2}X$, $\frac{1}{z^2}\tilde{Z} = \frac{1}{2}X + \frac{1}{z^2}Z$ und damit, wenn wir $\frac{1}{z^2}Z = X$ annehmen, $\tilde{S} = \frac{1}{3}\frac{1}{z^2}Z$; die Streureaktanzen wirken also zu drei Vierteln ihres Gesamtwertes primärdrosselartig und zu einem Viertel kathodendrosselartig. Bei allen Zwischenfällen innerhalb 1) und 2) entsteht eine endliche, belastungsabhängige Kommutierungszeit.

4) Ein extremer Fall ist der, daß die Reaktanz der Kathodendrossel oder die dieser gleichwertige Reaktanz einen unendlichen Wert annimmt ($\tilde{S} \to \infty$ oder $\tilde{P} + \tilde{Q} \to \infty$), dieser Fall ist dadurch gekennzeichnet, daß der Gleichstrom vollkommen konstant verläuft. Methodisch betrachtet ist dieser Fall der am leichtesten lösbare und daher der technischen Rechnungen meist zugrunde gelegte. Bei dem Zweiphasengleichrichter ist sein Geltungsbereich jedoch nur sehr begrenzt; erst bei höherphasigem Gleichstrom erscheint seine Annahme zur Lösung einiger Fragen, z. B. der Gleichspannungscharakteristik und des Leistungsfaktors mehr und mehr gerechtfertigt (der hierzu duale Fall, der, methodisch betrachtet, ebenfalls zu einfachen Lösungen führt, ist der einer konstanten Gleichspannung entsprechende, wie er bei Batteriebelastung oder bei einem unendlich großen, parallel zur Belastung geschalteten Kondensator vorliegen würde).

5) Ein anderer extremer Fall ist endlich der dem ideellen Kurzschluß, d. h. $R = 0$ entsprechende; er ist dadurch gekennzeichnet, daß die Gleichspannung den Wert Null hat. Mathematisch betrachtet hat dieser Fall mit dem vorigen das gemeinsam, daß die Exponentialfunk-

tionen konstante Größen werden, wodurch die leichtere Lösbarkeit auch hier eintritt. Dies liegt eben daran, daß die Exponenten der Exponentialfunktionen als Faktor des Zeitwinkels ϑ Verhältnisgrößen aus R und einer Reaktanz aufweisen, so daß diese Faktoren zu Null werden, wenn entweder die Reaktanz unendlich oder $R = 0$ wird.

Das Theorienschema.

→ Richtung { abnehmender Gleichspannungswelligkeit, zunehmender Gleichstromwelligkeit. $\frac{Z}{R} < \frac{S}{R}$	$\frac{Z}{R} = \frac{S}{R}$	$\frac{Z}{R} > \frac{S}{R}$
$\frac{Z}{R} = 0$, $\frac{S}{R} =$ belieb. Nur kathodendrosselartige Wirkung (Kleeberg, Krijger)	$\frac{Z}{R} = \frac{S}{R} = 0$ Ideeller Leerlauffall $R = \infty$ oder Idealfall $Z = S = 0$	$\frac{Z}{R} =$ belieb., $\frac{S}{R} = 0$ Nur primärdrosselartige Wirkung (Potthoff)
$\frac{Z}{R} =$ belieb., $\frac{S}{R} =$ belieb. Vorwiegend kath. W. Beispiel: Anodendrosseln bzw. Transf.-Reaktanzen und Kathodendrossel (Müller-Lübeck)	$\frac{Z}{R} = \frac{S}{R} =$ belieb. $\frac{1}{2}$ kath., $\frac{1}{2}$ prim. W. Beispiel: Anodendrosseln (Müller-Lübeck)	$\frac{Z}{R} =$ belieb., $\frac{S}{R} =$ belieb. Vorwiegend prim. W. - - - - - - - - $\frac{3}{4}$ prim., $\frac{1}{4}$ kath. W. Beispiel: Transf.-Reaktanzen (Müller-Lübeck)
$\frac{Z}{R} =$ belieb., $\frac{S}{R} = \infty$ Gleichstr.-Welligk. $= 0$ Beisp.: ∞ Kath.-Drossel (Dällenbach u. Gerecke)	$\frac{Z}{R} = \frac{S}{R} = \infty$ Allgemeiner Kurzschlußfall bei $R = 0$, $Z = S$ (Dällenbach u. Gerecke, Prince u. Vogdes)	$\frac{Z}{R} = \infty$, $\frac{S}{R} =$ belieb. Gleichsp.-Welligk. $= 0$ Beispiel: Reine Gegenspannungsbelastung (Demontvignier)
$\frac{Z}{R} = 0$, $\frac{S}{R} = \infty$ Idealfall $Z = 0$, $S = \infty$		$\frac{Z}{R} = \infty$, $\frac{S}{R} = 0$ Spezieller Kurzschlußfall bei $R = 0$, $S = 0$ (Prince u. Vogdes)

Wir geben jetzt eine Gesamtübersicht der aufgeführten Fälle in einer Tabelle, die wir das Theorienschema nennen wollen, die vielleicht den klarsten Einblick in die methodisch gegebene Gliederung gewährt. Sie bezieht sich auf die bisher vorausgesetzte Widerstandsbelastung, schließt jedoch die später behandelte Batteriebelastung in ihr Schema gleichfalls ein. Mit Rücksicht auf das oben Gesagte treffen wir die Einteilung dieses Schemas jedoch nicht nach den Reaktanzwerten selbst, sondern dem mathemathisch maßgebenden Verhältnis der

Reaktanzwerte zum Ohmschen Widerstand R. Die in den Feldern eingetragenen Namen geben die Autoren an, die sich zuerst der Lösung der einzelnen Fälle gewidmet haben, wobei unter Lösungen nur strenge Lösungen verstanden werden sollen. Dabei gehen allerdings einige Lösungen über den Zweiphasengleichrichter hinaus und beziehen sich auf Mehrphasengleichrichter, was aber vom methodischen Standpunkt aus belanglos ist.

Grenzfall eines Gleichrichters nur mit Primärdrossel. Wir wollen die Rechnung, der wir uns jetzt zuwenden, gleich unter Berücksichtigung des Lichtbogenabfalles durchführen[1]. Eine endliche Kommutierungszeit ist, wie wir sagten, unmöglich, denn während dieser müßte die Transformatorspannung zusammenbrechen, andererseits ist auf der Gleichstromseite kein Energiespeicher vorhanden, der den Gleichstrom unterhalten könnte. Infolgedessen muß im Zündaugenblick δ eines der Anodenströme der vorhergehende Anodenstrom bereits den Wert Null erreicht haben. Solange der Anodenstrom i_1 fließt, ist

$$\sqrt{2}\,E_w(\sin\vartheta - \sigma) = R i_1 + \frac{1}{z^2}\tilde{Z}\frac{d i_1}{d\vartheta}, \quad \vartheta = \delta \text{ bis } \pi + \delta .$$

Tritt hierzu die Bedingung $i_{1(\delta)} = i_{1(\pi+\delta)} = 0$, so ergibt sich

$$i_1 = \frac{\sqrt{2}\,E_w}{R}\left(\cos\beta\sin(\vartheta-\beta) + \sigma\left(\frac{2}{1+e^{-\pi\operatorname{ctg}\beta}}\,e^{-(\vartheta-\delta)\operatorname{ctg}\beta} - 1\right)\right)$$

mit (107)

$$\sin(\beta-\delta) = \frac{\sigma\,\mathfrak{Tg}\left(\frac{\pi}{2}\operatorname{ctg}\beta\right)}{\cos\beta},$$

worin wie früher $\operatorname{tg}\beta = \tilde{Z}/z^2 R$ vorstellt. Jedoch ist hieran die Vorschrift geknüpft, daß β größer ist als der untere Grenzwert, für den der Gleichstrom gerade lückenlos wird. Um diesen Grenzwert zu finden, müssen wir davon ausgehen, daß bei lückenhaftem Gleichstrom der Zündeinsatz bei $\delta = \arcsin\sigma$ stattfindet und feststellen, bei welchem β der Gleichung (107) mit $\delta = \arcsin\sigma$ genügt wird. Diese Überlegung führt zu

$$\frac{\sigma}{\sqrt{1-\sigma^2}} = \frac{\sin\beta\cos\beta}{\cos^2\beta + \mathfrak{Tg}\left(\frac{\pi}{2}\operatorname{ctg}\beta\right)}. \qquad (107\text{a})$$

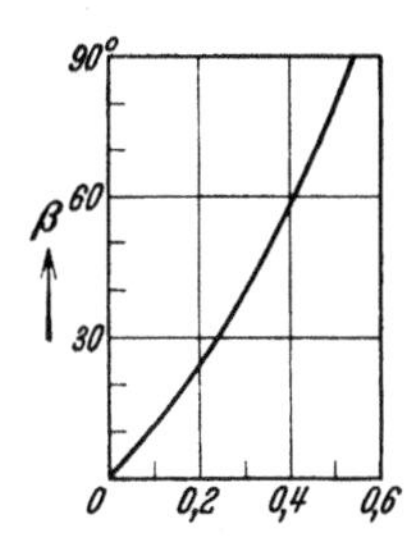

Abb. 78. Kleinster β-Wert für lückenlosen Gleichstrom als Funktion von σ.

Den Verlauf von β als Funktion von σ zeigt Abb. 78. Für kleinere β-Werte als die dort angegebenen gelten die Beziehungen für lückenhaften Gleichstrom, die wir wieder vom Einphasengleichrichter übernehmen können.

Ist $\sigma = 0$, so liegen die Verhältnisse sehr einfach. Dann ist $\delta = \beta$, und die Anodenströme sind sinusförmig mit der Phasenverschiebung β,

[1] Vgl. K. Potthoff: Arch. Elektrotechn. Bd. 19 (1928) S. 301.

wie Abb. 79 veranschaulicht. Denken wir uns die Reaktanz $\tilde{Z}$ konstant und den Widerstand R verändert, so können wir den Verlauf des Gleichstromes, den wir in der Form

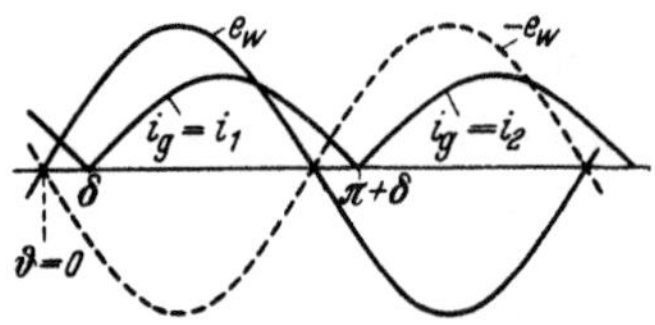

Abb. 79. Verlauf der Anodenströme und des Gleichstromes des Gleichrichters mit Primärdrossel.

$$i_g = \frac{z^2\sqrt{2}\,E_w}{\tilde{Z}} \sin\beta \sin(\vartheta - \beta)$$

schreiben, verfolgen. Auf diese Weise entsteht für die Beiwerte $\operatorname{tg}\beta = \tilde{Z}/z^2 R = 0{,}1;\ 0{,}2;\ 0{,}4;\ 0{,}6;\ 1{,}0;\ 2{,}0;\ 5{,}0$ und ∞ das in Abb. 80 gezeigte Bild.

Die mittlere Gleichspannung errechnet sich zu

$$E_{gm} = \frac{\sqrt{2}}{\pi} E_w \cos\beta \int\limits_{\delta}^{\pi+\delta} \sin(\vartheta - \beta)\, d\vartheta = \frac{2\sqrt{2}}{\pi} E_w \cos\beta\,. \qquad (108\,\mathrm{a})$$

Da hiernach $J_{gm} = \frac{z^2 E_{gm}}{\tilde{Z}} \operatorname{tg}\beta = \frac{2\sqrt{2}}{\pi} \frac{z^2 E_w}{\tilde{Z}} \sin\beta$ ist, so ergibt sich mit Verwendung des ideellen Kurzschlußstromes

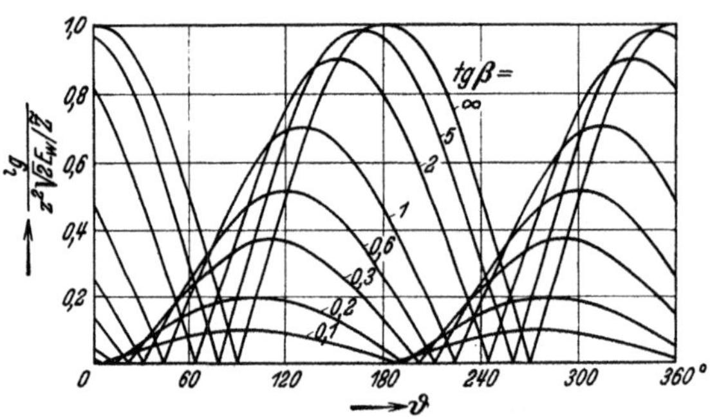

Abb. 80. Verlauf des Gleichstromes bei konstanter Reaktanz und Verkleinerung des Widerstandes bis zum Kurzschlußpunkt.

$$J'_{gmk} = \frac{2\sqrt{2}z^2 E_w}{\tilde{Z}}$$

$$\frac{E_{gm}}{\sqrt{2}E_w} = \frac{2}{\pi}\cos\beta\,,$$

$$\frac{J_{gm}}{J'_{gmk}} = \frac{1}{\pi}\sin\beta\,. \qquad (108\,\mathrm{b})$$

Diese Gleichungen besagen, daß die Gleichspannungscharakteristik die Form einer Ellipse hat. Eliminiert man β, so findet man

$$\frac{E_{gm}}{\sqrt{2}E_w} = \frac{2}{\pi}\sqrt{1 - \pi^2\left(\frac{J_{gm}}{J'_{gmk}}\right)^2}\,; \qquad (108\,\mathrm{c})$$

der Kurzschlußpunkt entspricht dem Nullwerden der Wurzel, der Kurzschlußstrom hat also den Wert $J_{gmk} = \frac{1}{\pi} J'_{gmk}$. Der Anfangsverlauf der Charakteristik ergibt sich näherungsweise zu

$$\frac{E_{gm}}{\sqrt{2}E_w} = \frac{2}{\pi} - \pi\left(\frac{J_{gm}}{J'_{gmk}}\right)^2, \qquad (108\,\mathrm{d})$$

wofür man auch schreiben kann

$$E_{gm} = E'_{gm} - \frac{1}{2}\frac{\tilde{Z}^2}{z^4 E'_{gm}} \cdot J_{gm}^2\,. \qquad (108\,\mathrm{e})$$

Bei Mitberücksichtigung von σ errechnet man mit $e_g = \sqrt{2}E_w(\sin\delta - \sigma) - \frac{1}{z^2}Z\frac{di_1}{d\vartheta}$ die allgemeineren Ausdrücke

$$\frac{E_{gm}}{\sqrt{2}E_w} = \frac{2}{\pi}\cos\delta - \sigma\,, \qquad \frac{J_{gm}}{J'_{gmk}} = \frac{\operatorname{tg}\beta}{2}\left(\frac{2}{\pi}\cos\delta - \sigma\right), \tag{109}$$

in denen der δ-Wert der Gleichung (107) zu entnehmen und für die außerdem die Bedingung (107a) für das Eintreten von lückenhaftem Gleichstrom zu beachten ist.

Aus dem Ergebnis für $\sigma = 0$ sind noch einige interessante Folgerungen zu ziehen. Da die Anodenströme sinusförmig sind und mit der Belastung nur ihre Größe und Phase ändern, so bleibt die Gleichstromwelligkeit unverändert, nämlich $= 0{,}48$. Ferner bleibt der Primärstrom rein sinusförmig, auch er ändert sich nur nach Größe und Phase. Da seine Phasenverschiebung den Wert β hat, so werden die einander gleichen Eigenleistungsfaktoren $\cos\alpha_0$ und $\cos\alpha_1$ gleich $\cos\beta$, d. h. mit Rücksicht auf (108b) gleich dem Verhältnis der Gleichspannung bei Belastung zu der bei Leerlauf oder

$$\cos\alpha_0 = \cos\alpha_1 = \frac{E_{gm}}{E'_{gm}} = \sqrt{1 - \pi^2\left(\frac{J_{gm}}{J'_{gmk}}\right)^2}\,. \tag{110}$$

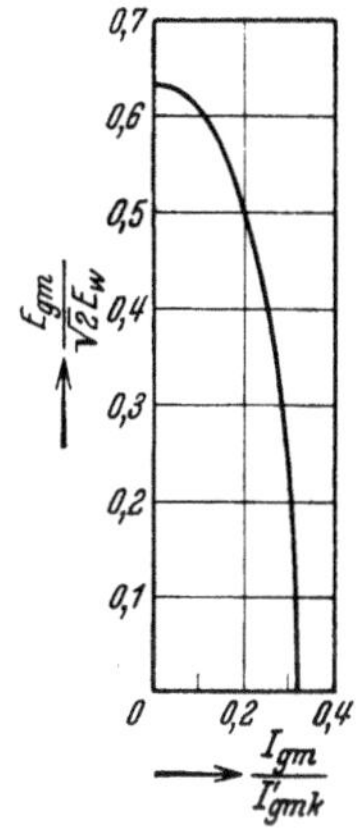

Abb. 81. Gleichspannungscharakteristik für $\sigma = 0$.

Die Leistungsfaktor-Charakteristik ist also ebenfalls eine Ellipse. Die primären Strom-Spannungsverhältnisse sind offenbar ganz dieselben wie die eines aus dem Widerstand R und der Reaktanz $\frac{1}{z^2}\tilde{Z}$ zusammengesetzten Wechselstromkreises.

Grenzfall eines Gleichrichters nur mit Kathodendrossel, Oberwellengesetz. Auch hier wollen wir den Lichtbogenabfall gleich mitberücksichtigen. Eine endliche Kommutierungszeit ist auch hier unmöglich, denn während dieser müßte wieder die Transformatorspannung zusammenbrechen, andererseits ist auf der Primärseite kein Energiespeicher vorhanden, der den primären Wechselstrom aufrechterhalten könnte. Infolgedessen muß jeder Anodenstromkreis im Zündaugenblick momentan den vollen Gleichstrom übernehmen. Solange der Anodenstrom i_1 fließt, ist aber

$$\sqrt{2}E_w(\sin\vartheta - \sigma) = Ri_1 + \tilde{S}\frac{di_1}{d\vartheta}\,.$$

Das jeweilige Zünden und Löschen der Anodenströme erfolgt in den Nulldurchgängen der Transformatorspannungen, so daß zu der obigen Spannungsgleichung die Übergangsbedingung $i_{1(0)} = i_{1(\pi)}$ hinzutritt, woraus hervorgeht[1]

$$i_1 = \frac{\sqrt{2}E_w}{R}\left(\cos\varrho\sin(\vartheta - \varrho) + \frac{\sin 2\varrho}{1 - e^{-\pi\operatorname{ctg}\varrho}}e^{-\vartheta\operatorname{ctg}\varrho} - \sigma\right). \tag{111}$$

[1] Vgl. F. Kleeberg: Elektrotechn. Z. Bd. 41 (1920) S. 147.

Darin bedeutet $\operatorname{tg}\varrho = \tilde{S}/R$; ferner ist vorausgesetzt, daß der Gleichstrom lückenlos verläuft, d. h. $i_1 > 0$ bleibt, wofür wir die dazu nötige Bedingung gleich angeben werden. Vorerst veranschaulicht Abb. 82 den typischen Verlauf der Anodenströme und des Gleichstromes. Ferner stellen wir noch fest, daß die mittlere Gleichspannung, die sich wieder aus $e_g = \sqrt{2}\,E_w(\sin\vartheta - \sigma) - \tilde{S}\frac{d i_g}{d\vartheta}$ ableiten läßt, wegen der Unveränderlichkeit von Zündpunkt und Löschpunkt von der Reaktanz $\tilde{S}$ unabhängig und daher gleich

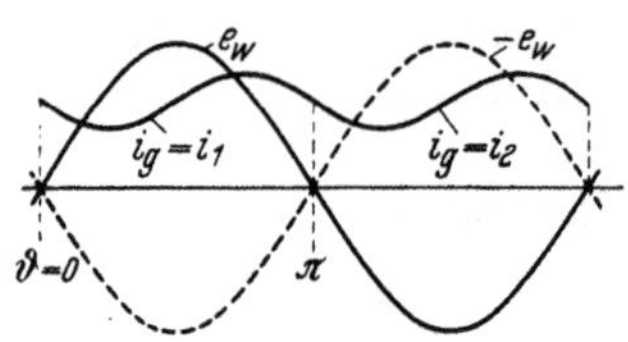

Abb. 82. Verlauf der Anodenströme und des Gleichstromes des Gleichrichters mit Kathodendrossel.

$$E_{gm} = \sqrt{2}\,E_w\left(\frac{2}{\pi} - \sigma\right) \tag{112}$$

ist; sie ist also von der Belastung unabhängig, so daß die Strombegrenzung nur durch den Widerstand R erfolgt.

Ferner zeigt sich, daß die Reaktanz $\tilde{S}$ eine Verminderung der Gleichstromwelligkeit bewirkt. Dies geht ja schon daraus hervor, daß die Gleichspannungsoberwellen $E_{g\varkappa}$, die nach (80a) durch

$$E_{g\varkappa} = \frac{\sqrt{2}}{\varkappa^2 - 1}\cdot\frac{2\sqrt{2}}{\pi}E_w, \qquad \varkappa = 2, 4, 6, \ldots \tag{113a}$$

gegeben sind, Gleichstromoberwellen $J_{g\varkappa}$ von der Größe

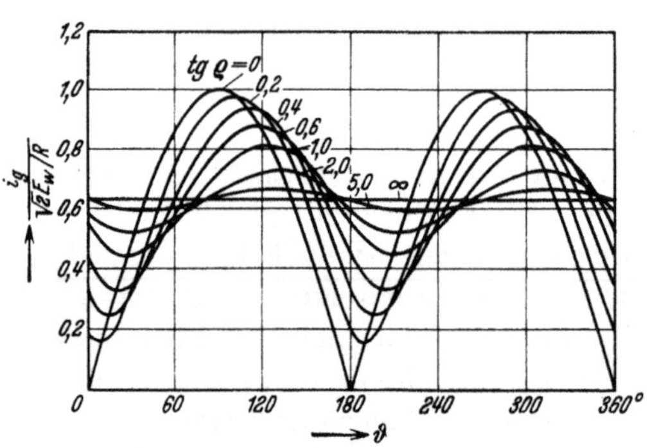

Abb. 83. Verlauf des Gleichstromes bei konstantem Widerstand und veränderter Reaktanz im Gleichstromkreis bei $\sigma = 0$.

$$J_{g\varkappa} = \frac{\frac{4}{\pi}E_w}{(\varkappa^2 - 1)\sqrt{R^2 + \varkappa^2\tilde{S}^2}}$$

hervorbringen müssen, die gegenüber fehlender Drossel im Verhältnis R zu $\sqrt{R^2 + \varkappa^2\tilde{S}^2}$ verkleinert sind; der Wurzelausdruck ist die Impedanz des Gleichstromkreises für die $\varkappa$-te Oberwelle.

Wir denken uns nun den Widerstand R konstant und die Reaktanz $\tilde{S}$ verändert. Alsdann ergeben sich aus (111) für $\sigma = 0$ und für die Beiwerte $\operatorname{tg}\varrho = \tilde{S}/R = 0{,}2$; $0{,}4$; $0{,}6$; 1; 2; 5 und ∞ die in Abb. 83 gezeigten Verläufe des Gleichstromes. Man ersieht daraus, daß die Kurvenform des Gleichstromes sich mit wachsendem $\tilde{S}/R$ einer Sinuswelle mit der doppelten Frequenz der Wechselspannung nähert. Um hieraus eine Näherungsformel zu erhalten, machen wir einen passenden Ansatz, worin wir den aus (113b) für $\varkappa = 2$ hervorgehenden Amplituden- und Phasenwert einsetzen müssen. So ergibt sich[1]

$$i_g = \frac{\sqrt{2}\,E_w}{R}\left(\frac{2}{\pi} - \sigma\right) - \frac{4\sqrt{2}\,E_w}{3\pi\sqrt{R^2 + 4\tilde{S}^2}}\sin\left(2\vartheta - \frac{R}{2\tilde{S}}\right), \qquad (114\text{a})$$

wofür man als weitere Näherung schreiben kann

$$i_g = \frac{E_{gm}}{R} - \frac{E_{gm} + E_l}{3\tilde{S}}\sin 2\vartheta\,. \qquad (114\text{b})$$

Diese Formeln besagen, daß die absolute Welligkeit des Gleichstromes von dem Lichtbogenabfall unabhängig, oder daß die auf den mittleren Gleichstrom bezogene Welligkeit mit dem Lichtbogenabfall zunimmt, und ferner, daß sie im wesentlichen der Reaktanz $\tilde{S}$ umgekehrt proportional ist. Eine andere Näherung für den Gleichstrom findet man, indem man in (111) $\varrho = \frac{\pi}{2} - \varepsilon$ setzt und nach ε entwickelt. Dann wird

$$i_g = \frac{\sqrt{2}\,E_w}{R}\left(\frac{2}{\pi} - \sigma - \varepsilon\left(\frac{2}{\pi}\vartheta - 1 + \cos\vartheta\right)\right),$$

wofür man schreiben kann

$$i_g = \frac{E_{gm}}{R} - \frac{E_{gm} + E_l}{\tilde{S}}\left(\vartheta - \frac{\pi}{2}\,(1 - \cos\vartheta)\right). \qquad (114\text{c})$$

Wir haben bisher vorausgesetzt, daß der Gleichstrom lückenlos verläuft; die dafür notwendige Bedingung ist, daß sein niedrigster Momentanwert > 0 bleibt. Dies ist offenbar der Fall, wenn σ kleiner ist als die aus Abb. 83 abzugreifenden niedrigsten Momentanwerte von $i_g \Big/ \frac{\sqrt{2}\,E_w}{R}$; aus dieser Überlegung gewinnt man den Zusammenhang zwischen den kleinsten Beiwerten $\operatorname{tg}\varrho$ oder ϱ und σ, bei denen der Gleichstrom gerade noch lückenlos verläuft; Abb. 84 zeigt diesen Zusammenhang.

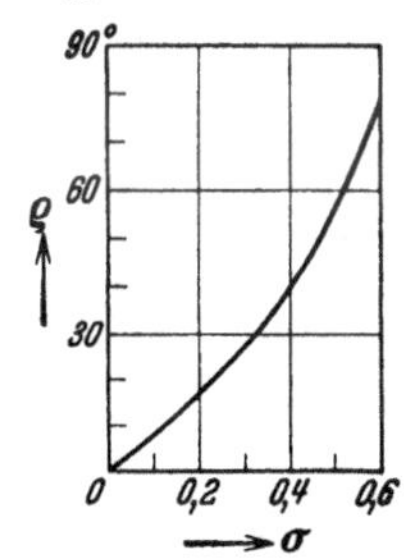

Abb. 84. Kleinster ϱ-Wert für lückenlosen Gleichstrom als Funktion von σ.

Wir berechnen noch die Welligkeit der durch Abb. 83 veranschaulichten Stromformen. Dazu gehen wir von der Ersatzformel $w_{J_g} = \frac{J_2 - J_1}{2\sqrt{2}\,J_{gm}}$ aus, in der J_2 den höchsten, J_1 den niedrigsten Momentanwert des Gleichstromes bedeutet. Die unter Verwendung der Abb. 83 ermittelten Werte von w_{J_g} sind neben den Werten von J_2 und J_1 in Abb. 85 als Funktion von ϱ aufgetragen. Die Berechnung der genauen Werte von w_{J_g} nach der Definition (8) führt nach (111) für $\sigma = 0$ zu dem Ausdruck

$$w_{J_g} = \sqrt{\frac{\pi^2\cos^2\varrho}{8} + \frac{\pi\sin 2\varrho\,\sin^2\varrho}{4\,\mathfrak{Tg}\left(\frac{\pi}{2}\operatorname{ctg}\varrho\right)} - 1}\,, \qquad (115)$$

[1] Vgl. L. P. Krijger: Arch. Elektrotechn. Bd. 13 (1924) S. 447.

dessen Verlauf in Abb. 85 gestrichelt eingetragen ist. Man sieht deutlich, wie die auf beide Arten berechneten Werte der Welligkeit mit wachsendem ϱ ineinander übergehen. Ist noch der Lichtbogenabfall zu berücksichtigen, so vergrößern sich die angegebenen Werte im Verhältnis 1 zu $1 - \frac{\pi}{2}\sigma$.

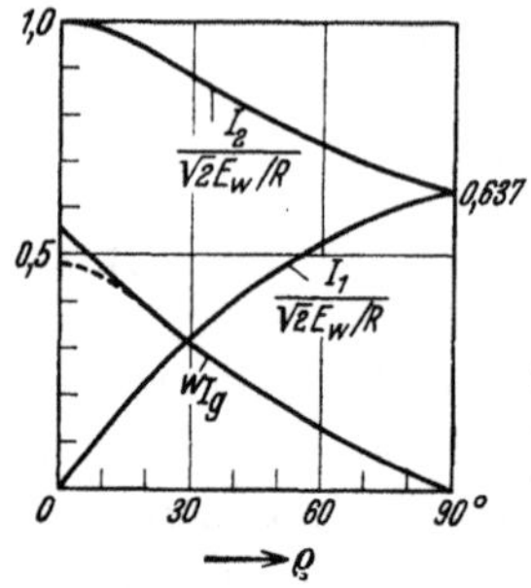

Abb. 85. Höchster und niedrigster Momentanwert des Gleichstromes und Welligkeit als Funktion von ϱ bei $\sigma = 0$.

Wie wir abschließend feststellen müssen, ist für diesen Grenzfall die Gleichspannung von der Belastung unabhängig, während die Welligkeit des Gleichstromes mit der Belastung sinkt, denn mit wachsender Belastung nimmt ja das Verhältnis $\tilde{S}/R$ ständig zu. Dies ist das Gegenbeispiel zu dem vorhin behandelten Grenzfall, bei dem die Stromwelligkeit praktisch konstant war und die Gleichspannung mit der Belastung abnahm.

Wir haben noch eine weitere Schlußfolgerung zu ziehen, die die Kurvenform des primären Wechselstromes angeht und uns neue Aufschlüsse über den Leistungsfaktor gewährt. Zunächst zeigt Abb. 86 die Kurvenform des Gleichstromes und des Primärstromes für die beiden extremen Fälle fehlender und unendlich großer Gleichstromreaktanz. Bei fehlender Reaktanz ist der Gleichstrom am stärksten oberwellig, wogegen der Primärstrom rein sinusförmig ist; bei unendlich großer Reaktanz ist dagegen der Gleichstrom konstant, wogegen der Primärstrom die stärkste Oberwelligkeit erreicht hat. Hierin zeigt sich also wieder das allgemeine Gesetz, daß die Oberwellenbeseitigung auf einer Seite des Gleichrichters durch einen Energiespeicher, in diesem Falle durch die Gleichstromreaktanz, eine Oberwellenvermehrung auf der anderen Seite nach sich zieht. Um dies näher zu verfolgen, vergleichen wir für verschiedene Reaktanzen die Welligkeit w_{J_g} des Gleichstromes mit dem entsprechenden Oberwellenmaß des Primärstromes, der Verzerrung v_{J_p} nach Gl. (26). Letztere berechnen wir jedoch auf dem Wege über die Eigenleistungsfaktoren $\cos\alpha_0$ und $\cos\alpha_1$ des Gleichrichters, die wir ohnedies noch zu bestimmen haben. Es ist nämlich $v_{J_p} = \sqrt{\frac{J_p^2}{J_{p1}^2} - 1}$, wenn J_{p1} den Effektivwert der Grundwelle und J_p den Effektivwert des ganzen Primärstromes bedeutet; ist ferner α_1 der Phasenwinkel der Grundwelle des Stromes zur Spannung, so

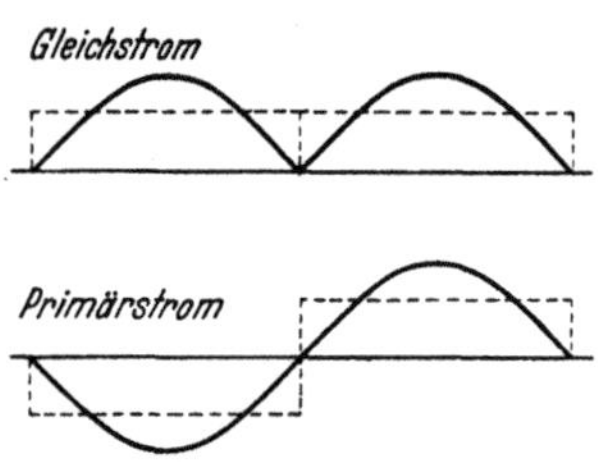

Abb. 86. Kurvenform des Gleichstromes und des primären Wechselstromes bei $\tilde{S} = 0$ (——) und $\tilde{S} = \infty$ (---).

läßt sich schreiben $\frac{J_p}{J_{p1}} = \frac{J_p E_p \cos\alpha_1}{J_{p1} E_p \cos\alpha_1} = \frac{\cos\alpha_1}{\cos\alpha_0}$, es ist somit

$$v_{J_p} = \sqrt{\frac{\cos^2\alpha_1}{\cos^2\alpha_0} - 1}. \tag{116}$$

Um erst $\cos\alpha_0$ und $\cos\alpha_1$ zu bestimmen, berechnen wir die primärseitigen Leistungsdaten. Es ist mit Rücksicht auf (111) für $\sigma = 0$ die primärseitige Wirkleistung

$$N_W = \frac{\sqrt{2}\,E_w}{\pi}\int_0^\pi i_g \sin\vartheta\, d\vartheta = \frac{2E_w^2}{R}\cdot\frac{\cos^2\varrho}{2}\left(1 + \frac{2\,\mathrm{tg}^2\varrho\,\sin 2\varrho}{\pi\,\mathfrak{T}\mathrm{g}\left(\frac{\pi}{2}\,\mathrm{ctg}\,\varrho\right)}\right) = R J_{ge}^2,$$

die primärseitige Blindleistung

$$N_B = -\frac{\sqrt{2}\,E_w}{\pi}\int_0^\pi i_g \cos\vartheta\, d\vartheta = \frac{2E_w^2}{R}\cdot\frac{\sin\varrho\cos\varrho}{2}\left(1 - \frac{2\sin 2\varrho}{\pi\,\mathfrak{T}\mathrm{g}\left(\frac{\pi}{2}\,\mathrm{ctg}\,\varrho\right)}\right),$$

während sich die primäre Scheinleistung aus $N_S = E_w J_p = E_w J_{ge}$ zu

$$N_S = \frac{E_w^2}{R}\cos\varrho\sqrt{1 + \frac{2\,\mathrm{tg}^2\varrho\,\sin 2\varrho}{\pi\,\mathfrak{T}\mathrm{g}\left(\frac{\pi}{2}\,\mathrm{ctg}\,\varrho\right)}}$$

ergibt. Hieraus folgt für den totalen Leistungsfaktor $\cos\alpha_0 = N_W/N_S$ der Ausdruck[1]

$$\cos\alpha_0 = \cos\varrho\cdot\sqrt{1 + \frac{2\,\mathrm{tg}^2\varrho\,\sin 2\varrho}{\pi\,\mathfrak{T}\mathrm{g}\left(\frac{\pi}{2}\,\mathrm{ctg}\,\varrho\right)}}$$

$$= \frac{2\sqrt{2}}{\pi}\sqrt{1 + w_{J_g}^2}. \tag{117a}$$

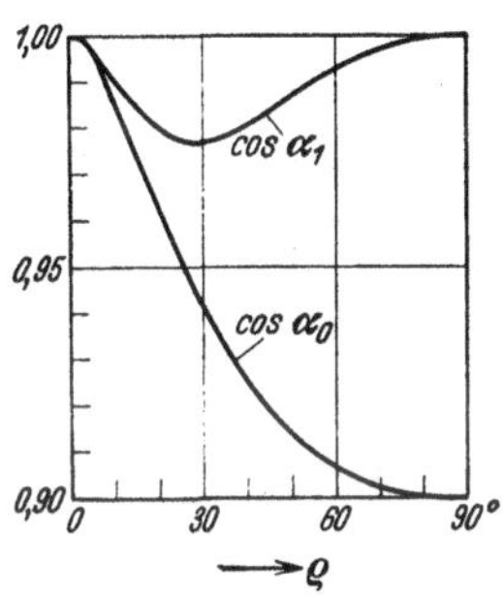

Abb. 87. Eigenleistungsfaktoren bei $\sigma = 0$ als Funktion von ϱ.

Der letztere aus (115) folgende Zusammenhang zwischen $\cos\alpha_0$ und der Welligkeit war übrigens von vornherein zu erkennen, denn es ist ja $\cos\alpha_0 = N_W/N_S = R J_{ge}^2/E_w J_p = \frac{2\sqrt{2}}{\pi} J_{ge}/J_{gm}$. Weiter folgt für den Leistungsfaktor $\cos\alpha_1$ der Grundwelle des Primärstromes aus $\mathrm{tg}\,\alpha_1 = N_B/N_W$

$$\cos\alpha_1 = \cos\left[\mathrm{arc\,tg}\left(\frac{\frac{\pi}{2}\,\mathfrak{T}\mathrm{g}\left(\frac{\pi}{2}\,\mathrm{ctg}\,\varrho\right) - \sin 2\varrho}{\frac{\pi}{2}\,\mathfrak{T}\mathrm{g}\left(\frac{\pi}{2}\,\mathrm{ctg}\,\varrho\right) - \mathrm{tg}^2\varrho\,\sin 2\varrho}\,\mathrm{tg}\,\varrho\right)\right]. \tag{117b}$$

In Abb. 87 sind diese beiden Eigenleistungsfaktoren als Funktion von ϱ aufgezeichnet. Man erkennt deutlich, daß die Verzerrungsleistung, die sich

$$N_V = N_W\sqrt{\mathrm{tg}^2\alpha_0 - \mathrm{tg}^2\alpha_1} = \frac{N_W}{\cos\alpha_0\cos\alpha_1}\sqrt{\cos^2\alpha_1 - \cos^2\alpha_0}$$

[1] Vgl. Müller-Lübeck: Elektrotechn. Z. Bd. 45 (1924) S. 1360.

schreiben läßt, mit wachsendem ϱ beständig zunimmt. Nunmehr können wir die Verzerrung v_{J_p} des Primärstromes mit Hilfe von (116) berechnen; ihren Verlauf zeigt die Abb. 88, in der außerdem die vorhin berechnete Welligkeit w_{J_g} des Gleichstromes eingetragen ist.

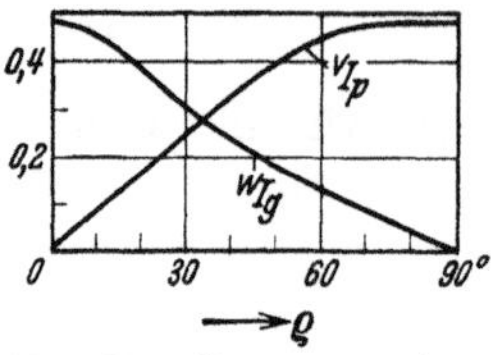

Abb. 88. Verzerrung des Primärstromes und Welligkeit des Gleichstromes als Funktion von ϱ.

Die beiden Extremfälle eines maximalen w-Wertes und eines maximalen v-Wertes können gleichzeitig von Interesse sein, wenn von der Welligkeit der Gleichspannung und der Verzerrung des Primärstromes die Rede ist und wenn die Reaktanz $\tilde{S}$ als induktiver Bestandteil der Belastung erscheint, wobei insbesondere $\tilde{S} \to \infty$ sein soll. Dieser Fall ist von großer praktischer Bedeutung und soll daher näher erläutert werden, vor allem in Hinblick auf die Zusammensetzung der w- und v-Größen aus den einzelnen Spannungs- und Stromharmonischen[1]. Es wird sich dabei eine Gesetzmäßigkeit zeigen, die wir auch bei den höherphasigen Gleichrichtern in ähnlicher Form wiederfinden werden. Im vorliegenden Falle stimmen die Welligkeit der Gleichspannung w_{E_g} und die Verzerrung des Primärstromes v_{J_p} überein, und zwar sind sie gleich $\sqrt{\frac{\pi^2}{8}} - 1 = 0{,}482$. Die Welligkeit der Gleichspannung beruht auf geradzahligen Oberwellen, die die Effektivwerte $E_{g\varkappa} = \frac{\sqrt{2}}{\varkappa^2 - 1} E_{gm}$ haben. Da definitionsgemäß $w_{E_g}^2 = \sum_{\varkappa} \left(\frac{E_{g\varkappa}}{E_{gm}}\right)^2$ ist, so muß

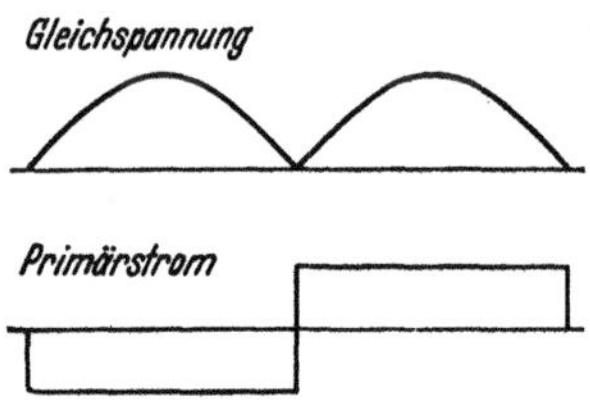

Abb. 89. Gleichspannung und Primärstrom bei Ohmscher und induktiver Belastung und $\tilde{S} \to \infty$.

$$\frac{\pi^2}{8} - 1 = \sum_{\varkappa} \frac{2}{(\varkappa^2 - 1)^2} = \frac{2}{(2^2 - 1)^2} + \frac{2}{(4^2 - 1)^2} + \cdots$$
$$= 0{,}2222 + 0{,}0089 + \cdots = 0{,}2337$$

sein. Die Verzerrung des Primärstromes wird jedoch, wie man sich leicht überzeugt, nur durch ungeradzahlige Oberwellen bedingt. Die Effektivwerte $J_{p\varkappa}$ der Stromoberwellen ergeben sich, wenn wir den jeweiligen Momentanwert des Primärstromes $= \pm J_{gm}/z$ setzen, zu

$$J_{p\varkappa} = \frac{2 J_{gm}}{\pi \sqrt{2}\, z} \int_0^\pi \sin \varkappa \vartheta \, d\vartheta = \frac{2\sqrt{2}}{\pi \varkappa z} J_{gm} = \frac{1}{\varkappa} J_{p1} \quad (\varkappa = 3, 5, \ldots),$$ während

der Effektivwert J_p des ganzen Stromes den Wert $J_{gm}/\varkappa$ hat. Da definitionsgemäß $v_{J_p}^2 = \frac{J_p^2}{J_{p1}^2} - 1 = \sum_{\varkappa} \left(\frac{J_{p\varkappa}}{J_{p1}}\right)^2$, so muß

[1] Vgl. auch D. C. Prince: Gen. electr. Rev. Bd. 27 (1924) S. 910.

$$\frac{\pi^2}{8} - 1 = \sum_{\varkappa} \frac{1}{\varkappa^2} = \frac{1}{3^2} + \frac{1}{5^2} + \frac{1}{7^2} + \cdots$$
$$= 0{,}1111 + 0{,}0400 + 0{,}0204 + \cdots = 0{,}2337$$

sein. Stellen wir nun die auftretenden $E_{g\varkappa}/E_{gm}$-Werte und die $J_{p\varkappa}/J_{p1}$-Werte wie in der folgenden Tabelle zusammen, so erkennen wir ein allgemeines Zuordnungsprinzip, das sich dahin aussprechen läßt, daß die

Effektive Oberwellen der Gleichspannung und des Primärstromes für $\varkappa = 2$ bis 10.

$\varkappa$	$E_{g\varkappa}/E_{gm}$	$J_{p\varkappa}/J_{p1}$	$\varkappa$	$E_{g\varkappa}/E_{gm}$	$J_{p\varkappa}/J_{p1}$
2	0,471	—	7	—	0,143
3	—	0,333	8	0,0224	—
4	0,0942	—	9	—	0,111
5	—	0,200	10	0,0143	—
6	0,0404	—	.	.	.

Spannungsoberwellen von der Ordnungszahl $\varkappa$ und den dazu korrespondierenden Stromoberwellen von der Ordnungszahl $\varkappa - 1$ und $\varkappa + 1$ bei Verwendung der Bezeichnungsweise $e_\varkappa = E_{g\varkappa}/E_{gm}$ und $i_\varkappa = J_{p\varkappa}/J_{p1}$ durch die Beziehung

$$\sqrt{2}\, e_\varkappa = i_{\varkappa-1} - i_{\varkappa+1} \tag{118}$$

verknüpft sind. Denn es ist $e_\varkappa = \sqrt{2}/(\varkappa^2 - 1)$, $i_\varkappa = 1/\varkappa$ und tatsächlich ist ja

$$\sqrt{2}\,\frac{\sqrt{2}}{\varkappa^2 - 1} = \frac{1}{\varkappa - 1} - \frac{1}{\varkappa + 1}.$$

Dieses Prinzip (118) läßt sich auch direkt aus der Gleichheit der momentanen Leistungen auf der Gleichstromseite und Primärseite herleiten, worauf wir später noch zurückkommen werden.

Zwischenfall eines Gleichrichters mit natürlichen Transformatorreaktanzen. Unter den allgemeineren Fällen, denen wir uns jetzt zuwenden, haben wir zwei spezielle Zwischenfälle als besonders interessant gefunden. Der eine Zwischenfall entsprach dem Gleichrichter mit Anodendrosseln; für diese fanden wir, daß sie zur Hälfte primärdrosselartig und zur Hälfte kathodendrosselartig wirken. Der zweite Zwischenfall entsprach dem Gleichrichter, der nur Reaktanzen in Form von Streureaktanzen des Transformators aufweist; wir sagten, daß diese zu einem Viertel ihres Gesamtbetrages primärdrosselartig und zu einem Viertel kathodendrosselartig wirken. Diesen Fall wollen wir jetzt untersuchen.

Wir gehen von den Grundgleichungen (105a) mit den Übergangsbedingungen (106) aus; von dem Lichtbogenabfall sehen wir ab, setzen also $E_l = 0$ und nehmen rein Ohmsche Belastung an, so daß wir

$$\frac{1}{z^2}\tilde{Z} = \frac{1}{2}X + \frac{1}{z^2}Y, \qquad \tilde{S} = \frac{1}{2}X$$

einzusetzen haben. Über die Streureaktanzen X und Y selbst sagten wir, daß wir $X = \frac{1}{z^2} Y$ anzusetzen haben, ohne dies genauer begründet zu haben. Um das nachzuholen, veranschaulichen wir mit Abb. 90 die Entstehung der Streuflüsse der Wicklungen eines Transformators. In der Abbildung bedeute P den Querschnitt der Primärwicklung, S_1 und S_2 die Querschnitte der beiden Sekundärwicklungen in einer bei Zylinderwicklungen üblichen Anordnung. Sind nur die Wicklungen S_1 und P stromführend, d. h. $i_2 = 0$, so gelten die oberen Stromrichtungsbezeichnungen und es entsteht der vollausgezogene angedeutete Streufluß.

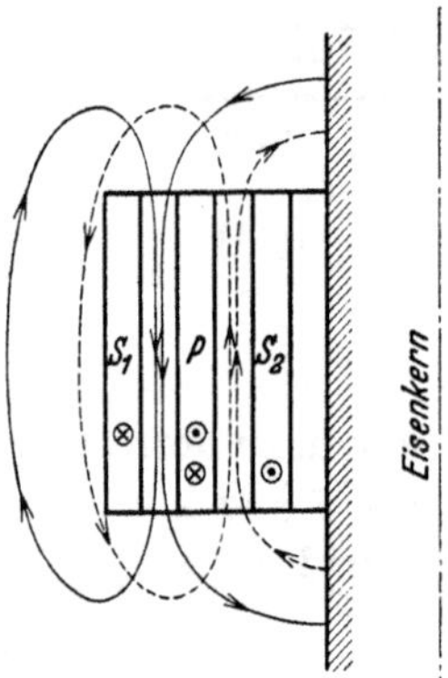

Abb. 90. Schema der Streuung der Transformatorwicklungen des Zweiphasengleichrichters.

Sind dagegen nur die Wicklungen S_2 und P stromführend, d. h. $i_1 = 0$, so gelten die unteren Stromrichtungsbezeichnungen und es entsteht der gestrichelt angedeutete Streufluß. In beiden Fällen ist die Amperewindungssumme von S_1 und P bzw. S_2 und P ständig Null, so daß tatsächlich $X = \frac{1}{z^2} Y$ sein muß. Eine andere Frage ist es dagegen, in welcher Weise die Stromreaktanzen, deren Berechnung bei $i_2 = 0$ oder $i_1 = 0$ nach den gewöhnlichen Methoden der elementaren Transformatorentheorie vor sich gehen kann, während der Kommutierungszeit definiert sind. Eine weitere Schwierigkeit bildet die voraussichtliche Ungleichheit der Streureaktanzen, je nachdem, ob das Feldbild bei $i_2 = 0$ oder das Feldbild bei $i_1 = 0$ vorliegt, worauf wir jedoch nicht weiter eingehen können.

Es ist zweckmäßig, die Streureaktanzen, die wir jetzt mit $X_s = X = \frac{1}{z^2} Y$ bezeichnen, wieder auf die Kurzschlußspannung n_k des Transformators zurückzuführen. Schließt man zu diesem Zweck eine der Sekundärwicklungen kurz und mißt man bei Anschluß der primären Wechselspannung V_p den primären Wechselstrom J_p, so ist

$$X + \frac{1}{z^2} Y = 2 X_s = \frac{V_p}{z^2 J_p} \cdot \frac{n_k}{100}. \tag{119}$$

Wir setzen jetzt die begonnene Rechnung mit $X = \frac{1}{z^2} Y = X_s$ fort und erhalten aus den Differentialgleichungen unter Berücksichtigung der fünf Bedingungen die Stromgleichungen

$$\text{I.} \qquad i_g = \frac{\sqrt{2}\, E_w}{R} \frac{\sin\delta}{3} e^{-(\vartheta - \delta) 4 \operatorname{ctg}\beta},$$

$$i_1 = \frac{\sqrt{2}\, E_w}{R} \left(\frac{2(\cos\delta - \cos\vartheta)}{3 \operatorname{tg}\beta} - \frac{\sin\delta}{6} \left(1 - e^{-(\vartheta - \delta) 4 \operatorname{ctg}\beta}\right) \right),$$

$$i_2 = \frac{\sqrt{2}\, E_w}{R} \left(- \frac{2(\cos\delta - \cos\vartheta)}{3 \operatorname{tg}\beta} + \frac{\sin\delta}{6} \left(1 + e^{-(\vartheta - \delta) 4 \operatorname{ctg}\beta}\right) \right) \tag{120}$$

und

$$\text{II.}\quad i_g = \frac{\sqrt{2}\,E_w}{R}\left(\cos\beta\sin(\vartheta-\beta) + \left(\frac{\sin\delta}{3} + \cos\beta\sin(\delta-\beta)\right)e^{(\pi+\delta-\vartheta)\operatorname{ctg}\beta}\right),$$

worin $\operatorname{tg}\beta = 2X_s/R$ bedeutet. Ferner führen die letzteren, unter 2) bezeichneten Bedingungen zu den Gleichungen

$$\operatorname{tg}\delta = \frac{1-\cos u}{\frac{\operatorname{tg}\beta}{4}\left(1+e^{-4u\operatorname{ctg}\beta}\right) - \sin u} \tag{121}$$

und

$$\operatorname{tg}\delta = \frac{3\sin\beta\cos\beta\, e^{(\pi-u)\operatorname{ctg}\beta} - 3\cos\beta\sin(u-\beta) + \frac{4(1-\cos u)}{\operatorname{tg}\beta}}{1 + (1+3\cos^2\beta)\,e^{(\pi-u)\operatorname{ctg}\beta} + 3\cos\beta\cos(u-\beta) - \frac{4\sin u}{\operatorname{tg}\beta}}, \tag{122}$$

deren Auflösung in ähnlicher Weise wie früher die der Gleichungen (93) und (94) die Größen δ und u als Funktion von β liefert. Vorerst können wir aus ihnen eine Näherungslösung für kleine β-Werte ablesen. Die Gl. (122) ergibt dann nämlich

$$\operatorname{tg}\delta = \frac{3\sin\beta\cos\beta}{1+3\cos^2\beta}, \tag{122a}$$

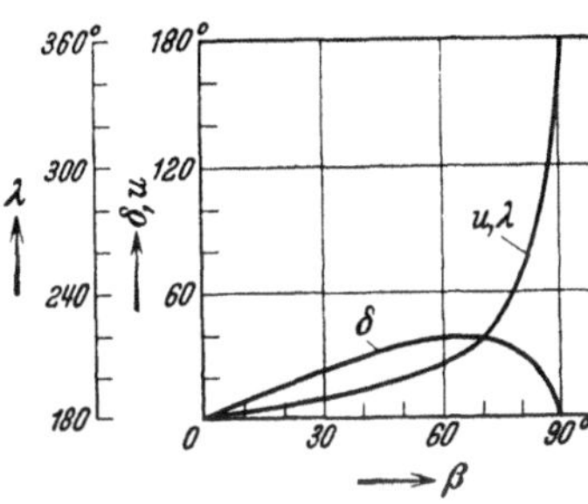

Abb. 91. Zündwinkel δ, Überlappungswinkel u und Brenndauer $\lambda = \pi + u$ der Anodenströme als Funktion von β.

woraus als weitere Näherung $\delta \approx \frac{3}{4}\beta = \frac{3}{2}\cdot\frac{X_s}{R}$ folgt. Setzt man $\delta = \frac{3}{4}\beta$ in Gl. (121) ein und entwickelt darin nach u und β, so erhält man eine Gleichung für $q = u/\beta$, die sich schreiben läßt

$$q^2 + \tfrac{3}{2}\,q = \tfrac{3}{8}\left(1 + e^{-4q}\right); \tag{122b}$$

sie hat die Wurzel $q = 0{,}279$. Wir erhalten also

$$\delta = 0{,}750\,\beta, \qquad u = 0{,}279\,\beta. \tag{122c}$$

Die strenge Lösung der Gleichungen (121) und (122) ergibt den in Abb. 91 gezeigten Verlauf von δ und u und damit auch den Verlauf der Brenndauer $\lambda = \pi + u$ der Anodenströme. Wir finden gegenüber der früheren Abb. 80, daß die δ-Werte sich erhöht haben, und zwar um Beträge, um die sich angenähert die u-Werte vermindert haben. Die Löschpunkte $\lambda + \delta$ sind wieder angenähert die gleichen wie die des Einphasengleichrichters nach Abb. 39.

Wir berechnen nun die Gleichspannungscharakteristik. Hierzu gehen wir wieder direkt von den Ausgangsdifferentialgleichungen für die Gleichspannung aus, es ist danach für $\vartheta = \delta$ bis $\delta + u$ bzw. $\vartheta = \delta + u$ bis $\pi + \delta$

$$e_g = e_w - X\frac{d\,i_1^{I}}{d\vartheta} - \frac{1}{z^2}\,Y\frac{d}{d\vartheta}(i_1 - i_2)^{I} \quad \text{bzw.} \quad = e_w - \left(X + \frac{1}{z^2}\,Y\right)\frac{d\,i_g^{II}}{d\vartheta}.$$

Daraus folgt die mittlere Gleichspannung zu

$$E_{gm} = \frac{1}{\pi}\left(\int\limits_{\delta}^{\pi+\delta} e_w \, d\vartheta - 3 X_S \, i_{g(\delta)}\right),$$

also mit $i_{g(\delta)} = \frac{\sqrt{2}E_w}{R} \cdot \frac{\sin\delta}{3}$ zu

$$E_{gm} = \frac{\sqrt{2}E_w}{\pi}\left(2\cos\delta - \frac{\operatorname{tg}\beta}{2}\sin\delta\right).$$

Hieraus bilden wir

$$\frac{E_{gm}}{\sqrt{2}E_w} = \frac{1}{2\pi}(4\cos\delta - \operatorname{tg}\beta\sin\delta), \quad \frac{J_{gm}}{J'_{gmk}} = \frac{1}{4\pi}\operatorname{tg}\beta(4\cos\delta - \operatorname{tg}\beta\sin\delta), \quad (123)$$

worin wir unter

$$J'_{gmk} = \frac{2\sqrt{2}E_w}{2X_s}$$

denjenigen ideellen Kurzschlußstrom verstehen wollen, der durch $2X_s$ allein entstehen würde, wodurch wir den Anschluß an unsere früheren Beispiele herstellen. Der im vorliegenden Beispiel entstehende Kurzschlußstrom beträgt jedoch, wie man am kürzesten an Hand der aus (120) für $\beta \to 0$ und $\delta \to 0$ zu entnehmenden Gleichung $i_1 = \frac{\sqrt{2}E_w}{2X_s} \cdot \frac{2}{3}(1 - \cos\delta)$ feststellt,

$$J_{gmk} = \frac{2\sqrt{2}E_w}{3X_s} = \frac{2}{3}J'_{gmk}. \quad (124)$$

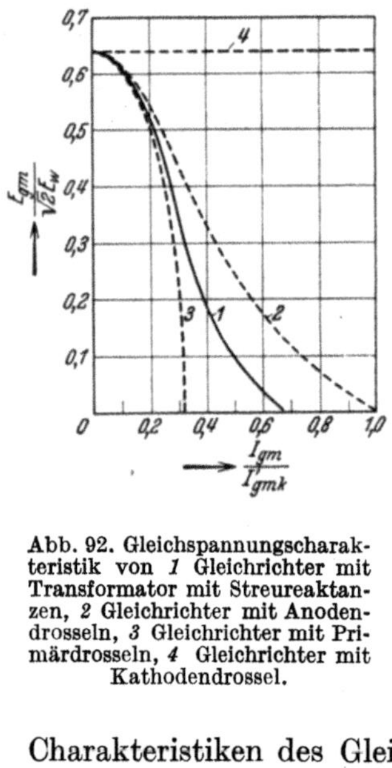

Abb. 92. Gleichspannungscharakteristik von *1* Gleichrichter mit Transformator mit Streureaktanzen, *2* Gleichrichter mit Anodendrosseln, *3* Gleichrichter mit Primärdrosseln, *4* Gleichrichter mit Kathodendrossel.

Die Auswertung der Ausdrücke (123) für die Gleichspannungscharakteristik ergibt den in Abb. 92 dargestellten Verlauf. In der Abbildung sind zum anschaulichen Vergleich die Charakteristiken des Gleichrichters mit Anodendrosseln bzw. mit Primärdrosseln bzw. mit Kathodendrossel mit eingetragen.

Wir geben nun noch eine Näherungsformel für den Anfangsverlauf der Charakteristik an. Durch Entwickeln der Ausdrücke (123) nach δ und β unter Beachtung von (122c) findet man

$$\frac{E_{gm}}{\sqrt{2}E_w} = \frac{2}{\pi}\left(1 - \frac{15}{32}\beta_2\right), \quad \frac{J_{gm}}{J'_{gmk}} = \frac{1}{\pi}\beta$$

und damit

$$\frac{E_{gm}}{\sqrt{2}E_w} = \frac{2}{\pi} - \frac{15\pi}{16}\left(\frac{J_{gm}}{J'_{gmk}}\right)^2. \quad (125)$$

Hierfür läßt sich mit (124) und nach Einführung der ideellen Gleichspannung $E'_{gm} = \frac{2\sqrt{2}}{\pi}E_w$ schreiben

$$E_{gm} = E'_{gm} - \frac{15}{32} \cdot \frac{4X_s^2}{E'_{gm}} J_{gm}^2. \quad (125\text{a})$$

Aus dieser Gleichung entnehmen wir, daß der prozentuale induktive Gleichspannungsabfall $\varepsilon_s = \frac{E'_{gm} - E_{gm}}{E'_{gm}}$ den Wert

$$\varepsilon_s = \frac{15}{32}\left(\frac{2\,X_s}{E'_{gm}}\,J_{gm}\right)^2 \tag{126}$$

hat. Die prozentuale Kurzschlußspannung $u_k = \frac{2\,X_S}{z^2 E_{pe}} J_{pe}$ hat aber mit $E_p = \frac{\pi}{\sqrt{2}} z E_{gm}$ und $J_p \approx \frac{\pi}{2\sqrt{2}\,z} J_{gm}$ den Wert

$$u_k = \frac{X_s}{E'_{gm}} J_{gm}\,.$$

Es wird somit

$$\varepsilon_s = \tfrac{5}{6}\,u_k^2\,. \tag{127}$$

Wir wollen den Formeln noch einen anderen Sinn geben. In Gleichung (126) läßt sich, wenn man bedenkt, daß $E'_{gm}/J_{gm} \approx R$ ist, für $\frac{2\,X_s}{E'_{gm}} J_{gm}$ näherungsweise β schreiben, so daß $\varepsilon_S = \frac{15}{32}\beta^2$ wird. Wir berechnen nun einen bestimmten Momentanwert des Anodenstromes, nämlich seinen Wert am Ende der Kommutierung, d. h. zur Zeit $\vartheta = \delta + u$, den wir mit $J(u)$ bezeichnen wollen. Dieser beträgt, wenn wir von (120) ausgehen und dort nach δ und u entwickeln und (122c) beachten

$$J\,(u) = \frac{\sqrt{2}\,E_w}{R}\left(\frac{2\,(\cos\delta - \cos(\delta + u))}{3\,\mathrm{tg}\,\beta} - \frac{\sin\delta}{6}\,(1 - e^{-4\,u\,\mathrm{ctg}\,\beta})\right),$$

$$\approx \frac{\sqrt{2}\,E_w}{6\,X_s}\,u^2\,,$$

$$\approx \frac{E'_{gm}}{2\,X_s}\cdot\frac{\pi\cdot 0{,}279^2}{6}\cdot\beta^2\,.$$

Wir finden also

$$\varepsilon_s = \frac{45}{16\cdot 0{,}279^2\,\pi}\cdot\frac{2\,X_s}{E'_{gm}}\,J\,(u)\,. \tag{128}$$

Der Gleichspannungsabfall ist also proportional zu X_s und zu dem Wert des im Kommutierungsbeginn einsetzenden Anodenstromes am Ende der Kommutierung.

Wir benutzen diese Feststellung, um jetzt eine Näherungsformel für den Gleichspannungsabfall bei mitberücksichtigter Kathodendrossel zu gewinnen, um so eine exakte Durchrechnung dieses allgemeineren Falles zu ersparen. Wir gehen zunächst von den allgemeinen Differentialgleichungen (105a) aus, nach denen für $\vartheta = \delta$ bis $\delta + u$ bzw. $\vartheta = \delta + u$ bis $\pi + \delta$ die Gleichspannung $e_g = R\,i_g = e_w - \tilde{S}\frac{d\,i_g^I}{d\vartheta} - \frac{1}{z^2}\tilde{Z}\frac{d}{d\vartheta}(i - i_2)^I$

bzw. $= e_w - \left(\tilde{S} + \frac{1}{z^2}\tilde{Z}\right)\frac{d i_g}{d\vartheta}$ ist, wonach sich die mittlere Gleichspannung zu

$$E_{gm} = \frac{1}{\pi}\left(\int\limits_{\delta}^{\delta+u} e_w\, d\vartheta - \frac{2}{z^2}\tilde{Z}\, i_{g(\delta)}\right)$$

$$= \frac{1}{\pi}\left(\int\limits_{0}^{\pi} e_w\, d\vartheta - 2\int\limits_{0}^{\delta} e_w\, d\vartheta - \frac{2}{z^2}\tilde{Z}\, i_{g(\delta)}\right)$$

berechnet. Der erste Bestandteil der rechten Seite ist die Leerlaufgleichspannung E'_{gm}; der prozentuale Gleichspannungsabfall ist somit

$$\varepsilon_s = \frac{2}{\pi E'_{gm}}\left(\int\limits_{0}^{\delta} e_w\, d\vartheta + \frac{1}{z^2}\tilde{Z}\cdot i_{g(\delta)}\right) = 1 - \cos\delta + \frac{2\tilde{Z}}{\pi z^2 E'_{gm}}\, i_{g(\delta)}\,. \quad (129)$$

Der Wert von $i_{g(\delta)}$ ist uns aus der Zündbedingung, nämlich aus der Gl. (106) bekannt, er beträgt $\frac{z^2\tilde{S}}{\tilde{Z}}\frac{\sqrt{2}E_w}{R}\sin\delta$. Setzt man diesen in die vorige Gleichung ein, so entsteht mit $\operatorname{tg}\tilde{\varrho} = \tilde{S}/R$ die Beziehung

$$\varepsilon_s = 1 - \cos\delta + \operatorname{tg}\tilde{\varrho}\cdot\sin\delta\,, \quad (130)$$

die man auch in der Form

$$\varepsilon_s = 1 - \frac{\cos(\delta + \tilde{\varrho})}{\cos\tilde{\varrho}}$$

schreiben kann.

Um nun δ zu finden, gehen wir noch einmal von der Zündbedingung aus, die wir jedoch in ihrer ursprünglichen Form

$$2\, e_w\delta = -\frac{2}{z^2}\tilde{Z}\frac{d i_g^{II}}{d\vartheta_{(\pi+\delta)}}$$

oder

$$\sqrt{2}E_w\sin\delta = -\frac{1}{z^2}\tilde{Z}\frac{d i_g^{II}}{d\vartheta_{(\pi+\delta)}}$$

ansetzen. Diese Bedingung bringt uns scheinbar noch nicht weiter, da wir den Wert von $\frac{d i_g}{d\vartheta}$ für $\vartheta = \pi + \delta$ noch nicht kennen. Wir können aber jetzt so vorgehen, daß wir i_g^{II} in der für einen Gleichrichter nur mit Kathodendrossel gültigen Form ansetzen, mit (111) also schreiben

$$i_g = \frac{\sqrt{2}E_w}{R}\left(\cos\tilde{\varrho}\sin(\vartheta - \tilde{\varrho}) + \frac{\sin 2\tilde{\varrho}}{1 - e^{-\pi\operatorname{ctg}\tilde{\varrho}}}\, e^{-\vartheta\operatorname{ctg}\tilde{\varrho}}\right),$$

und die Annahme machen, daß diese Gleichung trotz ihrer Ungültigkeit im Kommutierungsgebiet den Wert von $\frac{d i_g}{d\vartheta}$ bei $\vartheta = \pi + \delta$ angenähert richtig wiedergibt. Mit dieser Gleichung und der Bezeichnung $\operatorname{tg}\tilde{\beta} = \tilde{Z}/z^2 R$ lautet die Zündbedingung

$$\sin\delta = \operatorname{tg}\tilde{\beta}\cos\tilde{\varrho}\cos(\delta - \tilde{\varrho}) + \frac{\operatorname{tg}\tilde{\beta}}{\operatorname{tg}\tilde{\varrho}} \frac{\sin 2\tilde{\varrho}}{e^{\pi \operatorname{ctg}\tilde{\varrho}} - 1} e^{-\delta \operatorname{ctg}\tilde{\varrho}}.$$

Entwickelt man auf beiden Seiten nach δ und $\tilde{\beta}$, so läßt sich die Gleichung nach δ auflösen, woraus sich genähert ergibt

$$\delta = \tilde{\beta} \frac{\cos^2\tilde{\varrho}}{\mathfrak{Tg}\left(\frac{\pi}{2}\operatorname{ctg}\tilde{\varrho}\right)}. \tag{131}$$

Entwickelt man darauf auch die Gleichung (130) nach δ und setzt darin den Wert von (131) ein, so entsteht ein Ausdruck

$$\varepsilon_s = c_1\tilde{\beta} + c_2\tilde{\beta}^2 \tag{132}$$

mit

$$c_1 = \frac{\sin\tilde{\varrho}\cos\tilde{\varrho}}{\mathfrak{Tg}\left(\frac{\pi}{2}\operatorname{ctg}\tilde{\varrho}\right)}, \qquad c_2 = \frac{1}{2}\left(\frac{\cos^2\tilde{\varrho}}{\mathfrak{Tg}\left(\frac{\pi}{2}\operatorname{ctg}\tilde{\varrho}\right)}\right)^2. \tag{132a}$$

Damit sind wir am Ziel unserer Überlegung. Für den Fall $\tilde{\varrho}$ = klein, d. h. fehlender Kathodendrossel, wird $c_1 = \tilde{\beta}$, $c_2 = 1$ und damit

$$\varepsilon_s = \tilde{\varrho}\cdot\tilde{\beta} + \tfrac{1}{2}\tilde{\beta}^2; \tag{132b}$$

für den Fall $\tilde{\varrho} = \frac{\pi}{2}$, d. h. unendlich großer Kathodendrossel wird $c_1 = \frac{2}{\pi}$, $c_2 = 0$ und damit

$$\varepsilon_s = \frac{2}{\pi}\tilde{\beta}. \tag{132c}$$

In (132b) und (132c) finden wir alle früheren Resultate wieder. Für den Gleichrichter mit Anodendrosseln z. B. wird mit (103a) $\tilde{\varrho} = \frac{1}{2}\beta$, $\tilde{\beta} = \frac{1}{2}\beta$, d. h. $\varepsilon_s = \left(\frac{1}{2}\cdot\frac{1}{2} + \frac{1}{2}\cdot\frac{1}{4}\right)\beta^2 = \frac{3}{8}\beta^2 = \frac{3}{8}\left(\frac{X_a}{E'_{gm}} J_{gm}\right)^2$ in Übereinstimmung mit (98a). Für den Gleichrichter mit einem Transformator mit Streureaktanzen wird bei fehlender Kathodendrossel mit (103a) $\tilde{\varrho} = \frac{1}{4}\beta$, $\tilde{\beta} = \frac{3}{4}\beta$, d. h. $\varepsilon_s = \left(\frac{1}{4}\cdot\frac{3}{4} + \frac{1}{2}\cdot\frac{9}{16}\right)\tilde{\beta} = \frac{15}{32}\tilde{\beta} = \frac{15}{32}\left(\frac{2X_s}{E'_{gm}} J'_{gm}\right)^2$ in Übereinstimmung mit (125a) bzw. (126). Besitzt der Gleichrichter eine unendlich große Kathodendrossel, so haben wir (132c) anzuwenden; für das Beispiel der Anodendrosseln folgt dann $\tilde{\beta} = \frac{1}{2}\beta$ und damit $\varepsilon_s = \frac{2}{\pi}\cdot\frac{1}{2}\beta = \frac{1}{\pi}\cdot\frac{X_a}{E'_{gm}} J_{gm}$, wie wir später noch bestätigt finden werden; für das Beispiel der Streureaktanzen des Transformators folgt jedoch mit $\tilde{\beta} = \frac{3}{4}\beta$ die Beziehung $\varepsilon_s = \frac{2}{\pi}\cdot\frac{3}{4}\beta = \frac{3}{2\pi}\cdot\frac{2X_s}{E_{gm}} J_{gm}$. Liegt im letzteren Beispiel eine endliche Kathodendrossel vor, so haben wir von den allgemeinen Gleichungen (132) und (132a) auszugehen. Indem wir

$\beta = \frac{2X_s}{E'_{gm}} J_{gm}$ als Belastungsvariable auffassen, schreiben wir neben $\tilde{\beta} = \frac{3}{4} \cdot \frac{2X_s}{E'_{gm}} J_{gm}$ noch $\tilde{\varrho} = \operatorname{arctg}\left[\frac{S + \frac{1}{4}X_s}{R}\right] = \operatorname{arctg}\left[\left(\frac{S}{2X_s} + \frac{1}{4}\right) \cdot \frac{2X_s}{E'_{gm}} J_{gm}\right]$, worin S die Reaktanz der bloßen Kathodendrossel vorstellt; dies besagt, daß wir in (132) c_1 und c_2 als belastungsabhängig aufzufassen haben. Als Parameter für die Kathodendrossel erscheint jetzt das Verhältnis $S/2X_S$. In dieser Weise wurden ε_s als Funktion der Belastung für verschiedene $S/2X_S$-Werte und hiernach die Gleichspannung $\frac{E_{gm}}{\sqrt{2}E_w} = \frac{2}{\pi}(1-\varepsilon_s)$ berechnet, das Ergebnis zeigt Abb. 93.

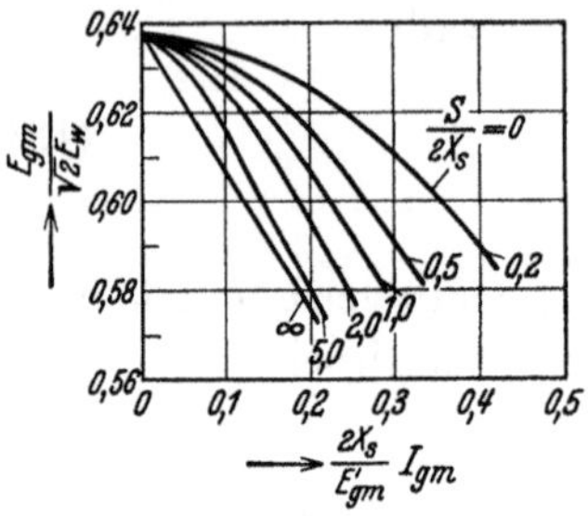

Abb. 93. Einfluß der Kathodendrossel auf den Anfangsverlauf der Gleichspannungscharakteristik.

Die für dieses Beispiel, d. h. für das Zusammentreffen von Streureaktanzen des Transformators und einer gleichstromseitigen Reaktanz aufgewendete Mühe ist mehrfach lohnend; die hier durchgeführten, methodisch lehrreichen Überlegungen geben sowohl die früheren Resultate als auch die natürliche Überleitung zu dem Grenzfall einer unendlich großen Kathodendrossel, mit dem wir uns jetzt eingehender zu beschäftigen haben.

Der extreme Fall eines Gleichrichters mit unendlich großer Kathodendrossel, Zusammensetzung von induktivem und Ohmschem Gleichspannungsabfall, die universellen Überlappungsfunktionen $\psi(u)$ und $\chi(u)$, der Leistungsfaktor. Der Gleichstrom ist jetzt vollkommen konstant. Dieser Umstand zieht einige erhebliche rechnerische Vereinfachungen nach sich, die es ermöglichen, die bisherigen Aufgaben zu erweitern und einigen neuen, bisher unberücksichtigt gelassenen Zusammenhängen nachzugehen. Zunächst leiten wir die wesentlichen Beziehungen für den Gleichrichter nur mit Anodendrosseln ab. Im vorliegenden Falle sind nämlich primäre und sekundäre Reaktanzen völlig gleichwertig, so daß die Annahme von Anodendrosseln keine Beschränkung der Allgemeingültigkeit der Rechnung bedeutet, vielmehr genügt es, die Verallgemeinerung auf verteilte Reaktanzen nachträglich nachzuholen. Abb. 94 zeigt den jetzt eintretenden Verlauf der Anodenströme und des Gleichstromes.

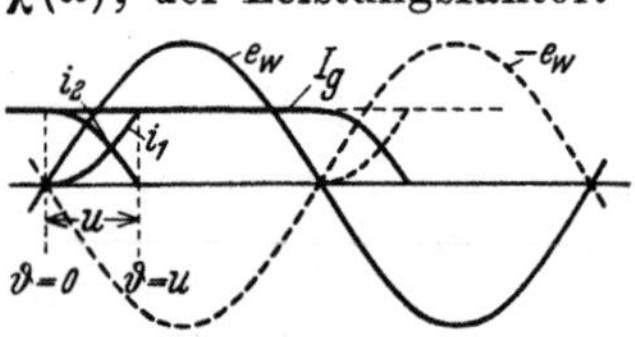

Abb. 94. Verlauf der Anodenströme und des Gleichstromes.

Der Zündeinsatz der Anodenströme erfolgt jeweils im Nulldurchgang der zugehörigen Transformatorspannungen, denn der bis zum Zündpunkt als Gleichstrom fließende konstante Anodenstrom induziert in der zugehörigen Anodendrossel keine zusätzliche Spannung. Ist dann i_1 der bei $\vartheta = 0$ einsetzende Anodenstrom und i_2 der abklingende Anodenstrom, so ist bei den alten Bezeichnungen während der Kommutierungszeit

$$2\sqrt{2}E_w \sin\vartheta = X_a \frac{d}{d\vartheta}(i_1 - i_2).$$

Hieraus folgt mit Rücksicht auf die Bedingungen $i_{1(0)} = 0$, $i_{1(u)} = J_g$, $i_{2(0)} = J_g$, $i_{2(u)} = 0$

$$\begin{aligned} i_1 &= \frac{1-\cos\vartheta}{1-\cos u} J_g, \\ i_2 &= \frac{\cos\vartheta - \cos u}{1-\cos u} J_g, \end{aligned} \tag{133}$$

worin $J_g = J_{gm}$ den konstanten Gleichstrom bedeutet, der durch

$$J_g = \frac{\sqrt{2}E_w}{X_a}(1-\cos u) \tag{133a}$$

gegeben ist. Aus (133a) könnte man die Kommutierungsdauer u als Funktion von J_g bestimmen. Wir wollen jedoch die Gleichspannungscharakteristik berechnen, dazu ist aber, wie wir sehen werden, die Kenntnis von u nicht erforderlich. Während der Kommutierungszeit ist die Gleichspannung gleich

$$\begin{aligned} e_g &= e_w - X_a \frac{d i_1}{d\vartheta} - e_k, \\ &= -e_w - X_a \frac{d i_2}{d\vartheta} - e_k, \end{aligned}$$

wenn e_k die Spannung an der Kathodendrossel vorstellt. Daraus folgt nach Addieren der Gleichungen mit Rücksicht auf die Konstanz des Gleichstromes $e_g = -e_k$, während Subtrahieren der Gleichungen zu unserer Ausgangsgleichung führt, die wir jetzt $e_w = X_a \frac{d i_1}{d\vartheta}$ schreiben wollen. Außerhalb der Kommutierungszeit ist aber $e_g = e_w - e_k$. Die mittlere Gleichspannung wird daher, da die Spannung der Kathodendrossel keinen Beitrag zur mittleren Gleichspannung liefert,

$$\begin{aligned} E_{gm} &= \frac{1}{\pi}\int_u^\pi e_w\, d\vartheta = \frac{1}{\pi}\int_0^\pi e_w\, d\vartheta - \frac{1}{\pi}\int_0^u e_w\, d\vartheta \\ &= E'_{gm} - \frac{1}{\pi} X_a \int_0^u \frac{d i_1}{d\vartheta}\, d\vartheta \\ &= E'_{gm} - \frac{1}{\pi} X_a \cdot J_g. \end{aligned} \tag{134}$$

Die Gleichspannungscharakteristik ist also eine Gerade, und zwar im ganzen Belastungsbereich bis zum Kurzschlußpunkt. Schreiben wir wieder $E'_{gm} = \frac{2\sqrt{2}}{\pi} E_w$ und $J_{gmk} = \frac{2\sqrt{2}\,E_w}{X_a}$, so wird

$$\frac{E_{gm}}{\sqrt{2}\,E_w} = \frac{2}{\pi}\left(1 - \frac{J_{gm}}{J_{gmk}}\right). \tag{134a}$$

Abb. 95 zeigt diesen Verlauf, verglichen mit dem bei fehlender Kathodendrossel. Aus (134) entnehmen wir weiter für den prozentualen Gleichspannungsabfall

$$\varepsilon_s = \frac{1}{\pi}\,\frac{X_a}{E'_{gm}} \cdot J_g\,. \tag{134b}$$

Durch die prozentuale Kurzschlußspannung $u_k = \frac{X_a J_p}{z^2 E_p} = \frac{X_a J_g}{E_w}$ ausgedrückt, wird

$$\varepsilon_s = \frac{1}{2\sqrt{2}}\,u_k\,. \tag{134c}$$

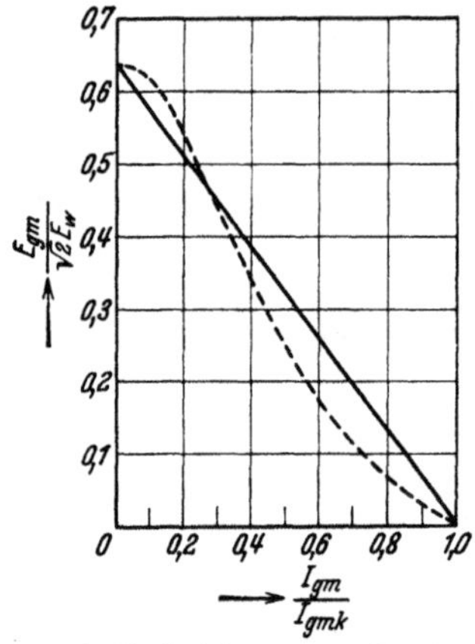

Abb. 95. Gleichspannungscharakteristik bei unendlich großer Kathodendrossel (—) und fehlender Kathodendrossel (---).

Würde man jedoch die mittlere Gleichspannung bzw. den Gleichspannungsabfall auf die Kommutierungszeit u abstellen, so würde man aus der ersten Gleichung von (134) mit $e_w = \sqrt{2}E_w \sin\vartheta$

$$E_{gm} = \frac{\sqrt{2}\,E_w}{\pi}\int_u^\pi \sin\vartheta = \frac{2\sqrt{2}}{\pi}\,E_w \cdot \frac{1+\cos u}{2} = E'_{gm}\,\frac{1+\cos u}{2}$$

und daraus

$$e_s = \frac{1-\cos u}{2} = \sin^2\frac{u}{2} \tag{134d}$$

erhalten. Den letzteren Zusammenhang zwischen ε_s und u findet man in Abb. 96 wiedergegeben.

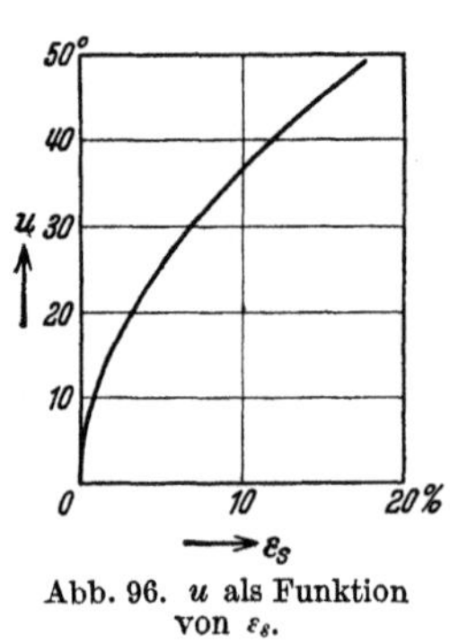

Abb. 96. u als Funktion von ε_s.

Im Anschluß hieran wollen wir untersuchen, in welchem Maße sich der Spannungsabfall erhöht, wenn man die Ohmschen Widerstände der Transformatorwicklungen usw. berücksichtigt. Zu diesem Zweck denken wir uns jetzt in den Anodenleitungen Ohmsche Widerstände R_a enthalten. Dementsprechend bezeichnen wir die Reaktanzen der Anodendrosseln, die später wieder die Bedeutung von Streureaktanzen erhalten, mit X_a.

Zunächst erkennt man, daß die Zündung der Anodenströme etwas früher, wir sagen um einen Winkel δ, vor dem Nulldurchgang der Transformatorspannung einsetzen muß, nämlich in dem Zeitpunkt, in dem z. B. bei fließendem

Anodenstrom $i_2 = J_g$ die Anodenspannung $\sqrt{2}E_w \sin(\pi - \delta) - R_a J_g$ die Anodenspannung $-\sqrt{2}E_w \sin\delta$ der ablösenden Anode 1 gerade unterschreitet. Hieraus folgt

$$\delta = \arcsin \frac{R_a J_g}{2\sqrt{2}\,E_w}. \tag{135}$$

Während der Kommutierungszeit, d. h. von $-\delta$ bis u, ist nun die Gleichspannung

$$e_g = e_w - X_a \frac{d i_1}{d\vartheta} - R_a i_1 - e_k$$

$$= -e_w - X_a \frac{d i_2}{d\vartheta} - R_a i_2 - e_k.$$

Addieren der Gleichungen liefert

$$e_g = -\frac{R_a}{2} J_g - e_k. \tag{135a}$$

Subtrahieren ergibt dagegen mit $i_2 = J_g - i_1$

$$e_w = X_a \frac{d i_1}{d\vartheta} + R_a i_1 - \frac{R_a}{2} J_g$$

oder

$$\sqrt{2}\,E_w \sin\vartheta + \frac{R_a}{2} J_g = R_a i_1 + X_a \frac{d i_1}{d\vartheta}, \tag{135b}$$

woraus man mit $i_{1(-\delta)} = 0$ und $i_{1(u)} = J_g$ den Verlauf von i_1 und damit auch den von i_2 berechnen könnte, was wir jedoch jetzt nicht tun wollen. Wir überlegen vielmehr weiter, daß nach der Kommutierungszeit, d. h. von u bis $\pi - \delta$, die Gleichspannung

$$e_g = e_w - R_a J_g - e_k \tag{135c}$$

ist und berechnen sogleich die mittlere Gleichspannung. Wir finden mit (135a) und (135c), wieder unter Beachtung dessen, daß die Spannung der Kathodendrossel keinen Beitrag liefert,

$$E_{gm} = \frac{1}{\pi}\left(-\frac{R_a}{2}\int_{-\delta}^{u} J_g\, d\vartheta + \int_{u}^{\pi-\delta} e_w\, d\vartheta - R_a \int_{u}^{\pi-\delta} J_g\, d\vartheta\right)$$

$$= \frac{1}{\pi}\int_{0}^{\pi} e_w\, d\vartheta + \frac{2}{\pi}\int_{-\delta}^{0} e_w\, d\vartheta - \frac{1}{\pi}\int_{-\delta}^{u} e_w\, d\vartheta - R_a J_g\left(1 - \frac{\delta + u}{2\pi}\right)$$

$$= E'_{gm} - \frac{2\sqrt{2}}{\pi} E_w (1 - \cos\delta) - \frac{1}{\pi} X_a \int_{-\delta}^{u} \frac{d i_1}{d\vartheta}\, d\vartheta - \frac{1}{\pi} R_a \int_{-\delta}^{u} i_1\, d\vartheta$$

$$+ \frac{R_a}{2\pi}(\delta + u) - R_a J_g\left(1 - \frac{\delta + u}{2\pi}\right)$$

$$= E'_{gm} - E'_{gm}\left(1 - \sqrt{1 - \left(\frac{R_a J_g}{2\sqrt{2}\,E_w}\right)^2}\right) - \frac{1}{\pi} X_a J_g - \frac{R_a}{\pi}\int_{-\delta}^{u}\left(i_1 - \frac{J_g}{2}\right) d\vartheta$$

$$- R_a J_g\left(1 - \frac{\delta + u}{2\pi}\right).$$

Hieraus entnehmen wir, daß der prozentuale Gleichspannungsabfall, den wir jetzt mit ε bezeichnen, durch

$$\varepsilon = \frac{1}{\pi}\frac{X_a}{E'_{gm}} J_g \qquad (136)$$
$$+ \left(1 - \frac{\delta + u}{2\pi}\right)\frac{R_a}{E'_{gm}} J_g + 1 - \sqrt{1 - \left(\frac{R_a J_g}{2\sqrt{2}\,E_w}\right)^2} + \frac{R_a}{\pi E'_{gm}} \int_{-\delta}^{u} \left(i_1 - \frac{J_g}{2}\right) d\vartheta$$

gegeben ist. Hierfür können wir schreiben

$$\varepsilon = \varepsilon_s + \varepsilon_w, \qquad (136\,\text{a})$$

worin ε_s den schon bekannten induktiven Gleichspannungsabfall und ε_w den sog. Ohmschen Gleichspannungsabfall bedeuten. Es ist also ε_s proportional zu $X_a J_g$ und ε_w in erster Näherung proportional zu $R_a J_g$; beide setzen sich arithmetisch zusammen.

Nach dieser wichtigen Feststellung untersuchen wir den Ohmschen Spannungsabfall

$$\varepsilon_w = \left(1 - \frac{\delta + u}{2\pi}\right)\frac{R_a}{E'_{gm}} J_g + \frac{R_a}{\pi E'_{gm}} \int_{-\delta}^{u} \left(i_1 - \frac{J_g}{2}\right) d\vartheta + 1 - \sqrt{1 - \left(\frac{R_a J_g}{2\sqrt{2}\,E_w}\right)^2}$$

genauer. Der erste Bestandteil ist der mittlere Abfall, der sich aus der Annahme ergeben würde, daß der Ohmsche Abfall während der Kommutierung wegen der Parallelschaltung zweier Anodenzweige $= \frac{R_a}{2} J_g$ und außerhalb der Kommutierung $= R_a J_g$ anzunehmen ist. Der zweite Bestandteil ist ein Korrekturglied, das von der Abweichung des Anstieges der Anodenströme von dem linearen Anstieg abhängt. Das Integral $\int \left(i_1 - \frac{J_g}{2}\right) d\vartheta$ ist die Fläche des in Abb. 97 veranschaulichten schraffierten Zwickels, das wir näherungsweise abschätzen können. Hierzu vernachlässigen wir δ, verwenden (133) und finden

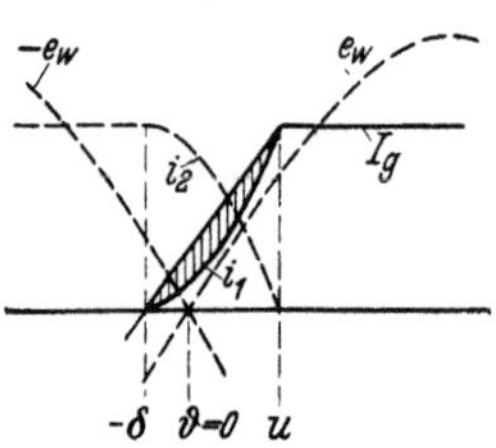

Abb. 97. Geometrische Bedeutung von $\int \left(i_1 - \frac{J_g}{2}\right) d\vartheta$.

$$\frac{R_a}{\pi E'_{gm}} \int_{-\delta}^{u} \left(i_1 - \frac{J_g}{2}\right) d\vartheta \approx \frac{R_a J_g}{\pi E'_{gm}} \int_{0}^{u} \left(\frac{1 - \cos\vartheta}{1 - \cos u} - \frac{1}{2}\right) d\vartheta$$
$$= \frac{R_a J_g}{\pi E'_{gm}} \left(\frac{u - \sin u}{1 - \cos u} - \frac{u}{2}\right)$$
$$\approx -\frac{R_a J_g}{\pi E'_{gm}} \cdot \frac{u}{6}.$$

Der dritte Bestandteil ist ein Korrekturglied, das auf der Zündvoreilung beruht und etwa δ^2 proportional ist; wir können es im allgemeinen vernachlässigen. Fassen wir die Bestandteile zusammen, vernachlässigen im ersten δ und fügen das zu $\frac{u}{6}$ proportionale Korrekturglied hinzu, so verbleibt

$$\varepsilon_w = \left(1 - \frac{2u}{3\pi}\right)\frac{R_a}{E'_{gm}} J_g. \qquad (137)$$

Im Gegensatz hierzu pflegt man in der Praxis den Ohmschen Gleichspannungsabfall aus den Kupferverlusten V_{Cu} der Transformatorwicklungen usw. zu errechnen, indem man $\varepsilon_w = \frac{V_{Cu}}{J_g E'_{gm}}$ setzt und im übrigen wie bisher verfährt, d. h. $\varepsilon = \varepsilon_s + \varepsilon_w$ setzt, wobei ε_s entweder (134b) oder (134c) zu entnehmen ist. Wir wollen auch dem nachgehen. Die Kupferverluste sind $= 2\, R_a J_a^2$, wenn J_a den Effektivwert der Anodenströme vorstellt. Wir werden später finden, daß sich näherungsweise $J_a \approx \frac{1}{\sqrt{2}}\left(1 - \frac{2}{15\pi} u\right) J_g$ schreiben läßt. Danach wäre also $V_{Cu} = R_a J_g^2 \cdot \left(1 - \frac{4}{15\pi} u\right)$ und damit

$$\varepsilon_w = \left(1 - \frac{4u}{15\pi}\right) \frac{R_a}{E'_{gm}} J_g\,. \tag{138}$$

Die gefundenen Werte für ε_w sind demnach nicht genau gleich. Die erste Näherung von (136) ergibt als Faktor von $\frac{R_a}{E'_{gm}} J_g$ den Wert $1 - 0{,}159\, u$, die zweite Näherung nach (137) den Wert $1 - 0{,}211\, u$, während die Berechnung aus den Kupferverlusten den Faktor $1 - 0{,}085\, u$ liefert.

Wir wenden uns jetzt der Frage der Dimensionierung des Transformators und den Leistungsfaktoren zu. Wir berechnen zuerst den Effektivwert der Anodenströme. Bedeutet abkürzend $w(\vartheta) = \frac{1 - \cos\vartheta}{1 - \cos u}$, so finden wir

$$J_a^2 = \frac{J_g^2}{2\pi}\left(\int_0^u w^2(\vartheta)\, d\vartheta + \pi - u + \int_0^u (1 - w(\vartheta))^2\, d\vartheta\right)$$

$$= J_g^2\left(\frac{1}{2} - \frac{1}{\pi}\int_0^u (w(\vartheta) - w^2(\vartheta))\, d\vartheta\right).$$

Das rechts stehende Integral stellt eine immer wiederkehrende universelle Funktion von u dar, die wir mit $\psi(u)$ bezeichnen wollen[1]. Es ist

$$\begin{aligned}\psi(u) &= \frac{1}{\pi}\int_0^u (w(\vartheta) - w^2(\vartheta))\, d\vartheta \\ &= \frac{(2 + \cos u)\sin u - (1 + 2\cos u)\, u}{2\pi(1 - \cos u)^2}\,,\end{aligned} \tag{139}$$

ihr Verlauf ist in Abb. 98 wiedergegeben. Die Entwicklung von (139) nach u ergibt bis zu recht hohen Werten von u hinreichend genau

$$\psi(u) = \frac{2}{15\pi} u + \frac{1}{630\pi} u^3 + \cdots. \tag{139a}$$

[1] Vgl. W. Dällenbach und E. Gerecke: Arch. Elektrotechn. Bd. 14 (1924) S. 181.

Mit Verwendung dieser Überlappungsfunktion wird der effektive Anodenstrom, der gleichzeitig den sekundären Transformatorstrom vorstellt,

$$J_a = J_g \cdot \frac{1}{\sqrt{2}} \sqrt{1 - 2\psi(u)}\,. \tag{140}$$

In der gleichen Weise berechnen wir den primären effektiven Transformatorstrom. Wir finden

$$J_p^2 = \frac{J_g^2}{2\pi z^2}\left(\int_0^u w^2(\vartheta)\,d\vartheta + \pi - u + \int_0^u (1 - 2w(\vartheta))^2 d\vartheta + \pi - u + \int_0^u w^2(\vartheta)\,d\vartheta\right)$$

$$= \frac{J_g^2}{z^2}\left(1 - \frac{4}{\pi}\int_0^u (w(\vartheta) - w^2(\vartheta))\,d\vartheta\right),$$

woraus folgt

$$J_p = \frac{J_g}{z}\sqrt{1 - 4\psi(u)}\,. \tag{141}$$

Hieraus können wir die Ausnutzungsfaktoren $C_p = \frac{E_p J_p}{E_{gm} J_g}$, $C_s = \frac{2 E_s J_a}{E_{gm} J_g}$ und $C_t = \frac{1}{2}(C_p + C_s)$ berechnen. Beachten wir, daß nach der ersten Gleichung von (134) $E_{gm} = \frac{2\sqrt{2}}{\pi} E_s \cdot \frac{1 + \cos u}{2}$ ist, so wird

$$C_p = \frac{\pi\sqrt{1 - 4\psi(u)}}{\sqrt{2}\,(1 + \cos u)},$$

$$C_s = \frac{\pi\sqrt{1 - 2\psi(u)}}{1 + \cos u},$$

$$C_t = \frac{1}{2}(C_p + C_s)\,. \tag{142}$$

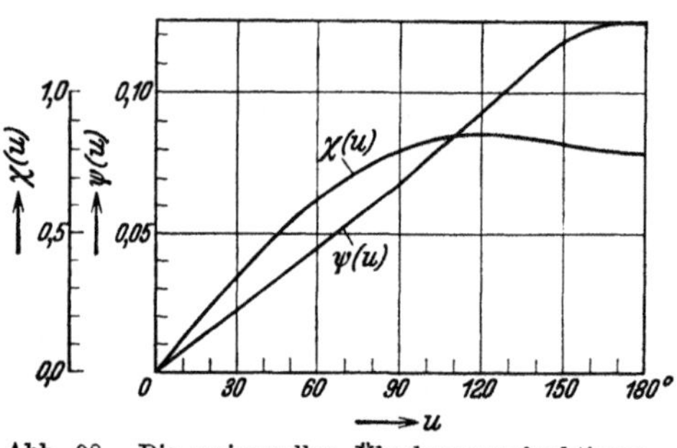

Abb. 98. Die universellen Überlappungsfunktionen $\psi(u)$ und $\chi(u)$.

Den Verlauf dieser drei charakteristischen Größen ersieht man aus Abb. 99. Ihre Anfangswerte für $u = 0$ sind $C_p = 1{,}11$, $C_s = 1{,}57$ und $C_t = 1{,}34$; wir erinnern dabei daran, daß die entsprechenden Werte bei fehlender Kathodendrossel nach der Tabelle auf S. 65 (Schaltung *b*) $C_p = 1{,}23$, $C_s = 1{,}74$ und $C_t = 1{,}48$ betrugen. Die Abb. 99 zeigt, daß die Ausnutzungsfaktoren mit wachsendem u zunächst etwas abnehmen und dann ansteigen, sie sind also für mäßige u-Werte ziemlich unveränderlich, so daß man bei Transformatorberechnungen im allgemeinen nur mit den Anfangswerten zu rechnen braucht, ausgenommen die Fälle, in denen man mit großen Überlappungswinkeln, d. h. mit großen Gleichspannungsabfällen, zu rechnen hat.

Nunmehr wenden wir uns der Berechnung der Leistungsfaktoren zu. Um den wirklichen Verhältnissen näherzukommen, legen wir dieser

Rechnung nicht nur die Kommutierungsblindleistung zugrunde, sondern berücksichtigen außerdem die Leerlaufblindleistung, entsprechend dem Leerlaufstrom des Transformators. Wir sind nämlich dann in der Lage, den Verlauf der Leistungsfaktoren in Abhängigkeit von der Belastung ziemlich gut wiederzugeben.

Zur Berechnung der Kommutierungsblindleistung, von der wir ausgehen wollen, machen wir von der Tatsache Gebrauch, daß die Blindleistungen, von der Leerlaufblindleistung abgesehen, primärseitig und sekundärseitig des Transformators einander gleich sein müssen. Infolgedessen ist die Kommutierungsblindleistung, die wir mit N_{BK} bezeichnen wollen, anodenseitig berechnet,

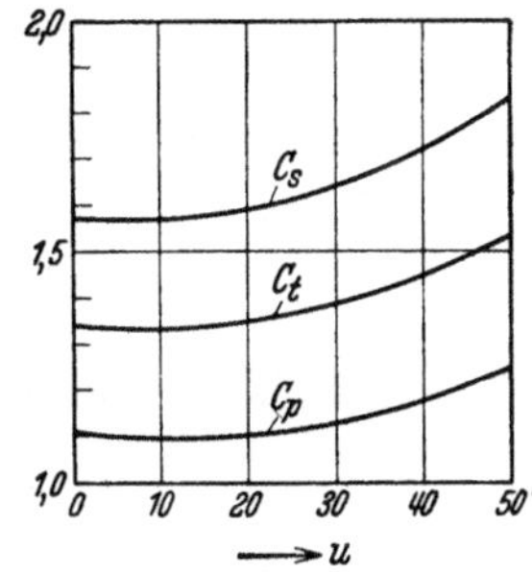

Abb. 99. Die Ausnutzungsfaktoren des Transformators als Funktion von u.

$$N_{BK} = -\frac{2\sqrt{2}E_w}{2\pi}\int\limits_0^{\pi+u} i_1 \cos\vartheta\, d\vartheta = \frac{2\sqrt{2}E_w J_g}{\pi}\left(-\int\limits_0^{u} w(\vartheta)\cos\vartheta\, d\vartheta + \sin u\right) \tag{142}$$

$$= E'_{gm} J_g \cdot \chi(u)\,,$$

worin

$$\chi(u) = \frac{2u - \sin 2u}{4(1-\cos u)} \tag{143}$$

eine später immer wiederkehrende universelle Funktion von u vorstellt. Ihr Verlauf ist in Abb. 97 mit eingetragen. Für kleine u-Werte gilt die Näherung

$$\chi(u) = \tfrac{2}{3}u - \tfrac{7}{90}u^3 + \cdots. \tag{143a}$$

Die Leerlaufblindleistung N_{B0} des Transformators läßt sich $N_{B0} = E_p J_0 = E_p J_p \cdot \varkappa$, worin $\varkappa$ wieder den prozentualen Leerlaufstrom bedeutet, schreiben. $E_p J_p$ setzen wir $= \frac{E'_{gm} J_g}{\lambda_0}$, worin $\lambda_0 = \frac{2\sqrt{2}}{\pi}$ den totalen Leistungsfaktor bei $u = 0$ und $\varkappa = 0$ vorstellt. Dann ist

$$N_{B0} = E'_{gm} J_g \cdot \frac{\varkappa}{\lambda_0}\,. \tag{144}$$

Die Wirkleistung N_W kennen wir bereits, sie ist mit $E_{gm} = E'_{gm}\frac{1+\cos u}{2}$

$$N_W = E'_{gm} J_g \cdot \frac{1+\cos u}{2}\,. \tag{145}$$

Es verbleibt jetzt nur noch die Berechnung der Scheinleistung $N_S = E_p J_p$. Zur Berechnung von J_p denken wir uns den Primärstrom aus i_p und j_0 zusammengesetzt, worin i_p den ideellen Primärstrom als Abbild der Anodenströme vorstellt und j den Leerlaufstrom $= \sqrt{2}J_0 \cos\vartheta$ bedeutet.

Danach ist mit (142) und (143)

$$J_p^2 = \frac{1}{2\pi}\int\limits_0^{2\pi}(i_p + j_0)^2 d\vartheta + \frac{1}{2\pi}\int\limits_0^{2\pi} i_p^2 d\vartheta + \frac{2\sqrt{2}J_0}{2\pi}\int\limits_0^{2\pi} i_p \cos\vartheta\, d\vartheta + J_0^2$$

$$= \frac{J_g^2}{z^2}(1 - 4\psi(u)) + 2\frac{J_g^2}{z^2}\cdot\lambda_0\varkappa\chi(u) + \frac{J_g^2}{z^2}\varkappa^2,$$

woraus folgt

$$N_S = E'_{gm} J_g \cdot \frac{1}{\lambda_0}\sqrt{1 - 4\psi(u) + 2\lambda_0\varkappa\chi(u) + \varkappa^2}, \tag{146}$$

eine Gleichung, die man auch in der Form

$$N_S = \sqrt{N_{SK}^2 + 2N_0 N_{BK} + N_0^2} \tag{147}$$

schreiben könnte und dann eine anschaulich zu verstehende Bedeutung hat. Denn schreibt man $N_S^2 = N_{SK}^2 + N_{SK}N_0 \cdot \frac{N_{BK}}{N_{SK}} + N_0^2$, so erkennt man, wie auch Abb. 100 zeigt, daß N_S die längere Seite eines Dreiecks ist, dessen eine Seite die Kommutierungsscheinleistung N_{SK}, dessen andere Seite die Leerlaufblindleistung vorstellt und worin N_{SK} und N_0 den Winkel $\pi - \operatorname{arctg}\frac{N_{BK}}{N_{SK}}$ einschließen.

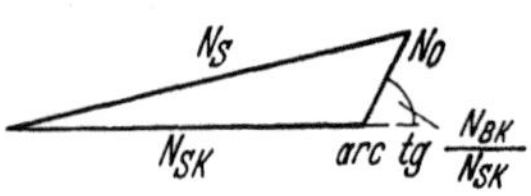

Abb. 100. Die Komponenten der Scheinleistung.

Wir sind jetzt in der Lage, die beiden Eigen-Leistungsfaktoren $\cos\alpha_0 = N_W/N_S$ und $\cos\alpha_1 = N_W/\sqrt{N_W^2 + N_B^2}$ zu berechnen, wir brauchen darin nur die in (143), (146) und (147) gefundenen Werte einzusetzen. Man findet so[1]

$$\cos\alpha_0 = \frac{\lambda_0 \frac{1 + \cos u}{2}}{\sqrt{1 - 4\psi(u) + 2\lambda_0\varkappa\chi(u) + \varkappa^2}}, \tag{148a}$$

$$\lambda_0 = \frac{2\sqrt{2}}{\pi}$$

$$\cos\alpha_1 = \cos\left(\operatorname{arctg}\frac{2\left(\chi(u) + \frac{\varkappa}{\lambda_0}\right)}{1 + \cos u}\right). \tag{148b}$$

Mit Hilfe dieser Formeln kann man eine wirkliche Leistungsfaktorcharakteristik vorausberechnen. Man hat dazu nur nötig, die Überlappung u und die Größe $\varkappa$ als Funktion der Belastung anzugeben. Hierzu führen wir die Überlappung zuerst mittels (134d) auf den Gleichspannungsabfall ε_s zurück. Ist nun der Spannungsabfall z. B. für den Vollaststrom $\bar{J}_g$ gleich $\bar{\varepsilon}_s$, so ist für beliebige Belastung

$$\varepsilon_s = \bar{\varepsilon}_s \frac{J_g}{\bar{J}_g}.$$

---

[1] Vgl. auch Müller-Lübeck: Forschung und Technik (herausgegeben von W. Petersen), S. 146. Berlin: Julius Springer 1930. Die dortigen Formeln stellen eine Vorstufe zu den hier gegebenen dar und haben jetzt als überholt zu gelten, vgl. auch das in der Fußnote S. 139 Gesagte.

Ist ebenso der prozentuale Leerlaufstrom bei Vollast gleich $\bar{\varkappa}$, so ist für beliebige Belastung

$$\varkappa = \bar{\varkappa}\,\frac{\bar{J}_g}{J_g}\,.$$

Damit ist man imstande, u und $\varkappa$ bei gegebenem $\bar{\varepsilon}_s$ und $\bar{\varkappa}$ als Funktion der Belastung und somit auch $\cos\alpha_0$ und $\cos\alpha_1$ zu bestimmen. Zum allgemeinen Verständnis findet man noch (148a) und (148b) für $\varkappa = 0$ ausgewertet und in Abb. 101 aufgetragen. Man erkennt darin, daß $\cos\alpha_0$ und $\cos\alpha_1$ mit wachsendem u, d. h. mit wachsender Belastung, sich einander nähern und ineinander übergehen.

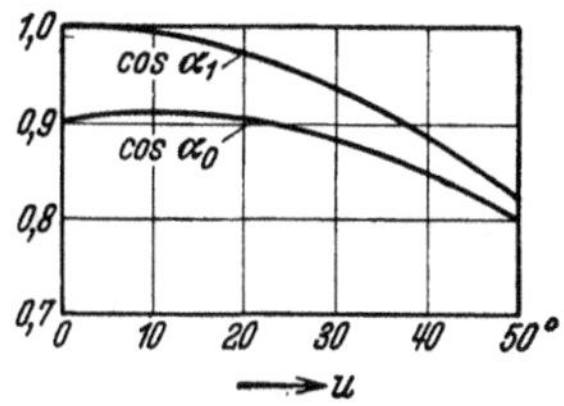

Abb. 101. Die Eigenleistungsfaktoren $\cos\alpha_0$ und $\cos\alpha_1$ als Funktion von u bei $\varkappa = 0$.

Endlich wollen wir für den wichtigeren Leistungsfaktor $\cos\alpha_1$ nach (148b) noch eine Näherungsformel angeben. Wir setzen $1 + \cos u = 2$, $\chi(u)$ nach (144a) $= \frac{2}{3}u$, u nach (148c) $= 2\sqrt{\varepsilon_s} = 2\sqrt{\bar{\varepsilon}_s}\sqrt{\frac{J_g}{\bar{J}_g}}$ und erhalten

$$\operatorname{tg}\alpha_1 = 1{,}33\sqrt{\bar{\varepsilon}_s}\cdot\sqrt{\frac{J_g}{\bar{J}_g}} + 1{,}11\,\bar{\varkappa}\cdot\frac{\bar{J}_g}{J_g}\,, \tag{148c}$$

die der früher abgeleiteten Formel (55c) dem Typus nach ähnlich ist.

Der extreme Fall des gleichstromseitig kurzgeschlossenen Gleichrichters. Der ideelle Kurzschluß ist definiert durch $R = 0$, außerdem wollen wir auch $\sigma = 0$ annehmen, da wir jetzt nur untersuchen wollen, wie der Kurzschlußstrom von der Verteilung der Reaktanzen abhängt. Wir legen die allgemeine Schaltung Abb. 76 zugrunde, in der wir die Reaktanzen S, X und Y berücksichtigen, gehen weiter von (105a) aus und finden zunächst aus der ersten Gleichung, daß

$$\tilde{S}\,\frac{d i_g}{d\vartheta} = 0$$

sein muß. Bei endlichem $\tilde{S}$ ist also $i_g =$ konstant. Infolgedessen lautet die zweite Gleichung wegen $i_2 = i_g - i_1$, $\sqrt{2}\,E_w \sin\vartheta = \frac{2\tilde{Z}}{z^2}\,\frac{d i_1}{d\vartheta}$, woraus

$$i_1 = \frac{z^2\sqrt{2}\,E_w}{2\tilde{Z}}\,(1 - \cos\vartheta)\,, \qquad \vartheta = 0 \text{ bis } 2\pi$$

folgt, denn da $i_g =$ konstant ist, zündet i_1 bei $\vartheta = 0$. Hieraus ergibt sich der Kurzschlußstrom J_{gmk} mit (103a) zu

$$J_{gmk} = \frac{z^2\sqrt{2}\,E_w}{\tilde{Z}} = \frac{2\sqrt{2}\,E_w}{X + \frac{2}{z^2}\,Y}\,. \tag{149a}$$

Bei $\tilde{S} = 0$ ist jedoch i_g nicht mehr konstant. Da es keine endliche Kommutierungszeit mehr geben kann, haben wir nur von der letzten der Gleichungen (105a) auszugehen, die alsdann $\sqrt{2}\,E_w \sin\vartheta = \frac{1}{z^2}\,\tilde{Z}\,\frac{d i_g}{d\vartheta}$ lautet und

$$i_g = -\frac{z^2\sqrt{2}\,E_w}{\tilde{Z}}\cos\vartheta\,, \qquad \vartheta = \frac{\pi}{2} \text{ bis } \frac{3\pi}{2}$$

ergibt, denn nur unter dieser Bedingung ist die punktförmige Ablösung der Anodenströme möglich. Hieraus ergibt sich der mittlere Kurzschlußstrom zu

$$J_{gmk} = \frac{z^2\,2\sqrt{2}\,E_w}{\pi\tilde{Z}} = \frac{z^2\,2\sqrt{2}\,E_w}{\pi Y}. \tag{149b}$$

Die in (149a) und (149b) stehenden Werte verhalten sich bei gleichem $\tilde{Z}$ wie 1 : 0,637. Um uns nun der Diskussion der Größen S, X und Y zuzuwenden, stellen wir uns nun vor, daß die Summe $X + \frac{1}{z^2}Y$ einen festen Wert $\tilde{X}$ hat und X und $\frac{1}{z^2}Y$ sich als Funktion eines Parameters in der Form

$$X = l\tilde{X}\,, \quad \frac{1}{z^2}Y = (1-l)\tilde{X}\,, \quad 0 \leqq l \leqq 1$$

aufteilen. Dann wird aus (149a) bzw. (149b)

$$J_{gmk} = \frac{2\sqrt{2}\,E_w}{(2-l)\tilde{X}} \quad \text{bzw.} \quad = \frac{2\sqrt{2}\,E_w}{\pi\tilde{X}}.$$

Setzen wir wieder $J'_{gmk} = 2\sqrt{2}E_w/\tilde{X}$, so wird

$$\frac{J_{gmk}}{J'_{gmk}} = \frac{1}{2-l} \quad \text{bzw.} \quad = \frac{1}{\pi}. \tag{150}$$

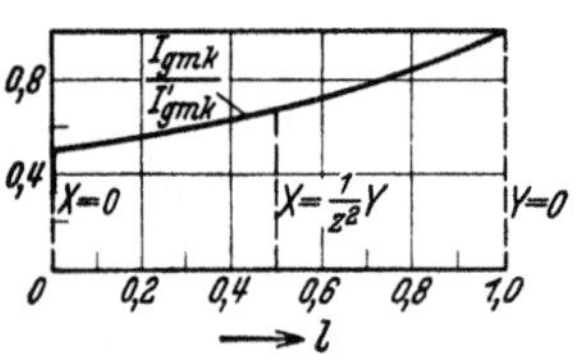

Abb. 102. Abhängigkeit des Kurzschlußstromes von der Aufteilung von X und $\frac{1}{z^2}Y$.

Den Verlauf dieser Funktion zeigt Abb. 102. Für $l = 0$, d. h. $X = 0$, hat J_{gmk}/J'_{gmk} den Wert $\frac{1}{2}$ unabhängig von S. Andererseits liefert die zweite Formel für $X = S = 0$ den Wert $J_{gmk}/J'_{gmk} = \frac{1}{\pi}$. Diese Unstetigkeit bei $l = 0$ beruht auf der Vernachlässigung des Lichtbogenabfalles; würden wir diesen berücksichtigen, so würde der Übergang ein stetiger sein.

4. Der Zweiphasengleichrichter mit Batteriebelastung.

Strombegrenzung durch Ohmschen Widerstand. Nachdem die Verhältnisse bei Ohmscher Belastung ausgiebig geklärt sind, wenden wir uns jetzt noch dem Beispiel einer Batteriebelastung zu, und zwar nehmen wir zuerst wieder an, daß die Strombegrenzung durch einen Ohmschen Widerstand erfolgt. Die Batteriespannung sei wieder E_b und ferner $\tau = E_b/\sqrt{2}E_w$. Wir wollen sogleich den Lichtbogenabfall mit berücksichtigen und wieder $\sigma = E_l/\sqrt{2}E_w$ schreiben. Dann ist bei sinngemäßer Verwendung der für den Einphasengleichrichter abgeleiteten Gleichungen (71) und (72) der mittlere Gleichstrom

$$J_{gm} = \frac{E_w}{R} \cdot \frac{2\sqrt{2}}{\pi} \left(\sqrt{1-(\sigma+\tau)^2} - (\sigma+\tau)\arccos(\sigma+\tau)\right), \tag{151a}$$

während der effektive Gleichstrom sich zu

$$J_{ge} = f_{J_g} \cdot J_{gm}$$

mit

$$f_{J_g} = \frac{\sqrt{\frac{1}{\pi}(1+2(\sigma+\tau)^2)\arccos(\sigma+\tau) - 3(\sigma+\tau)\sqrt{1-(\sigma+\tau)^2}}}{\frac{1}{\pi}\left(\sqrt{1-(\sigma+\tau)^2} - (\sigma+\tau)\arccos(\sigma+\tau)\right)} \tag{151b}$$

ergibt. Der Wirkungsgrad ist

$$\eta = \frac{2\tau\left(\sqrt{1-(\sigma+\tau)^2} - (\sigma+\tau)\arccos(\sigma+\tau)\right)}{\arccos(\sigma+\tau) - (\sigma+\tau)\sqrt{1-(\sigma+\tau)^2}}. \tag{152}$$

Den Verlauf von diesen Größen für $\sigma = 0$ als Funktion von τ zeigt Abb. 103, worin die Kurven für die beiden ersteren Größen auch allgemein gelten, wenn man als Abszissenwerte $\sigma + \tau$ anstatt τ nimmt.

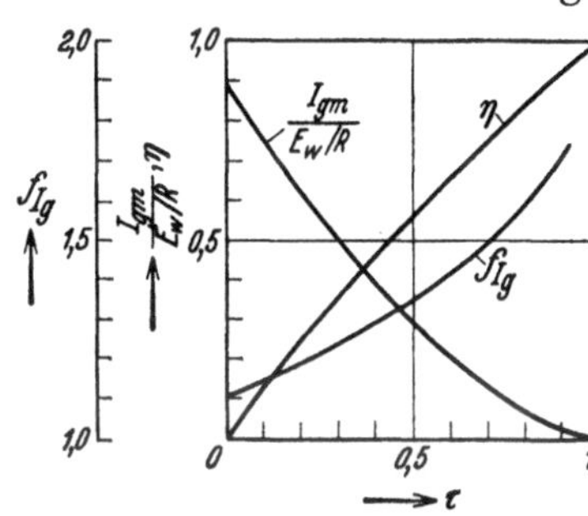

Abb. 103. Mittlerer Gleichstrom und Formfaktor des Gleichstromes und Wirkungsgrad für $\sigma = 0$ als Funktion von τ.

Weiter entsteht wieder die Frage, wie man aus (151a) die Wechselspannung E_w bestimmen soll, wenn die Werte von J_{gm} und R vorgegeben sind. Hierzu dividieren wir die beiden Seiten der Gleichung wieder durch $\sigma + \tau$ und erhalten

$$\frac{J_{gm} R}{E_b + E_l} = \frac{2}{\pi}\left(\frac{\sqrt{1-(\sigma+\tau)^2}}{\sigma+\tau} - \arccos(\sigma+\tau)\right), \tag{153}$$

eine Gleichung, die kurvenmäßig aufgetragen ähnlich wie Abb. 35 $\sigma + \tau$ und damit E_w aus $J_{gm} R$ und $E_b + E_l$ zu bestimmen erlaubt.

Strombegrenzung durch Reaktanzen. Die zweckmäßigere Strombegrenzung ist wieder die durch Reaktanzen, diese ist auf verschiedene Weise möglich, denn wir können uns die Anordnung der Induktivitäten ja genau so vielfältig vorstellen wie bei dem Gleichrichter mit Widerstandsbelastung. Wir gehen deshalb von der allgemeinen Schaltung in der reduzierten Form nach Abb. 77a aus, in der wir uns an Stelle des Widerstandes R die Gegenspannung E_b der Batterie zu denken haben. Da letztere immer gleichwertig mit dem Lichtbogenabfall E_l auftritt, schreiben wir künftig an Stelle von $\sigma + \tau = \frac{E_b + E_l}{\sqrt{2}\,E_w}$ abkürzend $\tilde{\tau}$ und berechnen die Spannungscharakteristiken in der Form $\tilde{\tau}$ als Funktion von J_{gm}. Um daraus τ selbst zu erhalten, braucht man ja nur noch σ abzuziehen, wie das z. B. in Abb. 56 auch geschehen ist.

Wir untersuchen die auch bei Widerstandsbelastung unterschiedenen interessanten Fälle, nämlich den Gleichrichter nur mit Primärdrossel, d. h. $\tilde{S} = 0$, den Gleichrichter mit ungekoppelten Anodendrosseln, d. h. $\tilde{S} = \frac{1}{z^2}\tilde{Z} = \frac{1}{2}X$, den Gleichrichter mit Transformatorreaktanzen, d. h. $\tilde{S} = \frac{1}{3}\cdot\frac{1}{z^2}\tilde{Z}$ bzw. $\tilde{S} = \frac{1}{4}\cdot 2X_S$, $\frac{1}{z^2}\tilde{Z} = \frac{3}{4}\cdot 2X_S$ und den Gleichrichter mit Kathodendrossel, d. h. $\tilde{S} > \frac{1}{z^2}\tilde{Z}$ einschließlich des extremen Falles $\tilde{S} = \infty$. Setzen wir abkürzend $\xi = \tilde{S}\Big/\frac{1}{z^2}\tilde{Z}$, so entsprechen diesen Beispielen die Beiwerte $\xi = 0$, $\xi = 1$, $\xi = \frac{1}{3}$, d. h. <1 und andererseits $\xi > 1$ einschließlich $\xi = \infty$.

Ist die Gegenspannung $\tilde{\tau}$ oberhalb gewisser noch zu bestimmender Werte, so ist der Gleichstrom lückenhaft. Die Zündung tritt jeweils ein, wenn $e_w > E_b + E_l$ wird, oder wenn

$$\sin\delta = \tilde{\tau} \tag{154}$$

ist, wobei δ wieder den Zündwinkel bedeutet. Alsdann ist

$$e_w - (E_b + E_l) = \left(\tilde{S} + \frac{1}{z^2}\tilde{Z}\right)\frac{di_g}{d\vartheta}.$$

Hieraus folgt mit der Anfangsbedingung $i_g = 0$ für $\vartheta = \delta = \arcsin\tilde{\tau}$

$$i_g = \frac{\sqrt{2}\,E_w z^2}{\tilde{Z}}\cdot\frac{1}{1+\xi}\left(\sqrt{1-\tilde{\tau}^2} - \cos\vartheta - \tilde{\tau}(\vartheta - \arcsin\tilde{\tau})\right). \tag{155}$$

Berechnet man hiervon den Mittelwert über die Brenndauer λ, die aus

$$\frac{\tilde{\tau}}{\sqrt{1-\tilde{\tau}^2}} = \frac{1-\cos\lambda}{\lambda - \sin\lambda} \tag{156}$$

hervorgeht und führt außerdem den Kurzschlußstrom $J_{gmk} = \frac{\sqrt{2}\,E_w z^2}{\tilde{Z}}$ ein, so entsteht die Beziehung

$$\frac{J_{gm}}{J_{gmk}} = \frac{2}{1+\xi}\cdot\frac{1}{2\pi}\left((\lambda - \sin\lambda)\sqrt{1-\tilde{\tau}^2} - \tilde{\tau}\left(\frac{\lambda^2}{2} - 1 + \cos\lambda\right)\right), \tag{157}$$

aus der man J_{gm}/J_{gmk} als Funktion von $\tilde{\tau}$ bestimmen kann. Der Vergleich ergibt, daß man, wie auch nicht anders zu erwarten ist, bei sinngemäßem Ersatz der dortigen Bezeichnungen die Brenndauer λ aus Abb. 41 entnehmen kann und den Verlauf von J_{gm}/J_{gmk}, indem man die Ordinaten der Kurve nach Abb. 42 mit $\frac{2}{1+\xi}$ multipliziert.

Es liegt nun nahe, anzunehmen, daß der Gleichstrom aufhört lückenlos zu sein, wenn $\lambda = \pi$ oder nach (156)

$$\tilde{\tau} = \frac{1}{\sqrt{1+\frac{\pi^2}{4}}} = 0{,}538 \tag{158}$$

wird. Das ist jedoch nur für $\xi = 1$ der Fall, d. h. für ungekoppelte Anodendrosseln; für diesen Fall verlaufen die Anodenströme auch bei $\lambda > \pi$ unabhängig voneinander und es gibt durchweg die Charakteristik des Einphasengleichrichters nach Abb. 42, denn es ist $\frac{2}{1+\xi} = 1$. Für $\xi \neq 1$ wollen wir erst einmal prüfen, wenn eine Zündung einer Anode während des Brennens der anderen Anode eintreten muß. Eine solche Zündung muß immer dann eintreten, wenn die Anodenspannung der zündenden Anode $e_w(\delta) + \frac{1}{z^2}\tilde{Z}\frac{d i_g}{d\vartheta}$ gleich der Anodenspannung der noch brennenden Anode $e_w(\pi + \delta) - \frac{1}{z^2}\tilde{Z}\frac{d i_g}{d\vartheta}$, d. h. wenn $2e_w(\delta) + \frac{2}{z^2}\tilde{Z}\frac{d i_g}{d\vartheta} = 0$ wird. Berechnet man $\frac{d i_g}{d\vartheta}$ für $\vartheta = \pi + \delta$ aus der Ausgangsdifferentialgleichung, so entsteht eine Gleichung, aus der hervorgeht, daß jetzt

$$\sin\delta = \frac{\tilde{\tau}}{\xi} \tag{159}$$

sein muß. Ist nun z. B. $\xi > 1$, so zündet die nächste Anode nach (159) bereits dann, wenn die Brenndauer des lückenhaften Gleichstromes den Wert π noch nicht erreicht hat; bei $\xi = \infty$ zündet die nächste Anode schon bei $\delta = 0$. Ist jedoch $\xi < 1$, so wird die nächste Anode, die bei erloschener Vorgängeranode bei $\sin\delta = \tilde{\tau}$ zünden würde, bei brennender Vorgängeranode so lange am Zünden verhindert, bis der Anodenstrom im Nulldurchgang verloschen ist. Alsdann setzt mit endlicher Anfangstangente der neue Anodenstrom ein. Erst bei höherer Belastung entsprechend $\tau < \xi$ zündet die neue Anode bei noch brennender Vorgängeranode und es tritt die reguläre Kommutierung ein.

Wir behandeln zuerst den Fall $\xi = 0$, d. h. mit Primärdrossel allein[1]. In dem Belastungsgebiet von $\tau = 1$ bis $\tau = 0{,}538$ gilt (157) mit $\xi = 0$. Für $\tau > 0{,}538$ bis zum Kurzschlußpunkt $\tau = 0$ findet die momentane Ablösung der Anodenströme statt. Deshalb haben wir die Differentialgleichung $e_w - (E_b + E_l) = \frac{1}{z^2}\tilde{Z}\frac{d i_g}{d\vartheta}$ so zu lösen, daß für $\vartheta = \delta$ und $= \pi + \delta$ die Bedingung $i_g = 0$ erfüllt ist. Dies ist aber der Fall, wenn

$$i_g = \frac{\sqrt{2}\,E_w z^2}{\tilde{Z}}(\cos\delta - \cos\vartheta - \tilde{\tau}(\vartheta - \delta))$$

und

$$\cos\delta = \frac{\pi}{2}\tilde{\tau} \tag{160}$$

ist. Berechnet man den Mittelwert von i_g, beachtet (160) und führt wieder den Kurzschlußstrom J_{gmk} ein, so wird

$$\frac{J_{gm}}{J_{gmk}} = \frac{2}{\pi}\sqrt{1 - \left(\frac{\pi}{2}\tilde{\tau}\right)^2}. \tag{161}$$

[1] Vgl. auch Prince and Vogdes: a. a. O. S. 126.

Die darin zum Ausdruck kommende Charakteristik ist ein Kreisbogen. Um jedoch zu einem ähnlichen sinngemäßen Vergleich der unterschiedenen Fälle zu gelangen, wie wir diesen für den Gleichrichter mit Widerstandsbelastung durchgeführt und durch Abb. 92 dargestellt haben, führen wir jetzt, ganz im Sinne von (150), den ideellen Kurzschlußstrom $J'_{gmk} = \frac{z^2 2\sqrt{2}\, E_w}{\tilde{Z}}$ ein; das ist derjenige Kurzschlußstrom, der mit der Reaktanz $\frac{1}{z^2}\tilde{Z}$ als Anodendrossel eintreten würde. Wir stellen uns eben vor, daß die Reaktanzen pro Phase einmal als Anodendrosseln, einmal als primäre und sekundäre Streureaktanzen des Transformators und einmal als Primärdrosseln auftreten, wobei der Strom J'_{gmk} den maximal möglichen Kurzschlußstrom vorstellt. Unter dieser Voraussetzung sind, um J_{gm}/J'_{gmk} zu erhalten, die rechten Seiten von (157) und (161) noch durch 2 zu dividieren; hierdurch wird die Charakteristik (161) ein Ellipsenbogen. Die ganze Charakteristik ist in Abb. 104 dargestellt.

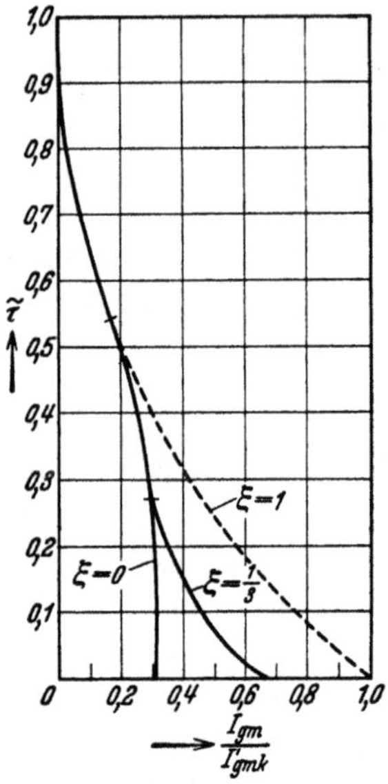

Abb. 104. Strom-Spannungscharakteristik bei $\xi = 0$ und $\xi = \frac{1}{3}$, verglichen mit $\xi = 1$.

Für den nächsten Fall $\xi = \frac{1}{3}$ beginnt die Charakteristik bei $\tau = 0{,}538$ nach (157) mit $\xi = \frac{1}{3}$, d. h. $\frac{2}{1+\xi} = 1{,}5$. Führen wir wieder den Kurzschlußstrom J'_{gmk} ein, so entnehmen wir aus (150) mit $l = \frac{1}{2}$, daß $J'_{gmk}/J_{gmk} = 1{,}5$ wird. Die Charakteristik wird also für den genannten Bereich die gleiche wie vorhin; dies gilt, wie man leicht einsieht, überhaupt allgemein, denn wegen $\xi = \frac{l}{2-l}$ ist der in Frage stehende Faktor $\frac{2}{1+\xi} \cdot \frac{1}{2-l}$ für jeden ξ-Wert gleich 1. Der nachfolgende Bereich von $\tau = 0{,}538$ ab ist derjenige, für den punktförmige Ablösung der Anodenströme stattfindet, da der neue Anodenstrom bis zum Verlöschen des alten Anodenstromes am Zünden behindert ist. Die Charakteristik folgt also dem vorhin berechneten Ellipsenbogen. Von einem gewissen Werte $\tau < \frac{1}{3}$ ab, den wir nachher noch genauer bestimmen werden, tritt jedoch die Zündung des neuen Anodenstromes schon vor dem Löschpunkt des alten Anodenstromes ein. Von da ab haben wir normale Kommutierung und wieder den Zündwinkel δ und die Kommutierungsdauer u zu unterscheiden. Die jetzt gültige Charakteristik wollen wir jedoch für später gleich allgemeiner, d. h. für beliebiges ξ, berechnen.

Wir gehen von den Grundgleichungen (105c) aus, die wir direkt übernehmen können, wenn wir außer $R = 0$ nur E_l gleich $E_b + E_l$

setzen. So entsteht

$$\text{I.} \qquad -(E_b + E_l) = \tilde{S}\,\frac{d\,i_g}{d\vartheta},$$

$$e_w = \frac{1}{z^2}\,\tilde{Z}\,\frac{d}{d\vartheta}(i_1 - i_2), \tag{162}$$

$$\text{II.} \qquad e_w - (E_b + E_l) = \left(\tilde{S} + \frac{1}{z^2}\,\tilde{Z}\right)\frac{d\,i_g}{d\vartheta}.$$

Die Zündbedingung ist die gleiche wie diejenige, die zur Gleichung (159) führte. Sie beruhte ja darauf, daß im Zündaugenblick $e_w(\delta) + \frac{1}{z^2}\tilde{Z}\frac{d\,i_g^{II}}{d\vartheta} = 0$ sein mußte. Setzt man darin den $\frac{d\,i_g}{d\vartheta}$-Wert aus (162) II ein, so folgt die frühere Beziehung

$$\sin\delta = \frac{\tilde{\tau}}{\xi}, \tag{162a}$$

die man in Abb. 105 für $\xi = \frac{1}{3}$, 1 und 2 dargestellt findet. Die hinzutretenden Übergangsbedingungen der Anodenströme sind wieder

1. bei $\vartheta = \delta$	$i_1 = 0,$	$i_2 = i^{I}_{g(\delta)} = i^{II}_{g(\pi+\delta)}$
2. bei $\vartheta = \delta + u$	$i_2 = 0,$	$i_1 = i^{I}_{g(\delta+u)} = i^{II}_{g(\delta+u)}.$

Sie führen zu den folgenden Lösungen

$$\text{I.} \qquad i_g = \frac{\sqrt{2}\,E_w z^2}{\tilde{Z}}\left(\frac{\cos\delta - \cos(\delta+u)}{2} - \sin\delta\left(\vartheta - \delta - \frac{u}{2}\right)\right),$$

$$i_1 = \frac{\sqrt{2}\,E_w z^2}{2\tilde{Z}}\,(\cos\delta - \cos\vartheta - \sin\delta(\vartheta - \delta)), \tag{162b}$$

$$i_2 = \frac{\sqrt{2}\,E_w z^2}{2\tilde{Z}}\,(\cos\vartheta - \cos(\delta+u) - \sin\delta(\vartheta - \delta - u))$$

und

$$\text{II.}\ i_g = \frac{\sqrt{2}\,E_w z^2}{(1+\xi)\tilde{Z}}\left(\xi\,\frac{\cos\delta - \cos(\delta+u)}{2} - \cos\vartheta - \xi\sin\delta\left(\vartheta - \delta - \frac{\pi+u}{2}\right)\right). \tag{162c}$$

Insbesondere ergibt die Löschbedingung von i_2 die Gleichung

$$\operatorname{tg}\delta = \frac{1+\cos u}{\pi\xi + u + \sin u}. \tag{162d}$$

Hieraus läßt sich unter Zuhilfenahme von (162a) u als Funktion von $\tilde{\tau}$ berechnen; das Ergebnis ist in Abb. 105 für die Fälle $\xi = \frac{1}{3}$, 1 und 2 mit eingetragen.

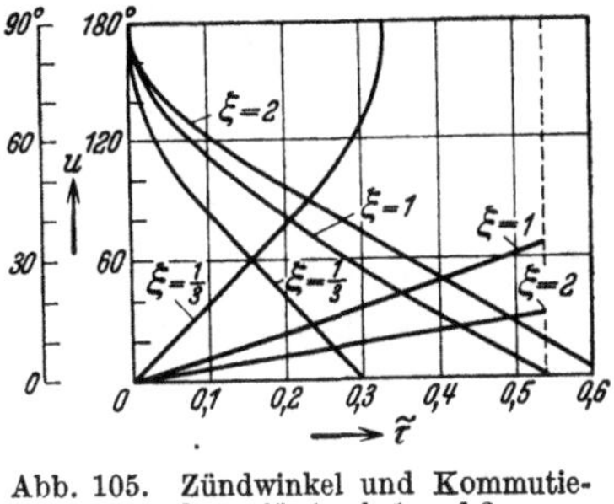

Abb. 105. Zündwinkel und Kommutierungsdauer für $\xi = \frac{1}{3}$, 1 und 2.

Nunmehr berechnen wir aus (162b) und (162c) den mittleren Gleichstrom. Mit Benutzung des Kurzschlußstromes J_{gmk} finden wir

$$\frac{J_{gm}}{J_{gmk}} = \frac{1}{\pi(1+\xi)}\left((\pi\xi + u)\,\frac{\cos\delta - \cos(\delta+u)}{2} + \sin\delta + \sin(\delta+u)\right). \tag{163}$$

Im Falle $\xi = \frac{1}{3}$ wird, wie man Abb. 105 entnehmen kann, die Kommutierungszeit Null, wenn $\tilde{\tau} = 0{,}296$ ist; dies ist der Wert, bei dem der letzte Belastungsbereich beginnt. Aus (162d) mit (162a) findet man durch Nullsetzen von u, daß diese Übergangswerte allgemein durch

$$\tilde{\tau} = \frac{1}{\sqrt{\frac{\pi^2}{4} + \frac{1}{\xi^2}}} \tag{164}$$

gegeben sind, wonach man den obigen Wert nachrechnen kann. Nach Einführung der δ- und u-Werte nach Abb. 105 in (163) errechnet man als Charakteristik das in Abb. 104 eingetragene letzte Kurvenstück, wobei dessen Werte anstatt auf J_{gmk} wieder auf das 1,5mal so große J'_{gmk} zu beziehen sind.

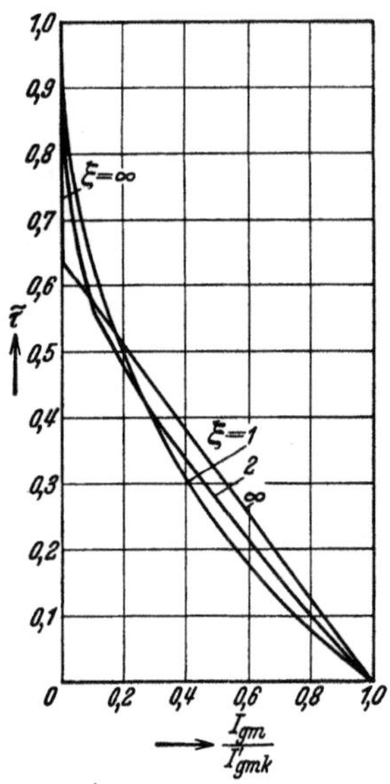

Abb. 106. Gleichspannungscharakteristik für $\xi = 1, 2$ und ∞.

Für den Fall $\xi = 1$ sind die Verhältnisse wieder trivial, da die Anodenströme sich nicht mehr gegenseitig beeinflussen, so daß man wieder die Charakteristik nach Abb. 25 übernehmen kann; sie ist in Abb. 104 gestrichelt eingetragen.

Die Fälle $\xi > 1$ waren dadurch gekennzeichnet, daß der Übergang vom lückenhaften Gleichstrom zum lückenlosen infolge Vorrücken des Zündeinsatzes schon eintritt, wenn die Brenndauer des lückenhaften Stromes noch nicht π geworden ist. Realisiert ist $\xi > 1$ durch das Hinzutreten einer Kathodendrossel; wir wollen vorerst $\xi = 2$ annehmen und anschließend den extremen Fall $\xi = \infty$ untersuchen. Dabei wollen wir uns jetzt vorstellen, daß der Gleichrichter ungekoppelte Anodendrosseln besitzt, zu denen die Kathodendrossel hinzutritt[1]. Als Bezugs-Kurzschlußstrom legen wir den Strom J'_{gmk} zugrunde, der dann unabhängig von der Reaktanz der Kathodendrossel ist. Der Anfangsverlauf der Charakteristik für $\xi = 2$ folgt der Gl. (157) mit $J_{gmk} = \frac{2}{3} J'_{gmk}$; dieser reicht bis zu dem aus (164) zu bestimmenden Übergangswert $\tilde{\tau} = 0{,}610$. Von da an setzt die Überlappung der Anodenströme ein und es gilt die Gl. (163). Unter Entnahme der δ- und u-Werte aus Abb. 105 errechnet man so die in Abb. 106 eingetragene Charakteristik. Für $\xi = \infty$ beginnt die Charakteristik mit einem senkrechten, mit der $\tilde{\tau}$-Achse zusammenfallenden Ast, der bis zu $\tilde{\tau} = \frac{2}{\pi} = 0{,}637$ reicht. Von da an, d. h. praktisch bereits von der Belastung Null an, beginnt die Überlappung der Anodenströme. Der Zündwinkel δ ist ständig Null;

[1] Vgl. Müller-Lübeck: Der Quecksilberdampfgleichrichter, Bd. 2 S. 15.

im Grenzübergang gehen (162d) mit (162a) über in

$$\frac{\pi}{2}\tilde{\tau} = \frac{1 + \cos u}{2},$$

während (163) in

$$\frac{J_{gm}}{J'_{gmk}} = \frac{1 - \cos u}{2}$$

übergeht. Daraus geht aber die Gerade

$$\tilde{\tau} = \frac{2}{\pi}\left(1 - \frac{J_{gm}}{J'_{gmk}}\right) \tag{165}$$

hervor. Damit zeigt sich, daß bei unendlich großer Kathodendrossel in bezug auf die Spannungscharakteristik Widerstandsbelastung und Batteriebelastung einander gleichwertig sind, wie ja auch zu erwarten ist.

Die Theorie des Zweiphasengleichrichters ist damit innerhalb des uns gesteckten weiten Rahmens erschöpfend dargelegt. Es wäre vielleicht zweckmäßig gewesen, bezüglich der jeweils errechneten Strom- und Spannungsverläufe noch einige Oszillogramme wiederzugeben. Wir glauben jedoch, davon absehen zu können, die behaupteten Zusammenhänge noch besonders unter Beweis zu stellen; außerdem ist es nicht leicht, die angenommenen Einzelfälle praktisch genügend rein darzustellen[1]. Alle weiteren, etwa noch zu stellenden Fragen sind mit Hilfe der bisher erschlossenen Methoden beantwortbar, wir glauben nicht, daß es noch weitere Probleme geben dürfte, deren Lösung nicht wenigstens in den methodischen Grundzügen aufgezeigt worden wäre. Das gewonnene methodische Rüstzeug wird uns aber ohne Mühe die Gesetze der Strom-Spannungsverhältnisse der höherphasigen Gleichrichter erschließen, denen wir uns jetzt zuwenden.

5. Einige allgemeine Sätze über Mehrphasengleichrichter.

Mittlere Gleichspannung des p-phasigen Gleichrichters ohne wechselstromseitige Reaktanz. Wie wir schon bei den Zweiphasengleichrichtern feststellten, ist man allgemein bestrebt, die Forderung nach einem möglichst konstanten Gleichstrom mit der anderen Forderung nach einem möglichst sinusförmigen Wechselstrom zu vereinen. Da für Zweiphasengleichrichter die Gleichstromleistung bei konstantem Gleichstrom eine konstante, die Wechselstromleistung bei sinusförmigem Wechselstrom dagegen eine sinusquadratförmig pulsierende ist, so war es naheliegend, die beiden Forderungen durch einen Energiespeicher, also

[1] Eine Reihe sehr schöner Oszillogramme finden sich in dem Buch F. Hellmuth: Der Argonalgleichrichter, S. 78. Leipzig: Hachmeister u. Thal 1933. Sie entstammen einer unvollendeten Diss. von Hans Grabow für die T.H. Berlin aus dem Jahre 1922, leider sind die in dem Buch angegebenen Erläuterungen dazu z. T. unzutreffend.

z. B. durch eine Induktivität oder durch einen Kondensator erfüllt zu sehen. Die einem derartigen Energiespeicher eigentümliche Verknüpfung von Strom und Spannung führte jedoch zu der Diskrepanz, daß bei Verwendung nur eines Energiespeichers die Kurvenform entweder nur des Gleichstromes oder des Wechselstromes verbessert werden kann, und zwar immer auf Kosten der Kurvenqualität des anderen Stromes. Man könnte also daran denken, auf zwei Energiespeicher überzugehen. Aber es kommt ein anderer Umstand hinzu, der den praktischen Wert von Energiespeichern stark einschränkt und diese eigentlich nur für kleine Ströme diskutierbar erscheinen läßt. Das ist die Unwirtschaftlichkeit ihrer wirklichen Ausführungsformen, die z. B. bei gleichstromdurchflossenen Induktivitäten mit Eisenkern an der erheblichen Verminderung ihres Induktivitätswertes infolge der Vormagnetisierung des Eisens liegt und die z. B. bei Kapazitäten dadurch bedingt ist, daß man bei Niederfrequenz erhebliche Kapazitätswerte benötigt, um die zu dem gewünschten Effekt nötigen Ströme zu erzielen.

Dieser Umstand führt zu einer anderen Maßnahme, die in richtiger Erkenntnis schon ziemlich seit Anbeginn der Gleichrichter befolgt worden ist, nämlich zur Erhöhung der Zahl der Schaltprozesse durch Erhöhung der Zahl der Anoden[1]. Dem kommt noch ein anderer Umstand entgegen, nämlich daß bei höheren Leistungen das Wechselstromnetz im allgemeinen dreiphasig zu sein pflegt. Aus den drei Grundvektoren der Spannungen eines Drehstromnetzes lassen sich aber alle denkbaren Mehrphasensysteme transformatorisch aufbauen. Als Beispiel führen wir das in Abb. 107 gezeigte Vektorbild an, das einen dreischenkligen Transformator vorstellt, dessen Primärwicklung in Dreieck und dessen Sekundärsystem zwölfphasig geschaltet ist; in Wirklichkeit würde man einen zwölfphasigen Gleichrichtertransformator aus später verständlichen Gründen zwar so nicht ausführen, aber das ist im Augenblick unwesentlich. Bildet man nun das Gleichrichtergefäß mit einer der Phasenzahl der Sekundärwicklung gleichen Anzahl Anoden und einer gemeinsamen Kathode aus, so entsteht eine mögliche mehrphasige Gleichrichteranordnung, bei der die gleichstromseitige Belastung alsdann zwischen der gemeinsamen Kathode und dem sekundären Transformatornullpunkt liegt. Ist die Anodenzahl des

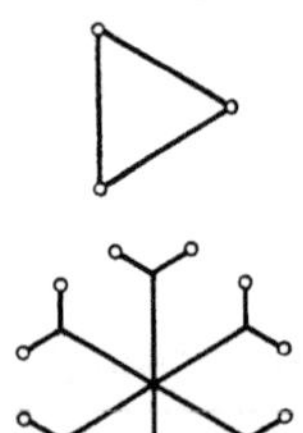

Abb. 107. Beispiel für den Aufbau eines 12-phasen-Systemes aus drei Grundvektoren.

[1] Der erste von P. Cooper Hewitt im Jahre 1902 angegebene Gleichrichter war ein dreiphasiger; erst später wurde der Zweiphasengleichrichter angegeben, der in der Kathodendrossel ein neues Schaltungselement erforderlich machte. Schon bald darauf erkannte man die Möglichkeit der Vier- und Sechsphasengleichrichtung, vgl. Elektrotechn. Z. Bd. 25 (1904) S. 1106. Zwölfphasengleichrichterschaltungen sind dagegen erst sehr viel später angegeben worden.

Gleichrichtergefäßes p ($p = 3, 4, \ldots$), so nennen wir die beschriebene Anordnung einen p-phasigen Gleichrichter; einen solchen zeigt schematisch Abb. 108. Die Phasenspannungen bzw. Strangspannungen des p-phasig-symmetrischen Wicklungssystems seien $e_1, e_2, \ldots, e_p$ mit dem gemeinsamen Effektivwert E_w; alsdann ist

$$\begin{aligned} e_1 &= \sqrt{2}\,E_w \sin\vartheta, \\ e_2 &= \sqrt{2}\,E_w \sin\left(\vartheta - \frac{2\pi}{p}\right), \\ &\ldots\ldots\ldots\ldots\ldots\ldots \\ e_h &= \sqrt{2}\,E_w \sin\left(\vartheta - \frac{2\pi}{p} h\right), \\ &(h = 1, 2, \ldots, p), \end{aligned} \tag{166}$$

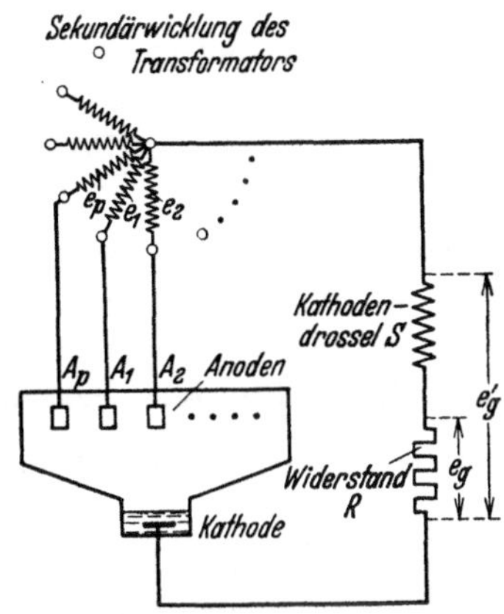

Abb. 108. Prinzipschema eines Mehrphasen-Gleichrichters.

die Nulldurchgänge der Phasenspannungen haben alle den gleichen Abstand $\frac{2\pi}{p}$. Das Gleichrichtergefäß ist schematisch als Eisengleichrichtergefäß gezeichnet, selbstverständlich kann man sich dafür auch ein mehrarmiges Glasgleichrichtergefäß oder die nötige Zahl von Einanoden-Gleichrichterrohren denken. Die gleichstromseitige Belastung bestehe aus einem Ohmschen Widerstand R und einer Kathodendrossel mit der Reaktanz S, in der auch der sonstige induktive Gehalt der wirklichen Belastung konzentriert gedacht sein kann. Weitere, d. h. wechselstromseitige Reaktanzen seien vorerst nicht vorhanden, ebenso sei von dem Lichtbogenabfall vorerst abgesehen.

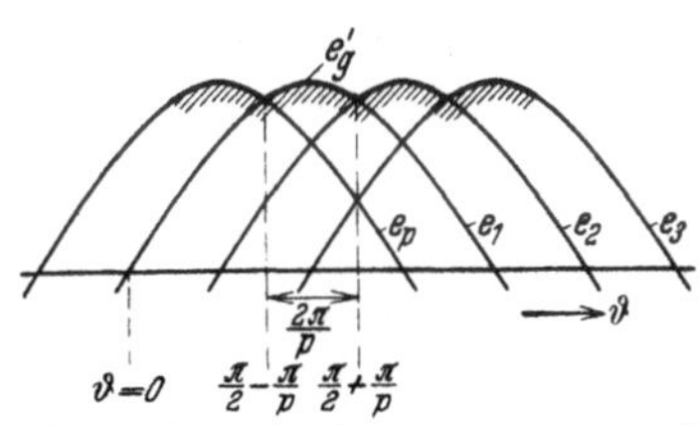

Abb. 109. Anodenspannungen und Gleichspannung des p-phasigen Gleichrichters.

Unter diesen Voraussetzungen ist leicht einzusehen, daß der ständig in der Kathode mündende Lichtbogen jeweils an derjenigen Anode zündet und brennt, deren zugehörige Phasenspannung in bezug auf alle übrigen $p - 1$ Phasenspannungen positiv ist. Dies ist, wie aus Abb. 109 erhellt, für die Anode 1 von $\vartheta = \frac{\pi}{2} - \frac{\pi}{p}$ bis $\frac{\pi}{2} + \frac{\pi}{p}$ der Fall. Innerhalb dieses Intervalles ist der Anodenstrom i_1 der Träger des Gleichstromes i_g, d.h. es ist $i_g = i_1$. Bei $\vartheta = \frac{\pi}{2} + \frac{\pi}{p}$ wird die Phasenspannung e_2 positiver als e_1, die Anode 2 wird also zünden. Dies würde dem Anodenstrom i_1 zunächst noch keine Veranlassung geben, zu löschen, denn die ihn treibende Anodenspannung e_1 ist ja immer noch positiv. Indessen sind nach der Zündung der Anode 2 beide Anoden gezwungen, bei stromunabhängig angenommenen Lichtbogenabfällen das gleiche Potential zu haben. Dies bedeutet die Schließung eines Stromkreises über die Transformatorphasen 1 und 2 und damit die Entstehung eines über beide Lichtbogenstreben fließenden, von der Spannung $e_2 - e_1$ getriebenen Kurzschlußstromes, der den Anodenstrom i_1 auf den Wert Null herunterdrückt. Erst dadurch erfolgt die Löschung des abzulösenden Anodenstromes. Da wir wechselstromseitige Reaktanzen vernachlässigt haben, spielt sich der Ablösungsvorgang in unendlich kurzer Zeit ab, erst bei endlichen Reaktanzwerten entsteht eine endliche Kommutierungsdauer. Es ist dies ja ganz ähnlich wie bei dem durch Abb. 68 erläuterten Kommutierungsvorgang des Zweiphasengleichrichters. Die Brenndauer der Anodenströme muß somit den Wert $\frac{2\pi}{p}$ haben.

Die ideelle momentane Gleichspannung e_g' hat alsdann den in Abb. 109 schraffiert angedeuteten Verlauf. Ihr Mittelwert E_{gm}' errechnet sich bei Verwendung der Integrationsvariablen $x = \vartheta - \frac{\pi}{2}$ zu

$$E_{gm}' = \frac{p}{2\pi} \cdot \sqrt{2}\, E_w \int\limits_{-\frac{\pi}{p}}^{+\frac{\pi}{p}} \cos x\, dx = \frac{p\sqrt{2}}{\pi} \sin\frac{\pi}{p} \cdot E_w\,. \tag{167}$$

In der nachstehenden Tabelle sind einige Zahlenwerte von E_{gm}'/E_w zusammengestellt. Die für $p = 3$, $p = 6$ und $p = 12$ sich ergebenden

Ideelle mittlere Gleichspannung.

p	2	3	4	6	12	18
$\frac{E_{gm}'}{E_w}$	0,900	1,170	1,274	1,350	1,398	1,407

Kurvenformen der Gleichspannung veranschaulicht Abb. 110. Der Mittelwert E_{gm}' ist gleichzeitig der Mittelwert der am Widerstand liegenden Gleichspannung.

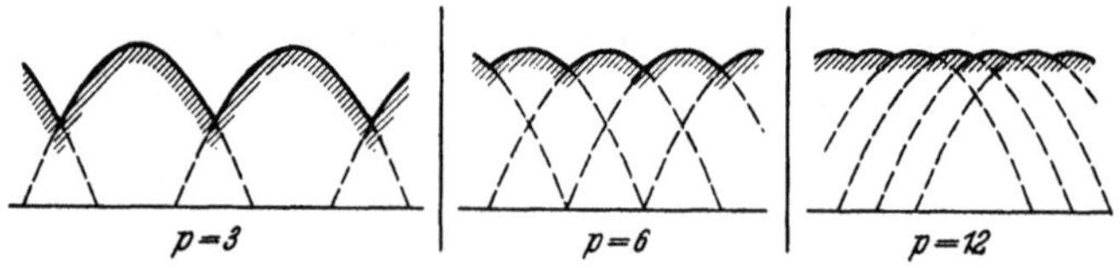

Abb. 110. Verlauf der ideellen Gleichspannung bei verschiedenen Phasenzahlen.

Oberwellen der ideellen Gleichspannung. Aus Periodizitätsgründen kann die Gleichspannung e_g' nach Abb. 109 oder 110 Harmonische nur solcher Ordnungszahlen haben, die ein ganzzahliges Vielfaches der Phasenzahl p sind, d. h. der Ordnungszahlen $\varkappa p$ ($\varkappa = 1, 2, \ldots$). Die

Effektivwerte $E_{g\varkappa p}$ der Harmonischen errechnen sich zu

$$E_{g\varkappa p} = \frac{p}{2\pi} \cdot E_w \int\limits_{-\frac{\pi}{p}}^{+\frac{\pi}{p}} \cos x \cos \varkappa p x \, dx = \frac{2}{\varkappa^2 p^2 - 1} \cdot \frac{p}{\pi} \sin \frac{\pi}{p} E_w$$
$$= \frac{\sqrt{2}}{\varkappa^2 p^2 - 1} E'_{gm} . \tag{168}$$

Dies besagt, daß Harmonische einer bestimmten Ordnungszahl $\varkappa p$ unabhängig von der Phasenzahl des Gleichrichters einen bestimmten Wert haben oder ganz ausscheiden. Sind sie vorhanden, so ist ihr Wert also unabhängig davon, ob sie sich auf einem Drei-, Sechs- oder Zwölfphasengleichrichter beziehen usw.[1]. Die Verbesserung der Gleichspannung mit wachsender Phasenzahl beruht also lediglich auf dem Ausfall bestimmter Oberwellen.

Allgemeines Oberwellengesetz der Gleichspannung und der primären Wechselströme, Welligkeit und Verzerrung. Die ideelle Gleichspannung e'_g haben wir so abgegriffen, daß zwischen dem durch sie definierten Gleichstromkreis und dem primären Wechselstromnetz kein Energiespeicher liegt. Infolgedessen müssen die momentane Gleichstromleistung $e'_g \cdot i_g$ und die primäre Wechselstromleistung ständig gleich sein. Sind die drei primären Phasenspannungen e_u, e_v, e_w mit dem gleichen Effektivwert E_w und die zugehörigen Ströme i_{pu}, i_{pv}, i_{pw}, so muß also zu jeder Zeit

$$e'_g \cdot i_g = e_u i_{pu} + e_v i_{pv} + e_w i_{pw}$$

sein.

Wir wollen jetzt annehmen, daß die Reaktanz S der Kathodendrossel unendlich groß, der Gleichstrom i_g also konstant ist; wie wir wissen, tritt dann keine Blindleistung auf. Lassen wir den Fall $p = 3$ vorerst beiseite, nehmen also $p = 6, 12, \ldots$ an, so verlaufen die Wechselströme i_{pu}, i_{pv}, i_{pw} symmetrisch zu den sinusförmig angenommenen Spannungen e_u, e_v, e_w. Dementsprechend machen wir für die Gleichspannung und für die Wechselströme die folgenden Ansätze, wobei wir die symmetrisch orientierte Zeitvariable $x = \vartheta - \frac{\pi}{2}$ zugrunde legen und das Intervall $x = -\frac{\pi}{p}$ bis $+\frac{\pi}{p}$ betrachten,

$$e'_g = E'_{gm} - \sqrt{2} \sum_\nu E_{g\nu} \cos \nu x , \qquad i_g = \text{konstant} = J_g ,$$

$$e_u = \sqrt{2} E_w \sin x , \qquad i_{pu} = \sqrt{2} \sum_\nu J_{p\nu} \sin \nu x ,$$

$$e_v = \sqrt{2} E_w \sin\left(x + \frac{2\pi}{3}\right), \qquad i_{pv} = \sqrt{2} \sum_\nu J_{p\nu} \sin\left[\nu\left(x + \frac{2\pi}{3}\right)\right],$$

$$e_w = \sqrt{2} E_w \sin\left(x + \frac{4\pi}{3}\right), \qquad i_{pw} = \sqrt{2} \sum_\nu J_{p\nu} \sin\left[\nu\left(x + \frac{4\pi}{3}\right)\right].$$

[1] Vgl. Prince: Gen. electr. Rev. Bd. 27 (1924) S. 910.

Setzt man diese Ausdrücke mit zunächst unbekannten Koeffizienten $E_{g\nu}$ und $J_{p\nu}$ in die vorige Leistungsgleichung ein, so entsteht eine Gleichung, die sich nach einigen Umformungen schreiben läßt

$$
\begin{aligned}
E'_{gm} J_g - \sqrt{2}\, J_g \sum_\nu E_{g\nu} \cos\nu x = \\
2\, E_w \sum_\nu J_{p\nu} \Big[& \left(1 - \frac{1}{2}\cos\nu\frac{2\pi}{3} - \frac{1}{2}\cos\nu\frac{4\pi}{3}\right)\sin\nu x \sin x \\
& + \left(\frac{\sqrt{3}}{2}\cos\nu\frac{2\pi}{3} - \frac{\sqrt{3}}{2}\cos\nu\frac{4\pi}{3}\right)\sin\nu x \cos x \\
& - \left(\frac{1}{2}\sin\nu\frac{2\pi}{3} + \frac{1}{2}\sin\nu\frac{4\pi}{3}\right)\cos\nu x \sin x \\
& + \left(\frac{\sqrt{3}}{2}\sin\nu\frac{2\pi}{3} - \frac{\sqrt{3}}{2}\sin\nu\frac{4\pi}{3}\right)\cos\nu x \cos x \Big].
\end{aligned}
$$

Nun wissen wir, daß die Momentansumme $i_{pu} + i_{pv} + i_{pw}$ ständig Null sein muß, d. h. es müssen alle Harmonischen $J_{p\nu}$ der Ordnungszahl $\nu = 3, 6, 9, \ldots$ den Wert Null haben; für diese Ordnungszahlen sind auch die Klammerausdrücke auf der rechten Seite Null. Dagegen sind auf der linken Seite alle Harmonischen $E_{g\nu}$ mit einer von $\nu = 3, 6, 9, \ldots$ abweichenden Ordnungszahl der Dreiphasensymmetrie wegen Null. Für diese Ordnungszahlen hat der erste Klammerausdruck auf der rechten Seite den Wert $\frac{3}{2}$, während der vierte Klammerausdruck $= \pm\frac{3}{2}$ ist, je nachdem $\nu = 1, 4, 7, \ldots$ oder $= 2, 5, 8, \ldots$ ist; die beiden anderen Klammerausdrücke sind dagegen wieder Null. Entwickelt man nun $2\sin\nu x \sin x = \cos(\nu - 1)x - \cos(\nu + 1)x$ usw., so entsteht

$$
\begin{aligned}
E'_{gm} J_g - \sqrt{2}\, J_{gm} E_{g3} \cos 3x - \sqrt{2}\, J_g E_{g6} \cos 6x - \cdots \\
= 3\, E_w (J_{p1} \cdot 1 - J_{p2} \cos 3x + J_{p4} \cos 3x \\
- J_{p5} \cos 6x + J_{p7} \cos 6x \\
\ldots\ldots\ldots\ldots\ldots\ldots\ldots).
\end{aligned}
$$

Hieraus läßt sich das Korrespondenzprinzip ablesen

$$\sqrt{2}\, E_{g\nu} J_g = 3 E_w (J_{p\nu-1} - J_{p\nu+1}) \quad \text{und} \quad E'_{gm} J_g = 3 E_w J_{p1}$$

oder

$$\sqrt{2}\, e_\nu = i_{\nu-1} - i_{\nu+1} \quad \text{und} \quad J_{p1} = \frac{E'_{gm}}{3\, E_w} J_g, \tag{169}$$

worin abkürzend $e_\nu = E_{g\nu}/E'_{gm}$ und $i_\nu = J_{p\nu}/J_{p1}$ gesetzt ist. Das Verhältnis E'_{gm}/E_w läßt sich dabei aus (167) entnehmen.

Dieses Oberwellengesetz besagt, daß jeder Harmonischen der Gleichspannung zwei Harmonische des Wechselstromes mit den benachbarten Ordnungszahlen zugeordnet sind. Es gilt, wie sich zeigen läßt, auch in dem bisher ausgelassenen Fall $p = 3$. Wir folgern weiter, daß, wenn nach (168) mit $\nu = \varkappa p$ die Beziehung $e_\nu = \frac{\sqrt{2}}{\nu^2 - 1}$ gilt, $i_\nu = \frac{1}{\nu}$ sein muß.

Denselben Zusammenhang haben wir, wenn auch nur durch Probieren, in (119) für den Zweiphasengleichrichter gefunden.

In der folgenden Tabelle sind diese Zusammenhänge für den Dreiphasen-, Sechsphasen-, Zwölfphasen- und Achtzehnphasen-Gleichrichter für die ersten 24 Harmonischen zahlenmäßig veranschaulicht.

Effektive Oberwellen der Gleichspannung und der primären Wechselströme bei konstantem Gleichstrom.

$\nu = \varkappa p$	$p = 3$		$p = 6$		$p = 12$		$p = 18$	
	$E_{g\nu}/E'_{gm}$	$J_{p\nu}/J_{p1}$	$E_{g\nu}/E'_{gm}$	$J_{p\nu}/J_{p1}$	$E_{g\nu}/E'_{gm}$	$J_{p\nu}/J_{p1}$	$E_{g\nu}/E'_{gm}$	$J_{p\nu}/J_{p1}$
1	—	100%	—	100%	—	100%	—	100%
2	—	50	—	—	—	—	—	—
3	17,7	—	—	—	—	—	—	—
4	—	25	—	—	—	—	—	—
5	—	20	—	20	—	—	—	—
6	4,04	—	4,04	—	—	—	—	—
7	—	14	—	14	—	—	—	—
8	—	12,5	—	—	—	—	—	—
9	1,77	—	—	—	—	—	—	—
10	—	10	—	—	—	—	—	—
11	—	9,1	—	9,1	—	9,1	—	—
12	0,99	—	0,99	—	0,99	—	—	—
13	—	7,7	—	7,7	—	7,7	—	—
14	—	7,1	—	—	—	—	—	—
15	0,63	—	—	—	—	—	—	—
16	—	6,2	—	—	—	—	—	—
17	—	5,9	—	5,9	—	—	—	5,9
18	0,44	—	0,44	—	—	—	0,44	—
19	—	5,3	—	5,3	—	—	—	5,3
20	—	5,0	—	—	—	—	—	—
21	0,32	—	—	—	—	—	—	—
22	—	4,5	—	—	—	—	—	—
23	—	4,3	—	4,3	—	4,3	—	—
24	0,25	—	0,25	—	0,25	—	—	—
25	—	4,0	—	4,0	—	4,0	—	—

Wir haben dieses Gesetz erhalten, ohne in die Einzelheiten des internen Gleichrichtermechanismus einzudringen, wir haben lediglich die gegenseitige Phasenlage der primären und sekundären Spannungen so gewählt, daß eine der in Abb. 110 gestrichelt gezeichneten Sekundärspannungen bzw. Anodenspannungen mit einer der drei Primärspannungen in Phase ist. Ein anderer möglicher Fall ergibt sich, wenn diese Spannungen, anstatt in Phase zu sein, eine Phasendifferenz von der halben Periodendauer $\frac{\pi}{p}$ aufweisen. Beide Fälle sind durch bestimmte Vorzeichen bzw. bestimmte Phasenlagen der Oberwellen der Primärströme gekennzeichnet und werden durch bestimmte Transformatorschaltungen realisiert, die sich hierdurch in zwei große Gruppen scheiden[1].

[1] Vgl. H. Jungmichl: Elektrotechn. Z. Bd. 52 (1931) S. 171.

Die für sie charakteristischen Kurvenformen der Primärströme sind die in Abb. 111, 112 und 113 für Dreiphasen-, Sechsphasen- und Zwölfphasengleichrichter dargestellten. Die Ströme erscheinen treppenförmig abgestuft, die eingetragenen Zahlen der Stufenwerte beziehen sich auf eine Grundwelle mit dem Effektivwert $J_{p1} = 1$.

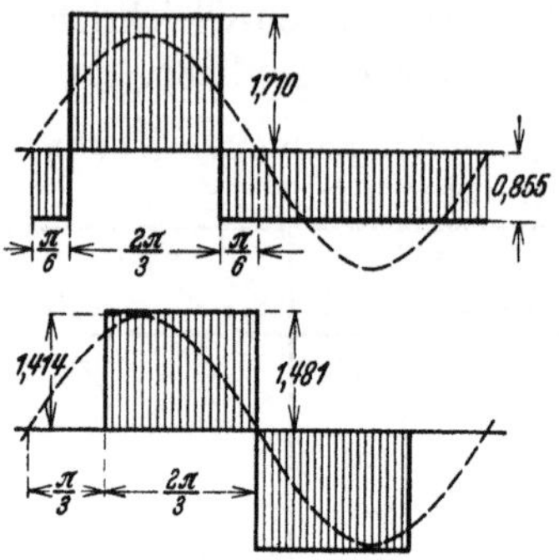

Abb. 111. Kurvenformen des Primärstromes von Dreiphasengleichrichtern.

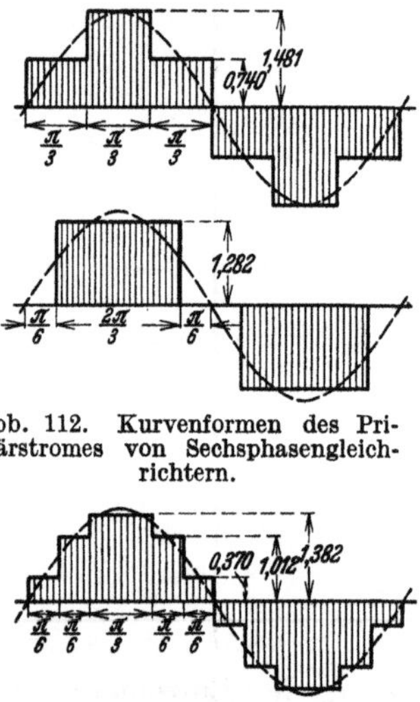

Abb. 112. Kurvenformen des Primärstromes von Sechsphasengleichrichtern.

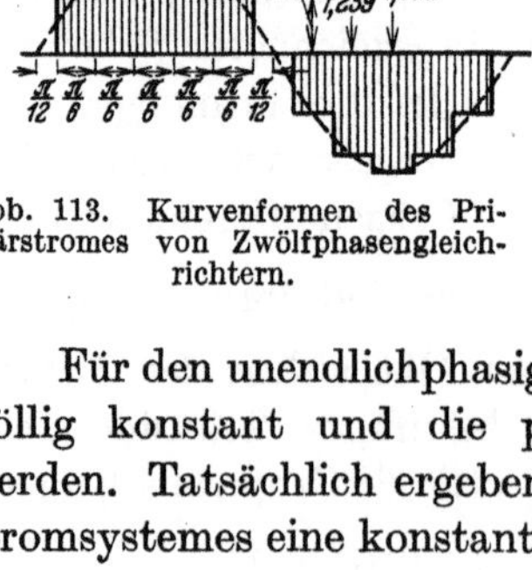

Abb. 113. Kurvenformen des Primärstromes von Zwölfphasengleichrichtern.

Die Kurvenform der Primärströme von Dreiphasengleichrichtern nach Abb. 111 ist die bei weitem ungünstigste, ihr Oberwellengehalt ist größer als selbst der des Primärstromes eines Einphasengleichrichters. Der Dreiphasengleichrichter hat an sich wie dieser das Merkmal, daß die primäre und sekundäre Phasenzahl übereinstimmen; dafür hat aber der Anodenstrom des Dreiphasengleichrichters eine kürzere Brenndauer, was sich oberwellenvermehrend auswirkt. Der Effektivwert des Primärstromes beträgt $J_p = \frac{2\pi}{3\sqrt{3}} J_{p1}$, dem würde ein totaler Leistungsfaktor $\cos\alpha_0 = \frac{3\sqrt{3}}{2\pi} = 0{,}827$ entsprechen, der jedoch ziemlich uninteressant ist. Wir geben noch zwei weitere Kenngrößen an, nämlich die Welligkeit w_{E_0} der Gleichspannung, sie beträgt 0,18, und ferner die Verzerrung v_{J_p} des Primärstromes, die den Wert 0,68 hat.

Die mit wachsender Phasenzahl fortschreitende Verbesserung der Oberwellenverhältnisse veranschaulicht die nachfolgende Tabelle, in der neben den Daten des Dreiphasengleichrichters die den Abb. 112 und 113 entsprechenden Daten des Sechs- und Zwölfphasengleichrichters zusammengestellt sind. In ihr sind zum Vergleich auch die früher berechneten Zahlen für den Zweiphasengleichrichter eingetragen.

Für den unendlichphasigen Gleichrichter würden die Gleichspannung völlig konstant und die primären Wechselströme rein sinusförmig werden. Tatsächlich ergeben ja drei Sinusströme eines regulären Drehstromsystemes eine konstante Leistung. Der Gleichrichtertransformator

Einige Daten der Gleichspannung und der primären Wechselströme von Mehrphasengleichrichtern bei konstantem Gleichstrom.

Phasenzahl	$p=2$	$p=3$	$p=6$	$p=12$	$p=18$
Welligkeit w_{E_g} der Gleichspannung . .	0,48	0,18	0,042	0,010	0,004
Formfaktor f_{E_g} der Gleichspannung .	1,11	1,017	1,0009	1,00005	1,00001
Verzerrung v_{J_p} des Primärstromes . .	0,48	0,68	0,29	0,133	0,059
Effektivwert J_{pe} zur Grundwelle J_{p1} .	1,11	1,21	1,05	1,012	1,002
Totaler ideeller Leistungsfaktor λ_0 . .	0,90	0,827	0,955	0,988	0,998

spielt vermöge der magnetischen Verkettung seiner Wicklungselemente offenbar die ausgleichende Rolle zwischen den pulsierenden Leistungen jeder Primärphase und der Gleichstromleistung. Die bestehende Unvollkommenheit, die bei endlicher Phasenzahl p des Gleichrichters mit der endlichen Zahl der Stufen des Umformungsprozesses gegenüber einem stetigen Umformungsprozeß verbunden ist, ist daher die Ursache der Oberwellenerzeugung auf der Gleichstromseite und auf der Primärseite.

Die in der letzten Tabelle angegebenen Zahlen haben nur eine begrenzte Bedeutung, so z. B. ist für den primären Leistungsfaktor die bis jetzt noch vernachlässigte Kommutierungsblindleistung wesentlich ausschlaggebender als die durch die Oberwellen verursachte Verzerrungsleistung; ebenso verliert die Welligkeit der Gleichspannung reichlich an Bedeutung, wenn wir die zugehörigen Störspannungen betrachten.

Störspannung. Wir unterscheiden wieder die für induktive und galvanische Kopplung des gestörten Kreises maßgebende Störspannung und berechnen sie nach (9a) und (9b) unter Verwendung der in Abb. 21 angegebenen Bewertungsziffern. Das Ergebnis zeigt die folgende Tabelle, in der die prozentualen Störspannungen e_λ angegeben

Störspannungen von Mehrphasengleichrichtern.

Art der Übertragung	$p=3$	$p=6$	$p=12$	$p=18$	$p=1$	$p=2$
Induktiv	1,6	1,1	0,6	0,7	1,9	1,9
Galvanisch	3,2	1,6	0,6	0,4	4,0	3,8

sind. Man erkennt, daß ihre Werte langsamer mit wachsender Phasenzahl zurückgehen als man erwarten möchte, ja es zeigt sich unter Umständen, wie z. B. beim Übergang von $p = 12$ auf $p = 18$ bei induktiver Übertragung, die entgegengesetzte Tendenz.

Berücksichtigung von wechselstromseitigen Reaktanzen, Anfangsverlauf der Gleichspannungscharakteristik bei fehlender und bei unendlich großer Kathodendrossel. Wie bei dem Zweiphasengleichrichter, so ist auch bei den Mehrphasengleichrichtern die Berücksichtigung von Reaktanzen der erste Schritt, um dem wirklichen Verhalten eines

Gleichrichters in Abhängigkeit von der Belastung näherzukommen. Auch hier haben Reaktanzen verschiedene Wirkungen, je nachdem sie im Gleichstromkreis, auf der Sekundärseite oder auf der Primärseite des Transformators liegen; vor allem läßt sich das Theorienschema auf S. 88 auf die jetzigen Verhältnisse sinngemäß übertragen, wie überhaupt der Plan der Untersuchung des Zweiphasengleichrichters ein ständiger Führer bei allen künftigen Überlegungen bleiben wird.

Auch jetzt wird sich unsere Untersuchung in der Hauptsache auf den Kommutierungsvorgang und seine Auswirkungen konzentrieren; dabei wird die bessere Konstanz des Gleichstromes einige Vereinfachungen bringen, jedoch wird die Mehrphasigkeit neue Schwierigkeiten einbringen, denn mit wachsender Belastung wird die wachsende Brenndauer der Anodenströme eine wachsende Anodenbeteiligung verursachen, die eine abschnittsweise Untersuchung jedes Teilbereiches der Belastung nach sich zieht.

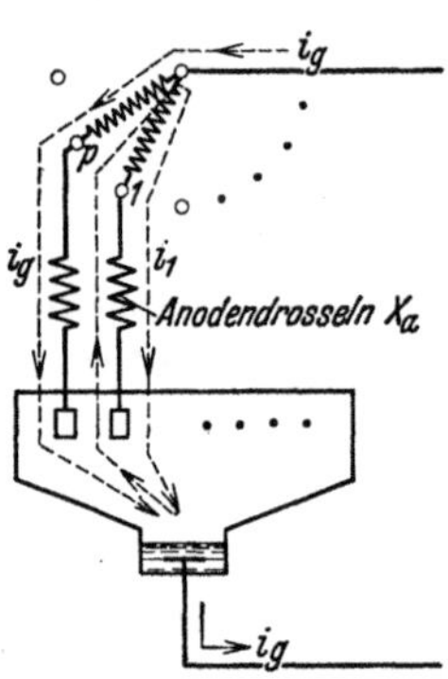

Abb. 114. Erläuterung des Kommutierungsvorganges.

Der einfachste Belastungsfall ist der, bei dem jeweils außerhalb der Kommutierung nur ein Anodenstrom und während der Kommutierungsdauer zwei Anodenströme fließen. Für diesen Belastungsfall ist es zulässig, sich die verteilten Reaktanzen, d. h. die primärseitigen Reaktanzen, die Streureaktanzen des Transformators usw. als Anodendrosseln konzentriert zu denken. Hinsichtlich der gleichstromseitigen Reaktanzen beschränken wir uns vorerst auf zwei Grenzfälle, den Fall fehlender und unendlich großer Reaktanz im Gleichstromkreis, oder, wie wir uns kürzer ausdrücken, fehlender und unendlich großer Kathodendrossel.

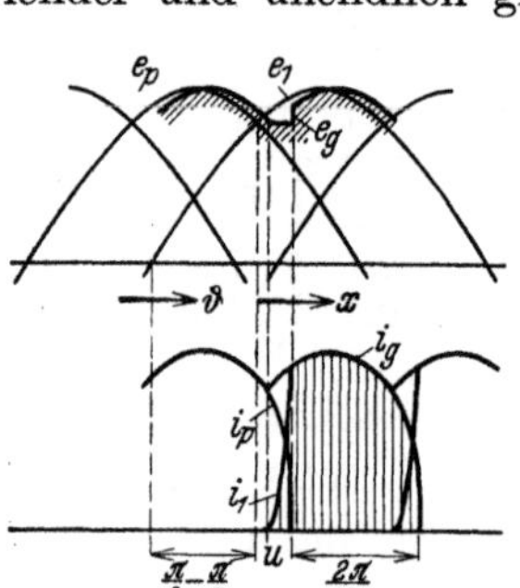

Abb. 115. Spannungen und Ströme eines Gleichrichters mit Anodendrosseln bei rein Ohmscher Belastung.

Wir denken uns die Anodendrosseln zunächst von so kleiner Reaktanz X_a, daß der Gleichstrom i_g in seiner Kurvenform von dem bei $X_a = 0$ nicht nennenswert abweicht. Für den Fall fehlender Kathodendrossel hat dann der Gleichstrom im Schnittpunkt zweier aufeinanderfolgenden Transformator-Phasenspannungen ungefähr den Wert $\frac{\sqrt{2}\,E_w}{R}\cos\frac{\pi}{p}$, für den man offenbar

$$\frac{\pi}{p}\operatorname{ctg}\frac{\pi}{p}\cdot J_{gm}$$

schreiben kann. Dies ist angenähert auch der Wert des Gleichstromes zu Kommutierungsbeginn. Wählen wir für diesen den Zündaugenblick der Anode 1 und als Zeitvariable die im

Schnittpunkt von e_p und e_1 beginnende Zeit $x = \vartheta - \left(\frac{\pi}{2} - \frac{\pi}{p}\right)$, so daß, wie Abb. 100 veranschaulicht, die Kommutierung bei $x = 0$ einsetzt und bei $x = u$ endigt, so gilt während der Kommutierung

$$\begin{aligned} e_g &= e_1 - X_a \frac{d i_1}{d x} \\ &= e_p - X_a \frac{d i_p}{d x}, \end{aligned}$$

woraus mit $i_p = i_g - i_i$

$$\frac{e_1 - e_p}{2} = X_a \frac{d i_1}{d x} - \frac{X_a}{2} \frac{d i_g}{d x}$$

und

$$\begin{aligned} e_g &= \frac{e_1 + e_p}{2} - \frac{X_a}{2} \frac{d i_g}{d x} = e_1 - \frac{e_1 - e_p}{2} - \frac{X_a}{2} \frac{d i_g}{d x} \\ &= e_1 - X_a \frac{d i_1}{d x} - X_a \frac{d i_g}{d x} \end{aligned}$$

hervorgeht, und nach der Kommutierung

$$e_g = e_1 - x_a \frac{d i_g}{d x}.$$

Daraus ergibt sich die mittlere Gleichspannung zu

$$\begin{aligned} E_{gm} &= \frac{p}{2\pi} \left[\int_0^u \left(e_1 - X_a \frac{d i_1}{d x} - X_a \frac{d i_g}{d x} \right) d x + \int_u^{\frac{2\pi}{p}} \left(e_1 - X_a \frac{d i_g}{d x} \right) d x \right] \\ &= E'_{gm} - \frac{p}{2\pi} X_a \cdot i_{g(u)}. \end{aligned} \tag{170}$$

Dieser Ausdruck erinnert an das schon bei dem Zweiphasengleichrichter gefundene Ergebnis, daß der induktive Gleichspannungsabfall proportional dem Wert des ablösenden Anodenstromes am Ende der Kommutierung ist. Bei kleiner Überlappungsdauer ist angenähert $i_{g(u)} = \frac{\pi}{p} \operatorname{ctg} \frac{\pi}{p} \cdot J_{gm}$, für den Gleichspannungsabfall $E'_{gm} - E_{gm}$ ergibt sich also

$$\Delta E_{gm} = \frac{1}{2 \operatorname{tg} \frac{\pi}{p}} \cdot X_a J_{gm}. \tag{171}$$

Bei unendlich großer Kathodendrossel gelten dieselben Überlegungen, nur mit dem Unterschied, daß sie wegen $i_g =$ konst. jetzt exakt gelten. Außerdem ist dann $i_{g(u)} = J_{gm}$, so daß

$$\Delta E_{gm} = \frac{p}{2\pi} \cdot X_a J_{gm} \tag{172}$$

wird. Der Vergleich von (171) und (172) zeigt, daß sich die Gleichspannungsabfälle bei fehlender und bei unendlich großer Kathodendrossel verhalten wie $\frac{\pi}{p}$ zu $\operatorname{tg}\frac{\pi}{p}$. Einige Werte dieses Bruches zeigt die folgende Tabelle:

	$p=3$	$p=6$	$p=12$	$p=18$
$\frac{\pi}{p}\Big/\operatorname{tg}\frac{\pi}{p}$	0,605	0,91	0,98	0,99

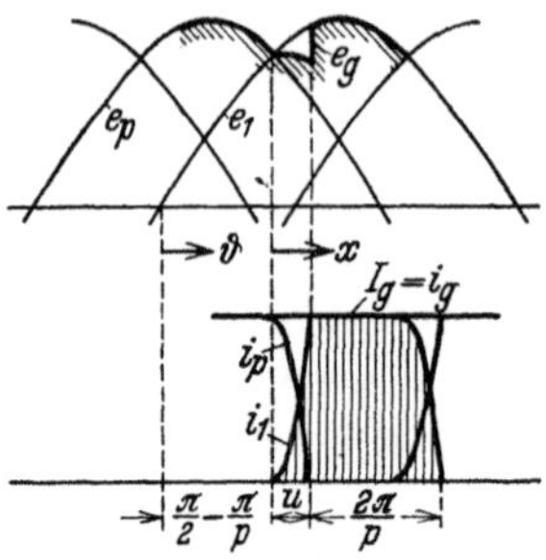

Abb. 116. Spannungen und Ströme bei Ohmscher Belastung und unendlich großer Kathodendrossel.

sie läßt erkennen, daß sich der Wert mit wachsender Phasenzahl dem Werte 1 nähert.

Wir haben die mittlere Gleichspannung berechnet, ohne die Kommutierungsdauer u und den Verlauf der Anodenströme während derselben ermittelt zu haben, d. h. wir haben die Größe u eliminiert. Für spätere Anwendungen wollen wir ihre Berechnung und die Angabe des Verlaufes der Anodenströme jetzt nachholen, jedoch nur für den Fall einer unendlich großen Kathodendrossel, der hierzu in Abb. 116 veranschaulicht ist. Für diesen wird während der Kommutierungszeit $\frac{e_1 - e_p}{2} = X_a \frac{d i_1}{d x}$, wozu die Bedingungen $i_{1\,(x=0)} = 0$ und $i_{1\,(x=u)} = J_g$ hinzutreten, wenn abkürzend $i_g = J_{gm} = J_g$ vorstellt. Da ferner $e_1 = \sqrt{2}\,E_w \cos\left(x - \frac{\pi}{p}\right)$ und $e_p = \sqrt{2}\,E_w \cos\left(x + \frac{\pi}{p}\right)$ ist, so folgt daraus

$$i_1 = \frac{\sqrt{2}\,E_w}{X_a} \sin\frac{\pi}{p}\,(1 - \cos x)$$

und für $x = u$

$$J_g = \frac{\sqrt{2}\,E_w}{X_a} \sin\frac{\pi}{p}\,(1 - \cos u)\,,$$

so daß man schreiben kann

$$i_1 = \frac{1 - \cos x}{1 - \cos u} \cdot J_g\,,$$

$$i_p = \frac{\cos x - \cos u}{1 - \cos u} J_g\,, \tag{173}$$

wie wir in (133) auch schon für den Zweiphasengleichrichter gefunden hatten. Die Gleichung für J_g nach u aufgelöst lautet

$$1 - \cos u = \frac{X_a J_g}{\sqrt{2}\,E_w \sin\frac{\pi}{p}}\,. \tag{174}$$

Vergleicht man die rechte Seite mit (172) und beachtet, daß $\sqrt{2}\,E_w \frac{p}{\pi} \sin\frac{\pi}{p}$ die ideelle Gleichspannung E'_{gm} vorstellt, so erkennt man, daß der prozentuale Gleichspannungsabfall $\varepsilon_s = \Delta E_{gm}/E'_{gm}$ durch

$$\varepsilon_s = \frac{1 - \cos u}{2} = \sin^2\frac{u}{2} \tag{175}$$

gegeben ist, eine Beziehung, die unabhängig von der Phasenzahl p gilt. Deshalb haben wir dieselbe Beziehung in (148c) auch schon bei dem Zweiphasengleichrichter erhalten; sie ist in Abb. 96 wiedergegeben. Natürlich läßt sich diese Beziehung auch direkt ohne den beschrittenen Umweg über den Anodenstrom herleiten; man braucht sich nur klarzumachen, daß der Gleichspannungsabfall durch den Ausfall des in Abb. 116 sichtbaren Spannungszwickels $\frac{e_1 - e_p}{2}$ bedingt ist. Damit wird aber

$$\varepsilon_s = \frac{p}{2\pi} \cdot \frac{1}{E'_{gm}} \int_0^u \frac{e_1 - e_p}{2} \, dx = \frac{1 - \cos u}{2}, \tag{175a}$$

woraus man weiter schließt, daß die mittlere Gleichspannung E_{gm} wegen $E_{gm} = (1 - \varepsilon_s) E'_{gm}$ durch

$$\frac{E_{gm}}{E_{gm}} = \frac{1 + \cos u}{2} \tag{175b}$$

gegeben sein muß.

Diese Beziehungen gelten indessen nicht nur für den Fall unendlich großer Kathodendrossel, für den sie abgeleitet wurden, sondern, wie man sich leicht überzeugt, auch für endliche oder fehlende Kathodendrossel. Im letzteren Fall ist nur der entsprechend kleinere u-Wert einzusetzen, der aus (174) hervorgeht, wenn man wieder J_g durch $\frac{\pi}{p} \operatorname{ctg} \frac{\pi}{p} \cdot J_{gm}$ ersetzt; danach wäre, wenn man darin noch E'_{gm} einführt,

$$1 - \cos u = \frac{X_a J_{gm}}{\operatorname{tg} \frac{\pi}{p} E'_{gm}}$$

oder angenähert

$$u = \sqrt{\frac{2 X_a J_{gm}}{\operatorname{tg} \frac{\pi}{p} E'_{gm}}}, \tag{176a}$$

während bei unendlich großer Kathodendrossel

$$1 - \cos u = \frac{X_a J_{gm}}{\frac{\pi}{p} E'_{gm}}$$

oder angenähert

$$u = \sqrt{\frac{2 X_a J_{gm}}{\frac{\pi}{p} E'_{gm}}} \tag{176b}$$

ist. Hieraus geht hervor, daß die Überlappungsdauern bei fehlender und bei unendlich großer Kathodendrossel sich verhalten wie die Wurzeln von $\frac{\pi}{p}$ zu $\operatorname{tg} \frac{\pi}{p}$.

Um die Formeln (176a) und (176b) experimentell zu prüfen, wurden an einem dreiphasig betriebenen Glasgleichrichter von einem Nenngleichstrom $J_{gm}=300$ A, einer ideellen Leerlaufgleichspannung $E'_{gm}=271$ V und einer Kurzschlußspannung, die Anodendrosseln der Reaktanz $0{,}092\,\Omega$, bezogen auf die Netzfrequenz 50 Hz, entspricht, die Kommutierungswinkel u für verschiedene Ströme oszillographisch ermittelt. Bei einer ersten Versuchsreihe fehlte eine Kathodendrossel ganz, bei einer zweiten Versuchsreihe wurde eine „unendlich große“ Kathodendrossel in Gestalt eines 2000 kVA-Transformators eingeschaltet. Die ermittelten Kommutierungswerte sind die in Abb. 117 eingezeichneten, sie stimmen mit den nach den obigen Formeln errechneten Werten, die als ausgezogene Kurven eingetragen sind, verhältnismäßig gut überein. Ähnliche Versuchsreihen wurden an einem sechsphasigen Glasgleichrichter durchgeführt; wie zu erwarten, ergab sich hier noch eine bessere Übereinstimmung der gemessenen und gerechneten Werte.

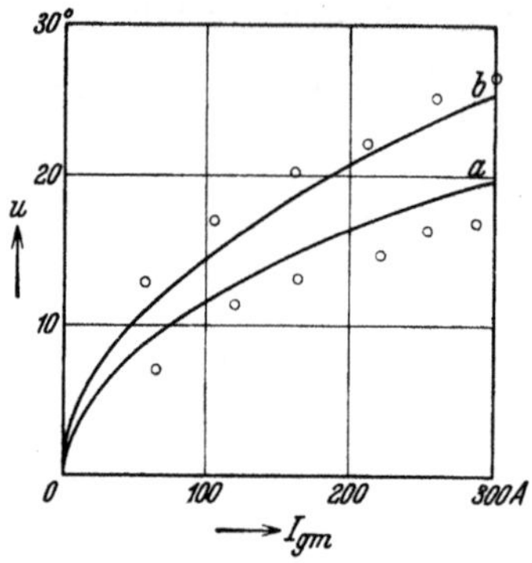

Abb. 117. Gemessene Kommutierungswerte eines Dreiphasengleichrichters.

Anfangsverlauf der Gleichspannungscharakteristik bei endlicher Kathodendrossel. Die bisherigen Überlegungen, die den schon früher gefundenen Satz bestätigten, daß der induktive Gleichspannungsabfall proportional dem Wert des Anodenstromes oder des Gleichstromes am Ende der Kommutierung ist, wollen wir jetzt sinngemäß auf den Gleichrichter mit endlicher Kathodendrossel übertragen. Dabei beschränken wir uns wie bei dem Fall fehlender Kathodendrossel auf kleine Überlappungen, so daß wir den Gleichstrom so wie bei Vernachlässigung der Anodendrosseln ansetzen können.

Deshalb berechnen wir zuerst den Verlauf des Gleichstromes bei einer endlichen Kathodendrossel von der Reaktanz S. Führt die Anode 1 den Gleichstrom als Anodenstrom i_1 von $x=0$ bis $x=\frac{2\pi}{p}$, so lautet in diesem Intervall das Spannungsgleichgewicht

$$\sqrt{2}\,E_w\cos\left(x-\frac{\pi}{p}\right)=R\,i_g+S\,\frac{d\,i_g}{d\,x}.$$

Hieraus folgt mit Rücksicht auf die Übergangsbedingung $i_{g(x=0)} = i_{g\left(x=\frac{2\pi}{p}\right)}$ für den Gleichstrom

$$i_g=\frac{\sqrt{2}\,E_w}{R}\left(\cos\varrho\cos\left(x-\frac{\pi}{p}-\varrho\right)+\frac{\sin\dfrac{\pi}{p}\sin 2\varrho}{2\,\mathfrak{Sin}\left(\dfrac{\pi}{p}\operatorname{ctg}\varrho\right)}\,e^{\left(\frac{\pi}{p}-x\right)\operatorname{ctg}\varrho}\right), \tag{177}$$

worin $\operatorname{tg}\varrho=S/R$ bedeutet. Diesen Ausdruck werden wir später noch verschiedentlich zu untersuchen haben; im Augenblick wollen wir ihn dazu heranziehen, den Wert des Gleichstroms am Ende der Kommutierung des Gleichrichters mit Anodendrosseln abzuschätzen. Wir setzen hierzu $x \approx 0$ und finden angenähert

$$i_{g(u)} = \frac{\pi}{p}\cos\varrho\left(\frac{\cos\varrho}{\operatorname{tg}\frac{\pi}{p}} + \frac{\sin\varrho}{\mathfrak{Tg}\left(\frac{\pi}{p}\operatorname{ctg}\varrho\right)}\right)\cdot J_{gm},$$

worin wir $J_{gm} \approx \frac{p}{\pi}\sin\frac{\pi}{p}\cdot\frac{\sqrt{2}\,E_w}{R}$ angesetzt haben. Setzt man diesen Wert in (170) ein, so entsteht

$$\varDelta E_{gm} = X_a J_{gm}\cdot\frac{\cos\varrho}{2}\left(\frac{\cos\varrho}{\operatorname{tg}\frac{\pi}{p}} + \frac{\sin\varrho}{\mathfrak{Tg}\left(\frac{\pi}{p}\operatorname{ctg}\varrho\right)}\right); \tag{178}$$

ein Ausdruck, der für $\varrho = 0$ in (171) und für $\varrho \to \frac{\pi}{2}$ in (172) übergeht. Für das Beispiel des Dreiphasengleichrichters zeigt Abb. 118 den Verlauf des Faktors von $X_a J_{gm}$ als Funktion von ϱ. Für höhere Phasenzahlen ist die Veränderung dieses Faktors nur noch unbedeutend. Hiernach haben wir uns den Anfang der Gleichspannungscharakteristik als eine Geradenschar vorzustellen; die Neigung jeder dieser Geraden bestimmt sich aus den z. B. in Abb. 117 gezeigten Werten. Für kleine Werte von S/R läßt sich für (178) die Näherung

$$\varDelta E_{gm} = X_a J_{gm}\left(\frac{1}{2\operatorname{tg}\frac{\pi}{p}} + \frac{S}{2R}\right) \tag{178a}$$

schreiben.

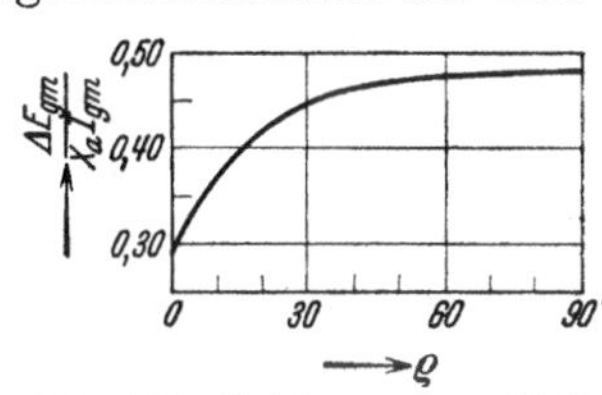

Abb. 118. Gleichspannungsabfall des Dreiphasengleichrichters als Funktion der Größe der Kathodendrossel.

Geltungsbereich der einfachen Kommutierung. Unter einem Betriebszustand einer einfachen Kommutierung verstehen wir denjenigen, bei dem außerhalb der Kommutierungszeit jeweils ein Anodenstrom und während der Kommutierung zwei Anodenströme fließen. Dies ist bei den bisher zugrunde gelegten Schaltungen der normale Betriebszustand, auf diesen bezogen sich auch die Überlegungen der vorigen Kapitel. Wir wollen jetzt prüfen, bis zu welcher Belastung dieser normale Betriebszustand gilt.

Während der Kommutierungszeit herrscht zwischen den stromführenden Anoden p und 1 und dem Nullpunkt die gemeinsame Anodenspannung $\frac{e_1 + e_p}{2}$; dies gilt exakt bei unendlich großer und näherungsweise bei fehlender Kathodendrossel. Der nächsthöhere Betriebszustand, d. h. ein Hinzugesellen einer dritten Anode, kann somit erst dann eintreten, wenn die Überlappung u eine solche Länge erreicht hat, daß die Anodenspannung $\frac{e_1 + e_p}{2}$ von der Anodenspannung der nächstfolgenden Anode 2 gerade übertroffen, also $e_2 = \frac{e_1 + e_p}{2}$ wird. Alsdann zündet, wie Abb. 119 veranschaulicht, die Anode 2, von da ab fließen also während der Kommutierung drei Anodenströme. Da $\frac{e_1 + e_p}{2} = \sqrt{2} E_w \cdot \cos\frac{\pi}{p} \cos x$ und $e_2 = \sqrt{2} E_w \cos\left(X - \frac{3\pi}{p}\right)$ ist, so folgt daraus mit $x = u_m$

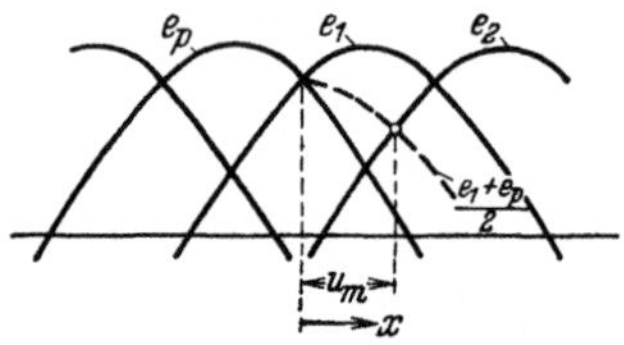

Abb. 119. Maximale Überlappungsdauer bei einfacher Kommutierung.

$$\operatorname{tg} u_m = \frac{\cos\frac{\pi}{p} - \cos\frac{3\pi}{p}}{\sin\frac{3\pi}{p}}. \tag{179}$$

Einige Werte von u_m gibt die nachfolgende Tabelle an:

p	3	6	12
u_m	90°	40° 54′	20° 6′

Induktiver Gleichspannungsabfall und Kurzschlußspannung. Wir hatten bisher den induktiven Gleichspannungsabfall durch den Gleichstrom und die sekundäre Ersatzreaktanz X_a ausgedrückt; bei unendlich großer Kathodendrossel ergab sich z. B. Gl. (172). Wie wir das bei dem Zweiphasengleichrichter auch schon getan haben, wollen wir den Gleichspannungsabfall jetzt auf die Kurzschlußspannung des Wechselstromsystems abstellen. Inwieweit die bisher angenommene Konzentration der wechselstromseitigen Reaktanzen in Anodendrosseln zulässig ist, lassen wir noch offen, jedenfalls setzen wir wieder einfache Kommutierung voraus.

Als Kurzschlußspannung U_k definieren wir fortan diejenige Primärspannung, die bei sekundärem dreiphasigem symmetrischem Kurzschluß der Anodenseite einen primären Wechselstrom von der Höhe des effektiven primären Nennstromes J_p bei Gleichrichterbetrieb hervorruft. Da dann je Primärphase die Reaktanz $z^2 X_a$ wirksam ist, so gilt $U_k = z^2 X_a \cdot J_p$. Für die prozentuale Kurzschlußspannung u_k gilt somit $u_k = z^2 X_a \frac{J_p}{E_p}$. Der Wert von J_p läßt sich allgemein durch den Gleichstrom ausdrücken; wie wir später noch beweisen werden, ist unter den obigen Voraussetzungen unabhängig von der Phasenzahl

$$J_p = \frac{\sqrt{2}}{3z} J_g, \tag{180}$$

man findet nämlich zunächst $J_{p1}/J_p = \lambda_0 = E_{gm}/\sqrt{2} E_w = \frac{p}{\pi} \sin\frac{\pi}{p}$ und daraus mit Hilfe von (169) die vorstehende Gleichung. Da jedoch $E_p = z E_w = \frac{z}{\sqrt{2}\frac{p}{\pi}\sin\frac{\pi}{p}} E_{gm}$ ist, so erhält man $u_k = \frac{2p}{3\pi} \sin\frac{\pi}{p} \cdot \frac{X_a J_g}{E_{gm}}$.

Andererseits ist nach (172) der prozentuale induktive Gleichspannungsabfall $\varepsilon_s = \frac{p}{2\pi} \frac{X_a J_g}{E_{gm}}$. Infolgedessen ergibt sich

$$\frac{\varepsilon_s}{u_k} = \frac{3}{4 \sin \frac{\pi}{p}}. \tag{181a}$$

Für fehlende Kathodendrossel hätten wir erhalten

$$\frac{\varepsilon_s}{u_k} = \frac{3\pi}{4p \operatorname{tg} \frac{\pi}{p} \sin \frac{\pi}{p}}. \tag{181b}$$

Wie die nachfolgende Tabelle zeigt, nimmt das Verhältnis von ε_s/u_k mit wachsender Phasenzahl zu; es ist dies einer der Gründe, der es

ε_s/u_k	$p = 3$	$p = 6$	$p = 12$
Bei fehlender Kathodendrossel	0,52	1,36	2,87
„ unendlicher Kathodendrossel	0,87	1,50	2,90

tatsächlich unmöglich macht, höherphasige ($p > 6$) Gleichrichter in Schaltungen auszuführen, bei denen, wie bisher angenommen, außerhalb der Kommutierung nur ein Anodenstrom bzw. während der Kommutierung zwei Anodenströme fließen, oder, wie wir sagen wollen, bei denen einanodiger Betrieb besteht. Vielmehr ist man bestrebt, bei vorgeschriebenem Gleichspannungsabfall mit der Kurzschlußspannung auf nicht zu niedrige Werte zu kommen. Hiervon wird später noch die Rede sein.

Wir haben die Kurzschlußspannung auf den Primärstrom des Transformators abgestellt. Unzweckmäßiger erscheint es uns, sie auf den Sekundärstrom des Transformators abzustellen, da der effektive Anodenstrom $J_a = \frac{1}{\sqrt{p}} J_g$, auf den dann der Kurzschlußstrom zu beziehen wäre, wesentlich von der Phasenzahl abhängt[1]. Die Rechnung würde hierfür bei unendlich großer Kathodendrossel

$$\frac{\varepsilon_s}{u_k} = \frac{\sqrt{p}}{2\sqrt{2} \sin \frac{\pi}{p}}$$

ergeben.

Die Kommutierungsblindleistung. Die endliche Kommutierungszeit bewirkt, wie man aus Abb. 116 erkennt, eine Verdickung des Schwerpunktes der Anodenstromkurve zur Anodenspannung im Sinne einer nacheilenden Grundwelle des Stromes, sie ruft also Blindleistung hervor. Uns interessiert insbesondere die primärseitig entnommene Blindleistung. Da die sekundärseitig auftretende Blindleistung dieser jedoch gleich sein muß, so wählten wir den bequemeren Weg, sie anodenseitig

[1] Vgl. M. Schenkel: Siemens-Z. Bd. 5 (1925) S. 7.

zu berechnen; das taten wir bei dem Zweiphasengleichrichter ja auch schon. Wie dort, haben wir als Spannungskurve die unverzerrte zugrunde zu legen, denn eine solche setzen wir ja primärseitig voraus. Infolgedessen ist die Blindleistung, die wir wieder mit N_{BK} bezeichnen,

$$N_{BK} = \frac{p\sqrt{2}E_w}{2\pi}\int\limits_0^{\frac{2\pi}{p}+u} i_1 \sin x\, dx = \frac{p\sqrt{2}E_w \sin\frac{\pi}{p}\cdot J_g}{\pi}\left(-\int\limits_0^u w(x)\cos x\, dx + \sin u\right)$$

$$= E'_{gm} J_g \cdot \chi(u),$$

worin

$$\chi(u) = \frac{2u - \sin 2u}{4(1-\cos u)}$$

wieder die universelle, durch Abb. 98 wiedergegebene Überlappungsfunktion bedeutet, die wir schon in (144) und (144a) angegeben hatten.

Wir wären jetzt imstande, die Eigenleistungsfaktoren $\cos\alpha_0$ und $\cos\alpha_1$ eines Mehrphasengleichrichters zu berechnen; es ist jedoch vorerst notwendig, noch einige allgemeinere Überlegungen über den Begriff des maßgebenden Leistungsfaktors einzuschalten, der aus der Definition der maßgebenden Blindleistung hervorgeht. Bisher hatten wir die letztere nur für denjenigen einfachen Belastungsfall erklärt, daß ein Gleichrichter mit einer großen Grundbelastung mit Sinusstrom zusammentritt. Da wir es jetzt mit Mehrphasengleichrichtern größerer Leistung zu tun haben und mit dem Fall zu rechnen haben, daß mehrere verschiedene Gleichrichter zusammenwirken, haben wir uns zunächst mit der Definition der maßgebenden Blindleistung für den allgemeinsten Belastungsfall beliebig vieler beliebig verschiedener Verbraucher zu befassen.

Allgemeine Definition der maßgebenden Blindleistung und des maßgebenden Leistungsfaktors $\cos\tilde{\alpha}$. Wir setzen die den Verbrauchern gemeinsame Spannung pro Phase als sinusförmig voraus und nehmen an, daß die Spannungs- und Stromverhältnisse des Dreiphasennetzes symmetrisch sind, so daß wir unsere Überlegungen wie bisher auf eine Phase beschränken können; außerdem nehmen wir die Ströme der Verbraucher als voneinander unabhängig an, wir vernachlässigen also alle Impedanzen des Leistungssystemes bis zum Generator[1]. Ferner halten wir daran fest, daß die Überbeanspruchung des Generators durch das Verhältnis seiner Wirkleistung zu seiner Scheinleistung gekennzeichnet ist. Diese Voraussetzungen sind zwar recht umstritten, aber ohne sie ist eine rationelle Leistungsfaktortheorie wohl kaum durchführbar.

[1] Vgl. die Bemerkungen von K. Faye-Hansen: Elektrotechn. Z. Bd. 53 (1932) S. 662.

Die Belastung des Generators bestehe aus n Verbrauchern mit der Wirkleistung N_{Wi}, der Blindleistung N_{Bi} und der Verzerrungsleistung N_{Vi} $(i = 1, 2, \ldots, n)$, die resultierende Scheinleistung am Generator sei N_{Sr}, die Wirkleistung N_{Wr}, die Blindleistung N_{Br} und die Verzerrungsleistung N_{Vr}. Die maßgebende Blindleistung $\tilde{N}_{Bi}$ der Verbraucher sei die Blindleistung von Ersatzverbrauchern der gleichen Wirkleistung N_{Wi}, die Sinusstrom solcher effektiven Höhe und solcher Phasenverschiebung führen, daß die durch sie verursachte Scheinleistung am Generator die gleiche ist wie die durch die wirklichen Verbraucher verursachte[1]. Nach dieser Definition ist die maßgebende Blindleistung $\tilde{N}_{Br}$ am Generator $= \sum\limits_k \tilde{N}_{Bk}$ und $= \sqrt{N_{Br}^2 + N_{Vr}^2}$, denn es muß ja $\sqrt{N_{Wr}^2 + \tilde{N}_{Br}^2} = \sqrt{N_{Wr}^2 + N_{Br}^2 + N_{Vr}^2} = N_{Sr}$ werden.

Die maßgebende Blindleistung $\tilde{N}_{Bi}$ ist $\geqq N_{Bi}$, denn in der Erhöhung von $\tilde{N}_{Bi}$ gegenüber N_{Bi} muß sich ja die zusätzliche Verzerrungsleistung offenbaren. Wir setzen $\tilde{N}_{Bi} = N_{Bi} + N_i$ und versuchen N_i zu berechnen. Da $\sum\limits_k \tilde{N}_{Bk} = \sqrt{N_{Br}^2 + N_{Vr}^2}$ war und $\sum\limits_k N_{Bk} = N_{Br}$ ist, so folgt zunächst

$$\sum_k N_k = \sqrt{N_{Br}^2 + N_{Vr}^2} - N_{Br}.$$

Diese Gleichung besagt nur etwas über $\sum N_k$, jedoch nichts über die einzelnen N_i. Da wir jedoch schon alle zu erfüllenden Forderungen erschöpft haben, so tritt hier offenbar eine Unbestimmtheit der einzelnen maßgebenden Blindleistungen zutage. Tatsächlich erfordert ja die Bestimmung der n Ersatzverbraucher $2n$ Angaben, während wir nur $n + 1$ Angaben zur Verfügung haben, nämlich die Erhaltung der einzelnen Wirkleistungen und der resultierenden Scheinleistung.

Hier helfen wir uns durch eine plausible Annahme, die an sich willkürlich ist, jedoch durchaus angemessen erscheint. Wir teilen die $\sum N_k$ nach Maßgabe der einzelnen Verzerrungsleistungen auf, d. h. wir setzen $N_k = \sum\limits_k N_k \cdot \frac{N_{Vi}}{\sum\limits_k N_{Vk}}$. Hieraus folgt sofort die Lösung

$$\tilde{N}_{Bi} = N_{Bi} + \frac{\sqrt{N_{Br}^2 + N_{Vr}^2} - N_{Br}}{\sum\limits_k N_{Vk}} \cdot N_{Vi}, \tag{182}$$

worin man anstatt $\sqrt{N_{Br}^2 + N_{Vr}^2}$ auch $\sqrt{N_{Sr}^2 - N_{Wr}^2}$ schreiben kann. Der Faktor von N_{Vi} ist dabei stets $\leqq 1$, denn der Zähler ist $\leqq N_{Vr}$ und außerdem ist $N_{Vr} \leqq \sum N_{Vk}$.

---

[1] Vgl. Müller-Lübeck: Elektrotechn. Z. Bd. 53 (1932) S. 746 dort findet man auch ausführliche Angaben über die Entwicklungsgeschichte der Blindleistungsdefinition) und Elektrotechn. u. Maschinenb. Bd. 47 (1933) S. 613.

Die Gleichung bringt zum Ausdruck, daß die Bewertung jedes einzelnen Verbrauchers abhängig ist von der Zusammenwirkung aller Verbraucher. Allerdings sind von dieser Abhängigkeit nur diejenigen Verbraucher betroffen, die Verzerrungsleistung entnehmen, die übrigen Verbraucher behalten ihre gewöhnliche Blindleistung als maßgebende Blindleistung unveränderlich bei.

Der praktisch meist vorliegende Fall ist der, daß das Netz eine sehr große Grundbelastung mit Sinusstrom und außerdem einige beliebige Verbraucher, z. B. Gleichrichter, aufweist, deren gesamte Wirkleistung klein ist gegenüber der Wirkleistung N_{W1} und Blindleistung N_{B1} der Grundbelastung. Dann gilt für (182) die näherungsweise Entwicklung

$$\tilde{N}_{Bi} = N_{Bi} + \frac{N_{Vr}^2}{2N_{B1}\sum_k N_{Vk}} \cdot N_{Vk}. \tag{182a}$$

Für den früher behandelten Fall nur eines Gleichrichters geht diese in (31) über. Ist die Grundbelastung sehr groß, so ist $\tilde{N}_{Bi} \approx N_{Bi}$, d. h. die maßgebende Blindleistung der Verbraucher ist gleich ihren wirklichen Blindleistungen.

Für den früher behandelten Belastungsfall nur eines Gleichrichters mit den Leistungen N_{W2}, N_{B2}, N_{V2} und einer Grundbelastung mit den Leistungen N_{W1} und $N_{B1}(N_{V1} = 0)$ erhält man nach (182) allgemein außer $\tilde{N}_{B1} = N_{B1}$ wegen $N_{Br} = N_{B1} + N_{B2}$ und $N_{Vr} = N_{V2}$

$$\tilde{N}_{B2} = -N_{B1} + \sqrt{(N_{B1} + N_{B2})^2 + N_{V2}^2} \tag{182b}$$

und näherungsweise wieder

$$\tilde{N}_{B2} = N_{B2} + \frac{N_{V2}^2}{2N_{B1}}, \tag{182c}$$

beides in Übereinstimmung mit den früheren Ergebnissen.

Diese Beziehungen zwischen den Leistungen lassen sich ersetzen durch Beziehungen zwischen Verhältnisgrößen, d. h. von Leistungsfaktoren. Hierzu denken wir uns die gemeinsame Spannung in der Form $u = \sqrt{2}U \sin\vartheta$ und die Ströme der n Verbraucher in der Form

$$i_i = \sqrt{2}\sum_\nu J_{i\nu} \sin(\nu\vartheta + \alpha_{i\nu}) \qquad i = 1, 2, \ldots, u$$

geschrieben; dann ist offenbar

$$N_{Si} = UJ_i, \qquad N_{Wi} = UJ_{i1}\cos\alpha_{i1}, \qquad N_{Bi} = UJ_{i1}\sin\alpha_{i1}$$

mit $J_i = \sqrt{J_{i1}^2 + J_{i2}^2 + \cdots}$ und wegen $N_{Vi} = \sqrt{N_{Si}^2 - N_{Wi}^2 - N_{Bi}^2}$ endlich $N_{Vi} = U\sqrt{J_{i2}^2 + J_{i3}^2 + \cdots}$.

Sind ferner die Eigenleistungsfaktoren der Verbraucher durch

$$\cos\alpha_{0i} = \frac{N_{Wi}}{N_{Si}} = \frac{J_{i1}}{J_i}\cos\alpha_{i1} \tag{183a}$$

und

$$\cos\alpha_{1i} = \frac{N_{Wi}}{\sqrt{N_{Wi}^2 + N_{Bi}^2}} = \cos\alpha_{i1} \tag{183b}$$

definiert und die maßgebenden Leistungsfaktoren durch $\cos\tilde{\alpha}_i = N_{Wi}/\sqrt{N_{Wi}^2 + \tilde{N}_{Bi}^2}$, so schreiben sich die Gleichung (182)

$$\operatorname{tg}\tilde{\alpha}_i = \operatorname{tg}\alpha_{i1} + \frac{\operatorname{tg}\alpha_{0r} - \operatorname{tg}\alpha_{1r}}{\sum \xi_i \sqrt{\operatorname{tg}^2\alpha_{0k} - \operatorname{tg}^2\alpha_{1k}}} \sqrt{\operatorname{tg}^2\alpha_{0i} - \operatorname{tg}^2\alpha_{1i}}, \tag{183c}$$

die Gleichung (182b)

$$\operatorname{tg}\tilde{\alpha} = -\frac{\operatorname{tg}\varphi}{\xi} + \sqrt{\frac{\operatorname{tg}^2\varphi}{\xi^2} + \frac{2\operatorname{tg}\varphi\operatorname{tg}\alpha_1}{\xi} + \operatorname{tg}^2\alpha_0} \tag{183d}$$

und die Beziehung (182c) als Näherung der letzteren

$$\operatorname{tg}\tilde{\alpha} = \operatorname{tg}\alpha_1 + \frac{\operatorname{tg}^2\alpha_0 - \operatorname{tg}^2\alpha_1}{2\operatorname{tg}\varphi}\,\xi. \tag{183e}$$

Dabei ist in (183c) $\xi_i = N_{Wi}/N_{Wr}$ mit $N_{Wr} = \sum_k N_{Wk}$ gesetzt, außerdem bedeuten $\cos\alpha_{0r}$ und $\cos\alpha_{1r}$ die resultierenden Eigenleistungsfaktoren am Generator. In (183d) und (183e) wurde der Eigenleistungsfaktor der Grundbelastung $\cos\alpha_{01} = \cos\alpha_{11} = \cos\varphi$ gesetzt, ferner wurden die Eigenleistungsfaktoren des zweiten Verbrauchers $\cos\alpha_{02} = \cos\alpha_0$, $\cos\alpha_{12} = \cos\alpha_1$ und $\cos\tilde{\alpha}_2 = \cos\tilde{\alpha}$ und schließlich $\xi = N_{W2}/N_{W1}$ geschrieben. Die Formeln (183d) und (183e) sind dabei wieder durch eine der Abb. 32 entsprechende Konstruktion zu ersetzen, die in Abb. 120 wiedergegeben ist. Sie besteht darin, daß man $\frac{\operatorname{tg}\varphi}{\xi}$ und $\operatorname{tg}\alpha_1$ aneinander abträgt, am Endpunkte B eine Senkrechte errichtet und um den Zwischenpunkt C mit $\operatorname{tg}\alpha_0$ einen Kreisbogen schlägt, der die Senkrechte in D schneidet. Schlägt man dann um A mit $\frac{\operatorname{tg}\varphi}{\xi}$ einen Kreisbogen, so unterteilt dieser die Strecke AD in die Abschnitte $\frac{\operatorname{tg}\varphi}{\xi}$ und $\operatorname{tg}\tilde{\alpha}$.

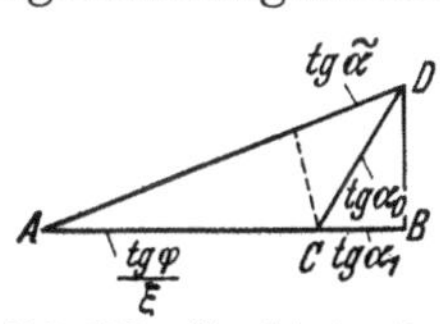

Abb. 120. Graphische Bestimmung des maßgebenden Leistungsfaktors $\cos\tilde{\alpha}$.

Damit sind die maßgebende Blindleistung und der maßgebende Leistungsfaktor hinreichend begründet und seine Zurückführung auf die beiden Eigenleistungsfaktoren nachgewiesen.

Die Eigenleistungsfaktoren $\cos\alpha_0$ und $\cos\alpha_1$. Wir wollen die Eigenleistungsfaktoren $\cos\alpha_0$ und $\cos\alpha_1$ des Mehrphasengleichrichters unter Berücksichtigung der Kommutierungsblindleistung und der Leerlaufblindleistung des Transformators berechnen. Wir verfahren dabei ganz ähnlich wie bei dem Zweiphasengleichrichter. Die Kommutierungsblindleistung haben wir schon berechnet; sie beträgt unabhängig von der Phasenzahl $N_{BK} = E'_{gm} J_g \cdot \chi(u)$. Die Leerlaufblindleistung N_{B0} des Transformators beträgt $N_{B0} = 3\,E_p J_p \cdot \varkappa$, worin E_p die primäre Sternspannung, J_p den primären Phasenstrom und $\varkappa$ den prozentualen Leerlaufstrom bedeuten. Setzen wir näherungsweise $E_p = zE_w$ und wegen $E'_{gm}/E_w = \lambda_0\sqrt{2}$ die rechte Seite $= \frac{z}{\lambda_0} E'_{gm}$ und ferner $J_p = \frac{\sqrt{2}}{3z} J_g$, so erhalten wir $N_{B0} = E'_{gm} J_g \cdot \frac{\varkappa}{\lambda_0}$. Die ganze Blindleistung ist also

$$N_B = E'_{gm} J_g \left(\chi(u) + \frac{\varkappa}{\lambda_0}\right). \tag{184a}$$

Die Wirkleistung ist wegen (175b)

$$N_W = E'_{gm} J_g \cdot \frac{1 + \cos u}{2}. \tag{184b}$$

Die Scheinleistung beträgt $N_S = 3\,E_p J_p$, worin J_p den effektiven primären Phasenstrom bedeutet, den wir jetzt zu berechnen haben. Wir schreiben dazu $i_p = j_p + j_0$, worin j_p den reinen Primärstrom als Gegenstrom der Anodenströme und j_0 den überlagerten Magnetisierungsstrom vorstellen. Es ist nun zwar nicht möglich, den Effektivwert von j_p, wie z. B. die Blindleistung aus den anodenseitigen Stromverhältnissen umzurechnen, jedoch ist trotzdem nicht notwendig, auf den internen Mechanismus der Transformatorschaltungen einzugehen. Vielmehr ist es mit Rücksicht auf das früher abgeleitete allgemeine Oberwellengesetz (169) und der weiter ermittelten Stromkurvenformen in Abb. 111, 112 und 113 möglich, einen allgemeinen formelmäßigen Ansatz für j_p zu machen, den wir hernach, um ferner der Kommutierung Rechnung zu tragen, noch verallgemeinern werden.

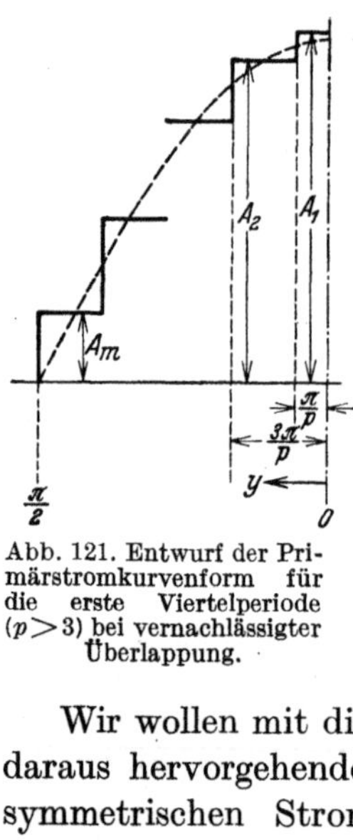

Abb. 121. Entwurf der Primärstromkurvenform für die erste Viertelperiode ($p > 3$) bei vernachlässigter Überlappung.

Wir wollen mit diesem Ansatz, ohne die allgemeine Anwendung der daraus hervorgehenden Schlußfolgerungen zu beschränken, diejenigen symmetrischen Stromkurven erfassen, deren positiver Scheitelwert oberhalb dem positiven Scheitelwert ihrer Grundwelle liegt, d. h. wir wollen die Kurven für $p = 3$ ausschließen und z. B. für $p = 6$ aus Abb. 112 die obere und für $p = 12$ aus Abb. 113 die untere Kurve auswählen. Es genügt dann die Angabe der Stromkurvenform in der ersten Viertelwelle in der in Abb. 121 gezeigten Weise. Die Treppenkurve soll die Stufenwerte $A_1, A_2, \ldots, A_m$ haben, wobei die erste Stufe von der Abszisse des Maximums der gestrichelt eingezeichneten Grundwelle den Abstand $\frac{\pi}{p}$ und die folgenden Stufen die Breite $\frac{2\pi}{p}$ haben. Der letzte Stufenwert ist A_m, wobei

$$m = \frac{p}{4} + 1 \quad \text{und} \quad A_m = 0,$$

wenn p durch 4 teilbar ist, und

$$m = \frac{p}{4} + \frac{1}{2} \quad \text{und} \quad A_m = \text{endlich}\,,$$

wenn p durch 4 dividiert, den Rest 2 läßt. Unser Ansatz lautet nun:

$$A_h = A_1 \cos(h-1)\frac{2\pi}{p}, \qquad h = 1, 2, \ldots, m; \tag{185}$$

von der dadurch definierten Treppenkurve können wir nachweisen, daß das Oberwellengesetz (169) gilt, wozu wir nur nachzuweisen haben, daß eine solche Kurve die Oberwellen $J_{p\nu} = \frac{1}{\nu} J_{p1}$ hat und dabei außer J_{p1} nur diejenigen $J_{p\nu}$ existieren, deren ν von dem ganzzahligen Vielfachen von p um 1 abweicht. Zunächst finden wir nach Abb. 107 mit (185) bei $i_p = \sqrt{2}\sum_\nu J_{p\nu} \cos \nu y$

$$J_{p\nu} = \frac{4}{\pi\sqrt{2}} \int_0^{\frac{\pi}{2}} i_p(y) \cos \nu y \, dy$$

$$= \frac{4}{\pi\sqrt{2}} \cdot \frac{A_1}{\nu} \sin\frac{\nu\pi}{p}\left(1 + 2\sum_{h=2}^{m} \cos(h-1)\frac{2\pi}{p}\cos(h-1)\frac{2\nu\pi}{p}\right).$$

Hiernach ist

$$J_{p1} = \frac{4}{\pi\sqrt{2}} A_1 \sin\frac{\pi}{p}\left(1 + 2\sum_{h=2}^{m}\cos^2(h-1)\frac{2\pi}{p}\right)$$

$$= \frac{4}{\pi\sqrt{2}} A_1 \sin\frac{\pi}{p}\left(m - 1 + \sum_{h=1}^{m}\cos(h-1)\frac{4\pi}{p}\right)$$

$$= \frac{A_1}{\sqrt{2}} \cdot \frac{p}{\pi} \sin\frac{\pi}{p}\,,$$

also wenn z. B. $J_{p1} = 1$ gesetzt wird, $A_1 = \dfrac{\sqrt{2}}{\frac{p}{\pi}\sin\frac{\pi}{p}}$. Für (185) ist somit

$$A_h = \frac{\sqrt{2}\,J_{p1}}{\frac{p}{\pi}\sin\frac{\pi}{p}} \cos(h-1)\frac{2\pi}{p}, \qquad h = 1, 2, \ldots, m. \tag{185a}$$

Nach diesem ersten Ergebnis berechnen wir die existierenden Oberwellen, d. h. die mit $\nu = np \pm 1$ gekennzeichneten $(n = 1, 2, \ldots)$ Harmonischen. Für diese findet man wegen $\sin(np \pm 1)\frac{\pi}{p} = \pm\sin\frac{\pi}{p}$ und wegen $\cos(h-1)\,(np \pm 1)\frac{2\pi}{p} = \cos(h-1)\frac{2\pi}{p}$ in ähnlicher Weise $J_{p\nu} = \frac{A_1}{\sqrt{2}} \cdot \frac{p}{\pi}\sin\frac{\pi}{p} \cdot \frac{1}{\nu}$. Damit ist das Gesetz $J_{p\nu} = \frac{1}{\nu} J_{p1}$ erwiesen.

Den außerdem möglichen Nachweis, daß die Harmonischen $J_{p\nu}$ für $\nu \neq np \pm 1$ verschwinden, wollen wir hier übergehen.

Dagegen interessiert uns nun die Größe des Effektivwertes J_p des Stromes. Für diesen finden wir mit (185a)

$$J_p^2 = \frac{2}{\pi}\left(A_1^2 \cdot \frac{\pi}{p} + A_2^2 \cdot \frac{2\pi}{p} + A_3^2 \cdot \frac{2\pi}{p} + \cdots\right)$$

$$= \left(\frac{\sqrt{2}\, J_{p1}}{\frac{p}{\pi}\sin\frac{\pi}{p}}\right)^2 \cdot \frac{2}{p}\left(1 + 2\sum_{h=2}^{m} \cos^2 (h-1)\frac{2\pi}{p}\right)$$

$$= \left(\frac{\sqrt{2}\, J_{p1}}{\frac{p}{\pi}\sin\frac{\pi}{p}}\right)^2 \cdot \frac{1}{2},$$

so daß

$$J_{pe} = \frac{1}{\frac{p}{\pi}\sin\frac{\pi}{p}} J_{p1} \tag{186}$$

wird. Da das Verhältnis J_{p1}/J_p jedoch unter den bisherigen Annahmen den totalen Leistungsfaktor $\cos\alpha_0$, den wir als ideellen totalen Leistungsfaktor mit λ_0 bezeichnet haben, vorstellt, andererseits aber auch $\frac{p}{\pi}\sin\frac{\pi}{p}$ nach (167) $= E'_{gm}/\sqrt{2}E_w$ ist, so gilt ganz allgemein

$$\lambda_0 = \frac{E'_{gm}}{\sqrt{2}\,E_w} = \frac{p}{\pi}\sin\frac{\pi}{p}. \tag{187}$$

Diese Beziehung bleibt auch für $p = 3$ richtig, obgleich dann die Abb. 120 nicht mehr zutrifft.

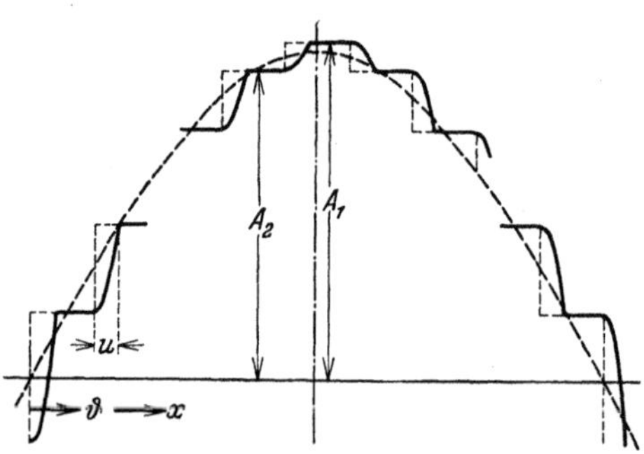

Abb. 122. Entwurf der Primärstromkurvenform für die Halbperiode für die erste Schaltungsgruppe ($p > 3$) bei endlicher Überlappung.

Nach diesen Vorbereitungen wollen wir das Strombild in Abb. 121 in Hinblick auf endliche Kommutierung von der Dauer u verallgemeinern, und zwar wollen wir uns vorstellen, daß der Anodenstrom gemäß Abb. 116 verläuft und einen aufsteigenden Ast $w(x)\cdot J_g$ und einen absteigenden Ast $(1 - w(x))J_g$ mit $w(x) = \frac{1-\cos x}{1-\cos n}$ bei jeweils passend orientierter Variablen x hat. Dann haben wir uns von der ersten Stromhalbwelle das Bild Abb. 122 zu machen, worin in der Zeitrichtung gemessen die Anfangsabszissen der Stufen und die am Ende jeder Überlappungszeit u erreichten Ordinatenwerte der Stufen die gleichen wie in Abb. 121 sind. Nur erfolgt ebenso wie der Anstieg des Anodenstromes der Übergang von einer Stufe zur nächsten nicht sprunghaft, sondern allmählich, und zwar in Kurvenbögen, die im Sinne von $w(x)$ bzw. $1 - w(x)$ verlaufen und die Breite n haben. Der Effektivwert J_0 dieser Stromkurve errechnet sich dann bei für jedes Teilintervall passend orientierter Variablen x aus

$$\begin{aligned}
J_p^2 = \frac{1}{\pi}\Bigg\{ & \int_0^u [A_2 + (A_1 - A_2)\,w]^2\,dx + \int_0^u [A_1 - (A_1 - A_2)\,w]^2\,dx \\
& + \int_0^u [A_3 + (A_2 - A_3)\,w]^2\,dx + \int_0^u [A_2 - (A_2 - A_3)\,w]^2\,dx \\
& + \cdots \\
& + \int_0^u A_m^2 (2w - 1)^2\,dx \\
& + \left(\frac{2\pi}{p} - n\right)(A_1^2 + 2A_2^2 + \cdots + 2A_m^2)\Bigg\} \\
= {} & \frac{2}{p}(A_1^2 + 2A_2^2 + \cdots + 2A_m^2) \\
& -2[(A_1 - A_2)^2 + (A_2 - A_3)^2 + \cdots + (A_{m-1} - A_m)^2 + 2A_m^2]\cdot\frac{1}{\pi}\int_0^u (w - w^2)\,dx \\
= {} & J_p'^2\,[1 - k\cdot\psi(u)]\,,
\end{aligned}$$

worin $\psi(u)$ die schon früher abgeleitete Überlappungsfunktion (140) bedeutet und worin $J_p' = \frac{1}{2}A_1^2$ den Effektivwert für $u = 0$ nach Gl. (186) vorstellt. Der Faktor k errechnet sich zu

$$\begin{aligned}
k &= 4\left[\left(\frac{A_1 - A_2}{A_1}\right)^2 + \left(\frac{A_2 - A_3}{A_1}\right)^2 + \cdots + 2\left(\frac{A_n}{A_1}\right)^2\right] \\
&= 4\sum_{h=1}^{m-1}\left(\cos(h-1)\frac{2\pi}{p} - \cos h\frac{2\pi}{p}\right)^2 + 8\cos^2(m-1)\frac{2\pi}{p} \\
&= 8\left(2\sin^2\frac{\pi}{p}\sum_{h=1}^{m-1}\sin^2(2h-1)\frac{\pi}{p} + \cos^2(m-1)\frac{2\pi}{p}\right) \\
&= 2p\sin^2\frac{\pi}{p}\,.
\end{aligned} \tag{188a}$$

Für den Effektivwert J_p ergibt sich somit

$$J_p = J_p'\sqrt{1 - 2p\sin^2\frac{\pi}{p}\cdot\psi(u)}\,. \tag{188b}$$

Der gefundene Wert für den Faktor k gilt nicht nur für die Kurvenform nach Abb. 121, sondern auch auf die anderen möglichen symmetrischen Stromkurvenformen; darüber hinaus bleibt er sogar noch für $p = 3$

richtig, wovon man sich durch Nachrechnen der Abb. 111 leicht überzeugt. Einige Werte von k sind in der nachstehenden Tabelle zusammengestellt:

p	3	6	12	18	24
$k = 2p\sin^2\frac{\pi}{p}$	4,5	3	1,61	1,08	0,82

Interessant ist, daß die Formel $k = 2p\sin^2\frac{\pi}{p}$ sogar noch für $p = 2$ richtig bleibt und dann den in (142) gefundenen Wert $k = 4$ liefert.

Bedenkt man jetzt, daß wegen (186) und (169) in Verbindung mit (167) $J'_p = \frac{\sqrt{2}}{3z} J_g$ ist, so ergibt sich

$$J_p = \frac{\sqrt{2}}{3z} J_g \sqrt{1 - 2p\sin^2\frac{\pi}{p} \cdot \psi(n)}\,, \tag{188c}$$

wofür man wegen (140a) mit guter Näherung schreiben kann

$$\begin{aligned} J_p &= \frac{\sqrt{2}}{3z} J_g\left(1 - \frac{2p}{15\pi}\sin^2\frac{\pi}{p} \cdot u\right) \\ &= \frac{\sqrt{2}}{3z} J_g\left(1 - \frac{2\pi}{15p}\lambda_0^2 \cdot u\right). \end{aligned} \tag{188d}$$

Nach diesen vorbereitenden Überlegungen für den Effektivwert des reinen Primärstromes j_p berechnen wir den Effektivwert des totalen Stromes $j_p + j_0$, wobei wir wieder $j_0 = -\sqrt{2} J_0 \cos\vartheta$ annehmen. Es ergibt sich in ähnlicher Weise wie bei dem Zweiphasengleichrichter

$$J_p^2 = \frac{1}{2\pi}\int_0^{2\pi} (j_p + j_0)^2 d\vartheta = \frac{1}{2\pi}\int_0^{2\pi} j_p^2 d\vartheta + \frac{2\sqrt{2}J_0}{2\pi}\int_0^{2\pi} j_p \cos\vartheta\, d\vartheta + J_0^2.$$

Hieraus wurde nach Multiplikation beider Seiten mit $9\,E_{pe}^2$ die schon durch Abb. 100 veranschaulichte Beziehung $N_S^2 = N_{SK}^2 + 2\,N_{BK}N_0 + N_2^0$, in der N_S^2 die totale Scheinleistung, N_{SK} die Scheinleistung des reinen Primärstromes, N_{BK} die Kommutierungsblindleistung von j_p und N_0 die Leerlaufblindleistung von j_0 vorstellt, hervorgehen. Dividiert man die obige Beziehung jedoch durch $\frac{\sqrt{2}}{3z} J_g$, so entsteht

$$J_p = \frac{\sqrt{2}}{3z} J_g \sqrt{1 - 2p^2\sin\frac{\pi}{p} \cdot \psi(u) + 2\,\lambda_0\varkappa \cdot \chi(u) + \varkappa^2}\,. \tag{189}$$

Die totale Scheinleistung ist daher

$$N_S = E'_{gm} J_g \cdot \frac{1}{\lambda_0} \sqrt{1 - 2p\sin^2\frac{\pi}{p}\,\psi(u) + 2\,\lambda_0\varkappa \cdot \chi(u) + \varkappa^2}\,. \tag{190}$$

Nunmehr kennen wir alle zur Angabe der Eigenleistungsfaktoren $\cos\alpha_0$ und $\cos\alpha_1$ nötigen Leistungsgrößen. Schreiben wir noch $2p\sin^2\frac{\pi}{p} = \frac{2\pi^2}{p}\lambda_0^2$, so erhalten wir

$$\cos\alpha_0 = \frac{\lambda_0 \frac{1+\cos u}{2}}{\sqrt{1 - \frac{2\pi^2}{p}\lambda_0^2 \cdot \psi(u) + 2\lambda_0\varkappa \cdot \chi(u) + \varkappa^2}}, \tag{191a}$$

$$\cos\alpha_1 = \cos\left(\operatorname{arctg}\frac{2\left(\chi(u) + \frac{\varkappa}{\lambda_0}\right)}{1+\cos u}\right). \tag{191b}$$

Diese Gleichungen gelten in völliger Allgemeinheit unabhängig von der Schaltung des Transformators. Bemerkenswert ist an ihnen, daß bis

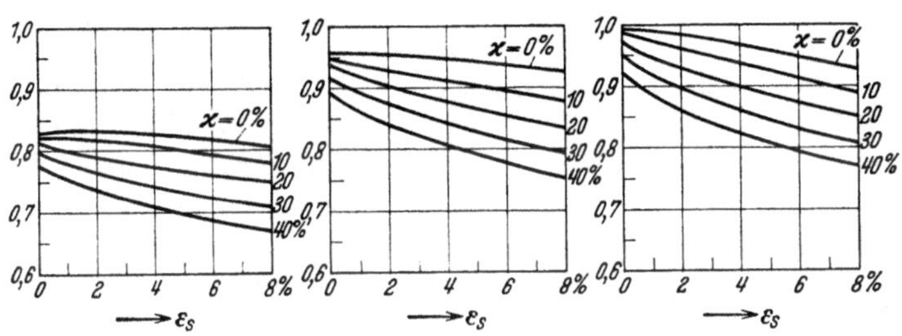

Abb. 123. Totaler Leistungsfaktor $\cos\alpha_0$ des Drei-, Sechs- und Zwölfphasengleichrichters als Funktion von ε_s bei verschiedenen $\varkappa$-Werten.

auf das Glied mit $\psi(u)$, das wegen seiner Kleinheit im allgemeinen nicht ins Gewicht fällt, $\cos\alpha_0$ und $\cos\alpha_1$ nur Funktionen von u, $\varkappa$ und λ_0 allein sind. Drückt man u vermittels (175) durch den prozentualen induktiven Gleichspannungsabfall ε_s aus, so gelangt man zu einer für die praktische Rechnung sehr bequemen Darstellungsform. Sie ist in den Abbildungen 123 und 124 ausgeführt, und zwar zeigt Abb. 123 den Leistungsfaktor $\cos\alpha_0$ für $p = 3$, 6 und 12 als Funktion von ε_s mit $\varkappa$ als Parameter und die Abb. 124 den Leistungsfaktor $\cos\alpha_1$ als Funktion von ε_s, der mit $\frac{\lambda_0}{\varkappa}$ als Parameter eine von p unabhängige Auftragung zuläßt. Hieraus geht hervor, daß der Leistungsfaktor $\cos\alpha_1$ nur unwesentlich von der Phasenzahl abhängt, während der Leistungsfaktor $\cos\alpha_0$ mit der Phasenzahl stark variiert. Nach unseren Feststellungen über den maßgebenden Leistungsfaktor genügt es, im allgemeinen, mit $\cos\alpha_1$ als dem maßgebenden Faktor zu rechnen, denn fast immer erfährt das Drehstromnetz eine sehr große Grundbelastung mit

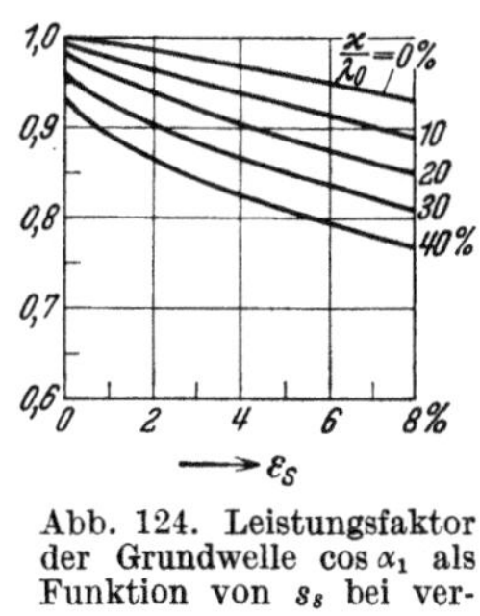

Abb. 124. Leistungsfaktor der Grundwelle $\cos\alpha_1$ als Funktion von ε_s bei verschiedenen $\frac{\varkappa}{\lambda_0}$-Werten.

Sinusstrom, zu der dann ein oder mehrere Gleichrichter hinzutreten. Deshalb werden wir, wenn nicht ganz besondere Angaben verlangt werden, $\cos\alpha_1$ als den Leistungsfaktor des Gleichrichters schlechthin ansprechen. Sind diese Annahmen zutreffend, so folgt aber, daß der maßgebende Leistungsfaktor des Gleichrichters im wesentlichen nur von dem prozentualen Gleichspannungsabfall ε_s und dem prozentualen Leerlaufstrom $\varkappa$ abhängt.

Variiert die Gleichstrombelastung des Gleichrichters, so verändern sich dementsprechend ε_s und $\varkappa$; ist für den Vollaststrom $J_g = \bar{J}_g$ der Wert $\varepsilon_s = \bar{\varepsilon}_s$ und $\varkappa = \bar{\varkappa}$, so ist für einen davon abweichenden Strom bei linearer Gleichspannungscharakteristik $\varepsilon_s = \bar{\varepsilon}_s \cdot \frac{J_g}{\bar{J}_g}$ und $\varkappa = \bar{\varkappa}\frac{\bar{J}_g}{J_g}$. Hiermit läßt sich in Verbindung mit Abb. 123 und 124 der Verlauf des Leistungsfaktors als Funktion der Belastung entwerfen. Wir leiten noch eine bequeme Näherungsformel zur Abschätzung des Verlaufes von $\cos\alpha_1$ ab. Hierzu führen wir in (191 b) die Näherung (144 a), nämlich $\chi(u) \approx \frac{2}{3}u$ und auf Grund von (175) $u \approx 2\sqrt{\varepsilon_s}$ ein; es entsteht dann mit Verwendung der vorigen Bezeichnungen die Formel

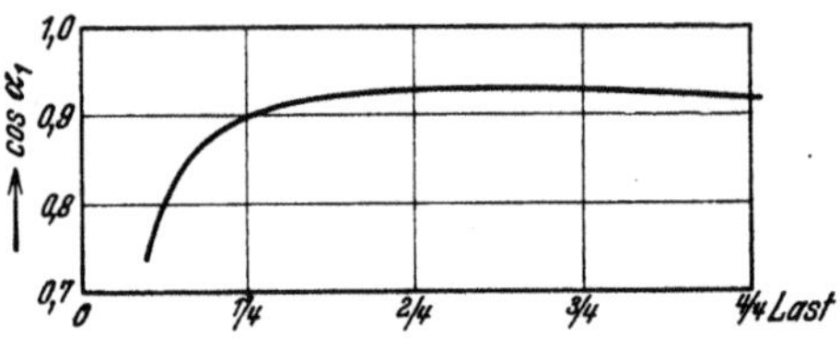

Abb. 125. Leistungsfaktor $\cos\alpha_1$ eines Sechsphasengleichrichters als Funktion der Belastung für ein praktisches Beispiel.

$$\operatorname{tg}\alpha_1 = \frac{2}{3}\sqrt{\bar{\varepsilon}_s}\cdot\sqrt{\frac{J_g}{\bar{J}_g}} + \frac{\bar{\varkappa}}{\lambda_0}\cdot\frac{\bar{J}_g}{J_g}. \qquad (192)$$

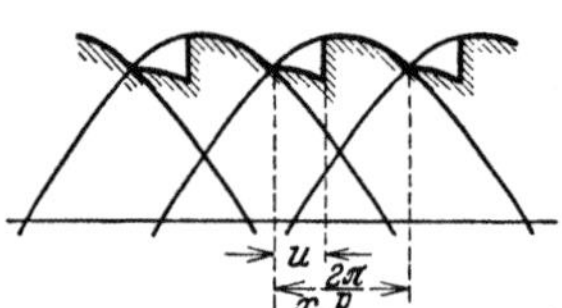

Abb. 126. Zur Berechnung der Oberwellen der Gleichspannung.

An Hand der Abb. 124 rechnen wir ein Beispiel durch. Für einen Sechsphasengleichrichter mittlerer Leistung sei bei Vollast $\bar{\varepsilon}_s = 6\%$ und $\bar{\varkappa} = 8\%$, außerdem ist $\lambda_0 = 0{,}955$. Alsdann verläuft der Leistungsfaktor $\cos\alpha_1$ wie in Abb. 125 wiedergegeben, man erkennt daraus, daß dieser zwischen Viertellast und Vollast ziemlich unveränderlich ist.

Oberwellen der Gleichspannung und der primären Wechselströme. Nachdem wir, ausgehend von dem Oberwellengesetz der ideellen Gleichspannung die Kurveneigenschaften des Primärstromes ohne und mit Überlappung der Anodenströme untersucht haben, holen wir noch die Untersuchung der Kurvenform der Gleichspannung bei berücksichtigter Überlappung selbst nach, und zwar wollen wir die Oberwellen der Gleichspannung als Funktion der Überlappung u berechnen. Mit den Bezeichnungen der Abb. 126 verläuft die Gleichspannung e_g innerhalb des Intervalles $\frac{2\pi}{p}$ von $x = 0$ bis $x = u$

nach $e_g = \sqrt{2}E_w\left(\cos\left(x - \frac{\pi}{p}\right) - \sin\frac{\pi}{p}\sin x\right)$ und von $x = u$ bis $x = \frac{2\pi}{p}$ nach $\sqrt{2}E_w\cos\left(x - \frac{\pi}{p}\right)$. Aus Periodizitätsgründen gibt es wie bei $u = 0$ nur Harmonische $E_{g\nu}$, deren Ordnungszahl $\nu = \varkappa p\,(\varkappa = 1, 2, \ldots)$ ist. Wir wählen daher zweckmäßig eine neue Variable $y = px$, die für $x = \frac{2\pi}{p}$ gleich 2π wird und erhalten so die Komponenten $E'_{g\nu}$ und $E''_{g\nu}$ in der Form

$$E'_{g\nu} = \frac{E_w}{\pi}\int_0^{2\pi}\cos\frac{y-\pi}{p}\sin\nu y\,dy - \frac{E_w}{\pi}\sin\frac{\pi}{p}\int_0^{pu}\sin\frac{y}{p}\sin\nu y\,dy$$

$$= \frac{E'_{gm}}{\sqrt{2}(\nu^2 - 1)}(\nu\cos\nu u\sin u - \sin\nu u\cos u)\,,$$

$$E''_{g\nu} = \frac{E_w}{\pi}\int_0^{2\pi}\cos\frac{y-\pi}{p}\cos\nu y\,dy - \frac{E_w}{\pi}\sin\frac{\pi}{p}\int_0^{pu}\sin\frac{y}{p}\cos\nu y\,dy$$

$$= -\frac{E'_{gm}}{\sqrt{2}(\nu^2 - 1)}(1 + \nu\sin\nu u\sin u + \cos\nu u\cos u)\,,$$

worin wie bisher $E'_{gm} = \sqrt{2}E_w\frac{p}{\pi}\sin\frac{\pi}{p}$ bedeutet. Die effektive Oberwelle $E_{g\nu} = \sqrt{E'^2_{g\nu} + E''^2_{g\nu}}$ ergibt sich daraus, wenn man wieder $\nu = \varkappa p$ setzt, zu

$$E_{g\varkappa p} = \frac{E'_{gm}}{\sqrt{2}(\varkappa^2 p^2 - 1)}\sqrt{\begin{aligned}&1 + \sin u(\varkappa^2 p^2\sin u + 2\varkappa p\sin\varkappa p u)\\&+ \cos u(\cos u + 2\cos\varkappa p u)\,.\end{aligned}} \tag{193}$$

Die Formel besagt, daß $E_{g\varkappa p}/E'_{gm}$, sofern diese Harmonische überhaupt existiert, nur eine Funktion von $\varkappa p$ und u allein ist. In Abb. 127 findet man den Verlauf der Harmonischen der Ordnungszahlen $\varkappa p = 3, 6, 9, 12, 18$ als Funktion von u aufgetragen.

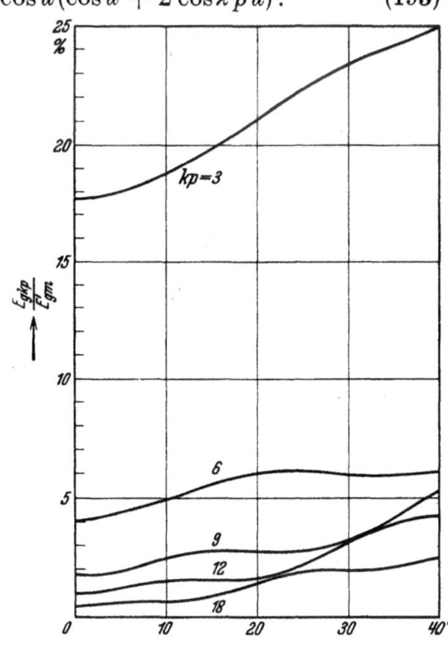

Abb. 127. Effektive Oberwellen der Gleichspannung als Funktion der Überlappung u.

Entwickelt man in (193) $\sin u$ und $\cos u$ nach u, aber nicht $\sin\varkappa p n$ und $\cos\varkappa p n$ und vernachlässigt man die Glieder von der Größenordnung u^2, aber nicht die der Größenordnung $(\varkappa p u)^2$, so entsteht ein Ausdruck, der nur noch eine Funktion von $\varkappa p u$ allein ist. Bedenken wir noch, daß $E_{gm}\sqrt{2}/(\varkappa^2 p^2 - 1)$ die ideellen Oberwellen für $u = 0$ sind, die wir mit $E'_{g\varkappa p}$ bezeichnen, so entsteht die Näherungsformel

$$E_{g\varkappa p} = \omega(\varkappa p u) \cdot E'_{g\varkappa p},$$

worin

$$\omega(\varkappa p u) = \sqrt{\frac{1+\cos\varkappa p u}{2} + \frac{\varkappa p u}{4}(\varkappa p u + 2\sin\varkappa p u)} \qquad (193\text{a})$$

eine universelle Oberwellenfunktion vorstellt; sie ist in Abb. 128 wiedergegeben.

Berechnet man auf ähnliche Weise die Harmonischen $J_{p\nu}$ der Primärströme, wozu man, ausgehend von der allgemeinen Abb. 122, zu-

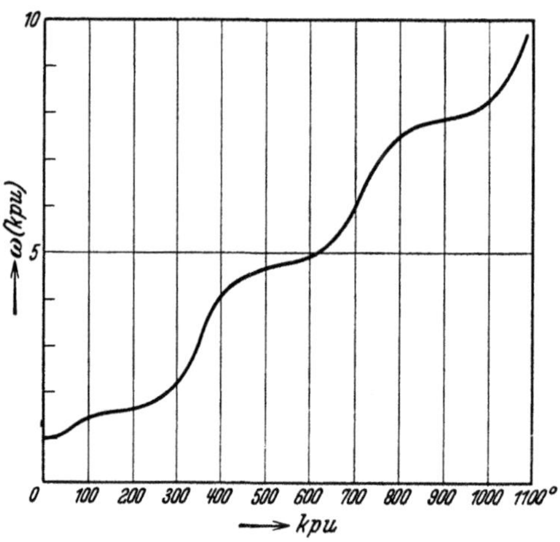

Abb. 128. Die universelle Oberwellenfunktion $\omega(\varkappa p u)$.

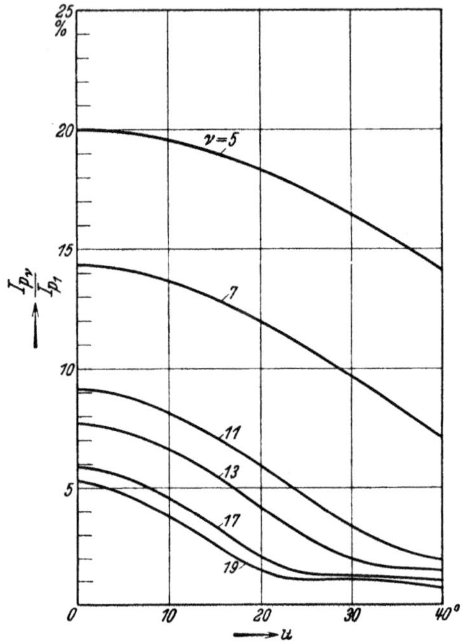

Abb. 129. Effektive Oberwellen der primären Wechselströme als Funktion der Überlappung u.

nächst wieder die Komponenten $J'_{p\nu}$ und $J''_{p\nu}$ zu berechnen und $J_{p\nu} = \sqrt{J'^2_{p\nu} + J''^2_{p\nu}}$ zu bilden hat, so findet man für $\nu > 1$

$$J_{p\nu} = J_{p1} \frac{\sqrt{2+(\nu^2-1)\sin^2 u-(\nu+1)\cos(\nu-1)u+(\nu-1)\cos(\nu+1)u}}{(\nu^2-1)(1-\cos u)} \qquad (194)$$

eine Beziehung, die auch für $p = 3$ noch richtig ist, und in der J_{p1} die Grundwelle für $u = 0$ bedeuten soll.

Wie bisher findet man auch hier wieder, daß nur diejenigen Harmonischen auftreten, deren Ordnungszahl ν von $\varkappa p$ um 1 abweicht[1]. Den Verlauf der Harmonischen der Ordnungszahlen $\nu = 5, 7, 11, 13, 17, 19$ als Funktion von u veranschaulicht Abb. 129. Wie man dort erkennt, entspricht im Sinne unseres Oberwellengesetzes auch in diesem

[1] Die Ableitung und Auswertung der Gleichung (194) verdanke ich E. Uhlmann.

Falle einer Zunahme der Gleichspannungsoberwellen eine Abnahme der Primärstromoberwellen.

Oberwellen des Gleichstromes, Oberwellenverminderung durch Glättungseinrichtungen. Der in Abb. 126 gezeigte Verlauf der Gleichspannung gilt näherungsweise auch in den Fällen, in denen die Kathodendrossel nicht, wie bisher angenommen, unendlich groß, sondern von endlicher Größe ist; nur erfährt die Überlappung u dann eine geringe Änderung, wie wir bereits festgestellt hatten.

Die gleichstromseitige Belastung bestehe jetzt aus einem Ohmschen Widerstand R und der Reaktanz S einer Kathodendrossel. Wir wollen die Kurvenform des von der Gleichspannung nach Abb. 126 erzeugten Gleichstroms i_g ermitteln. Ist e_g der Momentanwert der Gleichspannung und ist dieser $= \sqrt{2} E_w \left(\cos\left(x - \frac{\pi}{p}\right) - \sin\frac{\pi}{p} \sin x\right)$ für $x = 0$ bis $x = u$ und $= \sqrt{2} E_w \cos\left(x - \frac{\pi}{p}\right)$ für $x = u$ bis $x = \frac{2\pi}{p}$, so hätten wir davon auszugehen, daß

$$\left.\begin{aligned} e_g^I &= R i_g^I + S \frac{d i_g^I}{d x} \\ e_g^{II} &= R i_g^{II} + S \frac{d i_g^{II}}{d x} \end{aligned}\right\} \quad i^I_{g\,(x=0)} = i^{II}_{g\left(x=\frac{2\pi}{p}\right)}; \quad i^I_{g\,(x=u)} = i^{II}_{g\,(x=u)}$$

ist, wobei sich der Index I auf das erste Teilintervall $(0, u)$, der Index II auf das zweite Teilintervall $\left(u, \frac{2\pi}{p}\right)$ bezieht. Die Gleichungen führen zu Lösungen, die für $u = 0$ in (177) übergehen; wir sehen jedoch davon ab, diese Lösungen wiederzugeben, da wir auf die Oberwellen $J_{g\varkappa p}$ des Gleichstroms abzielen, die wir aus den Oberwellen der Gleichspannung nach (193) direkt entnehmen können. Tatsächlich ist ja allgemein

$$J_{p\varkappa p} = \frac{E_{g\varkappa p}}{\sqrt{R^2 + \varkappa^2 p^2 S^2}}, \tag{195}$$

worin der Nenner die Impedanz des Gleichstromkreises für die $\varkappa p$-te Oberwelle vorstellt. Für große Werte von S genügt es, für den Nenner die Reaktanz $\varkappa p S$ einzusetzen.

In vielen Fällen kommt man damit aus, zur Beurteilung der Kurvenform des Gleichstromes seine erste Oberwelle, d. h. die durch $\varkappa = 1$ gekennzeichnete Harmonische zu ermitteln[1]. Die aus dieser allein errechnete Welligkeit w_{J_g} des Gleichstromes ist $= J_{gp}/J_{gm} \approx E_{gp}/pSJ_{gm}$ und mit Verwendung von (194) gleich $\omega(pu) \cdot E'_{gp}/pSJ_{gm} \approx \omega(pu) \cdot \sqrt{2} E'_{gm}/p^3 S J_{gm}$. Tragen wir nun noch, indem wir $S = S(J_{gm})$ schreiben, dem Umstande Rechnung, daß die Reaktanz S infolge der Gleichstrom-

[1] Bezüglich eines früheren Versuches einer näherungsweisen Berechnung der ersten Stromoberwelle siehe Müller-Lübeck: Arch. Elektrotechn. Bd. 16 (1926) S. 113.

vormagnetisierung eine Funktion von J_{gm} ist, so erhalten wir schließlich

$$w_{J_g} = \frac{\sqrt{2}\,E'_{gm}}{p^3 S(J_{gm}) \cdot J_{gm}} \cdot \omega(pu)\,, \tag{196}$$

worin u näherungsweise aus (176b) ermittelt werden kann. Die Beziehung (196) stellt die Welligkeitscharakteristik des Gleichrichters dar.

Um uns der Abhängigkeit der Reaktanz S von der Belastung zuzuwenden, die den Verlauf der Welligkeitscharakteristik grundlegend beeinflussen kann, müssen wir uns vorerst die wirkliche Ausführung einer solchen Drossel klarmachen. Zwar gilt immer noch unsere frühere Verabredung, daß wir unter einer „Kathodendrossel" im weiteren Sinne die Gesamtheit der Reaktanzen im Gleichstromkreis verstehen; dennoch findet man die typischen Merkmale solcher von pulsierendem Gleichstrom durchflossenen Reaktanzen in einer Kathodendrossel ziemlich gut wieder, so daß wir uns tatsächlich auf die Untersuchung einer solchen beschränken können. Ein vereinfachtes Modell einer solchen Kathodendrossel zeigt Abb. 130; sie besteht aus einer Wicklung mit n Windungen, die den Strom i_g führen soll, einem Eisenkern von der Länge h und dem Querschnitt q und dem Luftspalt mit dem gleichen Querschnitt und der Länge δ; ferner setzen wir $\xi = \delta/h$.

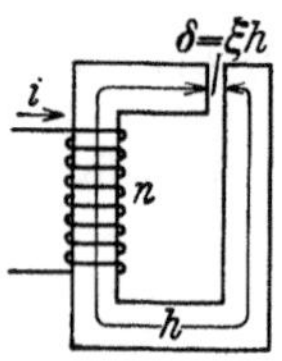

Abb. 130. Modell einer Kathodendrossel mit Luftspalt.

Die durch $n \cdot i_g$ erzeugte magnetische Induktion sei $\mathfrak{B}$, sie erfordert im Luftspalt $\frac{10}{4\pi}\xi l \cdot \mathfrak{B}$ Amperewindungen, im Eisenkern $w(\mathfrak{B}) \cdot l$ Amperewindungen, wenn $w(\mathfrak{B})$ die im Eisen zur Induktion $\mathfrak{B}$ erforderlichen

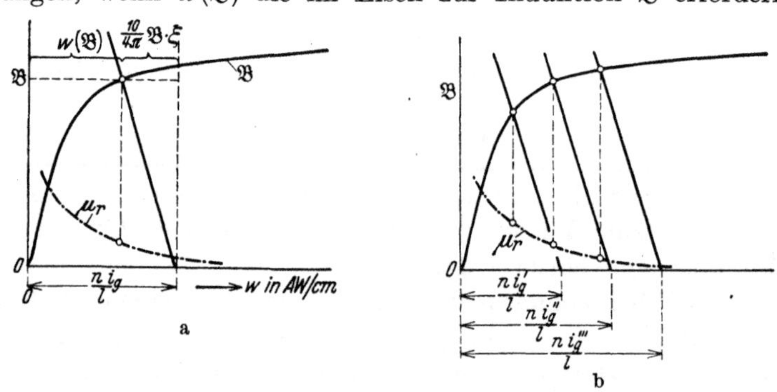

Abb. 131. Zur Berechnung einer Kathodendrossel. a) Graphische Bestimmung der Induktion $\mathfrak{B}$ und von μ_r. b) Dieselbe Bestimmung von μ_r für verschiedene Ströme i_g.

Amperewindungen pro cm bedeuten. Dann ist $\frac{10}{4\pi}\mathfrak{B}\xi + w(\mathfrak{B}) = \frac{n i_g}{l}$; die Berechnung der Induktion $\mathfrak{B}$ kann man in der in Abb. 131 gezeigten Weise graphisch durchführen. Auf der Abszissenachse der Magnetisierungskurve $\mathfrak{B} = f(w)$ trägt man die Strecke $\frac{n i}{l}$ ab und errichtet in deren Endpunkt eine Gerade von dem Neigungsverhältnis $\frac{10}{4\pi}\xi$ zur Richtung der Ordinatenachse. Die Gerade schneidet die Magnetisierungskurve in dem Arbeitspunkt $\mathfrak{B}$; dieser Punkt teilt die Abszissenstrecke $\frac{n i_g}{l}$ in die Abschnitte $w(\mathfrak{B})$ und $\frac{10}{4\pi}\mathfrak{B}\xi$, wie die Ausgangsgleichung verlangt. Die Induktivität L_k der Kathodendrossel ist definiert durch die Gleichung für die Drosselspannung

$$e_D = L_k \frac{d i_g}{dt} = n \cdot 10^{-8} \cdot q \cdot \frac{d\mathfrak{B}}{dt},$$

aus der die Beziehung

$$L_k = n \cdot 10^{-8} \cdot q \cdot \frac{d\mathfrak{B}}{d i_g} \tag{197}$$

folgt. Aus der obigen Beziehung entnehmen wir aber $\frac{n}{l} \cdot \frac{d i_g}{d\mathfrak{B}} = \frac{10}{4\pi}\xi + \frac{d w(\mathfrak{B})}{d\mathfrak{B}}$, was nach Bildung des reziproken Wertes und Einsetzen in (197) zu

$$L_k = \frac{4\pi q n^2 \cdot 10^{-9}}{l\left(\xi + \frac{4\pi}{10}\frac{d\mathfrak{B}}{dw}\right)} = \frac{4\pi q n^2 \cdot 10^{-9}}{l\left(\xi + \frac{1}{\mu_r}\right)} \tag{198}$$

führt. Die Größe μ_r, die wir an Stelle von $d\mathfrak{B}/d\mathfrak{H}$ eingesetzt haben, ist die sog. reversible Permeabilität, die das Änderungsverhältnis der Induktion bei kleinen Schwankungen der Feldstärke $\mathfrak{H}$ ausdrückt und die im allgemeinen beträchtlich kleiner ist als das aus der Magnetisierungskurve $\mathfrak{B}(\mathfrak{H})$ geometrisch bestimmte Änderungsverhältnis $d\mathfrak{B}/d\mathfrak{H}$, das man gewöhnlich als differentielle Permeabilität bezeichnet[1]. Mit wachsender Induktion nähert sich die reversible Permeabilität der differentiellen, aber erst bei sehr hohen Induktionen werden beide vergleichbar. Um für die Größenverhältnisse einige Anhaltspunkte zu geben, haben wir in Abb. 132 die Induktion $\mathfrak{B}$, die Permeabilität $\mu = \mathfrak{B}/\mathfrak{H}$, die differentielle Permeabilität $\mu_d = d\mathfrak{B}/d\mathfrak{H}$ und die reversible Permeabilität μ_r von hochlegiertem Dynamoblech (DIN/VDE 6400 IV; 0,35 mm) als Funktion der Amperewindungen pro cm in doppeltlogarithmischer Auftragung wiedergegeben[2]. Im allgemeinen wird man für Kathodendrosseln freilich sehr viel schlechtere Eisensorten verwenden.

---

[1] Die älteren Angaben in dem Buche Der Quecksilberdampfgleichrichter, Bd. 1 S. 42, 200, 201, bei denen die dort als Ergiebigkeit χ bezeichnete Größe der differentiellen Permeabilität μ_d entspricht, haben damit als überholt zu gelten.

[2] Die Werte für die reversible Permeabilität μ_r gehen auf neuere Messungen des Verf. zurück. Die Werte für $\mathfrak{B}$, μ und μ_d wurden unter der stillschweigenden Voraussetzung ähnlicher Blecheigenschaften einer Magnetisierungskurve entnommen, die in dem Buche R. Richter: Elektrische Maschinen, Bd. 2 S. 104, Berlin: Julius Springer 1930 [bzw. bei K. O. Lehmann: Arch. Elektrotechn. Bd. 24 (1930) S. 814, 815], wiedergegeben ist.

Infolge der Abhängigkeit von μ_r von der Induktion ist die Induktivität L eine Funktion des Stromes. Um diese zu berechnen, hat man in Abb. 131a nur eine Parallelverschiebung der Geraden nach Maßgabe des Stromes vorzunehmen. Drei solche, den Strömen i_g', i_g'', i_g''' entsprechende Geraden veranschaulicht Abb. 131b. Die Induktivität nimmt

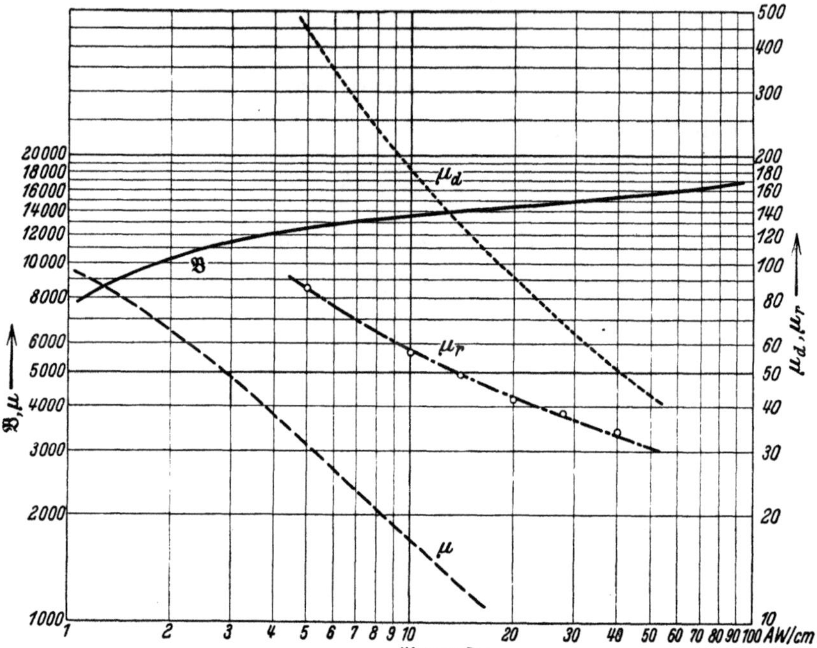

Abb. 132. Magnetisierungskurve und Permeabilitätswerte von hochlegiertem Dynamoblech.

mit wachsendem Strom ab; in unserem Falle ist für diesen Bezugsstrom natürlich der Gleichstrommittelwert J_{gm} einzusetzen.

Bei gleichem Strome ist die Induktivität eine Funktion des Luftspaltes. Macht man diesen nicht, wie es oft geschieht, so groß, daß der Wert der Induktivität von der Größe des Luftspaltes allein bestimmt ist, so nimmt die Induktivität unter Umständen mit wachsendem Luftspalt zu, um erst bei höheren Luftspalten wieder abzunehmen. Es ist also, abgesehen von noch anderen Gründen, unzweckmäßig, Kathodendrosseln ganz ohne Luftspalt auszuführen.

Nach diesen Bemerkungen über gleichstromvormagnetisierte Drosseln wenden wir uns den eigentlichen Glättungseinrichtungen zu. Diese sind Schaltungsgebilde aus Induktivitäten und Kapazitäten, die bei Abstimmung auf die Oberwellenfrequenzen für diese Resonanzkreise darstellen. Während die bisher besprochene Kathodendrossel eine stromabhängige Stromglättung verursacht und bei Leerlauf ganz unwirksam bleibt, sind die jetzt zu besprechenden Glättungseinrichtungen weitgehend unabhängiger von der Belastung wirksam. Mit ihnen erreicht man außerdem wesentlich günstigere Glättungsgrade.

Die in Abb. 133 dargestellte Glättungseinrichtung besteht neben einer Kathodendrossel mit der Induktivität L_k aus einem parallel zum Gleichstrom-Belastungswiderstand R geschalteten Saugkreis mit der Induktivität L_1, der Kapazität C_1 und dem Eigenwiderstand R_1. Wir denken uns nun auf der Gleichrichterseite die Oberwellenspannung $E_{g\nu}$ der Ordnung $\nu = \varkappa p$ wirksam; auf diese Frequenz sei der Saugkreis abgestimmt, so daß $\omega L_1 = \frac{1}{\omega C_1}$ ist (mit $\omega = 2\pi\nu\omega_0$, ω_0 = Grundfrequenz). Unsere Aufgabe ist es denn, die gleichstromseitig verbliebene effektive Oberwellenspannung $e_{g\nu}$ anzugeben. Wir rechnen am schnellsten komplex; bedeutet $j = \sqrt{-1}$, so gelten daher die Gleichungen

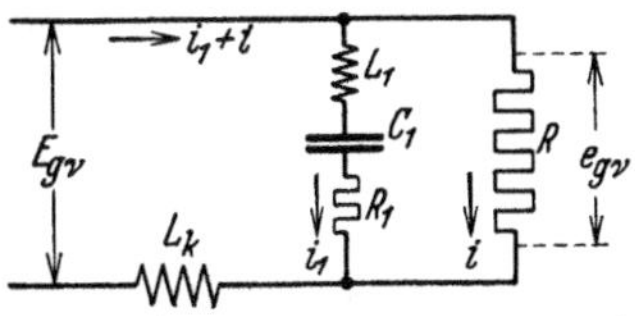

Abb. 133. Glättungseinrichtung mit Saugkreis bei Ohmscher Belastung.

$$E_{g\nu} = \left(R_1 + j\omega L_1 + \frac{1}{j\omega C_1}\right) i_1 + j\omega L_k \cdot (i_1 + i)$$
$$= Ri + j\omega L_k \cdot (i_1 + i),$$

zu denen die Resonanzbedingung $\omega L_1 = \frac{1}{\omega C_1}$ hinzutritt. Ihre Auflösung nach $e_{g\nu} = Ri$ ergibt

$$\frac{e_{g\nu}}{E_{g\nu}} = \frac{1}{\sqrt{1 + \left(\frac{1}{R} + \frac{1}{R_1}\right)^2 \omega^2 L_k^2}}. \tag{199}$$

Für den Leerlauf ergibt diese Formel mit $R \to \infty$, wenn man noch dazu $\omega L_k \gg R_1$ annimmt,

$$\frac{e_{g\nu}}{E_{g\nu}} = \frac{R_1}{\omega L_k}, \tag{199a}$$

womit man die erzielte Glättung leicht abschätzen kann. Bei einer solchen Anordnung wirkt die Kathodendrossel als Strombegrenzung, sie ist selbst nicht mit abgestimmt. Fügt man nun mehrere Saugkreise, die auf die Frequenzen $\nu\omega_0 = p\omega_0, 2p\omega_0, 3p\omega_0, \ldots$ abgestimmt sind, aneinander, so erhält man eine entsprechend weitergehende Unterdrückung von Oberwellen.

Ist jedoch $\omega L_1 \neq \frac{1}{\omega C_1}$, wobei wir annehmen wollen, daß L_1 und C_1 von der Resonanzabstimmung stark abweichen, so können wir R_1 vernachlässigen; für den Leerlauf, also $R \to \infty$, erhalten wir alsdann

$$\frac{e_{g\nu}}{E_{g\nu}} = \frac{1}{1 + \frac{\omega^2 L_k C_1}{\omega^2 L_1 C_1 - 1}}. \tag{199b}$$

Eine Glättungseinrichtung mit Saugkreisen kann man nun noch mit Sperrkreisen kombinieren, wie Abb. 134 veranschaulicht; der Belastungswiderstand R ist dabei fortgelassen, wir haben also wieder Leerlauf angenommen. Beide Kreise sind für sich auf die Frequenz $\nu\omega_0$ abgestimmt; für den Saugkreis ist daher wieder $\omega L_1 = \frac{1}{\omega C_1}$, während für den aus der Kathodendrossel, der Induktivität L_2, der Kapazität C_2 und dem Eigenwiderstand R_2 bestehenden Sperrkreis $\omega(L_2 + L_k) = \frac{1}{\omega C_2}$ ist. Es gelten jetzt die Gleichungen

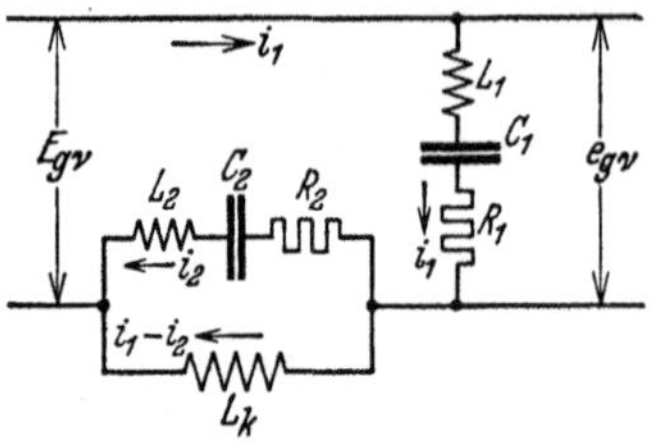

Abb. 134. Glättungseinrichtung mit Saugkreis und Sperrkreis bei Leerlauf.

$$E_{g\nu} = \left(R_1 + j\omega L_1 + \frac{1}{j\omega C_1}\right) i_1 + j\omega L_k \cdot (i_1 - i_2)$$

$$= \left(R_1 + j\omega L_1 + \frac{1}{j\omega C_1}\right) i_1 + \left(R_2 + j\omega L_2 + \frac{1}{j\omega C_2}\right) i_2,$$

zu denen die Resonanzbedingungen hinzutreten; sie ergeben nach $e_{g\nu} = R_1 i_1$ aufgelöst

$$\frac{e_{g\nu}}{E_{g\nu}} = \frac{R_1 R_2}{\sqrt{(R_1 R_2 + \omega^2 L_k^2)^2 + (R_2 \omega L_k)^2}}. \tag{200}$$

Bei Fehlen des Sperrkreises ($R_2 = \infty$) wird, wie vorhin,

$$\frac{e_{g\nu}}{E_{g\nu}} = \frac{R_1}{\sqrt{R_1^2 + \omega^2 L_k^2}} \approx \frac{R_1}{\omega L_k}$$

bei Fehlen des Saugkreises ($R_1 = \infty$) ist selbstverständlich $e_{g\nu}/E_{g\nu} = 1$, d. h. man erzielt gar keine Glättung. Daß aber beide Kreise eine stärkere Glättung liefern als der Saugkreis allein, erkennt man sofort, wenn man in (200) $\omega L_k^2 \gg R_1 R_2$ annimmt. Dann läßt sich nämlich schreiben

$$\frac{e_{g\nu}}{E_{g\nu}} = \frac{R_1 R_2}{\omega L_k \sqrt{R_2^2 + \omega^2 L_k^2}} \approx \frac{R_1}{\omega L_k} \cdot \frac{R_2}{\omega L_k}. \tag{200a}$$

Zur Erziehung dieses Effektes für mehrere Harmonische muß man mehrere Saugkreise und Sperrkreise parallelschalten.

Kompensation der Blindleistung. Über die mögliche Verbesserung des Leistungsfaktors ist nicht viel zu sagen. Wir haben gefunden, daß die Kommutierungsblindleistung und die Leerlaufblindleistung die wesentlichen bestimmenden Faktoren des Leistungsfaktors sind, für den Leistungsfaktor $\cos\alpha_1$ sind es sogar die allein bestimmenden. Diese Blindleistungen lassen sich aber durch kapazitive Blindleistungen kompensieren, während eine solche Kompensation der Verzerrungsleistung unmöglich ist.

Im allgemeinen sind die Wechselspannungen, an die man z. B. Kondensatoren anzuschließen hat, nicht oberwellenfrei, sofern sie dem

Gleichrichtertransformator entstammen. Es ist alsdann darauf zu achten, daß die Spannungsoberwelle, für die der aus Kondensator und Streureaktanz des Transformators zusammengesetzte Stromkreis in Resonanz liegt, keine schädlichen Ströme aufkommen läßt.

Berücksichtigung von Ohmschem Gleichspannungsabfall. Wir wenden uns nun wieder der Untersuchung des Gleichspannungsabfalles zu und holen nach, seine Erhöhung infolge wechselstromseitiger Ohmscher Widerstände zu berechnen; dabei beschränken wir uns wieder auf den Fall unendlich großer Kathodendrossel. Wir wollen annehmen, daß die Sekundärwicklungen des Transformators und der anschließenden Leitungsteile bis zu den Anoden je Phase mit dem Ohmschen Widerstand R_a und der Reaktanz X_a behaftet sind.

Das Zünden des Anodenstromes i_1 erfolgt dann nicht in dem Schnittpunkt $x = 0$ der Spannungen e_p und e_1, sondern um den Winkel δ früher, nämlich im Schnittpunkt der Spannung $e_p - R_a i_p$ mit der Spannung e_1. Da $e_p = \sqrt{2} E_w \cos\left(x + \frac{\pi}{p}\right)$ und $x_1 = \sqrt{2} E_w \cos\left(x - \frac{\pi}{p}\right)$ und vor der Kommutierung $i_p = J_g$ ist, so wird

$$\delta = \arcsin \frac{R_a J_g}{2\sqrt{2}\, E_w \sin \frac{\pi}{p}}. \tag{201}$$

Die Zündverfrühung nimmt also, wie erklärlich ist, mit wachsender Phasenzahl zu.

Während der Kommutierungsdauer, d. h. von $x = -\delta$ bis $x = u$, ist die Gleichspannung $e_g = e_1 - X_a \frac{d i_1}{d x} - R_a i_1 - e_k = e_p - X_a \frac{d i_p}{d x} - R_a i_p - e_k$, wobei e_k die Spannung an der Kathodendrossel vorstellt. Addieren der Gleichungen ergibt $e_g = \frac{e_1 + e_p}{2} - \frac{R_a}{2} J_g - e_k$, Subtrahieren ergibt dagegen $\frac{e_1 - e_p}{2} = X_a \frac{d i_1}{d \vartheta} + R_a\left(i_1 - \frac{J_g}{2}\right)$. Nach der Kommutierungszeit, d. h. von $x = u$ bis $x = \frac{2\pi}{p} - \delta$, ist $e_g = e_1 - R_a J_g - e_k$. Mit Hilfe dieser Gleichungen errechnet sich die mittlere Gleichspannung E_{gm} zu

$$E_{gm} = \frac{p}{2\pi}\left(\int_{-\delta}^{u} \frac{e_1 + e_p}{2}\, d x - \frac{R_a}{2}\int_{-\delta}^{u} J_g\, d x + \int_{u}^{\frac{2\pi}{p} - \delta} e_1\, d x - R_a \int_{u}^{\frac{2\pi}{p} - \delta} J_g\, d x\right)$$

$$= E'_{gm} - \Delta E_{gm}$$

mit

$$\Delta E_{gm} = \frac{p}{2\pi} X_a J_g$$

$$+ \left(1 - \frac{p}{4\pi}(\delta + u)\right) R_a J_g + 1 - \sqrt{1 - \left(\frac{R_a J_g}{2\sqrt{2}\sin\frac{\pi}{p} E_w}\right)^2} + \frac{p}{2\pi} R_a \int_{-\delta}^{u}\left(1 - \frac{J_g}{2}\right) d x, \tag{202}$$

wobei die Rechnung ganz ähnlich verläuft wie diejenige, die zu Gleichung (136) führte. Das Resultat ist im wesentlichen wieder das gleiche wie dort; der prozentuale Gleichspannungsabfall $\varepsilon = \Delta E_{gm}/E'_{gm}$ zerlegt sich nach $\varepsilon = \varepsilon_s + \varepsilon_w$ in den induktiven Anteil ε_s und den Ohmschen Anteil ε_w. Der induktive Anteil beträgt wie bisher $\varepsilon_s = \frac{p}{2\pi} X_a J_g$. Für den Ohmschen Anteil führen wir wieder eine Näherung durch, indem wir das Integral $\int\left(i - \frac{J_g}{2}\right) dx$ mit $J_g \cdot \frac{u}{6}$ abschätzen, wir finden so

$$\varepsilon_w = \left(1 - \frac{p}{3\pi} u\right) \frac{R_a}{X_a} J_g . \tag{203a}$$

Würden wir den Ohmschen Abfall aus den Kupferverlusten errechnen, so würden wir näherungsweise

$$\varepsilon_w = \left(1 - \frac{2p}{15\pi} u\right) \frac{R_a}{X_a} J_g \tag{203b}$$

erhalten.

Verlängerung der Anodenbrenndauer, treppenförmig aufsteigende, konstante und treppenförmig auf- und absteigende Anodenströme und ihre Kommutierung, allgemeiner Ansatz für den induktiven Gleichspannungsabfall. Alle bisherigen Untersuchungen hatten das Gemeinsame, daß, von der Kommutierung abgesehen, der Gleichstrom immer jeweils von einem Anodenstrom gestellt wird, der alsdann die Höhe des Gleichstromes und die Brenndauer $\frac{2\pi}{p}$ hat. Dieser Umstand hat, vor allem bei höherphasigen Gleichrichtern, zwei erhebliche Nachteile. Einerseits wird infolge der zeitweisen Beanspruchung jeweils einer Anode durch den vollen Gleichstrom die Ausnutzung des Gleichrichtergefäßes und der Sekundärwicklung des Transformators eine sehr ungünstige, andererseits hatten wir gefunden, daß das Verhältnis zwischen dem induktiven Gleichspannungsabfall ε_s und der Kurzschlußspannung n_k des Transformators mit wachsender Phasenzahl beträchtlich zunimmt. Diese Umstände legen es nahe, Maßnahmen zu treffen, die Brenndauer der Anodenströme zu verlängern oder, was dasselbe bedeutet, die jeweilige Anodenstrombeteiligung zum Gleichstrom zu vervielfachen.

Bleiben wir vorerst noch bei dem ideellen Gleichrichter ohne Reaktanzen, so daß wir von der Kommutierung absehen können, so bedeutet die Möglichkeit des gleichzeitigen Brennens mehrerer Anoden, sagen wir der m Anoden $1, 2, \ldots, m$, daß die sekundären Transformatorspannungen oder Anodenspannungen $e_1, e_2, \ldots, e_p$ nicht mehr sinusförmig sein dürfen, sondern eine derart von der Sinusform abweichende Form annehmen müssen, daß unter ihnen die m Spannungen $e_1, e_2, \ldots, e_m$ während des Intervalles $\frac{2\pi}{p}$ die gleichen Momentanwerte haben. Da diese den Momentanwert der ideellen Gleichspannung e'_g stellen müssen, so folgt, daß die positive Halbwelle der neuen Anodenspannungen m-mal nacheinander den innerhalb $\frac{2\pi}{p}$ geltenden Verlauf der Gleichspannung e_g' enthalten muß. Mit Rücksicht auf die ursprüngliche Herkunft der Anodenspannungen von sinusförmigen Primärspannungen wird die Gleichspannung e_g' dabei nach wie vor in der in Abb. 110 gezeigten Weise, d. h. sinuskuppenförmig verlaufen.

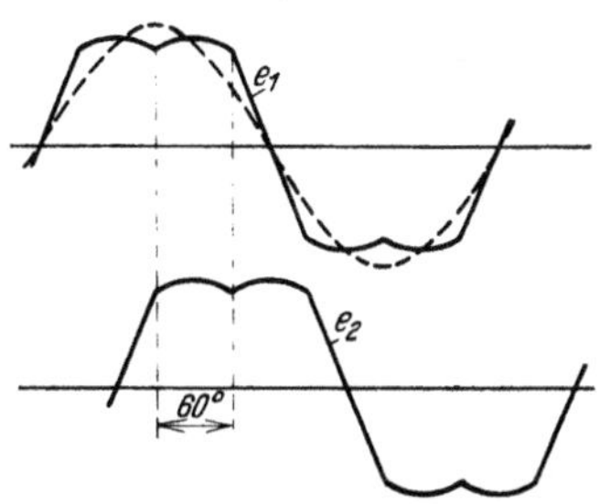

Abb. 135. Zwei aufeinanderfolgende Anodenspannungen eines Sechsphasengleichrichters mit zweifacher Anodenbeteiligung.

Aus diesen Überlegungen folgt, daß z. B. bei einem Sechsphasengleichrichter mit zweifacher Anodenbeteiligung, d. h. $m = 2$, die Anodenspannungen wie in Abb. 135 wiedergegeben, bei einem Zwölfphasengleichrichter mit fünffacher Anodenbeteiligung, d. h. $m = 5$, wie in Abb. 136 wiedergegeben verlaufen müssen. In beiden Fällen erkennt man, daß die Momentanwerte der m Anodenspannungen während eines Intervalles $\frac{2\pi}{p}$ tatsächlich übereinstimmen. Am Ende dieses Intervalles beginnt die Anodenspannung e_1 zu sinken, während die $m+1$-te Anodenspannung inzwischen den gleichen Momentanwert wie die früheren $m-1$ Anodenspannungen erreicht hat, so daß damit die zugehörige Anode $m+1$ die Berechtigung erlangt hat, zu zünden. Durch diesen Vorgang wird eine Störung des Spannungsgleichgewichtes eingeleitet, die Ausgleichströme ins Leben ruft, die vermöge der durch sie induzierten Reaktanzspannungen ein neues Gleichgewicht zu schaffen versuchen. Für die Anode 1 bedeutet dies die Entstehung eines Gegenstromes, der solange anwächst, bis der resultierende Anodenstrom i_1 auf den Wert Null herabgedrückt ist und damit löscht. Dieser etwas verwickeltere Vorgang ist nichts anderes als die Kommutierung, sie spielt sich bei vernachlässigten Reaktanzen in unendlich kurzer Zeit, bei berücksichtigter Reaktanz in der endlichen Zeit u ab.

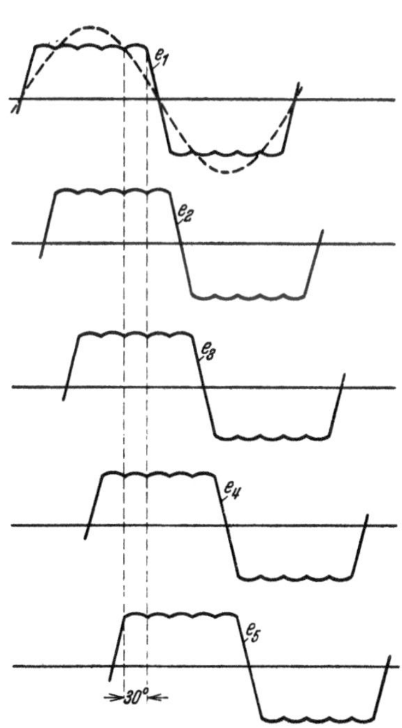

Abb. 136. Fünf aufeinanderfolgende Anodenspannungen eines Zwölfphasengleichrichters mit fünffacher Anodenbeteiligung.

Ohne uns zunächst mit der Entstehung der von der Sinusform abweichenden Anodenspannungen zu befassen, wollen wir annehmen, sie seien dem Gleichrichtersystem aufgeprägt und untersuchen die unter ihnen entstehenden Spannungsverhältnisse. Wir nehmen also einen Gleichrichter nach Abb. 108 an, der anstatt durch sinusförmige Wechselspannungen durch die neuen Wechselspannungen gespeist ist, außerdem denken wir uns in der in Abb. 137 gezeigten Weise in die Anodenleitungen Anodendrosseln der Reaktanz X_a und in den Gleichstromkreis eine unendlich große Kathodendrossel eingefügt. Während der Kommutierungsdauer u, die bei $x=0$ beginnen möge, fließen die Anodenströme $i_1, \ldots, i_{m+1}$, der Strom i_{m+1} hat gerade gezündet, während der Strom i_1 im Sinken begriffen ist. Am Ende der Kommutierung bei $x = u$ ist $i_1 = 0$ geworden, von da ab fließen somit nur die Anodenströme $i_2, \ldots, i_{m+1}$. Die Gleichspannung wird bei fehlender Kommutierung, wie Abb. 138 veranschaulicht, im ganzen Intervall $\frac{2\pi}{p}$ den Verlauf $i_g{}^I$ haben, während sie tatsächlich im Kommutierungsintervall den Verlauf $e_g{}^{II}$ und erst daran anschließend den Verlauf $e_g{}^I$ annimmt. Da $e_g{}^{II}$ der Mittelwert der untereinander gleichen Spannungen $e_2 = \cdots = e_{m+1} = e_g{}^I$ und der sinkenden Spannung e_1 sein muß, wird der schraffiert gezeichnete Gleichspannungsabfall

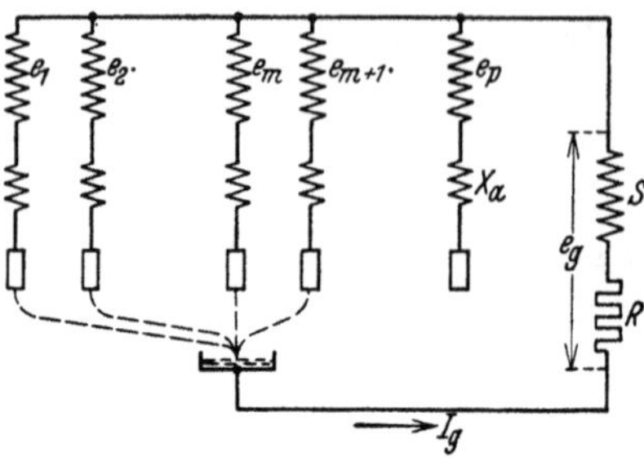

Abb. 137. p-phasen-Gleichrichter mit m-facher Anodenbeteiligung bei der Kommutierung.

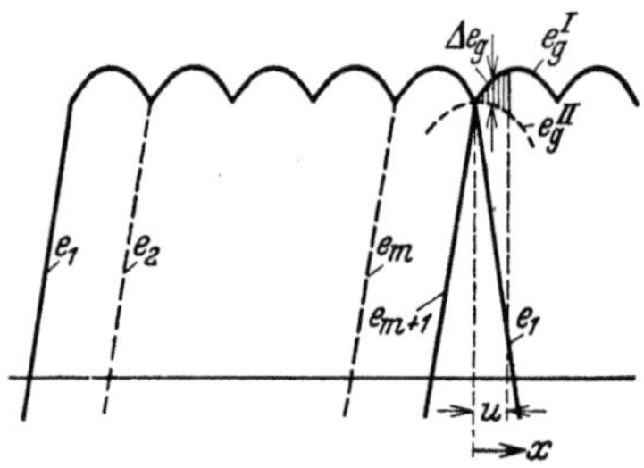

Abb. 138. Zum Kommutierungsvorgang des p-phasen-Gleichrichters mit m-facher Anodenbeteiligung.

$$\Delta e_g = e_g{}^I - e_g{}^{II} = \frac{e_g{}^I - e_1}{m+1}. \tag{204}$$

Um seine Abhängigkeit vom Gleichstrom zu finden, bilden wir die nach Abb. 137 während der Kommutierung geltenden Gleichungen

$$\begin{aligned} e_g{}^{II} &= e_1 - X_a \frac{d i_1}{d x} \\ &= e_g{}^I - X_a \frac{d i_2}{d x} \\ &\ldots\ldots\ldots\ldots \\ &= e_g{}^I - X_a \frac{d i_{m+1}}{d x}. \end{aligned} \tag{204a}$$

Summiert man die zweite bis letzte Gleichung und berücksichtigt, daß $\frac{d}{dx}(i_1 + i_2 + \cdots + i_{m+1}) = 0$ ist, so folgt $\Delta e_g = -\frac{1}{m} X_a \frac{d i_1}{dx}$; andererseits schließt man

$$\frac{d i_2}{dx} = \cdots = \frac{d i_{m+1}}{dx} = -\frac{1}{m}\frac{d i_1}{dx}.$$

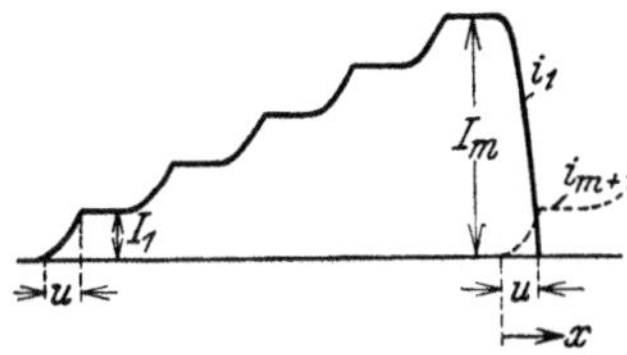

Abb. 139. Treppenförmiger Anstieg der Anodenströme bei $m = 5$.

Dies bedeutet, daß man sich die Anodenströme, wie in Abb. 139 veranschaulicht, treppenförmig ansteigend vorzustellen hat. Bedeuten $J_1, J_2, \ldots, J_m$ die einzelnen gleich weit entfernten Stufen des Anodenstromes, so wird der mittlere Gleichspannungsabfall

$$\Delta E_{gm} = \frac{p}{2\pi} X_a J_1 = \frac{p}{2\pi m} X_a J_m, \tag{204b}$$

wofür man wegen $J_g = J_1 \cdot (1 + 2 + \cdots + m)$ schreiben kann

$$\Delta E_{gm} = \frac{p}{\pi m(m+1)} X_a J_g. \tag{204c}$$

Die untersuchte Schaltung entspricht einem gedachten Fall der möglichen Schaltungen für mehranodigen Betrieb; vergleicht man den gefundenen Gleichspannungsabfall mit dem bei einanodigen Betrieb $= \frac{p}{2\pi} X_a J_g$, so stellt man eine Herabsetzung des Abfalles im Verhältnis von $2 : m(m+1)$ fest, die durch die Verlängerung der Anodenbrenndauer auf das m-fache erzielt worden ist. Der auf die ideelle Gleichspannung bezogene prozentuale Gleichspannungsabfall erscheint wegen der niedrigeren Gleichspannung natürlich nur um einen etwas geringeren Betrag herabgesetzt.

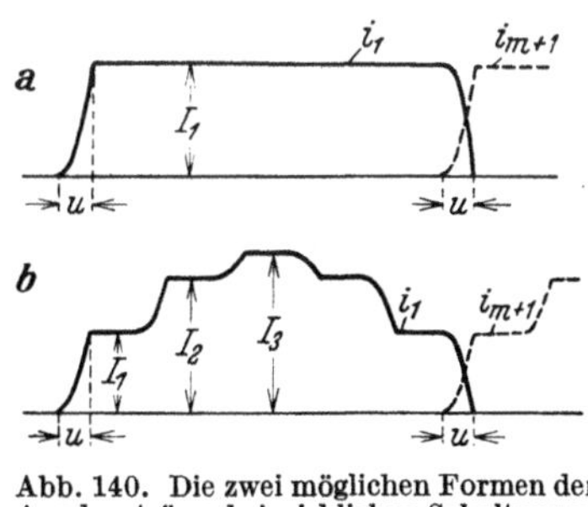

Abb. 140. Die zwei möglichen Formen der Anodenströme bei wirklichen Schaltungen für mehranodigen Betrieb bei $m = 5$. a) Konstanter Anodenstrom, b) treppenförmig auf- und absteigender Anodenstrom.

Die untersuchte Schaltung entspricht jedoch noch nicht den wirklichen Schaltungen für mehranodigen Betrieb. Diese haben nämlich die Eigentümlichkeit, daß die Amperewindungsbedingungen, die das Induzieren der die an sich sinusförmigen Anodenspannungen umbildenden Oberwellen erzwingen, an bestimmte Verläufe der Anodenströme gebunden sind. Insbesondere verlangen sie, daß die Kurvenform der Anodenströme symmetrisch ist. Die unter diesen Umständen tatsächlich möglichen Anodenströme sind, wie sich später herausstellen wird, die in Abb. 140 für das Beispiel $m = 5$ gezeigten. Unter a) findet man den konstanten Anodenstrom veranschaulicht, der praktisch bei den Schaltungen mit einem sog. Saugtransformator verwirklicht ist, d. h. eines m-phasigen Transformators, dessen m in Stern geschaltete Wicklungen an die Teilsysteme der m-fach unterteilten p-phasen-Wicklung des Haupttransformators angeschlossen sind, so daß der Sternpunkt des Saugtransformators den Nullpunkt des ganzen Transformatorsystems bildet. Ein solcher Saugtransformator erzwingt die Gleichheit der m Teilströme und damit den m-anodigen Betrieb und induziert außerdem die für diesen Betrieb erforderlichen Oberwellen der Anodenspannungen. Unter b) findet man den treppenförmig auf- und absteigenden Anodenstrom veranschaulicht, der praktisch bei den Schaltungen mit zwei Transformatoren mit in Kaskade geschalteten Primärwicklungen oder mit Transformatoren mit verwickelteren Zusatzsystemen verwirklicht ist. Wir werden für beide Fälle eine Reihe von Beispielen aufführen; dabei werden wir feststellen, daß bei den wirklich vorkommenden Schaltungen im Falle a) nur geradzahlige m-Werte, im Falle b) nur ungeradzahlige m-Werte möglich sind. Vorerst wollen wir versuchen, den Gleichspannungsabfall für beide Fälle anzugeben.

a) Bei konstantem Anodenstrom sind während der Kommutierung $\frac{di_2}{dx} = \cdots = \frac{di_m}{dx} = 0$. Es müssen daher offenbar noch zusätzliche Kommutierungsspannungen $v_1, v_2, \ldots, v_{m+1}$ wirksam sein, die das durch die obige Bedingung gestörte Spannungsgleichgewicht wiederherstellen, so daß jetzt also

$$\begin{aligned} e_g^{II} &= e_1 - X_a \frac{di_1}{dx} &&+ v_1 \\ &= e_g^I &&+ v_2 \\ &\cdots\cdots\cdots\cdots \\ &= e_g^I &&+ v_m \\ &= e_g^I - X_a \frac{di_{m+1}}{dx} &&+ v_{m+1} \end{aligned}$$

ist. Die Spannungen v_1 bis v_{m+1} können nur von dem m-phasigen Saugtransformator mitinduziert werden. Infolgedessen muß $v_{m+1} = v_1$ und $v_1 + \cdots + v_m = 0$ sein. Da aber $v_2 = \cdots = v_m$ sein muß, so wird, wenn wir $v_1 = v$ schreiben,

$$v_2 = \cdots = v_m = \frac{1}{m-1} v . \tag{205}$$

Andererseits ist aus Symmetriegründen $\frac{di_1}{dx} = -\frac{di_{m+1}}{dx}$. Damit wird

$$\begin{aligned} e_g^{II} &= e_1 + X_a \frac{di_{m+1}}{dx} &&+ v \\ &= e_g^I &&- \frac{1}{m-1} v \\ &\cdots\cdots\cdots\cdots \\ &= e_g^I &&- \frac{1}{m-1} v \\ &= e_g^I - X_a \frac{di_{m+1}}{dx} &&+ v . \end{aligned} \tag{206}$$

Darin sind nur noch e_g^{II} und v unbekannt. Summiert man die erste und letzte Zeile, so wird $2e_g^{II} = e_1 + e_g^I + 2v$, summiert man alle Zeilen, so wird $(m+1)e_g^{II} = e_1 + me_g^I + v$. Die Auflösung der beiden Gleichungen liefert

$$\begin{aligned} e_g^{II} &= \frac{1}{2m}\left((2m-1)e_g^I + e_1\right), \\ v &= \frac{m-1}{2m}(e_g^I - e_1). \end{aligned} \tag{206a}$$

Für die Berechnung des Gleichspannungsabfalles Δe_g ist die Kenntnis dieser beiden Größen jedoch nicht einmal erforderlich. Wir summieren in (207) die zweite bis letzte Zeile und finden

$$\Delta e_g = e_g^I - e_g^{II} = \frac{1}{m} X_a \frac{d i_{m+1}}{d x}$$

und damit für den mittleren Gleichspannungsabfall

$$\Delta E_{gm} = \frac{p}{2\pi m} X_a J_1,$$

wofür man wegen $J_g = mJ_1$ schreiben kann

$$\Delta E_{gm} = \frac{p}{2\pi m^2} X_a J_g. \tag{207}$$

Der Gleichspannungsabfall wird durch die Verlängerung der Anodenbrenndauer auf das m-fache, also im Verhältnis $1 : m^2$ verkleinert.

b) Bei treppenförmig auf- und absteigendem Anodenstrom ist während der Kommutierung aus Symmetriegründen $\frac{di_1}{dx} = -\frac{di_{m+1}}{dx}$, $\frac{di_2}{dx} = -\frac{di_m}{dx}$, ... Es müssen wieder zusätzliche Kommutierungsspannungen $w_1, w_2, \ldots, w_{m+1}$ auftreten, so daß

$$\begin{aligned} e_g^{II} &= e_1 + X_a \frac{di_{m+1}}{dx} + w_1 \\ &= e_g^I + X_a \frac{di_m}{dx} \quad + w_2 \\ &\cdots\cdots\cdots\cdots\cdots \\ &= e_g^I - X_a \frac{di_m}{dx} \quad + w_m \\ &= e_g^I - X_a \frac{di_{m+1}}{dx} + w_{m+1} \end{aligned}$$

wird. Um jetzt die unbekannten Größen e_g^{II} sowie $w_1, \ldots, w_{m+1}$ zu bestimmen, müssen wir wieder eine weitere Bedingung angeben, ohne die das Gleichungssystem noch unterbestimmt wäre. Im vorigen Beispiel war diese die Amperewindungsbedingung oder Flußbedingung des Saugtransformators, nämlich $v_2 + \cdots + v_{m+1} = 0$; die weitere Bedingung, nach der der Saugtransformator bei hinreichend großer Leerlaufreaktanz das gleichzeitige Fließen von m angenähert gleichen Anodenströmen erzwingt, ergab sich dann aus der Windungsgleichheit der m Wicklungen. Den in dem jetzigen Beispiel vorliegenden eigentümlichen Transformatorsystemen entspricht eine andere Amperewindungsbedingung oder Flußbedingung. Haben die jetzt erzwungen treppenförmigen Anodenströme die Stufenwerte $J_1, \ldots, J_m$ mit $J_m = J_1$, $J_{m-1} = J_2$, und bedenken wir, daß diesen Stufenwerten entsprechende Windungszahlen der beteiligten Wicklungen zugeordnet sein müssen, so können wir schließen, daß jetzt eine Spannungsbedingung

$$w_2 \frac{J_1}{J_g} + w_3 \frac{J_2}{J_g} + \cdots + w_{m+1} \frac{J_m}{J_g} = 0 \tag{208}$$

gelten muß. Schreiben wir demzufolge die Ausgangsgleichungen in der Form

$$\begin{aligned} e_g^{II} &= e_g^{I} + X_a \frac{d i_{m+1}}{d x} + w_1, \\ \frac{J_1}{J_g} e_g^{II} &= \frac{J_1}{J_g} e_g^{I} + \frac{J_1}{J_g} X_a \frac{d i_m}{d x} + \frac{J_1}{J_g} \cdot w_2, \\ \frac{J_2}{J_g} e_g^{II} &= \frac{J_2}{J_g} e_g^{I} + \frac{J_2}{J_g} X_a \frac{d i_{m-1}}{d x} + \frac{J_2}{J_g} \cdot w_3, \\ &\cdots\cdots\cdots\cdots\cdots\cdots \\ \frac{J_2}{J_g} e_g^{II} &= \frac{J_2}{J_g} e_g^{I} + \frac{J_2}{J_g} X_a \frac{d i_m}{d x} + \frac{J_2}{J_g} \cdot w_m, \\ \frac{J_1}{J_g} e_g^{II} &= \frac{J_1}{J_g} e_g^{I} + \frac{J_1}{J_g} X_a \frac{d i_{m+1}}{d x} + \frac{J_1}{J_g} \cdot w_{m+1} \end{aligned} \tag{209}$$

und summieren die zweite bis letzte Zeile, so wird

$$(J_1 + J_2 + \cdots)(e_g^{I} - e_g^{II}) = X_a \left(J_1 \frac{d i_{m+1}}{d x} + (J_2 - J_1) \frac{d i_m}{d x} + \cdots \right).$$

Da der Gleichspannungsabfall während der Kommutierung wieder $\Delta e_g = e_g^{I} - e_g^{II}$ und der einzige Beitrag zum mittleren Gleichspannungsabfall ΔE_{gm} ist, so erhält man durch Integration von $x = 0$ bis u bei sinngemäßem Einsetzen der Stufenwerte

$$\begin{aligned} \underset{(x=0)}{i_{m+1}} &= 0, & \underset{(x=u)}{i_{m+1}} &= J_1, \\ \underset{(x=0)}{i_m} &= J_1, & \underset{(x=u)}{i_m} &= J_2 \\ &\cdots\cdots\cdots\cdots \end{aligned}$$

und unter Beachtung dessen, daß der Gleichstrom

$$J_g = J_1 + J_2 + \cdots + J_2 + J_1$$

sein muß, den allgemeinen Ausdruck für den mittleren Gleichspannungsabfall

$$\Delta E_{gm} = \frac{p}{2\pi} X_a J_g \frac{J_1^2 + (J_2 - J_1)^2 + \cdots}{(J_1 + J_2 + \cdots + J_2 + J_1)^2}. \tag{210}$$

Wir werten diese Formel für zwei Beispiele aus. Für einen Zwölfphasengleichrichter mit dreianodigem Betrieb verläuft der Anodenstrom, wie wir später finden werden, nach Abb. 141a, bei fünfanodigem Betrieb nach Abb. 141b, wobei die eingetragenen Stufenwerte nach Sinuswerten eines jeweils um $\frac{2\pi}{p} = 30°$ wachsenden Winkels fortschreiten. Für dreianodigen Betrieb findet man

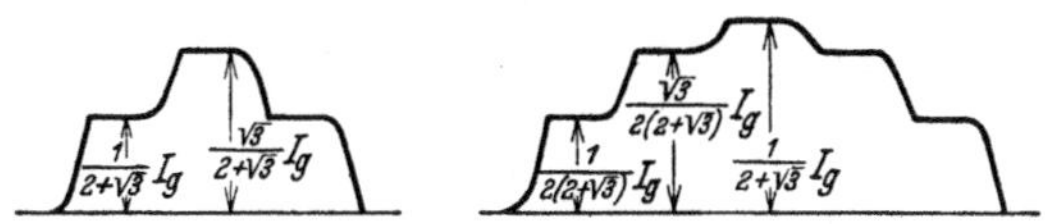

a Dreianodiger Betrieb *b Fünfanodiger Betrieb*

Abb. 141. Zwei Beispiele für treppenförmige Anodenströme von Zwölfphasengleichrichtern ($m = 3$ und $m = 5$).

$$\Delta E_{gm} = \frac{12}{2\pi} X_a J_g \frac{\frac{1}{4} + \left(\frac{\sqrt{3}}{2} - \frac{1}{2}\right)^2}{\left(\frac{1}{2} + \frac{\sqrt{3}}{2} + \frac{1}{2}\right)^2} \tag{210a}$$

$$= \frac{6}{\pi} \frac{4 + \sqrt{3}}{(2 + \sqrt{3})^3} X_a J_g = 0{,}21\, X_a J_g ,$$

während für fünfanodigen Betrieb

$$\Delta E_{gm} = \frac{12}{2\pi} X_a J_g \frac{\frac{1}{4} + \left(\frac{\sqrt{3}}{2} - \frac{1}{2}\right)^2 + \left(1 - \frac{\sqrt{3}}{2}\right)^2}{\left(\frac{1}{2} + \frac{\sqrt{3}}{2} + 1 + \frac{\sqrt{3}}{2} + \frac{1}{2}\right)^2} \tag{210b}$$

$$= \frac{9}{\pi} \frac{1}{(2 + \sqrt{3})^3} X_a J_g = 0{,}055\, X_a J_g$$

wird.

Mit wachsender Phasenzahl bei maximaler Anodenbeteiligung nimmt der Gleichspannungsabfall beständig ab, für $p \to \infty$ würde dieser den Wert Null annehmen. In Wahrheit gilt das hier zugrunde gelegte Geradenstück der Charakteristik jedoch nur bis zum Eintreten des nächsthöheren Betriebszustandes, bei dem sich die Anode $m + 2$ zu den zündberechtigten Anoden hinzugesellt. Hierauf kommen wir später noch besonders zurück.

Bemerkenswert sind die verschiedenen Verläufe der Kommutierungsströme, die sich bei den drei untersuchten Fällen, die den Anodenstromformen nach Abb. 139, 140a und 140b entsprechen, ausbilden und die wir nach den vorigen Überlegungen ohne weiteres verstehen. Sie sind in Abb. 142 schematisch wiedergegeben. Die Ausgleichströme, die die Anodenablösung bewerkstelligen, sind vollausgezogen angedeutet, während die ursprünglichen Anodenströme gestrichelt eingetragen sind.

Anschließend hieran wollen wir noch das Verhältnis des prozentualen Gleichspannungsabfalles $\varepsilon_s = \Delta E_{gm}/E'_{gm}$ zur prozentualen Kurzschlußspannung u_k angeben. Auch hierzu beschränken wir uns auf die Berücksichtigung nur der sekundären ungekoppelten Reaktanzen X_a und definieren die Kurzschlußspannung u_k wie bisher als diejenige primäre Kurzschlußspannung bei sekundärem dreiphasigem Kurzschluß, bei der die primären Ströme den Nennwert erreichen. Vorerst erläutern wir

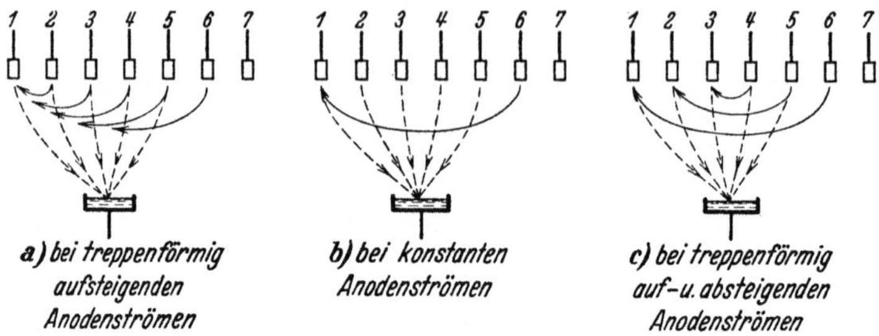

Abb. 142. Der Kommutierungsvorgang bei den drei möglichen Anodenstromformen eines Zwölfphasengleichrichters bei $m = 5$.

noch einige Bezeichnungen. Wie Abb. 143 veranschaulicht, sei das Geradenstück von A bis B die Gleichspannungscharakteristik in demjenigen normalen Belastungsbereich, in dem der m-anodige Betrieb herrscht, also die Formeln (208) oder (210) gelten; wie wir später finden werden, beginnt dieser Belastungsbereich bei einem sog. kritischen Gleichstromwert $J_g = J_{krit}$, für den die Anodenströme eine solche Höhe haben, daß sie imstande sind, die zum Umbilden der Anodenspannungen erforderlichen Magnetisierungsströme zu decken, ohne daß ein Lücken derselben, also ein Löschen der zugehörigen Lichtbogen eintritt. Die geradlinige Verlängerung von AB treffe die Ordinatenachse bei der ideellen Leerlaufspannung E'_{gm}. Der wirkliche Verlauf der Charakteristik vom Punkte A bis Leerlauf sei der ausgezogene, er beginne bei der wirklichen Leerlaufspannung E''_{gm}. Die Sinusspannung, die die Gleichspannung E''_{gm} liefert, habe den Effektivwert E''_a, diese ist die sog. Leerlauf-Anodenspannung; es ist aber $E''_{gm} = \sqrt{2}\,E''_a \frac{p}{\pi} \sin\frac{\pi}{p}$. Die Sinusspannung, die E'_{gm} liefert, habe den Effektivwert E'_a, so daß also $E'_{gm} = \sqrt{2}\,E'_a \frac{p}{\pi} \sin\frac{\pi}{p}$ wäre. Die primäre Netzspannung soll wieder den Effektivwert E_p haben.

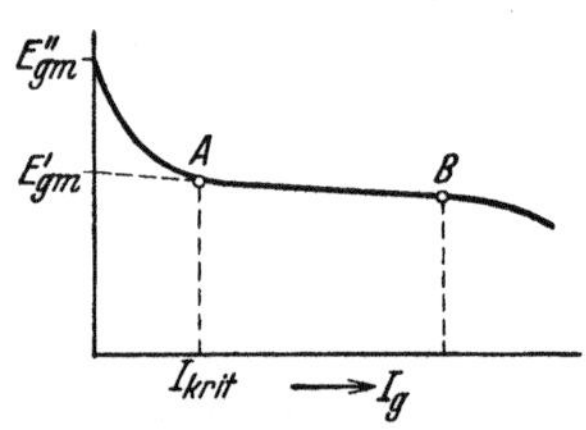

Abb. 143. Typischer Verlauf der Gleichspannungscharakteristik bei Gleichrichtern mit mehranodigem Betrieb.

Unter diesen Voraussetzungen schreibt sich der prozentuale induktive Gleichspannungsabfall

$$\varepsilon_s = \frac{p}{2\pi} f_m \cdot \frac{X_a J_g}{E'_{gm}} \quad \text{mit } f_m = \frac{1}{m^2} \text{ oder } = \frac{J_1^2 + (J_2 - J_1)^2 + \cdots}{(J_1 + J_2 + \cdots + J_2 + J_1)^2}, \tag{211}$$

während man für die prozentuale Kurzschlußspannung mit $J_p = \frac{E'_a}{E_p} \cdot \frac{\sqrt{2}}{3} J_g$

$$u_k = \left(\frac{E_p}{E''_a}\right)^2 \cdot \frac{X_a J_p}{E_p} = \left(\frac{E'_a}{E''_a}\right)^2 \cdot \frac{\sqrt{2}}{3} \frac{X_a J_g}{E'_a} = \frac{2}{3} \frac{p}{\pi} \sin\frac{\pi}{p} \left(\frac{E'_a}{E''_a}\right)^2 \frac{X_a J_g}{E'_{gm}}$$

erhält. Das gesuchte Verhältnis zwischen beiden ist danach mit $E'_a/E''_a = E'_{gm}/E''_{gm}$ allgemein gegeben durch

$$\frac{\varepsilon_s}{u_k} = \frac{3}{4 \sin\frac{\pi}{p}} \cdot f_m \cdot \left(\frac{E''_{gm}}{E'_{gm}}\right)^2, \tag{212}$$

worin f_m die in (211) angegebene Bedeutung hat. Eine Auswertung dieser Formel setzt noch die Kenntnis des Verhältnisses E''_{gm}/E'_{gm} voraus, ferner werden wir später an einigen Beispielen feststellen, daß die Formel unter Umständen noch etwas zu modifizieren ist, z. B. wenn die Annahme einfacher Anodendrosseln nicht mehr aufrechtzuerhalten ist.

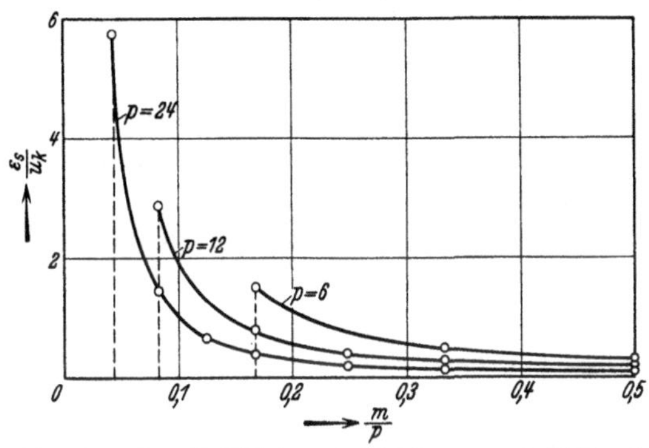

Abb. 144. Das Verhältnis von Gleichspannungsabfall und Kurzschlußspannung als Funktion der relativen Anodenbeteiligung für 6-, 12- und 24phasen-Gleichrichter mit Saugtransformatoren.

Dennoch wollen wir zum besseren Verständnis den Verlauf von ε_s/u_h für die Schaltungen mit Saugtransformatoren, für die $f_m = 1/m^2$ ist, sogleich angeben, denn von diesen wissen wir ohne weiteres, daß die Gleichspannung E'_{gm} der ideellen Gleichspannung eines $\frac{p}{m}$-phasigen Gleichrichters entspricht. Hieraus gewinnen wir sofort

$$\frac{\varepsilon_s}{u_k} = \frac{3}{4} \frac{\sin\frac{\pi}{p}}{\sin^2\frac{m\pi}{p}}. \tag{212a}$$

Trägt man diese Größe für einen Sechs-, Zwölf- und Vierundzwanzigphasengleichrichter als Funktion der relativen Anodenbeteiligung auf, so entsteht Abb. 144, die zeigt, daß bei gleicher relativer Anodenbeteiligung der Gleichspannungsabfall mit wachsender Phasenzahl stark abnimmt, daß es sich aber nicht lohnt, mit der Anodenbeteiligung übermäßig heraufzugehen.

6. Eigenschaften einiger wichtiger Schaltungen von Mehrphasengleichrichtern.

Allgemeine Gesichtspunkte für die Wahl der Schaltungen, Zweispannungsgleichrichter. Wir haben die verschiedenen Merkmale des

p-phasigen Gleichrichters, die Welligkeitsverhältnisse, den Leistungsfaktor und die Gleichspannungscharakteristik ohne Eingehen auf den internen Schaltungsmechanismus für den normalen Belastungsbereich ausführlich entwickelt, so daß es sich eigentlich erübrigt, diese Ergebnisse für einige spezielle Schaltungen noch besonders zu wiederholen. Wir wollen von solchen Wiederholungen auch im allgemeinen absehen, jedoch gibt es noch eine Reihe weiterer Merkmale, deren Kenntnis bei der Auswahl der Schaltungen von Bedeutung ist; außerdem erscheint es geboten, die bisherigen etwas abstrakten Ausführungen durch einige spezielle Erläuterungen zu ergänzen.

Die Auswahl der Schaltungen erfolgt nach Maßgabe der Anforderungen, die man zu stellen hat, und der Mittel, die man hierfür aufzuwenden bereit ist. Die zu stellenden Forderungen sind im allgemeinen die folgenden oder zum mindesten einige unter diesen:

1. Die Gleichspannung soll möglichst konstant, d. h. möglichst oberwellenfrei sein.

2. Die primären Netzströme sollen möglichst sinusförmig, d. h. ebenfalls möglichst oberwellenfrei sein.

3. Der Leistungsfaktor der Grundwelle soll möglichst hoch, d. h. möglichst nahe $= 1$ sein.

4. Das Verhältnis des prozentualen Gleichspannungsabfalles zur prozentualen Kurzschlußspannung soll möglichst niedrig sein.

5. Die Anodenbrenndauer soll eine möglichst lange sein, so daß die Höchstbeanspruchung der Anoden und die Gefäßverluste möglichst niedrig werden.

6. Die wiederkehrende Sperrspannung der am Ende der Kommutierung jeweils erlöschenden Anode soll bei möglichst niedrigem Restwert des Anodenstromes zu Beginn der Kommutierung möglichst allmählich anwachsen.

7. Die Ausnutzung des Transformators in bezug auf das Verhältnis der mittleren Scheinleistung zur Gleichstromleistung soll eine möglichst vollkommene sein.

Die Forderungen 1 und 2 sind gleichzeitig nur durch Erhöhung der Phasenzahl erfüllbar. Der Leistungsfaktor bleibt, wie wir gefunden haben, davon unberührt, denn in der Regel kommt es nur auf den Leistungsfaktor der Grundwelle an, der praktisch nur eine Funktion der Kommutierungsdauer ist. Die Forderung 3 läuft also auf die Forderung nach kleiner Kommutierungsdauer hinaus. Erfüllt man diese, so entspricht man auch der anderen Forderung nach kleinem Gleichspannungsabfall. Will man aber darüber hinaus noch die miteinander im Einklang stehenden Forderungen 4 und 5 befriedigen, so muß man sich für Schaltungen mit verlängerter Anodenbrenndauer entscheiden, wobei jedoch eine Verlängerung über ein gewisses Maß nicht mehr lohnend ist. Hiermit kommt man auch der Forderung 7 entgegen. Durch solche Maßnahmen wird jedoch der Leistungsfaktor kaum verbessert, da die Verringerung des Gleichspannungsabfalles ohne nennenswerte Verringerung der Kommutierungsdauer erfolgt. Hinsichtlich der Forderung 6 endlich wissen wir noch zu wenig; wie wir finden werden, ist der Anstieg der wiederkehrenden Sperrspannung um so steiler, je niedriger der Restwert des abklingenden Anodenstromes ist, dennoch spricht auch diese Forderung für die Erhöhung der Phasenzahl und für die Verlängerung der Anodenbrenndauer.

Bei alledem haben wir stillschweigend vorausgesetzt, daß der Gleichrichter stets symmetrisch, insbesondere auch in bezug auf die Präzision der Zündeinsätze der Anoden, arbeitet. Auf die Schwierigkeiten, dies sicherzustellen, können wir hier nur hinweisen, aber nicht näher eingehen.

Einige Dreiphasenschaltungen. Der Dreiphasengleichrichter ist der niedrigstphasige Gleichrichter mit dreiphasiger Wechselstromseite. Der Transformator kann in Stern/Stern, in Dreieck/Stern oder in Stern/Zickzack geschaltet sein.

Wir benutzen diese drei Fälle, um an ihnen die verschiedenen möglichen Stromverteilungen im Transformator zu zeigen. Abb. 145 zeigt einen dreischenkligen Transformator, dessen Sekundärwicklung mit den Windungszahlen n_s pro Spule die Ströme i_1, i_2, i_3 und dessen Primärwicklung mit den Windungszahlen n_p pro Spule die Ströme j_1, j_2, j_3 führt. Die sich ausbildenden Schenkelflüsse seien $\mathfrak{Z}_1$, $\mathfrak{Z}_2$, $\mathfrak{Z}_3$, außerdem soll sich ein Jochfluß $\mathfrak{Z}_j$ ausbilden, der sich entweder über die Luft oder bei Öltransformatoren über dessen Gehäuse schließen möge. Für die folgenden Überlegungen genügt es vorerst, die Magnetisierungskurve linear, d. h. die magnetischen Widerstände als konstant anzunehmen. Um magnetische Symmetrie zu erhalten, betrachten wir den magnetischen Widerstand der Querjoche als zum Teil in den Schenkeln enthalten; der resultierende magnetische Widerstand pro Schenkel sei W, der magnetische Widerstand längs des Jochflusses[1] sei w. Dann ist mit $z = n_p/n_s$

$$W\mathfrak{Z}_1 + w\mathfrak{Z}_j = \frac{4\pi n_p}{10}\left(j_1 - \frac{1}{z}\,i_1\right),$$

$$W\mathfrak{Z}_2 + w\mathfrak{Z}_j = \frac{4\pi n_p}{10}\left(j_2 - \frac{1}{z}\,i_2\right),$$

$$W\mathfrak{Z}_3 + w\mathfrak{Z}_j = \frac{4\pi n_p}{10}\left(j_3 - \frac{1}{z}\,i_3\right).$$

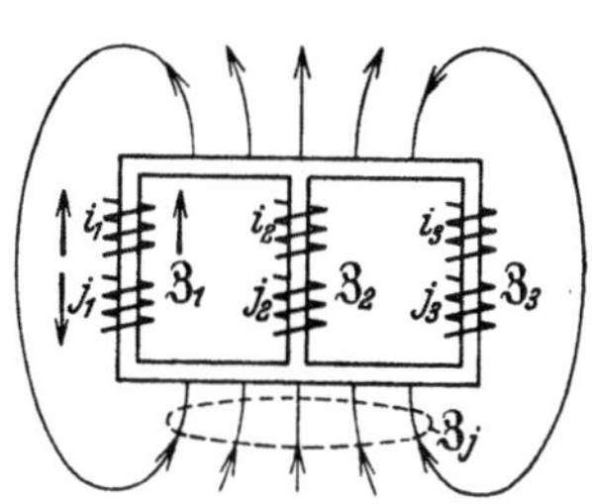

Abb. 145. Schema eines Dreischenkeltransformators mit Jochfluß.

Addiert man die drei Gleichungen und beach-

[1] Bezüglich der Abschätzung dieses magnetischen Widerstandes vgl. F. Ollendorff: Wiss. Veröff. Siemens-Konz. Bd. 7 (1928) S. 33.

tet, daß $\mathfrak{Z}_1 + \mathfrak{Z}_2 + \mathfrak{Z}_3 = \mathfrak{Z}_j$ sein muß, so folgt eine Gleichung für $\mathfrak{Z}_j$, die lautet

$$\mathfrak{Z}_j = \frac{4\pi n_p}{10(W+3w)} \sum_k \left(j_k - \frac{1}{z} i_k\right).$$

Setzt man diesen Wert in die vorigen Gleichungen ein, so folgt für die Schenkelflüsse

$$\mathfrak{Z}_i = \frac{4\pi n_p}{10\,W}\left(j_i - \frac{1}{z} i_i - \frac{w}{W+3w}\sum_k\left(j_k - \frac{1}{z} i_k\right)\right). \qquad i = 1, 2, 3$$

Die primären Feldspannungen e_{p1}, e_{p2}, e_{p3} sind $= n_p\, 10^{-8} \cdot \omega \frac{d\mathfrak{Z}_1}{d\vartheta}$ usw. Wir schreiben dafür

$$e_{pi} = X_0 \frac{d}{d\vartheta}\left(j_i - \frac{1}{z} i_i - \frac{w}{W+3w}\sum_k\left(j_k - \frac{1}{z} i_k\right)\right) \tag{213}$$

und nennen

$$X_0 = \frac{4\pi\,\omega\, n_p^2\, 10^{-9}}{W} \tag{213a}$$

die Leerlaufreaktanz des Transformators. Nimmt man $W \to 0$ an, so wird $X_0 \to \infty$; unter diesen Umständen folgt bei endlichen e_{pi} die Strombeziehung

$$j_i - \frac{1}{3}\sum j_k + k_i = \frac{1}{z}\left(i_i - \frac{1}{3}\sum i_k\right). \tag{214}$$

Dies sind die Bestimmungsgleichungen für die Ströme j_i bei gegebenen Strömen i_i. Die konstanten Stromanteile k_i haben nur bei unsymmetrischer Belastung Bedeutung; ist die Belastung symmetrisch, d. h. ist $i_1(\vartheta) = i_2\left(\vartheta + \frac{2\pi}{3}\right) = i_3\left(\vartheta + \frac{4\pi}{3}\right)$, so sind die $k_i = 0$. Die Gleichungen (214) reichen jedoch, da sie nicht voneinander unabhängig sind, noch nicht zur Bestimmung der j_i aus, sie bestimmen die j_i nur bis auf einen für alle drei Phasen gleichen Stromanteil j, wovon man sich durch Einsetzen in (214) leicht überzeugen kann.

Dieser noch willkürliche Stromanteil j bestimmt sich aber aus zwei weiteren Bedingungen. Die eine Bedingung ist die sog. Wechselstrombedingung $\int_0^{2\pi} j_i \cdot d\vartheta = 0$, die wir schon bei dem Einphasentransformator kennengelernt haben und die sich daraus ergab, daß der Ohmsche Abfall $R_p j_i$ in den Primärwicklungen im stationären Zustand keine Gleichstromkomponente haben kann. Die zweite Bedingung ist diejenige, die sich aus der speziellen Verkettung der Primärwicklung ergibt. Ist die Wicklung z. B. in Stern geschaltet, so ist, wie Abb. 146 veranschaulicht, $\sum j_k = 0$, während $\sum e_{pk}$ nicht $= 0$ zu sein braucht; ist die Wicklung dagegen in Dreieck geschaltet,

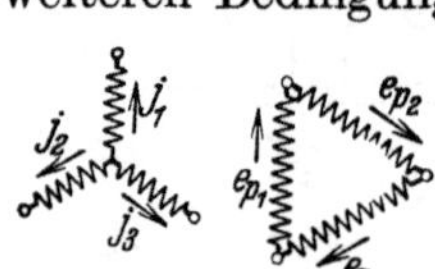

Abb. 146. Zur Stern- und Dreieckbedingung.

so ist, wie dieselbe Abbildung veranschaulicht, $\sum e_{pk} = 0$, während $\sum j_k$ nicht $= 0$ zu sein braucht. Für die primäre Sternschaltung ergibt daher (214) sofort

$$j_i = \frac{1}{z}\left(i_i - \frac{1}{3}\sum i_k\right). \tag{215}$$

Für die primäre Dreieckschaltung gehen wir von der Gleichung (213) aus, bilden $e_{p1} + e_{p2} + e_{p3} = 0$ und finden zunächst

$$\frac{W}{W + 3w}\sum\left(j_k - \frac{1}{z}\,i_k\right) - \text{konstant}$$

und daher $\sum j_k = \frac{1}{z}\sum i_k - 3j$, worin j einen konstanten Stromanteil bedeutet, der so zu bestimmen ist, daß die j_i die Wechselstrombedingung erfüllen. Auf diese Weise erhält man nach Einsetzen in (214)

$$j_i = \frac{1}{z}\left(i_i - \frac{1}{6\pi}\int\limits_0^{2\pi}\sum i_k\,d\vartheta\right). \tag{216}$$

Im vorliegenden Falle ist bei sekundärer Sternschaltung $\sum i_k$ der Gleichstrom i_g. Infolgedessen ist bei ⅄/⅄-Schaltung

$$j_i = \frac{1}{z}\left(i_i - \frac{1}{3}\,i_g\right) \tag{217a}$$

und bei △/⅄-Schaltung

$$j_i = \frac{1}{z}\left(i_i - \frac{1}{3}\,J_{gm}\right). \tag{217b}$$

Bei sekundärer Zickzackschaltung ist dagegen $\sum i_k = 0$. Infolgedessen ist bei ⅄/⅄̰- und △/⅄̰-Schaltung

$$j_i = \frac{1}{z}\,i_i, \tag{217c}$$

wobei jetzt i_i die Differenz der sekundären Ströme der Teilwicklungen pro Schenkel bedeutet.

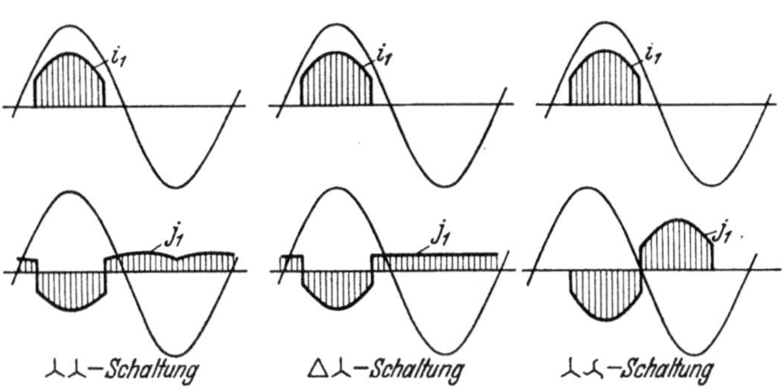

Abb. 147. Die typischen Stromverläufe bei Dreiphasengleichrichtern.

Überhaupt gilt ganz allgemein, daß bei einer aus mehreren Teilen zusammengesetzten Wicklung die Gleichungen (215) und (216) weiter gelten, nur daß an Stelle von $n_p \cdot j_i$ und $n_s i_i$ die resultierenden Amperewindungen der primären und sekundären Spulen pro Schenkel zu treten haben.

Wir wenden diese Ergebnisse für den Dreiphasengleichrichter mit rein Ohmscher Belastung an und finden bei Anwendung von (217a) bis (217c) die in Abb. 147 dargestellten Stromverläufe. Bei der ⅄/⅄-Schaltung besteht in jedem Schenkel ein Amperewindungsüberschuß von $n_p \cdot \frac{1}{3} i_g$, der einen über alle Schenkel gleichmäßigen pulsierenden Jochfluß hervorruft. Dies hat zur Folge, daß der Transformator nach Maßgabe der Jochreaktanz

$$X_j = \frac{4\pi\omega n_s^2 10^{-9}}{W + 3w}$$

als Kathodendrossel wirkt und eine Glättung des Gleichstromes bewirkt. Bei der △/⅄-Schaltung ist der durch den Amperewindungsüberschuß $n_s \cdot \frac{1}{3} J_{gm}$ erzeugte Jochfluß konstant, die △-Wicklung bildet gewissermaßen eine Kurzschlußwicklung für die Pulsationen des Jochflusses. Infolgedessen findet auch keine Kathodendrosselwirkung des Transformators statt. Bei der ⅄/⅄̃-Schaltung entsteht kein Jochfluß, denn es herrscht immer Gleichgewicht der Amperewindungen pro Schenkel.

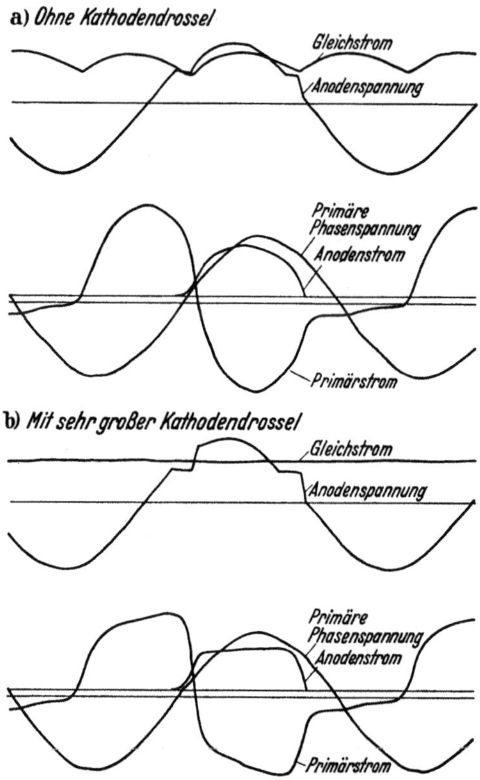

Abb. 148. Oszillographisch aufgenommener Verlauf der Spannungen und Ströme eines Dreiphasen-Glasgleichrichters von 300 A Gleichstrom mit in ⅄/⅄̃ geschaltetem Transformator a) bei fehlender Kathodendrossel, b) bei sehr großer Kathodendrossel.

Für die ⅄/⅄̃-Schaltung zeigt Abb. 148 die oszillographisch aufgenommenen Spannungs- und Stromverläufe eines Glasgleichrichters für 250 V Gleichspannung und 300 A Gleichstrom einer etwa Abb. 4 ähnlichen Ausführung, und zwar einmal bei fehlender Kathodendrossel und einmal bei „unendlich großer“ Kathodendrossel, wobei letztere für die vorliegenden Versuchszwecke durch einen 2000-kVA-Transformator gestellt war. An dieser Anlage wurden ausgedehnte Versuchsreihen zur experimentellen Begründung unserer rechnerischen Überlegungen angestellt, auf deren Wiedergabe wir jedoch aus Raummangel verzichten müssen.

Wir berechnen noch die Oberwellen des Primärstromes für den Fall rein Ohmscher Belastung, um an diesem Beispiel zu prüfen, welche Abänderung des Oberwellengesetzes (169) bei Berücksichtigung der Gleichstromwelligkeit stattfindet. Wir finden für die effektive Grundwelle J_{p1}, ausgedrückt durch den mittleren Gleichstrom bei einem $= 1$ gesetzten Übersetzungsverhältnis

$$J_{p1} = \sqrt{\frac{2}{3}} \cdot \left(\frac{1}{4} + \frac{\pi}{3\sqrt{3}}\right) J_{gm} = 0{,}698\, J_{gm}$$

und für die übrigen effektiven Oberwellen, wenn wir $\frac{1}{2}\left(\frac{1}{4} + \frac{\pi}{3\sqrt{3}}\right) = 0{,}585$ $= a$ setzen,

$$\frac{J_{p2}}{J_{p1}} = a\,, \quad \frac{J_{p4}}{J_{p1}} = \frac{a}{5}\,, \quad \frac{J_{p5}}{J_{p1}} = \frac{a}{4}\,, \quad \frac{J_{p7}}{J_{p1}} = \frac{a}{8}\,, \quad \frac{J_{p8}}{J_{p7}} = \frac{a}{7} \quad \text{usw.}$$

Zahlenmäßig ausgedrückt ergibt sich die folgende Tabelle, in der die früher gefundenen Werte für unendlich große Kathodendrossel mit eingetragen sind[1].

Effektive Oberwellen eines Dreiphasengleichrichters.

$\nu = \varkappa p$	$\frac{J_{g\varkappa p}}{J_{gm}}$	$J_{p\nu}/J_{p1}$ bei fehlender Kathodendrossel	$J_{p\nu}/J_{p1}$ bei unendl. großer Kathodendrossel
1	—	1	1
2	—	0,585	0,500
3	0,177	—	—
4	—	0,117	0,250
5	—	0,146	0,200
6	0,0404	—	—
7	—	0,073	0,143

Wir wenden uns nun dem Gleichspannungsabfall zu, berücksichtigen sekundäre Streureaktanzen sowie etwaige zusätzliche sekundäre Reaktanzen X, primäre Streureaktanzen Y und netzseitige Reaktanzen Z und finden für die ⅄/⅄-Schaltung den induktiven Gleichspannungsabfall zu

$$\varDelta E_{gm} = \frac{1}{2\sqrt{3}}\left(X + \frac{1}{z^2}(Y + Z)\right) J_{gm} \quad \text{bzw.} \quad \varDelta E_{gm} = \frac{3}{2\pi}\left(X + \frac{1}{z^2}(Y + Z)\right) J_{gm}\,,$$

je nachdem ob rein Ohmsche Belastung oder unendlich große Kathodendrossel vorliegt. Die prozentuale Kurzschlußspannung ist in beiden Fällen angenähert gleich, und zwar

$$u_k = \frac{\sqrt{2}}{3}\left(X + \frac{1}{z^2}(Y + Z)\right)\frac{J_{gm}}{E_s}\,,$$

[1] Vgl. auch H. Jungmichl: Elektrotechn. Z. Bd. 52 (1931) S. 173.

wenn E_s die effektive sekundäre Phasenspannung bedeutet. Infolgedessen ist das Verhältnis zwischen dem induktiven Gleichspannungsabfall und der Kurzschlußspannung

$$\frac{\varepsilon_s}{u_k} = \frac{\pi}{6} = 0{,}52 \quad \text{bzw.} \quad \frac{\varepsilon_s}{u_k} = \frac{\sqrt{3}}{2} = 0{,}87 \tag{218}$$

unabhängig von der Verteilung der Reaktanzen X, Y und Z. Für endliche Kathodendrossel hat man die Übergangsfunktion nach Abb. 117 heranzuziehen. Das gleiche Ergebnis (218) gilt für die ⅄/⅄- und für die △/⅄-Schaltung. Dabei ist noch zu beachten, daß die Kathodendrosselwirkung des Jochstreuflusses der ⅄/⅄-Schaltung eine Erhöhung des zu kommutierenden Stromwertes und damit, im Sinne der Abb. 117, eine Erhöhung des induktiven Gleichspannungsabfalles bedingt. Aus diesem Grunde hat die ⅄/⅄-Schaltung bei einem besser geglätteten Gleichstrom einen etwas höheren Gleichspannungsabfall als die △/⅄-Schaltung.

Die übrigen Daten, die Ausnutzungsfaktoren der Transformatoren C_s, C_p, C_t und das Verhältnis der maximalen Sperrspannung E_{Sp} zur

Transformatordaten usw. von Dreiphasengleichrichtern.

Schaltung	C_s	C_p	C_t	E_{Sp}/E_{gm}
⅄/⅄	1,48	1,21	1,35	2,1
△/⅄	1,48	1,21	1,35	2,1
⅄/⅄	1,71	1,21	1,46	2,1

mittleren Gleichspannung zeigt die vorstehende Tabelle. Für die Faktoren C_s, C_p, C_t haben wir konstanten Gleichstrom angenommen, für diesen nehmen die Primärstromkurven nach Abb. 147 die Formen nach Abb. 111 an. Um dem Gleichspannungsabfall Rechnung zu tragen, ist es üblich, die C_s, C_p, C_t-Werte anstatt auf die wirkliche Gleichstromleistung auf das Produkt $E'_{gm} \cdot J_{gm}$ der ideellen Leerlauf-Gleichspannung und des Vollast-Gleichstromes zu beziehen. Nur bei großer Überlappungsdauer u ist es notwendig, die z. B. im Sinne von (188c) bewirkte Verminderung der effektiven Ströme zu berücksichtigen.

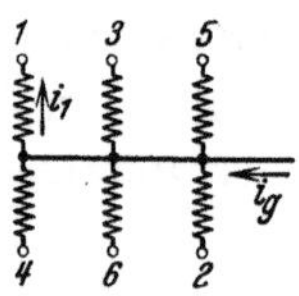

Abb. 149. Sechsphasensternwicklung.

Sechsphasige Grundschaltungen: Die Dreieck-Sechsphasenstern-, die Stern-Doppelzickzack- und die Dreiphasen-Graetzschaltung. Durch Kombination zweier um 180° versetzter Dreiphasensterne entsteht ein Sechsphasenstern, er wird durch ein Wicklungssystem, wie in Abb. 149 veranschaulicht, hergestellt. Die Spannungen an den Teilwicklungen, die von einer primären Dreiphasenwicklung erregt sein soll, seien sinusförmig und fest aufgeprägt. Unter diesen Umständen beträgt die Brenndauer der Anodenströme, von der Kommutierungsdauer abgesehen, $\frac{2\pi}{6} = 60°$. Schaltungen dieser Eigentümlichkeit nennt man Grundschaltungen; einige solcher Grundschaltungen als die einfachsten möglichen Sechsphasenschaltungen wollen wir kurz anführen.

Würde man bei sekundärer Sechsphasensternwicklung primärseitig eine Sternwicklung wählen, so würde in deren Phase 1 nach (215) ein Primärstrom

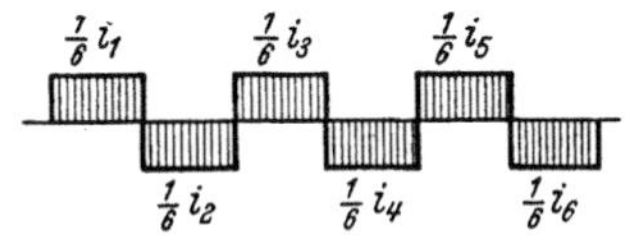

Abb. 150. Zur Entstehung des Wechsel-Jochflusses bei der ⅄/✳-Schaltung.

$$j_1 = \frac{1}{z}\left(i_1 - i_4 - \frac{1}{6}(i_1 + i_3 + i_5 - i_2 - i_4 - i_6)\right)$$

auftreten. Dem entspricht aber ein in allen drei Schenkeln gemeinsamer Amperewindungsüberschuß von $\frac{n_s}{6}(i_1 + i_3 + i_5 - i_2 - i_4 - i_6)$, der, wie Abb. 150 veranschaulicht, einen mit der dreifachen Grundfrequenz wechselnden Jochstreufluß erzeugt. Dieser Jochstreufluß induziert bei jeder Anodenablösung Reaktanzspannungen, die die Kommutierung verlangsamen und damit einen erheblichen Gleichspannungsabfall hervorrufen. Aus diesem Grunde ist die Schaltung im allgemeinen praktisch nicht verwendbar. Legt man jedoch auf den primären Stern Wert, so kann man die Schaltung vermittels einer tertiären Dreieckwicklung oder einer mit dem sekundären Sechsphasenstern kombinierten Polygonwicklung in der in Abb. 151 dargestellten Weise brauchbar machen; letztere Maßnahme hat dazu den Vorteil, daß das Verhältnis zwischen Gleichspannungsabfall und Kurzschlußspannung günstiger wird, sie erfordert aber auch einen nicht unerheblichen Kupferaufwand. Bei beiden Schaltungen wirken sich die Dreieckwicklungen als Kurzschlußwicklung für den Jochfluß aus.

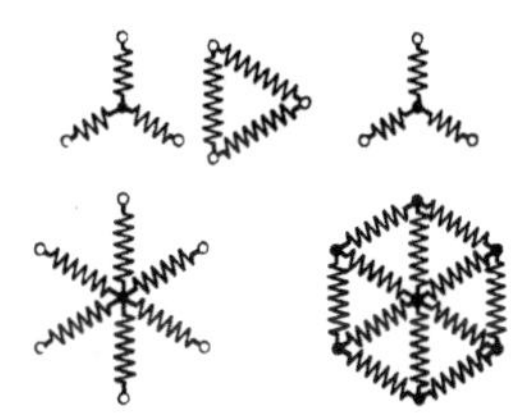

Abb. 151. Mögliche Sechsphasen-Grundschaltungen mit primärer ⅄-Wicklung.

Einfacher ist es natürlich, die Dreieckwicklung von vornherein als Primärwicklung zu verwenden; so entsteht die in Abb. 152 wiedergegebene Schaltung; hier bildet die primäre Dreieckwicklung selbst die Kurzschlußwicklung für den Jochfluß. Hinsichtlich des Primärstromes in der Dreieckwicklung tritt dabei noch ein neuer Effekt auf, der eine Verminderung des effektiven Primärstromes bewirkt. Während der Kommutierung entsteht nämlich in der primären Streureaktanz Y eine auf die sekundäre Wicklung bezogene Kommutierungsspannung, z. B. $\frac{1}{z^2} Y \frac{d i_1}{d\vartheta}$, auf, die der Dreieckbedingung, nach der die Summe der Dreieckspannungen verschwinden muß, verletzt. Aus diesem Grunde entsteht ein im Dreieck intern umlaufender Ausgleichstrom j, der vermöge der Reaktanz X_j des Jochstreuflusses zusammen mit der Streu-

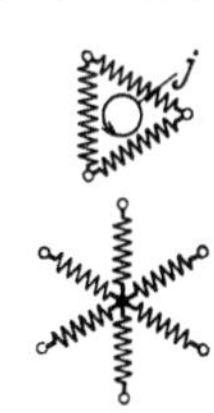

Abb. 152. Zur △/✳-Schaltung.

reaktanz $\frac{1}{z^2}Y$ die sekundärseitig bezogene Spannung $3z\left(\frac{1}{z^2}Y + X_j\right)\frac{dj}{d\vartheta}$ induziert. Da beide Spannungen einander gleich sein müssen, wird

$$j = \frac{Y}{6(Y + z^2 X_j)} \cdot \frac{1}{z} i_1 = \frac{a}{6z} \cdot i_1 \quad \text{mit} \quad a = \frac{Y}{Y + z^2 X_j}. \tag{218a}$$

Allgemein ist somit offenbar

$$j = \frac{a}{6z}(i_1 + i_3 + i_5 - i_2 - i_4 - i_6). \tag{218b}$$

Der Ausgleichsstrom j ist wieder ein Wechselstrom von der typischen Form nach Abb. 150, nur im Verhältnis $a:1$ kleiner. Der sich jetzt ergebende Effektivwert des ganzen Dreieckstromes zu dem bei $j = 0$, d. h. $a = 0$, verhält sich bei vernachlässigter Kommutierung wie

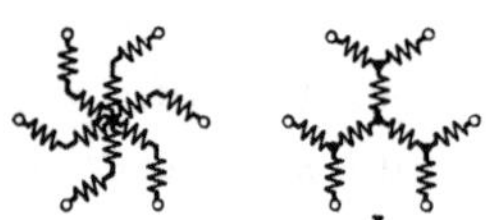

Abb. 153. Sechsphasige Zickzackschaltungen.

$$\sqrt{1 - \tfrac{1}{3}a + \tfrac{1}{12}a^2} : 1.$$

Im allgemeinen ist a wohl als klein anzusehen. Im übrigen beträgt bei allen diesen Schaltungen, von Feinheiten abgesehen, das Verhältnis zwischen Gleichspannungsabfall und Kurzschlußspannung

$$\frac{\varepsilon_s}{u_k} = \frac{3}{2} = 1{,}50. \tag{219}$$

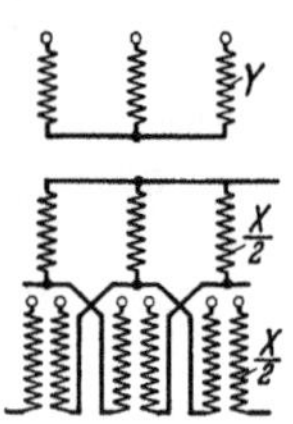

Abb. 154. Ausführung der Doppelgabelschaltung mit bifilaren Teilwicklungen.

Bisher war nur von Schaltungen mit Sechsphasen-Sternwicklung die Rede. Kombiniert man zwei um 180° versetzte Zickzackwicklungen, so entsteht die sechsphasige Zickzackschaltung, die in Abb. 153a in offener Schaltung, in Abb. 153b in der wicklungssparenden sog. Doppelgabelschaltung wiedergegeben ist. Beide sind mit primärer Stern- oder Dreieckschaltung ausführbar. Die Schaltung b ist hinsichtlich der sekundären Streureaktanzen unsymmetrisch; sie läßt sich jedoch symmetrieren, indem man, wie Abb. 154 zeigt, die äußeren sekundären, auf gleichem Schenkel liegenden Teilwicklungen bifilar wickelt. Wird nun z. B. Anode 1 von Anode 2 abgelöst, so entsteht bei den angegebenen Bezeichnungen der Gleichspannungsabfall

$$\Delta E_{gm} = \frac{6}{2\pi}\left(\frac{X}{2} + \frac{1}{z^2}Y\right)J_g,$$

der gleiche Gleichspannungsabfall ergibt sich aber, wenn Anode 2 von Anode 3 abgelöst wird. Die prozentuale Kurzschlußspannung ist dagegen $u_k = \frac{\sqrt{2}}{3}\left(X + \frac{1}{z^2}Y\right)\frac{J_g}{E_s}$. Infolgedessen ergibt sich, wenn man noch $X = \frac{1}{z^2}Y$ annimmt, ein Verhältnis zwischen Gleichspannungsabfall und Kurzschlußspannung von

$$\frac{\varepsilon_s}{u_k} = \frac{3}{2}\,\frac{\frac{X}{2}+\frac{1}{z^2}Y}{X+\frac{1}{z^2}Y} = \frac{9}{8} = 1{,}13\,, \tag{220}$$

also gegenüber dem für Abb. 153a gültigen Betrag 1,50 ein um 25% niedrigerer Wert.

Bei allen bisherigen Schaltungen beträgt das Verhältnis zwischen der maximalen Sperrspannung und der mittleren Gleichspannung $E_{Sp}/E_{gm} = \frac{2\pi}{3} = 2{,}1$.

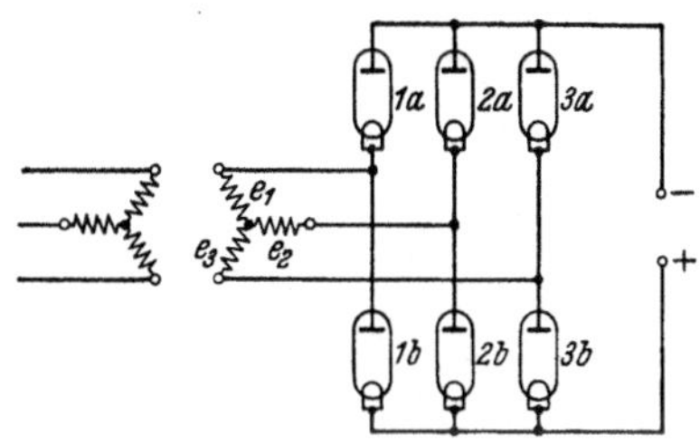

Abb. 155. Dreiphasen-Graetzschaltung mit in ⅄/⅄ geschaltetem Transformator.

Ein nur halb so großes Verhältnis zwischen der maximalen Sperrspannung und der mittleren Gleichspannung erzielt man bei der sog. dreiphasigen Graetzschaltung, die ebenfalls Sechsphasencharakter hat[1]. Sie erfordert, wie Abb. 155 veranschaulicht, Einanoden-Entladungsgefäße; von den sechs Gefäßen sind dabei immer je zwei in Serie stromführend, so daß man in bezug auf die erzielte Gleichspannung mit dem doppelten Lichtbogenabfall zu rechnen hat. Die Ablösung der Entladungsgefäße erläutert Abb. 156. Im ersten Intervall mögen die Spannungen e_1 und e_2 über die Gefäße *1b* und *2a* wirksam sein. Am Ende dieses Intervalles wird die Spannung e_3 gegenüber e_1 negativer als die Spannung e_2, so daß das Gefäß *3a* die Berechtigung hat, zu zünden. Zündet es, so entsteht, getrieben von der Differenz $e_3 - e_2$ und begrenzt durch die Streureaktanzen zweier Wicklungen, ein Ausgleichstrom, der das Gefäß *2a* als Gegenstrom durchfließt und so lange ansteigt, bis die Löschung von *2a* eintritt. Auf diese Weise ergibt sich wieder ein Kommutierungsvorgang, der einen induktiven Gleichspannungsabfall im Gefolge hat. Das Verhältnis des letzteren zur Kurzschlußspannung

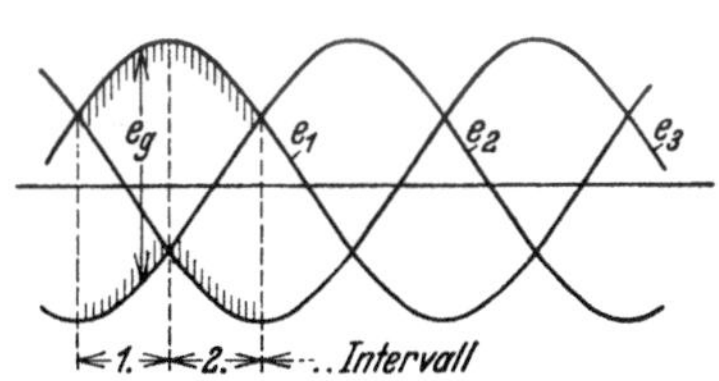

Abb. 156. Transformatorspannungen und Gleichspannung bei der Dreiphasen-Graetzschaltung.

[1] Diese entsteht durch sinngemäße Erweiterung der in Abb. 59a gezeigten Schaltung von einem einphasigen auf ein dreiphasiges Wechselstromnetz, sie wurde von L. Graetz selbst nicht angegeben. Man findet übrigens allgemein, daß eine q-phasige Graetzschaltung eine $2q$-phasige Gleichstromwelligkeit ergibt, wenn q nicht durch 2 teilbar ist, im anderen Falle ergibt sich eine nur q-phasige Gleichstromwelligkeit. (Im Sinne dieser Bezeichnung ist die Schaltung Abb. 59a eine zweiphasige zu nennen.)

Transformatordaten usw. von sechsphasigen Grundschaltungen.

Schaltung	E'_{gm}/E_s	C_s	C_p	C_t	E_{Sp}/E'_{gm}
⅄△/✳	1,35	1,81	1,79	1,80	2,1
△/✳	1,35	1,81	1,28	1,55	2,1
⅄/⅄	1,35	1,79	1,05	1,42	2,1
Dreiph. Graetzschaltung	2,70	1,05	1,05	1,05	1,05

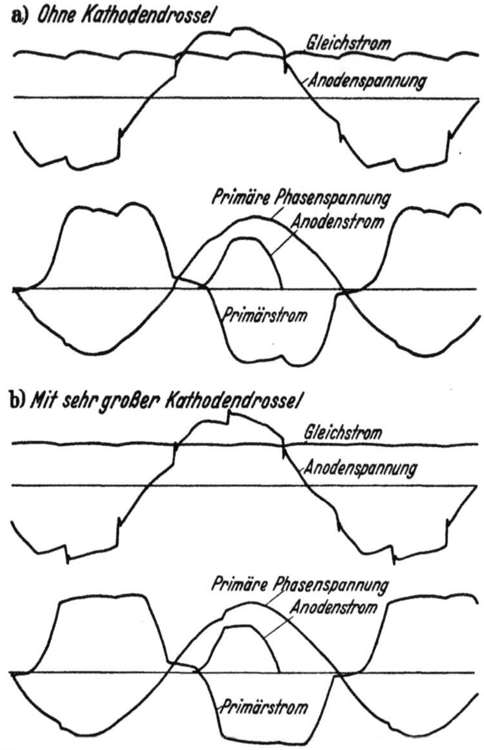

Abb. 157. Oszillographisch aufgenommener Verlauf der Spannungen und Ströme eines Sechsphasen-Glasgleichrichters von 300 A Gleichstrom mit in ⅄/⅄ geschaltetem Transformator a) bei fehlender Kathodendrossel, b) bei sehr großer Kathodendrossel.

errechnet sich wieder zu $\frac{\varepsilon_s}{u_k} = 1{,}5$. Die Transformatorströme haben sekundärseitig wie primärseitig die gleiche Kurvenform.

Damit sind die wichtigsten Grundschaltungen erschöpft; einige Zahlendaten sind in der vorstehenden Tabelle zusammengestellt, dabei wurde wieder konstanter Gleichstrom angenommen, bei der △/✳-Schaltung wurde $a = 0$ gesetzt, außerdem wurden, wie bisher, die Leerlaufströme der Transformatoren vernachlässigt.

Für die ⅄/⅄-Schaltung zeigt Abb. 157 die oszillographisch aufgenommenen Spannungs- und Stromverläufe eines Glasgleichrichters für 500 V Gleichspannung und 300 A Gleichstrom einer etwa Abb. 4 ähnlichen Ausführung, und zwar einmal bei fehlender Kathodendrossel und einmal bei „unendlich großer" Kathodendrossel, wobei letztere wie bei Abb. 149 wieder durch einen 2000 kVA-Transformator gestellt war. Auch an dieser Anlage wurden größere Versuchsreihen angestellt, um die rechnerischen Überlegungen experimentell sicherzustellen.

Sechsphasige Halbierungs- und Drittelungsschaltungen: Die Stern-2×3-phasen-Schaltung mit zweiphasigem Saugtransformator und die Dreieck-3×2-phasen-Schaltung mit dreiphasigem Saugtransformator. Wir wenden uns nun denjenigen Schaltungen zu, die mit mehrfacher

Anodenbeteiligung arbeiten. Käme es nur auf die Verteilung eines Anodenstromes auf mehrere Anoden an, so könnte man hierzu je zwei oder mehrere Anoden über Stromteiler oder Balancierdrosseln zusammenfassen, wie Abb. 158 für zwei Anoden veranschaulicht[1]. Der ursprüngliche Phasenzahlcharakter des Gleichrichters würde natürlich davon unberührt beiben; bei dreiphasiger Transformatorwicklung und sechs Anoden würde man also eine dreiphasige Welligkeit der Gleichspannung erhalten. Schließt man jedoch die Wicklungen der Stromteiler anstatt an die gleichen an je zwei verschiedene Transformatorphasen an, wozu im betrachteten Falle jetzt eine sechsphasige Transformatorwicklung vorhanden sein muß, so tritt eine neue Wirkung ein, die wir an der hierfür einfachsten Sechsphasenschaltung für zweianodigen Betrieb erläutern wollen. Diese Schaltung entsteht, indem man einen Sechsphasenstern in zwei um 180° versetzten Dreiphasensterne auflöst und die zwei Sternpunkte über einen eben beschriebenen Stromteiler verbindet, wie Abb. 159 dies zeigt. Den Stromteiler bezeichnet man jetzt als Saugdrossel, wir nennen ihn, da er jetzt mehr die Merkmale eines Transformators aufweist, einen Saugtransformator[2]. Der Saugtransformator erzwingt auch das gleichzeitige Fließen von je zwei Anodenströmen, die alsdann mit der doppelten Brenndauer fließen; darüber hinaus bewirkt er jedoch bei Erhaltung der Sechsphasenwelligkeit der Gleichspannung noch eine Herabsetzung des Verhältnisses von Gleichspannungsabfall und Kurzschlußspannung.

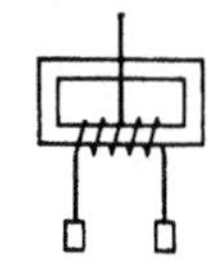

Abb. 158. Stromteiler oder Balancierdrossel für zwei Anoden.

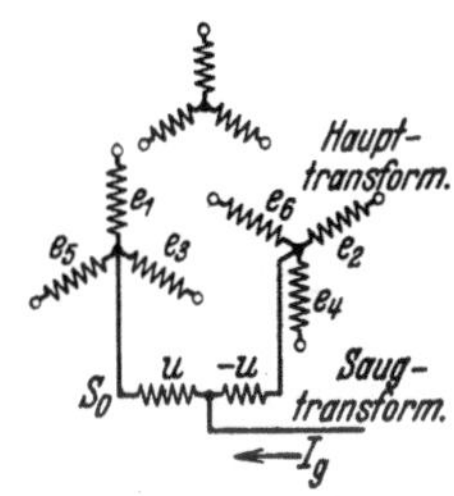

Abb. 159. Stern-2 × 3-phasen-Schaltung mit zweiphasigem Saugtransformator.

Bei Leerlauf ist der Saugtransformator noch nicht wirksam, infolgedessen hat die Leerlaufspannung, die wir mit E''_{gm} bezeichnen, noch den für einanodigen Betrieb geltenden Wert $E''_{gm} = \frac{3\sqrt{2}}{\pi} E_s = 1{,}35\, E_s$, wenn E_s wieder die effektive sekundäre Phasenspannung des Haupttransformators bedeutet. Bei kleiner Belastung wirkt der Saugtransformator, der pro Teilwicklung die Leerlaufreaktanz S_0 haben möge, wie sechs Anodendrosseln je von der Reaktanz $2\,S_0$. Dies hat zur Folge, daß die Gleichspannung nach

$$\Delta E_{gm} = \frac{6}{2\pi} 2 S_0 \cdot J_g = \frac{6}{\pi} S_0 \cdot J_g \tag{221}$$

[1] Angegeben von Nielsen: DRP. 238754 (1910, AEG); vgl. ferner Bila B. Schaefer: Elektrotechn. Z. Bd. 39 (1918) S. 321.

[2] Angegeben von Kübler: DRP. 309593 (1916, BBC); vgl. auch Dällenbach und Gerecke: Arch. Elektrotechn. Bd. 14 (1924) S. 178, 188, 242, sowie H. Jungmichl: Wiss. Veröff. Siemens-Konz. Bd. 6 (1928) S. 34.

sehr stark abfällt. Bei dem kritischen Gleichstromwert J_{krit} habe die jeweils dritte Anode die Berechtigung erlangt, gleichfalls zu zünden; aus Abb. 157 entnimmt man, daß dies offenbar dann der Fall ist, wenn die neue Anodenspannung $e_3 + u$ den Wert der resultierenden Gleichspannung während der Kommutierung $\frac{e_1 - e_2}{2}$ erreicht hat. Die Spannung u jeder Teilwicklung des Saugtransformators muß aber $= \frac{e_2 - e_1}{2}$ sein. Infolgedessen zündet die dritte Anode, wenn

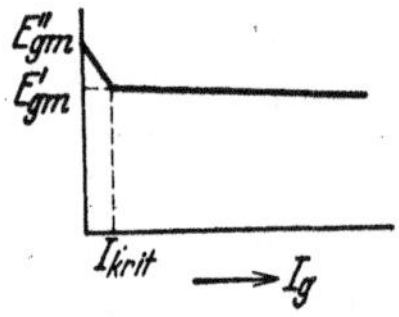

Abb. 160. Typischer Verlauf der Gleichspannungscharakteristik.

$$e_3 + \frac{e_2 - e_1}{2} = \frac{e_1 + e_2}{2} \quad \text{oder} \quad e_3 = e_1$$

geworden ist; dem entspricht eine Kommutierungsdauer von 30°. Erst von dieser so definierten kritischen Belastung ab treten die angestrebten neuen Arbeitsverhältnisse ein. Der durch die Zündung der Anode 3 ausgelöste Ausgleichstrom fließt jetzt nicht mehr über die große Reaktanz des Saugtransformators, sondern direkt zur Transformatorphase 1 zurück, nur noch begrenzt durch die Streureaktanzen der Phasen 1 und 3. Nach der nun eintretenden Kommutierungsdauer u hat dieser Ausgleichstrom die Anode 1 gelöscht, und die Phasen 2 und 3 bleiben allein stromführend. Fortan fließen ständig je zwei Anodenströme, je vom Betrage des halben Gleichstromes und, abgesehen von der Kommutierung, von der Brenndauer 120°. Die mittlere Gleichspannung setzt ein mit dem ideellen Wert

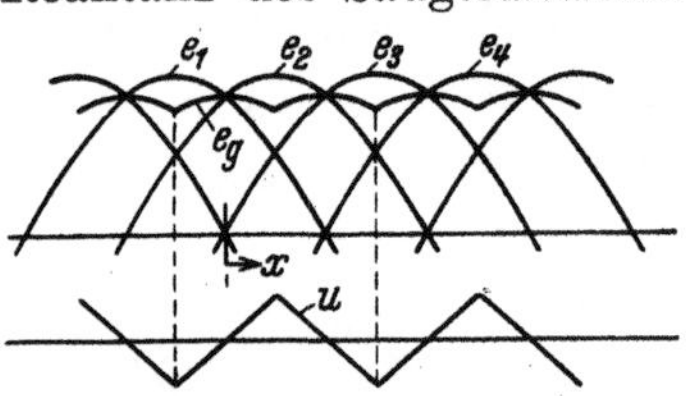

Abb. 161. Spannungen des Haupttrafos, des Saugtrafos und Gleichspannung bei kritischer Belastung.

$$E'_{gm} = \frac{6}{2\pi} \int_{-\pi/3}^{+\pi/3} \frac{e_1 + e_2}{2} \, dx = \frac{6}{2\pi} \cos \frac{\pi}{6} \cdot \sqrt{2} E_s = \frac{3\sqrt{6}}{2\pi} E_s = 1{,}17 E_s, \tag{222}$$

der übereinstimmt mit der ideellen Gleichspannung des Dreiphasengleichrichters. Tatsächlich bewirkt die Schaltung ja eine Zerfällung des Sechsphasensystems in zwei Dreiphasensysteme, nur daß die Anodenspannung derart im Sinne der Abb. 135 umgebildet ist, daß die Parallelarbeit zweier Anoden verschiedener Phasen ermöglicht ist. Nach der kritischen Belastung hat die Gleichspannungscharakteristik, wie Abb. 160 zeigt, ihr natürliches Gefälle; die Teilwicklungen des Saugtransformators haben, abgesehen von der Kommutierung, die in Abb. 161 dargestellte fest aufgeprägte Spannung $u = \frac{e_2 - e_1}{2}$, $\frac{e_3 - e_2}{2}$ usw., so daß man jetzt von Transformatorcharakter sprechen kann; der Magnetisierungsstrom zum Induzieren der Spannungen u entzieht sich den

Anodenströmen, die nach der kritischen Last gerade ausreichen, diesen Magnetisierungsstrom ohne zu lücken herzugeben.

Nach diesen Erläuterungen liegt die kritische Belastung bei demjenigen Stromwert, bei dem nach (221) ΔE_{gm} etwa $= E''_{gm} - E'_{gm}$ geworden ist. Dies bedingt mit (222)

$$\frac{6}{\pi} S_0 \cdot J_{krit} = \left(\frac{3\sqrt{2}}{\pi} - \frac{3\sqrt{6}}{2\pi}\right) E_s$$

oder

$$J_{krit} = \frac{2-\sqrt{3}}{2\sqrt{2}} \frac{E_s}{S_0} = 0{,}095 \frac{E_s}{S_0}. \tag{223}$$

Zweckmäßiger ist es, den kritischen Strom nicht auf die Reaktanz S_0, sondern auf deren Magnetisierungsstrom der Spannungen u abzustellen. Ist j_0 dieser Magnetisierungsstrom, so muß offenbar

$$2u = 4 S_0 \frac{dj_0}{dx}$$

sein. Hieraus folgt, wenn $J_{0\,max}$ den Scheitelwert von j_0 vorstellt,

$$J_{0\,max} = \frac{1}{4 S_0}\int_0^{\pi/3} u\,dx = \frac{1}{2 S_0}\int_0^{\pi/6} \frac{e_2 - e_1}{2}\,dx = \frac{2-\sqrt{3}}{4\sqrt{2}} \frac{E_s}{S_0}.$$

Denkt man sich an Stelle von $2\,u$ eine Sinusspannung mit dem Effektivwert $\tilde{U}$ und der gleichen Frequenz an die Wicklungen des Saugtransformators angeschlossen, so wäre für diese

$$J_{0\,max} = \frac{1}{4 S_0} \cdot \frac{2\sqrt{2}}{3} \tilde{U} = \frac{1}{3\sqrt{2}} \frac{\tilde{U}}{S_0}.$$

Infolgedessen ist die Spannung $\tilde{U}$, die wir die Ersatz-Sinusspannung nennen wollen, durch E_s ausgedrückt,

$$\tilde{U} = \frac{3(2-\sqrt{3})}{4} E_s = 0{,}201\, E_s. \tag{224a}$$

Nehmen wir für dieses j_0 als sinusförmig mit dem Effektivwert J_0 an, so wird $J_{0\,max} = \sqrt{2}\, J_0$; dieser Wert muß aber in dem halben Gleichstrom enthalten sein. Es muß also

$$J_0 = \frac{1}{2\sqrt{2}} J_{krit} = 0{,}35\, J_{krit} \tag{224b}$$

gemacht werden. Damit sind die Daten des Saugtransformators auf eine normale Wechselstrommessung zurückgeführt, der Transformator ist so zu bemessen, daß bei Anschluß der Sinusspannung $\tilde{U}$ nach (224a) an beide Teilwicklungen in Serie der Leerlaufstrom den effektiven Wert J_0 nach (224b) annimmt.

Man nennt diese Schaltung wegen der Zerfällung des Sechsphasensystemes in zwei Dreiphasensysteme eine Halbierungsschaltung.

Löst man dagegen den Sechsphasenstrom in drei Zweiphasensysteme auf, die dann je 120° Phasendifferenz aufweisen, und verbindet deren drei Nullpunkte über einem dreiphasigen Stromteiler, den wir als dreiphasigen Saugtransformator bezeichnen, so entsteht die in Abb. 162 wiedergegebene Schaltung[1]. Bei dieser erzwingt der Saugtransformator das gleichzeitige Fließen von je drei Anodenströmen, die alsdann, von der Kommutierung abgesehen, 180° Brenndauer aufweisen. Die Primärwicklung muß jetzt in Dreieck geschaltet sein, während bei der vorigen Schaltung Stern- oder Dreieckschaltung möglich war.

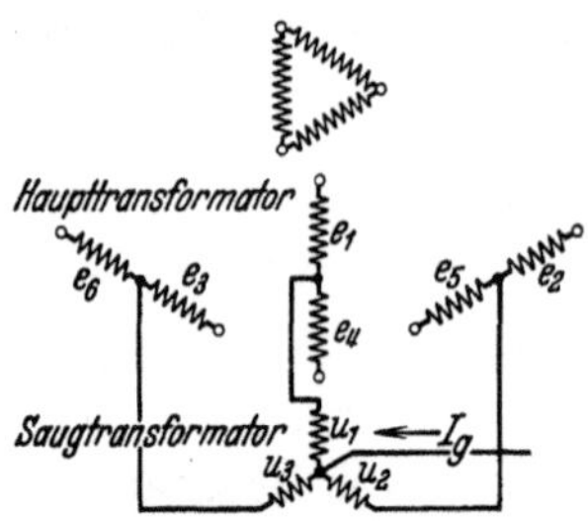

Abb. 162. Dreieck-3 × 2-phasen-Schaltung mit dreiphasigem Saugtransformator.

Bei Leerlauf beträgt die ideelle Gleichspannung wieder $E''_{gm} = \frac{3\sqrt{2}}{\pi} E_s = 1{,}35\, E_s$; sie sinkt bis zum kritischen Gleichstrom J_{krit} bis zur ideellen Gleichspannung $E'_{gm} = \frac{2\sqrt{2}}{\pi} E_s = 0{,}90\, E_s$. Nach Überschreitung der kritischen Belastung fließen jeweils drei Anodenströme gleichzeitig je von der Höhe des dritten Teiles des Gleichstromes, den Wicklungen des Saugtransformators sind dann die Spannungen u_1, u_2, u_3 aufgeprägt, von denen in Abb. 163 eine gezeigt ist. Die Ersatzsinusspannungen gleicher Frequenz, die den gleichen maximalen Magnetisierungsstrom bedingen, haben den Effektivwert

$$\tilde{U} = 0{,}429\, E_s\,. \qquad (225\text{a})$$

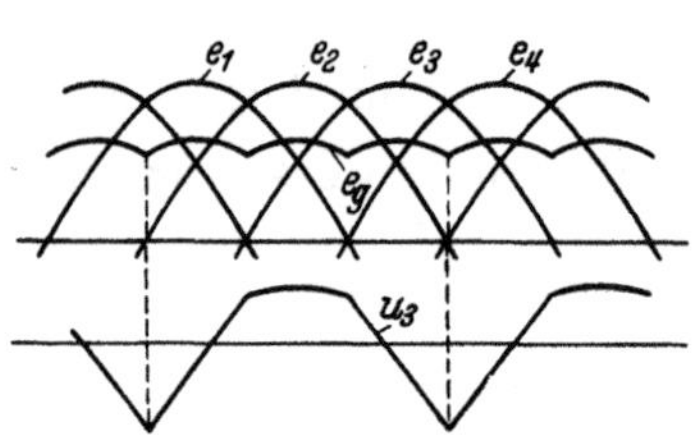

Abb. 163. Spannungen des Haupttrafos, des Saugtrafos und Gleichspannung bei kritischer Belastung.

Der Saugtransformator ist alsdann so auszulegen, daß der bei Anlagen der Ersatzsinusspannungen auftretende effektive Magnetisierungsstrom den Wert

$$J_0 = \frac{1}{3\sqrt{2}} J_{krit} = 0{,}236\, J_{krit} \qquad (225\text{b})$$

annimmt.

Man nennt diese Schaltung wegen der Zerfällung des Sechsphasensystemes in drei Zweiphasensysteme eine Drittelungsschaltung.

Den Gleichspannungsabfall hatten wir bereits ganz allgemein für beliebige Saugtransformatorschaltungen berechnet und dafür Gleichung (208) gefunden. In diese haben wir nur bei $p = 6$ für die erste Schaltung $m = 2$, für die zweite Schaltung $m = 3$ zu setzen und an Stelle von X_a die resultierende Streureaktanz einzusetzen. Die prozentuale Kurz-

[1] Angegeben in DRP. 290710 (1914, Gleichrichter A.-G., Glarus.)

schlußspannung wird bei dreiphasigem Kurzschluß und überbrücktem Saugtransformator bei der ersten Schaltung $u_k = \frac{1}{\sqrt{6}} \frac{X_a J_g}{E_s}$ und bei der zweiten Schaltung $u_k = \frac{2\sqrt{2}}{9} \frac{X_a J_g}{E_s}$. Infolgedessen wird das Verhältnis zwischen dem induktiven Gleichspannungsabfall und der Kurzschlußspannung für die erste Schaltung

$$\frac{\varepsilon_s}{u_k} = \frac{1}{2} = 0{,}50$$

und für die zweite Schaltung

$$\frac{\varepsilon_s}{u_k} = \frac{3}{8} = 0{,}38\,.$$

Bei letzterer ist jedoch zu beachten, daß während jeder Kommutierung die sekundärseitigen Streureaktanzen jeweils dem gleichen Transformatorschenkel angehören, so daß sich noch ein Kopplungseffekt geltend macht, der eine Vergrößerung des Verhältnisses ε_s/u_k bewirkt.

Einige weitere Daten der beiden Schaltungen findet man in nachstehender Tabelle zusammengestellt:

Transformatordaten usw. von Sechsphasenschaltungen mit Saugtransformator.

Schaltung	E''_{gm}/E'_{gm}	C_s	C_p	C_t	E_{Sp}/E'_{gm}
Mit zweiphas. Saug-transform.	1,16	1,48	1,05	1,26	2,09
„ dreiphas. Saug-transform.	1,50	1,57	1,11	1,34	3,14

Die Werte für C_s, C_p, C_t beziehen sich dabei nur auf den Haupttransformator und auf die Gleichstromleistung $E'_{gm} \cdot J_g$.

Den oft störenden Anstieg der Gleichspannung unterhalb der kritischen Belastung kann man vermeiden, wenn man Einrichtungen schafft, die die erforderliche Umbildung der Anodenspannungen, d. h. hier z. B. die Schaffung der dritten Harmonischen der Spannungen, schon bei Leerlauf bewirken.

Sechsphasige Halbierungsschaltungen mit Stromteilern oder mit Steuertransformator. Denkt man sich den vorhin besprochenen zweiphasigen Saugtransformator auf die Anodenseite verlegt, so entsteht die in Abb. 164 schematisch wiedergegebene Stromteileranordnung, die anstatt zwei nunmehr sechs Wicklungen aufweisen muß, die je zwischen einem Wicklungsende der Sechsphasensternwicklung und einer Anode angeschlossen sind[1]; dabei wirken die Wicklungen *1, 3, 5* in dem einen Sinne, die Wicklungen *2, 4, 6* im entgegengesetzten Sinne magneti-

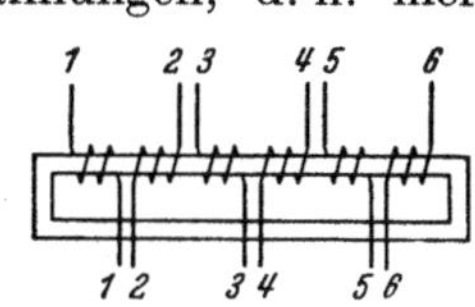

Abb. 164. Anodenseitig einzuschaltende Stromteileranordnung mit gemeinsamen Eisenkern von der Wirkung eines zweiphasigen Saugtransformators.

[1] Vgl. auch DRP. 309593.

sierend. Diese Anordnung erfordert zwar mehr Wicklungsaufwand wie der Saugtransformator, ist aber dafür nicht an die aufgelöste Sternschaltung gebunden.

Eine andere Möglichkeit, mehrere Anodenströme zum gleichzeitigen Fließen zu zwingen, gewährt der in Abb. 165 dargestellte sog. Steuertransformator; ein solcher besteht aus einer von den Anodenströmen durchflossenen Primärwicklung und einer getrennten, in sich geschlossenen Sekundärwicklung, die jeweils so ausgebildet ist, daß die in ihr umlaufenden Ströme die Amperewindungen der gleichzeitig fließenden Anodenströme gerade kompensieren. Der Steuertransformator nach Abb. 165, der zwei Anodenströme zum Fließen anregen soll, besteht aus drei Einschenkelkernen oder einem Fünfschenkelkern mit den dargestellten Wicklungen.

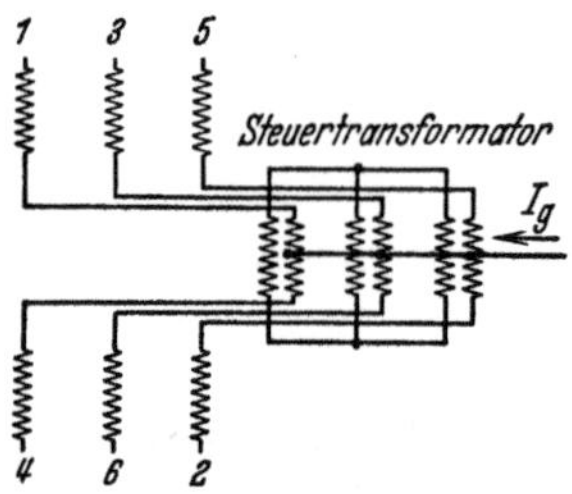

Abb. 165. Sechsphasenschaltung mit Steuertransformator von der Wirkung eines zweiphasigen Saugtransformators.

Über die Auslegung der Anordnungen gelten ganz ähnliche Überlegungen wie vorhin, so daß sich nähere Angaben darüber erübrigen.

Sechsphasige Halbierungsschaltungen mit drei Einzeltransformatoren, Manteltransformator oder mit Fünfschenkeltransformator. Den magnetischen Zwang, zwei Anodenströme zum gleichzeitigen Fließen zu veranlassen, kann man aber auch im Haupttransformator selbst schaffen. Eine Möglichkeit hierzu bietet die Zusammensetzung des Haupttransformators aus drei Einzeltransformatoren und Verwendung der Stern-Sechsphasenstern-Schaltung, wie Abb. 166 wiedergibt[1]. Oberhalb der kritischen Belastung fließen, wie bei der Schaltung mit zweiphasigem Saugtransformator, je zwei Anodenströme gleichzeitig, und es herrscht dann für jeden Einzeltransformator Gleichgewicht der Amperewindungen. Ist dieser Betriebszustand erreicht, so ist die Schaltung hinsichtlich Gleichspannungsabfall und Kurzschlußspannung der anderen Schaltung gleichwertig.

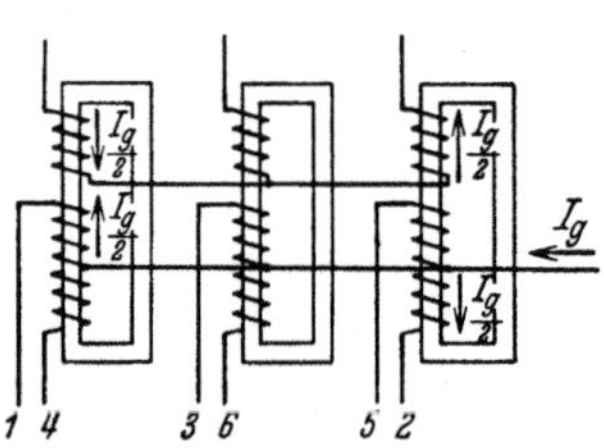

Abb. 166. Sechsphasige Halbierungsschaltung mit drei Einzeltransformatoren.

Der Übergang von Leerlauf bis zum kritischen Gleichstrom weist indessen einige Besonderheiten auf, die von einiger Bedeutung sind und daher ein genaueres Eingehen darauf notwendig machen. Wir betrachten zunächst den reinen Leerlauf. Wären die Schenkelspannungen der Einzeltransformatoren rein sinusförmig, so müßten die zugehörigen Magnetisierungsströme wegen der Nichtlinearität der Magne-

[1] Angegeben von E. Gerecke: vgl. Arch. Elektrotechn. Bd. 19 (1928) S. 449.

tisierungsströme mit Oberwellen behaftet sein. Die Abb. 167 zeigt beispielsweise eine solche Aufteilung des Magnetisierungsstromes in seine effektive Grundwelle J_1 und seine effektiven Oberwellen J_3, J_5, J_7 und J_9 für einen Einphasentransformator mit einem Eisenkern von hochlegiertem Blech[1] bei vernachlässigtem Luftspalt. Dabei bedeuten n die Windungszahl der Primärwicklung und l_E die Länge des Eisenweges. Da jedoch bei einer Sternschaltung wie im vorliegenden Falle die dritte Harmonische des Magnetisierungsstromes und ihre Vielfachen am Fließen verhindert sind, findet eine Umbildung der Schenkelspannungen statt, derart, daß die zugehörigen Magnetisierungsströme diese Harmonischen nicht mehr enthalten. Dies bedeutet aber, daß diese Spannungen nun selbst solche Harmonischen aufweisen. Beschränken wir uns nur auf die Berücksichtigung der dritten Harmonischen der Spannungen, so haben wir eine solche von der Höhe zu suchen, daß die gleiche Harmonische in den Strömen verschwindet; wie sich herausstellt, weisen die Ströme alsdann im wesentlichen eine fünfte Harmonische auf. Diese auf einiges Probieren hinauslaufende Konstruktion ist in Abb. 168 für die der Abb. 167 zugrunde liegende Magnetisierungskurve bei vernachlässigtem Luftspalt und Annahme eines Maximalwertes der Grundwelle B_1 der Induktion B von $B_{1_{max}} = 14000$ Gauß durchgeführt. Der Magnetisierungsstrom der Grundwelle B_1 allein wäre $j(B_1)$; bei Überlagerung einer bestimmten dritten Harmonischen B_3 zu $B = B_1 + B_3$ nimmt der Magnetisierungsstrom $j(B)$ eine Form an, die keine dritte

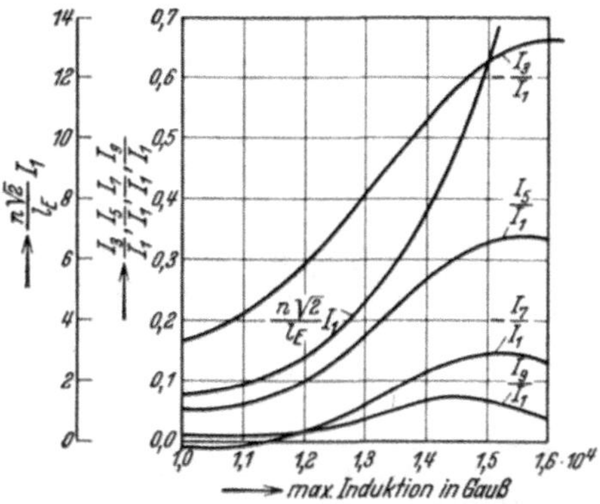

Abb. 167. Grundwelle und Oberwellen des Magnetisierungsstromes einer Sinusspannung eines Einphasentrafos ohne Luftspalt. (Aus R. Richter: Elektrische Maschinen, Bd. 3, Abb. 6.)

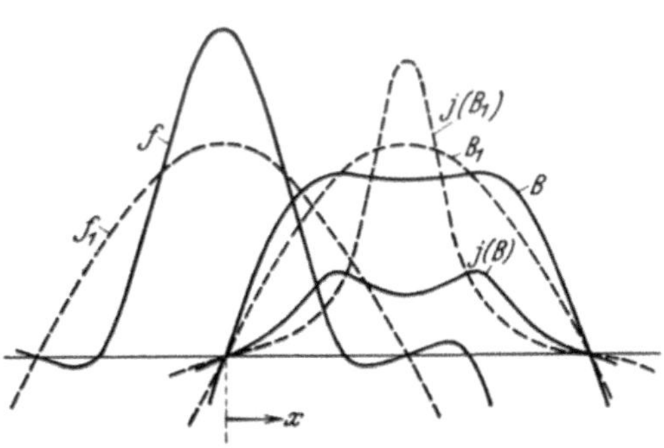

Abb. 168. Konstruierter Verlauf der Schenkelspannung f und deren Grundwelle f_1, der Schenkelinduktion B und deren Grundwelle B_1 sowie des Magnetisierungsstromes $j(B)$ bzw. $j(B_1)$ bei Leerlauf und $B_{1\,max} = 14000$ Gauß.

[1] Die hierzu gehörige Magnetisierungskurve ist dieselbe wie die in Abb. 132 wiedergegebene.

Harmonische mehr aufweist. Die Schenkelspannung $f = c\frac{dB}{dt}$, deren Grundwelle mit $f_1 = c\frac{dB_1}{dt}$ bezeichnet ist, worin c eine konstante Größe bedeutet, weist eine dritte Harmonische f_3 vom dreifachen Betrage auf, denn es ist $f_3/f_1 = 3\,B_3/B_1$. Da die sekundären Spannungen die gleiche Umbildung erleiden, entsteht eine nicht unbeträchtliche Erhöhung der ideellen Leerlaufgleichspannung E''_{gm}; die sich nunmehr einstellende Leerlaufspannung E'''_{gm} errechnet sich aus den Effektivwerten F_1 und F_3 von f_1 und f_3 zu

$$E'''_{gm} = \frac{3\sqrt{2}}{\pi}\int\limits_{-\frac{\pi}{6}}^{+\frac{\pi}{6}} (F_1 \cos x + F_3 \cos 3x)\,dx = \frac{3\sqrt{2}}{\pi}\left(F_1 + \frac{2}{3}F_3\right) = E''_{gm}\left(1 + \frac{2}{3}\frac{F_3}{F_1}\right). \tag{226}$$

Im vorliegenden Beispiel ist $F_3/F_1 = 0{,}54$, so daß $E'''_{gm} = 1{,}36\,E''_{gm}$ betragen würde.

Bei kleiner Belastung entwickelt sich zunächst ein einanodiger Betrieb, wobei die Kommutierung nach Maßgabe der Leerlaufreaktanz X_0 der Einzeltansformatoren vor sich geht; die mittlere Gleichspannung sinkt infolgedessen sehr rasch. Bei dem kritischen Gleichstrom J_{krit} hat die Kommutierungsdauer den Wert erlangt, von dem ab die Zündbedingung für zweianodigen Betrieb eintritt. Dieser zweianodige Betrieb erfordert aber eine Schenkelspannung von der Form nach Abb. 135; in

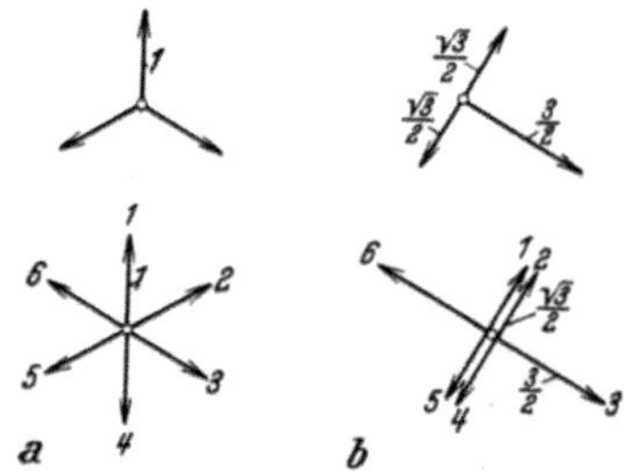

Abb. 169. Umbildung der Spannungsvektoren bei kritischer Belastung.

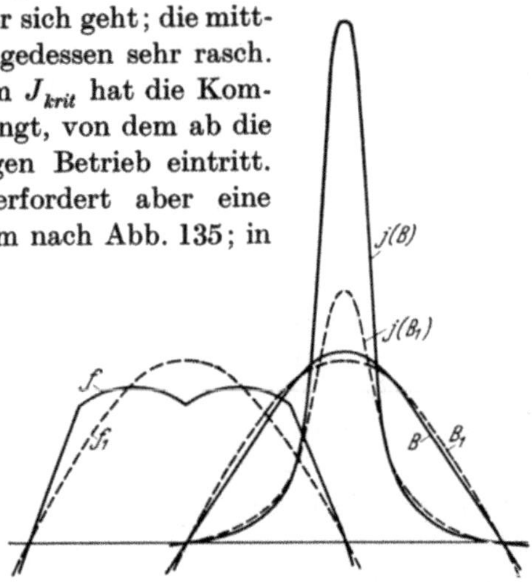

Abb. 170. Konstruierter Verlauf der Schenkelspannung, der Schenkelinduktion und deren Magnetisierungsstrom bei Erreichen der kritischen Belastung und bei $B_{1\,max} = 14000$ Gauß.

die Vektorsprache übersetzt, entspricht dem bei gleichzeitigem Brennen z. B. von Anode 1 und 2 eine Umbildung der Vektoren der Schenkelspannungen von Abb. 169a in Abb. 169b. Eine solche Umbildung zieht aber einen Magnetisierungsstrom $j(B)$ nach sich, wie er in Abb. 170 unter den gleichen Bedingungen wie in Abb. 168 konstruiert worden ist[1]. Dieser Magnetisierungsstrom hat eine dritte Harmonische, und zwar eine noch beträchtlich größere als der Strom $j(B_1)$ sie gehabt hätte. Bisher konnte eine solche dritte Harmonische nicht fließen; jetzt ist jedoch durch das gleichzeitige Brennen zweier Anoden die Möglichkeit eingetreten, daß diese Harmonische sekundärseitig umlaufen kann. Unter diesen Umständen fließen die unter sich gleichen dritten Harmonischen der drei Schenkel in der in Abb. 171 gezeigten Aufteilung. Da die resultierenden Anodenströme wieder nicht lücken dürfen, muß der von der Gleichstrombelastung herrührende Anodenstromanteil $\frac{1}{2} J_{krit}$ mindestens gleich dem Scheitelwert des umlaufenden Stromes $\frac{3}{2} j_3$ sein, so daß sich für den kritischen Gleichstrom ergibt

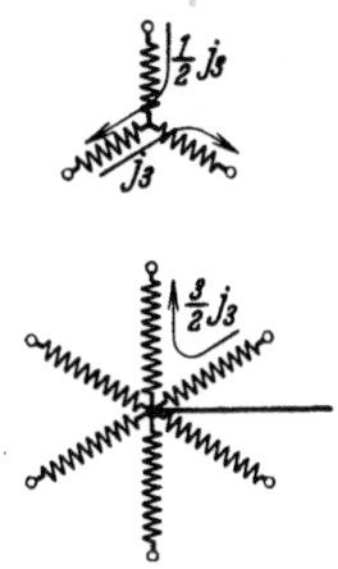

Abb. 171. Verteilung der dritten Harmonischen des Magnetisierungsstromes bei kritischer Belastung.

$$J_{krit} = 3\sqrt{2}\, J_3 . \qquad (227)$$

Damit ist der Übergang bis zum zweianodigen Betrieb geklärt. Wie Abb. 172 veranschaulicht, verläuft die Gleichspannungscharakteristik bis zum kritischen Gleichstrom ziemlich geradlinig. E'''_{gm} und J_{krit} sind von der Eisensättigung abhängig, wobei jedoch, wie an Hand der Abb. 167 verständlich ist, E'''_{gm} mit kleiner werdender Induktion nur langsam abnimmt.

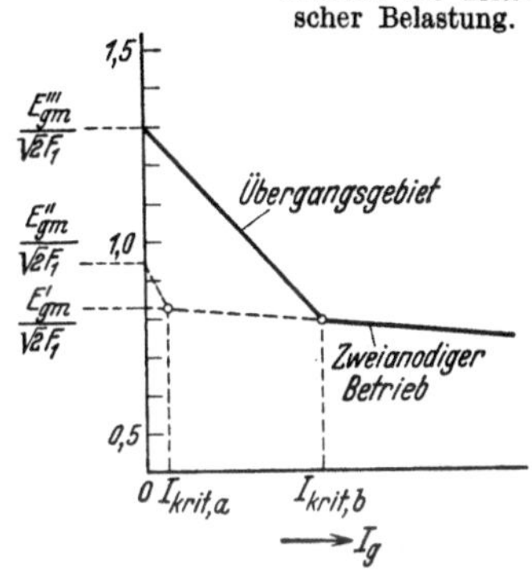

Abb. 172. Anfangsverlauf der Gleichspannungscharakteristik ohne (*a*) und mit (*b*) Berücksichtigung der Eisensättigung bei $B_{1\,max} = 14000$ Gauß.

Um die Schaltung bei wirtschaftlichen Induktionen von dem anormalen Gleichspannungsanstieg zu befreien, muß man der dritten Harmonischen j_3 des Magnetisierungsstromes schon bei Leerlauf die Möglichkeit verschaffen, umzulaufen[2]. Eine solche Möglichkeit bietet die Überbrückung der Sekundärzweige durch sechs Polygondrosseln, die sich indessen z. B. in der in Abb. 173 gezeigten Weise auf drei Wicklungen mit gemeinsamem dreischenkligen Eisenkern reduzieren lassen; jede dieser Wicklungen führt alsdann den Stromanteil $\frac{1}{2} j_3$. Wählt man die

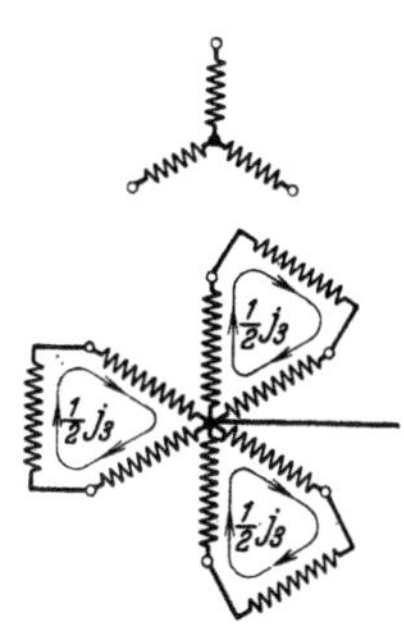

Abb. 173. Anordnung von Polygondrosseln zur Aufhebung des Gleichspannungsanstieges.

[1] Der Vergleich der Abb. 170 mit Abb. 168 zeigt eine große Ähnlichkeit der Spannung f in Abb. 170 mit dem durch B wiedergegebenen Fluß in Abb. 168. Wie H. Scherp gefunden hat, drückt sich hierin eine prinzipielle Gesetzlichkeit aus, die auch für andere Schaltungen gültig ist.

[2] Vgl. z. B. Schenkel u. Jungmichl: DRP. 436311 (1924, SSW).

maximale Induktion dieser Drosseln hinreichend hoch, so sind sie imstande, eine Zurückführung der Leerlaufgleichspannung nicht nur von E'''_{gm} auf E''_{gm}, sondern sogar bis auf etwa E'_{gm} herbeizuführen, so daß die Gleichspannungscharakteristik dann zu einer gleichmäßig verlaufenden Geraden wird.

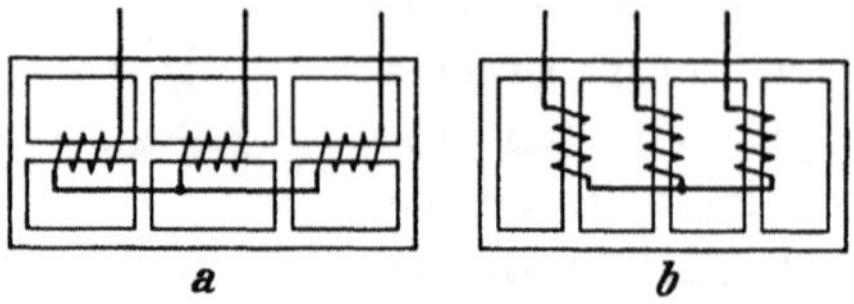

Abb. 174. Aufbau eines Manteltransformators (a) und eines Fünfschenkeltransformators (b). Nur die Primärwicklung ist eingetragen.

An Stelle der drei Einzeltransformatoren nach Abb. 166 ist auch die Verwendung eines dreischenkligen Transformators mit magnetischen Rückschlüssen nach Art einer Manteltype wie in Abb. 174a oder nach Art einer Fünfschenkeltype wie in Abb. 174b möglich[1]. Die magnetischen Bedingungen sind dann prinzipiell die gleichen wie vorhin; nur im einzelnen sind sie verwickelter, so daß es nicht mehr so leicht möglich ist, den Anfangsverlauf der Gleichspannungscharakteristik und die Mittel zu seiner Beeinflussung vorauszuberechnen.

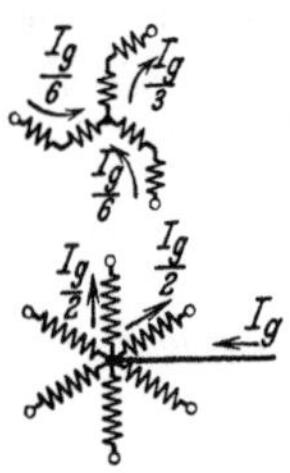

Abb. 175. Sechsphasige Halbierungsschaltung mit primärer Zickzackwicklung.

Sechsphasige Halbierungsschaltung mit primärer Zickzack- und sekundärer Sternschaltung. Führt man die vorhin behandelte Schaltung mit z. B. Fünfschenkeltransformator an Stelle der primären Stern- mit primärer Zickzackschaltung aus, so entsteht eine neue Schaltung, die ebenfalls je zwei Anodenströme zum gleichzeitigen Fließen zwingt, jedoch jetzt deshalb, weil die Teilwicklungen der Zickzackwicklung gezwungen sind, den gleichen Strom zu führen[2]. Es entsteht dann die in Abb. 175 gezeigte Stromverteilung. In die Vektorsprache übersetzt, bedeutet das gleichzeitige Fließen von zwei Anodenströmen wieder das Zusammenfallen der zugehörigen sekundären Spannungsvektoren und damit eine Umbildung aller Vektoren, wie sie in Abb. 176a und 176b konstruiert worden ist. Die erzielte Gleichspannung ist die gleiche wie vorhin, wobei die primäre Wicklung etwas mehr Kupferaufwand erfordert als die der vorigen Schaltung.

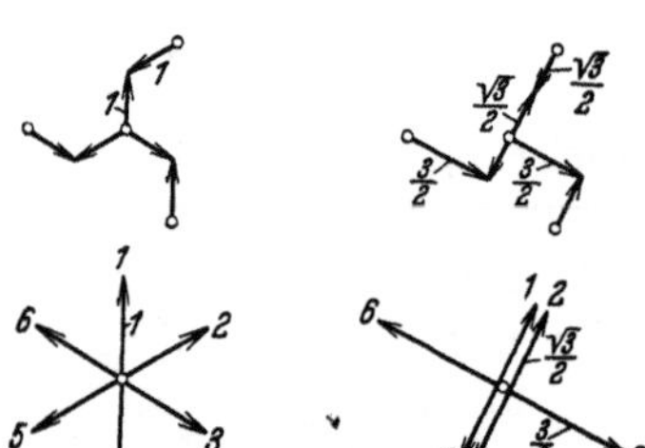

Abb. 176. Umbildung der Spannungsvektoren bei kritischer Belastung.

Zwölfphasenschaltungen mit dreifacher und vierfacher Anodenbrenndauer mit Saugtransformatoren. Nachdem wir an einigen Beispielen

[1] Vgl. DRP. 360645 (1920, BBC).

[2] Vgl. E. Gerecke: a. a. O. S. 462.

von Sechsphasenschaltungen die wesentlichen Merkmale des mehranodigen Betriebes solcher Gleichrichter erläutert haben, können wir uns hinsichtlich der Angaben für Zwölfphasengleichrichter kürzer fassen. Zwölfphasenschaltungen wird man im allgemeinen mindestens für dreianodigen Betrieb ausführen; wir zeigen zuerst solche Schaltungen mit Saugtransformatoren, die sich am leichtesten übersehen lassen. Abb. 177 zeigt eine Schaltung für dreianodigen Betrieb[1], sie besteht aus einem Haupttransformator, der primär in Dreieck geschaltet ist und dessen Sekundärwicklung aus drei Vierphasenelementen besteht, deren Sternpunkte in dem daran angeschlossenen dreiphasigen Saugtransformator zusammengefaßt sind. Die Vierphasenelemente sind dabei aus den drei Grundvektoren mittels einer Zickzack- und einer Durchmesserschaltung hergestellt. Die Schaltung ist nur mit primärer Dreieckschaltung oder bei primärer Sternschaltung nur mit tertiärer Dreieckwicklung ausführbar. Abb. 178 zeigt eine Schaltung für vieranodigen Betrieb, sie besteht aus einem Haupttransformator, der primär in Dreieck geschaltet ist und dessen Sekundärwicklung aus vier Dreiphasenelementen besteht, deren Sternpunkte in dem daran angeschlossenen vierphasigen Saugtransformator mit vierschenkligem Eisenkern zusammengefaßt sind[2]. Die Windungsverhältnisse der sekundären Teilwicklungen sind mittels einer verkürzten Zickzackwicklung hergestellt, deren kürzere Teilwicklung zur längeren Teilwicklung in dem Windungsverhältnis

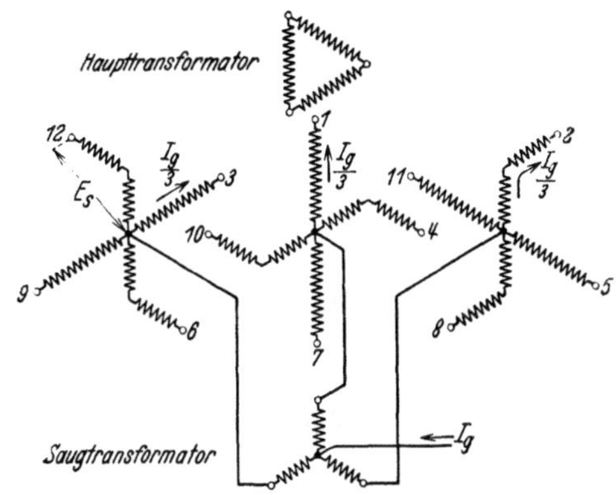

Abb. 177. Beispiel einer 3 × 4-phasen-Schaltung mit dreiphasigem Saugtransformator.

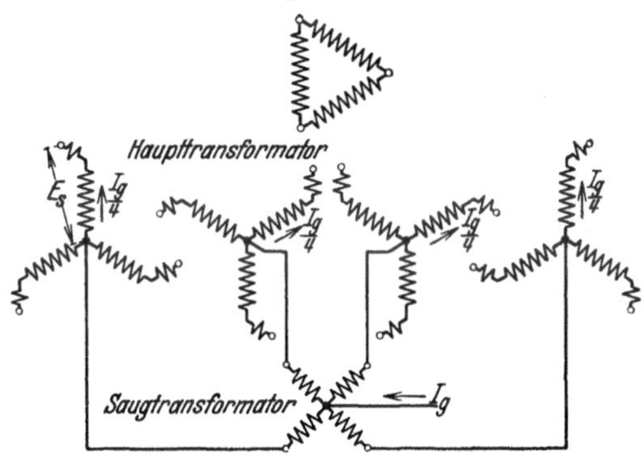

Abb. 178. Beispiel einer 4 × 3-phasen-Schaltung mit vierphasigem Saugtransformator.

$$\frac{\sin 15^\circ}{\sin 45^\circ} = \sqrt{1 - \frac{\sqrt{3}}{2}} = 0{,}366$$

[1] Vgl. Brit. Patent 289152 (1927, BTH).

[2] Bezüglich der Transformatorwicklung vgl. DRP. 435655 (1921, BBC), bezüglich der Saugdrossel vgl. Brit. Patent 289152.

steht, so daß die Teilspannung der kürzeren Wicklung zur resultierenden Phasenspannung im Verhältnis

$$\frac{\sin 15^\circ}{\sin 120^\circ} = \frac{\sqrt{2-\sqrt{3}}}{\sqrt{3}} = 0{,}299$$

und die Teilspannung der längeren Wicklung zur resultierenden Phasenspannung im Verhältnis

$$\frac{\sin 45^\circ}{\sin 120^\circ} = \sqrt{\frac{2}{3}} = 0{,}815$$

steht.

Beträgt E_s der Effektivwert der sekundären Phasenspannung bei Leerlauf, so beträgt die mittlere Gleichspannung E'_{gm} bei kritischer Belastung:

bei der 3×4-phasen-Schaltung

$$E'_{gm} = \frac{4}{\pi} E_s = 1{,}27\, E_s\,,$$

bei der 4×3-phasen-Schaltung

$$E'_{gm} = \frac{3\sqrt{6}}{2\pi} E_s = 1{,}17\, E_s\,.$$

Diese Werte kann man aus einem allgemeinen Gesetz herleiten, das wir schon bei (212a) verwendet haben. Da nämlich die Summe der Spannungen des Saugtransformators ständig Null sein muß, folgt die Gleichspannung bei m-anodigen Betrieb dem Vektor des Schwerpunktes E_{sm} der m zusammenwirkenden Vektoren E_s. Da, wie Abb. 179 für $m = 4$ veranschaulicht, allgemein

$$E_{sm} = \frac{\sin\frac{m\pi}{p}}{m \sin\frac{\pi}{p}} E_s$$

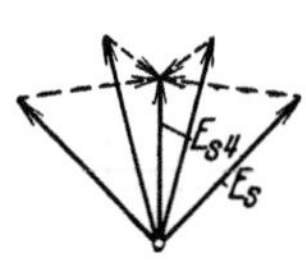

Abb. 179. Bildung des Schwerpunktvektors E_{sm} für $m = 4$ bei $p = 12$.

ist, so folgt mit Hilfe von (167)

$$E''_{gm} = \frac{p\sqrt{2}}{\pi} \sin\frac{\pi}{p} \cdot \frac{\sin\frac{m\pi}{p}}{m \sin\frac{\pi}{p}} E_s = \frac{p\sqrt{2}}{m\pi} \sin\frac{m\pi}{p}\,; \tag{228}$$

d. h. die Gleichspannung des p-phasen-Gleichrichters bei m-anodigem Betrieb ist gleich der Gleichspannung eines $\frac{p}{m}$-phasen-Gleichrichters bei einanodigem Betrieb. Hieraus gehen sofort die vorigen Zahlenwerte hervor.

Die bei drei bzw. vieranodigem Betrieb auftretenden Saugtransformatorspannungen sind in Abb. 180 wiedergegeben. Für diese, mit u bezeichneten Spannungen lassen sich wieder Ersatz-Sinusspannungen $\tilde{u}$

gleicher Frequenz angeben, die den gleichen maximalen Magnetisierungsstrom bedingen, d. h. deren Mittelwert der positiven Halbwelle mit dem Mittelwert der positiven Halbwelle von u übereinstimmt. Ihr Effektivwert $\tilde{U}$ errechnet sich für die 3×4-phasen-Schaltung zu

$$\tilde{U} = 0{,}123\, E_s \tag{229a}$$

und für die 4×3-phasen-Schaltung zu

$$\tilde{U} = 0{,}163\, E_s\,. \tag{229b}$$

Um den kritischen Gleichstrom J_{krit} zu erzielen, sind die Saugtransformatoren so auszulegen, daß nach Anschließen der effektiven Sinus-

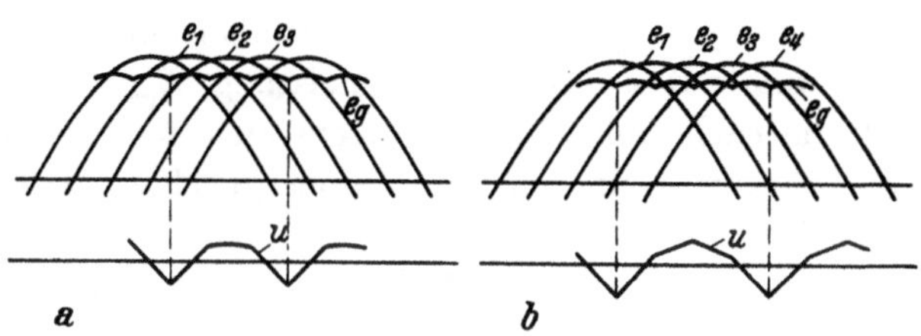

Abb. 180. Spannungen des Haupttrafos, des Saugtrafos und Gleichspannung bei kritischer Belastung bei der Schaltung für dreianodigen Betrieb (*a*) und bei der Schaltung für vieranodigen Betrieb (*b*).

spannungen $\tilde{U}$ die sinusförmig vorausgesetzten Magnetisierungsströme J_0 bei der 3×4-phasen-Schaltung den Effektivwert

$$J_0 = \frac{1}{3\sqrt{2}}\, J_{krit} = 0{,}235\, J_{krit}\,,$$

bei der 4×3-phasen-Schaltung den Effektivwert

$$J_0 = \frac{1}{4\sqrt{2}}\, J_{krit} = 0{,}177\, J_{krit}$$

annimmt.

Für den induktiven Gleichspannungsabfall gilt wieder die allgemeine Beziehung (208), die besagt, daß der Gleichspannungsabfall den m-ten Teil des Wertes eines $\frac{p}{m}$-phasen-Gleichrichters mit einanodigem Betrieb annimmt. Definiert man die Kurzschlußspannung u_k wieder für sekundären dreiphasigen Kurzschluß bei überbrücktem Saugtransformator, so kann man zur Berechnung des Verhältnisses des prozentualen Gleichspannungsabfalles ε_s zu u_k die Beziehung (212) heranziehen. Diese liefert für die 3×4-phasen-Schaltung mit $f_m = \frac{1}{9}$ und $\frac{E''_{gm}}{E'_{gm}} = \frac{3}{\sqrt{2}}\sqrt{2-\sqrt{3}}$

$$\frac{\varepsilon_s}{u_k} = \frac{3}{4}\sqrt{2-\sqrt{3}} = 0{,}39 \tag{230a}$$

und für die 4×3-phasen-Schaltung mit $f_m = \frac{1}{16}$ und $\frac{E''_{gm}}{E'_{gm}} = \frac{4}{\sqrt{3}}\sqrt{2-\sqrt{3}}$

$$\frac{\varepsilon_s}{u_k} = \frac{1}{2}\sqrt{2-\sqrt{3}} = 0{,}26. \qquad (230\,\mathrm{b})$$

Einige weitere Daten der beiden Schaltungen findet man in nachstehender Tabelle zusammengestellt:

Transformatordaten usw. von Zwölfphasenschaltungen mit Saugtransformatoren.

Schaltung	E''_{gm}/E'_{gm}	C_s	C_p	C_t	E_{Sp}/E'_{gm}
3×4-phasen	1,10	1,69	1,03	1,36	2,22
4×3-phasen	1,20	1,65	1,01	1,33	2,09

Die Werte von C_s, C_p, C_t beziehen sich dabei nur auf den Haupttransformator und auf die Gleichstromleistung $E'_{gm} \cdot J$. Die 4×3-phasen-Schaltung nach Abb. 178 ist übrigens auch mit primärer Sternschaltung ausführbar, wofür sich dann die gleichen Daten wie bei primärer Dreieckschaltung ergeben.

Zwölfphasenschaltungen mit dreifacher und fünffacher Anodenbrenndauer mit primärseitiger Kaskadenschaltung. Die bisherigen Schaltungen hatten das Gemeinsame, ein p-phasiges Spannungssystem durch passende Zusammensetzung von Vektoren der drei Grundrichtungen zu bilden, so daß als Haupttransformator nur ein einziger Transformator mit drei bewickelten Schenkeln erforderlich war. Der mehranodige Betrieb wurde dabei entweder durch magnetischen Zwang, wie z. B. bei dem Saugtransformator, oder durch elektrischen Zwang, wie z. B. bei der primären Zickzackschaltung, erzielt, wobei ein m-anodiger Betrieb mehr oder weniger auf das Parallelarbeiten von m je $\frac{p}{m}$-phasigen Systemen hinauslief.

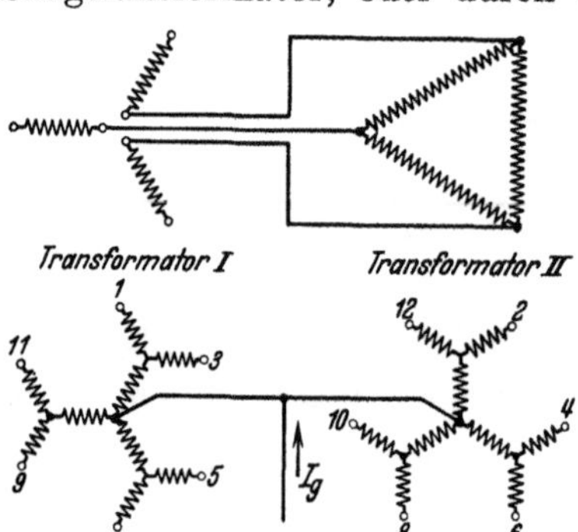

Abb. 181. Zwölfphasenschaltung, bestehend aus zwei Sechsphasensystemen mit primärer ⅄/△-Kaskade.

Ebensogut kann man das p-phasige Spannungssystem anstatt von Vektoren von drei Grundrichtungen von Vektoren der doppelten Anzahl von Grundrichtungen zusammensetzen, indem man zwei Transformatoren mit je drei bewickelten Schenkeln heranzieht. In solchen Anordnungen zählen die Zwölfphasenschaltungen, die aus zwei Sechsphasenschaltungen mit in Kaskade geschalteten Primärwicklungen bestehen. Abb. 181 zeigt z. B. eine derartige Schaltung, deren einer Transformator in Stern-Doppelgabel und deren anderer Transformator in Dreieck-Doppelgabel geschaltet ist und wobei durch Serienschaltung der Stern- und Dreieckwicklung ein dreianodiger Betrieb erzwungen wird[1]. Die Dreieckwicklung hat dabei die $\sqrt{3}$-fache Windungszahl der Sternwicklung. Die Anodenströme verlaufen über die ganze Brenndauer nicht konstant, sondern treppenförmig auf- und absteigend nach Art der Abb. 141a. Die übrigen Stromverhältnisse sind in der Abb. 182 veranschaulicht, und zwar sind dort zur besseren Übersicht die beiden Sechsphasensysteme ineinander gezeichnet; das links stehende Bild bezieht auf das Zeitintervall, in dem die Anoden *1*, *2*, *3*, das rechts stehende Bild auf das nächstfolgende Intervall, in dem die Anoden *2*, *3*, *4* gemeinsam brennen. Dabei hat der Anodenstrom der jeweils ersten und dritten Anode den Momentanwert $J_g/(2+\sqrt{3})$, während der Anodenstrom der jeweils zweiten Anode den $\sqrt{3}$-fachen Wert hat, so daß

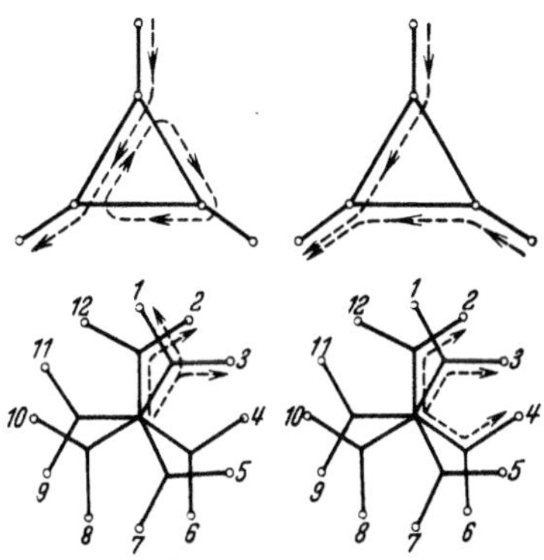

Abb. 182. Stromverteilung in zwei aufeinanderfolgenden Teilintervallen.

$$\left(\frac{1}{2+\sqrt{3}} + \frac{\sqrt{3}}{2+\sqrt{3}} + \frac{1}{2+\sqrt{3}}\right) J_g = J_g$$

ist, sofern von der Kommutierung vorläufig abgesehen wird.

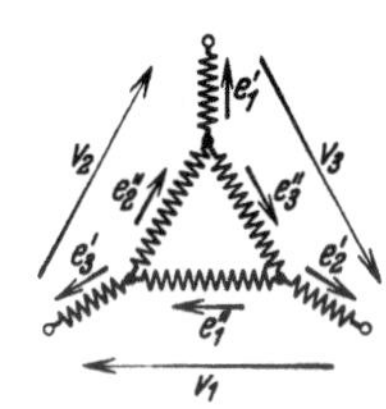

Abb. 183. Bezeichnung der primären Spannungen.

Das gleichzeitige Brennen dreier Anoden erfordert die Gleichheit der zugehörigen Anodenspannungen, die dann den Momentanwert e_g' der ideellen Gleichspannung liefern. Wir wollen den Wert der letzteren im Verhältnis zu dem Leerlaufwert e_g'' berechnen, und zwar wollen wir annehmen, daß bei kleiner Belastung die Anoden *2*, *3*, *4* brennen. Mit den Bezeichnungen der Abb. 183 ergibt sich dann bei einem Übersetzungsverhältnis 1 : 1, d. h. unter der Annahme einer Windungszahl n der primären Sternwicklungen, einer Windungszahl $\sqrt{3}\,n$ der primären Dreieckwicklungen und einer Windungszahl $\frac{2}{\sqrt{3}}\,n$ der sekundären Teilwicklungen bei Leerlauf z. B.

$$e_g'' = \tfrac{2}{3}(e_2'' - e_1'') = \tfrac{1}{3}(v_2 - v_1)\,.$$

[1] Angegeben von Ch. Krämer: vgl. DRP. 491991 (1927, AEG) sowie Elektrotechn. Z. Bd. 50 (1929) S. 303. Bezüglich eines ersten Versuches der Entwicklung einer Theorie der Schaltung vgl. W. Krey: Forschung und Technik, (herausgegeben von W. Petersen), S. 291. Berlin: Julius Springer 1930. An der Entwicklung der vorliegenden Theorie waren H. Scherp und R. Wilheim beteiligt.

Bei Belastung ist dagegen z. B.

$$e'_g = \frac{2}{\sqrt{3}}(e'_1 - e'_3)$$
$$= \frac{2}{3}(e''_2 - e''_1)$$
$$= \frac{2}{\sqrt{3}}(e'_2 - e'_3),$$

außerdem ist $v_2 - v_1 = (e''_2 - e''_1) + (e'_2 - e'_3) + (e'_1 - e'_3)$, woraus nach Einsetzen der Werte für $(e''_2 - e''_1)$ usw. folgt:

$$e'_g = \frac{2}{\sqrt{3}(2+\sqrt{3})}(v_2 - v_1) = \frac{2\sqrt{3}}{2+\sqrt{3}} e''_g.$$

Die mittlere Gleichspannung E'_{gm}, durch den Effektivwert E_s der Leerlauf-Anodenspannung ausgedrückt, ergibt sich daraus zu

$$E'_{gm} = \frac{6\sqrt{6}}{\pi}\sqrt[3]{2-\sqrt{3}}\, E_s = 1{,}298\, E_s; \tag{231}$$

dieser Wert ist etwa 2% höher als derjenige Wert, der dem Schwerpunkt der drei Anodenspannungen entsprechen würde. In der Vektorsprache ausgedrückt, vollzieht sich bei Übergang von Leerlauf zur dreianodigen Belastung eine Umbildung der primären und sekundären Spannungs-

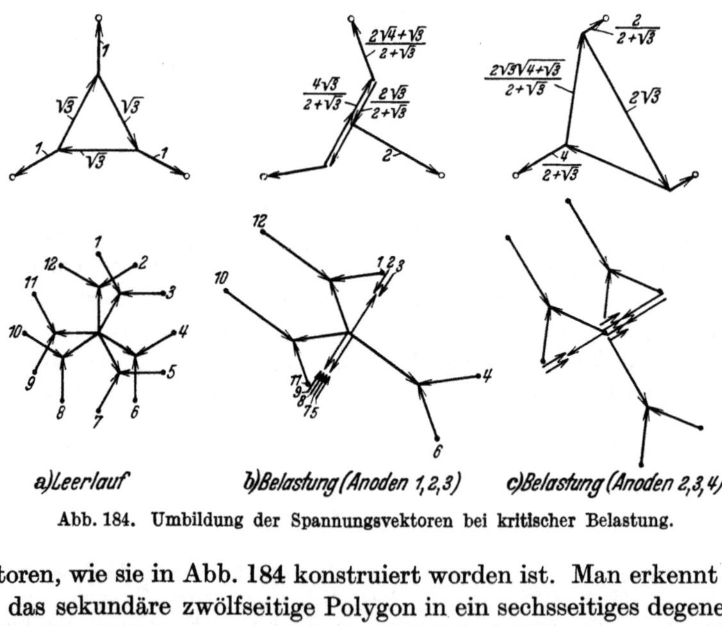

Abb. 184. Umbildung der Spannungsvektoren bei kritischer Belastung.

vektoren, wie sie in Abb. 184 konstruiert worden ist. Man erkennt u. a., daß das sekundäre zwölfseitige Polygon in ein sechsseitiges degeneriert.

Bei Leerlauf bzw. unterhalb der kritischen Belastung, von der ab der dreianodige Betrieb einsetzt, überlagert sich indessen noch ein anderer Effekt, der darauf beruht, daß die primäre Stern-Dreieck-Kaskade ein Verbot der fünften Stromharmonischen in sich schließt, ähnlich wie die Sternschaltung eine Sperrung der dritten Stromharmonischen bewirkt, wobei wir von höheren Harmonischen wieder absehen. Wie man aus Abb. 167 zu entnehmen hat, muß somit eine Umbildung der Spannungen stattfinden derart, daß die Magnetisierungsströme beider Systeme die fünften Harmonischen und die zur Sternwicklung gehörigen Magnetisierungsströme, außerdem die dritten Harmonischen nicht mehr enthalten. Dies hat zur Folge, daß die Spannungen dann selbst eine fünfte Harmonische aufweisen. In Abb. 185 findet man die so entstehenden Spannungsverhältnisse veranschaulicht; für die auf einiges Probieren hinauslaufende Konstruktion wurde wieder die schon einmal verwendete Magnetisierungskurve zugrunde gelegt und bei vernachlässigtem Luftspalt magnetische Symmetrie und ein Maximalwert der Grundwelle B_1 der Induktion B von $B_{1max} = 14000$ Gauß angenommen. Die fünfte Harmonische B_5 der Induktion hat einen solchen Wert, daß die fünfte Harmonische des Magnetisierungsstromes $\mathfrak{j}(B)$ verschwindet; die fünfte Harmonische e_5 der Anodenspannung e ist durch $e_5/e_1 = f_5/f_1 = 5\,B_5/B_1$ gegeben und so orientiert, daß eine Erhöhung der Gleichspannung auf E'''_{gm} eintritt, deren Wert sich aus den Effektivwerten E_1 und E_5 von e_1 und e_5 zu

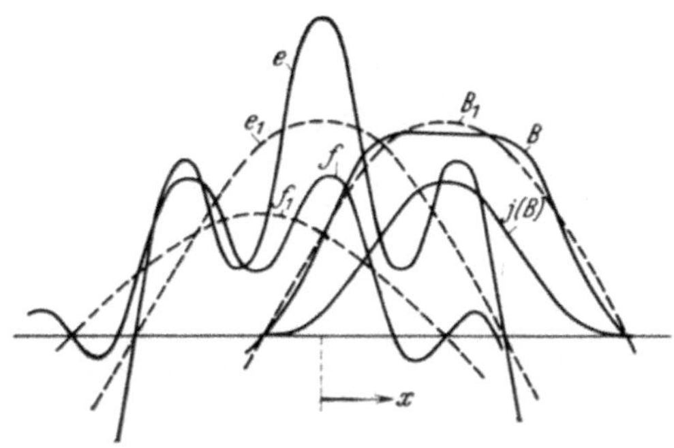

Abb. 185. Konstruierter Verlauf der Anodenspannung e, der Schenkelspannung f, der Schenkelinduktion B und deren Grundwellen sowie des Magnetisierungsstromes $\mathfrak{j}(B)$ bei Leerlauf und $B_{1\,max} = 14000$ Gauß.

$$E'''_{gm} = \frac{3\sqrt{2}}{\pi}\int\limits_{-\frac{\pi}{12}}^{+\frac{\pi}{12}} (E_1 \cos x + E_5 \cos 5x)\,dx = \frac{6\sqrt{2}}{\pi}\left(E_1 \sin 15^\circ + \frac{1}{5} E_5 \sin 75^\circ\right)$$
$$= E''_{gm}\left(1 + \frac{2+\sqrt{3}}{5}\,\frac{E_5}{E_1}\right) \qquad (232)$$

ergibt, wenn $E''_{gm} = \frac{3\sqrt{2}}{\pi}\sqrt{2-\sqrt{3}} \cdot E_1$ die ideelle Leerlaufspannung bei rein sinusförmigen Schenkelspannungen vorstellt. Im vorliegenden Beispiel ist $E_5/E_1 = 0{,}48$ und daher $E'''_{gm} = 1{,}36\,E'''_{gm}$.

Bei wachsender Belastung bilden sich die Kommutierungsvorgänge aus, und zwar gibt es bis zu einer gewissen Belastung einanodigen Betrieb und anschließend bis zu dem kritischen Belastungsstrom J_{krit} zweianodigen Betrieb. Bei dieser Belastung beginnt der reguläre dreianodige Betrieb; bis dahin muß also eine Umbildung der Schenkelspannungen im Sinne der Abb. 184 vollzogen sein, die in Abb. 186 zu ersehen ist. Die jetzt auftretende Schenkelspannung f erfordert eine Schenkelinduktion B mit einem Magnetisierungsstrom $j(B)$, der außer einer starken dritten eine sehr ausgeprägte fünfte Harmonische aufweist. Durch das gleichzeitige Brennen dreier Anoden ist aber jetzt die Möglichkeit eingetreten, daß diese Harmonische sekundärseitig umlaufen kann; die dabei einzuhaltende Bedingung, daß die resultierenden Anodenströme nicht lücken dürfen, liefert eine Beziehung für den kritischen Gleichstrom, die wir jedoch hier übergehen wollen. Will man den bei hoher Sättigung sehr hoch ausfallenden kritischen Gleichstrom herabdrücken und außerdem den Anstieg der Gleichspannung bis zu Leerlauf vermeiden, muß man der fünften Harmonischen des Magnetisierungsstromes die Möglichkeit verschaffen, schon bei Leerlauf zu fließen. Diese Möglichkeit bieten zwölf zwischen je zwei Anoden angeschlossene Polygondrosseln, von denen man in der in Abb. 187 gezeigten Weise sechs Drosseln sparen kann; die sechs verbleibenden Drosseln lassen sich auf zwei Dreischenkelkernen verteilen. Legt man sie für hinreichend hohe Sättigung aus, so bewirken sie eine Herabminderung des Leerlauf-Gleichspannungswertes von E'''_{gm} auf E'_{gm} und damit eine gleichmäßig gerade verlaufende Gleichspannungscharakteristik.

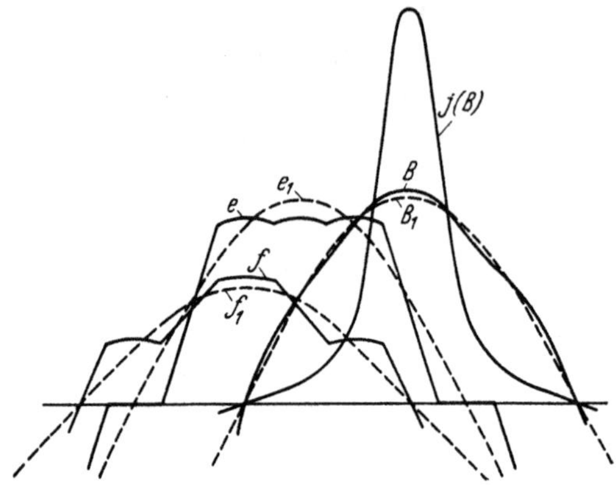

Abb. 186. Konstruierter Verlauf der Anodenspannung, der Schenkelspannung, der Schenkelinduktion und deren Magnetisierungsstrom bei Erreichen der kritischen Belastung und bei $B_{1\,max} = 14000$ Gauß.

Abb. 187. Anordnung von Polygondrosseln zur Beseitigung des Gleichspannungsanstieges.

Der Gleichspannungsabfall bei dreianodigem Betrieb ist der in Gleichung (210a) berechnete. Bedeutet u_k die Kurzschlußspannung jedes der beiden Transformatoren bei sekundärem dreiphasigem Kurzschluß, so beträgt das Verhältnis des Gleichspannungsabfalles zu dem wegen der Kaskade doppelt zu nehmenden u_k-Wert

$$\frac{\varepsilon_s}{2u_k} = \frac{3(4+\sqrt{3})}{4\pi}\sqrt{2-\sqrt{3}} = 0{,}37. \qquad (233)$$

Eine andere aus zwei Sechsphasenschaltungen durch Serienschaltung oder Primärwicklungen zusammengesetzte Zwölfphasenschaltung zeigt Abb. 188; bei dieser sind beide Primärwicklungen in verkürzter Zickzackschaltung ausgeführt, wobei die kürzere Teilwicklung zur längeren wieder in dem Verhältnis $\sqrt{1-\frac{\sqrt{3}}{2}} = 0{,}366$ steht[1]. Die Schaltung bewirkt nach Überschreitung der kritischen Belastung das gleichzeitige Fließen von fünf Anodenströmen, die dabei den in Abb. 141b gezeigten Verlauf haben. Wie man aus den z. B. in Abb. 136 wiedergegebenen Anodenspannungen für fünfanodigen Betrieb erkennt, müssen die Transformatoren Schenkelspannungen mit einer ausgeprägten dritten Harmonischen aufbringen, was bedeutet, daß die Transformatoren magnetische Rückschlüsse, z. B. wie nach Abb. 174, haben müssen, während die vorige Schaltung nach Abb. 181 solcher nicht bedarf.

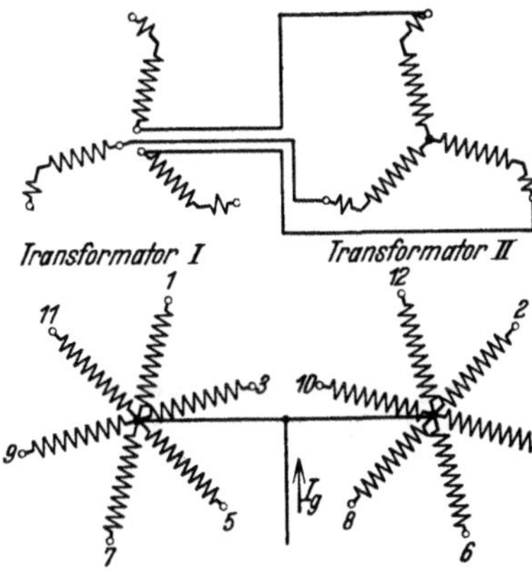

Abb. 188. Zwölfphasenschaltung, bestehend aus zwei Sechsphasensystemen mit primärer ⅄/⅄-Kaskade.

Die bei fünfanodigem Betrieb herrschende Stromverteilung ist für das gleichzeitige Brennen der Anoden *1* bis *5* in Abb. 189 anschaulich zu ersehen. Dabei hat der Anodenstrom der ersten und fünften Anode den Momentanwert $J_g/2(2+\sqrt{3})$, der der zweiten und vierten Anode den $\sqrt{3}$-fachen, der der dritten Anode den 2fachen Wert, so daß

$$\left(\frac{1}{2(2+\sqrt{3})} + \frac{\sqrt{3}}{2(2+\sqrt{3})} + \frac{2}{2(2+\sqrt{3})} + \frac{\sqrt{3}}{2(2+\sqrt{3})} + \frac{1}{2(2+\sqrt{3})}\right) J_g = J_g$$

ist, sofern von der Kommutierung wieder abgesehen wird.

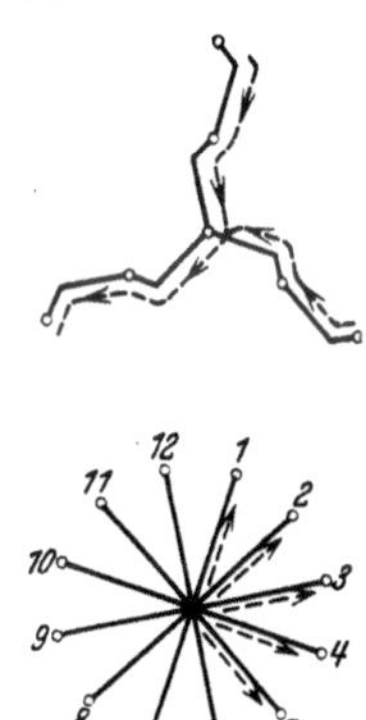

Abb. 189. Stromverteilung in einem Teilintervall.

Das gleichzeitige Brennen von fünf Anoden erfordert die Gleichheit der zugehörigen Anodenspannungen, die dann den Momentanwert e_g' der ideellen Gleichspannung liefern. Wir wollen letztere in ihrem Verhältnis zu dem ideellen Leerlaufwert e_g'' bei einanodigem Betrieb berechnen, und zwar wollen wir annehmen, daß die Anoden *1* bis *5* brennen. Mit den Bezeichnungen der Abb. 190 ergibt sich bei einem Übersetzungsverhältnis 1 : 1, d. h. unter der Annahme einer Windungszahl n der

[1] Angegeben von T. C. Lennox: vgl. Brit. Patent 329945 (prior. 1928, BTH).

Sekundärwicklungen, der Windungszahl $an = \frac{1}{2}\sqrt{\frac{2}{3}}\cdot n$ der längeren und der Windungszahl $bn = \frac{\sqrt{2-\sqrt{3}}}{2\sqrt{3}}\,n$ der kürzeren primären Teil-

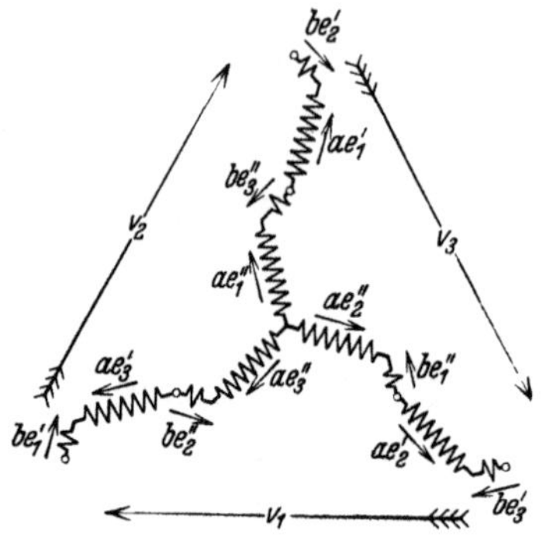

Abb. 190. Bezeichnung der primären Spannungen.

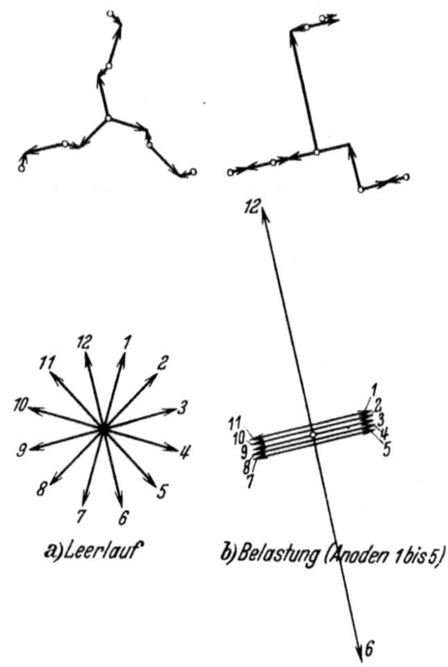

Abb. 191. Umbildung der Spannungsvektoren bei kritischer Belastung.

wicklungen bei Leerlauf z. B.

$$a v_1 - b v_2 = -2\sqrt{3}\,a^2 e_3' = -\sqrt{3}\,a\,e_g''$$

oder

$$e_g'' = -\frac{a v_1 - b v_2}{\sqrt{3}\,a}.$$

Bei Belastung ist dagegen

$$\begin{aligned} e_g' &= 2a e_1', \\ &= -2a e_3'', \\ &= -2a e_3', \\ &= -2a e_2'', \\ &= -2a e_2', \end{aligned} \qquad \left| \qquad \begin{aligned} v_1 &= a e_3'' - b e_2'' + a e_3' - b e_1' \\ &\quad - a e_2'' + b e_1'' - a e_2' + b e_3', \\ v_2 &= a e_1'' - b e_3'' + a e_1' - b e_2' \\ &\quad - a e_3'' + b e_2'' - a e_3' + b e_1'. \end{aligned} \right.$$

Multipliziert man die erste der beiden rechten Gleichungen mit a, die zweite mit b und subtrahiert sie voneinander, so findet man nach Einsetzen der Werte der linken Gleichungen

$$a v_1 - b v_2 = -\left(2 + \frac{b^2}{a^2}\right) a\,e_g'$$

oder

$$e_g' = -\frac{a v_1 - b v_2}{\left(2 + \frac{b^2}{a^2}\right) a} = \frac{\sqrt{3}}{2 + \frac{b^2}{a^2}}\,e_g'' = \frac{2\sqrt{3}}{6 - \sqrt{3}}\,e_g''.$$

Die mittlere Gleichspannung E_{gm}', durch den Effektivwert E_s der Leerlauf-Anodenspannung ausgedrückt, ergibt sich daraus zu

$$E_{gm}' = \frac{12\sqrt{6}}{\pi}\,\frac{\sqrt{2-\sqrt{3}}}{6-\sqrt{3}}\,E_s = 1{,}135\,E_s. \tag{234}$$

Dieser Wert ist etwa 8% höher als derjenige Wert, der dem Schwerpunkt der fünf Anodenspannungen entsprechen würde. In der Vektorsprache ausgedrückt, vollzieht sich bei Übergang von Leerlauf zum fünfanodigen Betrieb eine Umbildung der primären und sekundären Spannungsvektoren, wie sie in Abb. 191 konstruiert worden ist. Man erkennt u. a. an dem Bild, daß das sekundäre Zwölfphasensystem in ein vierphasiges System degeneriert.

Bei Leerlauf bzw. unterhalb der kritischen Belastung überlagert sich indessen wieder ein anderer Effekt, der darauf beruht, daß die primäre Kaskade Verbote für einige Oberwellen der Magnetisierungsströme, insbesondere für die dritte Oberwelle, in sich schließt. Dies hat zur Folge, daß die Schenkelspannungen ähnlich wie in Abb. 168 sich so umbilden müssen, daß die zugehörigen Magnetisierungsströme diese Harmonischen nicht mehr enthalten. Hierdurch entsteht wieder eine Erhöhung der Leerlaufgleichspannung, die wir jedoch nicht berechnen wollen.

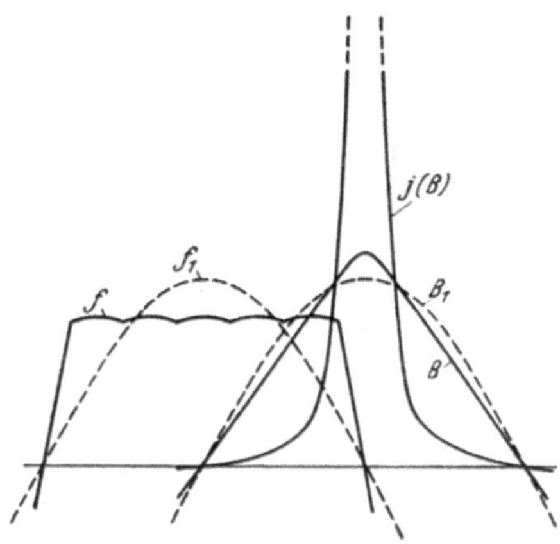

Abb. 192. Konstruierter Verlauf der Schenkelspannung, der Schenkelinduktion und deren Magnetisierungsstrom bei Erreichen der kritischen Belastung und bei $B_{1\,max} = 14000$ Gauß.

Mit wachsender Belastung bilden sich wieder die Kommutierungsvorgänge aus, die Anodenbeteiligung nimmt zu, und mit wachsender Beteiligung nimmt die Zahl der sekundärseitig möglichen Stromwege zu, so daß die primärseitigen Verbote der Harmonischen der Magnetisierungsströme nach und nach aufgehoben werden. Bei der kritischen Belastung ist der fünfanodige Betrieb erreicht; bis dahin muß die Umbildung der Schenkelspannungen im Sinne der Abb. 191 vollzogen sein, wie sie in Abb. 192 im Zusammenhang mit der Schenkelinduktion B und dem zugehörigen Magnetisierungsstrom zu ersehen ist. Dabei wurden die gleichen Annahmen gemacht wie für Abb. 186. Zur Vermeidung des Anstieges der Gleichspannung unterhalb der kritischen Belastung müßte man wieder den Oberwellen der Magnetisierungsströme die Möglichkeit verschaffen, schon bei Leerlauf umzulaufen, was wieder durch Polygondrosseln erreicht werden kann.

Der Gleichspannungsabfall bei fünfanodigem Betrieb ist der in Gleichung (210) berechnete. Bedeutet u_k die prozentuale Kurzschlußspannung jedes der beiden Transformatoren bei sekundärem dreiphasigem Kurzschluß, so beträgt das Verhältnis des prozentualen

Gleichspannungsabfalles zu dem wegen der Kaskade doppelt zu nehmenden u_k-Wert

$$\frac{\varepsilon_s}{2u_k} = \frac{27}{16\pi}\left(13 - 4\sqrt{3}\right)\sqrt{2-\sqrt{3}}^{\,5} = 0{,}14. \tag{235}$$

Einige weitere Daten der beiden behandelten Schaltungen findet man in nachfolgender Tabelle zusammengestellt.

Transformatordaten usw. von Zwölfphasenschaltungen mit primärer Kaskade.

Schaltung	E''_{gm}/E'_{gm}	C_s	C_p	C_t	E_{Sp}/E'_{gm}
⅄/△-Kaskade	1,08	2 · 0,866	2 · 0,536	2 · 0,701	2,02
⅄/⅄-Kaskade	1,23	2 · 0,895	2 · 0,705	2 · 0,800	2,02

Durch Kombination dieser Schaltungen mit Saugtransformatoren lassen sich neue Schaltungen bilden. Eine solche zeigt Abb. 193, die durch Kombination der Schaltung nach Abb. 191 mit primärer ⅄/△-Kaskade und zwei zweiphasigen Saugtransformatoren entsteht, jedoch an Stelle der sekundären Zickzackschaltung eine Sternschaltung aufweist und dabei ebenso wie die vorher behandelte Schaltung fünfanodigen Betrieb ergibt[1]. Die Anodenströme haben auch hier den in Abb. 141 b gezeigten Verlauf.

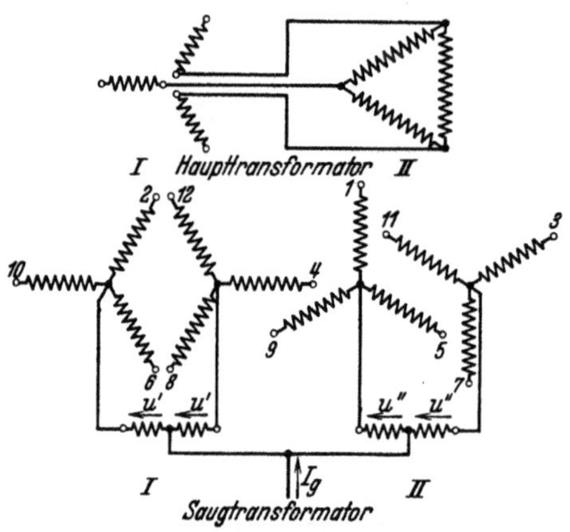

Abb. 193. Zwölfphasenschaltung, bestehend aus zwei 2 × 3-phasen-Systemen mit zwei zweiphasigen Saugtransformatoren, mit primärer ⅄/△-Kaskade.

Um zunächst wieder die ideelle Gleichspannung e'_g bei fünfanodigem Betrieb in ihrem Verhältnis zu der Gleichspannung e''_g bei Leerlauf zu bestimmen, gehen wir von dem Bezeichnungsschema Abb. 193 aus und bezeichnen ferner die Spannung an jeder Teilwicklung des Saugtransformators I mit u', die entsprechende Spannung des Saugtransformators II mit u''. Dann ist bei einem Übersetzungsverhältnis 1 : 1, d. h. unter der Annahme einer Windungszahl n der Sekundärwicklungen, einer Windungszahl $\frac{1}{2}n$ der primären Sternwicklungen und einer Windungszahl $\frac{\sqrt{3}}{2}n$ der primären Dreieckwicklungen, bei Leerlauf

$$v_2 - v_1 = 3e''_g \quad \text{oder} \quad e''_g = \frac{v_2 - v_1}{3}.$$

[1] Angegeben von H. Scherp: vgl. den Vortrag L. Lebrecht, VDE-Fachberichte 1934, S. 101.

Bei fünfanodigem Betrieb ist dagegen

$$\begin{aligned} e_g' &= 2e_1 + u', \\ &= \frac{2}{\sqrt{3}} e_2'' - u'', \\ &= -2e_3' - u', \\ &= -\frac{2}{\sqrt{3}} e_1'' + u'', \\ &= 2e_2' + u', \end{aligned} \qquad v_2 - v_1 = (e_2'' - e_1'') + (e_2' - e_3') + (e_1' - e_3').$$

Durch Ersetzen der rechts stehenden Größen der rechten Gleichung durch die aus den linken Gleichungen hervorgehenden Werte entsteht

$$v_2 - v_1 = \left(2 + \sqrt{3}\right) e_g'$$

oder

$$e_g' = \frac{v_2 - v_1}{2 + \sqrt{3}} = \frac{3}{2 + \sqrt{3}} e_g''.$$

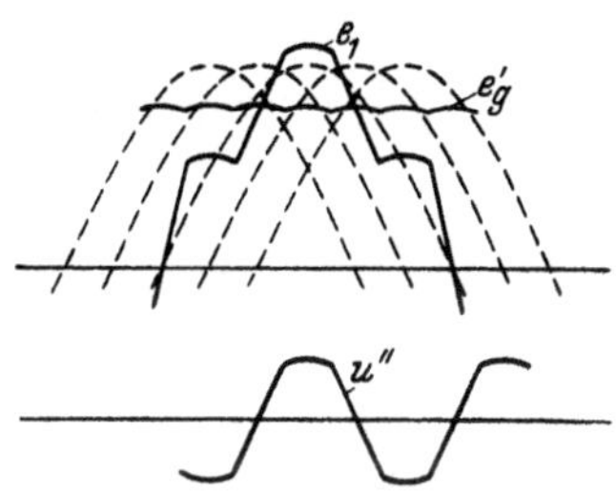

Abb. 194. Schenkelspannung des Haupttrafos und deren Grundwelle, Gleichspannung und Spannung eines Saugtrafos bei kritischer Belastung.

Die mittlere Gleichspannung E_{gm}', durch den Effektivwert E_s der Leerlauf-Anodenspannung ausgedrückt, ergibt sich daraus zu

$$E_{gm}' = \frac{18\sqrt{2}}{\pi} \sqrt[3]{2 - \sqrt{3}} \cdot E_s = 1{,}124\, E_s\,; \quad (236)$$

dieser Wert ist um etwa 1% niedriger als der unter (234) berechnete der vorigen Schaltung.

Die sich hierbei ergebenden Spannungsverläufe, darunter z. B. der Schenkelspannung e_3 und der Spannung u'' des einen Saugtransformators, sind in Abb. 194 veranschaulicht. Die Ersatz-Sinusspannungen für u' bzw. u'', die den gleichen maximalen Magnetisierungsstrom ergeben, haben den Effektivwert

$$\tilde{U} = 0{,}310\, E_s.$$

Bei Leerlauf findet infolge der Sperre für die fünfte Harmonische der Magnetisierungsströme wieder eine Umbildung der Spannungen statt. Bei der kritischen Belastung setzt der fünfanodige Betrieb ein, was voraussetzt, daß die Magnetisierungsstromoberwellen der im Sinne der Abb. 194 umgebildeten Schenkelspannungen sowie die Magnetisierungsströme der Saugtransformatorspannungen den Anodenströmen entzogen werden können, ohne daß ein Lücken der resultierenden Anodenströme eintritt.

Im übrigen ist der Gleichspannungsabfall der gleiche wie bei der vorigen Schaltung, ebenso behält die Beziehung (235) für dessen Verhältnis zur Kurzschlußspannung Gültigkeit.

Transformatordaten usw. der Zwölfphasenschaltung mit Kaskade und Saugtransformatoren.

Schaltung	E''_{gm}/E'_{gm}	C_s	C_p	C_t	E_{Sp}/E'_{gm}
⅄/△-Kaskade m. Saugtr.	1,24	$2 \cdot 0{,}743$	$2 \cdot 0{,}526$	$2 \cdot 0{,}634$	2,02

Die übrigen Daten der Schaltung findet man in der vorstehenden Tabelle zusammengestellt. Dabei heben wir hervor, daß hier ebenso wie bei den beiden vorigen Kaskadenschaltungen für die Berechnung der Scheinleistungen der Haupttransformatoren nicht die Effektivwerte der Leerlauf-Schenkelspannungen, sondern sinngemäß die Effektivwerte der Ersatz-Sinusspannungen der bei mehranodigem Betrieb umgebildeten Schenkelspannungen eingesetzt worden sind. Diese Ersatz-Sinusspannungen beziehen sich, wie wir das bei den Saugtransformatoren auch durchgeführt haben, auf die gleiche maximale Induktion, oder die positive Halbwelle der Ersatz-Sinusspannung ist flächengleich der positiven Halbwelle der wirklichen Spannung.

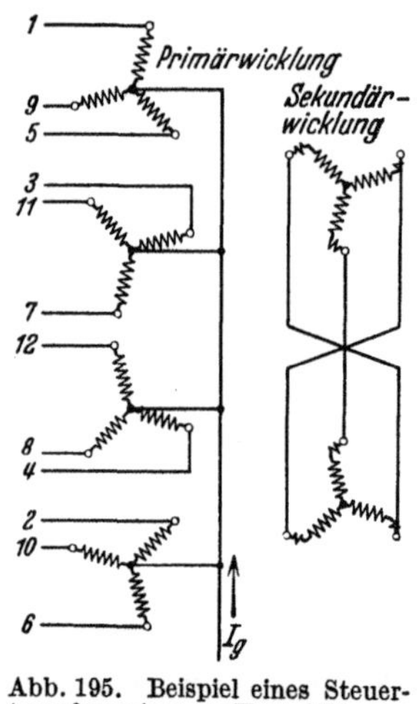

Abb. 195. Beispiel eines Steuertransformators zur Herbeiführung von fünfanodigem Betrieb, zusammengesetzt aus sechs Einzeltransformatoren.

Zwölfphasenschaltung mit fünffacher Anodenbrenndauer mit Steuertransformator. Der Zwang, mehrere Anodenströme zum gleichzeitigen Fließen zu veranlassen, kann grundsätzlich auch durch einen an einen zwölfphasigen dreischenklig ausgeführten Haupttransformator angeschlossenen Zusatztransformator erfolgen, dessen Primärwicklungen den eigentlichen Nullpunkt des Zwölfphasensystemes bilden und dessen in sich geschlossene Sekundärwicklung so ausgebildet ist, daß ein Gleichgewicht der Amperewindungen erst bei der verlangten Kurvenform der Anodenströme eintritt. Ein solcher sog. Steuertransformator war z. B. auch der in Abb. 165 dargestellte[1]. Ein Steuertransformator erfordert zwar einen nicht unwesentlichen Wicklungsaufwand, ermöglicht aber dafür gesunde Spannungsverhältnisse des Haupttransformators, der jetzt nur reine Sinusspannungen aufzubringen hat.

Als Beispiel für einen Steuertransformator zur Erzielung von fünfanodigem Betrieb führen wir den in Abb. 195 gezeigten an, dessen in sich geschlossene Sekundärwicklung gewissermaßen das Abbild der Primärwicklung der Schaltung nach Abb. 188 vorstellt. Der Haupttransformator ist in Stern-Zwölfphasenstern geschaltet, die zwölf

[1] Angegeben von W. Petersen.

Sekundärwicklungen sind jedoch aufgelöst, und zwar sind die Enden dieser Wicklungen an die Anoden, die Anfänge dagegen an die zwölf Enden der Primärwicklung des Steuertransformators angeschlossen. Der Steuertransformator erfordert sechs Einzeltransformatoren bzw. sechs Schenkel mit Rückschlüssen, wobei man außerdem noch für die Aufhebung der Gleichstromvormagnetisierung Sorge zu tragen hat[1].

Abschließende Kritik der Zwölfphasenschaltungen, Anodenbrenndauer und wiederkehrende Sperrspannung, das Sprungspannungsgesetz. Über-

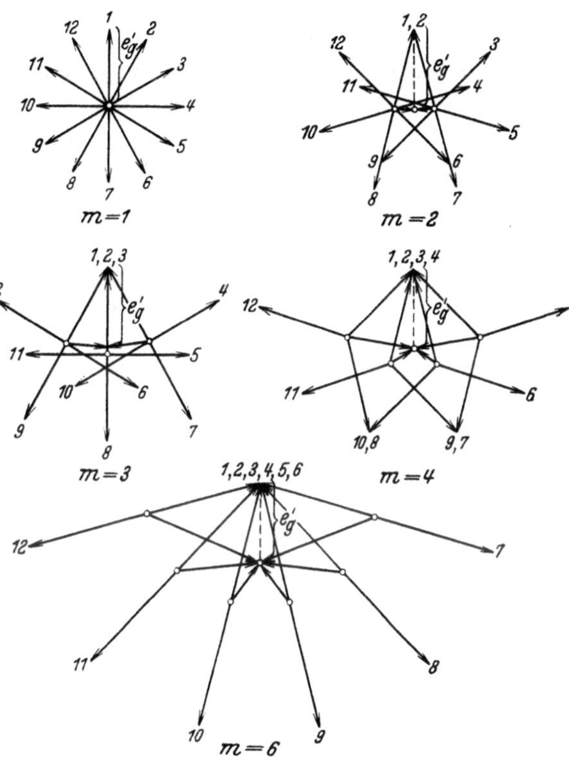

Abb. 196. Umbildung der Spannungsvektoren von Zwölfphasengleichrichtern mit Saugtransformatoren bei kritischer Belastung und $m = 2$, 3, 4 und 6.

blickt man die bisherigen Ergebnisse, so verbleibt als entscheidender Gesichtspunkt für die Wahl von Zwölfphasenschaltungen der bei hinreichender Anodenbrenndauer erzielbare kleine induktive Gleichspannungsabfall für eine gegebene Kurzschlußspannung. Im Vergleich dazu treten die Vorteile der geringeren Gleichstromwelligkeit und der geringeren Primärstromversorgung ziemlich zurück, denn einerseits erfordert das wirkliche Eintreten einer zwölfphasigen Welligkeit eine

[1] Bezüglich weiterer Ausführungen über Zwölfphasenschaltungen vgl. auch H. Meyer-Delius: BBC Nachr. Bd. 20 (1933) H. 1.

Präzision der Zündeinsätze, wie sie nicht immer leicht zu erreichen ist, andererseits darf man nicht übersehen, daß geringe Oberwellen in der primären Netzspannung neue Oberwellen in der Gleichspannung hervorrufen können, so daß auch hierdurch der wirkliche Zwölfphasencharakter der Gleichspannung unter Umständen in Frage gestellt ist[1]. Dennoch tritt zu dem schon genannten Vorteil der Zwölfphasenschaltungen noch ein weiterer hinzu, der nicht weniger entscheidend wichtig ist. Infolge der Notwendigkeit, die Anodenbrenndauer zu verlängern, treten wesentlich günstigere Arbeitsbedingungen für das Gleichrichtergefäß ein. Dadurch erzielt man einerseits, wie schon Abb. 12 für einen 6-phasig und 2×3-phasig betriebenen Glasgleichrichter veranschaulicht, eine Abnahme des Lichtbogenabfalles, also eine Abnahme der Gefäßverluste, und andererseits spricht sehr viel dafür, daß auch eine geringere Rückzündungsbeanspruchung des Gefäßes eintritt.

Um dem nachzugehen, wollen wir die Stromspannungsverhältnisse des Gefäßes untersuchen, die unmittelbar nach der jeweiligen Anodenablösung, d. h. am Ende der Kommutierung, eintreten. Hierzu studieren wir den Endverlauf des Anodenstromes und den Anfangsverlauf der wiederkehrenden Sperrspannung. Wir gehen am zweckmäßigsten von den Diagrammen der bei der kritischen Belastung umgebildeten Spannungsvektoren nach Abb. 184 und Abb. 191 aus, die noch in Abb. 196 durch die Diagramme der möglichen Zwölfphasenschaltungen mit Saugtransformatoren ergänzt sind. Letztere sind dabei auf einen Maßstab gebracht, daß die Gleichspannung durchgängig denselben Wert hat, und ferner sind sie, was für unsere Bestimmung der Sperrspannung jedoch belanglos ist, einfach unter Annahme von sechs Grundrichtungen der Vektoren entworfen.

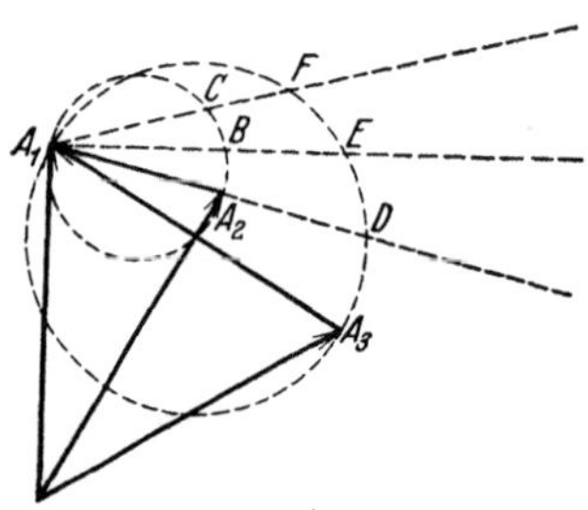

Abb. 197. Konstruktion der wiederkehrenden Sperrspannung für das Beispiel $m = 1$.

Die Sperrspannung, deren Momentanwert wir mit e_{Sp} bezeichnen, ist nach diesen Diagrammen die Projektion des Verbindungsvektors zwischen dem Endpunkt des Vektors der Gleichspannung und dem Endpunkt des Vektors der Anodenspannungen auf die Zeitachse, die dabei jeweils eine Drehung von 30° vollführt. Berücksichtigt man, daß die Projektionen der Verbindungsvektoren zu den Endpunkten der Vektoren der Anodenspannungen 3, 4, 5 usw. auf dieselbe Zeitachse die Sperrspannung in bezug auf dieselbe Anode 2 zu verschiedenen Zeitintervallen wiedergeben, so erkennt man, daß man zur Konstruktion des ganzen Verlaufes der Sperr-

[1] Vgl. H. Meyer-Delius: Elektrotechn. Z. Bd. 54 (1933) S. 959.

spannung nur ein einziges Diagramm benötigt. Die Konstruktion der momentanen Sperrspannung selbst erfolgt am bequemsten mittels Kreisdiagrammen, wie sie z. B. für den Fall Abb. 196, $m = 1$, für die ersten zwei Teilintervalle in Abb. 197 veranschaulicht sind. Hiernach ist z. B. für

$$x = 15^\circ, \quad e_{Sp} = \overline{A_2 B},$$
$$x = 30^\circ, \quad e_{Sp} = \overline{A_2 C} = \overline{A_3 D},$$
$$x = 45^\circ, \quad e_{Sp} = \overline{A_3 E},$$
$$x = 60^\circ, \quad e_{Sp} = \overline{A_3 F}.$$

In dieser Weise werden die Sperrspannungen für alle genannten Schaltungen konstruiert und in Abb. 198 in Zusammenhang mit den zu-

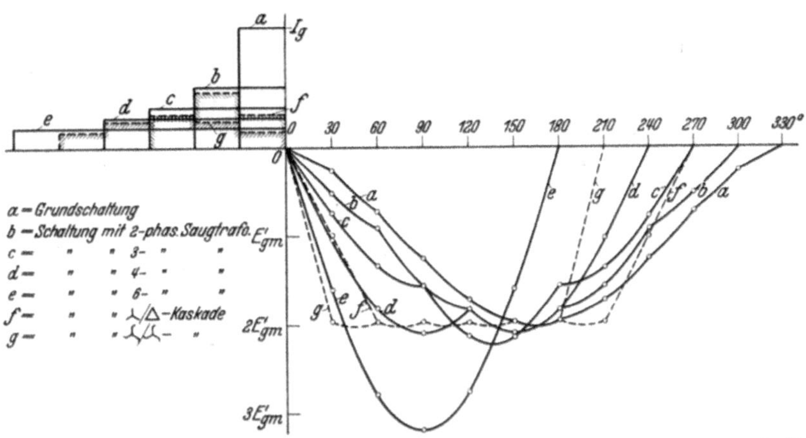

Abb. 198. Verlauf der Anodenströme und der wiederkehrenden Sperrspannungen von Zwölfphasengleichrichtern mit verschiedener Anodenbeteiligung bei vernachlässigter Kommutierung, bezogen auf gleichen Gleichstrom und gleiche mittlere Gleichspannung.

gehörigen bereits bekannten Anodenströmen aufgetragen, wobei sich diese Verhältnisse zunächst auf vernachlässigte Kommutierung beziehen. Diese Darstellung, die einen klaren Einblick in die Strom-Spannungsbeanspruchung des Gleichrichtergefäßes gewährt, läßt die Werte der maximalen Sperrspannung ablesen, die wir bereits früher berechnet hatten; außerdem nötigt sie aber dazu, einmal die Anstiegsgeschwindigkeit der wiederkehrenden Sperrspannung $\frac{d\,e_{Sp}}{dx}{}_{(x=0)}$ zu bestimmen und diese mit dem Stufenwert des Anodenstromes J_a unmittelbar vor seinem Verlöschen, den wir den Anodenstrom-Restwert nennen wollen, zu vergleichen. Führt man dies durch, so findet man, daß für die verschiedenen Schaltungen $\frac{d\,e_{Sp}}{dx}$ genau umgekehrt proportional zu J_a ist, d. h. das Produkt

$$J_a \cdot \frac{d\,e_{Sp}}{dx}{}_{(x=0)}$$

ist eine der Phasenzahl p allein eigentümliche, durch die Wahl der Schaltung nicht beeinflußbare Größe. Würde man diese Überlegung auch auf andere Phasenzahlen außer $p = 12$ ausdehnen, so würde man finden, daß die genannte Größe genau umgekehrt proportional zu p ist, so daß also die auf den Gleichstrom J_g und die mittlere Gleichspannung E_{gm} bezogene Größe

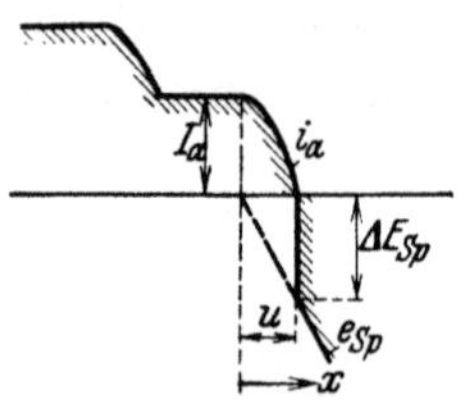

Abb. 199. Anodenstrom und wiederkehrende Sperrspannung bei endlicher Kommutierung.

$$\frac{J_a}{J_g} \cdot \frac{1}{E_{gm}} \frac{d e_{Sp}}{dx} \cdot p$$

eine universelle Konstante aller denkbaren Gleichrichterschaltungen vorstellt; sie hat den Wert 2π.

Hieran anschließend wollen wir einer endlichen Kommutierungszeit Rechnung tragen. Da nach der Kommutierung offenbar die gleichen Verhältnisse vorliegen wie bei vernachlässigter Kommutierung, während der Kommutierung jedoch noch keine Sperrspannung existiert, so muß diese am Ende der Kommutierung mit dem Spannungssprung $\Delta E_{Sp} = \frac{d e_{Sp}}{dx} \cdot u$ einsetzen, diesen nennen wir die Sprungspannung. Bedeutet jetzt J_a den Restwert des verlöschenden Anodenstromes am Anfang der Kommutierung, so ist das erstgenannte Produkt übereinstimmend mit dem jetzigen Produkt

$$J_a \cdot \frac{\Delta E_{Sp}}{u}.$$

Nachdem wir wissen, daß dieses Produkt von der Schaltung unabhängig ist, können wir dieses am bequemsten für die Grundschaltung, d. h. für einanodigen Betrieb berechnen. Für diesen ist $J_a = J_g$ und $e_{Sp} = 2\sqrt{2} E_s \cdot \sin\frac{\pi}{p} \sin x = \frac{2\pi}{p} E_{gm} \sin x \approx \frac{2\pi}{p} E_{gm} \cdot x$, so daß damit

$$J_a \cdot \frac{d e_{Sp}}{dx} = J_a \cdot \frac{\Delta E_{Sp}}{u} = \frac{2\pi}{p} \cdot E_{gm} J_g \tag{237}$$

ist. Zum völligen Verständnis dieser Beziehung sind in der nachstehenden Tabelle für die in Abb. 198 enthaltenen Schaltungen die einzelnen Zahlenwerte für J_a/J_g, $\frac{d e_{Sp}}{dx}\Big/ E_{gm}$ bzw. $\Delta E_{Sp}/u E_{gm}$ und außerdem für die maximale Sperrspannung zusammengestellt. Das Produkt der in der zweiten und dritten Spalte stehenden Werte ergibt den in der letzten Spalte stehenden festen Zahlenwert $\frac{2\pi}{p} = \frac{\pi}{6}$.

Für den für die Rückzündungssicherheit wichtigen Entionisierungsvorgang der Anoden des Gleichrichtergefäßes sind zweifellos die Werte von ΔE_{Sp} und J_a von Bedeutung. Wir schreiben nach (237)

$$\frac{\Delta E_{Sp}}{E_{gm}} = \frac{2\pi}{p} \cdot \frac{J_g}{J_a} \cdot u \tag{237a}$$

Das Sprungspannungsgesetz, ausgewertet für Zwölfphasenschaltungen.

Schaltung und Abb. 196	$\frac{E_{Sp}}{E_{gm}}$	$\frac{J_a}{J_g}$	$\frac{1}{E_{gm}}\frac{d\,e_{Sp}}{d\,x}=\frac{\varDelta E_{Sp}}{u\cdot E_{gm}}$	$\frac{\varDelta E_{Sp}}{u\,E_{gm}}\cdot\frac{J_a}{J_g}$
a	$\frac{\pi}{3}\sqrt{2+\sqrt{3}}=2{,}02$	1	$\frac{\pi}{6}=0{,}52$	$\frac{\pi}{6}$
b	$\frac{2\pi}{3}=2{,}09$	$\frac{1}{2}=0{,}500$	$\frac{\pi}{3}=1{,}05$	$\frac{\pi}{6}$
c	$\frac{\pi}{\sqrt{2}}=2{,}22$	$\frac{1}{3}=0{,}333$	$\frac{\pi}{2}=1{,}57$	$\frac{\pi}{6}$
d	$\frac{2\pi}{3}=2{,}09$	$\frac{1}{4}=0{,}250$	$\frac{2\pi}{3}=2{,}09$	$\frac{\pi}{6}$
e	$\pi=3{,}14$	$\frac{1}{6}=0{,}167$	$\pi=3{,}14$	$\frac{\pi}{6}$
f	$\frac{\pi}{3}\sqrt{2+\sqrt{3}}=2{,}02$	$\frac{1}{2+\sqrt{3}}=0{,}268$	$\frac{\pi}{6}(2+\sqrt{3})=1{,}95$	$\frac{\pi}{6}$
g	$\frac{\pi}{3}\sqrt{2+\sqrt{3}}=2{,}02$	$\frac{1}{2(2+\sqrt{3})}=0{,}134$	$\frac{\pi}{3}(2+\sqrt{3})=3{,}92$	$\frac{\pi}{6}$

und wollen die rechte Seite dieser Gleichung diskutieren, wobei wir uns jedoch auf die ersten fünf Schaltungen mit Saugtransformator beschränken. Um eine gemeinsame Vergleichsbasis der Schaltungen zu finden, stellen wir die Größe $\frac{J_g}{J_a}\cdot u$ einmal ab auf gleichen prozentualen Gleichspannungsabfall ε_s und einmal auf gleiche prozentuale Kurzschlußspannung u_k. Hierzu haben wir zunächst den Zusammenhang zwischen u und ε_s zu ermitteln. Aus (207) entnehmen wir $\varDelta e_g = e_g^{I} - e_g^{II} = \frac{1}{m-1}v$ und mit (207a) also $\varDelta e_g = \frac{1}{2m}(e_g^{I} - e_1) = \frac{1}{2m}e_{Sp}$. Damit wird der mittlere Gleichspannungsabfall

$$\varDelta E_{gm} = \frac{p}{4\pi m}\int_0^u e_{Sp}\,dx \approx \frac{p}{8\pi m}\cdot\varDelta E_{Sp}\cdot u\,.$$

Setzt man den hieraus zu entnehmenden Wert von u in (237a) ein, so entsteht eine Gleichung für $\varDelta E_{Sp}$, die sich schreiben läßt

$$\frac{\varDelta E_{Sp}}{E_{gm}} = \frac{4\pi}{p}\sqrt{\varepsilon_s}\cdot\frac{J_g}{J_a}\,. \tag{238}$$

Damit ist der erste Schritt getan, d. h. $\varDelta E_{Sp}$ bezogen auf den gleichen ε_s-Wert bestimmt. Um $\varDelta E_{Sp}$ auch bezogen auf den gleichen u_k-Wert zu ermitteln, gehen wir von der Beziehung (212) aus, in der wir $f_m = \frac{1}{m^2}$ und $E''_{gm}/E'_{gm} = m\sin\frac{\pi}{p}\Big/\sin\frac{m\pi}{p}$ anzunehmen haben. Setzt man den damit sich ergebenden Wert von ε_s in (238a) ein, so ergibt sich

$$\frac{\Delta E_{Sp}}{E_{gm}} = \frac{2\pi\sqrt{3}}{p\sqrt{\sin\frac{\pi}{p}}} \cdot \frac{\sin\frac{\pi}{p}}{m\pi \sin\frac{m\pi}{p}} \sqrt{u_k} \cdot \frac{J_g}{J_a}. \tag{239}$$

Die Faktoren von $\sqrt{\varepsilon_s} \cdot \frac{J_g}{J_a}$ bzw. $\sqrt{u_k} \cdot \frac{J_g}{J_a}$ sind in Abb. 200 als Funktion von m aufgetragen, und zwar unter Zugrundelegung der ersten fünf Schaltungen der Abb. 198. Bezogen auf konstantes ε_s ist hiernach $\Delta E_{Sp} \cdot J_a$ konstant, bezogen auf konstantes u_k nimmt $\Delta E_{Sp} \cdot J_a$ mit wachsendem m ab, jedoch von $m = 3$ ab nur noch unwesentlich.

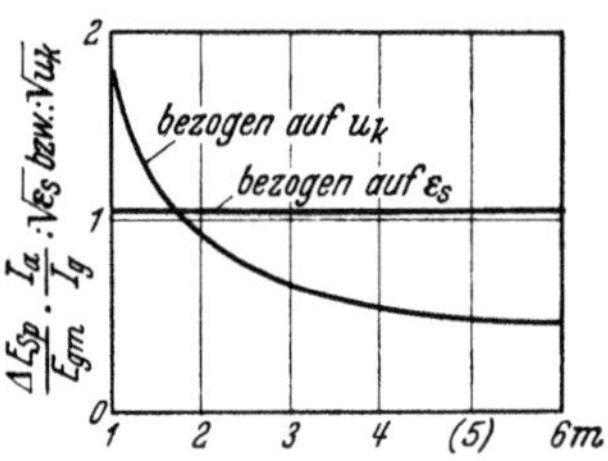

Abb. 200. Sprungspannung und Anodenstrom-Restwert bei Zwölfphasenschaltungen mit Saugtransformator, bezogen auf gleichen Gleichspannungsabfall ε_s bzw. auf gleiche Kurzschlußspannung u_k.

Hiernach sind die Sperrspannungsverhältnisse der Zwölfphasengleichrichter geklärt. Darüber hinaus haben wir gefunden, daß eine Erhöhung der Phasenzahl p eine bedeutende Verminderung der Rückzündungsbeanspruchung bewirkt. Diese Feststellung liefert außer den schon genannten Argumenten ein weiteres Argument für die Wahl höherer Phasenzahlen, so daß man sich fragen muß, ob nicht eine Weiterentwicklung der Schaltungen über $p = 12$ hinaus geboten erscheint, wenngleich als Weg zu den höherphasigen Schaltungen vielleicht ein anderer als der bisher beschrittene eingeschlagen werden müßte.

7. Weiterer Verlauf der Gleichspannungscharakteristik der Mehrphasengleichrichter bis zum Kurzschlußpunkt.

Allgemeine Untersuchung der Gleichspannungscharakteristik bei beliebig verteilten Reaktanzen. Alle bisherigen Überlegungen über Mehrphasengleichrichter bezogen sich auf den stationären betriebsmäßigen Arbeitszustand, nur bei den Einphasen- und Zweiphasengleichrichtern hatten wir bereits alle Belastungen bis zum Kurzschlußpunkt untersucht. Wir wollen daher nun die Arbeitszustände der mehrphasigen Gleichrichter bei ständig wachsender Belastung untersuchen, vor allem interessiert uns die Gleichspannungscharakteristik in ihrem ganzen Verlauf zwischen Leerlauf und Kurzschluß. Da es uns dabei nur auf die prinzipiellen Zusammenhänge ankommt, entwickeln wir vorerst ein allgemeines Gleichrichterschema oder eine Normalschaltung, in der alle bisher genannten oder sonstwie möglichen Schaltungen enthalten sind. Eine solche allgemeine Normalschaltung ist die in Abb. 201 wiedergegebene, sie weist sekundärseitige gekoppelte Anodendrosseln mit der

Eigenreaktanz X_{ii} und den gegenseitigen Reaktanzen $X_{ik}\ (= X_{ki})$ $(i, k = 1, 2, \ldots, p)$ auf. Die Spannungen $e_1, e_2, \ldots, e_p$ des p-phasigen Wechselstromsystemes seien sinusförmig, ihre Numerierung wie die der Anoden $A_1, A_2, \ldots, A_p$ und der Anodenströme $i_1, i_2, \ldots, i_p$ wählen wir im Gegensatz zu früher jedoch entgegen ihrer zeitlichen Aufeinanderfolge, so daß zum Unterschied gegen (166) jetzt

$$\begin{aligned} e_1 &= \sqrt{2}\,E_w \sin\vartheta, \\ e_2 &= \sqrt{2}\,E_w \sin\left(\vartheta + \frac{2\pi}{p}\right), \\ &\ldots\ldots\ldots\ldots\ldots\ldots \\ e_h &= \sqrt{2}\,E_w \sin\left(\vartheta + \frac{2\pi}{p}(h-1)\right), \\ h &= 1, 2, \ldots, p \end{aligned} \tag{240}$$

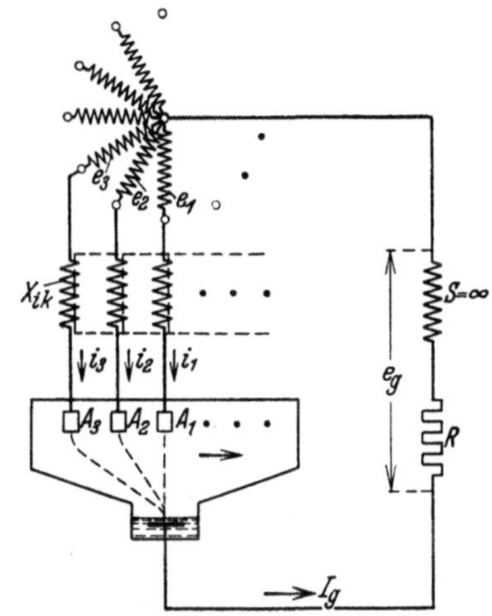

Abb. 201. Allgemeine Normalschaltung eines Mehrphasengleichrichters mit unendlich großer Kathodendrossel.

ist. Für $p = 2$, welchen Fall wir jetzt jedoch außer Betracht ziehen, würde dieses Normalschema dem in Abb. 77b dargestellten entsprechen. Die die gleichstromseitigen Reaktanzen vertretende Kathodendrossel nehmen wir unendlich groß an, so daß der Gleichstrom J_g konstant wird[1]. Die Reaktanzen X_{ik} besitzen Symmetrieeigenschaften, die nach Abb. 202 verständlich werden. Hiernach ist außer $X_{ik} = X_{ki}$ noch $X_{ik} = X_{i+r,k+r}$. Ferner erkennt man

$$X_{ik} = X_{i,p-k+2}\,.$$

Infolgedessen lassen sich die p^2 Reaktanzen X_{ik} auf p Reaktanzen

$$X_h = X_{i,i+h-1}, \qquad h = 1, 2, \ldots, p$$

zurückführen, die dann wegen $X_{i,i+h-1} = X_{i,p-i-h+3}$ nur $\frac{p}{2} + 1$ bzw. $\frac{p+1}{2}$ voneinan-

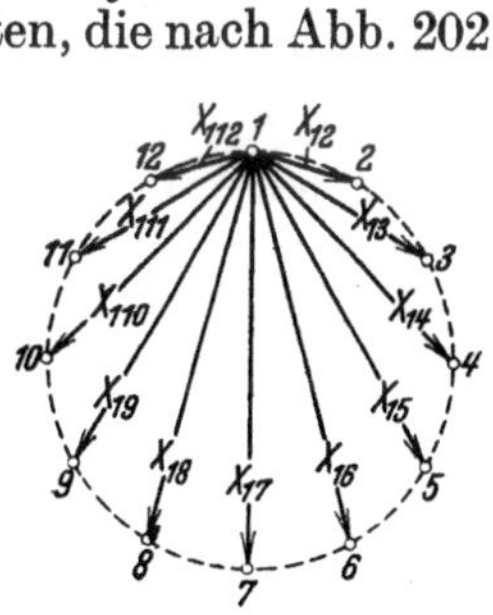

Abb. 202. Veranschaulichung der Symmetrieeigenschaften der Reaktanzen X_{ik}.

[1] Unter dieser Voraussetzung wurde das Problem zuerst von Dällenbach und Gerecke gelöst, vgl. Arch. Elektrotechn. Bd. 14 (1924) S. 233; der hier gegebene Lösungsweg ist ein in einigen Punkten abgewandelter, jedoch im wesentlichen mit dem dort gegebenen übereinstimmender. Das ähnliche Problem unter der Voraussetzung einer konstanten Gleichspannung hat unabhängig von vorgenannten M. Demontvignier behandelt, vgl. Rev. gén. Électr. Bd. 15 (1924) S. 493, jedoch noch unter der vereinfachenden Annahme einer für alle Phasen gleichen Kopplung der Anodendrosseln. Für die hier angenommene verschiedene Kopplung der Anodendrosseln steht die Untersuchung des letztern Problems noch aus.

der verschiedene Reaktanzen vorstellen, je nachdem p gerade oder ungerade ist.

Um diese Bemerkungen an einem Beispiel zu erläutern, nehmen wir einmal einen Sechsphasengleichrichter mit zweiphasigem Saugtransformator nach Abb. 159 an, bei dem die sekundären Streureaktanzen X, die primären Streureaktanzen Y, die netzseitigen Reaktanzen Z und die Reaktanz des Saugtransformators pro Wicklung S_0 sei. Für diesen Fall würde man für die Reaktanzen X_h erhalten:

$$\begin{aligned} X_1 &= \frac{1}{3} S_0 + X + \frac{2}{3 z^2}(Y + Z), \\ X_2 &= -\frac{1}{3} S_0 \quad + \frac{1}{3 z^2}(Y + Z) = X_6, \\ X_3 &= \frac{1}{3} S_0 \quad - \frac{1}{3 z^2}(Y + Z) = X_5, \\ X_4 &= -\frac{1}{3} S_0 \quad - \frac{2}{3 z^2}(Y + Z). \end{aligned}$$

Dabei ist auffallend, daß der Faktor von $\frac{1}{z^2}(Y + Z)$ einem Sinusgesetz folgt[1], was übrigens ganz allgemein gilt, und daß der Faktor von S_0 fortgesetzt sein Vorzeichen wechselt, was auch nichts anderes als das für den Zweiphasenfall gültige Sinusgesetz bedeutet.

Für eine Grundschaltung mit ungekoppelten Anodendrosseln und fehlenden Streureaktanzen würde sein $X_1 = X_a$ und $X_2 = X_3 = \cdots = 0$.

Alle Gleichrichter nach Abb. 201 wie auch die früher untersuchten speziellen Schaltungen haben das Gemeinsame, daß mit wachsender Belastung die Zahl der außerhalb der Kommutierung gleichzeitig fließenden Anodenströme und damit zwangläufig verbunden die Anodenbrenndauer beständig zunehmen. Bei hinreichend kleiner Belastung fließt außerhalb der Kommutierung nur ein Anodenstrom, während bei ideellem Kurzschluß alle p Anodenströme dauernd gleichzeitig fließen.

Ist der Gleichrichter, wie wir bei den früher behandelten Schaltungen sagten, ein solcher für m-anodigen Betrieb, so meinten wir damit, daß der Gleichrichter bei derjenigen Belastungsstufe, bei der außerhalb der Kommutierung m Anodenströme gleichzeitig fließen, regulär arbeiten soll. Dies bedeutet, wie man einsehen wird, daß bei m-anodigem Betrieb die Bedingungen erreicht sind, unter denen die Anodenströme außerhalb der Kommutierung praktisch konstanten Verlauf haben[2]. Alle

[1] Vgl. Müller-Lübeck: Der Quecksilberdampfgleichrichter, Bd. 2, S. 64, 96; auf der gleichen, als allgemeingültig angesehenen Annahme beruht der dort, S. 100, gegebene Ansatz der Reaktanzen des unendlichphasigen Gleichrichters.

[2] E. Gerecke hat hierfür folgende Formulierung gegeben: Läßt man alle X_h gegen null gehen, so rückt der Kurzschlußpunkt der Spannungscharakteristik ins Unendliche, wobei dann ein bestimmter Teil dieser Charakteristik parallel zur Stromader verläuft. Ist dieser Teil der Charakteristik der dem m-anodigen Betrieb entsprechende, so ist dieser Betriebszustand der reguläre Arbeitszustand der Schaltung.

vorhergehenden Belastungsstufen sind danach als Unterlastungen, alle nachfolgenden höheren Belastungsstufen als Überlastungen anzusprechen. Der Umstand, daß bei m-anodigem Betrieb, sofern dieser dem stationären Betriebszustand des Gleichrichters entsprechen soll, eine praktische Konstanz der Anodenströme außerhalb der Kommutierung eintreten soll, hat uns bei unseren früheren Untersuchungen die Möglichkeit gegeben, die Gleichspannungscharakteristik in Form der Gleichungen (208) und (211) auf einem wesentlich kürzeren direkten Wege zu berechnen. Wie man diese Ergebnisse als Grenzfälle der nachfolgenden allgemeinen Entwicklungen aufzufassen hat, läßt sich für $p = 6$ noch einigermaßen übersehen; für $p = 12$ gestaltet sich dagegen die wirkliche Auswertung der nachfolgenden Entwicklungen so aussichtslos schwierig, daß deren Wert nur in einigen prinzipiellen Aussagen erblickt werden kann. Aber gerade diese prinzipiellen Aussagen werden sich später bei den gesteuerten Gleichrichtern und Wechselrichtern als in hohem Maße fruchtbar erweisen.

Eine dieser Aussagen ist die, daß innerhalb eines Belastungsgebietes, in welchem außerhalb der Kommutierung m und während der Kommutierung $m + 1$ Anodenströme gleichzeitig fließen, die Gleichspannungscharakteristik notwendig geradlinig sein muß. Das Kommutierungsintervall, während dessen die Anodenströme $i_1, \ldots, i_{m+1}$ fließen, beginne bei dem Zündwinkel δ des Anodenstromes i_1 und endige um die Kommutierungsdauer u später, d. h. bei $\delta + u$; das darauf folgende Intervall, währenddessen die Anodenströme $i_1, \ldots, i_m$ fließen, endigt bei $\frac{2\pi}{p} + \delta$. Bedeutet e_g die momentane Gleichspannung, so gilt nach Abb. 183 für beide Teilintervalle

$$\begin{gathered}\frac{di_1}{d\vartheta} + \frac{di_2}{d\vartheta} + \cdots + \frac{di_k}{d\vartheta} = 0, \\ e_g + X_{i1}\frac{di_1}{d\vartheta} + X_{i2}\frac{di_2}{d\vartheta} + \cdots + X_{ik}\frac{di_k}{d\vartheta} = e_i, \\ i = 1, 2, \ldots, k, \quad k = m \quad \text{bzw.} \quad m + 1,\end{gathered} \tag{241}$$

ein Gleichungssystem, das man mittels der Cramerschen Regel lösen kann. Hiernach ist

$$e_g = \frac{\Delta_{0k}}{\Delta_k}, \tag{242a}$$

$$\frac{di_i}{d\vartheta} = \frac{\Delta_{ik}}{\Delta_k}, \tag{242b}$$

wenn

$$\Delta_k = \begin{vmatrix} 0 & 1 & 1 & \ldots & 1 \\ 1 & X_{11} & X_{12} & \ldots & X_{1k} \\ 1 & X_{21} & X_{22} & \ldots & X_{2k} \\ \ldots & \ldots & \ldots & \ldots & \ldots \\ 1 & X_{k1} & X_{k2} & \ldots & X_{kk} \end{vmatrix} \tag{242c}$$

die Determinante der Koeffizienten des obigen Gleichungssystemes und Δ_{ik} diejenigen Determinanten vorstellen, die aus Δ_k durch Ersetzen der i-ten Kolonne durch die auf der rechten Seite der Gleichungen (241) stehenden Größen entstehen. Die Gleichungen (242b) bestimmen die $2m+1$ Anodenströme bis auf $2m+1$ Integrationskonstanten, weitere zwei Unbekannte sind der Zündwinkel δ und der Löschwinkel $\delta+u$ bzw. die Kommutierungsdauer u. Zu ihrer Bestimmung steht die Zündbedingung des Anodenstromes i_1, die Löschbedingung des Anodenstromes i_{m+1} sowie $2m+1$ Übergangsbedingungen der Anodenströme zur Verfügung. Bezeichnen wir die für das Kommutierungsintervall geltenden Größen mit dem Index I, die für das nachfolgende Intervall geltenden Größen mit dem Index II, so lautet die Zündbedingung $e^I_{g(\delta)} = e^{II}_{g\left(\delta+\frac{2\pi}{p}\right)}$, die eine Zündung von i_1 mit waagerechter Tangente, d. h. $\frac{d i_1}{d\vartheta}{}_{(\delta)} = 0$, oder, wie wir sagen, eine Zündung ohne Stoß nach sich zieht, während, wie Abb. 203 deutlich macht, die übrigen Strombedingungen lauten:

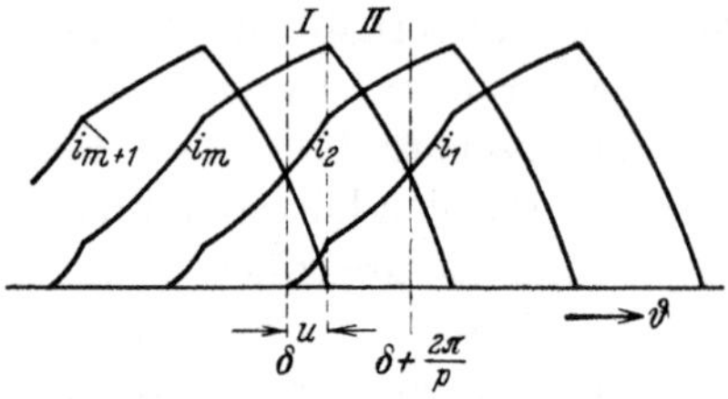

Abb. 203. Bezeichnung der Anodenströme.

$$\vartheta=\delta \left| \begin{aligned} i^I_{1(\delta)} &= 0, \\ i^I_{2(\delta)} &= i^{II}_{1\left(\delta+\frac{2\pi}{p}\right)}, \\ &\dots\dots\dots \\ i^I_{m+1(\delta)} &= i^{II}_{m\left(\delta+\frac{2\pi}{p}\right)}, \end{aligned} \right. \qquad \vartheta=\delta+u \left| \begin{aligned} i^I_{1(\delta+u)} &= i^{II}_{2(\delta+u)}, \\ i^I_{2(\delta+u)} &= i^{II}_{2(\delta+u)}, \\ &\dots\dots\dots \\ i^I_{m+1(\delta+u)} &= 0. \end{aligned} \right. \tag{243}$$

Von diesen Bedingungen benötigen wir zur Berechnung der Gleichspannungscharakteristik jedoch nur die links stehenden Bedingungen.

Bedeutet vorübergehend zur Abkürzung

$$H_i = \int\limits_{\delta}^{\delta+u} \frac{\Delta_{i,\,m+1}}{\Delta_{m+1}}\,d\vartheta + \int\limits_{\delta+u}^{\delta+\frac{2\pi}{p}} \frac{\Delta_{i,\,m}}{\Delta m}\,d\vartheta,$$

so ist nach vorstehendem und nach (242b)

$$\begin{aligned} i^I_{1(\delta)} &= 0, \\ i^I_{2(\delta)} &= i^{II}_{1\left(\delta+\frac{2\pi}{p}\right)} = H_1, \\ &\dots\dots\dots\dots \\ i^I_{m+1(\delta)} &= i^{II}_{m\left(\delta+\frac{2\pi}{p}\right)} = i^I_{m(\delta)} + H_m = H_1 + H_2 + \cdots + H_m, \end{aligned}$$

woraus der Gleichstrom J_g zu

$$J_g = i_1^I + \cdots + i_{m+1}^I = \sum_{h=1}^{m}(m+1-h)H_h,$$

wofür sich schreiben läßt

$$J_g = \sum_{h=1}^{m}(m+1-h)\left[\int\limits_{\delta}^{\delta+\frac{2\pi}{p}} \frac{\Delta_{hm}}{\Delta_m}\,d\vartheta + \int\limits_{\delta}^{\delta+u}\left(\frac{\Delta_{h,m+1}}{\Delta_{m+1}} - \frac{\Delta_{hm}}{\Delta_m}\right)d\vartheta\right]. \tag{244}$$

Andererseits folgt aus (242a) für die mittlere Gleichspannung E_{gm}

$$E_{gm} = \frac{p}{2\pi}\left(\int\limits_{\delta}^{\delta+u}\frac{\Delta_{0,m+1}}{\Delta_{m+1}}\,d\vartheta + \int\limits_{\delta+u}^{\delta+\frac{2\pi}{p}}\frac{\Delta_{0m}}{\Delta_m}\,d\vartheta\right),$$

wofür man schreiben kann

$$E_{gm} = \frac{p}{2\pi}\left(\int\limits_{\delta}^{\delta+\frac{2\pi}{p}}\frac{\Delta_{0m}}{\Delta_m}\,d\vartheta - \int\limits_{\delta}^{\delta+u}\left(\frac{\Delta_{0m}}{\Delta_m} - \frac{\Delta_{0,m+1}}{\Delta_{m+1}}\right)d\vartheta\right); \tag{245}$$

darin ist das erste Integral die der Kommutierung $u = 0$ entsprechende Anfangs-Gleichspannung E_{gm}, während das zweite Integral den Gleichspannungsabfall ΔE_{gm} vorstellt. Von letzterem wollen wir zeigen, daß dieser linear abhängig von J_g ist.

Zu diesem Zweck untersuchen wir den Zusammenhang der auf das Kommutierungsintervall erstreckten Integrale in (244) und (245). Sind $i_1^I, \ldots, i_{m+1}^I$ die wirklichen Ströme und e_g^I die wirkliche Gleichspannung in diesem Intervall, und bedeuten $i_1^{I'}, \ldots, i_m^{I'}$ die Ströme und $e_g^{I'}$ die Gleichspannung bei m-anodigem Betrieb, so sind die uns interessierenden, durch die Kommutierung verursachten Veränderungen durch die Größen $i_1^I - i_1^{I'}, \ldots, i_m^I - i_m^{I'}$ und $e_g^I - e_g^{I'}$ gekennzeichnet. Nun entnehmen wir aus (244) wegen (242b)

$$\frac{\Delta_{h,m+1}}{\Delta_{m+1}} - \frac{\Delta_{hm}}{\Delta_m} = \frac{d}{d\vartheta}(i_h^I - i_h^{I'}), \quad h = 1, \ldots, m. \tag{246a}$$

Andererseits ist in (245) wegen (242a)

$$\frac{\Delta_{0m}}{\Delta_m} - \frac{\Delta_{0,m+1}}{\Delta_{m+1}} = e_g^{I'} - e_g^I. \tag{246b}$$

Die rechts stehenden Größen dieser beiden Gleichungen können wir aber auch aus den Differentialgleichungen (241) direkt berechnen. Schreiben wir diese

$$\frac{di_1^I}{d\vartheta} + \cdots + \frac{di_{m+1}^I}{d\vartheta} = 0 \qquad\Bigg|\qquad \frac{di_1^{I'}}{d\vartheta} + \cdots + \frac{di_m^{I'}}{d\vartheta} = 0$$

$$e_g^I + X_{i1}\frac{di_1^I}{d\vartheta} + \cdots + X_{i,m+1}\frac{di_{m+1}^I}{d\vartheta} = e_i \;\Bigg|\; e_g^{I'} + X_{i1}\frac{di_1^{I'}}{d\vartheta} + \cdots + X_{im}\frac{di_m^{I'}}{d\vartheta} = e_i$$

$$i = 1, \ldots, m$$

und ziehen das rechte Gleichungssystem von dem linken System ab, so entsteht

$$\frac{d}{d\vartheta}\left(i_1^{I} - i_1^{I'}\right) + \cdots + \frac{d}{d\vartheta}\left(i_{m+1}^{I} - 0\right) = 0,$$

$$X_{i1}\frac{d}{d\vartheta}\left(i_1^{I} - i_1^{I'}\right) + \cdots + X_{i,m+1}\frac{d}{d\vartheta}\left(i_{m+1}^{I} - 0\right) = e_g^{I'} - e_g^{I},$$

$$i = 1, \ldots, m,$$

Dieses Gleichungssystem hat die Lösungen

$$\frac{d}{d\vartheta}\left(i_i^{I} - i_i^{I'}\right) = \left(e_g^{I'} - e_g^{I}\right)\frac{D_{im}}{D_m}, \tag{247a}$$

wenn

$$D_m = \begin{vmatrix} 1 & 1 & \ldots & 1 \\ X_{11} & X_{12} & \ldots & X_{1,m+1} \\ X_{21} & X_{22} & \ldots & X_{2,m+1} \\ \ldots & \ldots & \ldots & \ldots \\ X_{m1} & X_{m2} & \ldots & X_{m,m+1} \end{vmatrix} \tag{247b}$$

die Determinante der Koeffizienten des Gleichungssystemes und D_{im} diejenigen Determinanten vorstellen, die aus D_m durch Ersetzen der i-ten Kolonne durch die Größen 0, 1, ..., 1 hervorgehen. Aus dem Vergleich von (247) mit (246a) und (246b) geht aber unmittelbar die Identität

$$\frac{\Delta_{h,m+1}}{\Delta_{m+1}} - \frac{\Delta_{hm}}{\Delta_m} = \frac{D_{hm}}{D_m}\left(\frac{\Delta_{0m}}{\Delta_m} - \frac{\Delta_{0m+1}}{\Delta_{m+1}}\right) \tag{248}$$

hervor, die die gesuchte Verknüpfung der uns interessierenden Integrale in (244) und (245) herstellt. Ihre Verwendung liefert aus (244) und (245) die gesuchte lineare Gleichspannungscharakteristik[1]

$$\frac{2\pi}{p}E_{gm}\cdot\sum_{h=1}^{m}(m+1-h)\frac{D_{hm}}{D_m} = \sum_{h=1}^{m}(m+1-h)\int_{\delta}^{\delta+\frac{2\pi}{p}}\left(\frac{\Delta_{hm}}{\Delta_m} + \frac{D_{hm}}{D_m}\frac{\Delta_{0m}}{\Delta_m}\right)d\vartheta - J_g. \tag{249}$$

Zu ihrer Auswertung ist die Kenntnis der Kommutierungsdauer u nicht erforderlich, ein Umstand, den wir bei früheren Rechnungen schon oft festgestellt hatten. Nur den Zündwinkel δ haben wir noch zu ermitteln. Dieser geht aus $\frac{d i_1}{d\vartheta}{}_{(\delta)} = 0$ hervor oder nach (242b) als Wurzel der Gleichung

$$\Delta_{1,m+1} = 0. \tag{250}$$

[1] Wir bemerken, daß Dällenbach und Gerecke Determinanten einer um 1 höheren Ordnung erhalten haben. Da die Ergebnisse jedoch gleichwertig sein müssen, entspringt daraus eine Formel

$$\sum_{h=1}^{m+1}(m+2-h)\frac{D_{h\,m+1}}{D_{m+1}} = \sum_{h=1}^{m}(m+1-h)\frac{D_{hm}}{D_m}.$$

Die gesamte Gleichspannungscharakteristik zwischen Leerlauf und Kurzschluß enthält den Beiwerten $m = 1, 2, \ldots, p-1$ entsprechend $p-1$ Geradenstücke nach (249). Das erste Geradenstück für $m = 1$ ergibt sich aus (249) mit $X_{11} = X_{22} = X_1$, $X_{12} = X_{21} = X_2$ und $\Delta_1 = -1$, $\Delta_{01} = -e_1$, $\Delta_{11} = 0$, $D_1 = -(X_1 - X_2)$, $D_{11} = -1$ zu

$$E_{gm} = \frac{p}{2\pi}\int\limits_{\delta}^{\delta+\frac{2\pi}{p}} e_1\,d\vartheta - \frac{p}{2\pi}(X_1 - X_2)\,J_g, \quad \delta = \frac{\pi}{2} - \frac{\pi}{p}; \tag{251}$$

darin entspricht der erste Bestandteil der rechten Seite der Leerlaufspannung nach (167), der zweite Bestandteil dem Gleichspannungsabfall nach (172). Der Gleichrichter ist also im Anfang einem Gleichrichter mit ungekoppelten Anodendrosseln mit der Reaktanz

$$X_a = X_1 - X_2 \tag{251a}$$

gleichwertig. Das letzte Geradenstück für $m = p - 1$ endigt in dem Kurzschlußpunkt $E_{gm} = 0$. Der zugehörige Kurzschlußstrom J_{gk} läßt sich dabei direkt berechnen. Da nämlich nach (241) mit $k = m + 1 = p$

$$X_{i1}\frac{di_1}{d\vartheta} + \cdots + X_{ip}\frac{di_p}{d\vartheta} = e_i, \quad i = 1, \ldots, p$$

wird, so muß mit dem versuchsweisen Ansatz $\frac{di_h}{d\vartheta} = \frac{e_h}{X_k}$, in welchem X_k eine noch zu bestimmende Kurzschlußreaktanz vorstellt,

$$X_{i1}e_1 + \cdots + X_{ip}e_p = X_k e_i$$

sein. Nehmen wir z. B. $i = 1$ und bei Zugrundelegung sinusförmiger Spannungen nach (240) $\vartheta = \frac{\pi}{2}$ an, so resultiert für X_k

$$X_k = \sum_{h=1}^{p} X_{1h}\cos\frac{2\pi}{p}(h-1) \tag{252a}$$

und für die Anodenströme $i_h = \frac{\sqrt{2}\,E_w}{X_k}\left(1 - \cos\left(\vartheta + \frac{2\pi}{p}(h-1)\right)\right)$. Damit wird der Kurzschlußgleichstrom $J_{gk} = i_1 + \cdots + i_p$

$$J_{gk} = \frac{p\sqrt{2}\,E_w}{X_k}. \tag{252b}$$

Abgesehen von den beiden letzten Formeln sind die übrigen Beziehungen, was wir hervorheben müssen, nicht notwendig an die Voraussetzung (240) von Sinusspannungen gebunden.

Die Übergänge der $p - 1$ Geradenstücke zwischen Leerlauf und Kurzschluß vollziehen sich je nach der Größenfolge der durch (250) gegebenen Zündwinkel δ. Bedeutet δ_{m+1} den Zündwinkel des Anodenstromes i_1 für das Belastungsgebiet, für das (249) und (250) gilt, so liegen die Zündwinkel im einfachsten Fall in der Reihenfolge

$$\delta_2 > \delta_3 > \cdots > \delta_p, \tag{253}$$

wobei insbesondere $\delta_2 = \frac{\pi}{2} - \frac{\pi}{p}$ und $\delta_p = 0$ ist. Für diesen Fall bilden die $p - 1$ Geradenstücke einen Polygonzug, von dem die Geraden a und b in Abb. 204 einen Ausschnitt zeigen, wobei wir annehmen wollen, daß sich die Gerade a auf $m - 1$-anodigen Betrieb, die Gerade b auf m-anodigen Betrieb bezieht. Der Übergang von a nach b vollzieht sich dabei so, daß bei einer gewissen Belastung des Gebietes a der Löschwinkel $\delta_m + u > \delta_{m+1} + \frac{2\pi}{p}$ oder $u > \frac{2\pi}{p} - (\delta_m - \delta_{m+1})$ wird; von da ab zündet der Anodenstrom i_1 anstatt bei δ_m schon bei δ_{m+1}. Der sich nun einstellende Kommutierungswinkel u ist jedoch im Anfang noch so klein, daß der Anodenstrom i_1 kurz nach dem Löschen von i_{m+1} wieder löscht, um erst bei δ_m wieder zu zünden und alsdann durchzufließen. Diesen in Abb. 205 oben dargestellten lückenden Anodenstrom nennt man einen Anodenstrom mit Vorläufer. Solange dieser existiert, folgt die Gleichspannungscharakteristik, wie man beweisen kann, nach der Geraden a. Von einer bestimmten Kommutierungsdauer u ab hört das Lücken des Anodenstromes auf, erst von da ab folgt die Charakteristik der Geraden b.

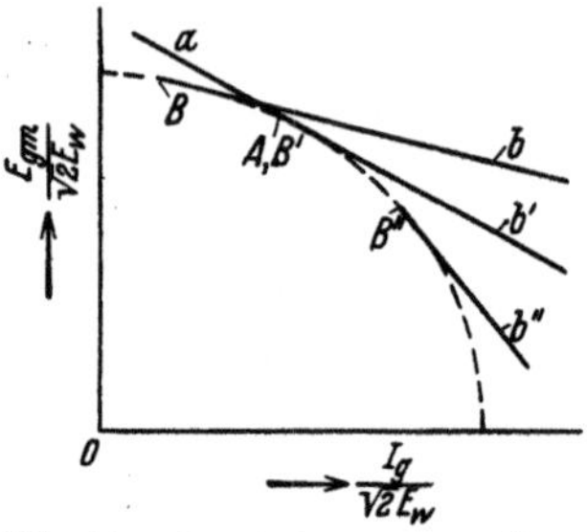

Abb. 204. Die drei möglichen Übergänge zweier Geradenstücke von $m-1$-anodigem auf m-anodigen Betrieb.

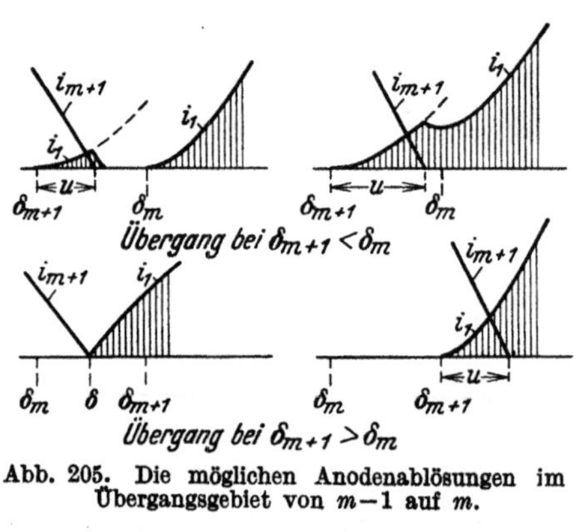

Abb. 205. Die möglichen Anodenablösungen im Übergangsgebiet von $m-1$ auf m.

Je nach der Größe der Reaktanzen X_{ik} ist aber eine verschiedene Größenfolge der Zündwinkel möglich, so ist auch z. B. $\delta_{m+1} > \delta_m$ möglich. In diesem Falle ist die vorhin beschriebene Anodenablösung unmöglich, denn abgesehen davon, daß dazu jetzt $u > \frac{2\pi}{p} + (\delta_{m+1} - \delta_m)$, also $> \frac{2\pi}{p}$ werden müßte, kann der Anodenstrom i_1, solange i_{m+1} noch fließt, nicht bei δ_m zünden, da i_{m+1} aber bereits vor δ_{m+1} erloschen ist, kann i_1 auch nicht bei δ_{m+1} zünden. Tatsächlich geht jetzt die Ablösung in der in Abb. 205 unten gezeigten Weise vor sich. Solange i_{m+1} noch fließt, ist die Zündung von i_1 behindert; sobald aber i_{m+1} erloschen ist, zündet i_1 unter einer Spannung, die bereits von δ_m ab positiv geworden wäre, jetzt also mit einem endlichen Sprung einsetzt. Infolgedessen setzt der Strom i_1 im Löschpunkt von i_{m+1} mit endlicher Anfangstangente ein. Der Ablösepunkt δ wandert dabei mit wachsender Belastung von δ_m nach δ_{m+1}. Mit Überschreitung dieses letzteren Zeitwertes setzt die normale Anodenablösung entsprechend einem m-anodigen Betrieb ein, von da ab folgt die Gleichspannungscharakteristik der Geraden b''. Der Grenzfall der Geraden b' als geradlinige Verlängerung der Geraden a entspricht dem Grenzfall $\delta_{m+1} = \delta_m$.

Der beschriebene Übergang von a nach b'', den wir jetzt nachrechnen wollen, hat nach dem Gesagten das Merkmal, daß dauernd m Anodenströme fließen; wir erinnern daran, daß wir eine ähnliche Anodenablösung schon bei dem Zweiphasengleichrichter mit primärseitigen Reaktanzen und fehlender oder endlicher Kathodendrossel gefunden haben, wie sie z. B. in Abb. 79, 81 und 92 zum Ausdruck kommt. Der Verlauf der Gleichspannungscharakteristik in diesem Gebiet ergibt sich sofort aus (244) und (245) mit $u = 0$ in der Form

$$\left.\begin{aligned} E_{gm} &= \frac{p}{2\pi}\int\limits_{\delta}^{\delta+\frac{2\pi}{p}} \frac{\Delta_{0\,m}}{\Delta_m}\,d\vartheta\,, \\ J_{gm} &= \sum_{h=1}^{m}(m+1-h)\int\limits_{\delta}^{\delta+\frac{2\pi}{p}} \frac{\Delta_{h\,m}}{\Delta_m}\,d\vartheta\,, \end{aligned}\right\} \tag{253}$$

in der E_{gm} und J_g als Funktion der gleichen Größe δ, die wir deutlicher $\delta_{m,\,m+1}$ schreiben müßten, erscheinen. Sind die Spannungen im Sinne von (240) sinusförmig, so sind E_{gm} und J_g Sinusfunktionen in δ, so daß die gesuchte Übergangscharakteristik allgemein einer Ellipse folgt. Diese Ellipse, die wegen $u = 0$ eine Kurve konstanter Anodenbrenndauer, nämlich der Brenndauer

$$\lambda = \frac{2\pi}{p}m \tag{253a}$$

repräsentiert, hat interessante geometrische Eigenschaften, wegen deren sie noch häufiger eine wichtige Rolle spielen wird. Eine dieser Eigenschaften ist, wie in Abb. 202 zum Ausdruck gebracht ist, daß die Anschlußgeraden a und b bzw. b' bzw. b'' die Ellipse in den Punkten A und B, bzw. B', bzw. B'' tangential treffen. Um das einzusehen, bestimmen wir aus (253) die Tangente der Ellipse zu

$$\frac{dE_{gm}}{dJ_g} = -\frac{\dfrac{\partial E_{gm}}{\partial\delta}}{\dfrac{\partial J_g}{\partial\delta}} = -\frac{\dfrac{p}{2\pi}\left(\Delta_{0\,m}\Big|_{\delta+\frac{2\pi}{p}} - \Delta_{0\,m}\Big|_{\delta}\right)}{\sum\limits_{h=1}^{m}(m+1-h)\left(\Delta_{h\,m}\Big|_{\delta+\frac{2\pi}{p}} - \Delta_{h\,m}\Big|_{\delta}\right)}\,;$$

sie hat im Punkte A den $\delta = \delta_m$ und in den Punkten B, B', B'' den $\delta = \delta_{m+1}$ zukommenden Wert. Die gleiche Neigung aber haben die durch (244) und (245) definierten Geraden, wie man durch dieselbe Rechnung mit $u = 0$ in den Punkten A und B, B', B'' feststellen kann.

Aus dieser Betrachtung fließt unmittelbar ein einfacher Ausdruck für den Gleichspannungsabfall $\varDelta E_{gm} = \frac{d E_{gm}}{d J_g} \cdot J_g$ in der Form

$$\varDelta E_{gm} = \frac{\frac{p}{2\pi}\left(\varDelta_{0m}\Big|_{\delta+\frac{2\pi}{p}} - \varDelta_{0m}\Big|_{\delta}\right)}{\sum_{h=1}^{m}(m+1-h)\left(\varDelta_{hm}\Big|_{\delta+\frac{2\pi}{p}} - \varDelta_{hm}\Big|_{\delta}\right)} \cdot J_g, \tag{254}$$

in dem alle bisher abgeleiteten Formeln (172), (208) und (211) enthalten sein müssen, wenngleich der Nachweis hierfür wohl erhebliche mathematische Schwierigkeiten bereiten dürfte.

Wir haben damit die Strom- und Spannungsverhältnisse für den betrachteten Fall eines konstanten Gleichstromes prinzipiell geklärt und werden jetzt einige Vereinfachungen eintreten lassen, um einige wichtigere Zusammenhänge kurvenmäßig weiterverfolgen zu können. Bevor wir dies tun, wollen wir jedoch wenigstens andeuten, auf welche Weise die Klärung der Strom- und Spannungsverhältnisse für den analogen Fall vor sich zu gehen hat, nämlich für den Fall einer konstanten Gleichspannung. Diesen können wir uns, wie wir wissen, so realisiert denken, daß ein Gleichstromkreis eine endliche Kathodendrossel und eine Batterie oder anstelle der letzteren ein Ohmscher Widerstand mit parallelgeschalteten unendlich großem Kondensator liegt. Ist S die Reaktanz der Kathodendrossel und bezeichnen wir die konstante Gleichspannung an der Batterie bzw. am Widerstand mit E_g und den momentanen Gleichstrom mit i_g, so lauten die anstelle von (241) tretenden Spannungsgleichungen mit $i_g = i_1 + \cdots + i_k$

$$(X_{i1} + S)\frac{d i_1}{d\vartheta} + (X_{i2} + S)\frac{d i_2}{d\vartheta} + \cdots + (X_{ik} + S)\frac{d i_k}{d\vartheta} = e_i - E_g\,,$$

$$i = 1, 2, \ldots, k, \qquad k = m \text{ bzw. } m+1.$$

Sie haben die Lösungen

$$\frac{d i_i}{d\vartheta} = \frac{\varDelta_{ik}}{\varDelta_k}\,,$$

worin

$$\varDelta_k = \begin{vmatrix} X_{11} + S, & X_{12} + S, & \ldots, & X_{1k} + S \\ X_{21} + S, & X_{22} + S, & \ldots, & X_{2k} + S \\ \cdots & \cdots & \cdots & \cdots \\ X_{k1} + S, & X_{k2} + S, & \ldots, & X_{kk} + S \end{vmatrix}$$

die Determinante der Koeffizienten des Gleichungssystemes und $\varDelta_{ik}$ diejenigen Determinanten vorstellen, die aus $\varDelta_k$ durch Ersetzen der

i-ten Kolonne durch die Größen $e_i - E_g$ entstehen. Hierzu treten nun noch die Übergangsbedingungen (243), die hier die gleichen sind, und die Zündbedingung.

Wir müssen davon absehen, die Weiterentwicklung der Lösung und ihre Auswertung hier durchzuführen[1] und wenden uns wieder der weiteren Untersuchung des ursprünglich betrachteten Falles mit konstantem Gleichstrom zu.

Verlauf der Gleichspannungscharakteristik und der Anodenströme bei ungekoppelten Anodendrosseln. Beschränken wir uns auf Grundschaltungen, d. h. auf solche Schaltungen, bei denen die Reaktanzen auf ungekoppelte Anodendrosseln zurückführbar sind, bei denen somit

$$X_{ik(i=k)} = X_a, \quad X_{ik(i \neq k)} = 0 \tag{255}$$

ist, so ergeben sich einfachere Verhältnisse, die wegen ihrer anschaulichen Diskutierbarkeit und wegen ihrer späteren Bedeutung für die gittergesteuerten Gleichrichter von Interesse sind.

Befolgen wir zunächst den formalen Weg, so finden wir für die uns interessierenden Determinanten die folgenden Werte:

$$\left.\begin{aligned}
\Delta_m &= m X^{m-1}, \\
\Delta_{0m} &= X^{m-1} \sum_{k=1}^{m} e_k, \\
\Delta_{hm} &= m X^{m-2} \left(e_h - \frac{1}{m} \sum_{k=1}^{m} e_k \right), \\
D_m &= X^m, \\
D_{hm} &= X^{m-1}.
\end{aligned}\right\} \tag{255a}$$

Mit diesen Werten wird in (249)

$$\sum_{h=1}^{m} (m+1-h) \frac{D_{hm}}{D_m} = \frac{m(m+1)}{2X_a},$$

$$\frac{\Delta_{hm}}{\Delta_m} + \frac{D_{hm}}{D_m} \frac{\Delta_{0m}}{\Delta_m} = \frac{e_h}{X_a}$$

und somit lautet die Gleichspannungscharakteristik

$$\frac{\pi}{p} m(m+1) E_{gm} = \sum_{h=1}^{m} (m+1-h) \int_{\delta}^{\delta+\frac{2\pi}{p}} e_h \, d\vartheta - X_a J_g, \tag{256}$$

[1] Wie schon in der Fußnote auf S. 209 angedeutet, hat M. Demontvignier die Lösung unter vereinfachenden Annahmen, die darauf hinauslaufen, daß $X_{ik(i=k)} = P$ und $X_{ik(i \neq k)} = Q$ gesetzt werden kann, wodurch die Determinanten allgemein auswertbar werden, durchgeführt. Die allgemeine Lösung ist zweifellos ebenfalls möglich.

wobei der Zündwinkel δ die Wurzel der Gleichung

$$e_1 - \frac{1}{m+1} \sum_{k=1}^{m+1} e_k = 0 \tag{256a}$$

ist. Hieraus entnehmen wir sogleich ein interessantes Ergebnis. Nach (256) beträgt nämlich der Gleichspannungsabfall $\varDelta E_{gm} = \frac{d E_{gm}}{d J_g} J_g$

$$\varDelta E_{gm} = \frac{p}{\pi m (m+1)} X_a J_g\,; \tag{256b}$$

das ist aber der gleiche Wert, den wir für den Gleichrichter in Grundschaltung mit für m-anodigen Betrieb passend veränderten Anodenspannungen nach Gleichung (206b) abgeleitet haben.

Gleichung (256) läßt sich auf einfache Weise direkt ableiten[1]. Hierzu gehen wir von den Grundgleichungen

$$e_g + X_a \frac{d i_i}{d\vartheta} = e_i\,, \quad i = 1, 2, \ldots, m+1 \text{ bzw. } m \tag{257}$$

aus, aus denen wir folgern

$$i_{1\left(\delta+\frac{2\pi}{p}\right)} = \frac{1}{X_a} \int_{\delta}^{\delta+\frac{2\pi}{p}} (e_1 - e_g)\, d\vartheta\,,$$

$$i_{2\left(\delta+\frac{2\pi}{p}\right)} = i_{2(\delta)} + \frac{1}{X_a} \int_{\delta}^{\delta+\frac{2\pi}{p}} (e_2 - e_g)\, d\vartheta\,,$$

$$\cdots\cdots\cdots\cdots\cdots\cdots\cdots\cdots\cdots$$

$$i_{m\left(\delta+\frac{2\pi}{p}\right)} = i_{m(\delta)} + \frac{1}{X_a} \int_{\delta}^{\delta+\frac{2\pi}{p}} (e_m - e_g)\, d\vartheta\,.$$

Durch Summieren dieser Gleichungen entsteht

$$J_g = i_{1\left(\delta+\frac{2\pi}{p}\right)} + \cdots + i_{m\left(\delta+\frac{2\pi}{p}\right)} = \frac{1}{X_a} \sum_{h=1}^{m} (m+1-h) \int_{\delta}^{\delta+\frac{2\pi}{p}} (e_h - e_g)\, d\vartheta\,,$$

woraus unmittelbar die Beziehung (256) hervorgeht. Außerdem findet man durch Summieren von (257) über $m+1$ bzw. m für die Intervalle I und II

$$e_g{}^{I} = \frac{1}{m+1} \sum_{k=1}^{m+1} e_k\,, \quad e_g{}^{II} = \frac{1}{m} \sum_{k=1}^{m} e_k \tag{258a}$$

[1] Diese, wohl kürzeste Herleitung der Gleichung (256), ist in Prince and Vogdes, Principles of Mercury arc Rectitiers and their Circvits, S. 146, angegeben.

und damit

$$\frac{d i_i^I}{d\vartheta} = \frac{1}{X_a}\left(e_i - \frac{1}{m+1}\sum_{k=1}^{m+1} e_k\right), \quad \frac{d i_i^{II}}{d\vartheta} = \frac{1}{X_a}\left(e_i - \frac{1}{m}\sum_{k=1}^{m} e_k\right). \tag{258b}$$

Diese Gleichungen entsprechen den allgemeineren Gleichungen (242a) und (242b)

Nach diesen Vorbereitungen nehmen wir die Spannungen $e_1, \ldots, e_p$ im Sinne der Gleichung (240) sinusförmig an und werten die Ausdrücke (256) und (256a) aus. Hierzu veranschaulichen wir in Abb. 206 zunächst die geometrische Bedeutung des Zündwinkels δ, und zwar den Winkel δ_5 für den Fall $m = 4$. Das Vektorbild zeigt den Vektor $OA = e_1$, den Vektor $OB = \frac{1}{5}(e_1 + e_2 + e_3 + e_4 + e_5)$ und den Vektor $OC = \frac{1}{4}(e_2 + e_3 + e_4 + e_5)$ und zeigt insbesondere, daß die Endpunkte A, B, C dieser Vektoren im Einklang mit der Zündbedingung auf einer Geraden liegen. Der Zündwinkel δ_5 ist also gleich $\sphericalangle\, BAO = \sphericalangle\, CAO$. Setzen wir den Betrag des Vektors e_1 gleich 1, so ist der Betrag von OB gleich v_5, der des Vektors OC gleich v_4, wenn abkürzend

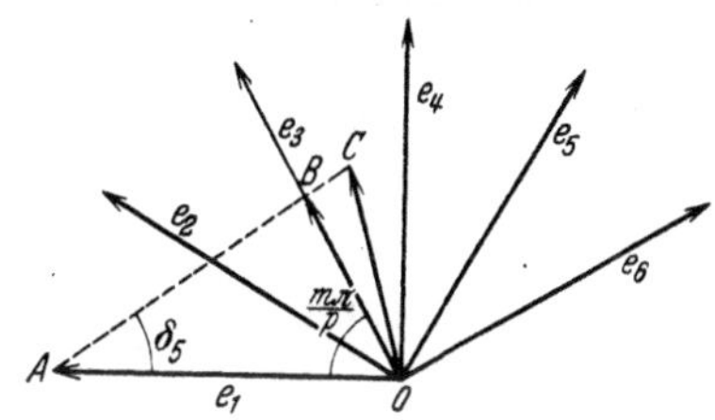

Abb. 206. Zur Berechnung des Zündwinkels δ_{m+1} für $m = 4$.

$$v_i = \frac{\sin\frac{i\pi}{p}}{i\sin\frac{\pi}{p}} \tag{259}$$

bedeutet. Infolgedessen wird, wenn wir δ_{m+1} aus dem Dreieck BAO berechnen, bei Anwendung des Sinussatzes $\sin\delta_{m+1} = v_{m+1}\sin\left(\delta_{m+1} + \frac{m\pi}{p}\right)$ und daraus

$$\operatorname{tg}\delta_{m+1} = \frac{v_{m+1}\sin\frac{m\pi}{p}}{1 - v_{m+1}\cos\frac{m\pi}{p}}. \tag{260}$$

Anstatt dessen kann man auch schreiben

$$\sin\delta_{m+1} = \frac{v_{m+1}\sin\frac{m\pi}{p}}{\sqrt{1 + v_{m+1}^2 - 2v_{m+1}\cos\frac{m\pi}{p}}}, \tag{260a}$$

$$\cos\delta_{m+1} = \frac{1 - v_{m+1}\cos\frac{m\pi}{p}}{\sqrt{1 + v_{m+1}^2 - 2v_{m+1}\cos\frac{m\pi}{p}}}. \tag{260b}$$

Hiernach berechnen wir den Summenausdruck in (256). Dieser ist

$$\sqrt{2}\,E_w \sum_{h=1}^{m} (m+1-h) \int\limits_{\delta_{m+1}}^{\delta_{m+1}+\frac{2\pi}{p}} \sin\left(\vartheta + (h-1)\frac{2\pi}{p}\right) d\vartheta$$

$$= 2\sqrt{2}\,E_w \sin\frac{\pi}{p} \sum_{h=1}^{m} (m+1-h) \sin\left(\delta_{m+1} + (2h-1)\frac{\pi}{p}\right)$$

und mit (260a) und (260b)

$$= \frac{2\sqrt{2}\,E_w \sin\frac{\pi}{p}}{\sqrt{1+v_{m+1}^2 - 2v_{m+1}\cos\frac{m\pi}{p}}} \sum_{h=1}^{m} (m+1-h)\left[v_{m+1}\sin\frac{m\pi}{p}\cos(2h-1)\frac{\pi}{p} + \left(1 - v_{m+1}\cos\frac{m\pi}{p}\right)\sin(2h-1)\frac{\pi}{p}\right]$$

$$= \sqrt{2}\,E_a(m+1)\sqrt{1+v_{m+1}^2 - 2v_{m+1}\cos\frac{m\pi}{p}}\,.$$ [1]

Der Wurzelausdruck hat eine einfache geometrische Bedeutung; er ist in dem Vektorbild Abb. 206, sofern wir wieder den Betrag von e_1 gleich 1 annehmen, der Betrag des Vektors AB, so daß man den Summenausdruck also auch graphisch ermitteln kann. Setzt man den gewonnenen Ausdruck in (256) ein und führt noch den Kurzschlußstrom $J_{gk} = p\sqrt{2}/X_a$ ein, so schreibt sich die Charakteristik in der Form[2]

$$\frac{E_{gm}}{\sqrt{2}\,E_w} = \frac{p}{\pi m(m+1)}\left((m+1)\sqrt{1+v_{m+1}^2 - 2v_{m+1}\cos\frac{m\pi}{p}} - p\frac{J_g}{J_{gk}}\right). \quad (261)$$

Bevor wir zur weiteren Auswertung dieser Gleichung schreiten, wollen wir noch die Ausdrücke für die charakteristischen Ellipsen, für die die

---

[1] Zur Auswertung der Summen benötigt man die Reihen

$$m\cos\frac{\pi}{p} + (m-1)\cos\frac{3\pi}{p} + \cdots + \cos\frac{(2m-1)\pi}{p} = \frac{\sin\frac{(m+1)\pi}{p}\sin\frac{m\pi}{p}}{2\sin^2\frac{\pi}{p}}$$

$$m\sin\frac{\pi}{p} + (m-1)\sin\frac{3\pi}{p} + \cdots + \sin\frac{(2m-1)\pi}{p} = \frac{(m+1)\sin\frac{\pi}{p} - \sin\frac{(m+1)\pi}{p}\cos\frac{m\pi}{p}}{2\sin^2\frac{\pi}{p}}.$$

[2] Den Ausdruck $(m+1)\sqrt{1+v_{m+1}^2 + 2v_{m+1}\cos\frac{m\pi}{p}}$ hat M. Demontvignier, vgl. Rev. gén. Électr. 15, S. 497, Gl. 15, 1924, angegeben. Einen anderen Ausdruck, der mit obigem übereinstimmt, nämlich $m\sqrt{1+v_m^2 - v_m\sin\frac{(m+1)\pi}{p}}$, hat mir E. Gerecke mitgeteilt.

Geraden (261) Tangenten sind, angeben. Setzt man die Werte (255a) mit (240) in (253) ein, so findet man

$$E_{gm} = \frac{p}{2\pi} \cdot \frac{1}{m} \int_{\delta}^{\delta + \frac{2\pi}{p}} \sum_{k=1}^{m} e_k d\vartheta = \sqrt{2} E_a \cdot \frac{p}{m\pi} \sin \frac{m\pi}{p} \cdot \sin\left(\delta + \frac{m\pi}{p}\right)$$

$$J_g = \sum_{h=1}^{m} (m+1-h) \int_{\delta}^{\delta + \frac{2\pi}{p}} \frac{1}{X_a}\left(e_h - \frac{1}{m} \sum_{k=1}^{m} e_k\right) d\vartheta$$

$$= \frac{\sqrt{2} E_w}{X_a} \cos \frac{\pi}{p} \left(\frac{\sin \frac{m\pi}{p}}{\sin \frac{\pi}{p}} - m \frac{\cos \frac{m\pi}{p}}{\cos \frac{\pi}{p}} \right) \cos\left(\delta + \frac{m\pi}{p}\right),$$

worin die Parameterdarstellung der Ellipse in δ klar hervortritt. Mit $E_{gm}/\sqrt{2}E_w$ und J_g/J_{gk} als Variable werden die mit den Koordinatenachsen zusammenfallenden Halbachsen A_m und B_m der Ellipse

$$A_m = \frac{p}{m\pi} \sin \frac{m\pi}{p}, \qquad B_m = \frac{\cos \frac{\pi}{p}}{p} \left(\frac{\sin \frac{m\pi}{p}}{\sin \frac{\pi}{p}} - m \frac{\cos \frac{m\pi}{p}}{\cos \frac{\pi}{p}} \right) \tag{262}$$

und ihre Mittelpunktsgleichung

$$\frac{1}{A_m^2}\left(\frac{E_{gm}}{\sqrt{2} E_w}\right)^2 + \frac{1}{B_m^2}\left(\frac{J_g}{J_{gk}}\right)^2 = 1. \tag{262a}$$

Sind a_m und b_m die Achsenabschnitte der Geraden nach (261), so läßt sich deren Gleichung in der Form

$$\frac{1}{a_m} \cdot \frac{E_{gm}}{\sqrt{2} E_w} + \frac{1}{b_m} \cdot \frac{J_g}{J_{gk}} = 1 \tag{262b}$$

schreiben, worin dann

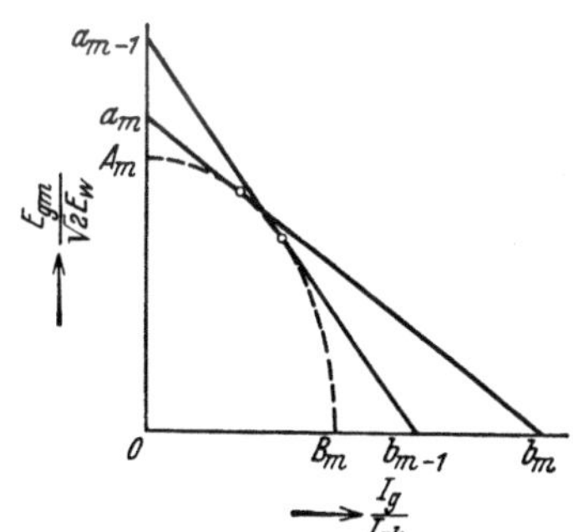

Abb. 207. Zur Beziehung zwischen den Ellipsenhalbachsen und den Achsenabschnitten der tangentialen Geraden.

$$a_m = \frac{p}{\pi m} \sqrt{1 + v_{m+1}^2 - 2 v_{m+1} \cos \frac{m\pi}{p}},$$
$$b_m = \frac{m+1}{p} \sqrt{1 + v_{m+1}^2 - 2 v_{m+1} \cos \frac{m\pi}{p}} \tag{262c}$$

ist. Damit die Geraden mit dem Index $m-1$ bzw. m in der in Abb. 207 veranschaulichten Weise Tangenten der Ellipse mit dem Index m sind, müssen die Bedingungen

$$\frac{A_m^2}{a_{m-1}^2} + \frac{B_m^2}{b_{m-1}^2} = 1 \quad \text{bzw.} \quad \frac{A_m^2}{a_m^2} + \frac{B_m^2}{b_m^2} = 1 \tag{262d}$$

erfüllt sein, von deren Zutreffen man sich leicht überzeugt.

Nunmehr wollen wir die gefundenen Gleichungen für das Beispiel eines Sechsphasengleichrichters auswerten. Die Beziehungen (262c) und (262) liefern für $p = 6$ zunächst

$$\begin{array}{llll}
a_1 = \frac{3}{\pi}, & b_1 = \frac{1}{6}. & \text{—} & \text{—} \\
a_2 = \frac{\sqrt{7}}{\pi}, & b_2 = \frac{\sqrt{7}}{6}, & A_2 = \frac{3\sqrt{3}}{2\pi}, & B_2 = \frac{1}{12}, \\
a_3 = \frac{\sqrt{19}}{2\pi}, & b_3 = \frac{\sqrt{19}}{6}, & A_3 = \frac{2}{\pi}, & B_3 = \frac{\sqrt{3}}{6}, \\
a_4 = \frac{3\sqrt{31}}{10\pi}, & b_4 = \frac{\sqrt{31}}{6}, & A_4 = \frac{3\sqrt{3}}{4\pi}, & B_4 = \frac{7}{12}, \\
a_5 = \frac{6}{5\pi}, & b_5 = 1, & A_5 = \frac{3}{5\pi}, & B_5 = \frac{\sqrt{3}}{2};
\end{array}$$

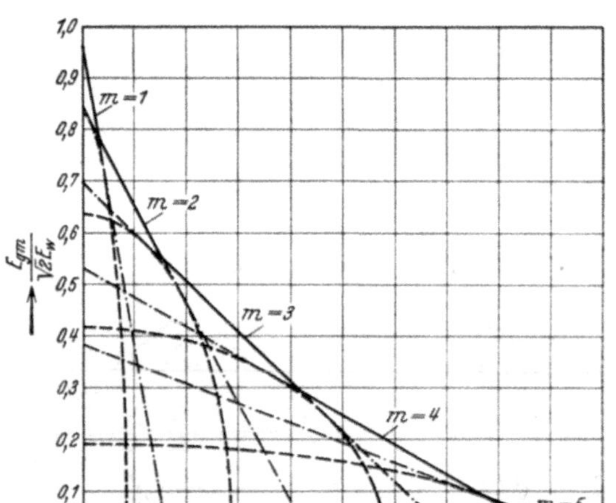

Abb. 208. Konstruktion der Gleichspannungscharakteristik eines Sechsphasengleichrichters mit Anodendrosseln sowie der charakteristischen Ellipsen.

zur Vollständigkeit geben wir auch die aus (260) hervorgehenden Zündwinkel an, sie sind

$$\delta_2 = 60^\circ,$$
$$\delta_3 = 40^\circ\, 54',$$
$$\delta_4 = 23^\circ\, 25',$$
$$\delta_5 = 8^\circ\, 57',$$
$$\delta_6 = 0.$$

Die mit diesen Werten konstruierte Gleichspannungscharakteristik ist in Abb. 208 wiedergegeben, und zwar findet man die den Anodenbeteiligungen $m = 1, 2, 3, 4, 5$ entsprechenden fünf Geradenstücke bis zum Kurzschlußpunkt aufgetragen und außerdem die zugehörigen koaxialen Ellipsen eingezeichnet. Diese Ellipsen erscheinen hier nur von geometrischem Interesse; wir haben sie dennoch berechnet und die damit zusammenhängenden Sätze ausführlich entwickelt, weil wir später bei den gesteuerten Gleichrichtern auf sie zurückkommen müssen, wo diese Ellipsen eine sehr viel tiefergehende Bedeutung erlangen werden.

Wir greifen nun auf die Gleichungen (258b) für die Anodenströme zurück, um daraus eine graphische Konstruktion des Verlaufes der Anodenströme abzuleiten und damit den Zusammenhang zwischen der Brenndauer der Anoden und der Belastung zu finden. Wir beschränken uns wieder auf das Beispiel des Sechsphasengleichrichters und wollen für diesen den Anodenstrom i_1 für $m = 2$ konstruieren. Hierzu sind in Abb. 209 zunächst die Vektoren $e_1, e_2, \ldots$ sowie deren Schwerpunktsvektoren $\frac{1}{2}(e_1 + e_2)$, $\frac{1}{3}(e_1 + e_2 + e_3), \ldots$ dargestellt. Die hiernach durchzuführende Konstruktion des Anodenstromes geht alsdann so vor sich, daß man für die einzelnen Zeitintervalle $(\delta, \delta + n)$, $(\delta + u, \delta + 60°)$, $(\delta + 60°, \delta + 60° + n)$ usw. die jeweils maßgebenden Spannungsvektoren AB, AC, AD usw. zum Entwerfen von Kreisdiagrammen heranzieht. Die in Abb. 210 dargestellte Konstruktion selbst beginnt damit, daß im Anfangspunkt O der Geraden $\vartheta = 0$ die Strecke AB im Winkel δ_3 angetragen und mit ihr als Durchmesser ein Kreis geschlagen wird. Trifft die strichpunktiert gezeichnete Zeitachse diesen Kreis im Punkte Q, so ist die Strecke $PQ = OP \sin(\vartheta - \delta) = AB \sin(\vartheta - \delta)$

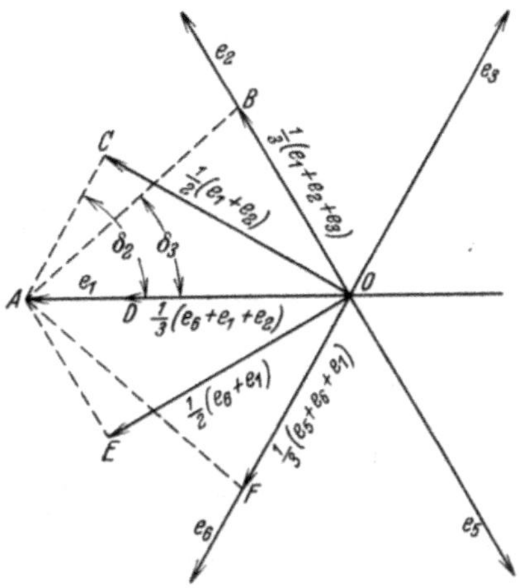

Abb. 209. Maßgebende Spannungsvektoren eines Sechsphasengleichrichters für den Belastungszustand $m = 2$.

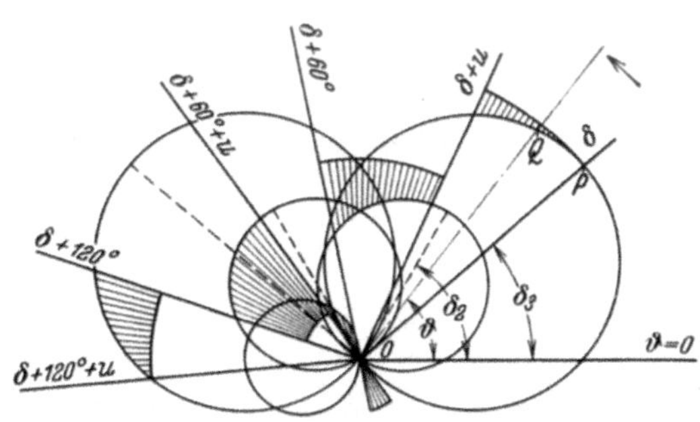

Abb 210. Konstruktion des Anodenstromes i_1 für den Belastungszustand $m = 2$.

$$= e_1 - \frac{1}{3}(e_1 + e_2 + e_3) = X_a \frac{di_1}{d\vartheta}; \text{ die Strecke } OQ = AB\cos(\vartheta - \delta)$$

ist daher bis auf eine Integrationskonstante das negative Integral davon, d. h. $= -X_a i_1$. Diese Strecke haben wir also von der Integrationskonstanten abzuziehen, die nach der Anfangsbedingung $i_{1(\vartheta=\delta)}$

$=0$ zu bestimmen ist und infolgedessen gleich $OP = AB$ ausfällt. Schlagen wir deshalb um O mit OP einen Kreisbogen, so stellt die jeweilige Breite des schraffiert gezeichneten Zwickels den Strom $i_1 = AB\,(1 - \cos(\vartheta - \delta))$ dar. In dieser Weise ist die Konstruktion für

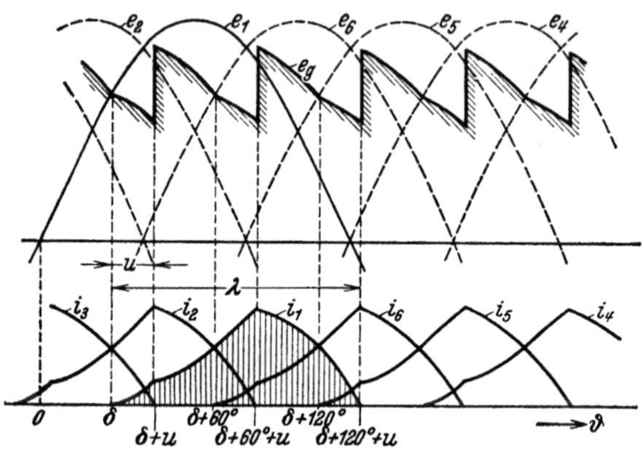

Abb. 211. Auftragung des konstruierten Anodenstromes i_1 für $u = 25°$ im Verein mit den übrigen Strömen, den Anodenspannungen und der Gleichspannung.

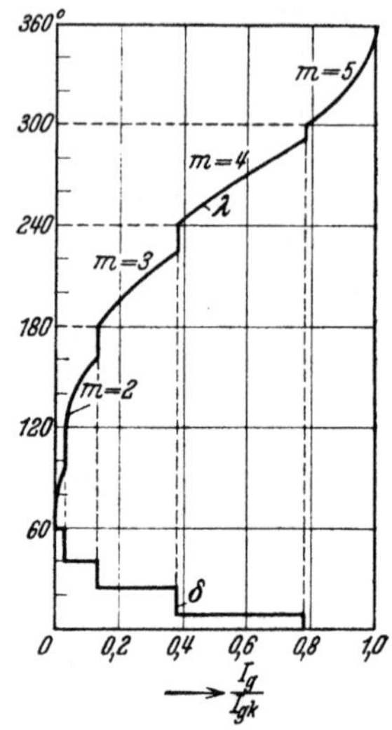

Abb. 212. Zündwinkel und Brenndauer der Anodenströme als Funktion der Belastung.

jedes Intervall fortzuführen, wobei man die Durchmesser der Kreise aus Abb. 209 der Größe und Richtung nach zu übernehmen hat und ferner darauf achten muß, ob $\cos(\vartheta - \delta)$ negativ oder positiv zu nehmen ist, und wobei außerdem auf die jeweilige Stetigkeitsbedingung des Stromes zu achten ist. In dieser Weise ist die Konstruktion in Abb. 210, die offenbar ein Polardiagramm von i_1 vorstellt, unter der Annahme von $u = 25°$ durchgeführt. Abb. 211 zeigt den so gewonnenen Strom i_1 zusammen mit den übrigen Strömen i_2, i_3 usw. sowie den Spannungen e_1, e_2 usw. und der Gleichspannung in der normalen Auftragung in rechtwinkligen Koordinaten. Führt man endlich diese

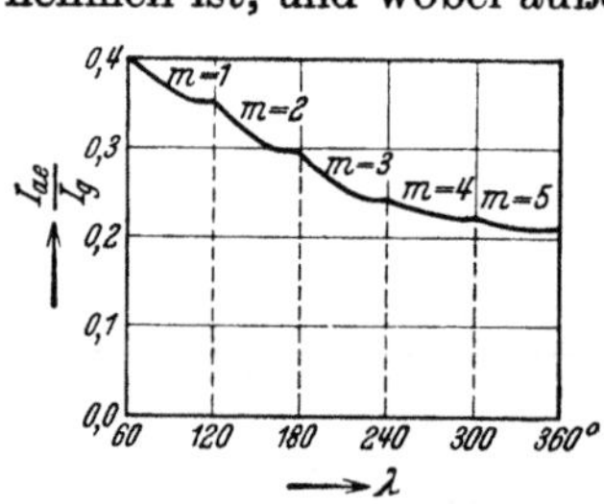

Abb. 213. Effektivwert des Anodenstromes als Funktion der Brenndauer.

Konstruktion nacheinander für alle Belastungsstufen bis zum Kurzschlußpunkt durch und bestimmt man durch Auszählen des Flächeninhalts $\int i_1\,d\vartheta = \frac{2\pi}{p} J_g$ den jeweils zugehörigen Belastungswert J_g/J_{gk}, so gewinnt man den Zusammenhang zwischen der Brenndauer λ der Anodenströme und J_g/J_{gk}. In Abb. 212 ist dieser aufgetragen, und zwar zusammen mit den jeweiligen Zündwinkeln δ_{m+1}. Macht man sich außerdem noch die Mühe, die Effektivwerte J_{ae} der einzelnen Anodenströme graphisch zu bestimmen, so gewinnt man die Abb. 213, in der das Verhältnis dieses Effektivwertes zu J_g als Funktion von $\lambda = \frac{2\pi}{p} m + u$ aufgetragen ist; in dieser Darstellung erkennt man, wie der Effektivwert mit wachsender Brenndauer abnimmt, so ist für $\lambda = 60°$ $J_{ae} = \frac{1}{\sqrt{6}} J_g = 0{,}41\, J_g$, für $\lambda = 360°$ dagegen $J_{ae} = \frac{1}{\pi\sqrt{2}} J_g = 0{,}225\, J_g$.

Würden wir ähnliche Untersuchungen an höherphasigen Schaltungen durchführen, so würden wir finden, daß mit der Zunahme der Zahl der Stufen der Kurven die Größe der Stufen schnell abnimmt und die Kurven gegen die stetig verlaufenden Kurven des unendlichphasigen Gleichrichters konvergieren.

8. Die Stromverhältnisse bei einer Rückzündung.

Verlauf der Anodenströme bei einer einanodigen Rückzündung. Wir wollen die vorhin beschriebene Konstruktion der Anodenströme jetzt auf eine schwierigere Aufgabe anwenden, die zum erstenmal einen nichtstationären Vorgang im Gleichrichter betrifft, nämlich auf den Fall der Rückzündung einer Anode. Wir stellen uns dazu vor, daß ein Gleichrichter nach Abb. 108 mit ungekoppelten Anodendrosseln einanodig arbeitet und eine Anode, z. B. die Anode 1 am Ende der Kommutierung infolge einer Rückzündung nicht mehr löscht. Dabei sei der Gleichrichter wieder sechsphasig angenommen.

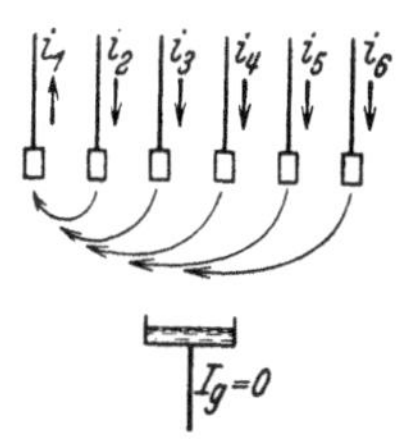

Abb. 214. Schema für die Lichtbogen eines Sechsphasengleichrichters bei einer Rückzündung.

Um das Problem zu vereinfachen, betrachten wir den stationären Gleichstrom als gegenüber den Rückzündungs-Anodenströmen vernachlässigbar, d. h. die Kathode als stromlos. Die Anodenspannungen und die zugehörigen Anoden numerieren wir wie früher im Sinne ihrer zeitlichen Aufeinanderfolge. Dann ist die Anode 2 die erste, die auf die kranke Anode 1 zündet, dies findet bei $\vartheta = 60°$ statt; rechnen wir künftig mit der Zeitvariablen $x = \vartheta - 60°$, so findet diese Zündung also bei $x = 0$ statt. Hernach zünden nacheinander die weiteren Anoden. Dabei ist, wie Abb. 214 veranschaulicht,

$$-i_1 = i_2 + i_3 + \cdots.$$

Die neue Schwierigkeit des durchzuführenden Verfahrens beruht jedoch darin, daß man nicht umhin kommt, wegen der mit jedem Wechsel der Anodenbeteiligung sich ändernden Zünd- und Löschbedingungen der gesunden Anoden alle Polardiagramme der Anodenströme Schritt für Schritt nebeneinander zu entwerfen. Da wir aus Raumgründen nicht alle sechs Diagramme, die wir bis zu $x = 371°$ konstruiert haben, zeigen können, beschränken wir uns in Abb. 215 neben der Wiedergabe der

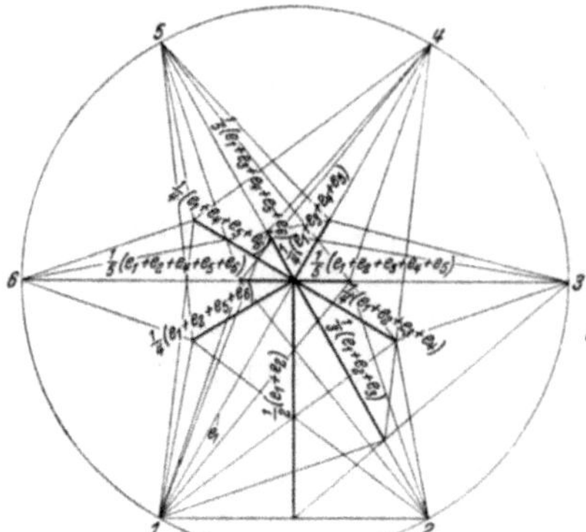

a) Spannungsvektoren.

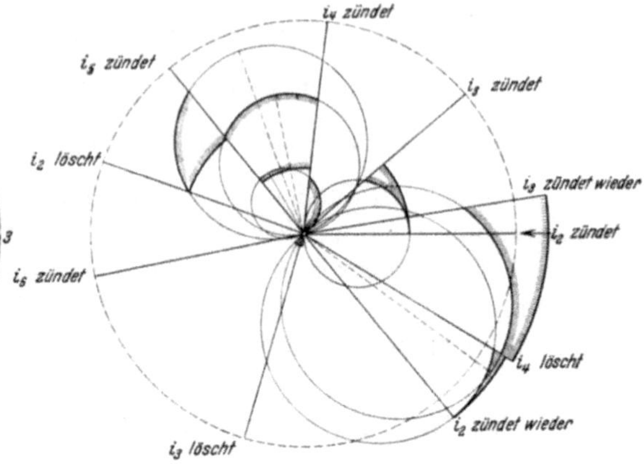

b) Diagramm von i_2.

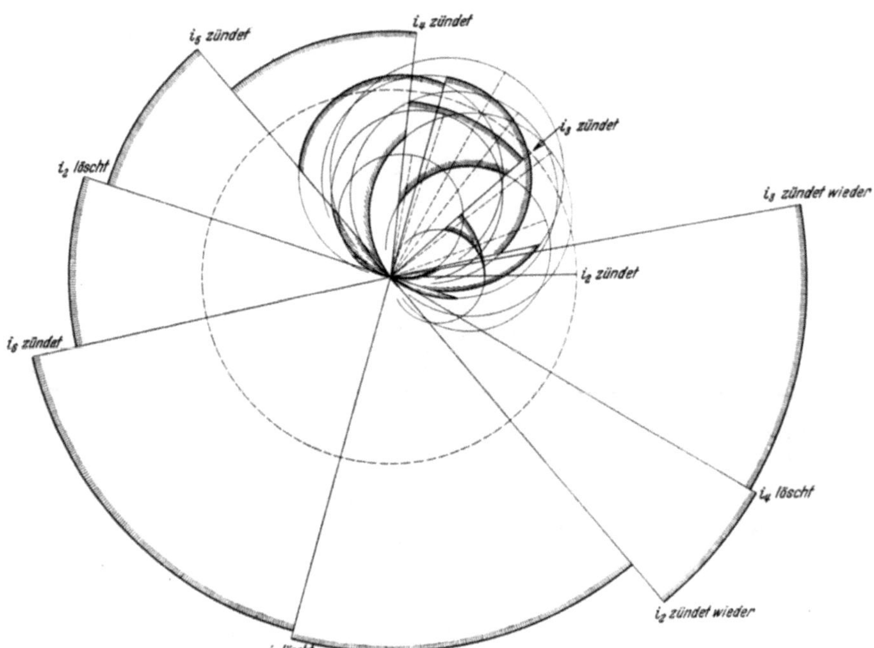

c) Diagramm von i_1.

Abb. 215. Maßgebende Spannungsvektoren des Sechsphasengleichrichters mit rückzündender Anode 1 und Polardiagramme des Anodenstromes i_1 der kranken Anode und des Anodenstromes i_2 der ersten gesunden Anode.

Konstruktion der einzelnen maßgebenden Spannungsvektoren auf die Wiedergabe der Diagramme des Anodenstromes i_1 der kranken Anode und des Anodenstromes i_2 der ersten der gesunden Anoden. Den so gefundenen Anfangsverlauf der Anodenströme zeigt Abb. 216. Hiernach zünden die gesunden Anoden nacheinander auf die kranke Anode, die Anodenströme löschen jedoch alsbald nacheinander wieder, um nach einiger Zeit wieder zu zünden usf. Der Strom in der kranken Anode steigt dabei, von Schwankungen abgesehen, beständig an. Über den weiteren Verlauf der Anodenströme können wir nichts aussagen.

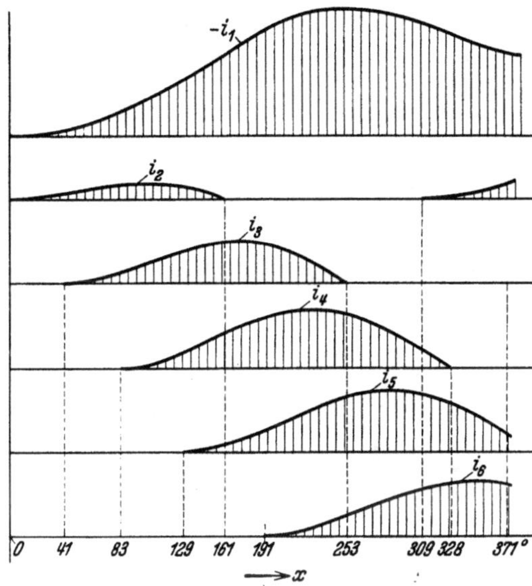

Abb. 216. Anfangsverlauf der Anodenströme des Sechsphasengleichrichters bei Rückzündung der Anode 1.

In Wahrheit würde das Bild indessen wegen des noch zu berücksichtigenden Lichtbogenabfalles und nicht zuletzt wegen des Umstandes, daß außer der Anode 1 voraussichtlich nach und nach weitere Anoden erkranken werden, noch etwas anders ausfallen. Eine weitere Verwicklung des Problems tritt ferner dann ein, wenn die eingeleitete Rückzündung noch einen von der Kathode ausgehenden von parallel liegenden Gleichrichtern oder Umformern gelieferten Gleichstrom-Rückstrom über alle Anoden im Gefolge hat.

II. Der gesteuerte Gleichrichter und Wechselrichter.

9. Das Problem der Spannungsregelung von Gleichrichtern.

Die Regelung der Gleichspannung bei ungesteuerten Gleichrichtern. Bei allen bisher behandelten Gleichrichtern ist die mittlere Gleichspannung durch den Verlauf der Gleichspannungscharakteristik festgelegt; eine von dieser unabhängige willkürliche Änderung der Gleichspannung ist daher zunächst nur auf zweierlei Weise möglich. Entweder man verändert das Übersetzungsverhältnis des Transformators durch Umschaltung von dafür vorgesehenen Regulieranzapfungen oder vermittels eines besonderen Zusatztransformators, oder aber man versucht die Gleichspannungscharakteristik willkürlich zu verändern. Hierzu gibt es verschiedene Möglichkeiten, von denen wir eine kurz erwähnen wollen.

Wir haben gefunden, daß bei den Schaltungen für mehranodigen Betrieb die diesem zukommende Gleichspannung sich erst oberhalb des kritischen Gleichstromes einstellt, für den die diesem entsprechenden Anodenströme imstande sind, die zur Umbildung der Anodenspannungen erforderlichen Magnetisierungsströme zu decken. Unterhalb dieses kritischen Gleichstromes findet ein Anstieg der Gleichspannung bis zu ihrem Leerlaufwerte statt. Bei p-phasigen Gleichrichterschaltungen mit m-phasigen Saugtransformatoren betrug z. B. das Verhältnis der kritischen Gleichspannung zur Leerlaufgleichspannung

$$\frac{E'_{gm}}{E''_{gm}} = \frac{\sin\frac{m\pi}{p}}{m\sin\frac{\pi}{p}}.$$

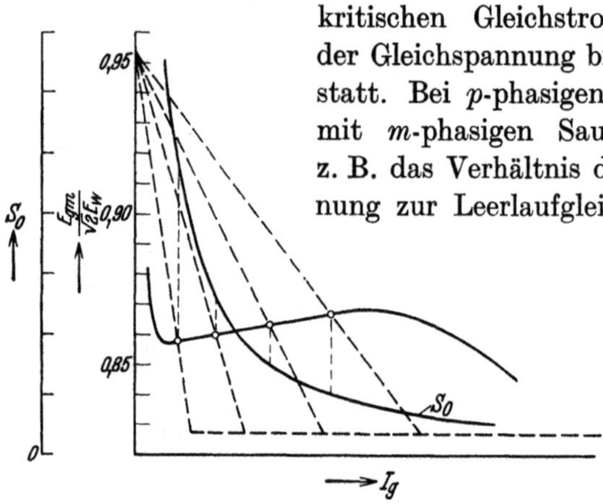

Abb. 217. Erläuterung einer Compoundierung der Gleichspannung eines Sechsphasengleichrichters durch stromabhängige Veränderung der Reaktanz des Saugtrafos.

Ferner hatten wir festgestellt, daß der Verlauf der Charakteristik unterhalb des kritischen Stromes stark von der Reaktanz des Saugtransformators abhängig ist, oberhalb dieses Stromes dagegen nur von den Streureaktanzen des Haupttransformators abhängt. Nützt man diesen Umstand aus, indem man den normalen Arbeitsbereich des Gleichrichters anstatt oberhalb des kritischen Gleichstromes durch passende Dimensionierung des Saugtransformators unterhalb des kritischen Gleichstromes verlegt, so ist man imstande, unter Verzicht auf die ursprünglichen Vorteile des Saugtransformators durch Variation der Reaktanz S_0 desselben die Gleichspannung zu regeln. Abb. 217 soll dies für das Beispiel eines Sechsphasengleichrichters mit zweiphasigem Saugtransformator nach Abb. 159 erläutern, wobei angenommen ist, daß zum Zwecke der Compoundierung bis zu einer gewissen Belastung die Gleichspannung mit wachsendem Gleichstrom ansteigen und hernach zur Erzielung eines Überlastungsschutzes absinken soll. Die gestrichelten Geraden geben an, wie die Gleichspannungscharakteristik bei einer Reihe verschiedener Werte der Reaktanz des Saugtransformators verlaufen würde. Damit die Charakteristik tatsächlich der ausgezogenen Kurve folgt, muß die Reaktanz gemäß der anderen ausgezogenen Kurve abnehmen. Dies erreicht man z. B. durch Vorsättigung des Eisenkernes des Saugtransformators oder durch Veränderung eines parallel zu dessen Wicklung angeschlossenen Kondensators. Solche Methoden lassen sich noch außerordentlich vielseitig ausgestalten.

Beide Regelmethoden sind indessen mangelhaft. Die Veränderung des Übersetzungsverhältnisses des Transformators erweist sich oft als sehr umständlich, zumal man bei einer Reihe von Schaltungen besondere Reguliertransformatoren benötigt. Weitere Nachteile sind ferner oft die Unstetigkeit einer derartigen Regelung sowie die zeitliche Trägheit des Regulierschalters und der mechanische Aufwand zu dessen Betätigung. Der Nachteil der anderen Regelmethode liegt, abgesehen von dem geringen erzielbaren Regulierbereich, einmal in der Preisgabe der ursprünglich erstrebten Verlängerung der Brenndauer der Anoden, zum anderen ist es nicht leicht, einen vormagnetisierten Saugtransformator in bezug auf seine magnetischen Eigenschaften zuverlässig vorauszuberechnen.

Diesen Mängeln entgeht man bei einer anderen Art von Spannungsregelung, die darauf beruht, daß man den natürlichen Zündeinsatz der Anoden im Sinne einer Zündverzögerung beeinflußt. Von dieser heute zu großer Vollkommenheit entwickelten Regelmethode, die den Vorteil der praktischen Trägheitslosigkeit mit dem des sehr kleinen Leistungsbedarfs verbindet, und den bei ihr eintretenden Strom- und Spannungsverhältnissen soll jetzt eingehend die Rede sein.

Das Prinzip der Gittersteuerung von Gleichrichtern. Die Beeinflussung des Zündeinsatzes der Anoden oder genauer ausgedrückt, die Verhinderung ihres Zündeinsatzes bis zu einem einstellbaren Augenblick beruht auf der Wirksamkeit von Steuergittern, die zwischen Anode und Kathode angeordnet sind, wie Abb. 218 für ein Einanoden-Entladungsgefäß schematisch widergibt. Ohne auf die physikalischen Vorgänge, über die in der Einleitung schon das Notwendigste gesagt worden ist, weiter einzugehen, können wir davon ausgehen, daß bei einer gegebenen positiven Spannung u_a zwischen Anode und Kathode bei einer bestimmten, meist negativen Spannung u_g zwischen Gitter und Kathode gerade die Zündung der Anode eintritt. Der Zusammenhang zwischen u_a und u_g ist dabei festgelegt durch die sog. Wiederzündcharakteristiken, wie sie z. B. in Abb. 4 dargestellt sind.

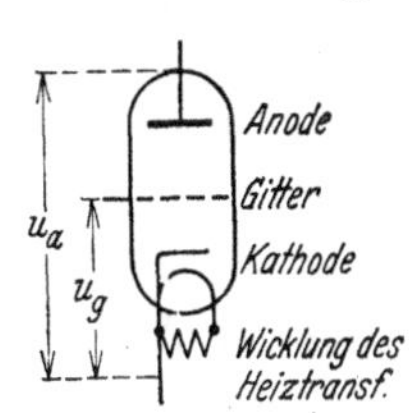

Abb. 218. Schema eines Entladungsgefäßes mit Steuergitter.

Würde die Anodenspannung u_a den in Abb. 219 dargestellten sinusförmigen Verlauf haben, so hätten die in jedem Zeitpunkte zur Zündverhinderung gerade ausreichenden Grenzgitterspannungen, die wir jetzt mit u_g^* bezeichnen, den z. B. aus Abb. 4 zu entnehmenden vollausgezogen gezeichneten Verlauf. Eine Gitterspannung u_g, wie die gestrichelt gezeichnete, wird daher erst im Schnittpunkt A mit u_g^*, d. h. bei $\vartheta = \alpha$, eine Zündung der Anode zulassen. Den Winkel α, von dem künftig dauernd die Rede sein wird, bezeichnen wir als die Zünd-

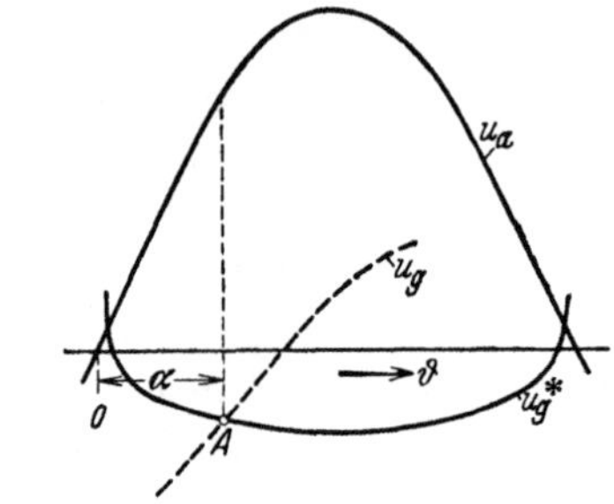

Abb. 219. Erläuterung der Zündverzögerung infolge der Gittersteuerung.

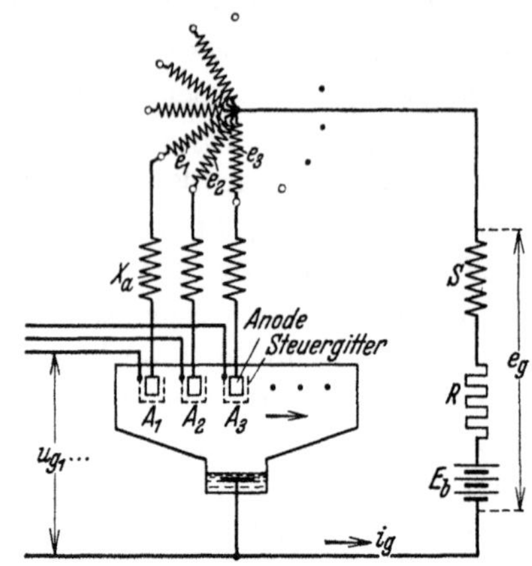

Abb. 220. Normalschaltung eines gittergesteuerten Mehrphasengleichrichters.

verzögerung des Anodenstromes. Von der zweckmäßigen Veränderung der Gitterspannung u_g zur Erzielung verschiedener Zündverzögerungen wird nachher noch das Notwendigste gesagt werden. Vorerst wollen wir die Abhängigkeit der mittleren Gleichspannung eines Gleichrichters von α berechnen.

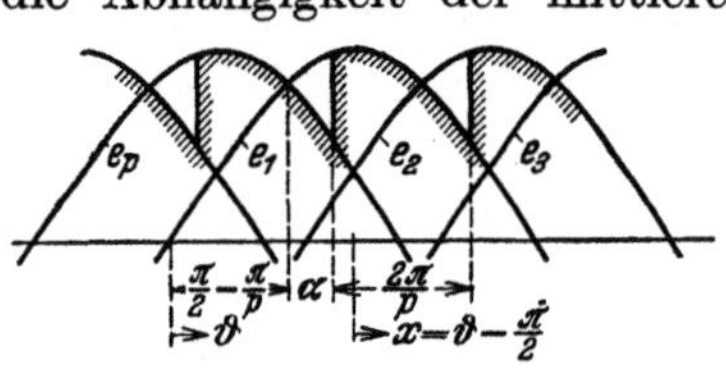

Abb. 221. Verlauf der Gleichspannung bei lückenlosem Gleichstrom.

Wir untersuchen einen Gleichrichter nach Abb. 220, dessen in Form von Anodendrosseln konzentriert gedachte wechselstromseitige Reaktanzen X_a wir zunächst vernachlässigen wollen. Die Anodenspannungen $e_1, e_2, \ldots, e_p$ sind wieder im Sinne ihrer zeitlichen Aufeinanderfolge, also wie in Gleichung (166), numeriert. Die Gitterspannungen $u_{g1}, u_{g2}, \ldots, u_{gp}$, über deren weiteren Verlauf wir noch nichts aussagen, sollen die normalen Zündeinsätze der Anoden um den Winkel α verzögern. Dann folgt die Gleichspannung e_g bei nicht zu großen α-Werten dem in Abb. 221 gezeigten schraffiert hervorgehobenen Verlauf. Ihr Mittelwert E_{gm} errechnet sich mit Benutzung der Zeitvariablen $x = \vartheta - \frac{\pi}{2}$ zu

$$E_{gm} = \frac{p}{2\pi}\sqrt{2}\,E_w \int\limits_{-\frac{\pi}{p}+\alpha}^{+\frac{\pi}{p}+\alpha} \cos x\,dx = \sqrt{2}\,E_w \cdot \frac{p}{\pi}\sin\frac{\pi}{p}\cos\alpha = E_{gm0}\cdot\cos\alpha\,, \quad (264\,\text{a})$$

worin E_{gm0} die mittlere Gleichspannung bei $\alpha = 0$ bedeutet, die wir schon in (167) berechnet hatten. An Hand dieser Formel (264) kann man beurteilen, in welcher Weise man zur Regulierung von E_{gm} die Zündverzögerung α verändern muß. Die Formel gilt jedoch nur für lückenlosen Gleichstrom. Ist die Kathodendrossel unendlich groß, so ist der Gleichstrom immer lückenlos; ist die Belastung dagegen eine rein Ohmsche, d. h. fehlt die Kathodendrossel und ist die Gegenspannung $E_b = 0$, so ist der Gleichstrom bis $\alpha = \frac{\pi}{2} - \frac{\pi}{p}$ lückenlos. Für $\alpha > \frac{\pi}{2} - \frac{\pi}{p}$ gelten dann nur die positiven Teile der Gleichspannungskurve, infolgedessen wird jetzt

$$E_{gm} = \frac{p}{2\pi}\sqrt{2}\,E_w \int\limits_{-\frac{\pi}{p}+\alpha}^{\frac{\pi}{p}} \cos x\,dx = \sqrt{2}\,E_w \frac{p}{2\pi}\left(1 - \sin\left(\alpha - \frac{\pi}{p}\right)\right)$$
$$= E_{gm0} \frac{1 - \sin\left(\alpha - \frac{\pi}{p}\right)}{2\sin\frac{\pi}{p}}, \qquad (264\,\text{b})$$

während für $\alpha < \frac{\pi}{2} - \frac{\pi}{p}$ die Gleichung (264a) ihre Geltung behält. Für $p = \infty$ ist der Gleichstrom immer lückenlos, infolgedessen gilt für diesen Fall durchweg (264a), d. h. die Charakteristik für $p = \infty$ und rein Ohmscher Belastung stimmt mit der Charakteristik für beliebiges p und unendlichgroße Kathodendrossel überein. Die auf diese Weise errechneten Charakteristiken sind in Abb. 222 dargestellt.

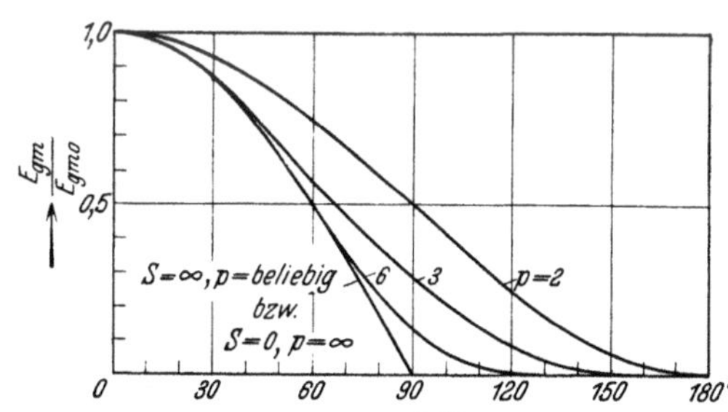

Abb. 222. Mittlere Gleichspannung bei rein Ohmscher Belastung sowie bei Ohmscher Belastung und unendlich großer Kathodendrossel als Funktion der Zündverzögerung.

Der mittlere Gleichstrom J_{gm} ist unter den obigen Voraussetzungen $= E_{gm}/R$. Ist dagegen die Reaktanz der Kathodendrossel endlich und die Gegenspannung E_b ebenfalls endlich, so sind die Zusammenhänge im allgemeinen verwickelter. Wir nehmen jetzt in der in Abb. 223 veranschaulichten Weise an, daß der Gleichstrom lückenhaft verläuft und die Anodenbrenndauer, die wir später noch zu berechnen haben, den Wert $\lambda\left(\leqq \frac{2\pi}{p}\right)$ hat. Dann zündet der Lichtbogen an der Anode 1 zur Zeit $\vartheta = \frac{\pi}{2} - \frac{\pi}{p} + \alpha$ und erlischt zur Zeit $\vartheta = \frac{\pi}{2} - \frac{\pi}{p} + \alpha + \lambda$. Führen wir die Verhältnisgröße $\tau = E_b/\sqrt{2}E_a$ und die Hilfsvariable

$y = \vartheta - \frac{\pi}{2} + \frac{\pi}{p} - \alpha - \frac{\lambda}{2}$, deren Anfangspunkt in Höhe der halben Brenndauer orientiert ist, ein, so errechnet sich der mittlere Gleichstrom, da die Spannung der Kathodendrossel im Mittel verschwindet, zu

$$J_{gm} = \frac{\sqrt{2}\,E_w}{R}\frac{p}{2\pi}\int\limits_{-\frac{\lambda}{2}}^{+\frac{\lambda}{2}}\left(\cos\left(y - \frac{\pi}{p} + \alpha + \frac{\lambda}{2}\right) - \tau\right)dy$$

$$= \frac{\sqrt{2}\,E_w}{R}\left(\frac{p}{\pi}\sin\frac{\lambda}{2}\cos\left(\alpha - \frac{\lambda}{2} - \frac{\pi}{p}\right) - \frac{p\lambda}{2\pi}\tau\right). \tag{265}$$

Für lückenlosen Gleichstrom würde $\lambda = \frac{2\pi}{p}$ sein, also

$$J_{gm} = \frac{\sqrt{2}\,E_w}{R}\left(\frac{p}{\pi}\sin\frac{\pi}{p}\cos\alpha - \tau\right). \tag{265a}$$

Fehlt die Kathodendrossel, so ist die Bedingung dafür, daß der Gleichstrom lückenlos bleibt, gleichbedeutend mit der Bedingung, daß die Gleichspannung > 0 bleibt, was erfordert, daß

$$\alpha \leqq \operatorname{arc\,cos}\tau - \frac{\pi}{p} \tag{265b}$$

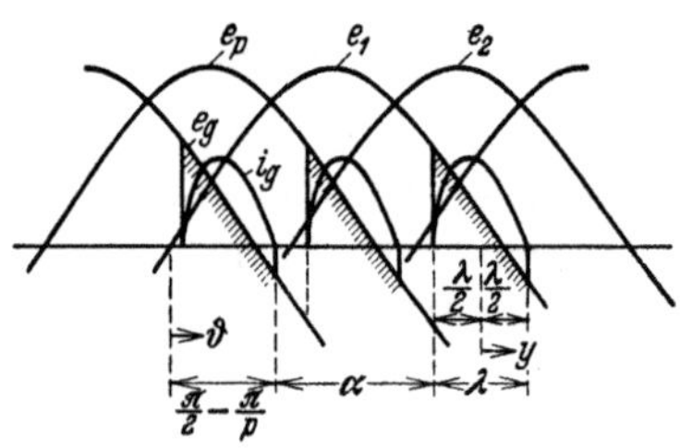

Abb. 223. Verlauf der Gleichspannung und des lückenhaften Gleichstromes bei beliebiger Belastung.

sein muß. Ist diese Bedingung nicht erfüllt, d. h. $\alpha > \operatorname{arc\,cos}\tau - \frac{\pi}{p}$, so ist zu beachten, daß eine Regulierung der Gleichspannung erst von einem bestimmten α-Wert an einsetzt, und zwar von demjenigen α-Wert, der der Zündverzögerung der Anoden infolge der Gegenspannung entspricht. Da die Zündung der Anode 1 erst zur Zeit $\vartheta = \operatorname{arc\,sin}\tau$ beginnen kann, muß also $\frac{\pi}{2} - \frac{\pi}{p} + \alpha \geqq \operatorname{arc\,sin}\tau$ oder

$$\alpha \geqq \frac{\pi}{p} - \operatorname{arc\,cos}\tau \tag{265c}$$

sein. Für solche α-Werte wird die Brenndauer der Anoden $\lambda = \operatorname{arc\,cos}\tau + \frac{\pi}{p} - \alpha$. Bei endlicher Kathodendrossel dagegen sind wir vorerst nur in der Lage, zu sagen, daß λ durch

$$\operatorname{arc\,cos}\tau + \frac{\pi}{p} - \alpha \leqq \lambda \leqq \frac{2\pi}{p} \tag{265d}$$

eingegrenzt sein muß.

Damit brechen wir diese Überlegungen ab, um erst einige Bemerkungen über die Elektrotechnik der Gittersteuerung einzuschalten.

10. Methoden der Gittersteuerung.

Die möglichen Arten der Gittersteuerung zur Spannungsregelung. Wir gehen von dem Bild einer sinusförmigen Anodenspannung u_a und der zugehörigen Grenzgitterspannung u_g^* nach Abb. 219 aus und überlegen uns die durch die Veränderungen der Gitterspannung u_g verursachte Veränderung des Zündeinsatzes des Anodenstromes.

Die einfachste Möglichkeit einer Steuerung besteht darin, als Gitterspannung eine in ihrer Höhe veränderliche konstante Gleichspannung zu verwenden, wie Abb. 224a veranschaulicht. Wie die Abbildung zeigt, entsprechen den beiden Gitterspannungen u_g' und u_g'' vom Betrage a' bzw. a'' die Zündpunkte A' bzw. A'' oder die Zündverzögerungen α' bzw. α''. Bei einer solchen Steuerung sind offenbar Zündverzögerungen nur bis zu $\alpha = 90°$ erreichbar. Einen etwas größeren Regulierbereich erzielt man schon, wenn man an Stelle einer Gleichspannung eine in ihrer Phase feste, aber in ihrer Amplitude veränderliche Wechselspannung verwendet, wie Abb. 224b veranschaulicht. Beide Steuermethoden sind indessen praktisch noch kaum brauchbar, da der u_g- und der u_g^*-Verlauf ein im allgemeinen so geringes Neigungsverhältnis aufweist, daß der Zündwinkel nur ganz unsicher definiert wäre, wie man um so mehr einsieht, wenn man bedenkt, daß der Verlauf von u_g^* wie z. B. nach Abb. 4 eigentlich mehr durch eine Grenzfläche, etwa wie in Abb. 225 wiedergegeben, beschrieben ist.

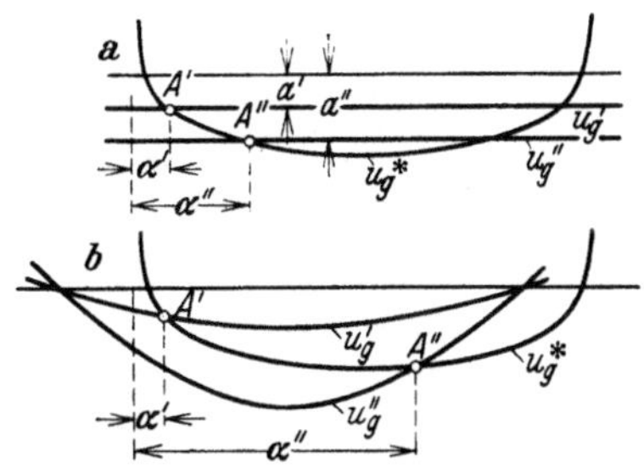

Abb. 224. Steuerung a) mittels konstanter, in der Höhe veränderlicher Gleichspannung und b) mittels in der Phase fester, in der Amplitude veränderlicher Wechselspannung.

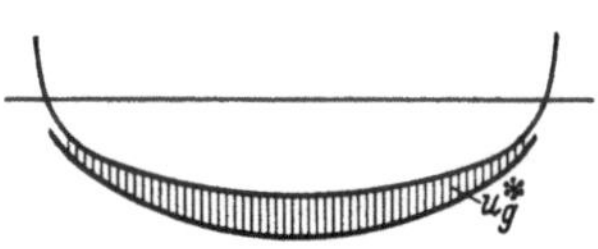

Abb. 225. Zur Erklärung der Streuung der Grenzgitterspannung je nach Temperatur, Dampfdruck oder Entionisierung des Entladungsgefäßes.

Aus diesem Grunde muß man sich nach Steuermethoden umsehen, bei denen der Zündwinkel schärfer definiert ist und bei denen andererseits auch ein weitergehender Steuerbereich gewährleistet ist. Der erste Schritt dazu ist die Wahl einer Wechselspannung als Gitterspannung, die bei fester Amplitude in ihrer Phase veränderlich ist[1]. Eine solche Steuerung veranschaulicht für eine sinusförmige Wechselspannung Abb. 226, den Gitterspannungen u_g' bzw. u_g'' mit den Phasenwinkeln β' bzw. β'' entsprechend der Zündpunkte A' bzw. A'' mit den Zündverzögerungen α' bzw. α''. Bei rein Ohmscher Belastung entspricht einer Veränderung von $\alpha = 0°$ bis $\alpha = 180°$ ein Absinken des mittleren

[1] Angegeben von P. Toulon: vgl. DRP. 415910 (1923, AEG).

Anodenstromes von seinem Maximum bis zum Werte Null; von $\alpha = 180°$ bis $\alpha = 360°$ bleibt das Entladungsgefäß dauernd gesperrt, um bei Überschreitung des Wertes $\alpha = 360°$ plötzlich wieder voll stromführend zu werden. Daraus ersieht man, daß man bei dieser Steuerungsmethode imstande ist, sowohl innerhalb aller möglichen Stromwerte stetig zu regulieren, als auch durch geringe Änderung der Phase der Gitterspannung einen unstetigen Schaltprozeß auszuführen. Von den zur Verfügung stehenden Mitteln zur Phasenänderung der Wechselspannung wird nachher noch die Rede sein. Die Wechselspannung kann an sich beliebige Kurvenform haben; so veranschaulicht Abb. 227 die Anwendung einer mittels eines synchron betriebenen Kollektors erzeugten rechteckförmigen Wechselspannung, ihre Phasenlage ist alsdann durch Verschiebung der Kontaktbürsten des Kollektors einzustellen (sog. schroffe Steuerung).

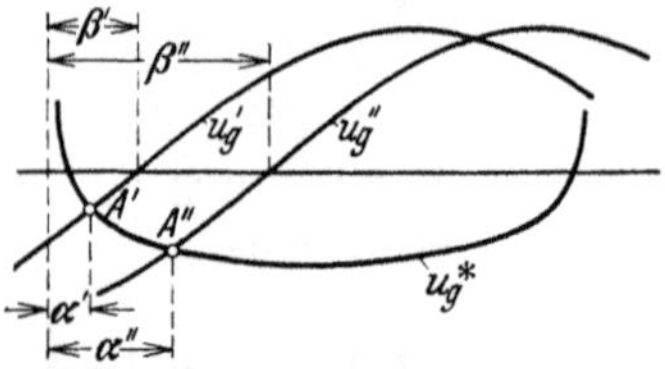

Abb. 226. Steuerung mittels einer in ihrer Amplitude fester, in ihrer Phase veränderlichen Wechselspannung bei sinusförmiger Spannung.

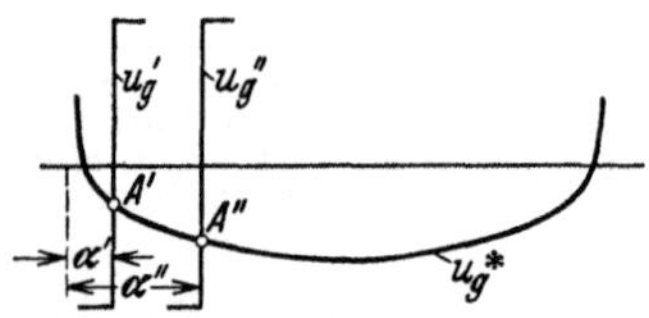

Abb. 227. Steuerung wie nach Abb. 226, bei rechteckförmiger, mittels mechanischen Kollektors hergestellter Wechselspannung.

Weitere Möglichkeiten der Steuerung ergeben sich, wenn man die Gitterspannung aus zwei oder mehr Einzelspannungen zusammensetzt, wodurch man zu Kombinationen der bisher genannten Steuermethoden gelangt. Schaltet man eine in ihrer Amplitude und Phase feste Wechselspannung mit einer in ihrer Höhe veränderlichen konstanten Gleichspannung in Serie, so entsteht die in Abb. 228 veranschaulichte Steuerung[1]. Bei sinusförmig angenommener Wechselspannung entsprechen den Gleichspannungswerten a' bzw. a'' die Zündpunkte A' bzw. A'' mit den Zündverzögerungen α' bzw. α''. Diese Steuerung hat die Eigentümlichkeit, daß man zur Durchführung einer mehrphasigen Gittersteuerung mit der Veränderung einer einzigen gemeinsamen Gleichspannung auskommt, sofern die Gitterstromkreise nicht elektrisch getrennt sein müssen, sie gestattet jedoch nur eine begrenzte Regulierung.

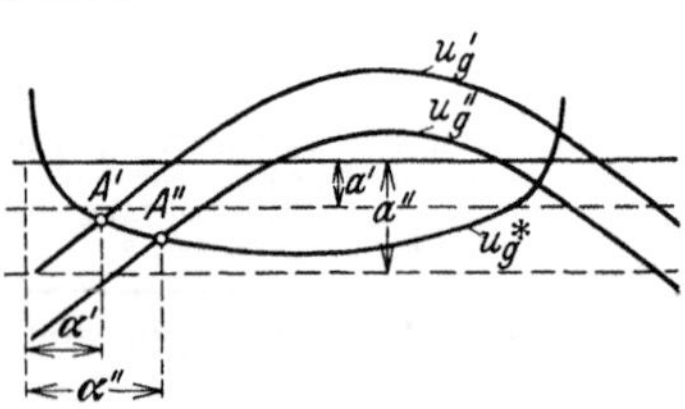

Abb. 228. Steuerung mittels einer aus einer in Amplitude und Phase festen Wechselspannung und einer veränderlichen Gleichspannung zusammengesetzten Gitterspannung.

Verwendet man jedoch eine in ihrer Höhe feste Gleichspannung und verändert die Phasenlage der überlagerten Wechselspannung, so er-

[1] Angegeben von G. W. Müller: vgl. DRP. 598600 (1928, AEG).

öffnet sich bei passend gewählter Kurvenform dieser Wechselspannung die Möglichkeit, bei rein elektrischem Aufbau der Steuerschaltung sehr exakte Zündeinsätze zu erzielen; wir gelangen so zu den sog. Stoßsteuerungen, von denen wir drei verschiedene Arten kurz beschreiben wollen, die Steuerung mit übersättigter Eisendrossel, die Steuerung mit Glimmlampe und die Steuerung mit gesteuertem Glühkathodenrohr.

1. Die Stoßsteuerung mit übersättigter Eisendrossel beruht, wie Abb. 229 veranschaulicht, darauf, daß man den Erregerstrom einer mit einem starkgesättigten, aus hochpermeablem Material bestehendem Eisenkern versehenen Drossel *D*, die über einen Phasendreher *Ph.-Dr.* an eine Wechselspannung angeschlossen ist, zum Speisen eines Transformators *T* heranzieht, dessen Sekundärwicklung unter Zwischenschaltung einer Batterie *B* von der Spannung *a* an Steuergitter und Kathode liegt. Die Abbildung zeigt ferner die so erzielbare Gitterspannung u_g und ihr ziemlich senkrechtes Schneiden der Grenzgitterspannung u_g^* im Zündpunkte *A* bei der Zündverzögerung α.

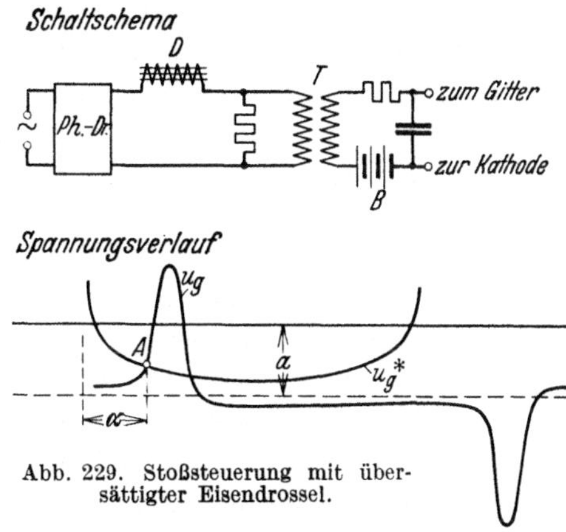

Abb. 229. Stoßsteuerung mit übersättigter Eisendrossel.

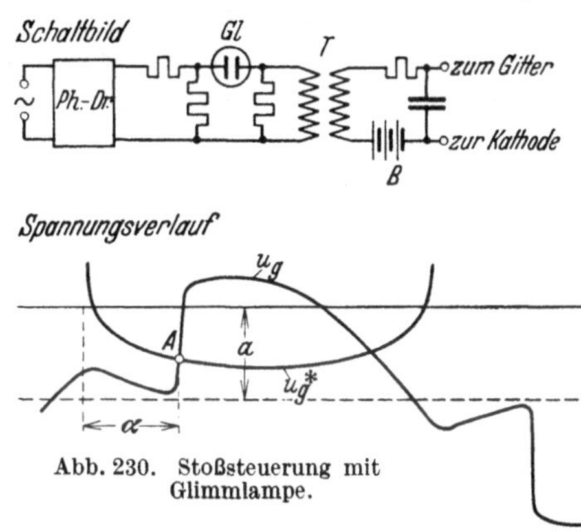

Abb. 230. Stoßsteuerung mit Glimmlampe.

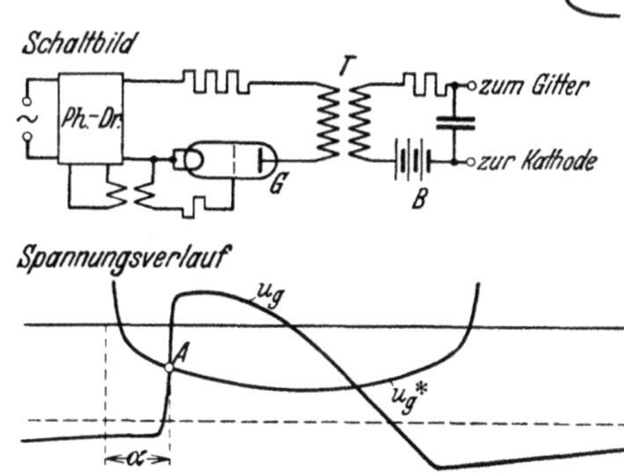

Abb. 231. Stoßsteuerung mit gesteuertem Glühkathodenrohr.

2. Die Stoßsteuerung mit Glimmlampe beruht, wie Abb. 230 veranschaulicht, darauf, daß die Primärwicklung eines Transformators *T*, die unter Zwischenschaltung einer Glimmlampe *Gl* über einen Phasendreher *Ph.-Dr.* an eine Wechselspannung angeschlossen ist, erst nach Überschreitung der Zündspannung der

Glimmlampe an Spannung liegt, die alsdann mit einem endlichen Sprung einsetzt. Die Sekundärwicklung liegt wieder unter Zwischenschaltung einer Batterie B an Steuergitter und Kathode.

3. Die Stoßsteuerung mit gesteuertem Glühkathodenrohr beruht darauf, daß in der in Abb. 231 dargestellten Weise die Primärwicklung des Transformators T unter Zwischenschaltung eines Glühkathodenrohres G mit Steuergitter über einen Phasendreher *Ph.-Dr.* an eine Wechselspannung angeschlossen ist, wobei das Steuergitter des Glühkathodenrohres an einer solchen, z. B. dem Phasendreher zu entnehmenden Spannung liegt, daß das Rohr mit einer gewissen Verzögerung zündet und damit der Einsatz der Transformatorspannung wieder mit einem endlichen Sprung stattfindet. Bei einem mehrphasigen Phasendreher kann man zu diesem Zweck die Steuerspannung des Glühkathodenrohres für die eine Phase am einfachsten der nächsten oder übernächsten Phase des Phasendrehers entnehmen.

Zur Stabilisierung der Gitterspannungen pflegt man zwischen Gitter und Kathode einen Kondensator einzuschalten, der in Abb. 229 bis 231 zu ersehen ist; außerdem schaltet man zwischen Gitter und Gittertransformator noch einen Gitterwiderstand ein, der nach erfolgter Zündung der Anode die Spannung aufnimmt, die der Differenz des neuen Gitterpotentials der brennenden Entladung und des davon unabhängig verlaufenden Potentials des Gittertransformators entspricht.

Damit haben wir aus dem großen Gebiet der Methoden der Gittersteuerung nur einen kleinen Ausschnitt gegeben. Aus Raumgründen müssen wir uns jedoch mit diesen Angaben begnügen, die wir nur noch durch einige Bemerkungen über die Phasendrehung von Wechselspannungen vervollständigen wollen.

Methoden der Phasendrehung von Wechselspannungen. Die zu Gebote stehenden Möglichkeiten zur Erzielung einer Phasendrehung einer Wechselspannung sind an sich hinreichend geläufig, so daß wir uns auf nur kurze Andeutungen beschränken können.

a) Ist die zur Verfügung stehende Spannung eine einphasige Wechselspannung, so ist seine Phasendrehung nur durch Anwendung einer Spannungsteilung möglich. Das allgemeinste Schema hierfür ist die Brückenschaltung nach Abb. 232, bei welcher an den Punkten A, B die gegebene feste Wechselspannung v liegt, während die dem Gitter und der Kathode zuzuführende, in der Phase zu verändernde Wechselspannung u den Punkten C, D entnommen sein soll. Die vier Widerstände $\mathfrak{R}_1, \mathfrak{R}_2, \mathfrak{R}_3, \mathfrak{R}_4$ seien komplex, d. h. es sei mit $j = \sqrt{-1}$

$$\begin{aligned} \mathfrak{R}_1 &= A_1 + jB_1\,, \\ &\ldots\ldots\ldots\ldots \\ \mathfrak{R}_4 &= A_4 + jB_4\,, \end{aligned} \tag{266}$$

worin A_1 bis A_4 Ohmsche Widerstände und B_1 bis B_4 Blindwiderstände von Induktivitäten oder Kapazitäten vorstellen. Den einen Widerstand, z. B. $\mathfrak{R}_4$, stellen wir uns variabel vor. Für die Spannung u errechnet man

$$u = \frac{\mathfrak{R}_2\mathfrak{R}_3 - \mathfrak{R}_1\mathfrak{R}_4}{(\mathfrak{R}_1 + \mathfrak{R}_2)(\mathfrak{R}_3 + \mathfrak{R}_4)}\, v. \qquad (267)$$

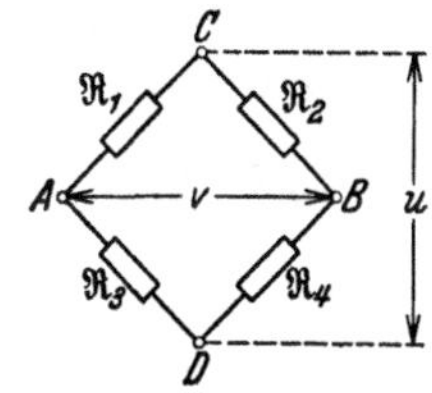

Abb. 232. Schema eines Spannungsteilers mit vier komplexen Widerständen.

Macht man speziell $\mathfrak{R}_1$ und $\mathfrak{R}_2$ gleich, was z. B. der Fall ist, wenn man eine Schaltung nach Abb. 233 mit mittelangezapftem Transformator verwendet, so wird

$$u = \frac{1}{2}\,\frac{\mathfrak{R}_3 - \mathfrak{R}_4}{\mathfrak{R}_3 + \mathfrak{R}_4}\, v,$$

$$= \frac{1}{2}\,\frac{A_3^2 - A_4^2 + B_3^2 - B_4^2 + 2j(A_4B_3 - A_3B_4)}{(A_3 + A_4)^2 + (B_3 - B_4)^2}\, v.$$

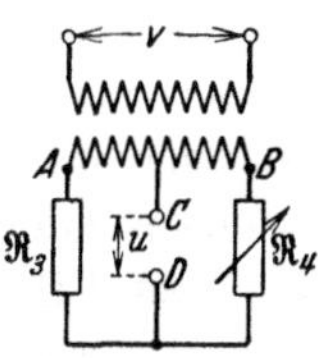

Abb. 233. Phasendreherschaltung mit mittelangezapftem Transformator.

Hieraus ergibt sich die erzielbare Phasenverschiebung β zwischen u und v aus

$$\operatorname{tg}\beta = \frac{2(A_4B_3 - A_3B_4)}{A_3^2 - A_4^2 + B_3^2 - B_4^2}, \qquad (268\,\mathrm{a})$$

während der Effektivwert U von u sich aus dem Effektivwert V von v zu

$$U = \frac{\sqrt{(A_3^2 - A_4^2 + B_2^3 - B_4^2)^2 + 4(A_4B_3 - A_3B_4)^2}}{2((A_3 + A_4)^2 + (B_3B_4)^2)}\, V \qquad (268\,\mathrm{b})$$

ergibt. Ist z. B. $\mathfrak{R}_3$ ein Wirkwiderstand, d. h. ein Ohmscher Widerstand, und $\mathfrak{R}_4$ ein Blindwiderstand, d. h. eine Induktivität oder Kapazität, so wird

$$\operatorname{tg}\beta = -\frac{2A_3B_4}{A_3^2 - B_4^2} \qquad (268\,\mathrm{c})$$

Abb. 234. Kreisdiagramm der Spannungen der Phasendreherschaltung.

und $U = \frac{1}{2}V$; U wird also unabhängig von $\mathfrak{R}_4$, d. h. die Ortskurve des U-Vektors wird, wie Abb. 234 veranschaulicht, ein Kreis. Für das Zustandekommen eines Kreises ist notwendig, daß die Vektoren $\mathfrak{R}_3$ und $\mathfrak{R}_4$ in Abb. 233, da die Widerstände den gleichen Strom führen, aufeinander senkrecht stehen müssen; die Bedingung dafür ist aber das Verschwinden des skalaren Produktes beider, d. h. $(\mathfrak{R}_3, \mathfrak{R}_4) = A_3A_4 + B_3B_4 = 0$.

b) Ist die zur Verfügung stehende Spannung dagegen eine mehrphasige, z. B. eine dreiphasige, so ist diese fähig, ein Drehfeld zu erzeugen. Führt man daher eine solche Spannung dem mit einer dreiphasigen Wicklung ausgeführten Rotor eines Drehtransformators oder Phasendrehers zu, so kann man der Wicklung des Stators Spannungen entnehmen, deren Phasenlage jeweils von der

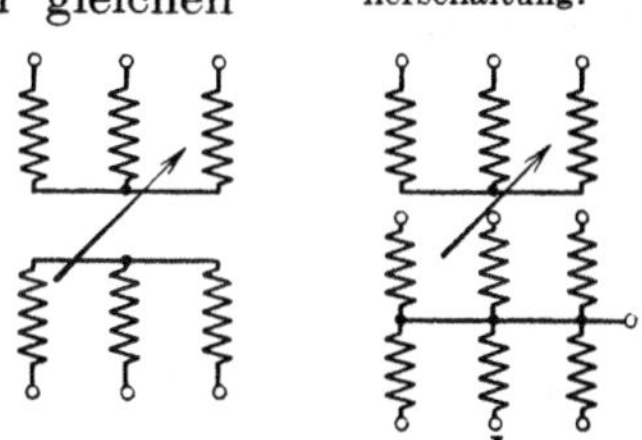

Abb. 235. Schaltbild eines Drehtransformators für die Gitterspannungen, z. B. a) eines Dreiphasengleichrichters, b) eines Sechsphasengleichrichters.

Stellung des Rotors abhängig sind. Für die Steuerung eines Dreiphasengleichrichters ist die Statorwicklung dreiphasig, für die Steuerung eines Sechsphasengleichrichters sechsphasig auszuführen, wie Abb. 235 für das Beispiel eines Gleichrichters mit gemeinsamer Kathode veranschaulicht.

11. Der gesteuerte Mehrphasengleichrichter ohne wechselstromseitige Reaktanzen.

Oberwellen und Welligkeit der Gleichspannung bei lückenlosem Gleichstrom. Die Gittersteuerung zieht, wie schon aus Abb. 221 zu ersehen ist, eine Zunahme der Welligkeit der Gleichspannung nach sich, die die Anwendbarkeit dieser Steuerung über größere Zündverzögerungen α hinaus unter Umständen stark einschränkt.

Nehmen wir, wie in der obigen Abbildung, die Gleichspannung eines lückenlosen Gleichstromes an, berechnen im Anschluß an Gleichung (264a) den Effektivwert E_{ge} der Gleichspannung, so erhalten wir für die Welligkeit $w_{E_g} = \sqrt{E_{ge}^2 - E_{gm}^2}/E_{gm}$ den Ausdruck

$$w_{E_g} = \frac{1}{\frac{p}{\pi}\sin\frac{\pi}{p}} \sqrt{\frac{1}{2} + \frac{p}{4\pi}\sin\frac{2\pi}{p}\cos 2\alpha - \frac{p^2}{\pi^2}\sin^2\frac{\pi}{p}\cos^2\alpha}\,. \quad (269)$$

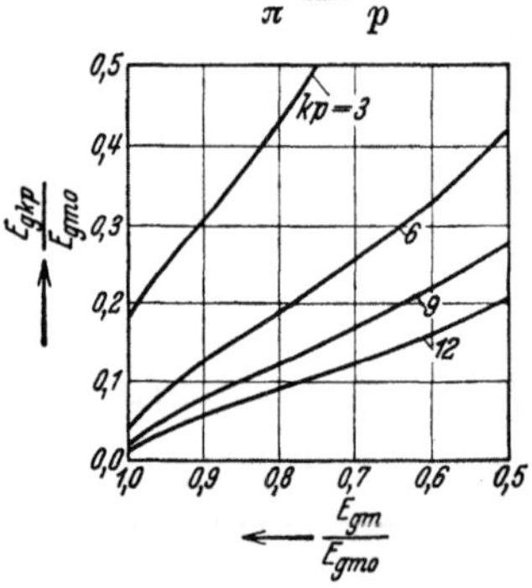

Abb. 236. Effektive Oberwellen der Gleichspannung.

Außer dieser summarischen Maßzahl ist es aber noch von Interesse, die einzelnen Harmonischen $E_{g\nu}$ zu ermitteln. Für diese ergibt die Rechnung, daß wieder nur diejenigen Harmonischen existieren, deren Ordnungszahl ν ein ganzzahliges Vielfache $\varkappa$ der Phasenzahl p ist und die Harmonischen gleicher $\varkappa p$-Werte, durch E_{gm} ausgedrückt, einander gleich sind, wie wir das bei den ungesteuerten Gleichrichtern auch schon gefunden hatten. Man findet nach einiger Rechnung

$$\begin{aligned} E_{g\varkappa p} &= E_{gm0}\frac{\sqrt{2}}{\varkappa^2 p^2 - 1}\sqrt{1 + \varkappa^2 p^2 \operatorname{tg}^2\alpha}\,, \\ &= E_{g\varkappa p0}\sqrt{1 + \varkappa^2 p^2 \operatorname{tg}^2\alpha}\,, \end{aligned} \quad (270)$$

worin die Größen mit dem Index 0 sich auf die Werte für $\alpha = 0$ beziehen. Den Verlauf von $E_{g\varkappa p}/E_{gm0}$ als Funktion des Regulierverhältnisses $E_{gm}/E_{gm0} = \cos\alpha$ zeigt Abb. 236; aus ihr ersieht man, daß höhere Oberwellen mit wachsender Regulierung prozentual stärker zunehmen als niedere Oberwellen.

Störspannung. Im Anschluß hieran geben wir die die Störwirkung der Oberwellen der Gleichspannung kennzeichnende resultierende Störspannung wieder, und zwar beschränken wir uns auf die Angabe der auf galvanische Übertragung bezogenen Störspannung. Diese ist in Abb. 237 als Funktion des Regulierverhältnisses für Dreiphasen-, Sechsphasen- und Zwölfphasengleichrichter aufgetragen; ihre Anfangswerte für $\alpha = 0$ sind die in der Zahlentabelle S. 129 angegebenen Werte 3,2; 1,6 bzw. 0,6.

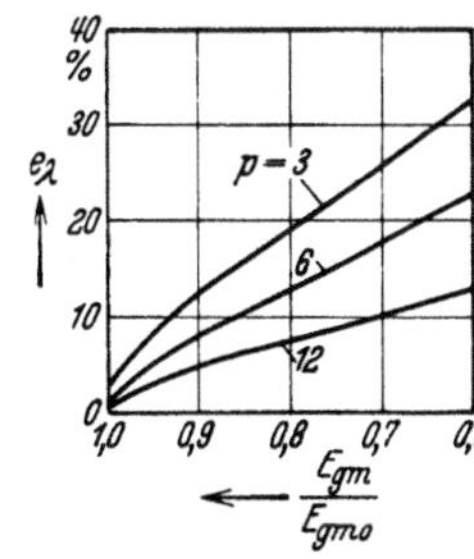

Abb. 237. Störspannung des Dreiphasen-, Sechsphasen- und Zwölfphasengleichrichters.

Verlauf, Oberwellen und Welligkeit des lückenlosen Gleichstromes. Wir wollen jetzt den Verlauf des Gleichstromes i_g untersuchen. Hierzu nehmen wir eine endlich große Kathodendrossel an und berücksichtigen ferner eine konstante Gegenspannung im Sinne der Abb. 220. Der Gleichstrom sei lückenlos, wofür wir die dazu notwendige Bedingung noch angeben werden.

Unter diesen Umständen gilt für das Intervall, in welchem die Anode 1 brennt, bei Benutzung der Variablen $y = \vartheta - \frac{\pi}{2} - \alpha$ die Spannungsgleichung

$$\sqrt{2}\,E_w(\cos(y+\alpha) - \tau) = R i_g + S\frac{d i_g}{dy},$$

zu der die Übergangsbedingung $i_{g\,y=-\frac{\pi}{p}} = i_{g\,y=+\frac{\pi}{p}}$ hinzutritt. Als Lösung dieser Gleichung findet man mit $\operatorname{tg}\varrho = S/R$

$$i_g = \frac{\sqrt{2}\,E_w}{R}\left(\cos\varrho\cos(y+\alpha-\varrho) + \frac{\sin\frac{\pi}{p}\cos\varrho\sin(\varrho-\alpha)}{\mathfrak{Sin}\left(\frac{\pi}{p}\operatorname{ctg}\varrho\right)}e^{-y\operatorname{ctg}\varrho} - \tau\right), \quad (271)$$

eine Gleichung, die für $\alpha = 0$ in die Beziehung (177) übergeht. Zur näheren Veranschaulichung dieser Gleichung nehmen wir z. B. $\operatorname{tg}\varrho = S/R = 0{,}25$ an und berechnen den Gleichstrom eines Sechsphasengleichrichters für eine Reihe von α-Werten; das Ergebnis ist in Abb. 238 wiedergegeben. Wir wollen hieran noch einige Bemerkungen knüpfen. Hierzu entwickeln wir die Bestandteile von (271), um eine Näherung für kleine R/S-Werte zu erhalten, nach Potenzen von $\delta = \frac{\pi}{2} - \varrho = R/S$ und erhalten so den über-

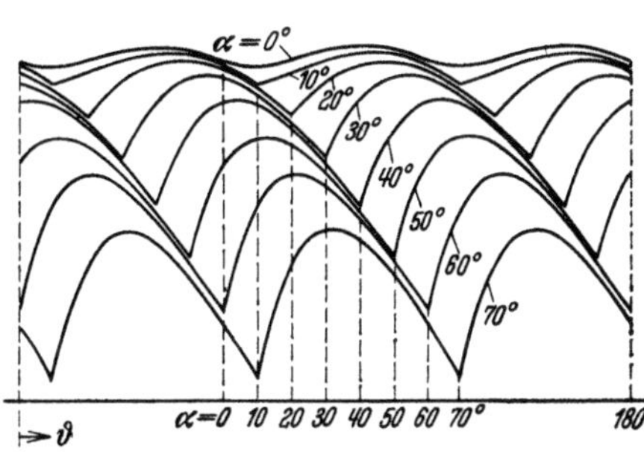

Abb. 238. Verlauf des Gleichstromes eines Sechsphasengleichrichters mit Kathodendrossel mit $S/R = 0{,}25$, $\tau = 0$, bei verschiedenen Zündverzögerungen.

sichtlichen Ausdruck

$$i_g = \frac{\sqrt{2}\,E_w}{R}\left(\frac{p}{\pi}\sin\frac{\pi}{p}\cos\alpha - \tau\right)$$
$$+ \frac{\sqrt{2}\,E_w}{S}\left(\sin(y+\alpha) - \frac{p}{\pi}\sin\frac{\pi}{p}(\sin\alpha + y\cos\alpha)\right), \tag{272a}$$

für den man auch schreiben kann

$$i_g = \frac{E_{gm}}{R} + \frac{E_{gm}+E_b}{S}\left(\frac{\sin(y+\alpha)}{\frac{p}{\pi}\sin\frac{\pi}{p}\cos\alpha} - \operatorname{tg}\alpha - y\right). \tag{272b}$$

Die Ableitung von i_g nach y im Anfangspunkte des Intervalles $\frac{2\pi}{p}$, d. h. im Punkte $y = -\frac{\pi}{p}$, verschwindet für

$$\alpha = \operatorname{arc\,tg}\left(\frac{p}{\pi} - \operatorname{ctg}\frac{\pi}{p}\right);$$

von diesem α-Werte ab sind die Werte von i_g an Anfang und Ende des Intervalles $\frac{2\pi}{p}$ die tiefsten Punkte der Stromkurve. Ist $J_{g\,min}$ dieser Wert, so wird nach (272b)

$$J_{g\,min} = \frac{E_{gm}}{R} - \frac{E_{gm}+E_b}{S}\left(1 - \frac{\pi}{p}\operatorname{ctg}\frac{\pi}{p}\right)\operatorname{tg}\alpha\,. \tag{272c}$$

Hieraus können wir sofort die Welligkeit des Gleichstromes, die wir mit $w_{J_g} = (J_{gm} - J_{g\,min})/\sqrt{2}J_{gm}$ abschätzen wollen, ermitteln; wir erhalten so

$$w_{J_g} = \frac{E_{gm}+E_b}{\sqrt{2}\,E_{gm}}\left(1 - \frac{\pi}{p}\operatorname{ctg}\frac{\pi}{p}\right)\operatorname{tg}\alpha\cdot\frac{R}{S}, \tag{273}$$

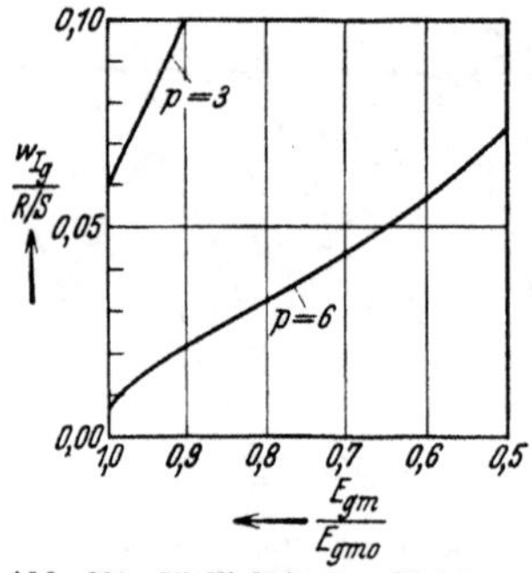

Abb. 239. Welligkeit des Gleichstromes bei endlicher Kathodendrossel und $R/S < 1$ für $p = 3$ und $p = 6$.

eine Formel, die die Abhängigkeit der Welligkeit von der Gegenspannung, von der Phasenzahl, von der Zündverzögerung und von der Zeitkonstanten S/R des Gleichstromkreises deutlich erkennen läßt.

Erreicht der tiefste Stromwert den Wert Null, so beginnt der Gleichstrom zu lücken. Als Bedingung hierfür liefert (272c)

$$\alpha \geqq \operatorname{arc\,tg}\frac{\frac{E_{gm}}{E_{gm}+E_b}\cdot S}{\left(1-\frac{\pi}{p}\operatorname{ctg}\frac{\pi}{p}\right)R}, \tag{274}$$

wir werden jedoch später noch eine allgemeingültige Bedingung für das Lücken angeben.

Die genauere Berechnung der Welligkeit aus (272a) nach $w_{J_g} = \sqrt{J_{ge}^2 - J_{gm}^2}/J_{gm}$ führt zu dem Ausdruck

$$w_{J_g} = \frac{\frac{R}{S}}{\frac{p}{\pi}\sin\frac{\pi}{p}\cos\alpha - \tau}\sqrt{\frac{1}{2}\left(1 + \frac{p}{2\pi}\sin\frac{2\pi}{p}\right) - \frac{p^2}{\pi^2}\sin^2\frac{\pi}{p}\left(1 + \cos^2\alpha\left(1 - \frac{\pi^2}{3p^2} - \frac{\pi}{p}\operatorname{ctg}\frac{\pi}{p}\right)\right)}, \tag{275a}$$

der für $R/S < 1$ hinreichend genaue Werte liefert. Für $p = 3$ bzw. $p=6$ und $\tau=0$ findet man in Abb. 239 das Verhältnis $w_{J_g}\Big/\frac{R}{S}$ als Funktion des Regulierverhältnisses aufgetragen. Zur Berechnung der Welligkeit bei endlicher Gegenspannung hat man nur nötig, diesen Wert noch mit $(E_{gm} + E_b)/E_{gm}$ zu multiplizieren. Die genaue Berechnung der Welligkeit aus Gleichung (271) würde zu dem Ausdruck

$$w_{J_g} = \frac{1}{\frac{p}{\pi}\sin\frac{\pi}{p}\cos\alpha - \tau} \times$$

$$\sqrt{\frac{\cos^2\varrho}{2}\left[1 + \frac{p}{2\pi}\sin\frac{2\pi}{p}\left(1 + 2(\cos^2\alpha - \cos^2\varrho)\left(1 + \frac{\operatorname{tg}\frac{\pi}{p}\operatorname{tg}\varrho}{\mathfrak{Tg}\left(\frac{\pi}{p}\operatorname{ctg}\varrho\right)}\right)\right)\right] - \frac{p^2}{\pi^2}\sin^2\frac{\pi}{p}\cos^2\alpha} \tag{275b}$$

führen, der für $\varrho = \frac{\pi}{2} - \delta$ und $\delta \to 0$ in den Ausdruck (275a) übergeht.

Die effektiven Oberwellen $J_{g\varkappa p}$ des Gleichstromes errechnen sich aus (271) zu

$$J_{g\varkappa p} = \frac{2E_a}{R}\frac{p}{\pi}\sin\frac{\pi}{p}\cos\alpha \cdot \frac{\sqrt{1 + \varkappa^2 p^2 \operatorname{tg}^2\varrho}}{(\varkappa^2 p^2 - 1)\sqrt{1 + \varkappa^2 p^2 \operatorname{tg}^2\varrho}} = \frac{E_{g\varkappa p}}{\sqrt{R^2 + \varkappa^2 p^2 S^2}}, \tag{276}$$

wie zu erwarten ist, denn $\sqrt{R^2 + \varkappa^2 p^2 S^2}$ ist die Impedanz des Gleichstromkreises für die $\varkappa p$-te Oberwelle der Gleichspannung.

Verlauf und Brenndauer des lückenhaften Gleichstromes. Wir wollen nun annehmen, daß die Zündverzögerung α einen solchen Wert hat, daß das Lücken des Gleichstromes eintritt, ähnlich wie Abb. 223 veranschaulicht. Alsdann gilt während der Brenndauer λ bei Benutzung der Variablen $y = \vartheta - \frac{\pi}{2} + \frac{\pi}{p} - \alpha - \frac{\lambda}{2}$ die Spannungsgleichung

$$\sqrt{2}\,E_a\left(\cos\left(y - \frac{\pi}{p} + \alpha + \frac{\lambda}{2}\right) - \tau\right) = R\,i_g + S\frac{di_g}{dy},$$

zu der die Anfangsbedingung $i_{g\left(y=-\frac{\lambda}{2}\right)}=0$ hinzutritt. Danach wird

$$i_g=\frac{\sqrt{2}\,E_a}{R} \tag{277}$$

$$\left(\cos\varrho\cos\left(y-\frac{\pi}{p}+\alpha+\frac{\lambda}{2}-\varrho\right)-\tau-\left(\cos\varrho\cos\left(\alpha-\frac{\pi}{p}-\varrho\right)-\tau\right)e^{-\left(y+\frac{\lambda}{2}\right)\operatorname{ctg}\varrho}\right).$$

Zur Vervollständigung des Bildes von Abb. 238 werten wir diese Gleichung unter den gleichen Annahmen aus wie (271), nur lassen wir jetzt α über 70° hinaus wachsen. Das Ergebnis zeigt Abb. 240 bis zum Werte von $\alpha = 110$, bei $\alpha = 180°$ tritt das völlige Verschwinden des Gleichstromes ein.

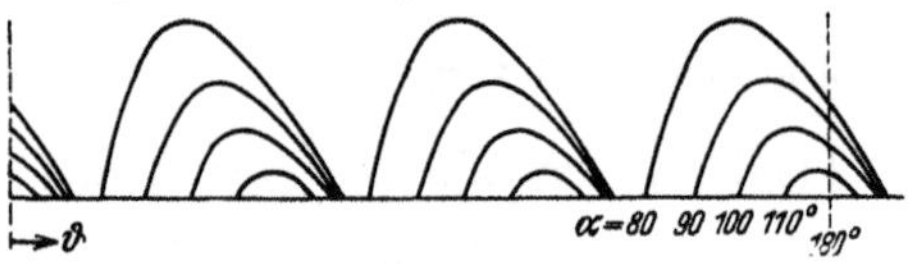

Abb. 240. Verlauf des Gleichstromes eines Sechsphasengleichrichters mit Kathodendrossel mit $S/R = 0{,}25$, $\tau = 0$ bei verschiedenen Zündverzögerungen.

Für $y=\frac{\lambda}{2}$ soll der Gleichstrom nach (277) seinen Löschpunkt erreicht haben, aus dieser Bedingung ermitteln wir die Brenndauer λ sowie die Bedingung für das Eintreten des Lückens, die aus $\lambda \leqq \frac{2\pi}{p}$ hervorgeht. Hiernach muß also

$$\cos\varrho\cos\left(\lambda-\frac{\pi}{p}+\alpha-\varrho\right)-\tau-\left(\cos\varrho\cos\left(\alpha-\frac{\pi}{p}-\varrho\right)-\tau\right)e^{-\lambda\operatorname{ctg}\varrho}=0$$

sein. Führen wir vorübergehend den Hilfswinkel $\beta=\alpha+\frac{\lambda}{2}-\frac{\pi}{p}-\varrho$ ein, so läßt sich diese Gleichung in der Form

$$\cos\varrho\cos\left(\beta+\frac{\lambda}{2}\right)-\tau-\left(\cos\varrho\cos\left(\beta-\frac{\lambda}{2}\right)-\tau\right)e^{-\lambda\operatorname{ctg}\varrho}=0$$

schreiben und nach β auflösen. Tut man dies und setzt für β wieder seine ursprüngliche Bedeutung, so entsteht die Gleichung

$$\alpha=\frac{\pi}{p}-\frac{\lambda}{2}+\varrho+\operatorname{arc\,tg}\frac{\mathfrak{Tg}\left(\frac{\lambda}{2}\operatorname{ctg}\varrho\right)}{\operatorname{tg}\frac{\lambda}{2}}-\arcsin\frac{\tau\,\mathfrak{Tg}\left(\frac{\lambda}{2}\operatorname{ctg}\varrho\right)}{\cos\varrho\sqrt{\sin^2\frac{\lambda}{2}+\cos^2\frac{\lambda}{2}\,\mathfrak{Tg}^2\left(\frac{\lambda}{2}\operatorname{ctg}\varrho\right)}}, \tag{278}$$

die α als Funktion von λ zu berechnen gestattet und in inverser Auftragung λ als Funktion von α liefert. Die Bedingung für das Eintreten des Lückens lautet mit $\lambda=\frac{2\pi}{p}$

$$\alpha=\varrho+\operatorname{arc\,tg}\frac{\mathfrak{Tg}\left(\frac{\pi}{p}\operatorname{ctg}\varrho\right)}{\operatorname{tg}\frac{\pi}{p}}-\arcsin\frac{\tau\,\mathfrak{Tg}\left(\frac{\pi}{p}\operatorname{ctg}\varrho\right)}{\cos\varrho\sqrt{\sin^2\frac{\pi}{p}+\cos^2\frac{\pi}{p}\,\mathfrak{Tg}\left(\frac{\pi}{p}\operatorname{ctg}\varrho\right)}}. \tag{278a}$$

Für vernachlässigte Gegenspannung, d. h. $\tau = 0$, wird für die Brenndauer

$$\alpha = \frac{\pi}{p} - \frac{\lambda}{2} + \varrho + \operatorname{arctg} \frac{\mathfrak{Tg}\left(\frac{\lambda}{2} \operatorname{ctg} \varrho\right)}{\operatorname{tg} \frac{\lambda}{2}} \tag{279}$$

und die Bedingung für das Eintreten des Lückens

$$\alpha = \varrho + \operatorname{arctg} \frac{\mathfrak{Tg}\left(\frac{\pi}{p} \operatorname{ctg} \varrho\right)}{\operatorname{tg} \frac{\pi}{p}}. \tag{279a}$$

Diese letzten beiden Beziehungen findet man in Abb. 241 für verschiedene ϱ-, d. h. S/R-Werte dargestellt; dabei wurde dem übrigens selbstverständlichen Umstand Rechnung getragen, daß es für die Bestimmung der Brenndauer nur auf den Zündwinkel $\frac{\pi}{2} - \frac{\pi}{\pi} + \alpha$ ankommt, denn der Verlauf der voneinander unabhängigen Anodenströme muß ja von der Phasenzahl unabhängig sein. Die S/R-Werte, für die das Lücken gerade eintritt, sind an den gestrichelt gezeichneten Grenzlinien abzugreifen.

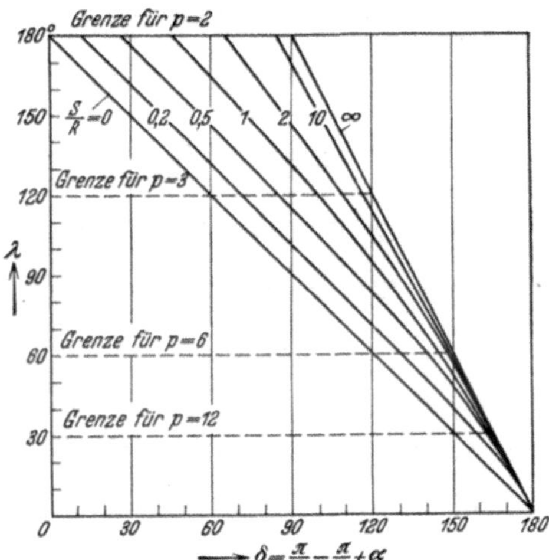

Abb. 241. Brenndauer des lückenhaften Gleichstromes als Funktion der Zündverzögerung bei $\tau = 0$.

Wir wenden uns noch den Mittelwerten des Gleichstromes zu. Den arithmetischen Mittelwert J_{gm} haben wir mit (265) schon angegeben. Für den Effektivwert J_{ge} errechnet man

$$J_{ge} = \frac{\sqrt{2} E_w}{R} \times$$

$$\sqrt{\frac{\cos^2\varrho}{2}\left[\frac{p\lambda}{2\pi} + \frac{p}{2\pi}\sin\lambda\left(1 + 2\left(\cos^2\left(\alpha + \frac{\lambda}{2} - \frac{\pi}{p}\right) - \cos^2\varrho\right)\left(1 + \frac{\operatorname{tg}\frac{\lambda}{2}\operatorname{tg}\varrho}{\mathfrak{Tg}\left(\frac{\lambda}{2}\operatorname{ctg}\varrho\right)}\right)\right)\right] - \frac{2p}{\pi}\tau \cdot \sin\frac{\lambda}{2}\cos\left(\alpha + \frac{\lambda}{2} - \frac{\pi}{p}\right) + \frac{p\lambda}{2\pi}\tau^2}. \tag{280}$$

Für $\sigma = 0$ läßt sich dieser Ausdruck nach Einführung von (279) noch in der übersichtlichen Form

$$J_{ge} = \frac{\sqrt{2} E_a}{R}\sqrt{\frac{\cos^2\varrho}{2}\left[\frac{p\lambda}{2\pi} + \frac{p}{2\pi}\sin\lambda\left(\cos\left(2\alpha + \lambda - \frac{2\pi}{p}\right) - \sin\left(2\alpha + \lambda - \frac{2\pi}{p}\right)\operatorname{tg}\varrho\right)\right]} \tag{280a}$$

schreiben. Hieraus könnte man alsdann wieder die Welligkeit $w_{J_g} = \sqrt{J_{ge}^2 - J_{gm}^2}/J_{gm}$ berechnen.

Aus der Abhängigkeit der mittleren Gleichspannung von der Brenndauer λ und der Abhängigkeit der Brenndauer von der Zeitkonstanten S/R und damit von dem mittleren Gleichstrom, resultiert eine belastungsabhängige Gleichspannungscharakteristik, deren Verlauf man aus den gegebenen Formeln berechnen kann.

Die Gleichspannungscharakteristik bei Belastung durch Gegenspannung allein. Wir wollen dem letzten Gedanken weiter nachgehen, uns jedoch auf den Fall einer reinen Gegenspannungsbelastung beschränken. Anstatt auf die vorhin abgeleiteten Gleichungen für $S/R \to \infty$ bzw. $\varrho \to \frac{\pi}{2}$ zurückzugreifen, leiten wir diese jedoch neu ab. Gehen wir von der Spannungsgleichung

$$\sqrt{2}\,E_a\left(\cos\left(y - \frac{\pi}{p} + \alpha + \frac{\lambda}{2}\right) - \tau\right) = S\frac{di_g}{dy}$$

mit der Anfangsbedingung $i_{g\left(y=-\frac{\lambda}{2}\right)} = 0$ aus, so finden wir zuerst

$$i_g = \frac{\sqrt{2}\,E_a}{S}\left(\sin\left(y - \frac{\pi}{p} + \alpha + \frac{\lambda}{2}\right) - \sin\left(\alpha - \frac{\pi}{p}\right) - \tau\left(y + \frac{\lambda}{2}\right)\right), \tag{281}$$

woraus aus der Löschbedingung $i_{g\left(y=-\frac{\lambda}{2}\right)} = 0$ eine weitere Gleichung hervorgeht, die sich nach α auflösen läßt und dann lautet

$$\alpha = \frac{\pi}{p} - \frac{\lambda}{2} + \arccos\frac{\tau}{\frac{2}{\lambda}\sin\frac{\lambda}{2}}; \tag{282}$$

es ist dies die Gleichung (278) für $\varrho \to \frac{\pi}{2}$. Setzen wir diesen Wert in (281) ein und schreiben abkürzend $\cos\gamma = \tau\Big/\frac{2}{\lambda}\sin\frac{\lambda}{2}$, so wird

$$i_g = \frac{\sqrt{2}\,E}{S}\left(\sin(y+\gamma) + \sin\left(\frac{\lambda}{2} - \gamma\right) - \tau\left(y + \frac{\lambda}{2}\right)\right).$$

In dieser Form verwenden wir die Stromgleichung zur Berechnung des Mittelwertes J_{gm}, der sich nach einiger Rechnung so darstellt:

$$J_{gm} = \frac{p}{2\pi}\,\frac{\sqrt{2}\,E_w}{S}\sqrt{4\sin^2\frac{\lambda}{2} - \lambda^2\tau^2}\cdot\left(1 - \frac{\lambda}{2}\operatorname{ctg}\frac{\lambda}{2}\right). \tag{283}$$

Dieser Ausdruck, der nur noch die Brenndauer λ und τ enthält, offenbart das bemerkenswerte Ergebnis, auf das wir noch weitere Überlegungen abstellen werden, daß die Punkte gleicher Brenndauer der Gleichspannungscharakteristik auf Ellipsen liegen. Bedeutet weiter J_{gmk} einen fiktiven Kurzschlußstrom $p\sqrt{2}\,E_w/S$, so läßt sich (283) in der Form schreiben

$$\frac{1}{A^2}\left(\frac{E_b}{\sqrt{2}\,E_w}\right)^2 + \frac{1}{B^2}\left(\frac{J_{gm}}{J_{gmk}}\right)^2 = 1, \tag{283a}$$

worin die Halbachsen A und B der Ellipsen Funktionen von λ sind, die man durch Nullsetzen von τ bzw. J_{gm} ermittelt, nämlich

$$A = \frac{2}{\lambda} \sin \frac{\lambda}{2}, \qquad B = \frac{1}{\pi}\left(\sin \frac{\lambda}{2} - \frac{\lambda}{2} \cos \frac{\lambda}{2}\right). \tag{283b}$$

Dies sind, nebenbei gesagt, dieselben Ausdrücke, die man aus (262) entnehmen könnte, wenn man dort $\frac{m\pi}{p} = \frac{\lambda}{2}$ setzen und den Grenzübergang $p \to \infty$ durchführen würde. Dies deutet offenbar darauf hin, daß die Verhältnisse des Gleichrichters mit reiner Gegenspannungsbelastung die gleichen sind wie die des Gleichrichters mit Widerstandsbelastung bei unendlicher Phasenzahl, wie auch zu erwarten ist. Die Schar der Ellipsen für die Beiwerte $\lambda = 0$ bis 2π wird begrenzt durch eine Einhüllende, die die Gleichspannungscharakteristik des gewöhnlichen ungesteuerten Gleichrichters vorstellt, wie sie z. B. durch Abb. 56 (für $\sigma = 0$) oder durch Abb. 106 (für $\xi = 1$) gezeigt ist und die übereinstimmt mit der Charakteristik des Gleichrichters mit Anodendrosseln und Widerstandsbelastung nach (261) für $p \to \infty$.

Die Gleichspannungscharakteristiken selbst können wir aber darstellen, indem wir in (283) mit Hilfe von (282) τ eliminieren. Dann haben wir die beiden Gleichungen

$$\begin{aligned} \tau &= \frac{2}{\lambda} \sin \frac{\lambda}{2} \cdot \cos\left(\alpha - \frac{\pi}{p} + \frac{\lambda}{2}\right), \\ \frac{J_{gm}}{J_{gmk}} &= \frac{1}{\pi}\left(\sin \frac{\lambda}{2} - \frac{\lambda}{2} \cos \frac{\lambda}{2}\right) \sin\left(\alpha - \frac{\pi}{p} + \frac{\lambda}{2}\right), \end{aligned} \tag{284}$$

die den Zusammenhang zwischen τ und J_{gm}/J_{mk} liefern. Für den ungesteuerten Gleichrichter wäre nach (265c) $\alpha = \frac{\pi}{p} - \operatorname{arc\,cos} \tau$; würde man diesen Wert in (284) einsetzen, so erhielte man

$$\begin{aligned} \frac{\tau}{\sqrt{1 - \tau^2}} &= \frac{1 - \cos \lambda}{\lambda - \sin \lambda}, \\ \frac{J_{gm}}{J_{gmk}} &= \frac{1}{2\pi}\left((\lambda - \sin \lambda) \sqrt{1 - \tau^2} - \left(\frac{\lambda^2}{2} - 1 + \cos \lambda\right) \tau\right); \end{aligned} \tag{284a}$$

das sind aber die Gleichungen, die wir zuerst unter (49) und (50) für den Einphasengleichrichter abgeleitet haben und die auch für Abb. 56 (für $\sigma = 0$) und für Abb. 106 (für $\xi = 1$) gelten.

Aber mit allen diesen Überlegungen haben wir eigentlich einen Sprung zu weit gemacht, denn wir haben die abgeleiteten Gleichungen für beliebig hohe Belastungen, d. h. für eine beliebige Brenndauer λ, diskutiert, während sie voraussetzungsgemäß ja nur für lückenhaften Gleichstrom galten. Ebenso haben wir den Begriff des Kurzschlußstromes $J_{gmk} = p\sqrt{2}E_w/S$ eingeführt, der ja auch eigentlich keinen

Sinn hat, da S eine Kathodendrossel vorstellt. Aber diese Überlegungen erlangen sofort eine allgemeine Geltung, wenn wir uns an Stelle des Gleichrichters mit einer Kathodendrossel S einen solchen mit Anodendrosseln der Reaktanz $X_a = S$ und fehlender Kathodendrossel vorstellen. Von dieser neuen Annahme wollen wir jetzt ausgehen.

Anodendrosseln an Stelle der Kathodendrossel, Verlauf der ganzen Gleichspannungscharakteristik bis zum Kurzschlußpunkt, Übergang zum Wechselrichterbetrieb. Daß die vorigen Überlegungen bei Annahme von Anodendrosseln an Stelle der Kathodendrossel für eine beliebige Anodenbrenndauer und damit für eine beliebige Überlappung der Anodenströme gelten, liegt ja daran, daß bei fehlender Kathodendrossel und fehlendem gleichstromseitigem Widerstand sich die Anodenströme nicht mehr gegenseitig beeinflussen können, sofern wir die Anodendrosseln als ungekoppelt betrachten. Und daß wir die Gleichungen für den Fall von Anodendrosseln ungeändert übernehmen dürfen, liegt ja daran, daß für den ursprünglich als lückenhaft angenommenen Gleichstrom Kathodendrossel und Anodendrosseln einander gleichwertig sind.

Der Kurzschlußstrom J_{gmk} hat aber jetzt die sinnvolle Bedeutung $p\sqrt{2}E_w/X_a$, worin X_a die Reaktanz der Anodendrosseln bedeutet; im übrigen gelten die Gleichungen (284) und (284a) für die Gleichspannungscharakteristiken, worin allerdings $\alpha \geqq \frac{\pi}{p} - \arccos\tau$ zu sein hat, außerdem gelten die Beziehungen (283a) und (283b) für die charakteristischen Ellipsen, die die Punkte gleicher Brenndauer liefern. Mittels dieser Formeln wurden einige Gleichspannungscharakteristiken für verschiedene α-Werte berechnet und in Abb. 223 aufgetragen; auch die Ellipsen gleicher Brenndauer sind darin eingetragen. Den Gleichstrom J_{gm} für $\tau = 0$ bezeichnen wir als den Kurzschlußstrom J_{gmk}, während wir jetzt den ideellen Kurzschlußstrom für $\tau = 0$ bei $\alpha = 0$, der den Wert $p\sqrt{2}E_w/X_a$ hat, mit J_{gmk0} bezeichnen wollen. Aus (284) entnehmen wir, daß $\tau = 0$ für $\alpha - \frac{\pi}{p} + \frac{\lambda}{2} = \frac{\pi}{2}$ oder für

$$\lambda = \pi + \frac{2\pi}{p} - 2\alpha \tag{285a}$$

eintritt. Setzt man dies in die zweite Gleichung von (284) ein, so erhält man für den Kurzschlußstrom

$$J_{gmk} = J_{gmk0} \cdot \frac{1}{\pi}\left(\cos\left(\alpha - \frac{\pi}{p}\right) - \left(\frac{\pi}{2} + \frac{\pi}{p} - \alpha\right)\sin\left(\alpha - \frac{\pi}{p}\right)\right). \tag{285b}$$

Setzt man darin an Stelle der Zündverzögerung α den tatsächlichen Zündwinkel $\delta = \frac{\pi}{2} - \frac{\pi}{p} + \alpha$, so wird daraus

$$J_{gmk} = J_{gmk0} \cdot \frac{1}{\pi}\left(\sin\delta + (\pi - \delta)\cos\delta\right). \tag{285c}$$

Für $\delta = 0$, d. h. $\alpha = \frac{\pi}{p} - \frac{\pi}{2}$ wird $J_{gmk} = J_{gmk0}$; für $\delta = \pi$, d. h. $\alpha = \frac{\pi}{2} + \frac{\pi}{p}$ wird $J_{gmk} = 0$.

Aber mit dem sog. Kurzschlußstrom J_{gmk} bei $\tau = 0$ ist die Gleichspannungscharakteristik offenbar nicht zu Ende. Lassen wir nämlich die Zündverzögerung α über den $\tau = 0$ entsprechenden Wert $\pi - \frac{\lambda}{2}$ hinaus weiterwachsen und stellen uns alsdann τ negativ vor, so finden wir tatsächlich weitere mögliche Betriebszustände, für die nach wie vor die Gleichungen (283a) bis (284a) gelten. Diesen neuen Betriebszuständen entspricht eine Änderung der Energierichtung, so daß wir, wie man sich ausdrückt, an Stelle einer Gleichrichtung des Wechselstromes eine Wechselrichtung des Gleichstromes vor uns haben. Man sagt dann, der Gleichrichter arbeitet als Wechselrichter.

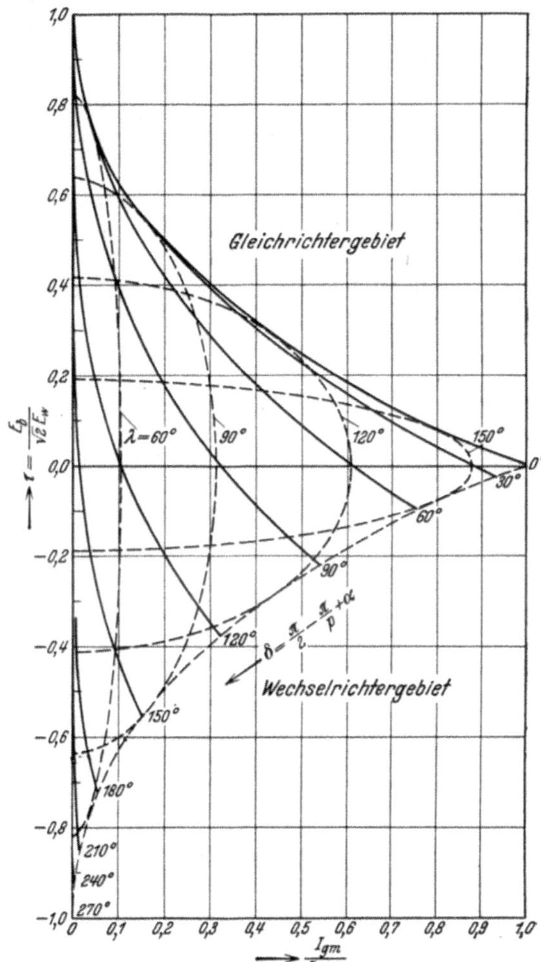

Abb. 242. Vollständige Spannungscharakteristik eines beliebigphasigen gesteuerten Gleichrichters mit Anodendrosseln und reiner Gegenspannungsbelastung, gleichzeitig Charakteristik eines unendlichphasigen Gleichrichters mit Anodendrosseln und Widerstandsbelastung.

Wir sind durch diese Überlegungen zu Stromrichtern gestoßen, die wir ursprünglich noch nicht ins Auge gefaßt hatten, die jedoch nichtsdestoweniger als natürliche Fortsetzung der Klasse der gesteuerten Gleichrichter erscheinen. Reine Gleichrichter nennen wir fortan solche Stromrichter, deren Arbeitszustände oberhalb der Abszissenachse der Abb. 242, d. h. im Gebiet $\tau > 0$, liegen; reine Wechselrichter nennen wir solche Stromrichter, deren Arbeitszustände unterhalb der Abszissenachse, d. h. im Gebiet $\tau < 0$, liegen. Die reinen Wechselrichter werden später noch der Gegenstand besonderer Untersuchungen sein. In Abb. 243 findet man die Anfangsspannungen für $J_{gm} = 0$, die in Abb. 242 schlecht zu ersehen sind, noch einmal für sich aufgetragen.

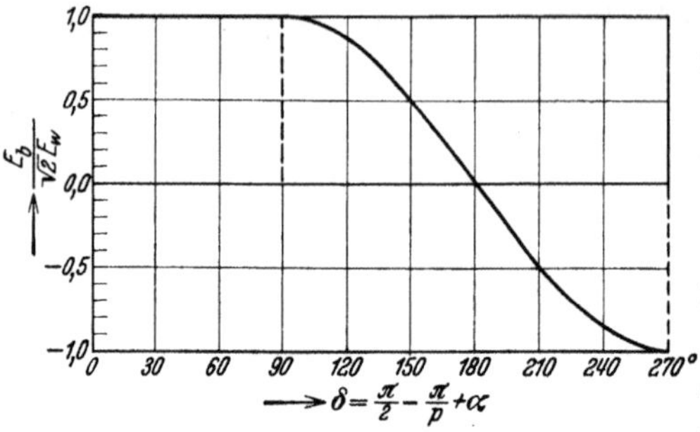

Abb. 243. Leerlaufgleichspannung als Funktion des Zündwinkels $\delta = \frac{\pi}{2} - \frac{\pi}{p} + \alpha$.

Wir sagten, daß die berechneten Charakteristiken auch für den unendlichphasigen Gleichrichter mit Widerstandsbelastung Geltung haben.

Gleichrichter-Kurzschlußstrom und Wechselrichter-Trittgrenze als Funktion der Zündverzögerung. Den Kurzschlußstrom J_{gmk} bei Gleichrichterbetrieb haben wir schon unter (285b) oder (285a) berechnet. In den Charakteristiken Abb. 242 erscheint derselbe nur als Zwischenwert von J_{gm} für $\tau = 0$; seine Abhängigkeit von δ ist in Abb. 244 für sich dargestellt.

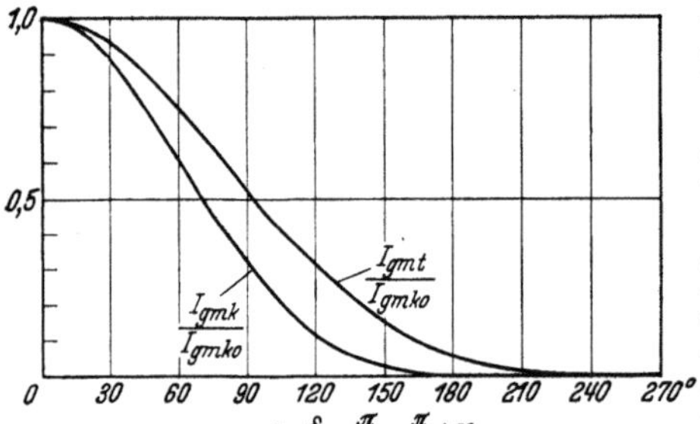

Abb. 244. Gleichrichter-Kurzschlußstrom und Wechselrichter-Trittgrenze als Funktion des Zündwinkels $\delta = \frac{\pi}{2} - \frac{\pi}{p} + \alpha$.

Die bei $\tau < 0$ gelegenen Endpunkte der Charakteristiken im Wechselrichtergebiet entsprechen dagegen denjenigen Belastungspunkten, für die τ den tiefstmöglichen Wert erreicht hat. Darüber hinaus gibt es also keine Betriebszustände mehr. Aus Gründen, die erst später deutlicher werden, bezeichnen wir die diesen τ-Werten zukommenden J_{gm}-Werte als die Wechselrichter-Trittgrenze J_{gmt}. Um dieselbe zu finden, gehen wir davon aus, daß der Wechselrichterbetrieb offenbar bis zu einer solchen Belastung noch möglich sein wird, bei der die Anodenströme gerade noch löschen.

Um das zu verstehen, untersuchen wir die Kurvenform der Anodenströme, die nach (281) durch

$$i_a = \frac{\sqrt{2}\,E_w}{X_a}\left(\sin\left(y - \frac{\pi}{p} + \alpha + \frac{\lambda}{2}\right) - \sin\left(\alpha - \frac{\pi}{p}\right) - \tau\left(y + \frac{\lambda}{2}\right)\right)$$

gegeben sind. Ein solcher Anodenstrom wird, wie Abb. 245 veranschaulicht, gerade dann noch löschen, wenn der Nulldurchgang am

Ende der Brenndauer mit waagerechter Tangente vor sich geht, d. h. wenn

$$\frac{d i_a}{d y}\Big|_{\left(y=\frac{\lambda}{2}\right)} = \frac{\sqrt{2}\,E_w}{X_a}\left(\cos\left(\lambda - \frac{\pi}{p} + \alpha\right) - \tau\right) = 0$$

ist. Dies ist aber der Fall, wenn

$$\alpha - \frac{\pi}{p} = \arccos\tau - \lambda \tag{286}$$

ist. Um weiter festzustellen, welchem τ-Wert dies entspricht, setzen wir den gefundenen $\alpha - \frac{\pi}{p}$-Wert in die erste Beziehung von (284) ein, wobei wir jetzt aber τ negativ zu nehmen haben. Alsdann ergibt sich $-\tau = -\frac{2}{\lambda}\sin\frac{\lambda}{2}\cdot\cos\left(\arccos\tau + \frac{\lambda}{2}\right)$ oder

$$-\frac{\tau}{\sqrt{1-\tau^2}} = \frac{1-\cos\lambda}{\lambda - \sin\lambda}.$$

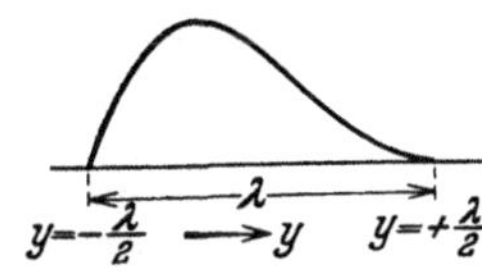

Abb. 245. Verlauf der Anodenströme bei der Trittgrenze des Wechselrichterbetriebes.

Vergleicht man diese Beziehung mit (284a), so stellt man fest, daß die τ-Werte bis auf ihr Vorzeichen mit dem τ-Wert der Charakteristik des ungesteuerten Gleichrichters übereinstimmen. Hieraus folgt aber, daß man zur Bestimmung der Trittgrenze nur nötig hat, den Schnittpunkt der Charakteristiken mit der um die Abszissenachse gespiegelten Charakteristik des ungesteuerten Gleichrichters zu suchen.

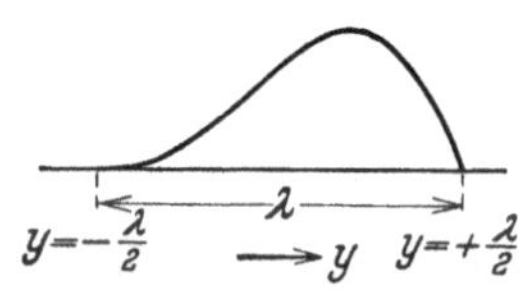

Abb. 246. Verlauf der Anodenströme des ungesteuerten Gleichrichters bei demselben J_{gm}-Wert wie in Abb. 245.

Der tiefere Grund für diese interessante Feststellung liegt darin, daß die Anodenströme an der Wechselrichter-Trittgrenze verkehrt kongruent sind den Anodenströmen des ungesteuerten Gleichrichters gleichen J_{gm}-Wertes; den Verlauf des letzteren Anodenstromes zeigt noch einmal zur Verdeutlichung Abb. 246. Der Verlauf der ersteren Anodenströme entspricht also dem Verlauf der letzteren Anodenströme mit rückwärts laufend gedachter Zeit. Von diesem noch sehr viel allgemeiner geltenden Prinzip wird später noch ausführlicher die Rede sein.

Die auf diese Weise ermittelte Wechselrichter-Trittgrenze ist in Abb. 235 als Funktion des Zündwinkels δ eingetragen.

12. Der gesteuerte Mehrphasengleichrichter mit wechselstromseitigen Reaktanzen.

Induktiver Gleichspannungsabfall und Kommutierung bei fehlender Kathodendrossel. Wir haben durch die Überlegungen des vorigen Kapitels der Untersuchung des gesteuerten Gleichrichters mit Anodendrosseln schon weit vorgegriffen, denn wir sind von dem Gleichrichter mit Gegenspannungsbelastung und mit Kathodendrossel ausgegangen, wobei wir lückenhaften Gleichstrom, also voneinander unabhängige Anodenströme angenommen hatten; wir fanden dann weiter, daß die Ausdrücke gleichlautend waren mit denen für den Gleichrichter ohne Kathodendrossel und mit Anodendrosseln und immer noch für beliebige Belastung richtig blieben, weil auch in diesem Falle die Anodenströme stets voneinander unabhängig verlaufen. Außerdem gaben dieselben Gleichungen, von gewissen Nebenbedingungen abgesehen, auch die Verhältnisse des unendlichphasigen Gleichrichters mit Widerstandsbelastung wieder.

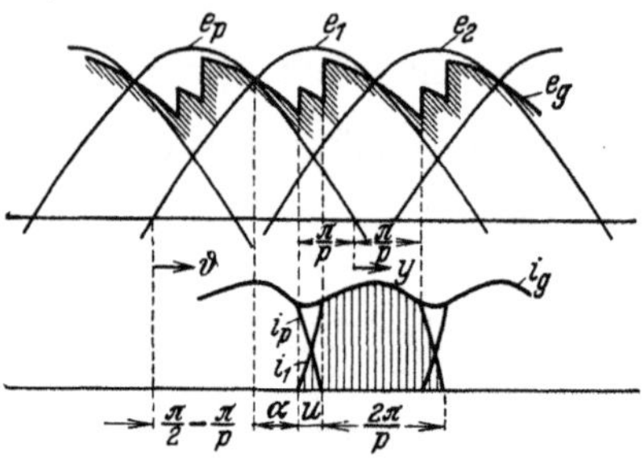

Abb. 247. Verlauf der Spannungen und Ströme eines gesteuerten Gleichrichters mit Anodendrosseln bei rein Ohmscher Belastung und einanodigem Betrieb.

Bei dem endlichphasigen Gleichrichter mit Widerstandsbelastung tritt indessen wieder diejenige gegenseitige Beeinflussung der Anodenströme ein, die wir den Kommutierungsvorgang nennen. Wir wollen zuerst den Fall reiner Widerstandsbelastung, also fehlender Kathodendrossel untersuchen, und zwar bei einanodigem Betrieb[1]. Den Verlauf der Spannungen und Ströme veranschaulicht Abb. 247. Bei Verwendung der Variablen $y = \vartheta - \frac{\pi}{2} + \frac{\pi}{p} - \alpha$ beginnt das Kommutierungsintervall, in dem z. B. der Anodenstrom i_1 einsetzt und der Anodenstrom i_p verlöscht, zur Zeit $y = -\frac{\pi}{p}$, es endigt zur Zeit $y = -\frac{\pi}{p} + u$. Von da ab bis zur Zeit $y = +\frac{\pi}{p} + u$ fließt der Anodenstrom i_1 als Träger des Gleichstromes allein.

Während der Kommutierungsdauer gelten daher die Spannungsgleichungen

$$\sqrt{2} E_w \cos\left(y + \alpha + \frac{2\pi}{p}\right) = R i_g + X_a \frac{d i_1}{d y},$$

$$\sqrt{2} E_w \cos(y + \alpha) = R i_g + X_a \frac{d i_p}{d y};$$

sie haben die Lösungen

$$\text{I.} \quad i_p - i_1 = \frac{\sqrt{2} E_w}{R} \left(\frac{\sin\frac{\pi}{p}}{\operatorname{tg}\beta'} \cos\left(y + \alpha + \frac{\pi}{p}\right) + B \right)$$

und

$$\text{I.} \qquad i_g = \frac{\sqrt{2} E_w}{R} \left(\cos\frac{\pi}{p} \cos\beta' \cos\left(y + \alpha - \beta' + \frac{\pi}{p}\right) + A e^{-y \operatorname{ctg}\beta'} \right), \quad (287)$$

[1] Vgl. hierzu und zu den folgenden Ausführungen auch Müller-Lübeck und Uhlmann: Arch. Elektrotechn. Bd. 27 (1933) S. 347, sowie außerdem Uhlmann: Arch. Elektrotechn. Bd. 27 (1933) S. 586; ferner H. Hafner: Rev. gén. Électr. 1932 S. 297; Ch. Ehrensperger: Rev. gén. Électr. 1932 S. 369; M. Demontvignier: Rev. gén. Électr. 1932 S. 1059.

worin $\operatorname{tg}\beta' = X_a/2R$ bedeutet. Nach dem Kommutierungsintervall gilt die Spannungsgleichung

$$\sqrt{2}\,E_w \cos(y+\alpha) = R\,i_g + X_a \frac{d\,i_g}{d\,y};$$

diese hat die Lösung

$$\text{II.} \qquad i_g = \frac{\sqrt{2}\,E_w}{R}\left(\cos\beta'' \cos(y+\alpha-\beta'') + C e^{-y \operatorname{ctg}\beta''}\right) \tag{288}$$

mit $\operatorname{tg}\beta'' = X_a/R$. Es ist nun eine große Erleichterung der Aufgabe, daß neben der Bestimmung der Integrationskonstanten A, B, C nur das Intervall u zu bestimmen verbleibt, während der Zündwinkel, der bei dem ungesteuerten Gleichrichter eine weitere Unbekannte darstellte, jetzt eine gegebene Größe ist. Die vier Unbekannten gehen aus den Bedingungen

$$\begin{array}{l|l}
1.\ \ y = -\dfrac{\pi}{p} & \overset{I}{i}_1\left(-\dfrac{\pi}{p}\right) = 0, \quad i_p\left(-\dfrac{\pi}{p}\right) = \overset{I}{i}_g\left(-\dfrac{\pi}{p}\right) = \overset{II}{i}_g\left(\dfrac{\pi}{p}+\alpha\right) \\
2.\ \ y = -\dfrac{\pi}{p} + u & i_p\left(-\dfrac{\pi}{p}+u\right) = 0, \quad i_1\left(-\dfrac{\pi}{p}+u\right) = \overset{I}{i}_g\left(-\dfrac{\pi}{p}+u\right) = \overset{II}{i}_g\left(-\dfrac{\pi}{p}+u\right)
\end{array}$$

hervor. Die Konstanten A, B, C errechnen sich zu

$$A = \frac{2\sin\frac{\pi}{p}\sin\left(\alpha+\frac{u}{2}\right)\sin\frac{u}{2} - 2\cos\frac{\pi}{p}\sin\beta'\cos\left(\alpha-\beta'+\frac{u}{2}\right)\cos\frac{u}{2}}{\operatorname{tg}\beta'\cdot e^{\frac{\pi}{p}\operatorname{ctg}\beta'}\left(1+e^{-u\operatorname{ctg}\beta'}\right)}, \tag{289a}$$

$$C = \frac{2\sin\frac{\pi}{p}\sin\left(\alpha+\frac{u}{2}\right)\sin\frac{u}{2} - \sin\beta''\cos\left(\alpha-\beta''+\frac{u}{2}\right)\cos\left(\frac{u}{2}-\frac{\pi}{p}\right)}{\operatorname{tg}\beta'\left(e^{-\frac{\pi}{p}\operatorname{ctg}\beta''} + e^{\left(\frac{\pi}{p}-u\right)\operatorname{ctg}\beta''}\right)} \tag{289b}$$

und

$$\begin{aligned} B = {} & \cos\frac{\pi}{p}\sin\beta'\left(\sin\left(\alpha-\beta'+\frac{u}{2}\right)\sin\frac{u}{2} - \mathfrak{Tg}\left(\frac{u}{2}\operatorname{ctg}\beta'\right)\cos\left(\alpha-\beta'+\frac{u}{2}\right)\cos\frac{u}{2}\right) \\ & - \sin\frac{\pi}{p}\left(\cos\left(\alpha+\frac{u}{2}\right)\cos\frac{u}{2} - \mathfrak{Tg}\left(\frac{u}{2}\operatorname{ctg}\beta'\right)\sin\left(\alpha+\frac{u}{2}\right)\sin\frac{u}{2}\right), \end{aligned} \tag{289c}$$

während die Kommutierungsdauer aus einer Gleichung hervorgeht, die sich nach $\alpha + \frac{u}{2}$ auflösen läßt und dann lautet

$$\operatorname{tg}\left(\alpha+\frac{u}{2}\right) = \frac{\begin{aligned} & \mathfrak{Tg}\left(\left(\frac{\pi}{p}-\frac{u}{2}\right)\operatorname{ctg}\beta''\right)\cdot\frac{1}{2}\sin\beta''\cos\beta''\left(\operatorname{ctg}\frac{u}{2}+\operatorname{tg}\frac{\pi}{p}\right) + \mathfrak{Tg}\left(\frac{u}{2}\operatorname{ctg}\beta'\right)\frac{\sin\beta'\cos\beta'}{\operatorname{tg}\frac{u}{2}}, \\ & -\frac{1}{2}\sin^2\beta''\left(1-\frac{\operatorname{tg}\frac{\pi}{p}}{\operatorname{tg}\frac{u}{2}}\right) + \sin^2\beta' \end{aligned}}{\begin{aligned} & \mathfrak{Tg}\left(\left(\frac{\pi}{p}-\frac{u}{2}\right)\operatorname{ctg}\beta''\right)\left(\operatorname{tg}\frac{\pi}{p}-\frac{1}{2}\sin^2\beta''\left(\operatorname{ctg}\frac{u}{2}+\operatorname{tg}\frac{\pi}{p}\right)\right) - \mathfrak{Tg}\left(\frac{u}{2}\operatorname{ctg}\beta'\right)\left(\operatorname{tg}\frac{\pi}{p}-\frac{\sin^2\beta'}{\operatorname{tg}\frac{u}{2}}\right) \\ & -\frac{1}{2}\sin\beta''\cos\beta''\left(1-\frac{\operatorname{tg}\frac{\pi}{p}}{\operatorname{tg}\frac{u}{2}}\right) + \sin\beta'\cos\beta'. \end{aligned}} \tag{290}$$

Diese Gleichung liefert $\alpha + \frac{u}{2}$ als Funktion von u und damit auch α als Funktion von u. Durch zeichnerische Inversion erhält man somit u als Funktion von α.

Wir wollen diese Gleichung für den Fall kleiner Belastungen, d. h. kleiner X_a/R-Werte, der uns hauptsächlich interessiert, diskutieren. Man kann dann $\beta'' = 2\beta' = X_a/R = \beta$ schreiben und erhält

$$\operatorname{tg}\left(\alpha + \frac{u}{2}\right) = \frac{1 + \mathfrak{Tg}\frac{u}{\beta} + \operatorname{tg}\frac{\pi}{p}\cdot\left(\frac{u}{2} + \beta\right)}{\operatorname{tg}\frac{\pi}{p}\left(1 + \frac{u}{\beta}\left(1 + \mathfrak{Tg}\frac{u}{\beta}\right)\right) - \beta\left(1 + \frac{1}{2}\mathfrak{Tg}\frac{u}{\beta}\right)}. \qquad (290\,\mathrm{a})$$

Je nach der Größe der Zündverzögerung α läßt sich diese Beziehung nun noch weiter vereinfachen. Offensichtlich nimmt die Überlappung u mit wachsendem α ab, denn das Anstiegsverhältnis der Anodenströme muß ja bei mit α wachsendem Spannungssprung der Anodenspannungen zunehmen. Wir können daher von mäßigen α-Werten an für kleine β-Werte u gegen α vernachlässigen. Unter dieser Voraussetzung wird

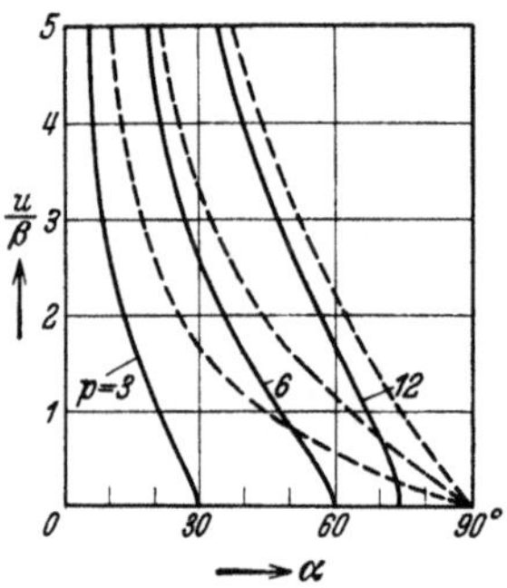

Abb. 248. Kommutierungsdauer bei rein Ohmscher Belastung bei kleinen X_a/R-Werten und $\alpha \gg X_a/R$.

$$\operatorname{tg}\alpha = \frac{\operatorname{ctg}\frac{\pi}{p}}{\frac{u}{\beta} + \frac{1}{1 + \mathfrak{Tg}\frac{u}{\beta}}}. \qquad (290\,\mathrm{b})$$

Es besteht somit Proportionalität zwischen u und β. In Abb. 248 findet man u/β als Funktion von α aufgetragen; u/β wird gerade Null für $\alpha = \frac{\pi}{2} - \frac{\pi}{p}$; das ist aber, wie z. B. (265b) für $\tau = 0$ erkennen läßt, die Bedingung für das Eintreten des Lückens des Gleichstromes. Abb. 248 zeigt nur die Fälle $p = 3$, 6 und 12, da für $p = 2$ die Beziehung (290b) ungültig wird, da dann das Lücken ja schon bei $\alpha = 0$, genau genommen etwas später, einsetzen würde. Die allgemeinere Beziehung (290a) liefert jedoch auch für diesen Fall eine Näherungslösung, die man vermittels $\operatorname{tg}\frac{\pi}{p} \to \infty$ abliest; sie ist jedoch wegen des sehr kleinen lückenlosen Gebietes ohne Interesse.

Wäre im Gleichstromkreise eine unendlich große Kathodendrossel, worauf wir nachher noch eingehen, so würde sich, wie wir finden werden, an Stelle von (290b) die Beziehung

$$\operatorname{tg}\alpha = \frac{\frac{p}{\pi}}{\frac{u}{\beta}} \qquad (290\,\mathrm{c})$$

ergeben, die in Abb. 248 gestrichelt eingetragen ist.

Dies galt durchweg für mäßig große α-Werte. Für kleine α-Werte wird $u \gg \beta$, und wir entnehmen aus (290a)

$$\alpha + \frac{u}{2} = \frac{2 + \frac{u}{2}\operatorname{tg}\frac{\pi}{p}}{\operatorname{tg}\frac{\pi}{p}\left(1 + \frac{2u}{\beta}\right)},$$

woraus sich ergibt

$$u = \sqrt{\beta\left(2\operatorname{ctg}\frac{\pi}{p} - \alpha\right)} - \alpha\,; \tag{290d}$$

eine Beziehung, die deutlich das Abnehmen von u mit wachsendem α erkennen läßt.

Nunmehr wenden wir uns der Berechnung der mittleren Gleichspannung und des Gleichspannungsabfalles zu. Hierzu gehen wir von den Spannungsgleichungen aus und finden

$$E_{gm} = \frac{p}{2\pi}\left[\int\limits_{-\frac{\pi}{p}}^{-\frac{\pi}{p}+u} \frac{e_1 + e_p}{2}\,dy - \frac{X}{2}\int\limits_{-\frac{\pi}{p}}^{-\frac{\pi}{p}+u} \frac{d}{dy}(i_1 + i_p)\,dy + \int\limits_{-\frac{\pi}{p}+\alpha}^{+\frac{\pi}{p}} e_1\,dy - X\int\limits_{-\frac{\pi}{p}+u}^{+\frac{\pi}{p}} \frac{di_g}{dy}\,dy\right]$$

$$= \frac{p}{2\pi}\left[\int\limits_{-\frac{\pi}{p}}^{+\frac{\pi}{p}} e_1\,dy - \int\limits_{-\frac{\pi}{p}}^{-\frac{\pi}{p}+u} \frac{e_1 - e_p}{2}\,dy + \frac{X_a}{2}\, i_g \Bigg|_{-\frac{\pi}{p}}^{-\frac{\pi}{p}+u}\right].$$

Darin ist der erste Bestandteil der rechten Seite die mittlere Gleichspannung bei Leerlauf, die nach (264a) $E'_{gm} = \sqrt{2}E_w \frac{p}{\pi}\sin\frac{\pi}{p}\cos\alpha$ ist. Der zweite Anteil ist derjenige Spannungsabfall, der während der Kommutierung infolge der Parallelschaltung zweier Transformatorphasen entsteht. Dieser ergibt sich mit $e_1 - e_p = \sqrt{2}E_w\left(\cos(y+\alpha) - \cos\left(y + \alpha + \frac{2\pi}{p}\right)\right)$ zu $\frac{p}{2\pi}\sqrt{2}E_w \sin\frac{\pi}{p}(\cos\alpha - \cos(\alpha+u))$. Der dritte Anteil ist ein weiterer Spannungsabfall, der der Welligkeit des Gleichstromes zuzuschreiben ist. Berechnet man diesen mittels (287) und (289a) und schlägt den vorhin berechneten Abfall noch hinzu, so erhält man für den ganzen Gleichspannungsabfall

$$\begin{aligned}\Delta E_{gm} = \sqrt{2}\,E_w\Bigg[&\frac{p}{2\pi}\sin\frac{\pi}{p}(\cos\alpha - \cos(\alpha+u))\\ &+ \frac{2p}{\pi}\cos\frac{\pi}{p}\sin\beta'\left(\sin\left(\alpha-\beta'+\frac{u}{2}\right)\sin\frac{u}{2} - \mathfrak{Tg}\left(\frac{u}{2}\operatorname{ctg}\beta'\right)\cos\left(\alpha-\beta'+\frac{u}{2}\right)\cos\frac{u}{2}\right.\\ &\left.+ \frac{2p}{\pi}\mathfrak{Tg}\left(\frac{u}{2}\operatorname{ctg}\beta'\right)\sin\frac{\pi}{p}\sin\left(\alpha+\frac{u}{2}\right)\sin\frac{u}{2}\right)\Bigg].\end{aligned} \tag{291}$$

Diesen Ausdruck wollen wir noch vereinfachen. Wir nehmen wieder X_a/R als klein an, d. h. wir setzen $\beta'' = 2\beta' = \beta$. Dann wird bei mäßig großen α-Werten

$$\Delta E_{gm} = \sqrt{2}\, E_w \frac{p}{\pi} \sin\frac{\pi}{p} \cos\alpha \left(\operatorname{tg}\alpha \cdot \frac{u}{2} + \mathfrak{Tg}\frac{u}{\beta}\left(u \operatorname{tg}\alpha - \beta \operatorname{ctg}\frac{\pi}{p}\right)\right),$$

und für den auf die Leerlaufspannung E'_{gm} bezogenen prozentualen Gleichspannungsabfall ε_s erhält man

$$\varepsilon_s = \frac{X_a}{R}\left(\frac{\operatorname{tg}\alpha}{2} \cdot \frac{u}{\beta} + \mathfrak{Tg}\frac{u}{\beta} \cdot \left(\frac{u}{\beta} \operatorname{tg}\alpha - \operatorname{ctg}\frac{\pi}{p}\right)\right), \qquad (291\,\mathrm{a})$$

worin u/β nach (290b) bzw. Abb. 248 als Funktion von α aufzufassen ist.

Für kleine α-Werte sowie für den in (291a) ausgeschlossenen Fall $p = 2$ gelten andere Näherungen. Schreiben wir in (291a) $\frac{X_a}{R} \approx \frac{X_a}{E'_{gm}} \cdot J_{gm}$ und bedenken, daß der Klammerausdruck nur von α abhängig ist, so erkennen wir, daß ε_s proportional zu J_{gm} ist; die Gleichspannungscharakteristik ist also näherungsweise linear.

Induktiver Gleichspannungsabfall und Kommutierung bei unendlich großer Kathodendrossel. Wir denken uns nun im Gleichstromkreis außer der Ohmschen Belastung noch eine unendlich große Kathodendrossel eingeschaltet, so daß der Gleichstrom nunmehr konstant ist. Den sich jetzt einstellenden Verlauf der Spannungen und Ströme veranschaulicht Abb. 249.

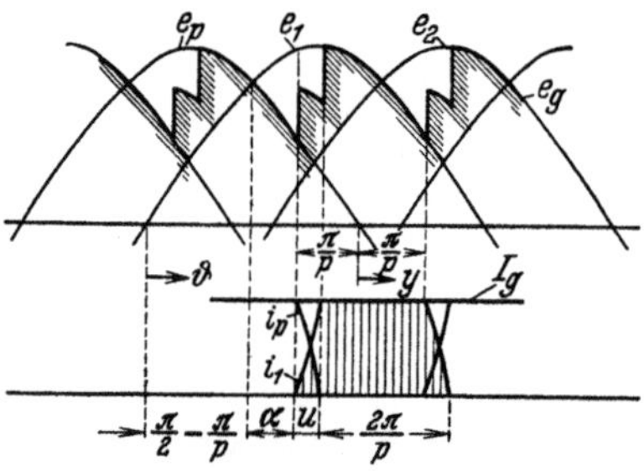

Abb. 249. Verlauf der Spannungen und Ströme eines gesteuerten Gleichrichters mit Anodendrosseln bei Ohmscher Belastung und unendlich großer Kathodendrossel und einanodigem Betrieb.

Während der Kommutierungsdauer ist jetzt

$$\frac{e_1 - e_p}{2} = X_a \frac{d i_1}{d y},$$

worin wieder $e_1 = \sqrt{2} E_w \cos(y + \alpha)$ und $e_p = \sqrt{2} E_w \cos\left(y + \alpha + \frac{2\pi}{p}\right)$ ist. Schreiben wir wie früher $i_g = J_{gm} = J_g$ und bedenken, daß $i_{1\left(y=-\frac{\pi}{p}\right)} = 0$ und $i_{1\left(y=-\frac{\pi}{p}+u\right)} = J_g$ ist, so wird

$$i_1 = \frac{\sqrt{2}\, E_w}{X_a} \sin\frac{\pi}{p}\left(\cos\alpha - \cos\left(y + \alpha + \frac{\pi}{p}\right)\right)$$

und für $y = -\frac{\pi}{p} + u$

$$J_g = \frac{\sqrt{2}\, E_w}{X} \sin\frac{\pi}{p}\left(\cos\alpha - \cos(\alpha + u)\right),$$

so daß man für die beiden sich überlappenden Anodenströme schreiben kann

$$
\begin{aligned}
i_1 &= \frac{\cos\alpha - \cos\left(y + \alpha + \frac{\pi}{p}\right)}{\cos\alpha - \cos(\alpha + u)} J_g = w(y, \alpha) \cdot J_g, \\
i_p &= \frac{\cos\left(y + \alpha + \frac{\pi}{p}\right) - \cos(\alpha + u)}{\cos\alpha - \cos(\alpha + u)} J_g = (1 - w(y, \alpha)) J_g .
\end{aligned} \tag{292}
$$

Die vorletzte Gleichung läßt sich auch schreiben

$$
\cos\alpha - \cos(\alpha + u) = \frac{X_a J_g}{\sqrt{2}\, E_w \sin\frac{\pi}{p}} . \tag{293}
$$

Nun wissen wir aber, daß $\frac{e_1 - e_p}{2}$ den momentanen Gleichspannungsabfall vorstellt. Da außerhalb der Kommutierung kein Abfall eintritt, so ist daher der mittlere Gleichspannungsabfall

$$
\Delta E_{gm} = \frac{p}{2\pi} X_a \int\limits_{-\frac{\pi}{p}}^{-\frac{\pi}{p}+u} \frac{d i_1}{d y} dy = \frac{p}{2\pi} X_a J_g , \tag{294}
$$

der somit, durch J_g ausgedrückt, überraschenderweise mit dem unter (172) gefundenen Gleichspannungsabfall des ungesteuerten Gleichrichters übereinstimmt. Diese Übereinstimmung gilt bei unendlich großer Kathodendrossel ganz allgemein, denn es kommt für den mittleren Gleichspannungsabfall eben nur auf den zu kommutierenden Anoden-Reststrom, aber nicht auf die Kommutierungsdauer und den Verlauf der Anodenströme innerhalb derselben an.

Da die Gleichspannung bei $u = 0$ den Wert $\sqrt{2} E_w \frac{p}{\pi} \sin\frac{\pi}{p} \cos\alpha$ hat, ergibt sich der prozentuale Gleichspannungsabfall zu

$$
\varepsilon_s = \frac{X_a J_g}{2\sqrt{2}\, E_w \sin\frac{\pi}{p} \cdot \cos\alpha} , \tag{295a}
$$

oder, durch $\varepsilon_{s(\alpha=0)} = \varepsilon_{s0}$ ausgedrückt,

$$
\varepsilon_s = \frac{\varepsilon_{s0}}{\cos\alpha} . \tag{295b}
$$

Endlich findet man durch Einsetzen von (295a) in (293) den Zusammenhang zwischen ε_s und u, nämlich

$$
\varepsilon_s = \frac{\cos\alpha - \cos(\alpha + u)}{2\cos\alpha} = \varepsilon_{s0} - \frac{1}{2} \sin u \operatorname{tg}\alpha , \tag{296}
$$

der analoge Zusammenhang zwischen der mittleren Gleichspannung selbst und u ergibt sich alsdann aus $E_{gm} = (1 - \varepsilon_s) E'_{gm}$ zu

$$
\frac{E_{gm}}{E'_{gm}} = \frac{\cos\alpha + \cos(\alpha + u)}{2\cos\alpha} . \tag{297}
$$

Den ersteren Zusammenhang zeigt Abb. 250 für eine Reihe von α-Werten, für $\alpha = 0$ ist die Beziehung die in Abb. 96 gezeigte. In der Abbildung findet man noch die Kurven gleicher Belastung eingetragen, die sich aus (295b) mit $\varepsilon_{s0} = (1 - \cos u_0)/2$, d. h. aus

$$\varepsilon_s = \frac{1 - \cos u_0}{2 \cos \alpha}$$

errechnen.

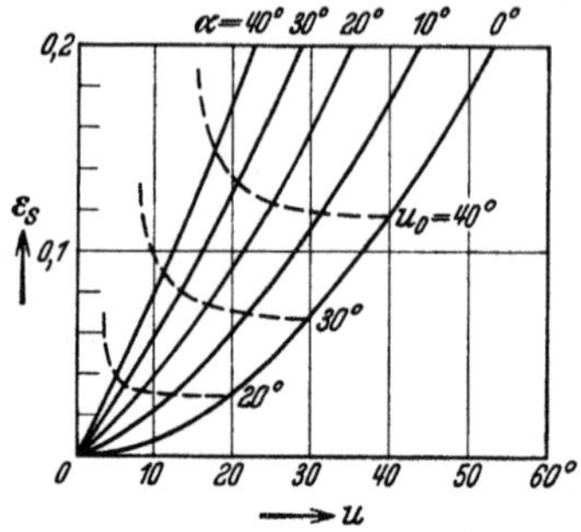

Abb. 250. Prozentualer Gleichspannungsabfall als Funktion der Kommutierungsdauer.

Berücksichtigung von Ohmschem Gleichspannungsabfall. Befinden sich unter sonst gleichen Voraussetzungen wie vorhin in den Transformatorphasen bzw. in den Anodenleitungen noch Ohmsche Widerstände R_a, so beträgt der gesamte Gleichspannungsabfall während der Kommutierung

$$\frac{e_1 - e_p}{2} + R_a \frac{J_g}{2} = R_a i_1 + X_a \frac{d i_1}{d y},$$

und nach der Kommutierung $R_a J_g$. Der mittlere Gleichspannungsabfall wird daher

$$\Delta E_{gm} = \frac{p}{2\pi}\left[R_a \int\limits_{-\frac{\pi}{p}}^{-\frac{\pi}{p}+u} i_1 \, dy + X_a \int\limits_{-\frac{\pi}{p}}^{-\frac{\pi}{p}+u} \frac{d i_1}{d y} dy + R_a \int\limits_{-\frac{\pi}{p}+u}^{+\frac{\pi}{p}} J_g \, dy\right]$$

$$= \frac{p}{2\pi} X_a J_g + R_a J_g\left(1 - \frac{p}{4\pi} u\right) + R_a \cdot \frac{p}{2\pi} \int\limits_{-\frac{\pi}{p}}^{-\frac{\pi}{p}+u} \left(i_1 - \frac{J_g}{2}\right) dy, \quad (298)$$

wie wir dies ähnlich bei den ungesteuerten Gleichrichtern unter (202) gefunden hatten, wobei jedoch der Zündwinkel belastungsabhängig war. Der erste rechtsstehende Bestandteil in (298) ist als der vorhin schon erhaltene induktive Abfall anzusprechen, während die beiden weiteren Bestandteile den Ohmschen Abfall darstellen. Den letzten Bestandteil wollen wir abschätzen; mit (292) finden wir bei Verwendung der Variablen $x = \vartheta - \frac{\pi}{2} + \frac{\pi}{p} - \alpha = y + \frac{\pi}{p}$

$$R_a \cdot \frac{p}{2\pi} \int\limits_0^u \left(i_1 - \frac{J_g}{2}\right) dx = R_a \cdot \frac{p}{2\pi} \cdot J_g \int\limits_0^u \left(\frac{\cos\alpha - \cos(x+\alpha)}{\cos\alpha - \cos(\alpha+u)} - \frac{1}{2}\right) dx$$

$$= R_a \cdot \frac{p}{2\pi} \cdot J_g \left(\frac{u \cos\alpha - \sin(u+\alpha) + \sin\alpha}{\cos\alpha - \cos(\alpha+u)} - \frac{u}{2}\right)$$

$$\approx -R_a J_g \cdot \frac{p}{12\pi} \frac{u^2}{u + 2\,\mathrm{tg}\,\alpha}. \quad (299)$$

Wir wissen, wie schon Abb. 97 veranschaulichte, daß dieser Wert den Flächeninhalt des durch i_1 und der Geraden $J_g \cdot \frac{x}{u}$ eingeschlossenen Zwickels vorstellt. Da jedoch der Verlauf von i_1 um so geradliniger ist, je größer die Zündverzögerung α ist, so ist auch der Wert (299) um so mehr vernachlässigbar, je höher α ist. Tatsächlich entnimmt man auch aus (299), daß dieser Wert für $\alpha = 0$ von der Größenordnung u, für höhere α-Werte dagegen von der Größenordnung u^2 ist.

Um für die jetzigen Verhältnisse den Wert der Kommutierungsdauer zu bestimmen, muß man die Ausgangsgleichung, die wir jetzt

$$\frac{e_1 - e_p}{2} = \sqrt{2}\,E_w \sin\frac{\pi}{p}\sin\left(y + \alpha + \frac{\pi}{p}\right) = R_a\left(i_1 - \frac{J_g}{2}\right) + X_a\frac{d i_1}{d y}$$

schreiben, unter Beachtung der Anfangsbedingung $i_{1\left(y = -\frac{\pi}{p}\right)} = 0$ integrieren. Ihre Lösung lautet

$$i_1 = \frac{\sqrt{2}\,E_w}{X_a}\sin\zeta\left(\sin\left(y + \frac{\pi}{p} + \alpha - \zeta\right) - \sin(\alpha - \zeta)\,e^{-\left(y + \frac{\pi}{p}\right)\operatorname{ctg}\zeta}\right)$$
$$+ \frac{J_g}{2}\left(1 - e^{-\left(y + \frac{\pi}{p}\right)\operatorname{ctg}\zeta}\right),$$

worin $\operatorname{tg}\zeta = X_a/R_a$ vorstellt. Die weitere Bedingung, daß $i_{1\left(y = -\frac{\pi}{p} + u\right)} = J_g$ sein muß, ergibt daraus eine weitere Beziehung, die sich schreiben läßt

$$\frac{X_a J_g}{2\sqrt{2}\,E_w} = \sin\zeta\left(\sin\frac{u}{2}\cos\left(\alpha - \zeta + \frac{u}{2}\right) + \mathfrak{Tg}\left(\frac{u}{2}\operatorname{ctg}\zeta\right)\cos\frac{u}{2}\sin\left(\alpha - \zeta + \frac{u}{2}\right)\right), \quad (300)$$

sie ist die gesuchte Bestimmungsgleichung für u. Für $R_a = 0$, d. h. $\zeta = \frac{\pi}{2}$, würde diese Beziehung in (293) übergehen.

Die Steuerblindleistung, Kommutierungsblindleistung und die Scheinleistung mit Berücksichtigung des Leerlaufstromes des Transformators. Die Zündverzögerung α bedingt eine Verlagerung des Schwerpunktes der Anodenströme im Sinne einer Nacheilung der Grundwelle derselben, sie bedingt also eine Blindleistung. Diese nennen wir die Steuerblindleistung N_{BSt}; sie kann, ebenso wie die Oberwellenzunahme der Gleichspannung, die Anwendbarkeit der gesteuerten Gleichrichter unter Umständen empfindlich einschränken.

Für einen Gleichrichter ohne Anodendrosseln mit rein Ohmscher Belastung errechnen wir

$$N_{BSt} = \frac{p}{2\pi}\cdot\sqrt{2}\,E_w\int_{-\frac{\pi}{p}}^{+\frac{\pi}{p}} i_1 \sin(y + \alpha)\,dy = \frac{2E_w^2}{R}\cdot\frac{p}{2\pi}\int_{-\frac{\pi}{p}}^{+\frac{\pi}{p}}\sin(y + \alpha)\cos(y + \alpha)\,dy$$
$$= \frac{E_w^2}{R}\cdot\frac{p}{2\pi}\sin\frac{2\pi}{p}\cdot\sin 2\alpha\,; \qquad (301)$$

für einen Gleichrichter ohne Anodendrosseln mit Ohmscher Belastung und unendlich großer Kathodendrossel findet man dagegen

$$N_{BSt} = \frac{p}{2\pi} \cdot \sqrt{2} E_w \int_{-\frac{\pi}{p}}^{+\frac{\pi}{p}} i_1 \sin(y+\alpha)\,dy = \frac{2E_w^2}{R} \cdot \frac{p}{2\pi} \cdot \frac{p}{\pi} \sin\frac{\pi}{p} \cos\alpha \int_{-\frac{\pi}{p}}^{+\frac{\pi}{p}} \sin(y+\alpha)\,dy$$

$$= \frac{E_w^2}{R} \cdot \frac{p^2}{\pi^2} \sin^2\frac{\pi}{p} \cdot \sin 2\alpha$$

$$= E'_{gm} J_g \cdot \operatorname{tg}\alpha; \qquad (302)$$

dieses letztere Ergebnis besagt, daß die Blindleistung auf einer Phasennacheilung der Stromgrundwellen um den Winkel α beruht, was ja auch tatsächlich der Fall ist, denn alle Ströme bleiben formengleich und verschieben sich nur um den Wert der Zündverzögerung.

Bei einem Gleichrichter mit Anodendrosseln erhält man neben einer Steuerblindleistung N_{BSt} noch die Kommutierungsblindleistung N_{BK}. Ihre Summe $N_B = N_{BSt} + N_{BK}$ errechnet sich mit (292) zu

$$N_B = \frac{p}{2\pi} \cdot \sqrt{2} E_w J_g \left[\int_{-\frac{\pi}{p}}^{-\frac{\pi}{p}+u} w(y,\alpha) \sin(y+\alpha)\,dy + \int_{-\frac{\pi}{p}+u}^{+\frac{\pi}{p}} \sin(y+\alpha)\,dy + \int_{+\frac{\pi}{p}}^{+\frac{\pi}{p}+u} (1 - w(y,\alpha)) \sin(y+\alpha)\,dy \right]$$

$$= \sqrt{2} E_w J_g \cdot \frac{p}{\pi} \sin\frac{\pi}{p} \cdot \chi(u,\alpha) = E'_{gm0} J_g \cdot \chi(u,\alpha), \qquad (303\text{a})$$

worin die Funktion

$$\chi(u,\alpha) = \frac{2u + \sin 2\alpha - \sin 2(\alpha+u)}{4(\cos\alpha - \cos(\alpha+u))} \qquad (303\text{a})$$

eine universelle Überlappungsfunktion vorstellt, die wir für $\alpha = 0$ schon in (143) kennengelernt haben. Ihren Verlauf als Funktion von u bei verschiedenen α-Werten zeigt Abb. 251. Darin sind außerdem wieder die Kurven gleicher Belastung gestrichelt eingetragen.

In diesen so berechneten Blindleistungen tritt nun noch die Leerlaufblindleistung des Transformators hinzu, die wir schon unter (184a) berechnet hatten; also wird die gesamte Blindleistung

$$N_B = E'_{gm0} J_g \left(\chi(u,\alpha) + \frac{\varkappa}{\lambda_0} \right), \qquad (304)$$

worin $\varkappa$ wieder den prozentualen Leerlaufstrom und λ_0 den ideellen totalen Leistungsfaktor nach (187) vorstellt. Es gelten somit dieselben

Formeln wie für den ungesteuerten Gleichrichter, nur daß an Stelle von $\chi(u)$ jetzt die allgemeinere Funktion $\chi(u, \alpha)$ tritt.

Das gleiche läßt sich von den Formeln (188c), (189) und (190) für den effektiven Primärstrom und die durch diesen bestimmte Scheinleistung sagen. Auch diese gelten für den gesteuerten Gleichrichter weiter, wenn man die universelle Überlappungsfunktion $\psi(u)$ durch

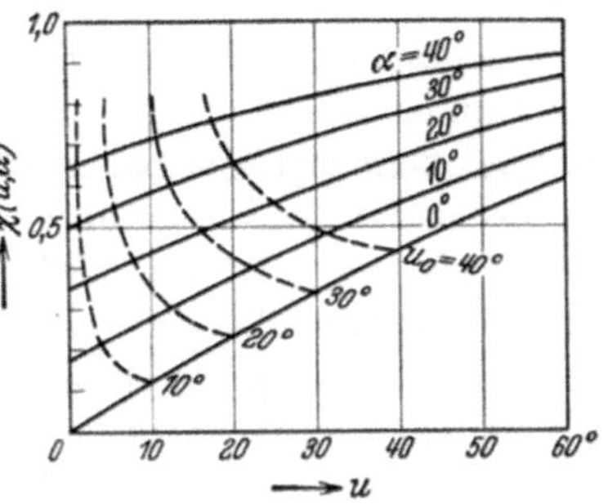

Abb. 251. Die universelle Überlappungsfunktion $\chi(u, \alpha)$.

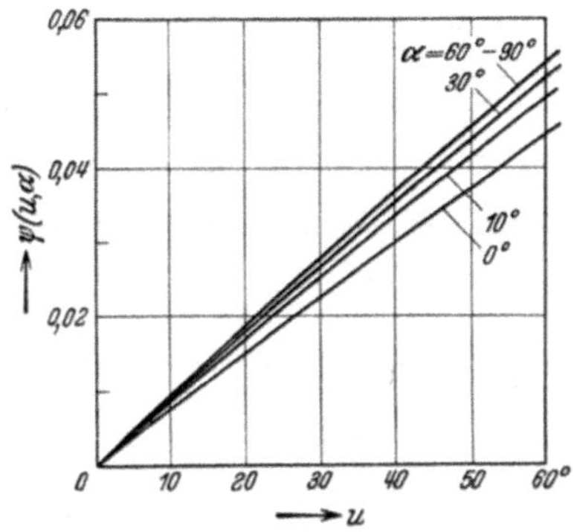

Abb. 252. Die universelle Überlappungsfunktion $\psi(u, \alpha)$.

eine allgemeinere Funktion $\psi(u, \alpha)$ ersetzt, die sich unter Verwendung der Variablen $x = y + \frac{\pi}{p}$ in (292) zu

$$\psi(u, \alpha) = \frac{1}{\pi}\int_0^u (w(x, \alpha) - w^2(x, \alpha))\,dx$$

$$= \frac{(2 + \cos(2\alpha + u)\sin u - u(1 + 2\cos\alpha\cos(\alpha + u))}{2\pi(\cos\alpha - \cos(\alpha + u))^2} \tag{305}$$

ergibt. Ihren Verlauf als Funktion von u bei verschiedenen α-Werten zeigt Abb. 252. Die den verschiedenen α Werten entsprechenden Werte von $\psi(u, \alpha)$ sind nur wenig voneinander verschieden, so daß es sich kaum lohnt, den Abweichungen gegenüber den Werten bei $\alpha = 0$ Rechnung zu tragen.

Unter Verwendung dieser Überlappungsfunktion wird der effektive Primärstrom nach (188c)

$$J_p = \frac{\sqrt{2}}{3z} J_p \sqrt{1 - 2p\sin^2\frac{\pi}{p}\cdot\psi(u, \alpha)}\,, \tag{306a}$$

und bei Mitberücksichtigung des Leerlaufstromes nach (189)

$$J_p = \frac{\sqrt{2}}{3z} J_p \sqrt{1 - 2p\sin^2\frac{\pi}{p}\cdot\psi(u, \alpha) + 2\lambda_0\varkappa\cdot\chi(u, \alpha) + \varkappa^2}\,. \tag{306b}$$

Die primäre Scheinleistung ist unter diesen Umständen

$$N_S = E'_{gm0} J_g \cdot \frac{1}{\lambda_0}\sqrt{1 - 2p\sin^2\frac{\pi}{p}\cdot\psi(u, \alpha) + 2\lambda_0\varkappa\cdot\chi(u, \alpha) + \varkappa^2}\,. \tag{307}$$

Bedenkt man nun, daß der Faktor vor der Wurzel von der Zündverzögerung unabhängig ist und die Glieder in der Wurzel außer der Zahl 1 nur kleine Korrekturglieder vorstellen, so erkennt man, daß die Scheinleistung von der Zündverzögerung praktisch unabhängig ist.

Ähnliches gilt für die sekundäre Scheinleistung, auf die besonders einzugehen wir jedoch keine Veranlassung haben.

Ganz anders liegen die Scheinleistungsverhältnisse jedoch bei Zusatztransformatoren, die zur Herbeiführung eines mehranodigen Betriebes des Gleichrichters mit dem Haupttransformator zusammenwirken, die wir z. B. als Saugtransformatoren kennengelernt haben, oder bei anderen Transformatoren, die primärseitig in Kaskade geschaltet sind und deren Einzelspannungen sich mit wachsender Zündverzögerung stark verändern. Als Beispiel erläutern wir die Verhältnisse bei einem zweiphasigen Saugtransformator für eine 2×3-phasen-Gleichrichterschaltung. Errechnen wir für diesen den Effektivwert der Ersatz-Sinusspannung und drücken diesen im Verhältnis zu dem Werte bei $\alpha = 0$ nach (224a) aus, so erhalten wir eine Größe, die auch das Verhältnis der Scheinleistung N_α des Saugtransformators zu seiner Scheinleistung N_0 bei $\alpha = 0$ vorstellt und sich darstellt.

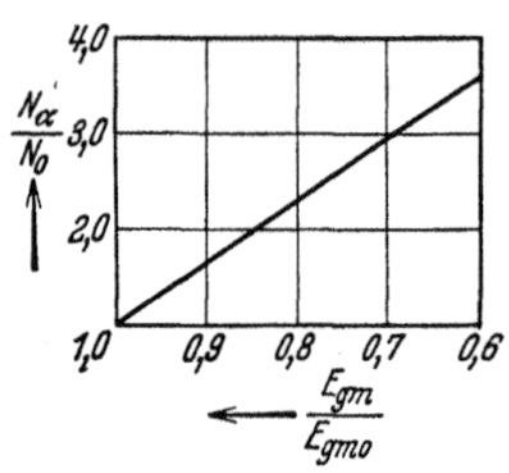

Abb. 253. Zunahme der Scheinleistung eines zweiphasigen Saugtransformators infolge Gittersteuerung.

$$\frac{N_\alpha}{N_0} = \frac{2 - \sqrt{3}\cos\alpha}{2 - \sqrt{3}} = \frac{1}{2 - \sqrt{3}}\left(2 - \sqrt{3}\,\frac{E_{gm}}{E_{gm\,0}}\right). \tag{308}$$

Mit abnehmendem Regulierverhältnis E_{gm}/E_{gm0} wächst somit N_α/N_0 linear, wie Abb. 253 veranschaulicht.

13. Die Eigenleistungsfaktoren des gesteuerten Mehrphasengleichrichters.

Die Leistungsfaktoren des Gleichrichters ohne Anodendrosseln. Mittels der nunmehr gewonnenen Leistungsdaten können wir sofort die Eigenleistungsfaktoren $\cos\alpha_0$ und $\cos\alpha_1$ des gesteuerten Gleichrichters angeben; an diesen offenbart sich die Anwendbarkeitsgrenze der Gittersteuerung naturgemäß in ähnlicher Weise wie an den Oberwellen der Gleichspannung oder des Gleichstromes. Die Höhe des Leistungsfaktors des gesteuerten Gleichrichters ist unter Umständen sogar von ganz ausschlaggebender Bedeutung.

Für einen Gleichrichter ohne Anodendrosseln sowie bei vernachlässigtem Leerlaufstrom sind die Verhältnisse am klarsten zu übersehen. Bei rein Ohmscher Belastung, also fehlender Kathodendrossel und lückenlosem Gleichstrom, ergibt sich der Leistungsfaktor der Grundwelle aus (301) in Verbindung mit der nach Abb. 221 zu errechnenden Beziehung $N_W = \frac{E_{ge}^2}{R} = \frac{E_w^2}{R}\left(1 + \frac{p}{2\pi}\sin\frac{2\pi}{p}\cos 2\alpha\right)$ zu

$$\cos\alpha_1 = \cos\left(\operatorname{arctg}\frac{\frac{p}{2\pi}\sin\frac{2\pi}{p}\sin 2\alpha}{1 + \frac{p}{2\pi}\sin\frac{2\pi}{p}\cos 2\alpha}\right), \tag{309a}$$

für lückenhaften Gleichstrom errechnet man auf ganz ähnliche Weise

$$\cos\alpha_1 = \cos\left(\operatorname{arctg}\frac{\frac{p}{2\pi}\left(1 + \cos 2\left(\alpha - \frac{\pi}{p}\right)\right)}{1 + \frac{p}{2\pi}\left(\pi - 2\alpha - \sin 2\left(\alpha - \frac{\pi}{p}\right)\right)}\right). \tag{309b}$$

Bei Ohmscher Belastung und unendlich großer Kathodendrossel erhält man auf Grund von (302) und wegen $N_W = E'_{gm} J_g$ das einfache Ergebnis

$$\cos\alpha_1 = \cos\alpha = \frac{E_{gm}}{E_{gm\,0}}; \tag{310}$$

der Leistungsfaktor $\cos\alpha_1$ ist dann also gleich dem Regulierverhältnis, wie ja auch zu erwarten ist.

Unter der letzteren Voraussetzung läßt sich der totale Leistungsfaktor $\cos\alpha_0$ ebenfalls sehr einfach angeben, da die primäre Stromkurvenform ja unverändert bleibt. Bezeichnen wir den Leistungsfaktor bei $\alpha = 0$ wie schon früher mit λ_0, so ergibt sich

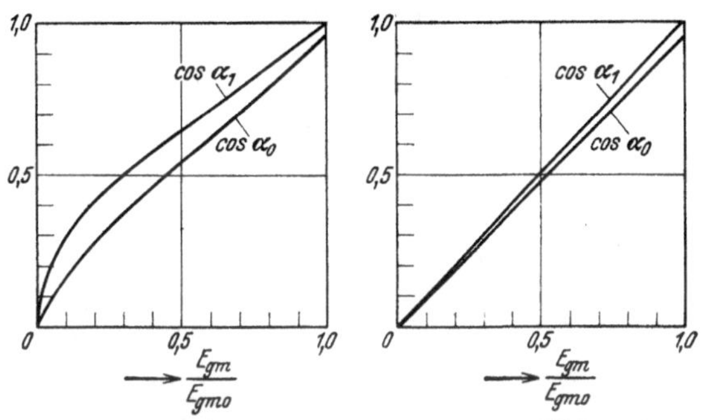

a) Bei fehlender Kathodendrossel — b) Bei unendlich großer Kathodendrossel

Abb. 254. Eigenleistungsfaktoren eines Sechsphasengleichrichters ohne Anodendrosseln mit Ohmscher Belastung als Funktion des Regulierverhältnisses.

$$\cos\alpha_0 = \lambda_0 \cdot \cos\alpha = \lambda_0 \cdot \frac{E_{gm}}{E_{gm\,0}}. \tag{311}$$

Anders liegen die Verhältnisse bei rein Ohmscher Belastung, also fehlender Kathodendrossel. Wir begnügen uns jedoch damit, den sich dann ergebenden Leistungsfaktor $\cos\alpha_0$ für einen Sechsphasengleichrichter anzugeben. Für diesen errechnet man bei lückenlosem Gleichstrom

$$\cos\alpha_0 = \sqrt{\frac{3}{2\pi}\left(\frac{\sqrt{3}}{2}\cos 2\alpha + \frac{\pi}{3}\right)} \tag{312a}$$

und bei lückenhaftem Gleichstrom

$$\cos\alpha_0 = \sqrt{\frac{3}{2\pi}\left(\frac{2\pi}{3} - \alpha - \frac{1}{2}\sin\left(2\alpha - \frac{\pi}{3}\right)\right)}. \tag{312b}$$

Um von dem Verlauf der so berechneten Leistungsfaktoren ein Bild zu erhalten, sind die gewonnenen Ausdrücke für den Sechsphasengleichrichter für beide Belastungsfälle in Abb. 254 aufgetragen. Ähnlich verlaufen die Leistungsfaktoren für andere Phasenzahlen.

Die Leistungsfaktoren des Gleichrichters mit Anodendrosseln. Berücksichtigen wir nun Anodendrosseln und außerdem den Leerlaufstrom des Transformators, so kommt noch die Kommutierungsblindleistung und die Leerlaufblindleistung zur Auswirkung; wir haben alsdann von den Formeln (304), (305) und (307) auszugehen, zu denen die Beziehung $N_W = E'_{gm0} J_g \cdot \frac{1}{2}(\cos\alpha + \cos(\alpha + u))$ hinzutritt. Man erhält auf diese Weise

$$\cos\alpha_0 = \frac{\lambda_0 \cdot \frac{1}{2}(\cos\alpha + \cos(\alpha + u))}{\sqrt{1 - 2p\sin^2\frac{\pi}{p} \cdot \psi(u, \alpha) + 2\lambda_0 \varkappa \cdot \chi(u, \alpha) + \varkappa^2}}, \tag{313a}$$

$$\cos\alpha_1 = \cos\left(\operatorname{arctg} \frac{\chi(u, \alpha) + \frac{\varkappa}{\lambda_0}}{\frac{1}{2}(\cos\alpha + \cos(\alpha + u))}\right). \tag{313b}$$

Von diesen beiden Leistungsfaktoren findet man den praktisch wichtigeren zweiten Leistungsfaktor $\cos\alpha_1$ für vernachlässigten Leerlaufstrom, d. h. $\varkappa = 0$, in Abb. 255 für verschiedene α-Werte als Funktion von u aufgetragen; darin findet man die Punkte gleicher Belastung wieder gestrichelt eingetragen.

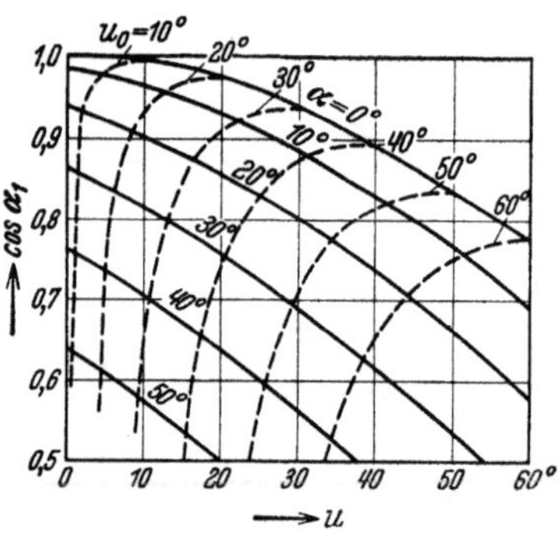

Abb. 255. Leistungsfaktor $\cos\alpha_1$ des Gleichrichters beliebiger Phasenzahl mit Anodendrosseln bei $\varkappa = 0$.

Wegen der Bedeutung des Leistungsfaktors $\cos\alpha_1$ wollen wir für (313b) noch eine Näherungsformel angeben. Dazu entwickeln wir die rechte Seite von (303a) nach u und erhalten für mäßige α-Werte $\chi(u, \alpha) \approx \sin\alpha + u\cos\alpha$. Setzt man außerdem in (313b) den Nenner gleich 1, so erhält man näherungsweise

$$\operatorname{tg}\alpha_1 = \sin\alpha + u\cos\alpha + \frac{\varkappa}{\lambda_0}. \tag{314a}$$

Um endlich noch die Abhängigkeit von $\cos\alpha_1$ von der Belastung zu erkennen, setzen wir $\varkappa$ für den Nennlaststrom $\bar{J}_g$ gleich $\bar{\varkappa}$. Ferner setzen wir für u den aus (296) hervorgehenden Näherungswert für mäßig große α-Werte, nämlich $u = 2\varepsilon_s/\operatorname{tg}\alpha$ ein. Dabei ist ε_s von J_g wieder linear abhängig, also $= \bar{\varepsilon}_s \cdot J_g/\bar{J}_g$, wenn $\bar{\varepsilon}_s$ den Wert von ε_s für $J_g = \bar{J}_g$ vor stellt. Auf diese Weise entsteht die Näherungsformel

$$\operatorname{tg}\alpha_1 = \sin\alpha + 2\frac{\cos\alpha}{\operatorname{tg}\alpha}\bar{\varepsilon}_s \cdot \frac{J_g}{\bar{J}_g} + \frac{\bar{\varkappa}}{\lambda_0} \cdot \frac{\bar{J}_g}{J_g}, \tag{314b}$$

deren Geltung indessen auf nicht zu kleine α-Werte begrenzt ist.

Verbesserung des Leistungsfaktors durch Zusatzanoden. Zur Verbesserung des Leistungsfaktors kann man an sich, wie schon an anderer Stelle gesagt worden ist, so vorgehen, daß man für die Entnahme kapazitiver Blindleistung Sorge trägt. Es bieten sich jedoch bei gesteuerten Gleichrichtern noch andere Möglichkeiten. Die eine, etwas behelfsmäßige Möglichkeit ist die, daß man die Regulierung in groben Stufen durch Veränderung des Übersetzungsverhältnisses des Transformators mittels Regulierschalter und durch Gittersteuerung nur die Regelung innerhalb dieser Stufen vornimmt. In Fällen, wo z. B. zur Erzielung einer stetigen Regulierung die Anwendung eines Regulierschalters nicht angängig ist, hat man vorgeschlagen, die Anzapfungen des Transformators anstatt zu den Kontakten des Regulierschalters zu verschiedenen Anoden zu führen, so daß man damit ein Gleichrichtergefäß mit mehrfacher Anodenbesetzung erhält, wobei die Ausschaltung der jeweils unbeteiligten Anodensätze wieder durch Steuergitter erzielt werden kann. Man kann die verschiedenen Anodensätze bei passender Steuerung aber auch gleichzeitig zur Beteiligung heranziehen; auch dann kann man eine Verbesserung des Leistungsfaktors und darüber hinaus noch eine Verringerung des Gleichspannungsabfalles erreichen[1]. Wir wollen diese Arbeitsweise für einen Zweiphasengleichrichter mit doppelter Anodenbesetzung verfolgen.

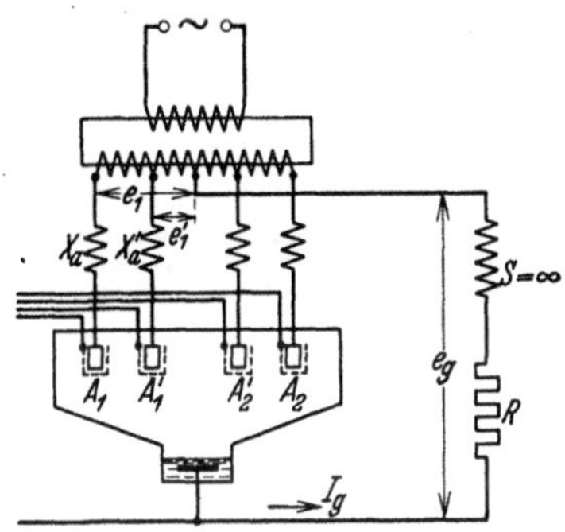

Abb. 256. Zweiphasengleichrichter mit Zusatzanoden zur Verbesserung des Leistungsfaktors.

Der in Abb. 256 im Schaltbild gezeigte Gleichrichter besitzt ein Gefäß mit den Hauptanoden A_1, A_2 und den Zusatzanoden A_1', A_2', die an verschiedene Anzapfungen der Sekundärwicklung des Transformators angeschlossen sind. Die Spannung zwischen der zu A_1 führenden Anzapfung und dem Nullpunkt sei $e_1 = \sqrt{2}E_w \sin\vartheta$, die Spannung zwischen der zu A_1' führenden Anzapfung und dem Nullpunkt sei $e_1' = \sqrt{2}E_w' \sin\vartheta$, insbesondere bedeute $s = E_w'/E_w$. Ferner nehmen wir Ohmsche Belastung und eine unendlich große Kathodendrossel an. Die Reaktanzen X_a bzw. X_a' der Anodendrosseln wollen wir für diese Überlegungen vernachlässigen.

Bei fehlenden Zusatzanoden mögen die Gleichspannung e_g und der Primärstrom i_p wie in Abb. 257a dargestellt verlaufen, wobei α die Zündverzögerung der Anoden ist. Treten nun die genannten Zusatzanoden noch hinzu, so zündet im Gebiet der positiven Halbwelle von

[1] Vgl. E. Uhlmann: Elektrotechn. u. Maschinenb. Bd. 50 (1933) S. 649.

e_1 bzw. e_1' die Anode A_1' schon bei $\vartheta = 0$, sofern durch passende Steuerung die Anode A_1' voll geöffnet und die Anode A_2' voll gesperrt wird. Bei $\vartheta = \alpha$ zündet alsdann die Hauptanode A_1, womit unter dem dann einsetzenden Ausgleichsstrom die Löschung der Anode A_1' stattfindet. Bei vernachlässigten Anodendrosseln spielt sich dieser Kommutierungsvorgang in unendlich kurzer Zeit ab. In dem so für Spannungshalbwelle beschriebenen Beispiel haben wir den Fall eines positiven s-Wertes vor uns; der Grenzfall $s = 1$ entspricht dann einem ungesteuerten Gleichrichter. Sperrt man dagegen während der positiven Halbwelle von e_1 bzw. e_1' die Anode A_1' bei voll geöffneter Anode A_2', so zündet A_2' bei $\vartheta = 0$, und wir haben den Fall eines negativen s-Wertes vor uns; der Grenzfall $s = -1$ entspricht dann einem normal gesteuerten Gleichrichter nach Abb. 257a. Der Sonderfall $s = 0$ ist verwirklicht durch einen Gleichrichter mit einer einzigen ungesteuerten Zusatzanode, die an den Nullpunkt des Transformators angeschlossen ist und die man dann als Mittelanode bezeichnet.

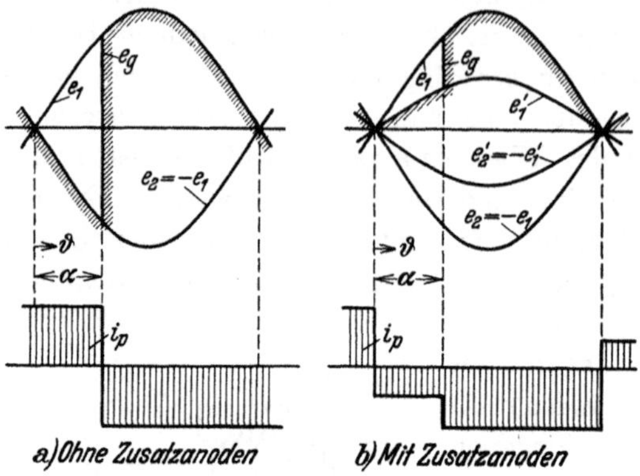

Abb. 257. Gleichspannung und Primärstrom eines Zweiphasengleichrichters mit Zusatzanoden bei unendlicher Kathodendrossel.

Die mittlere Gleichspannung errechnet sich zu

$$E_{gm} = \frac{\sqrt{2}}{\pi}\left(E_w' \int_0^\alpha \sin\vartheta\, d\vartheta + E_w \int_\alpha^\pi \sin\vartheta\, d\vartheta\right) = E_{gm0}\left(\frac{1+s}{2} + \frac{1-s}{2}\cos\alpha\right), \quad (316)$$

worin E_{gm0} den Spannungswert $2\sqrt{2}/\pi \cdot E_w$ des ungesteuerten Gleichrichters vorstellt. Den Verlauf von E_{gm} für verschiedene s-Werte als Funktion von α zeigt Abb. 258; ein Vergleich mit den Werten für $s = -1$ läßt erkennen, um wieviel man bei dem Gleichrichter mit Zusatzanoden α größer zu nehmen hat, um auf denselben E_{gm}-Wert zu kommen wie bei dem Gleichrichter ohne Zusatzanoden. Trotz dieser notwendigen Vergrößerung der Zündverzögerung erzielt man noch eine Verbesserung der Leistungsfaktoren, wie wir jetzt für den Leistungsfaktor $\cos\alpha_1$ zeigen wollen.

Hierzu berechnen wir die Wirkleistung, die wir zu $N_W = E_{gm} J_g = \frac{2\sqrt{2}}{\pi} E_w J_g\left(\frac{1+s}{2} + \frac{1-s}{2}\cos\alpha\right)$ ermitteln, und die Blindleistung, für die sich $N_B = \frac{\sqrt{2}}{\pi} E_w J_g (1 - s) \sin\alpha$ ergibt. Daraus erhält man $\cos\alpha_1 = N_W / \sqrt{N_W^2 + N_B^2}$ zu

$$\cos\alpha_1 = \frac{\frac{E_{gm}}{E_{gm\,0}}}{\sqrt{(1+s)\frac{E_{gm}}{E_{gm\,0}} - s}}. \tag{317}$$

Seinen Verlauf als Funktion von $E_{gm}/E_{gm\,0}$ zeigt Abb. 259; aus ihr ersieht man, daß die Verbesserung des Leistungsfaktors $\cos\alpha_1$ erheblich

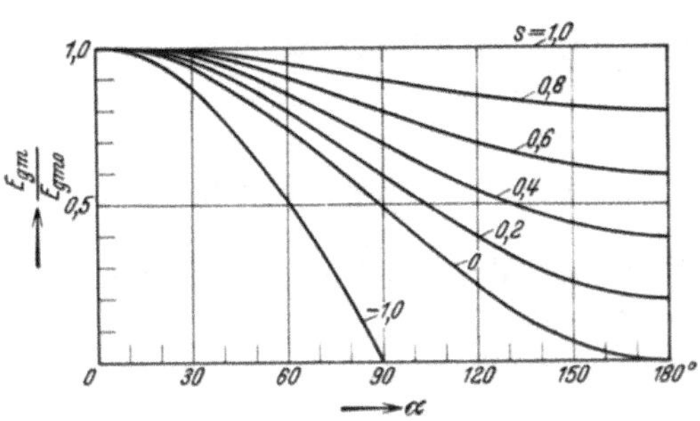

Abb. 258. Mittlere Gleichspannung als Funktion von α bei verschiedenen Werten von s.
$s = +1$ entspricht Gleichrichter ungesteuert,
$s = 0$ „ „ mit Mittelanode,
$s = -1$ „ „ mit normaler Steuerung.

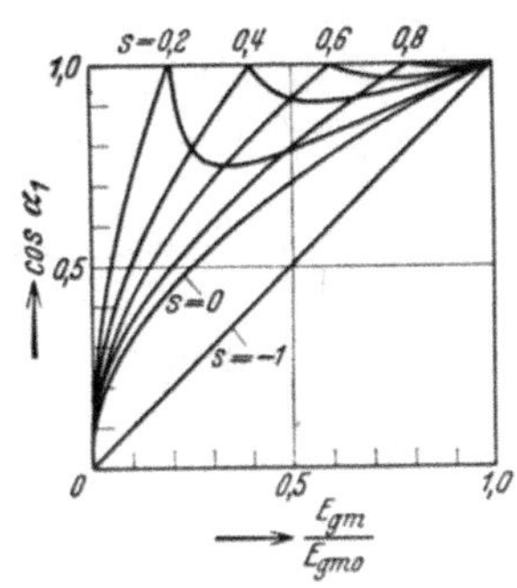

Abb. 259. Leistungsfaktor $\cos\alpha_1$ bei verschiedenen Werten von s als Funktion des Regulierverhältnisses.

sein kann. Ein ähnliches Ergebnis erhält man für den totalen Leistungsfaktor $\cos\alpha_0$. Wie man außerdem in Abb. 257 erkennen kann, tritt durch die Zusatzanoden auch eine Verminderung der Welligkeit der Gleichspannung und ihrer Oberwellen ein.

14. Weiterer Verlauf der Gleichspannungscharakteristik des gesteuerten Mehrphasengleichrichters, Übergang auf Wechselrichterbetrieb.

Verlauf der Charakteristik des Gleichrichters mit unendlich großer Kathodendrossel. Die bisherigen Überlegungen bezogen sich auf den für die Grundschaltungen normalen einanodigen Betrieb. Sie lassen sich ziemlich weitgehend übertragen auf die weiteren Schaltungen, für die ein mehranodiger Betrieb den normalen Belastungszustand darstellt. Wir müssen aus Raumgründen davon absehen, dies im einzelnen zu begründen; aber es ist leicht einzusehen, daß die weiter oben festgestellte Unabhängigkeit des Gleichspannungsabfalles ΔE_{gm} von der Zündverzögerung auch für die Schaltungen mit mehranodigem Betrieb gelten muß, denn für diesen Spannungsabfall kam es ja nur auf die zu kommutierenden Stufenwerte der Anodenströme an.

Nach diesen Feststellungen müssen wir vermuten, daß ganz Ähnliches gilt, wenn der mehranodige Betrieb der höhere Belastungszustand eines Gleichrichters der Grundschaltungen ist. Mit diesen höheren Belastungszuständen wollen wir uns jetzt befassen[1]. Wir denken uns einen p-phasigen Gleichrichter mit ungekoppelten Anodendrosseln und unendlich großer Kathodendrossel, wie wir diesen schon für die zu den Ergebnissen (256 b) bis (261) führenden Untersuchungen des ungesteuerten Beispieles zugrunde gelegt haben. Die Belastungshöhe sei so, daß außerhalb der Kommutierung m und während der Kommutierung $m+1$ Anodenströme gleichzeitig fließen.

Dann gilt, wie wir schon aus Abb. 220 entnehmen können, als Spannungsgleichgewicht wie bei dem ungesteuerten Gleichrichter

$$e_g + X_a \frac{d i_i}{d\vartheta} = e_i, \quad i = 1, 2, \ldots, m+1 \text{ bzw. } m. \tag{318}$$

Infolge der Gittersteuerung zündet jedoch z. B. die Anode 1 nicht bei $\vartheta = \delta_{m+1}$, sondern um den Zündverzögerungswinkel α später, d. h. bei $\vartheta = \delta_{m+1} + \alpha$. Wir finden deshalb aus (319) ähnlich wie früher aus (257)

$$i_{1\left(\delta+\alpha+\frac{2\pi}{p}\right)} = \frac{1}{X_a} \int\limits_{\delta+\alpha}^{\delta+\alpha+\frac{2\pi}{p}} (e_1 - e_g)\, d\vartheta,$$

$$i_{2\left(\delta+\alpha+\frac{2\pi}{p}\right)} = i_{2(\delta+\alpha)} + \frac{1}{X_a} \int\limits_{\delta+\alpha}^{\delta+\alpha+\frac{2\pi}{p}} (e_2 - e_g)\, d\vartheta,$$

. . . .

$$i_{m\left(\delta+\alpha+\frac{2\pi}{p}\right)} = i_{m(\delta+\alpha)} + \frac{1}{X_a} \int\limits_{\delta+\alpha}^{\delta+\alpha+\frac{2\pi}{p}} (e_m - e_g)\, d\vartheta$$

und daraus nach Summieren dieser Gleichungen

$$J_g = i_{1\left(\delta+\alpha+\frac{2\pi}{p}\right)} + \cdots + i_{m\left(\delta+\alpha+\frac{2\pi}{p}\right)} = \frac{1}{X_a} \sum_{h=1}^{m} (m+1-h) \int\limits_{\delta+\alpha}^{\delta+\alpha+\frac{2\pi}{p}} (e_h - e_g)\, d\vartheta.$$

---

[1] Vgl. W. Dällenbach: Elektrotechn. Z. Bd. 53 (1932) S. 1059. Wir erwähnen noch, daß später E. v. Aufschnaiter dasselbe Problem, ohne auf die vorstehende Arbeit Bezug zu nehmen, unter Zugrundelegung einer unendlichen Phasenzahl und eines von F. Ollendorff angegebenen Transformatormodelles in Angriff genommen hat, jedoch ohne Berücksichtigung des Wechselrichterbetriebes; vgl. Diss. T. H. Berlin 1933.

Hieraus folgt aber

$$\frac{\pi}{p} m(m+1) E_{gm} = \sum_{h=1}^{m} (m+1-h) \int\limits_{\delta+\alpha}^{\delta+\alpha+\frac{2\pi}{p}} e_h \, d\vartheta - X_a J_g ,$$

wofür sich schreiben läßt

$$\frac{\pi}{p} m(m+1) E_{gm} = \cos\alpha \cdot \sum_{h=1}^{m} (m+1-h) \int\limits_{\delta}^{\delta+\frac{2\pi}{p}} e_h \, d\vartheta - X_a J_g . \quad (320)$$

Das hierdurch ausgedrückte Geradenstück der Charakteristik stimmt überein mit dem in (256) angegebenen Charakteristikenstück des ungesteuerten Gleichrichters, nur mit dem Unterschied, daß der Schnittpunkt der Geraden mit der Ordinatenachse im Verhältnis $\cos\alpha$ zu 1 gesenkt ist. Hieraus geht hervor, daß man, ausgehend von dem für den Belastungszustand m maßgebenden Geradenstück G_m, der Charakteristik des ungesteuerten Gleichrichters das Geradenstück G'_m für den gesteuerten Gleichrichter mit der Zündverzögerung α mittels der in Abb. 260 gezeigten Konstruktion gewinnen kann, in der G'_m aus G_m durch Parallelverschiebung im Ordinatenverhältnis $\cos\alpha$ zu 1 hervorgeht.

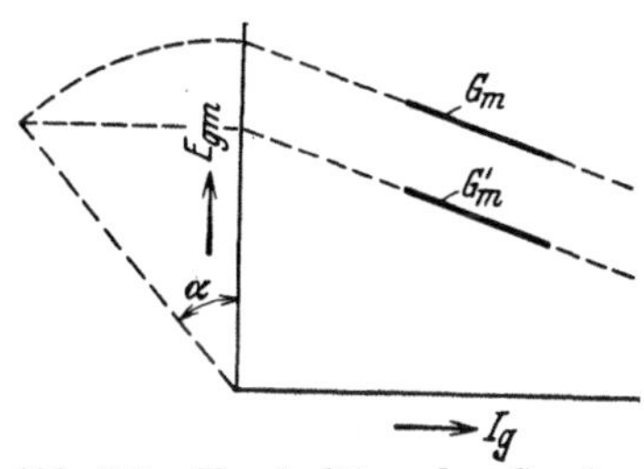

Abb. 260. Konstruktion des Geradenstückes a'_m für m-anodigen Betrieb der Charakteristik bei Gittersteuerung aus dem Geradenstück a_m ohne Gittersteuerung.

Der Belastungsbereich, in dem das Geradenstück G'_m gültig ist, hängt von der Brenndauer ab, denn diese bestimmt ja den Grad der Anodenbeteiligung. Der Bereich beginnt jeweils bei der Belastung, für die die Kommutierung u bei m-anodigem Betrieb $= 0$ ist, und endet bei der Belastung, für die $u = \frac{2\pi}{p}$ geworden ist. Unterhalb dieses Bereiches hat man $m-1$ anodigen Betrieb, oberhalb desselben $m+1$ anodigen Betrieb. Verbindet man die Schnittpunkte der Geraden G'_{m-1} und G'_m verschiedener α-Werte, sowie die Schnittpunkte der Geraden G'_{m+1} und G'_m je durch einen Kurvenzug, so schließen diese beiden Kurven ein Belastungsgebiet ein, in welchem die Brenndauer λ der Anodenströme innerhalb der durch

$$\frac{2\pi}{p} m \leqq \lambda \leqq \frac{2\pi}{p}(m+1)$$

gegebenen Grenzen liegt. Die Kurven selbst, die die Punkte gleicher Brenndauer, nämlich der Werte $\lambda = \frac{2\pi}{p} m$ bzw. $\lambda = \frac{2\pi}{p}(m+1)$ verbinden, haben wir bereits früher kennengelernt; es sind die durch (262) und (262a) definierten Ellipsen, auf die wir überdies auch bei dem gesteuerten Gleichrichter mit Gegenspannungsbelastung unter (283a) und (283b) gestoßen sind.

Die auf den Ellipsen liegenden Charakteristikpunkte haben das Merkmal, daß die Kommutierungsdauer u dort noch Null ist; betrachten wir in Abb. 261 insbesondere die Ellipse E_m, so ist für sie die Brenndauer $\lambda = \frac{2\pi}{p} m$, d. h. es fließen im ganzen Intervall $\frac{2\pi}{p}$ stets m Anodenströme gleichzeitig. Aus diesem Grunde schließt man aus den Spannungsgleichungen

$$e_g + X_a \frac{d\,i_i}{d\vartheta} = e_i, \quad i = 1, 2, \ldots, m$$

unmittelbar durch Summieren über alle i-Werte $e_g = \frac{1}{m}\sum_{k=1}^{m} e_k$ und daraus mit dem Zündwinkel $\vartheta_0 + \alpha$

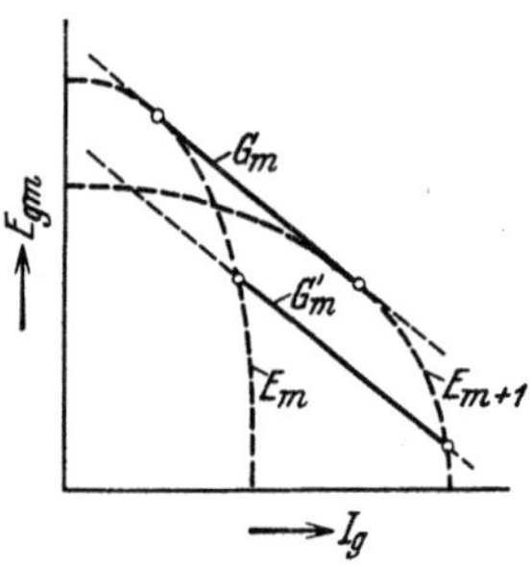

Abb. 261. Begrenzung des Geradenstückes G'_m durch die Ellipsen gleicher Brenndauer $\frac{2\pi}{p} m$ bzw. $\frac{2\pi}{p}(m+1)$.

$$E_{gm} = \frac{p}{2\pi}\int_{\delta+\alpha}^{\delta+\alpha+\frac{2\pi}{p}} \frac{1}{m}\sum_{k=1}^{m} e_k\,d\vartheta$$

und nach Einsetzen des obigen e_g-Wertes in die Ausgangsgleichungen und Integration derselben sowie Summieren über alle i_i

$$J_g = \sum_{h=1}^{m}(m+1-h)\int_{\delta+\alpha}^{\delta+\alpha+\frac{2\pi}{p}} \frac{1}{x}\left(e_h - \frac{1}{m}\sum_{k=1}^{m} e_k\right) d\vartheta.$$

Damit haben wir tatsächlich die frühere Parameterdarstellung der Ellipse gefunden, nur eben nicht in δ, sondern in $\delta + \alpha$, was indessen auf die Gestalt der Ellipse ohne Einfluß ist.

Zwischen je zwei Ellipsen E_m und E_{m+1} verlaufen aber die Geraden G'_m, deren Gleichung wir jetzt noch einmal hinschreiben wollen. Wir setzen jedoch in (320) für den Summenausdruck den früher berechneten Wert ein und führen den ideellen Kurzschlußstrom $J_{gk0} = p\sqrt{2}E_w/X_a$ ein, so daß wir wieder zu der reduzierten Charakteristik gelangen. Ferner schreiben wir für den in (320) nur für das zugehörige Belastungsintervall definierten Verzögerungswinkel α, den wir eigentlich α_m hätten schreiben müssen, jetzt genauer $\delta_2 + \alpha - \delta_{m+1}$, worin nunmehr α den ursprünglich eingeführten Verzögerungswinkel bei Leerlauf vorstellt. Alsdann schreibt sich das Geradenstück G'_m der Charakteristik

$$\frac{E_{gm}}{\sqrt{2}E} = \tag{321}$$
$$\frac{p}{\pi m(m+1)}\left((m+1)\sqrt{1+v_{m+1}^2-2v_{m+1}\cos\frac{m\pi}{p}}\cdot\cos(\delta_2+\alpha-\delta_{m+1})-p\frac{J_g}{J_{gk0}}\right).$$

Damit sind wir endlich imstande, den ganzen Verlauf der Charakteristik des gesteuerten Gleichrichters zu berechnen.

Verlauf der Charakteristik bis zur Wechselrichter-Trittgrenze. Jeder für einen bestimmten α-Wert gezeichnete Geradenzug trifft bei einem gewissen J_g-Wert die Abszissenachse; dieser J_g-Wert ist der Kurzschlußstrom J_{gk} des gesteuerten Gleichrichters, für ihn ist die Gleichspannung $E_{gm} = 0$. Mit der Erreichung des Gleichrichter-Kurzschlußstromes sind aber die möglichen Betriebszustände noch nicht erschöpft. Vielmehr besagt Gleichung (321), daß bei weiter wachsendem Gleichstrom die Gleichspannung E_{gm} ihr Vorzeichen wechselt, was physikalisch bedeutet, daß dann im Gleichstromkreis eine treibende elektromotorische Kraft, d. h. in Abb. 202 eine Spannung E_b mit umgekehrter Polarität, wirksam sein müßte, so daß die mittlere Gleichspannung E_{gm} gleichfalls ihr Vorzeichen wechselt; unter diesen Umständen gibt es somit für passende Zündverzögerungen weitere mögliche Betriebszustände. Da der Vorzeichenänderung der Gleichspannung bei gleicher Richtung des Gleichstromes eine Änderung der Energierichtung entspricht, so sagen wir, daß sich ein Übergang von Gleichrichterbetrieb auf Wechselrichterbetrieb vollzogen hat. Da indessen unsere Rechnungen an keine Voraussetzung über das

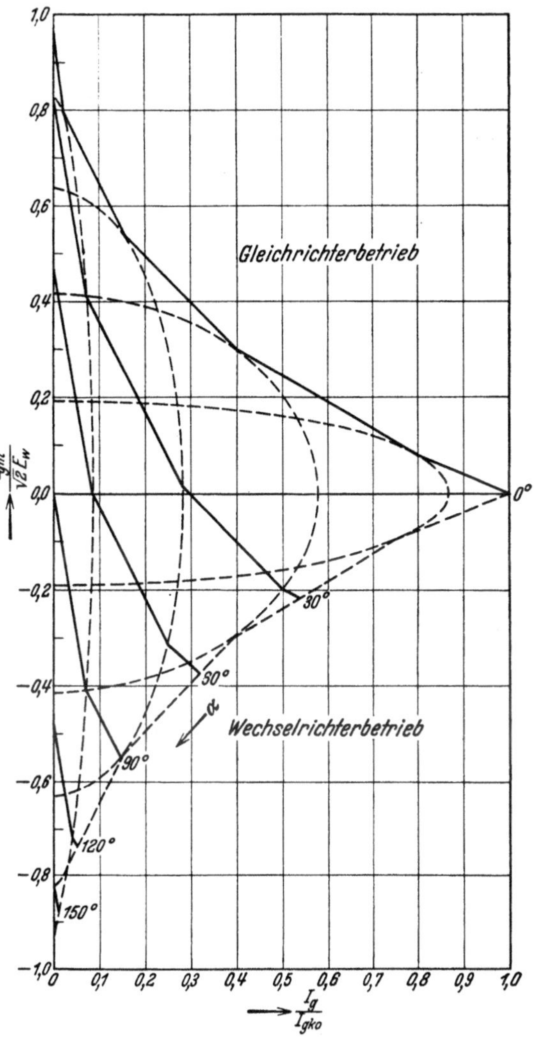

Abb. 262. Charakteristik eines gesteuerten Sechsphasengleichrichters mit Anodendrosseln bei Ohmscher Belastung und unendlich großer Kathodendrossel für verschiedene Zündverzögerungen von Leerlauf bis zur Wechselrichter-Trittgrenze.

Vorzeichen der Gleichspannung gebunden sind, so gilt auch die Beziehung (321) für den Wechselrichterbetrieb unverändert weiter.

Um uns von dem Ergebnis ein anschauliches Bild machen zu können, wurde in Abb. 262 die vollständige Charakteristik eines Sechsphasengleichrichters für eine Reihe von α-Werten, und zwar für $\alpha = 0°, 30°, 60°, 90°, 120°$ und $150°$ entworfen. Dabei haben wir die schon in Abb. 208 konstruierten Ellipsen einfach übernommen und im übrigen von den im vorigen Kapitel bewiesenen Sätzen Gebrauch gemacht. Im Wechselrichtergebiet endigen die Charakteristiken in ihren Schnittpunkten mit der gestrichelt eingezeichneten, um die Stromachse gespiegelten Charakteristik des ungesteuerten Gleichrichters; diese letztere Charakteristik stellt also die Trittgrenze des Wechselrichters dar. Von dieser Eigentümlichkeit haben wir schon einmal gesprochen; wir werden diese jetzt jedoch von einem ganz anderen Standpunkt aus verstehen, nämlich auf Grund eines allgemeinen Satzes, den wir jetzt ableiten werden[1].

Der Gleich-Wechselrichter-Symmetriesatz. Bei Gleichrichterbetrieb gelten für den m-anodigen Betrieb die Spannungsgleichungen

$$e_g + X_a \frac{d i_i}{d\vartheta} = e_i, \qquad i = 1, 2, \ldots, m+1 \text{ bzw. } m.$$

Bei Wechselrichterbetrieb gelten an sich dieselben Gleichungen; schreiben wir e_g, i_i und e_i zur Unterscheidung jetzt e_g^*, i_i^* und e_i^*, so ist also

$$e_g^* + X_a \frac{d i_i^*}{d\vartheta} = e_i^*, \qquad i = 1, 2, \ldots, m+1 \text{ bzw. } m,$$

wobei jedoch e_g^* das umgekehrte Vorzeichen hat wie e_g. Der Zündeinsatz des Anodenstromes i_1 sei bei Gleichrichterbetrieb bei $\delta = \delta_{m+1} + \alpha$, bei Wechselrichterbetrieb bei $\delta^* = \delta_{m+1} + \alpha^*$.

Wir wollen nun annehmen, daß der Verlauf von e_g und der Verlauf der i_i bei Gleichrichterbetrieb bekannt ist, und zwar so ist, wie Abb. 263 veranschaulicht. Die Brenndauer der Anodenströme sei λ. Es läßt sich dann leicht einsehen, daß man durch Spiegelung der Stromkurve i_1 an der strichpunktierten Symmetrieachse bei Beibehaltung des Vorzeichens von i_1 eine neue Stromkurve i_1^* und durch Spiegelung der Gleichspannungskurve e_g an der Symmetrieachse bei gleichzeitigem Vertauschen des Vorzeichens von e_g eine neue Gleichspannungskurve e_g^* erhalten kann, die die Eigenschaft haben, die Lösungen der Ausgangsgleichungen für Wechselrichterbetrieb vorzustellen. Bei einer solchen Konstruktion wird offenbar $\alpha^* = 2\pi - 2\delta_{m+1} - \lambda - \alpha$, d. h. bei gleicher Brenndauer λ beträgt der Zündwinkel bei Gleichrichterbetrieb $\delta_{m+1} + \alpha$, während der Löschwinkel bei Wechselrichterbetrieb

[1] Diesen schönen Satz teilte mir E. Gerecke mit.

$2\pi - (\delta_{m+1} + \alpha)$ beträgt. Um dies zu beweisen, braucht man sich nur klarzumachen, daß zu jeder Zeit ϑ

$$\begin{aligned} i_{1(\vartheta)} &= i^*_{1(2\pi-\vartheta)} \\ e_{g(\vartheta)} &= -e^*_{g(2\pi-\vartheta)} \end{aligned} \tag{322}$$

ist und daß daher auch

$$\frac{d i_1}{d\vartheta}(\vartheta) = -\frac{d i_1^*}{d\vartheta}(2\pi - \vartheta)$$

ist. Da außerdem $e_{1(\vartheta)} = -e^*_{1(2\pi-\vartheta)}$ ist, so sind die Größen e_g^* und i_i^*, wie man sich durch Einsetzen überzeugt, tatsächlich richtige

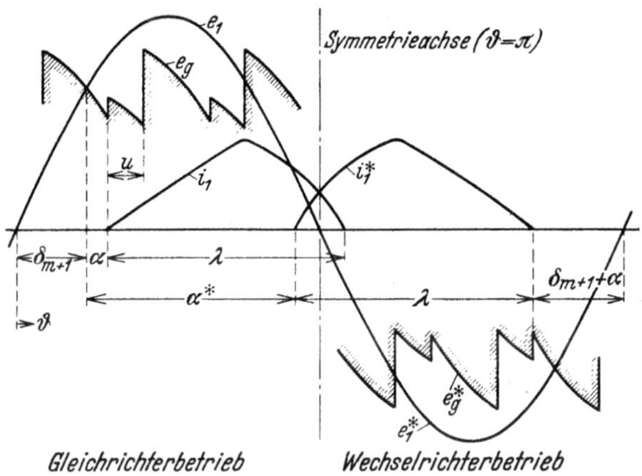

Abb. 263. Verlauf der Gleichspannung und eines Anodenstromes bei Gleichrichter- und bei Wechselrichterbetrieb bei $\alpha^* = 2\pi - 2\delta_{m+1} - \lambda - \alpha$.

Lösungen der obigen Spannungsgleichungen, wobei dann die Gleichströme J_g und J_g^* einander gleich und die mittleren Gleichspannungen e_{gm} und E_{gm}^* vorzeichenverkehrt gleich sind.

Variiert man nun die Belastung bei Gleichrichterbetrieb, so daß sich die Brenndauer verändert, und variiert man andererseits die Belastung bei Wechselrichterbetrieb unter gleichzeitiger Veränderung der Zündverzögerung α^* derart, daß der Löschwinkel konstant bleibt, so sind die sich so ergebenden Geradenstücke der Spannungscharakteristik, wie Abb. 264 zeigt, in bezug auf die Stromachse Spiegelbilder. Konstruiert man diese Geradenstückpaare für verschiedene Zündverzögerungen α, so findet man, daß mit abnehmendem α eine Parallelverschiebung der Geradenstücke für Gleichrichterbetrieb bis zum Zusammenfallen derselben mit dem Geradenstück des ungesteuerten Gleichrichters stattfindet, während die Geradenstücke für Wechsel-

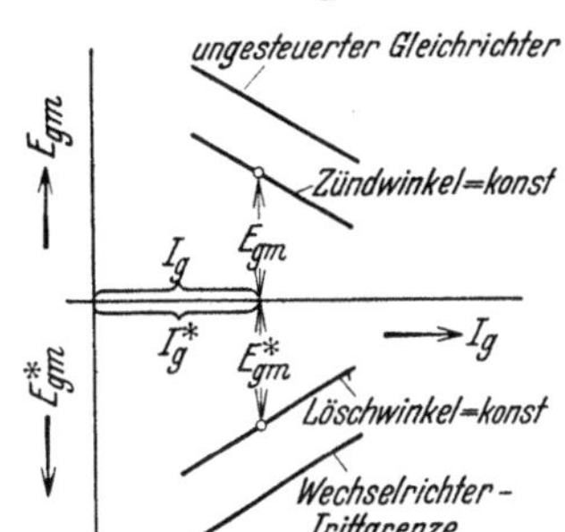

Abb. 264. Zur Erläuterung des Gleich-Wechselrichter-Symmetriesatzes.

richterbetrieb durch ähnliche Parallelverschiebung in das gespiegelte Geradenstück des ungesteuerten Gleichrichters übergeht. Da nun bei dem ungesteuerten Gleichrichter die Anodenströme mit waagerechter Tangente zünden, müssen die Anodenströme des im Sinne der Abb. 263 zugehörigen Wechselrichterbetriebes mit waagerechter Tangente löschen. Für diesen Fall ist dann gerade eben noch eine Kommutierung möglich, für diesen Fall wird der jeweils zu kommutierende Anodenstrom also gerade noch gelöscht. Diese Grenze bezeichnen wir als die Trittgrenze des Wechselrichterbetriebes, ihre Überschreitung würde anstatt einer Löschung ein Wiederansteigen des zu kommutierenden Anodenstromes und damit die Einleitung eines Anodenkurzschlusses nach sich ziehen.

Der Symmetriesatz gilt übrigens in noch größerer Allgemeinheit, nämlich auch für den Fall gekoppelter Anodendrosseln und endlicher Kathodendrossel, worauf wir hier jedoch nicht näher eingehen können.

15. Der selbstgeführte Wechselrichter.

Der Einphasenwechselrichter als einfachstes Wechselrichterbeispiel. Wir sind im Verlaufe unserer bisherigen Überlegungen mehrfach zu einer Entartung des gesteuerten Gleichrichters, d. h. eines übersteuerten oder überlasteten Gleichrichters bei treibender anstatt entgegenwirkender Spannung im Gleichstromkreis gestoßen, der wir wegen der damit eingetretenen Umkehrung der Energierichtung den Namen Wechselrichter gegeben haben. Der gedankliche Weg zu diesem Wechselrichter, als zu einem Stromrichter zur Umformung von Gleichstrom in Wechselströme, war indessen durch die notwendige Diskussion der höheren Betriebszustände über den Kurzschlußpunkt hinaus derart erschwert, daß jetzt die Einschaltung einer Ruhepause geboten erscheint, in der wir das Wesentliche der Wechselrichtung einmal an einem ganz einfachen Beispiel erläutern wollen.

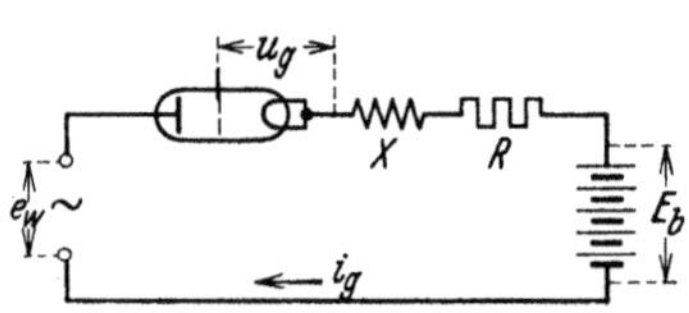

Abb. 265. Einphasiger (netzgeführter) Wechselrichter mit Strombegrenzung durch Widerstand und Reaktanz.

Hierzu denken wir uns in Anlehnung an den Einphasengleichrichter nach Abb. 37 einen einphasigen Wechselrichter, wie ihn Abb. 265 darstellt. Würde das Steuergitter des Gleichrichterrohres noch fehlen, so würde bei der gezeichneten Polung der Batterie mit der Spannung E_b ein Gleichstrom unter der Serienschaltung von E_b und der Wechselspannung e_w entstehen, der, sofern seine Brenndauer $\lambda \leqq 2\pi$ sein würde, z. B. aus Gleichung (51) bei negativ genommenen σ errechnet werden könnte. Bei größerer Brenndauer würde jedoch das Gleichrichterrohr überhaupt nicht mehr löschen, es würde vielmehr ein Gleichstrom mit dem Mittelwert E_b/R fließen, wobei dann die Wechselspannung weder Wirkleistung abgeben noch empfangen würde. Wir hätten dann einfach einen unvollkommenen Kurzschluß vor uns.

Wird jedoch das Gleichrichterrohr gesteuert, nämlich durch eine Gitterspannung v_g, die eine Zündung des Rohres erst während der negativen Halbwelle zuläßt, und zwar bei einem Spannungswert e_w, der negativer ist als die negative Batteriespannung E_b, so entsteht in der in Abb. 266 veranschaulichten Weise unter der positiven Differenzspannung $E_b - e_w$ ein lückenhafter Gleichstrom, dem eine Leistungsabgabe der Batterie an das Wechselstromnetz entspricht. Somit haben wir jetzt einen Wechselrichter vor uns.

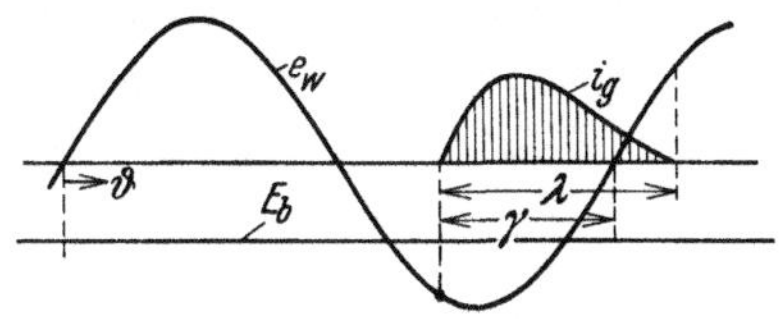

Abb. 266. Verlauf des Gleichstromes des Einphasen-Wechselrichters.

Der infolge der Steuerung bedingte Zündeinsatz des Stromes soll bei $\delta = 2\pi - \gamma$ erfolgen, den Winkel γ nennen wir künftig die Zündvoreilung des Wechselrichters. Um den Verlauf des Stromes zu berechnen, gehen wir von der Spannungsgleichung

$$E_b + e_w = R i_g + X \frac{d i_g}{d\vartheta}$$

aus, die mit der Anfangsbedingung $i_{g(\vartheta = 2\pi - \gamma)} = 0$ ergibt

$$i_g = \frac{\sqrt{2}E_w}{R}\left(\tau + \cos\varrho \sin(\vartheta - \varrho) - (\tau - \cos\varrho \sin(\gamma + \varrho))\, e^{-(\vartheta - (2\pi - \gamma))\operatorname{ctg}\varrho}\right), \quad (323)$$

worin $\tau = E_b/\sqrt{2}E_w$ und $\operatorname{tg}\varrho = X/R$ vorstellt. Auf Grund der weiteren Bedingung, daß für $\vartheta = 2\pi - \gamma + \lambda$ der Strom i_g wieder Null sein muß, ergibt sich daraus eine Gleichung

$$\tau - \cos\varrho \sin(\gamma + \varrho - \lambda) = (\tau - \cos\varrho \sin(\gamma + \varrho))\, e^{-\lambda \operatorname{ctg}\varrho},$$

die sich nach γ auflösen läßt und dann ergibt

$$\gamma = \pi + \frac{\lambda}{2} - \varrho - \operatorname{arc\,tg} \frac{\mathfrak{Tg}\left(\frac{\lambda}{2}\operatorname{ctg}\varrho\right)}{\operatorname{tg}\frac{\lambda}{2}} - \arcsin \frac{\tau\, \mathfrak{Tg}\left(\frac{\lambda}{2}\operatorname{ctg}\varrho\right)}{\cos\varrho \sqrt{\sin^2\frac{\lambda}{2} + \cos^2\frac{\lambda}{2}\,\mathfrak{Tg}\left(\frac{\lambda}{2}\operatorname{ctg}\varrho\right)}}. \quad (324)$$

Durch Umkehrung erhält man daraus die Brenndauer λ als Funktion von γ. Andererseits kann man durch Auswerten die Zündvoreilung γ bestimmen, die der Trittgrenze von $d i_g/d\vartheta (2\pi - \gamma + \lambda) = 0$ entspricht.

Würde man den Ohmschen Widerstand R vernachlässigen, so würde aus (324) eine Gleichung hervorgehen, die sich

$$\tau = \frac{2}{\lambda} \sin\frac{\lambda}{2} \cos\left(\frac{\lambda}{2} - \gamma\right) \quad (324\,\mathrm{a})$$

schreiben läßt; diese entspricht alsdann der ersten der Gleichungen (284), die zu der Charakteristikenschar nach Abb. 242 führten, für die der

Wechselrichter Abb. 265 ein Element eines Mehrphasenwechselrichters repräsentiert. Aber wir haben keinen Anlaß, den bisher durchlaufenen Weg noch einmal zurückzugehen.

Wir wollen vielmehr feststellen, daß Abb. 265 einen Wechselrichter vorstellt, der in ein vorhandenes Wechselstromnetz hineinspeist. Einen solchen nennen wir einen netzgeführten oder fremderregten Wechselrichter. Daran anknüpfend wollen wir jetzt auf Anordnungen übergehen, die die Eigenschaft haben, die Wechselspannung selbst zu schaffen; solche bezeichnen wir als selbstgeführte oder selbsterregte Wechselrichter. Indem wir eine solche Anordnung zu bilden versuchen, erstreben wir gleichzeitig die Erziehung eines vollständigen Wechselstromes im Gegensatz zu dem bisher erhaltenen Halbwellenstrom nach Abb. 266. Die Möglichkeit dazu finden wir zunächst in der Einschaltung eines Speicherkondensators, ganz ähnlich wie wir auch bei den Gleichrichtern in Abb. 46 eine Anordnung gefunden hatten, bei der ein ebensolcher Kondensator einen zusammenhängenden Gleichstrom sicherstellte.

Einführung eines Kondensators, der Wechselrichter mit Serienkondensator und Kommutierungsdrossel. Damit jetzt beide Stromhalbwellen fließen können, benötigt man zunächst einmal zwei Gleichrichterrohre. Die so entstehende Schaltung eines Wechselrichters gibt Abb. 267 wieder; die treibende Gleichspannung sei die Batteriespannung E_b, die Wechselstrombelastung bestehe in dem Ohmschen Widerstand R. Der Kondensator C wirkt darin als Speicherkondensator, wonach der Wechselrichter auch den Namen Speicher-Wechselrichter führt. Nach der Serienschaltung der Gleichrichterrohre bezeichnet man den Wechselrichter etwas weniger glücklich als Serien- oder Reihenwechselrichter, wir wollen ihn einen Wechselrichter mit Serienkondensator nennen[1]. Zur Ermöglichung der Kommutierung, d. h. der jeweiligen Löschung des abzulösenden Rohres, ist die mittelangezapfte Drossel angeordnet, die während der Kommutierung als Transformator und außerhalb derselben als Drossel mit der Induktivität L pro Teilwicklung wirkt.

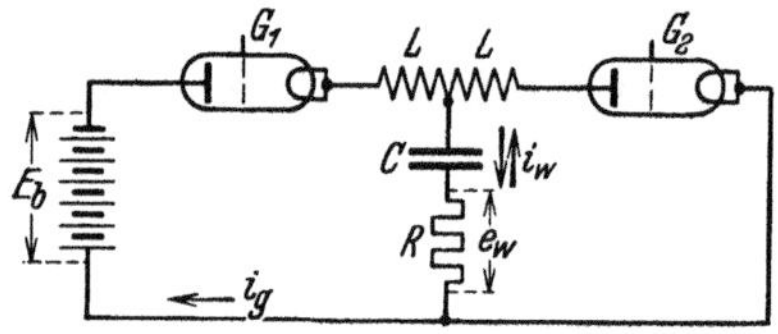

Abb. 267. Einphasiger selbstgeführter Wechselrichter mit Serienkondensator.

Die Rohre arbeiten, wenn wir fortan die Kommutierungsdauer als unendlich klein ansehen, abwechselnd in der Weise, daß während der einen Halbwelle des Wechselstromes i_w der Kondensator durch die

[1] Zuerst beschrieben von Fitzgerald und Sabbah. Die folgenden Ausführungen lehnen sich, wenn auch in etwas anderer Darstellungsweise, an eine während der Drucklegung des Buches im Erscheinen begriffene Arbeit von W. Schilling: Arch. Elektrotechn. Bd. 29 (1935) S. 459 an. Die Bezeichnung Speicherwechselrichter rührt von F. Hauffe her, vgl. auch die Fußnote auf S. 279.

Batteriespannung E_b über das Rohr G_1 aufgeladen und während der anderen Halbperiode über das Rohr G_2 entladen wird. Nur während der ersten Halbperiode fließt der Gleichstrom i_g, der somit Lücken je von einer Halbperiode aufweist. Um diese Lücken zu schließen, den Gleichstrom also kontinuierlich zu machen, kann man indessen zu der als zweiphasig anzusprechenden Schaltung nach Abb. 268 übergehen, die sonst der Schaltung nach Abb. 267 elektrisch gleichwertig ist; bei ihr lädt sich jeweils einer der beiden Kondensatoren auf, während sich der andere entlädt. Die Schaltung läßt sich noch, wie man leicht einsieht, durch ein Ersatzschema nach Abb. 269 darstellen, das für die folgenden rechnerischen Überlegungen übersichtlicher ist; in diesem entspricht der einen Halbperiode des Wechselstromes die vollausgezogen gezeichnete, der anderen Halbperiode die gestrichelt gezeichnete Stromverbindung.

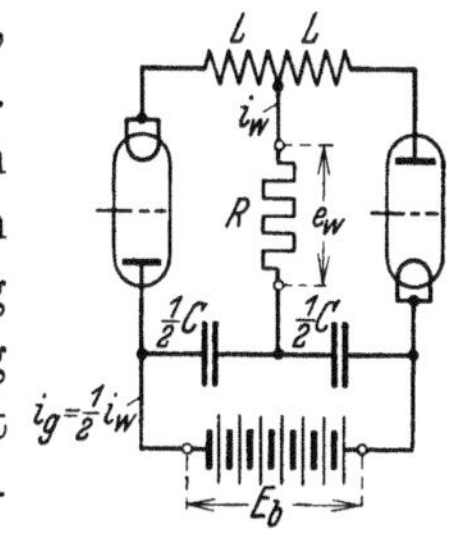

Abb. 268. Bildung eines zweiphasigen Wechselrichters mit Serienkondensatoren.

Die durch die Steuerung aufgeprägte Frequenz des Wechselstromes i_w sei f, und es sei $\omega = 2\pi f$; an Stelle der Zeit t führen wir den Zeitwinkel $x = \omega t$ ein, dessen Nullpunkt in der Mitte der positiven Halbwelle von i_w liegen soll, so daß sich diese Halbwelle von $x = -\frac{\pi}{2}$ bis $x = +\frac{\pi}{2}$ erstreckt.

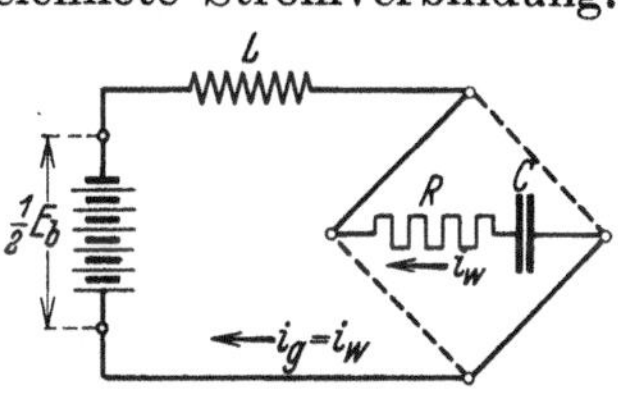

Abb. 269. Ersatzschema für den Zweiphasenwechselrichter mit Serienkondensator.

Während ihrer Dauer gilt alsdann nach Abb. 269 die Spannungsgleichung

$$\frac{1}{2}E_b = \omega L \frac{d i_w}{d x} + R i_w + \frac{1}{\omega C}\int i_w d x .$$

Bedeutet weiter f_0 die Eigenfrequenz des Kreises oder $\omega_0 = 2\pi f_0 = 1/\sqrt{LC}$ und $d = R/2L$ die Dämpfung desselben, so ergibt sich nach Differentiieren

$$\omega^2 \frac{d^2 i_w}{d x^2} + 2\omega d \frac{d i_w}{d x} + \omega_0^2 i_w = 0 , \qquad (325)$$

eine Gleichung, die für den periodischen Fall, der hier allein von praktischer Bedeutung ist, also für

$$\omega_0 > d \quad \text{oder} \quad 4L > R^2 C$$

durch den Ansatz

$$i_w = A e^{-\frac{d}{\omega}x} \sin\left(\frac{\sqrt{\omega_0^2 - d^2}}{\omega} x + \varphi\right)$$

befriedigt wird. Zur Bestimmung der darin enthaltenen noch unbekannten Größen A und φ stehen zwei Übergangsbedingungen für i_w und $d i_w/d x$ zur Verfügung. Die erste Bedingung besagt, daß im Umschaltaugenblick infolge der Drosselwirkung der Gleichstrom stetig verlaufen, der Wechselstrom also von seinem positiven auf den gleichen negativen Momentanwert unstetig springen muß. Hieraus geht hervor, daß der Wechselstrom zu Beginn und am Ende seiner positiven Halbwelle denselben Momentanwert haben muß. Die zweite Bedingung ergibt sich daraus, daß im Umschaltaugenblick die Kondensatorspannung, die man der Ausgangsgleichung entnehmen kann, stetig verlaufen muß. Auf diese Weise erhält man die Bedingungen

$$i_{w\left(-\frac{\pi}{2}\right)} = i_{w\left(+\frac{\pi}{2}\right)},$$
$$\frac{d i_w}{d x}_{\left(-\frac{\pi}{2}\right)} + \frac{d i_w}{d x}_{\left(+\frac{\pi}{2}\right)} = \frac{2d}{\omega}\left(\frac{E_b}{R} - i_{w\left(-\frac{\pi}{2}\right)} - i_{w\left(+\frac{\pi}{2}\right)}\right), \tag{326}$$

unter ihrer Berücksichtigung gelangt man zu der endgültigen Stromgleichung

$$i_w = \frac{E_b}{R}\,\frac{\frac{d}{\omega_0}\,e^{-\frac{d}{\omega}x}\sin\left(\frac{\sqrt{\omega_0^2 - d^2}}{\omega}x + \varphi\right)}{\mathfrak{Sin}\frac{\pi d}{2\omega}\sin\frac{\pi\sqrt{\omega_0^2 - d^2}}{2\omega}\sin(\varphi - \beta) + \mathfrak{Cof}\frac{\pi d}{2\omega}\cos\frac{\pi\sqrt{\omega_0^2 - d^2}}{2\omega}\cos(\varphi - \beta)}$$

mit

$$\operatorname{tg}\varphi = \frac{\operatorname{tg}\frac{\pi\sqrt{\omega_0^2 - d^2}}{2\omega}}{\mathfrak{Tg}\frac{\pi d}{2\omega}}, \quad \operatorname{tg}\beta = \frac{d}{\sqrt{\omega_0^2 - d^2}}. \tag{327}$$

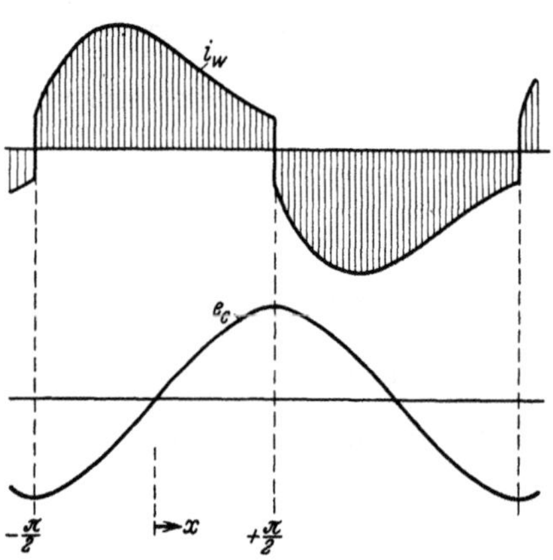

Abb. 270. Grundsätzlicher Verlauf des Wechselstromes und der Kondensatorspannung.

Den grundsätzlichen Verlauf dieses Stromes veranschaulicht Abb. 270 zusammen mit dem Verlauf der Kondensatorspannung e_c.

Die Kurvenform des Wechselstromes ist durch die Größen ω, ω_0 und d vollständig definiert, bei einer Veränderung der Belastungshöhe durch Änderung von R ist die Dämpfung $d = R/2L$ mitveränderlich. Die beste Anpassung des Wechselstromes an die Sinusform entsteht bei derjenigen Abstimmung von ω_0 und d, für die die Kreisfrequenz $\sqrt{\omega_0^2 - d^2}$ des gedämpften Systems gleich der aufgeprägten Kreisfrequenz ω wird. Alsdann wird $\varphi = \pi/2$ und damit

$$i_w = \frac{E_b}{R}\,\frac{\frac{d}{\omega_0}\sqrt{1 + \left(\frac{d}{\omega}\right)^2}}{\mathfrak{Sin}\frac{\pi d}{\omega}}\,e^{-\frac{d}{\omega}x}\cos x; \tag{328}$$

der Nulldurchgang des Wechselstromes fällt dann mit dem Umschaltaugenblick zusammen[1]. Auf weitere Angaben, insbesondere auch auf nähere Angaben über die Grenzen der Betriebsfähigkeit des Wechselrichters, müssen wir hier verzichten.

Wir haben bei alledem angenommen, daß die Steuerung durch eine fremde Spannungsquelle aufgeprägt ist, der Wechselrichter heißt dann fremdgesteuert. Im Gegensatz hierzu spricht man von einer Selbststeuerung, wenn die Gitterspannungen über einen passenden Phasendreher der erzeugten Wechselspannung des Wechselrichters selbst entnommen wird.

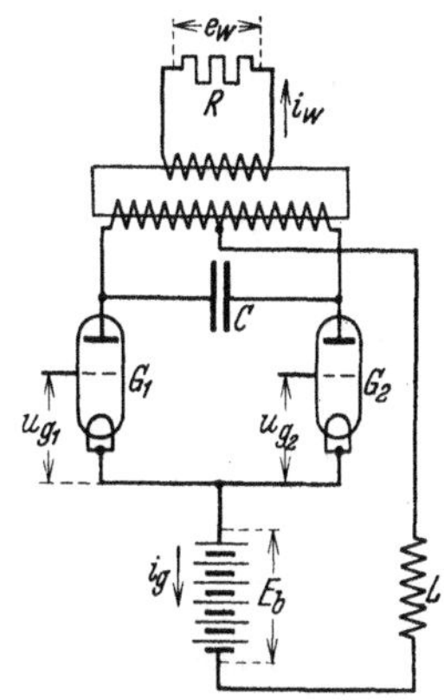

Abb. 271. Zweiphasiger selbstgeführter Wechselrichter mit Parallelkondensator.

Der Zweiphasen-Wechselrichter mit Parallelkondensator. Eine andere Schaltung eines Wechselrichters geht aus einer Abwandlung eines zweiphasigen Gleichrichters hervor, wobei man nun die Kommutierung mittels eines parallel zur Belastung liegenden Kondensators sicherstellt, der über diese Kommutierungsfunktion hinaus wieder von ähnlich formgebendem Einfluß auf den Wechselstrom ist wie der Kondensator des vorhin behandelten Wechselrichters[2]. Einen solchen zweiphasigen Wechselrichter in einer der Abb. 268 analogen Schaltung zeigt Abb. 271; nach der jetzigen Anordnung der Gleichrichterrohre gegenüber der in Abb. 267 nennt man denselben weniger glücklich einen Parallelwechselrichter, wir wollen ihn einen Wechselrichter mit Parallelkondensator nennen. Für diesen läßt sich ein elektrisch gleichwertiges Ersatzschema angeben, das in Abb. 272 gezeigt ist, aus dem der typische Unterschied gegenüber dem Ersatz-

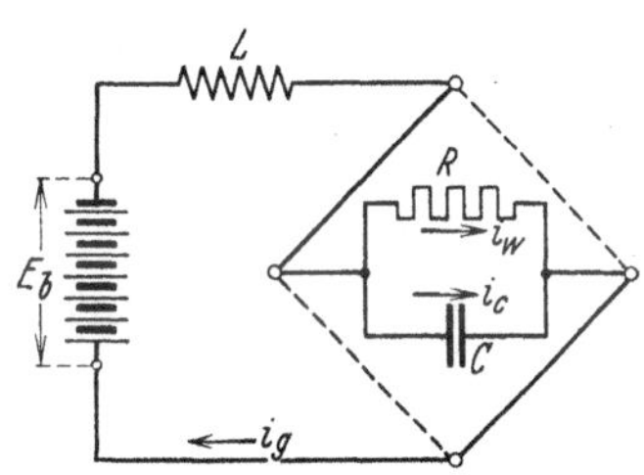

Abb. 272. Ersatzschema für den Zweiphasen-Wechselrichter mit Parallelkondensator.

[1] Diesen Fall hat F. Hauffe in einer während der Drucklegung des Buches im Erscheinen begriffenen Arbeit rechnerisch und experimentell eingehend untersucht; vgl. Arch. Elektrotechn. Bd. 29 (1935) S. 395.

[2] Zuerst beschrieben von D. C. Prince: Die rechnerische Untersuchung hat W. Schilling zuerst durch formale Zurückführung des Problemes auf eine gewöhnliche Wechselstromaufgabe durch Einführung einer passenden Schaltfunktion versucht; vgl. Arch. Elektrotechn. Bd. 27 (1933) S. 22. J. Runge u. H. Beckenbach haben diese Methode weiterentwickelt und der Praxis nähergebracht; vgl. Z. techn. Physik Bd. 14 (1933) S. 377. Später hat W. Schilling dasselbe Problem auf direktem Wege durch die übliche Lösung der Ausgangsgleichungen behandelt, diesem Wege folgt in etwas anderer Darstellung auch unsere Darlegung; vgl. die während der Drucklegung erschienene Arbeit Arch. Elektrotechn. Bd. 29 (1935) S. 119.

schema Abb. 269 deutlich hervorgeht. Darin entspricht der einen Halbperiode des Stromes wieder die vollausgezogen gezeichnete, der anderen Halbperiode die gestrichelt gezeichnete Stromverbindung. Die Kommutierung erfolgt jeweils in der Weise, daß bei der Zündung des nächsten Rohres ein von der Kondensatorspannung getriebener Ausgleichsstrom über beide Rohre ausgelöst wird,

Sehen wir die Kommutierungsdauer wieder als unendlich klein an, so arbeiten die Rohre G_1 und G_2 abwechselnd in der Weise, daß in jeder Halbperiode des Wechselstromes i_w der Kondensator einmal umgeladen wird. Ist die durch die Steuerung aufgeprägte Frequenz des Wechselstromes wieder f und $\omega = 2\pi f$ und ist der Zeitwinkel $x = \omega t$ so orientiert, daß das jetzt von uns der Rechnung zugrunde gelegte Intervall zwischen den Umschaltpunkten $x = -\frac{\pi}{2}$ und $x = +\frac{\pi}{2}$ liegt, so gelten für dieses Intervall die Spannungsgleichungen

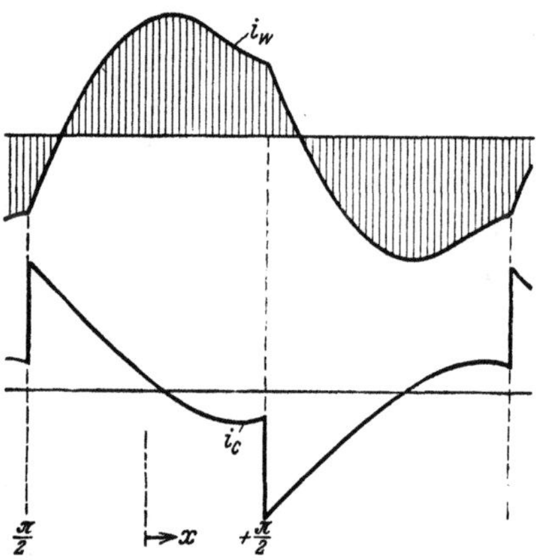

Abb. 273. Grundsätzlicher Verlauf des Wechselstromes und des Kondensatorstromes.

$$E_b = \omega L \frac{d i_g}{d x} + R i_w$$

$$= \omega L \frac{d i_g}{d x} + \frac{1}{\omega C}\int i_c\, dx,$$

worin i_g den Gleichstrom und i_c den Kondensatorstrom vorstellt und wobei $i_g = i_w + i_c$ ist. Durch Subtrahieren und Differentiieren der Gleichungen findet man $i_c = \omega R C \frac{d i_w}{d x}$ und damit, wenn man in der ersten Gleichung $i_g = i_w + i_c$ einsetzt, die einzige Gleichung

$$E_b = \omega^2 R C L \frac{d^2 i_w}{d x} + \omega L \frac{d i_w}{d x} + R i_w.$$

Bedeutet weiter f_0 die Eigenfrequenz des Systemes oder $\omega_0 = 2\pi f_0 = 1/\sqrt{LC}$ und $d = 1/2RC$ die Dämpfung desselben, so schreibt sich die Gleichung

$$\omega_0^2 \frac{E_b}{R} = \omega^2 \frac{d^2 i_w}{d x} + 2\omega d \frac{d i_w}{d x} + \omega_0^2 i_w = \omega_0^2 \frac{E_b}{R}, \tag{329}$$

die für den periodischen Fall, also für

$$\omega_0 > d \quad \text{oder} \quad L < 4R^2C,$$

durch den Ansatz

$$i_w = \frac{E_b}{R} + A e^{-\frac{d}{\omega}x} \sin\left(\frac{\sqrt{\omega_0^2 - d^2}}{\omega} x + \varphi\right)$$

befriedigt wird. Zur Bestimmung der unbekannten Größen A und φ stehen wieder zwei Übergangsbedingungen für i_w und di_w/dx zur Verfügung. Die erste Bedingung geht daraus hervor, daß im Umschaltaugenblick die Kondensatorspannung und daher auch der Wechselstrom stetig verlaufen muß; letzterer muß daher am Anfang und Ende der betrachteten Halbperiode entgegengesetzt gleiche Werte haben. Die zweite Bedingung ergibt sich aus der von der Drossel verlangten Stetigkeit des Gleichstromes im Umschaltaugenblick, woraus hervorgeht, daß $i_{c\left(\frac{\pi}{2}\right)} - i_{c\left(-\frac{\pi}{2}\right)} = i_{w\left(-\frac{\pi}{2}\right)} - i_{w\left(\frac{\pi}{2}\right)}$ sein muß, worin man wieder i_c durch di_w/dx ausdrücken kann. Auf diese Weise erhält man die Bedingungen

$$\begin{gathered} i_{w\left(-\frac{\pi}{2}\right)} = -i_{w\left(+\frac{\pi}{2}\right)} \\ \frac{di_w}{dx}_{\left(-\frac{\pi}{2}\right)} - \frac{di_w}{dx}_{\left(+\frac{\pi}{2}\right)} = \frac{2d}{\omega}\left(i_{w\left(+\frac{\pi}{2}\right)} - i_{w\left(-\frac{\pi}{2}\right)}\right); \end{gathered} \tag{330}$$

mit Rücksicht auf sie ergibt sich die Strombeziehung

$$i_w = \frac{E_b}{R}\left(1 + \frac{e^{-\frac{d}{\omega}x}\sin\left(\frac{\sqrt{\omega_0^2 - d^2}}{\omega}x + \varphi\right)}{\mathfrak{Sin}\frac{\pi d}{2\omega}\sin\frac{\pi\sqrt{\omega_0^2 - d^2}}{2\omega}\cos\varphi - \mathfrak{Cof}\frac{\pi d}{2\omega}\cos\frac{\pi\sqrt{\omega_0^2 - d^2}}{2\omega}\sin\varphi}\right)$$

mit

$$\operatorname{tg}(\varphi + \beta) = \frac{\operatorname{tg}\frac{\pi\sqrt{\omega_0^2 - d^2}}{2\omega}}{\mathfrak{Tg}\frac{\pi d}{2\omega}}; \quad \operatorname{tg}\beta = \frac{\sqrt{\omega_0^2 - d^2}}{d}. \tag{331}$$

Den grundsätzlichen Verlauf des Wechselstromes zusammen mit dem Verlauf des Kondensatorstromes i_c zeigt Abb. 273.

Die Kurvenform des Wechselstromes ist dabei wieder durch die Größen ω, ω_0 und d vollständig definiert, worin bei einer Veränderung der Belastungshöhe durch Änderung von R die Dämpfung $d = 1/2RC$ mitveränderlich ist. Wie man erkennt, nimmt diese Dämpfung bei dem vorliegenden Wechselrichter mit Parallelkondensator mit wachsender Belastung zu, während die Dämpfung bei dem vorigen Wechselrichter mit Serienkondensator mit wachsender Belastung abnahm.

Die beste Anpassung des Wechselstromes an die Sinusform erhält man wieder für die Abstimmung $\sqrt{\omega_0^2 - d^2} = \omega$, für die $\varphi = \pi/2 - \beta$ wird[1]. Von weiteren Ausführungen über diesen Fall müssen wir hier absehen.

Übertragung von Blindleistung durch einen Zweiphasen-Wechselrichter. Ist die Belastung des Wechselrichters anstatt einer rein Ohm-

[1] Vgl. hierzu die während der Drucklegung des Buches erschienene eingehende experimentelle Untersuchung von H. U. Neidhardt: Arch. Elektrotechn. Bd. 29 (1935) S. 241.

schen jetzt eine Ohmsche und induktive und soll der Wechselrichter dabei fähig sein, auch Blindleistung an das Wechselstromnetz abzugeben, so treten bei den bisher behandelten Wechselrichtern grundsätzliche Schwierigkeiten ein, die nur dadurch

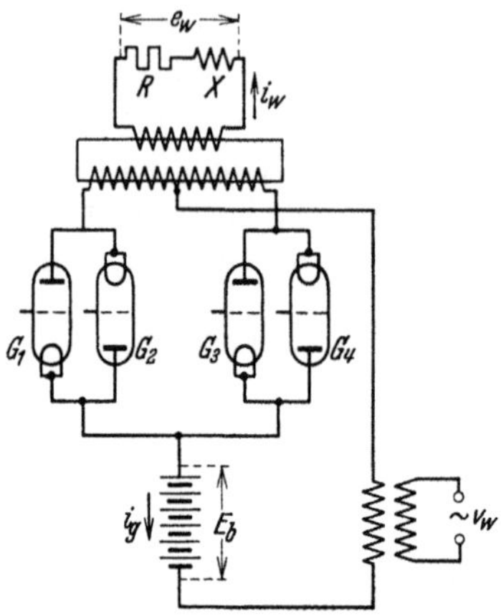

Abb. 274. Prinzipschaltung eines Zweiphasen-Wechselrichters zur Übertragung von Wirk- und Blindleistung.

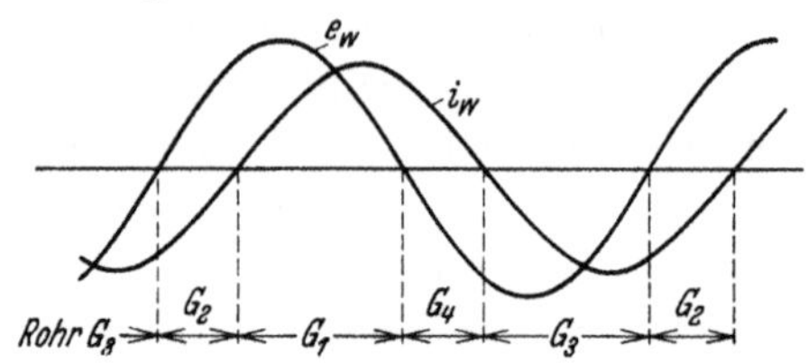

Abb. 275. Arbeitsweise der vier Rohre des Wechselrichters bei phasenverschobenem Wechselstrom.

überwunden werden können, daß man die Ventilstrecken anstatt zur Stromführung in nur einer Richtung jetzt zur Stromführung in beiden Richtungen befähigt, indem man für jede zwei antiparallel geschaltete passend gesteuerte Gleichrichterrohre vorsieht[1]. Eine solche Anordnung zeigt Abb. 274. Verlaufen die Wechselspannung e_w und der Wechselstrom i_w etwa sinusförmig, so müssen die vier Rohre in der in Abb. 275 gezeigten Weise stromführend sein, in diesem Sinne sind also die Rohre abwechselnd zu steuern. Auf die hierbei notwendigen Kommutierungsvorgänge wollen wir nicht näher eingehen. Da jedoch in ähnlicher Weise wie bei den Gleichrichtern auch hier bei nur einem Energiespeicher ein sinusförmiger Wechselstrom i_w mit einer konstanten treibenden Gleichspannung E_b unverträglich ist, so ist zur Beseitigung dieser Diskrepanz die Überlagerung einer passenden doppeltfrequenten Wechselspannung v_w erforderlich, die in Abb. 274 transformatorisch angekoppelt ist.

16. Der netzgeführte Wechselrichter.

Der Mehrphasen-Wechselrichter bei unendlich großer Gleichstromdrossel, Zündvoreilung und Trittgrenze. Für größere Leistungen ist die Kondensatorkommutierung unwirtschaftlich, so daß also ein Wechselstromnetz die jeweiligen Kommutierungsströme stellen müßte. Ist dieses Wechselstromnetz jedoch nicht vorhanden, so muß ein rotierender Umformer, der im wesentlichen nur Blindleistung zu liefern hat, die Stelle dieses Wechselstromnetzes für die Lieferung der Kommutierungsströme vertreten. Einen solchen Umformer bezeichnet man als Taktgebermaschine. Die sich durch diese ergebenden Stromverhältnisse sind

[1] Angegeben von W. Petersen.

aber im wesentlichen dieselben wie die bei einem vorhandenen Wechselstromnetz, d. h. wie die bei einem netzgeführten Wechselrichter auftretenden.

Diese netzgeführten Wechselrichter haben wir ja an sich schon behandelt, wenigstens in bezug auf ihre Gleichspannungscharakteristik. Da wir jedoch diese Wechselrichter im Grunde nur als Entartung eines übersteuerten und mit einer treibenden Gleichspannung zusammenwirkenden Gleichrichters kennengelernt haben, wollen wir noch kurz auf den eigentlichen netzgeführten Wechselrichter eingehen. In der Grundschaltung verstehen wir dabei unter einem eigentlichen Wechselrichter einen solchen, der normal im einanodigen Betrieb arbeitet, d. h. der als Gleichrichter mit fast 180° Zündverzögerung anzusprechen wäre. Setzen wir diese Zündverzögerung $\alpha = \pi - \gamma$, so bezeichnet man den Winkel γ als die Zündvoreilung des Wechselrichters. Das Wechselstromnetz sei dreiphasig, die Phasenzahl des Wechselrichters selbst nehmen wir gleich p an.

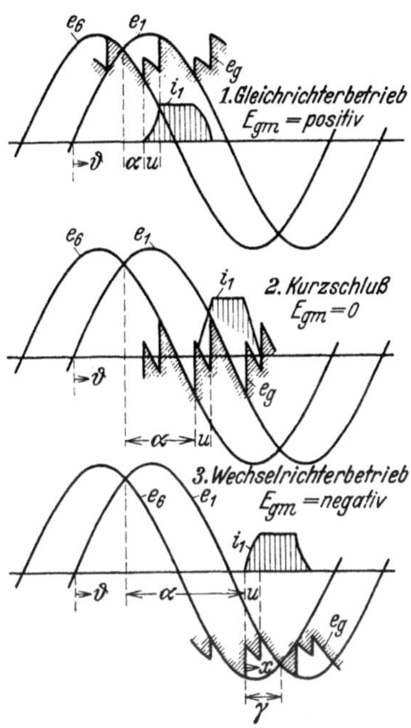

Abb. 276. Erläuterung der Arbeitsweise eines netzgeführten Sechsphasen-Wechselrichters bei einanodigem Betrieb und unendlich großer Gleichstromdrossel, entwickelt aus dem Gleichrichterzustand über den Kurzschlußzustand bei ständiger Erhaltung des einanodigen Betriebes.

Für einen solchen p-phasigen Wechselrichter können wir alle bisher für Gleichrichter abgeleiteten Gesetze in der Weise angeben, indem wir in den dortigen Formeln die Gleichspannung bzw. die dortige Gegenspannung mit anderen Vorzeichen nehmen und außerdem α durch $\pi - \gamma$ ersetzen. Der Geltungsbereich der so entstehenden Formeln ist dann an die Wechselrichter-Trittgrenze gebunden, auf die wir in diesem Zusammenhang noch einmal einzugehen haben.

Wir erläutern diese Überlegung an einem Beispiel eines Sechsphasen-Wechselrichters mit unendlich großer Gleichstromdrossel, und zwar führen wir uns dessen Entwicklung von einem gesteuerten Gleichrichter zum Wechselrichter über den Zwischenzustand des Kurzschlusses in Abb. 276 vor Augen. Es wurde dazu angenommen, daß die Zündverzögerung α ständig wächst und daß die Gleichspannung derart mitvariiert wird, daß der einanodige Betriebszustand fortwährend erhalten bleibt, oder, was dasselbe bedeutet, daß wir in dem Schema Abb. 262 stets innerhalb des Gebietes der ersten Ellipse bleiben. Für

$\gamma = \alpha$ bringt die Abb. 276 (unter *1* und *3*) natürlich wieder den in Abb. 261 veranschaulichten Symmetriesatz für $m = 1$ zum Ausdruck, was uns aber im Augenblick nicht interessiert. Vielmehr lesen wir nur das eine daraus ab, daß für $\gamma = u$ der Anodenstrom mit waagerechter Tangente löscht, wie er für $\alpha = 0$ mit waagerechter Tangente zündet. Bei $\gamma = u$ liegt also die Wechselrichter-Trittgrenze.

Zur genaueren Kenntnis der Wechselrichter-Trittgrenze wollen wir jetzt jedoch außer anodenseitigen Reaktanzen noch anodenseitige Ohmsche Widerstände berücksichtigen, wie wir dies auch bei den gesteuerten Gleichrichtern getan haben. Wir gehen dazu von der leicht abzulesenden Spannungsgleichung

$$\frac{e_1 - e_p}{2} = -\sqrt{2}\,E_w \sin\frac{\pi}{p}\sin(x = \gamma) = R_a\left(i_1 - \frac{J_g}{2}\right) + X_a\frac{d i_1}{d x}$$

für das bei $x = \vartheta - \frac{3\pi}{2} + \frac{\pi}{p} + \gamma = 0$ beginnende Kommutierungsintervall aus und überlegen uns zunächst an Hand der Abb. 277, daß die Wechselrichter-Trittgrenze offenbar dann gegeben ist, wenn am Ende der Kommutierung, d. h. bei $x = u$, der einsetzende Anodenstrom i_1 den Wert des Gleichstromes gerade mit waagerechter Tangente erreicht[1]. Aus der obigen Gleichung entnimmt man aber, daß infolge des Ohmschen Abfalles $\frac{d i_1}{d x} = 0$ nicht bei $x = \gamma$, sondern etwas früher eintritt, nämlich bei $\sin(x - \gamma) = -R_a J_g / 2\sqrt{2}\,E_w \sin\frac{\pi}{p}$, was übrigens an die Beziehung (201) erinnert. Mit $x = u$ ist somit die Zündvoreilung γ bei der Trittgrenze gegeben durch

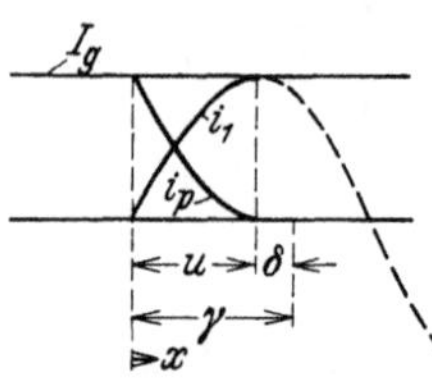

Abb. 277. Zur Berechnung der Wechselrichter-Trittgrenze.

$$\gamma = u + \arcsin\frac{R_a J_g}{2\sqrt{2}\,E_w \sin\frac{\pi}{p}}. \tag{332}$$

Hierin haben wir noch die Kommutierungsdauer u zu berechnen. Anstatt zu diesem Zweck die obige Spannungsgleichung in bezug auf i_1 zu integrieren und die gesuchte Beziehung aus der Bedingung $i_{1(x=u)} = J_g$ zu entnehmen, greifen wir auf die Gleichung (300) des gesteuerten Gleichrichters zurück, die mit $\alpha = \pi - \gamma$ ergibt

$$\frac{X_a J_g}{2\sqrt{2}\,E_w} = \sin\zeta\left(-\sin\frac{u}{2}\cos\left(\gamma + \zeta - \frac{u}{2}\right) + \mathfrak{Tg}\left(\frac{u}{2}\operatorname{ctg}\zeta\right)\cos\frac{u}{2}\sin\left(\gamma + \zeta - \frac{u}{2}\right)\right),$$

worin wie dort wieder $\operatorname{tg}\zeta = X_a/R_a$ bedeutet. Setzt man den aus (332) her-

[1] Dieser Ansatz wäre, um den wirklichen Verhältnissen vollens Rechnung zu tragen, noch durch die Mitberücksichtigung der Entionisierungsbedingung zu ergänzen.

vorgehenden u-Wert hierin ein, so erhält man eine exakte Gleichung für den γ-Wert der Trittgrenze. Schreiben wir abkürzend $\arcsin \frac{R_a}{2\sqrt{2}\, E_w \sin \frac{\pi}{p}} = \delta$, so läßt sich diese Gleichung in der Form schreiben

$$\sin \frac{\pi}{p} \sin\delta = \tag{333}$$
$$\cos\zeta\left(-\sin\frac{\gamma-\delta}{2}\cos\left(\frac{\gamma+\delta}{2}+\zeta\right) + \mathfrak{T}\mathfrak{g}\left(\frac{\gamma-\delta}{2}\operatorname{ctg}\zeta\right)\cos\frac{\gamma-\delta}{2}\sin\left(\frac{\gamma+\delta}{2}+\zeta\right)\right),$$

sie ist nach γ nur graphisch lösbar. Im allgemeinen wird es jedoch genügen, u aus der für $R_a = 0$ geltenden Beziehung

$$\cos(\gamma - u) - \cos\gamma = \frac{X_a J_g}{2\sqrt{2}\, E_w \sin \frac{\pi}{p}}, \tag{334}$$

die aus (293) übernommen werden kann, zu bestimmen und diesen Wert in (332) einzusetzen.

Im übrigen hat man sich bei der Übernahme der Gleichungen des gesteuerten Gleichrichters stets vor Augen zu halten, daß z. B. einer Zunahme des induktiven Gleichspannungsabfalles des Gleichrichters eine Zunahme eines induktiven Gleichspannungsanstieges des Wechselrichters entspricht, daß z. B. bei einem Wechselrichter die Blindleistung, anstatt zuzunehmen, mit wachsender Belastung abnimmt, und daß man auch sonst bei der Transponierung von sich entsprechenden Gleichungen ihren verschiedenen physikalischen Inhalt ständig überwachen muß.

Ergänzende Bemerkungen über die höheren Arbeitszustände. Je höher ein Wechselrichter belastet wird, um so größer ist zur Vermeidung seines Außertrittfallens die Zündvoreilung γ einzustellen. Ist die Belastung von einer Höhe, daß $u > \frac{2\pi}{p}$ wird, und ist außerdem $\gamma > u$, so tritt der nächsthöhere Betriebszustand, d. h. ein zweianodiger Betrieb, ein. Wir haben diese höheren Belastungszustände an sich schon mehrfach behandelt, so daß sich ein nochmaliges Eingehen darauf erübrigt.

Jedoch ist es auch bei den Wechselrichtern ebenso wie bei den Gleichrichtern üblich, an Stelle der Grundschaltungen Transformatorschaltungen zu wählen, bei denen ein mehranodiger Betrieb schon bei der normalen Belastung eintritt. Die Strom- und Spannungsverhältnisse solcher Schaltungen haben wir zwar nur für die ungesteuerten Gleichrichter entwickelt. Wir sind jedoch berechtigt, anzunehmen, daß eine Reihe der dortigen Ergebnisse, insbesondere diejenigen, die die Veränderung der mittleren Gleichspannung mit der Belastung angeben, ebenso wie für die gesteuerten Gleichrichter so auch für die Wechselrichter übernehmbar sind. Dies gilt wahrscheinlich für die Gleichspannungsabfallformeln (207), (210) und (212), die nur auf die Stufenwerte der Anodenströme, nicht aber auf deren Zwischenverlauf innerhalb der Kommutierung abgestellt waren.

III. Die Umrichter.

17. Mittelbare Umrichter als Kombination von Gleichrichter und Wechselrichter.

Umrichter als Gleichrichter mit Wechselrichterbelastung zur Frequenz- und Phasenumwandlung von Wechselströmen. Bisher haben wir Gleichrichter, d. h. Stromrichter, zur Umwandlung von Wechselströmen in Gleichstrom und ihre Umkehrung, die Wechselrichter, die Gleichströme in Wechselströme umwandeln, kennengelernt und untersucht. Durch Kombination beider muß es möglich sein, jede beliebige Stromart in jede beliebige andere Stromart umzuwandeln. Wandelt der eine der beiden Stromrichter die Stromart A in die Stromart B um, was wir durch das Zeichen $A \to B$ andeuten wollen, der andere die Stromart B in die Stromart C um, was wir durch $B \to C$ bezeichnen, so liefert eine Hintereinanderschaltung beider Stromrichter die Umwandlung

$$A \to B \to C,$$

wobei B die beiden Stromrichtern gemeinsame Zwischenstromart zur Umwandlung von A in C vorstellt. Ist z. B. A ein Wechselstrom gegebener Phasenzahl und Frequenz, C ein Wechselstrom anderer Phasenzahl und anderer Frequenz, so ist die Zwischenstromart B ein Gleichstrom; ist dagegen z. B. A ein Gleichstrom gegebener Spannung, C ein Gleichstrom anderer Spannung, so ist die Zwischenstromart B ein Wechselstrom.

Wir bezeichnen solche Anordnungen zur Umwandlung einer beliebigen Stromart in eine andere beliebige Stromart bzw. zur Übertragung von Energie aus einem Netz beliebiger Stromart in ein Netz beliebiger anderer Stromart allgemein als Umrichter. Erfolgt die Umwandlung von A nach C über eine Zwischenstromart B, so sprechen wir insbesondere von mittelbaren Umrichtern im Gegensatz zu den unmittelbaren Umrichtern, bei denen es keine Zwischenstromart gibt und die daher auch nicht als bloße Kombination von einem Gleichrichter und Wechselrichter gebildet sein können. Es ist ferner üblich, bei dem ersten der obigen Beispiele, wo A und C Wechselströme vorstellten, von einem Wechselumrichter, bei dem zweiten Beispiel, wo A und C Gleichströme vorstellten, von einem Gleichumrichter zu sprechen. Die später noch eingehend behandelten unmittelbaren Umrichter sind dagegen bis jetzt ausschließlich Wechselumrichter.

Ein mittelbarer Umrichter als Kombination von Gleichrichter und Wechselrichter, bei dem A und C Wechselströme sind, ist aufzufassen als ein Gleichrichter, der gleichstromseitig durch einen Wechselrichter belastet wird. Dies ist hinsichtlich des gleichstromseitigen Zusammenhanges zwischen Gleichspannung und Gleichstrom gegenüber unseren früheren Annahmen über die Art der gleichstromseitigen Belastung ein neuer Fall, denn bisher haben wir die gleichstromseitige Belastung nur als eine Serienschaltung von Widerstand, Reaktanz und Gegenspannung definiert. Ebenso könnten wir den Umrichter auffassen als einen Wechselrichter, der durch einen Gleichrichter gespeist wird. Wir erkennen dies an einem in Abb. 278 gezeigten Beispiel eines Umrichters zur Umwandlung von Dreiphasenstrom in Einphasenstrom, der aus einem Dreiphasen-Gleichrichter und einem Zweiphasen-Wechselrichter zusammengesetzt ist[1]. Dieses Beispiel hat, wie wir bereits wissen, die Eigentümlichkeit, daß bei einem rein sinusförmigen Einphasenstrom die Wirkleistung sinusquadratförmig pulsiert, während die Wirkleistung von Dreiphasenströmen bei gleichfalls sinusförmig angenommenem Verlauf, sofern auch die Spannungen sinusförmig sind, konstant ist. Diese Leistungsdiskrepanz kann bei sinusförmigen Spannungen durch etwa entstehende Stromoberwellen nicht beseitigt werden. Um das durch eine allgemeine Überlegung zu beweisen, nehmen wir einmal an, daß die sinusförmigen Spannungen des Drehstromnetzes den Effektivwert E_d und die oberwellenhaltigen, in ihrer Kurvenform symmetrisch angenommenen Ströme die effektiven Harmonischen $J_{d1}, J_{d2}, \ldots$ haben; die momentane Leistung $N_d(\vartheta)$ wäre alsdann

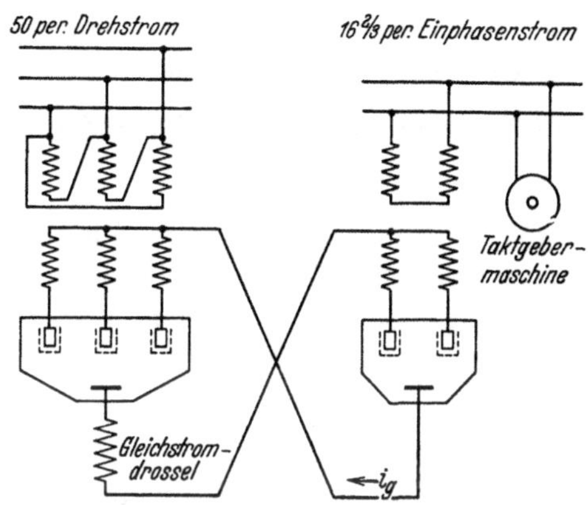

Abb. 278. Beispiel eines Wechselumrichters mit Gleichstromzwischenkreis zur Umwandlung von Drehstrom von 50 Hertz in Einphasenstrom von 16²/₃ Hertz.

$$N_d(\vartheta) = 3E_d(J_{d1} - (J_{d2} - J_{d4})\cos 3\vartheta - (J_{d5} - J_{d7})\cos 6\vartheta \ldots).$$

Bedeutet ferner E_w der Effektivwert der sinusförmigen Spannung des Wechselstromnetzes und wären $J_{w1}, J_{w2}, \ldots$ die effektiven Harmonischen des ebenfalls symmetrisch angenommenen Wechselstromes, so würde sich die momentane Leistung $N_W(x)$ unter Verwendung des mit ϑ in linearem Zusammenhang stehenden Zeitwinkels $x = a\vartheta + b$ zu

$$N_W(x) = E_w(J_{w1} - (J_{w1} - J_{w3})\cos 2x - (J_{w3} - J_{w5})\cos 4x \ldots)$$

[1] Vgl. den Vortrag von M. Schenkel: Elektrotechn. Z. Bd. 53 (1932), S. 767, sowie die Berichte von H. Laub in Elektrotechn. u. Maschinenb. Bd. 50 (1932) S. 334, und im Jahrbuch des Forschungsinstitutes der AEG 1931/32, S. 36.

ergeben, wobei für das vorliegende Frequenzverhältnis $a = \frac{1}{3}$ wäre. Beide Leistungen sind, selbst wenn man noch beliebige Phasenverschiebungen der Oberwellen zulassen würde, offenbar miteinander unverträglich.

Zum Ausgleich dieser Leistungsdifferenz ist zunächst die Gleichstromdrossel vorgesehen. Sie deckt die für den Leistungsausgleich erforderlichen Gleichspannungsoberwellen vor und hinter der Drossel, bindet diese aber auch an einen bestimmten Verlauf des Gleichstromes und damit an einen bestimmten Verlauf der Wechselströme des Gleichrichters und des Wechselrichters. Wäre z. B. die Drossel unendlich groß, so müßte der Gleichstrom konstant sein; damit wäre für den Gleichrichter ohne Zündverzögerung $J_{d\nu} = \frac{1}{\nu} J_{d1}$ und für den Wechselrichter ohne Zündvoreilung $J_{w\nu} = \frac{1}{\nu} J_{w1}$, wobei die jeweils existierenden Oberwellen durch die Phasenzahlen von Gleichrichter und Wechselrichter festgelegt sind. Der Wechselstrom des Wechselrichters wäre dann rechteckförmig. Soll indessen dem Verbraucher ein reiner Sinusstrom geliefert werden, so benötigt man neben der Drossel einen weiteren Energiespeicher, der imstande ist, die momentane Verzerrungsleistung

$$N'_W(x) = E_w (J_{w3} \cos 2x - (J_{w3} - J_{w5}) \cos 4x \ldots)$$

zu decken. Diese Aufgabe erfüllt die in der Abbildung ebenfalls eingetragene Taktgebermaschine, die einen synchron umlaufenden Phasenschieber vorstellt, der neben der Aufnahme der Verzerrungsleistung die Kommutierung des Wechselrichters sicherstellt, sowie den etwa noch mitzudeckenden Blindverbrauch der Wechselstrombelastung aufbringt.

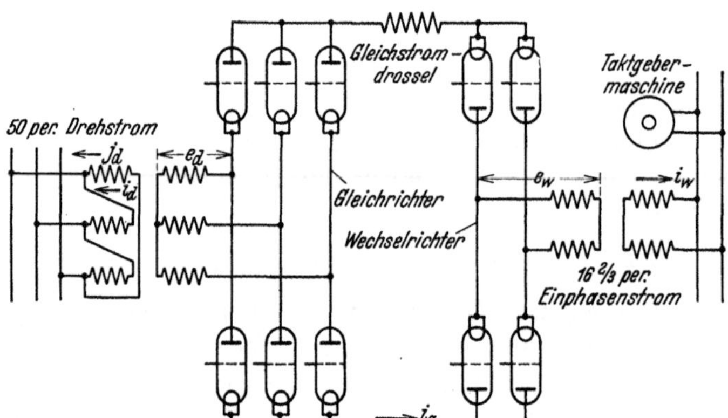

Abb. 279. Beispiel eines Wechselumrichters mit Gleichstromzwischenkreis mit einem Sechsphasengleichrichter und einem Zweiphasen-Wechselrichter unter Verwendung von Einanodengefäßen.

Im übrigen erzwingt die Taktgebermaschine, sofern dies nicht schon durch die Belastung selbst geschieht, den sinusförmigen Verlauf und die Frequenz der Wechselspannung, sie bestimmt damit die Arbeitsweise des Wechselrichters, von welcher Funktion sie auch den Namen hat.

Um wenigstens eine hinreichende Oberwellenfreiheit der Dreiphasenströme und des Gleichstromes von vornherein zu erreichen, ist es zweckmäßig, für den Gleichrichter eine höherphasige Schaltung zu wählen. Eine dementsprechende Anordnung mit einem sechsphasig arbeitenden Gleichrichter, jedoch zum Unterschied gegenüber der vorigen Anordnung einheitlich mit einanodigen Entladungsgefäßen ausgerüstet, stellt die Schaltung nach Abb. 279 vor; sie hat übrigens, wie wir wissen, die Eigentümlichkeit, daß sie bei derselben Sperrspannung die doppelte Gleichspannung ergibt. Für diese Umrichterschaltung wollen wir die Strom- und Spannungsverhältnisse

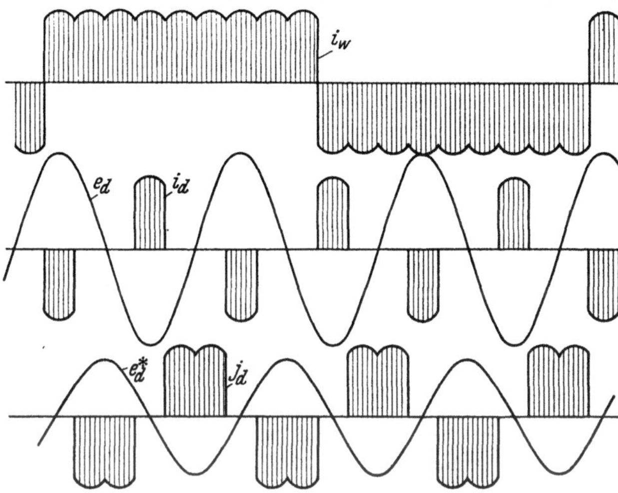

Abb. 280. Verlauf der ideellen Spannungen und Ströme des Wechselumrichters für ein Phasen- und Frequenzverhältnis 3 : 1 und bei Ohmscher Belastung.

in den Grundzügen beschreiben[1]. Wir betrachten den Gleichrichter als ungesteuert und vernachlässigen sowohl die Kommutierungsdauer des Gleichrichters wie die des Wechselrichters. Würden wir alsdann, ohne uns vorerst über die prinzipielle Betriebsfähigkeit des Umrichters Gedanken zu machen, unter Verzicht auf eine sinusförmige Wechselspannung des Wechselrichters rein Ohmsche Belastung annehmen und von der Gleichstromdrossel und der Taktgebermaschine absehen, so würden wir bei dem vorliegenden Frequenzverhältnis 3 : 1 mit dem in Abb. 280 gezeigten Strombild zu rechnen haben. Um uns mehr den wirklichen Betriebsbedingungen zu nähern, nehmen wir jetzt eine endliche Gleichstromdrossel und eine endliche Zündvoreilung des Wechsel-

[1] Vgl. M. Stöhr: Arch. Elektrotechn. Bd. 26 (1932) S. 143; R. Feinberg: Arch. Elektrotechn. Bd. 26 (1932) S. 200; G. Reinhardt: Untersuchungen am Umrichter mit Gleichstrom-Zwischenkreis Diss. T. H. Hannover 1934 und Elektrotechn. u. Maschinenb. Bd. 51 (1934) S. 261.

richters an; außerdem nehmen wir ein Wechselstromnetz mit aufgeprägter Sinusspannung und eine rein Ohmsche Strombegrenzung an. Die gleichrichterseitigen Gleichspannungsoberwellen vernachlässigen wir ganz, von den aus der wechselrichterseitigen Gleichspannung hervor-

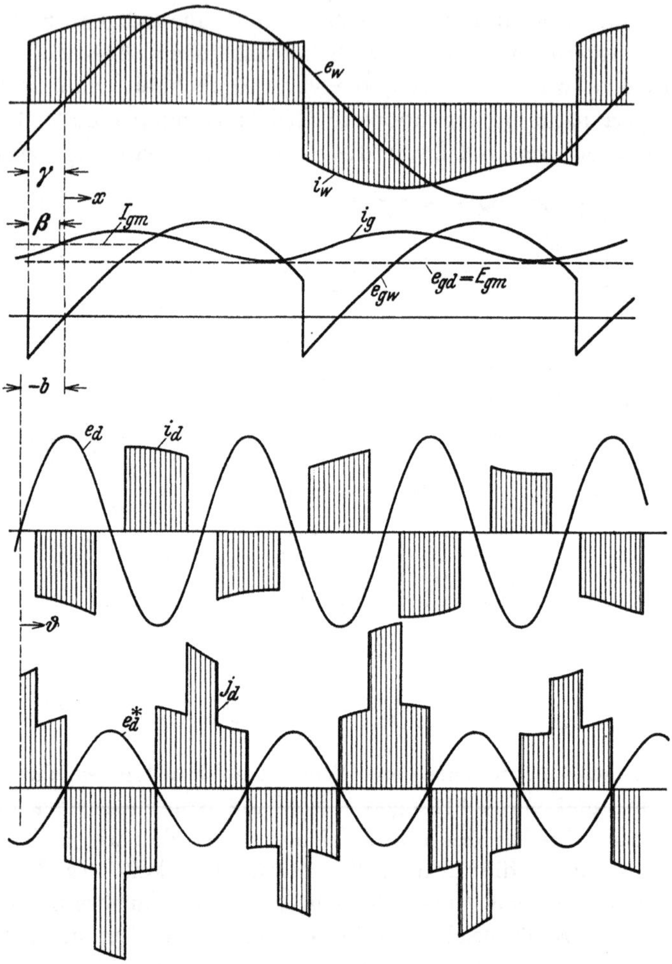

Abb. 281. Verlauf der Spannungen und Ströme des Wechselumrichters für ein Phasen- und Frequenzverhältnis 3 : 1 bei konstant angenommener Gleichrichter-Gleichspannung und berücksichtigter Gleichstromwelligkeit und Wechselrichter-Zündvoreilung bei sinusförmiger Wechselspannung und Ohmscher Strombegrenzung.

gehenden Gleichstromoberwellen berücksichtigen wir nur die tiefste von der doppelten Frequenz des Wechselstromes.

Unter diesen Annahmen findet man den Verlauf der einzelnen Spannungen und Ströme wie in Abb. 281 dargestellt; die Zündvoreilung des Wechselrichters wurde beispielsweise zu $\gamma = 24°$ angenommen, ferner wurde zwischen dem Nulldurchgang der Wechselspannung e_w bei $x = 0$ und dem Nulldurchgang der einen Spannung e_d des Drehstromnetzes bei $\vartheta = 0$ die an sich freie Phasendifferenz $b = 30°$ gewählt. Bedeutet alsdann E_{gm} den gleichen Mittelwert der Gleichspannungen e_{gd} und e_{gw} vor und hinter der Gleichstromdrossel, so läßt sich der momentane Gleichstrom i_g unter Verwendung von (270) schreiben

$$i_g = J_{gm} + \frac{E_{gm}}{3S}\sqrt{1 + 4\,\mathrm{tg}^2\gamma}\cdot\sin 2(x + \gamma - \beta)\,, \tag{335}$$

worin $2\beta = \frac{\pi}{2} - \mathrm{arc\,tg}\left(\frac{1}{2}\,\mathrm{ctg}\,\gamma\right)$ ist und worin der Zusammenhang zwischen E_{gm} und der effektiven Wechselspannung E_w nach (264a) durch

$$E_{gm} = \frac{4\sqrt{2}}{\pi}\cos\gamma\cdot E_w \tag{336}$$

gegeben ist. Damit sind alle weiteren Daten bestimmbar. Ist N_W die wechselstromseitig abgegebene Wirkleistung, so findet man außer

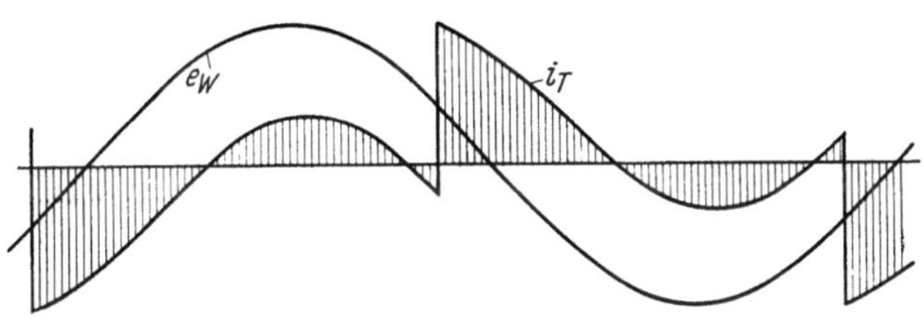

Abb. 282. Verlauf von Spannung und Strom in der Taktgebermaschine bei Ohmscher Belastung.

$N_W = E_{gm} J_{gm}$ für die Scheinleistung des Wechselrichtertransformators $N_{SW} = N_W\cdot\pi\sqrt{1 + w_{J_g}^2}/2\sqrt{2}\cos\gamma$ und für die Scheinleistung des Gleichrichtertransformators

$$N_{Sg} = N_W\cdot\frac{\pi}{3}\sqrt{1 + w_{J_g}^2}\,,\quad \text{worin}\quad w_{J_g} = \frac{E_{gm}\sqrt{1 + 4\,\mathrm{tg}^2\gamma}}{3\sqrt{2}\,S\,J_{gm}}$$

die Welligkeit des Gleichstromes nach (335) vorstellt.

Berücksichtigen wir jetzt noch eine Taktgebermaschine, die die Lieferung eines sinusförmigen Wechselstromes ermöglicht, so ist leicht einzusehen, daß sie bei Phasengleichheit des Wechselstromes mit der Wechselspannung e_w den in Abb. 282 zu ersehenden Strom i_T aufnehmen muß, woraus sich ihre Scheinleistung zu

$$N_{ST} = N_W\sqrt{1 + w_{J_g}^2 - \frac{8}{\pi^2}\cos^2\gamma} \tag{337}$$

errechnet. Auf nähere Einzelheiten haben wir keinen Anlaß, einzugehen, wir bemerken nur abschließend, daß der Gleichstromzwischenkreis des Umrichters eine phasen- und frequenzelastische Wechselstromübertragung ermöglicht, indessen eine direkte Blindleistungsübertragung nicht ohne weiteres gestattet. Die letztere Frage hängt stark ab von der Beeinflussung der Kurvenform des Gleichstromes und der Steuerung der Gefäße, worauf wir jedoch erst bei der Besprechung der unmittelbaren Umrichter andeutungsweise zurückkommen können.

Umrichter als Wechselrichter mit Gleichrichterbelastung zur Transformierung von Gleichspannungen. Die Umkehrung des eben beschriebenen Wechselumrichters mit Gleichstromzwischenkreis ist ein Wechselrichter mit Gleichrichterbelastung; wie wir bereits sagten, bezeichnet man eine solche Anordnung nach ihrer Aufgabe, Gleichströme einer Spannung in solche anderer Spannung umzuwandeln, als Gleichumrichter oder auch weniger glücklich als Gleichstromtransformator.

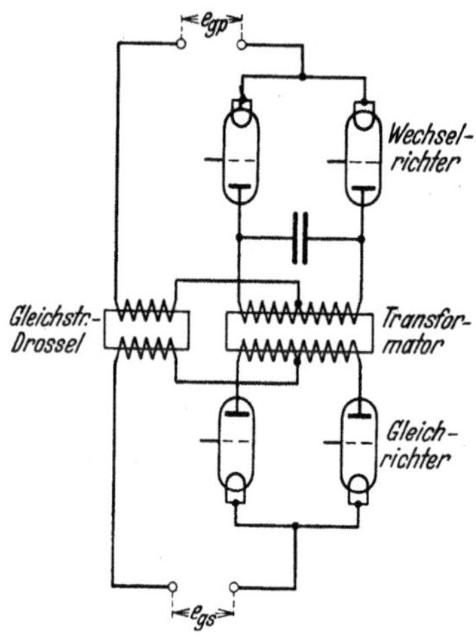

Abb. 283. Beispiel eines Gleichumrichters zur Gleichstromtransformierung bei elektrisch getrennten Stromkreisen.

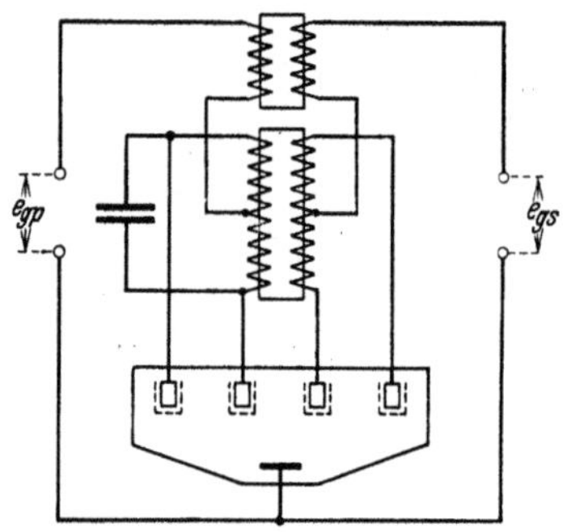

Abb. 284. Beispiel eines Gleichumrichters mit einem gemeinsamen Entladungsgefäß bei einpolig verbundenen Stromkreisen.

Einen derartigen, aus einem Zweiphasen-Wechselrichter mit Parallelkondensator und einem Zweiphasen-Gleichrichter gebildeten Gleichumrichter zeigt Abb. 283. Bei diesem sind die Stromzweige für die ankommende Gleichspannung e_{gp} und für die abgehende Gleichspannung e_{gs} elektrisch getrennt. Kann man auf diese Trennung verzichten, so kann man die Entladungsstrecken auch in der in Abb. 284 gezeigten Weise in einem gemeinsamen Mehranodengefäß mit einer Kathode vereinigen. In beiden Fällen ist der Gleichrichter als mit Gittersteuerung zur Regelung der abgegebenen Gleichspannung versehen gezeichnet. Die in beiden Gleichstromleitungen liegenden Gleichstromdrosseln sind zur Aufhebung der Gleichstromvormagnetisierung magnetisch verkettet, wobei sich die beiderseitigen Gleichstromoberwellen nicht aufheben.

18. Unmittelbare Umrichter mit unverbesserter Spannungskurvenform.

Umrichter als Gleichrichter mit periodisch geänderter Steuerung. Wir wenden uns nunmehr den unmittelbaren Umrichtern zu, bei denen es eine definierte vermittelnde Zwischenstromart nicht mehr gibt. Als Überleitung zu diesen Umrichtern erwähnen wir zunächst eine Abwandlung eines gesteuerten Gleichrichters, der sich von den bisher behandelten Gleichrichtern dadurch unterscheidet, daß seine Steuerung periodisch geändert wird. Der Gleichrichter wird nämlich im Sinne des zu erzeugenden Einphasenwechselstromes so gesteuert, daß von seinen p Anoden abwechselnd m Anoden unverzögert zünden und die nachfolgenden m Anoden gesperrt gehalten werden. Auf diese Weise muß ein periodisch unterbrochener Gleichstrom, wie ihn Abb. 285a veranschaulicht, entstehen. Die Gleichstromkomponente dieses Stromes beträgt, durch seinen Scheitelwert ausgedrückt, $\frac{p}{2\pi m}\left(1+(m-1)\sin\frac{\pi}{p}\right)$; zieht man dieselbe z. B. transformatorisch heraus, so erhält man einen Wechselstrom. Das sich dabei ergebende Frequenzverhältnis zwischen dem entnommenen Dreiphasenstrom und dem erzeugten Einphasenstrom wird $2m/p$. Man kann, wie in Abb. 285b veranschaulicht ist, die Steuerung auch so einrichten, daß abwechselnd $m - 1$ Anoden unverzögert zünden und die nachfolgenden $m + 1$ Anoden gesperrt gehalten werden, wobei sich eine etwas bessere Kurvenform des Wechselstromes ergibt. Die jetzt herauszuziehende Gleichstromkomponente beträgt, durch den Scheitelwert ausgedrückt, $\frac{p}{2\pi m}\left(1 + (m-2)\sin\frac{\pi}{p}\right)$, während das Frequenzverhältnis dasselbe bleibt. Wegen der großen Schwierigkeit, die Absonderung des Wechselstromes durchzuführen, hat dieses Verfahren einer Umrichtung wohl keinerlei praktische Bedeutung.

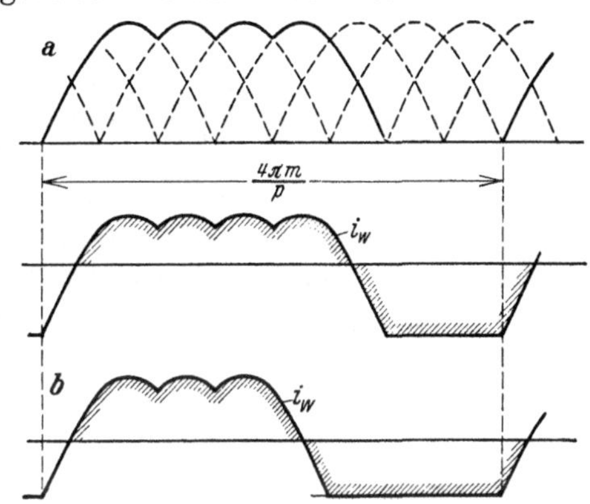

Abb. 285. Entstehung eines Wechselstromes durch periodische Unterbrechung eines Gleichstromes und Kompensierung seiner Gleichstromkomponente
a) bei m zündenden und m sperrenden Anoden,
b) „ $m-1$ „ „ $m+1$ „ „ .

Umrichter als Kombination zweier entgegenwirkender Gleichrichter mit periodisch unterbrochenen Gleichströmen; die Grundschaltungen. Die eigentlichen Schaltungen von unmittelbaren Umrichtern entstehen aus der Vereinigung zweier Gleichrichter der eben beschriebenen Art, wobei diese schaltungsmäßig so verknüpft werden, daß der periodisch unterbrochene Gleichstrom des einen Gleichrichters die einen Halbwellen des Einphasenstromes liefert, während der die Lücken des ersten Gleichstromes gerade ausfüllende ebenfalls periodisch unterbrochene Gleichstrom des anderen Gleichrichters die anderen Halbwellen des Einphasenstromes deckt. Es muß alsdann ein Strom entstehen, wie ihn Abb. 286 darstellt. Bei einer derartigen Verknüpfung zweier Ströme ist eine Ablösung derselben in den Umschaltpunkten jedoch nur möglich, wenn diejenigen Bedingungen sichergestellt werden, die für eine ordnungsgemäße Kommutierung die Voraussetzung bilden. Indem wir die Herstellung dieser Bedingungen vorerst noch offenlassen, besprechen wir erst die Grundschaltungen dieser Umrichter.

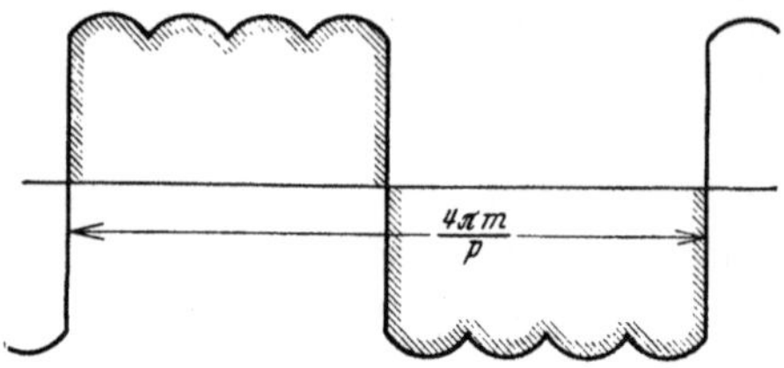

Abb. 286. Entstehung eines Wechselstromes durch Zusammenfügung von zwei periodisch unterbrochenen Gleichströmen verschiedener Richtung.

Der nächstliegende Weg für die Bildung eines Umrichters der beschriebenen Art ist offenbar der, daß man von einem gesteuerten Gleichrichter ausgeht und diesen anstatt mit Ventilstrecken nur einer Stromrichtung mit Ventilstrecken für beide Stromrichtungen ausstattet. Solche Ventilstrecken sind z. B. durch Verwendung antiparallel geschalteter Einanoden-Entladungsgefäße, wie wir sie schon einmal bei den Wechselrichtern kennengelernt haben, herstellbar. Gehen wir z. B. von der dreiphasigen Graetzschaltung nach Abb. 155 aus, so erhalten wir eine Schaltung, wie sie in Abb. 287 wiedergegeben ist, die Transformatorwicklungen sind dabei in Dreieck geschaltet angenommen.

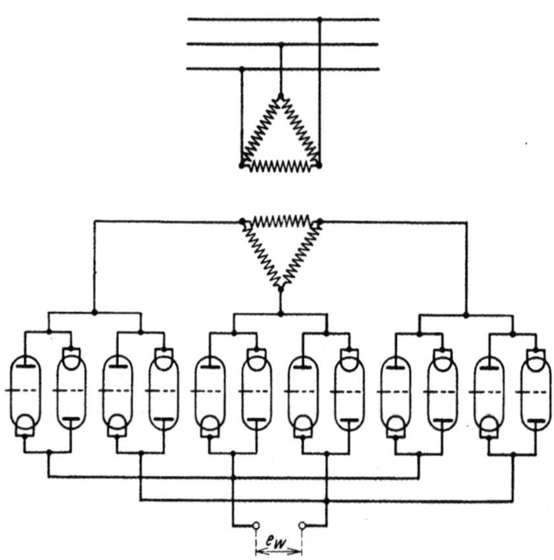

Abb. 287. Wechselumrichter-Grundschaltung mit antiparallel geschalteten Einanoden-Gefäßen.

Im allgemeinen wird man jedoch von den normalen Gleichrichtergefäßen oder, wie wir jetzt sagen wollen, von den normalen Stromrichtergefäßen mit mehreren Anoden und gemeinsamer Kathode ausgehen. Bei Verwendung solcher Gefäße bietet sich eine Reihe von Möglichkeiten für die Bildung von Grundschaltungen, je nachdem, wie man die Bildung und die Verknüpfung der zu kombinierenden periodisch unterbrochenen Gleichströme bewerkstelligt. Wir gehen aus von der in Abb. 288 wiedergegebenen Schaltung. Die als sog. Kreuzschaltung bekannte Schaltung weist zwei an getrennte sekundäre Transformatorwicklungen angeschlossene Mehranodengefäße auf, deren Kathoden mit

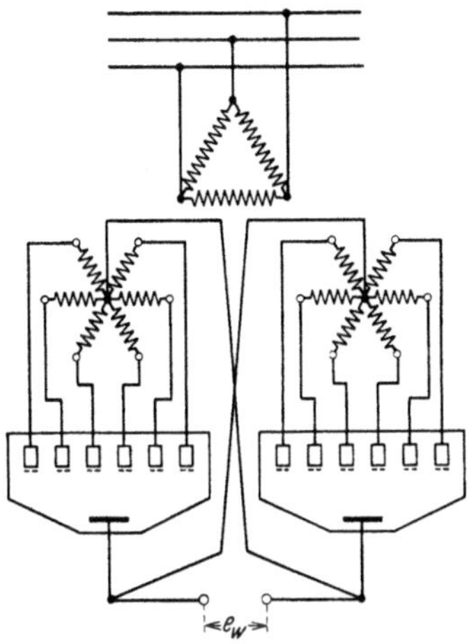

Abb. 288. Wechselumrichter-Grundschaltung mit zwei sekundären Transformatorwicklungen, zwei Mehranodengefäßen und mit galvanischer Verknüpfung der Wechselstrom-Halbwellen.

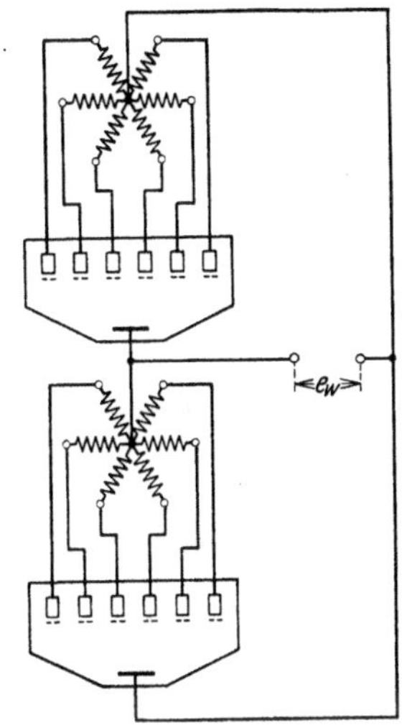

Abb. 289. Andere Darstellung derselben Umrichterschaltung bei fortgelassener Primärwicklung des Transformators.

den Transformator-Nullpunkten über Kreuz verbunden sind, weshalb wir von einer galvanischen Verknüpfung sprechen. Für das Studium der Strom- und Spannungsverhältnisse, insbesondere der Mittel zur Ermöglichung der Kommutierung, ist die Darstellungsweise derselben Schaltung nach Abb. 289 etwas übersichtlicher. Für den weiteren Vergleich der Schaltungen halten wir uns jedoch an die erstere Darstellungsweise.

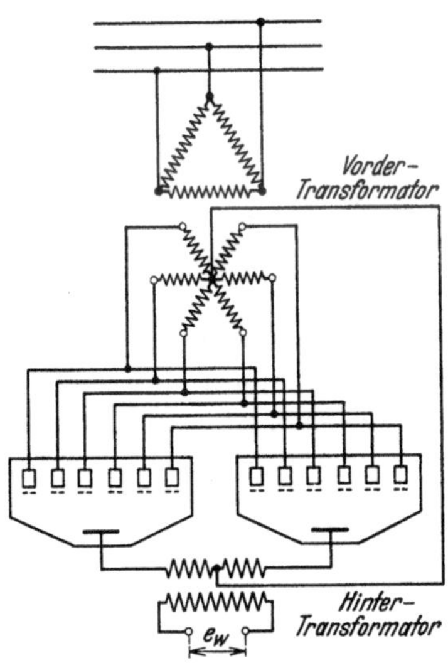

Abb. 290. Wechselumrichter-Grundschaltung mit transformatorischer Verknüpfung der Wechselstrom-Halbwellen bei gemeinsamer sekundärer Transformatorwicklung für beide Stromrichtergefäße

Verknüpft man die beiden Stromsysteme induktiv bzw. transformatorisch, wozu man einen zweiten Transformator als Spannungsteiler benötigt, so kann man die beiden Sekundärwicklungen des ersten Transformators vereinigen; die so entstehende Schaltung zeigt Abb. 290. Wir bezeichnen bei solchen Schaltungen den ersten Transformator als Vordertransformator und den zweiten Transformator als Hintertransformator. Anstatt die beiden Sekundärwicklungen des Vordertransformators zu vereinigen und zwei Stromrichtergefäße zu verwenden, kann man jedoch auch die beiden Sekundärwicklungen belassen und zu einem einzigen Stromrichtergefäß der doppelten Anodenzahl bei gemeinsamer Kathode übergehen, wie Abb. 291 veranschaulicht.

Der weitere Schritt, sowohl die beiden Sekundärwicklungen des Vordertransformators als auch die beiden Stromrichtergefäße zu vereinigen, würde zu einem reinen Gleichrichter führen und würde es notwendig machen, die Umbildung des Gleichstromes zu einem Wechselstrom mittels eines weiteren zweianodigen Stromrichtergefäßes zu bewerkstelligen. Damit wären wir indessen zu der Schaltung eines mittelbaren Umrichters mit Gleichstromzwischenkreis gelangt, wobei wir unter einem Gleichstromkreis wie bisher ein Leitergebilde verstehen, in welchem in einer Hin- und in einer Rückleitung ein Gleichstrom fließt und zwischen diesen beiden Leitungen eine definierte Gleichspannung auftritt. Wir bringen dies in Erinnerung, weil wir gerade darin das unterschiedliche Merkmal der unmittelbaren Umrichter erkennen, daß es bei diesen eine definierte Gleichspannung nicht gibt, wenngleich, wie z. B. bei den Schaltungen nach Abb. 290 und 291, ebenfalls ein Gleichstrom auftritt. Im übrigen kann man die Eigenschaften der Schaltungen nicht ausreichend diskutieren, ohne auf die verschiedenen Möglichkeiten der Betriebsweise einzugehen, die sich je nach der Kurvenform des Gleichstromes und ferner je nach der Art der Anwendung von Energiespeichern innerhalb oder außerhalb des Umrichters ergeben.

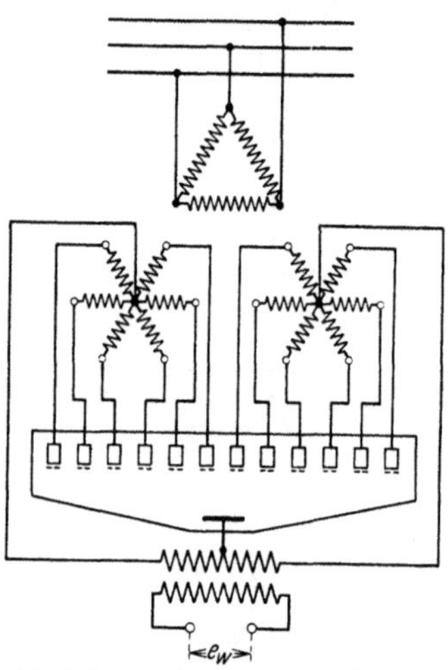

Abb. 291. Wechselumrichter-Grundschaltung mit transformatorischer Verknüpfung der Wechselstrom-Halbwellen bei gemeinsamem Stromrichtergefäß für beide sekundären Transformatorwicklungen.

Wir können aber nach diesen wenigen Andeutungen vermuten, daß der unmittelbare Umrichter, innerhalb dessen ein Gleichstrom fließt, mit dem mittelbaren Umrichter mit Gleichstromzwischenkreis die prinzipielle Befähigung zur frequenz- und phasenelastischen Umrichtung gemeinsam hat. Außerdem können wir noch vermuten, daß das Fehlen einer definierten Gleichspannung eine vielseitigere Möglichkeit einer Blindleistungsübertragung eröffnen muß, als sie bei den mittelbaren Umrichtern gegeben erscheint.

Alle bisher aufgeführten Schaltungen ermöglichen die Umrichtung eines Dreiphasenstromes in einen Einphasenstrom bei beliebigem Frequenzverhältnis. In Abb. 286 wurde z. B. $m = 4$ bei $p = 6$ angenommen, woraus ein Frequenzverhältnis von $\frac{2m}{p} = \frac{4}{3}$, d. h. von 4 : 3 hervorgeht. Zur Erzielung des im Vordergrund des Interesses stehenden Frequenzverhältnisses von 3 : 1 muß $\frac{2m}{p} = 3$, d. h. bei $p = 6$ die Zahl $m = \frac{3}{2}p = 9$ werden. Bei alledem ist die bisher angenommene Phasenzahl $p = 6$ natürlich nicht bindend, vielmehr kann man z. B. auch $p = 3$ wählen; im übrigen steht auch hier der bei den Gleichrichtern bereits ein-

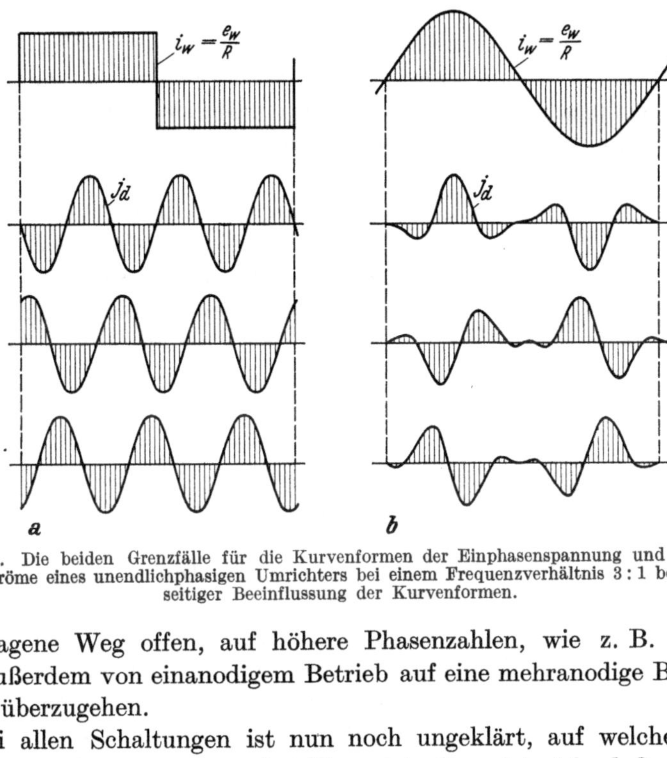

Abb. 292. Die beiden Grenzfälle für die Kurvenformen der Einphasenspannung und der Dreiphasenströme eines unendlichphasigen Umrichters bei einem Frequenzverhältnis 3 : 1 bei nur einseitiger Beeinflussung der Kurvenformen.

geschlagene Weg offen, auf höhere Phasenzahlen, wie z. B. $p = 12$, und außerdem von einanodigem Betrieb auf eine mehranodige Betriebsweise überzugehen.

Bei allen Schaltungen ist nun noch ungeklärt, auf welche Weise die Kommutierung zu bewerkstelligen ist. Es zeigt sich, daß auch die Klärung dieser Frage eng zusammenhängt mit der Aufgabe, die Kurvenform der Spannungen und Ströme zu beeinflussen und ebenfalls gebunden ist an die Frage, ob und wie eine Leistungspufferung durchzuführen ist. Was die Beeinflussung der Kurvenform der Spannungen und Ströme angeht, besteht, wie wir vorweg bemerken wolllen, wie bei den Gleichrichtern wieder die Eigentümlichkeit, daß eine Verbesserung der Kurvenform der Spannungen einer Seite mittels nur eines Energiespeichers oder auf Grund anderer einseitiger Maßnahmen notwendig eine Verschlechterung der Kurvenform der sich ergebenden Ströme auf der jeweils anderen Seite des Umrichters nach sich zieht. Um hierfür ein ungefähres Bild zu geben, nehmen wir den Idealfall eines unendlichphasigen Umrichters mit rein Ohmscher Belastung an und konstruieren die leistungsmäßig bedingten Kurvenformen der Einphasenspannung und der Dreiphasenströme für ein Frequenzverhältnis 3 : 1 für die beiden Extremfälle, daß einmal die Dreiphasenströme sinusförmig sind und ein anderes Mal die Einphasenspannung sinusförmig verläuft. Das Ergebnis ist in Abb. 292a und b wiedergegeben. Es hat eine gewisse Ähnlichkeit mit der Gegenüberstellung der Extremfälle der Kurvenformen bei einem Zweiphasengleichrichter mit Kathodendrossel, wie sie in Abb. 86 dargestellt ist.

Will man also erreichen, daß sowohl die Dreiphasenströme als auch die Einphasenspannung sinusförmig verlaufen, so ist im allgemeinen die Anwendung mindestens zweier Energiespeicher erforderlich. Auf welche Weise dies z. B. durchgeführt werden kann, zeigt Abb. 293, wobei mit der Energiespeicherung, die zur Sicherstellung der Strom- und Spannungskurvenformen erforderlich ist, auch die andere Voraussetzung erfüllt ist, die zur Sicherstellung der Kommutierung erforderlich ist[1]. Ist die Spannung e_w auf der Einphasenseite eine durch das Netz fest aufgeprägte, so handelt es sich um die Beeinflussung der Dreiphasenströme und des Einphasenstromes. Tun wir der Einfachheit wegen so, als sei die Anodenzahl des Stromrichtergefäßes in Abb. 291 unendlich, so sind die Dreiphasenströme sinusförmig bei rechteckförmiger Spannung zwischen der Kathode und den primären Wicklungsenden des Hintertransformators. Ist die Einphasenspannung an diesem Transformator also sinusförmig, so muß die Gleichstromdrossel die Differenzspannung zwischen der Sinusspannung und der Rechteckspannung gleicher Grundwelle decken. Der vom Umrichter erzeugte Einphasenstrom ist ursprünglich ebenfalls rechteckförmig. Um an seiner Stelle die Lieferung eines sinusförmigen Einphasenstromes, der der Grundwelle des Rechteckstromes entspricht, zu ermöglichen, ist der Kondensator vorgesehen, der alsdann den Differenzstrom aufnimmt. Hiernach vollziehen die Gleichstromdrossel und der Kondensator ähnliche Funktionen wie in der Schaltung des mittelbaren Umrichters die Gleichstromdrossel und die Taktgebermaschine, die übrigens auch hier die Stelle des Kondensators vertreten könnte. Ebenso wie dort die Taktgebermaschine kann der Kondensator der vorliegenden Schaltung auch noch zur Deckung von Blindleistung, die einphasenseitig angefordert wird, herangezogen wer-

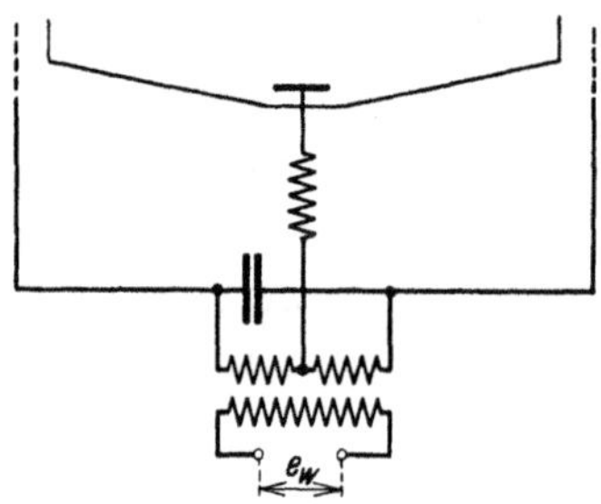

Abb. 293. Anwendung einer Gleichstromdrossel und eines Kondensators zur beiderseitigen Beeinflussung der Kurvenformen der Dreiphasenströme und des Einphasenstromes, zur Ermöglichung der Kommutierung und der Blindleistungsdeckung.

[1] Vgl. Ehrensperger: Brown Boveri Mitt. Bd. 21 (1934) S. 95.

den. Im übrigen vermag die Schaltung jedoch diejenigen Schaltfunktionen zu bewerkstelligen, die die Überlegenheit des unmittelbaren Umrichters vor dem mittelbaren ausmachen, so ermöglicht sie auch bei Beibehaltung eines den elastischen Betrieb sicherstellenden konstanten Gleichstromes bei passender Gittersteuerung der Anoden eine bedingte Durchgabe von Blindleistung. Bei einer solchen Blindleistungsübertragung stellt sich übrigens heraus, daß, wie man sich allgemein klarmachen kann, der dreiphasenseitige Anteil der Blindleistung zu dem einphasenseitigen Anteil im umgekehrten Frequenzverhältnis steht[1], d. h. hier sich wie 1 : 3 verhält. Dies gilt auch für die weiteren noch genannten Umrichter mit andersartiger Steuerung der Anoden.

Ist der Umrichter nicht netzgeführt, ist die Einphasenspannung also nicht aufgeprägt, sondern hat der Umrichter diese Spannung selbst zu bilden, so ist es bei der vorliegenden Schaltung bei Ohmscher und induktiver Einphasenbelastung möglich, einen Betrieb in der Weise herzustellen, daß man den Kondensator auf die Reaktanz der Belastung abstimmt, so daß beide einen Schwingungskreis bilden.

Wir haben die Funktionen der Gleichstromdrossel und des Kondensators in Abb. 293 in Verbindung mit der Schaltung nach Abb. 291 besprochen, ohne daß in der Auswahl gerade dieser Schaltung ein zwingender Grund liegt. Auch bei allen später besprochenen Umrichterschaltungen kann jede der genannten Grundschaltungen als Ausgangspunkt dienen, in dieser Beziehung sind die genannten Grundschaltungen vollständig gleichberechtigt.

19. Unmittelbare Umrichter mit verbesserter Spannungskurvenform.

Die direkte Beeinflussung der Kurvenform der Einphasenspannung. Anstatt die sinusförmige Einphasenspannung dem Umrichter aufzuzwingen und durch Anwendung von zwei Energiespeichern die erforderlichen Stromverläufe im Umrichter zu ermöglichen, ist es naheliegend, zu versuchen, eine möglichst sinusförmige Einphasenspannung schon durch die Schaltfunktionen des Umrichters selbst zu erreichen, womit der Einphasenstrom schon von selbst angenähert sinusförmig werden muß. Es ist dann nämlich nur noch nötig, sofern man überhaupt darauf besteht, für die Anpassung der Dreiphasenströme an die Sinusform durch Anwendung von Energiespeichern zu sorgen, wobei solche Energiespeicher offenbar nicht mehr die Betriebsfähigkeit des Umrichters überhaupt herzustellen haben, sondern dessen Betrieb nur sekundär beeinflussen; wir sprechen dann von einem Umrichter mit verbesserter Span-

[1] Vgl. Meyer-Delius: Elektr.-Wirtsch. Bd. 31 (1932) S. 101; sowie Feinberg: Elektrotechn. u. Maschinenbau Bd. 51 (1933) S. 457.

nungskurvenform. Den Ausgangspunkt zur Entwicklung eines solchen Umrichters kann jede der vorhin beschriebenen Grundschaltungen bilden.

Um dem Ziel der Verbesserung der Kurvenform der Einphasenspannung im Umrichter selbst näherzukommen, müssen wir uns vorerst klar werden, welche Möglichkeiten hinsichtlich der Gefäßsteuerung offen stehen. Blicken wir auf dem bisher durchlaufenen Weg noch einmal zurück, so waren die ungesteuerten Gleichrichter Stromrichter mit uneingeschränkter Zündberechtigung, d. h. mit natürlicher Zündaufeinanderfolge aller Anoden. Bei den gesteuerten Gleichrichtern und Wechselrichtern wurde der erste Eingriff in die Zündfreiheit der Anoden gemacht; es wurden alle Anoden während ihrer Zündverzögerungsdauer gesperrt gehalten, wobei alle Anoden einander gleichberechtigt waren. Der nächste Schritt, der damit zu den Wechselumrichtern führte, war der, daß man unter Aufgabe der Gleichberechtigung der Anoden unter diesen eine Auswahl traf, daß eine Gruppe von Anoden nacheinander unverzögert oder verzögert zündete und alsdann eine andere Gruppe von Anoden in ähnlicher Weise zündete, derart, daß die eine Gruppe von Anoden die eine Halbwelle des Einphasenstromes und die andere Gruppe die andere Halbwelle zu stellen hatte. Dabei waren es im Sinne des Frequenzverhältnisses der Umrichtung abwechselnd immer andere Anoden, die jeweils die eine oder andere Gruppe ausmachten, aber innerhalb einer Gruppe zündeten die zugehörigen Anoden unter den gleichen Bedingungen und damit gleichberechtigt. Der letzte Schritt ist nun offenbar der, daß man auch die Gleichberechtigung der Zündfolge der Anoden innerhalb jeder Gruppe auflöst; dies ist der erste mögliche Weg, der zu einem Umrichter mit verbesserter Spannungskurvenform führt. Der zweite mögliche Weg eröffnet sich, wenn man, anstatt von gleichen effektiven Anodenspannungen auszugehen, diese verschieden abstuft. Der letzte mögliche Weg ist alsdann der, daß man, anstatt nur eine Einphasenspannung mit der gewünschten Anpassung an die Sinusform zu erzeugen, zwei oder mehr Einzelspannungen von an sich noch unvollkommener Kurvenform erzeugt, die jedoch, miteinander kombiniert, die Einphasenspannung der gewünschten Kurvenform ergeben.

Die sich auf diese Weise ergebenden Umrichter gliedern wir nun in die Umrichter mit abgestufter Steuerung, die Umrichter mit abgestufter Spannung, die Trapezkurvenumrichter und die Zweispannungsumrichter.

Der Umrichter mit abgestufter Steuerung. Bei diesem Umrichter, der auch kürzer als Steuerumrichter bezeichnet wird, werden die Anoden innerhalb jeder Halbwelle der Einphasenspannung mit verschiedenen, so abgestuften Zündverzögerungen gesteuert[1], daß die entstehende sägezähneartige Spannungskurve einer Sinuskurve möglichst gut an-

[1] Angegeben von L. Hazeltine. Vgl. auch M. Schenkel: Elektr. Bahnen Bd. 8 (1932) S. 69.

gepaßt ist. Ein Beispiel einer so entstehenden Spannungskurve zeigt Abb. 294, wobei ein sechsphasiger Vordertransformator und sechsanodige Gefäße oder bei Verwendung eines gemeinsamen Gefäßes ein solches

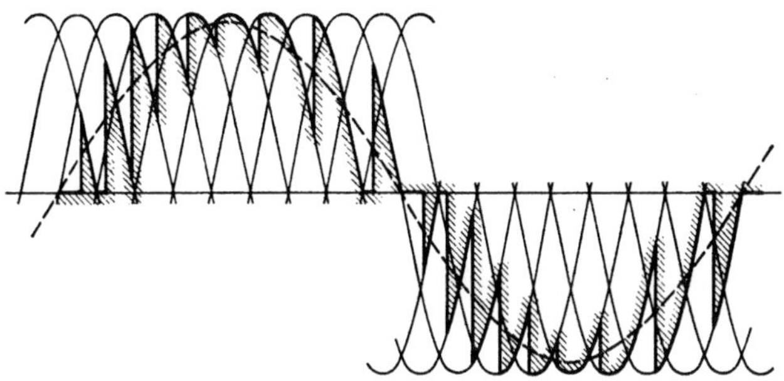

Abb. 294. Beispiel einer Einphasenspannungskurve eines Umrichters mit abgestufter Steuerung bei sechsphasigem Vordertransformator für das Frequenzverhältnis 3 : 1.

mit 2 · 6 Anoden angenommen und im übrigen wie immer ein Frequenzverhältnis 3 : 1 zugrunde gelegt ist. Die Spannungskurve weist nicht unerhebliche Oberwellen auf, die jedoch um so mehr verschwinden, ein je höherphasiges Vordertransformatorsystem verwendet wird, außerdem ist es nicht leicht, die Abstufung der Zündverzögerungen richtig zu wählen, um einen stufenlos veränderlichen phasen- und frequenzelastischen Betrieb zu ermöglichen.

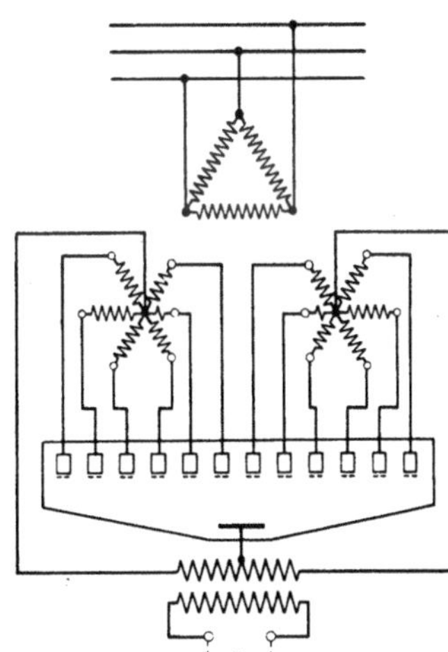

Abb. 295. Beispiel einer Schaltung eines Umrichters mit abgestufter Transformatorspannung.

Der Umrichter mit abgestufter Spannung. Anstatt die Anoden mit verschieden abgestuften Zündverzögerungen zünden zu lassen, um auf solche Weise eine Anpassung der Einphasenspannung an die Sinusform zu erzielen, kann man die Anoden auch unverzögert oder gleichmäßig verzögert zünden lassen und die Anpassung der Einphasenspannung an die Sinusform durch Abstufung der Windungszahlen der Sekundärwicklungen des Vordertransformators, d. h. durch Abstufung der sekundären Phasenspannungen, anstreben. Eine Schaltung mit derart abgestuften Transformatorwicklungen zeigt Abb. 295. Sie gestattet, auf verhältnismäßig einfache Weise günstige Spannungskurvenformen zu erzielen, dafür liegt es aber in ihrem Prinzip begründet, daß sie bei der gegebenen Anodenzahl nur eine phasen- und frequenzstarre Umrichtung ermöglicht.

Die zweckmäßige Abstufung der Wicklungen kann auf verschiedene Weise erfolgen. Setzen wir voraus, wie Abb. 295 auch zum Ausdruck bringt, daß die Phasenspannungen in den gleichen Phasenwinkeln aufeinanderfolgen, so kann man die Effektivwerte der Spannungen so

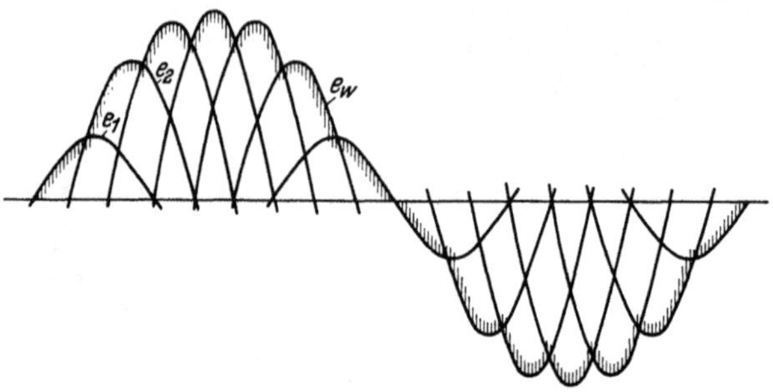

Abb. 296. Beispiel einer Einphasenspannungskurve eines Hüllkurvenumrichters bei sechsphasigem Vordertransformator für das Frequenzverhältnis 3 : 1.

wählen, daß die Umhüllende der nacheinander wirksamen Spannungen eine Sinuskurve ist, oder daß die Scheitelpunkte der nacheinander wirksamen Spannungen auf einer Sinuskurve liegen[1]. Eine bessere Kurvenform kann man noch erzielen, wenn man die Abstufung der effektiven Phasenspannungen derart wählt, daß der Effektivwert der Summe aller Oberwellen der Einphasenspannung, d. h. daß die Summe der Quadrate der Oberwellen ein Minimum wird. Die Umrichter nach dem erstgenannten Prinzip der Spannungsabstufung bezeichnet man als Hüllkurvenumrichter. Die nach diesem Prinzip beispielsweise erzielbare Einphasenspannungskurve zeigt Abb. 296, wobei wieder ein sechsphasiger Vordertransformator entsprechend Abb. 295 angenommen ist.

Der Trapezkurvenumrichter. Steuert man die Anoden eines Umrichters der genannten Grundschaltungen mit gleichen Phasenspan-

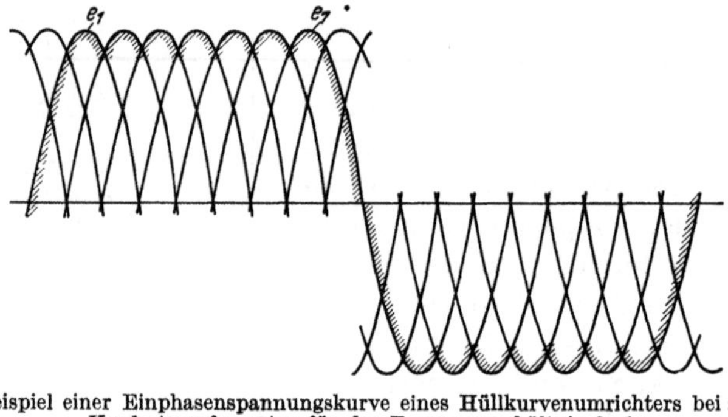

Abb. 297. Beispiel einer Einphasenspannungskurve eines Hüllkurvenumrichters bei sechsphasigem Vordertransformator für das Frequenzverhältnis 3 : 1.

[1] Angegeben von O. Löbl, vgl. die Arbeiten von O. Löbl: Elektr. Bahnen Bd. 8 (1932) S. 65, sowie von Meyer-Delius: Ebenda, S. 61, außerdem von O. Löbl: Z. VDI 1933 S. 684 und R. Feinberg: Arch. Elektrotechn. Bd. 27 (1933) S. 539.

nungen des Vordertransformators so, daß z. B. bei sechsphasiger Schaltung und dem Frequenzverhältnis 3 : 1 sieben Anoden innerhalb der einen Halbwelle der Einphasenspannung unverzögert oder gleichmäßig verzögert nacheinander zünden, wobei indessen die erste Anode schon unmittelbar nach dem Nulldurchgang ihrer Spannung zünden und die siebente Anode erst im Nulldurchgang ihrer Spannung löschen soll, so entsteht der in Abb. 297 wiedergegebene trapezähnliche Spannungsverlauf. Derart gesteuerte Umrichter bezeichnet man als Trapezkurvenumrichter. Da die Ausgangsschaltung eine symmetrische ist und jede der Anoden als Anfangs- und als Endanode jeder Halbwelle der Einphasenspannung gesteuert werden kann, läßt sich ein phasen- und frequenzelastischer Betrieb des Umrichters bewerkstelligen, wobei die Phasenlage der Nulldurchgänge zwar um den durch die Phasenzahl der Schaltung festgelegten Winkelbetrag jeweils springt, die Phasenlage der Grundwelle der Trapezkurve jedoch durch Veränderung der Zündverzögerung der Anoden stetig variiert werden kann.

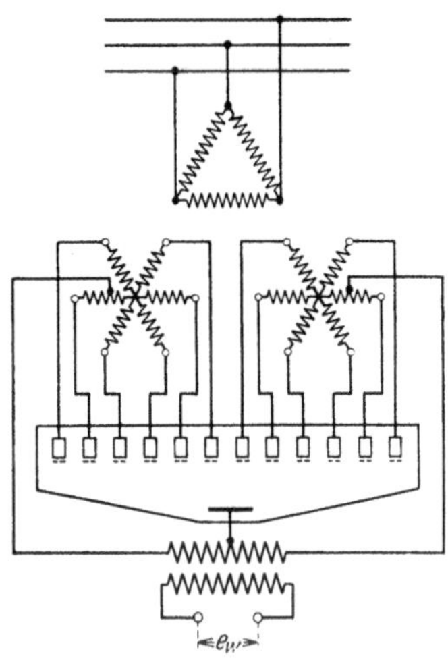

Abb. 298. Schaltung eines phasen- und frequenzstarren Trapezkurvenumrichters für das Frequenzverhältnis 3 : 1 mit überlagerter dritter Harmonischer der Einphasenspannung.

Die erzielte Trapezkurve enthält eine Reihe von Oberwellen, vor allem eine ausgeprägte dritte Harmonische. Bei einem Frequenzverhältnis 3 : 1 hat diese Harmonische die Frequenz der Dreiphasenspannungen, so daß man bei einem starren Frequenzverhältnis durch Überlagerung einer diesen Dreiphasenspannungen entnommenen Teilspannung in der Lage ist, die dritte Harmonische der Einphasenspannung zu kompensieren[1]. Hierzu ist es bei einem phasen- und frequenzstarren Umrichter nur nötig, die Nullpunkte der sekundären Wicklungen des Vordertransformators in der in Abb. 298 gezeigten Weise zu verlagern. Die bei einer solchen Anordnung erzielten Strom- und Spannungsverläufe veranschaulicht im einzelnen Abb. 299. Darin bedeutet e_a die reine Trapezkurvenspannung, e_b die durch die Nullpunktsverschiebung der Transformatorwicklungen hinzutretende Spannung der dreifachen Frequenz und e_w die resultierende Einphasenwechselspannung, die keine dritte Harmonische mehr hat. Weiter bedeuten i_w den sinusförmig angenommenen Einphasenwechselstrom, e_u^*, e_v^*, e_w^* die den verketteten Dreiphasenspannungen entsprechenden Spannungen in bezug auf einen

[1] Angegeben von Jonas.

gedachten Sternpunkt und endlich j_u, j_v, j_w die dem Strome i_w zukommenden Dreiphasen-Netzströme. Besondere Mittel zur Bewerkstelligung der Kommutierung sind unter den vorliegenden Voraussetzungen nicht erforderlich und brauchten daher bei der Konstruktion der Ströme und Spannungen auch nicht berücksichtigt zu werden.

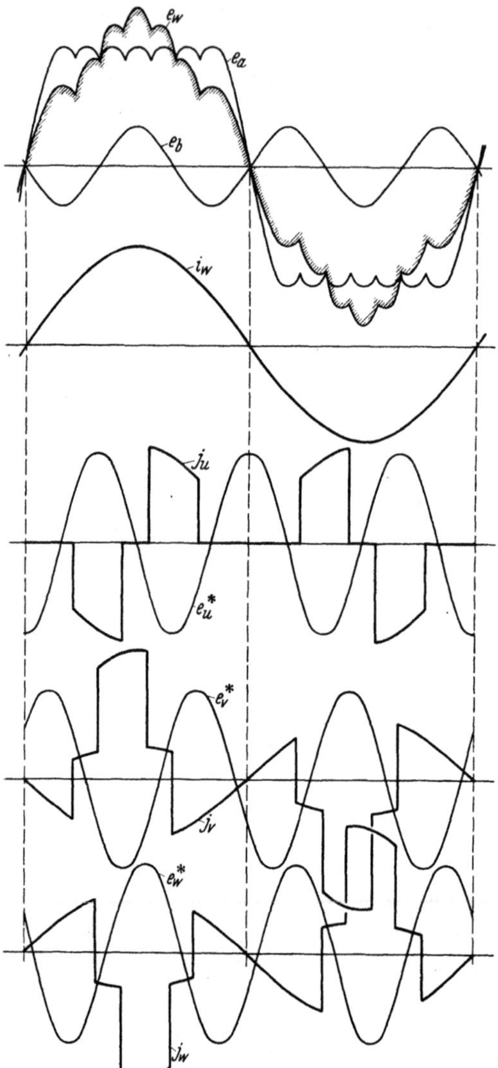

Abb. 299. Verlauf der Spannungen und Ströme des phasen- und frequenzstarren Trapezkurvenumrichters für das Frequenzverhältnis 3 : 1 mit überlagerter dritter Harmonischer.

Die Einphasenspannung ist aus zwei Spannungen zusammengesetzt derart, daß die daraus hervorgehende Spannung eine solche von verbesserter Kurvenform wird. Dies ist im Vergleich zu den bisher aufgeführten Möglichkeiten zur Verbesserung der Kurvenform ein neuer Weg. Mit der Beschreibung dieses Weges sind wir nun eigentlich zu der letzten Klasse von Umrichtern gelangt, die wir als die Zweispannungs- oder Mehrspannungsumrichter bezeichnen. Jedoch wollen wir unter Zweispannungsumrichter nur solche Umrichter verstehen, bei denen jede der beiden Spannungen über Stromrichtergefäße erzeugt wird. Solchen wenden wir uns nachher noch zu. In bezug auf die vorliegende Schaltung wollen wir nur noch ergänzend darauf hinweisen, daß sie in der gleichen Weise wie der reine Trapezkurvenumrichter zur phasen- und frequenzelastischen Umrichtung herangezogen werden kann, wenn man nur die Spannung dreifacher Frequenz, anstatt sie durch Nullpunktsverlagerung der Sekundärwicklung des Vordertransformators zu gewinnen, über einen passend gesteuerten Drehtransformator dem

Dreiphasennetz direkt entnimmt[1]. Außerdem ist es aber möglich, die Spannung dreifacher Frequenz und veränderlichem Phasenwinkel mittels eines in Serie geschalteten sechsphasigen gesteuerten Gleichrichters zu stellen, von dem je Halbwelle der Einphasenspannung eine passend ausgewählte Anode stromführend ist[2]. Damit haben wir schon einen regulären Zweispannungsumrichter vor uns.

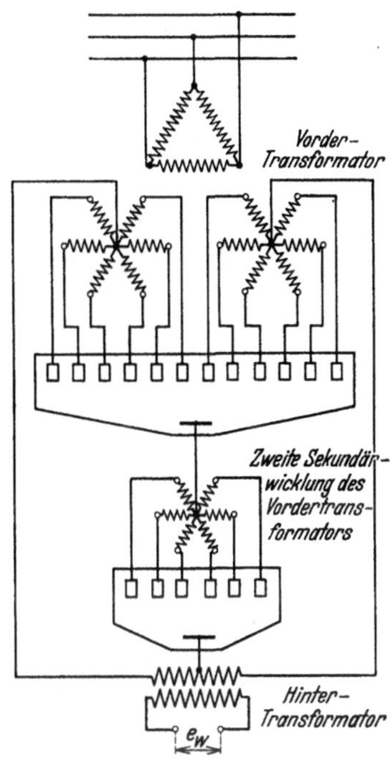

Abb. 300. Prinzipschaltbild eines Zweispannungsumrichters mit anodenseitiger Kombination der Teilspannungen.

Der Zweispannungsumrichter. Bei den Zweispannungsumrichtern, deren Eigentümlichkeit es ist, daß zwei über Stromrichtergefäße erzeugte Spannungen derart zusammengesetzt werden, daß die resultierende Einphasenspannung eine solche von besserer Kurvenform ist, ist vorerst zu unterscheiden, auf welche Weise die Zusammenfügung der Teilspannungen erfolgen soll. Man unterscheidet zunächst vier Möglichkeiten, die man nach den vier Grundoperationen als Addition, Subtraktion, Multiplikation und Division der Teilspannungen interpretiert, von denen man jedoch auch die beiden ersten und die beiden letzten Operationen als zusammengehörig bezeichnen kann. Außerdem hat man noch zu unterscheiden, ob die Zusammenfügung nach den genannten Operationen anodenseitig, d. h. zwischen dem Vorder- und Hintertransformator, oder transformatorseitig, womit der Hintertransformator gemeint ist, erfolgt. Im letzteren Falle spricht man zuweilen von Doppelumrichtern, weil dann im allgemeinen im Hintertransformator die beiden Spannungen zweier selbständiger Teilumrichter miteinander kombiniert werden.

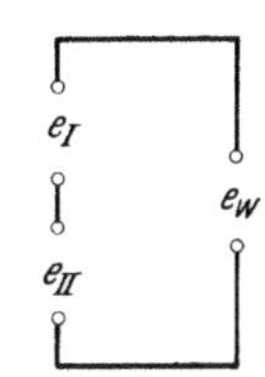

Abb. 301. Schema für die Addition oder Subtraktion der Teilspannungen.

Für Zweispannungsumrichter mit anodenseitiger Kombination der Teilspannungen, insbesondere für Addition oder Subtraktion der Teilspannungen, ist die prinzipielle Schaltung die in Abb. 300 wiedergegebene[2]. Bezeichnen wir die von dem oberen Stromrichtergefäß erzeugte Teilspannung mit e_I, die von dem unteren Stromrichtergefäß erzeugte Teilspannung mit e_{II}, so erfolgt die Zusammenfügung der Teil-

[1] Angegeben von Ch. Krämer.
[2] Angegeben von K. Kettner.

spannungen zu der resultierenden Einphasenspannung nach dem Schema der Abb. 301. Ein Beispiel einer möglichen Bildung der Einphasenspannung bei einer Addition der Teilspannungen zeigt Abb. 302. Ein

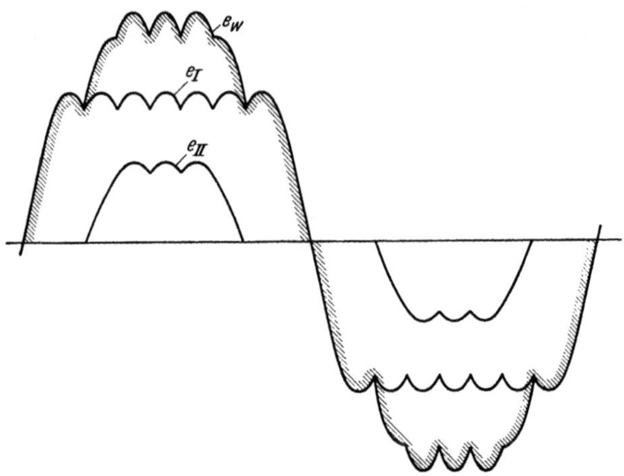

Abb. 302. Beispiel für die Bildung einer Einphasenspannung durch Addition zweier Teilspannungen.

anderes Beispiel einer möglichen Bildung der Einphasenspannung bei einer Subtraktion der Teilspannungen zeigt Abb. 303. In beiden Fällen ergibt die Zusammenfügung der beiden Teilspannungen eine Einphasenspannung verbesserter Kurvenform. Im Sinne dieser Bezeichnungs-

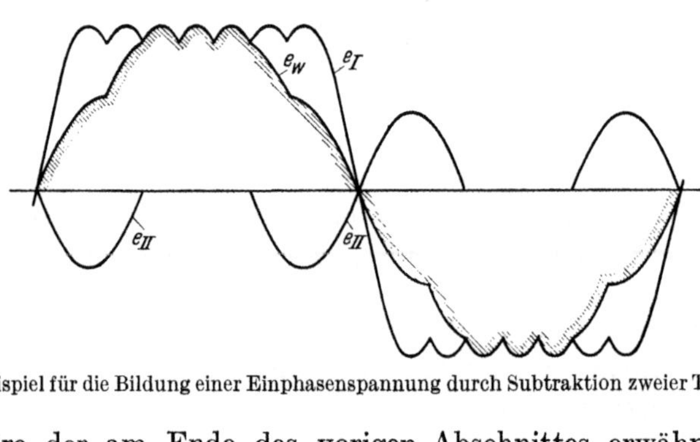

Abb. 303. Beispiel für die Bildung einer Einphasenspannung durch Subtraktion zweier Teilspannungen.

weise wäre der am Ende des vorigen Abschnittes erwähnte Trapezkurvenumrichter mit einer, in einem weiteren Stromrichter erzeugten, dritten Harmonischen ein Umrichter mit teilweise addierter und subtrahierter Teilspannung.

Einen ganz anderen Vorgang ergeben diejenigen Kombinationen der Teilspannungen, die wir als Multiplikation oder Division bezeichnet haben. Dieser soll durch das Schema nach Abb. 304 erklärt werden. Wie dort zu ersehen ist, liegen die beiden zu kombinierenden Teilspannungen an einer Spannungs- bzw. Stromteilerwicklung, die eine weitere Anzapfung aufweist, an der die resultierende Einphasenspannung abgegriffen wird. Ist das Verhältnis der Windungszahl zwischen dem Abgriff der Ein-

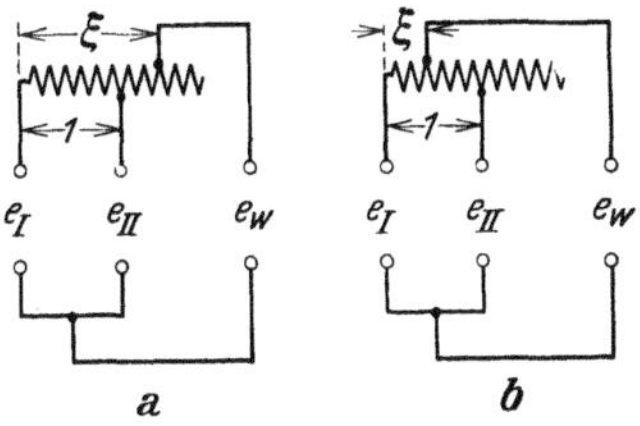

Abb. 304. Schema für die Multiplikation oder Division der Teilspannungen.

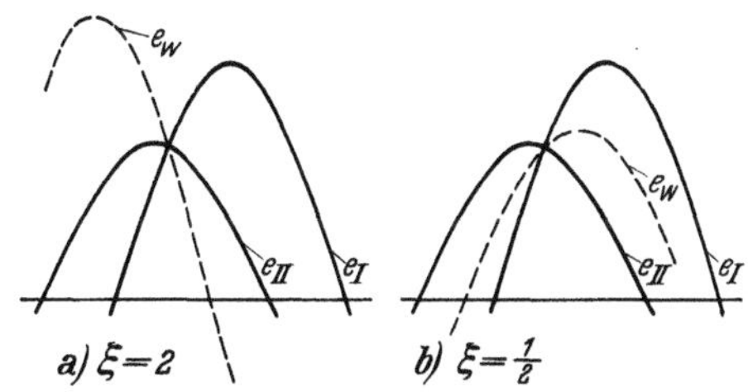

Abb. 305. Bildung der resultierenden Spannung e_w aus den Teilspannungen e_I und e_{II} bei Multiplikation ($\xi = 2$) und bei Division ($\xi = \frac{1}{2}$).

phasenspannung e_w und der Teilspannung e_I und der Windungszahl zwischen der Teilspannung e_{II} und der Teilspannung e_I gleich ξ, so spricht man von einer Multiplikation, sofern $\xi > 1$ ist, und von einer Division, sofern $\xi < 1$ ist. Wichtig sind dabei die Fälle $\xi = 2$ und $\xi = \frac{1}{2}$, bei denen man von einem Faktor 2 bzw. von einem Divisor 2 sprechen kann. Die in diesen beiden Fällen sich ergebende Bildung der resultierenden Spannung e_w aus den Teilspannungen e_I und e_{II} veranschaulicht Abb. 305. Wie man erkennt, ist die sich vollziehende Spannungsbildung ziemlich ähnlich der bei Gleichrichtern mit Saugtransformatoren vor sich gehenden.

Für den letzten Fall $\xi = \frac{1}{2}$ geben wir in Abb. 306 ein Schaltungsbeispiel eines Umrichters wieder[1]. Ohne auf seine Arbeitsweise im einzelnen einzugehen, bemerken wir nur, daß die Teilspannungen verschiedenen Anzapfungen der Sekundärwicklung des Vordertransformators entnommen sind und daß die Anoden derart gesteuert werden, daß von Teilintervall zu Teilintervall innerhalb jeder Halbwelle der Einphasenspannung immer andere Spannungen mittels des Stromteilers kombiniert werden, derart, daß eine Einphasenspannung von möglichst

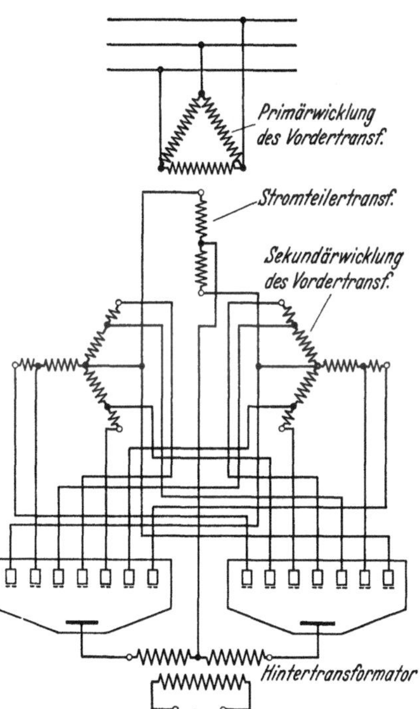

Abb. 306. Beispiel eines Zweispannungsumrichters mit Division der Teilspannungen für ein Frequenzverhältnis 3 : 1.

[1] Angegeben von K. Kettner.

guter Anpassung an die Sinusform zur Entstehung gelangt. Dabei entsteht außerdem eine Verlängerung der Brenndauer der Anoden. Die so erzielte Einphasenspannung ist die in Abb. 307 wiedergegebene, sie läßt eine recht gute Anpassung an die Sinusform erkennen. In der Schaltung sind die an den Stromteiler führenden Nullpunkte der Sekundärwicklungen des Vordertransformators gleichfalls an Anoden angeschlossen, so daß sich bei einer an und für sich mehrphasigen Schaltung zwei siebenanodige Stromrichtergefäße ergeben.

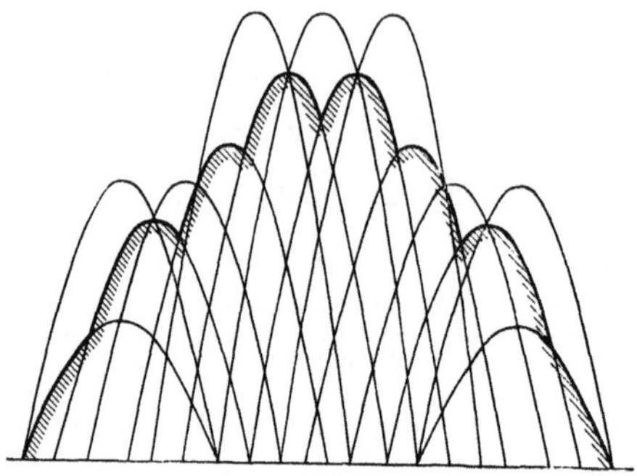

Abb. 307. Beispiel für die Bildung einer Einphasenspannung aus Teilspannungen mittels Spannungsdivision.

Eine ähnliche Kurvenform der Einphasenspannung wie die oben gezeigte läßt sich mittels einer anderen einfacheren Schaltung erzielen, die auf der Spannungsaddition beruht und bei der die Kombination der Teilspannungen

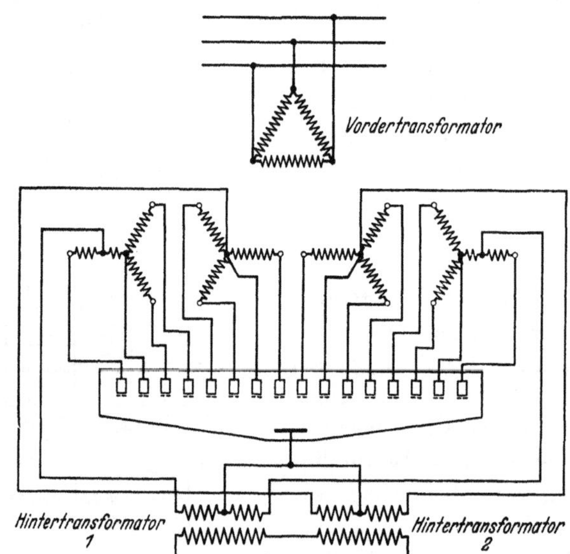

Abb. 308. Schaltung eines Zweispannungsumrichters mit Spannungsaddition, bestehend aus zwei selbständigen Teilumrichtern mit in den Hintertransformatoren erfolgender Kombination der Teilspannungen.

in zwei Hintertransformatoren erfolgt. Sie ist in Abb. 308 dargestellt[1]. Sie hat mit der vorigen Schaltung gemeinsam, daß die Sekundärwicklung des Vordertransformators nur dreiphasige Wicklungen ent-

[1] Angegeben von K. Kettner und G. Reinhardt.

hält, und daß man ebenfalls eine Verlängerung der Brenndauer der Anoden erzielt. Sie besteht aus zwei selbständigen Teilumrichtern, die je auf einen Hintertransformator arbeiten, so daß wir einen sog. Doppelumrichter vor uns haben. Die Zusammenfügung der erzeugten Teilspannungen der Umrichter erfolgt durch Serienschaltung der Sekundärwicklungen der beiden Hintertransformatoren, indessen ist es auch möglich, die beiden Transformatoren auf einem Dreischenkelkern zu vereinigen. Die Bildung der Teilspannungen selbst und die Entstehung der resultierenden Einphasenspannung veranschaulicht Abb. 309. Da jeder der beiden Teilumrichter dreiphasig geschaltet ist, ergeben sich Teilspannungen mit dreiphasiger Ablösung der Anoden, woraus sich ihre doppelte Brenndauer ergibt. Die erste Teilspannung e_I ist gebildet aus einer Trapezkurvenspannung e_a und einer Spannung e_b dreifacher Frequenz, die im vorliegenden Falle eines phasen- und frequenzstarren Umrichters wieder durch Verlagerung der Nullpunkte der zugehörigen Transformatorwicklungen gewonnen ist. Die zweite Teilspannung e_{II} ist eine verkürzte Trapezkurvenspannung, die so entsteht, daß je Halbwelle nur drei anstatt vier Phasenspannungen nacheinander wirksam sind. Die Summe der beiden Teilspannungen ergibt die gewünschte Einphasenspannung. Auf welche Weise dieser Umrichter für einen frequenz- und phasenelastischen Betrieb eingerichtet werden kann, können wir hier nicht erörtern, da wir uns wie bei den anderen Umrichtern auf das Prinzipielle der Schaltungen beschränken müssen.

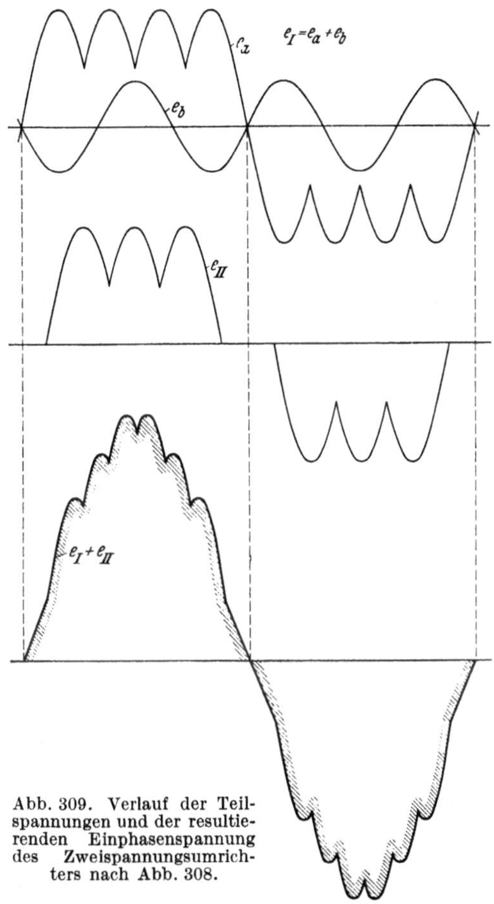

Abb. 309. Verlauf der Teilspannungen und der resultierenden Einphasenspannung des Zweispannungsumrichters nach Abb. 308.

Dagegen machen wir noch einige Bemerkungen über die Blindleistungsübertragung. Nehmen wir der Einfachheit wegen eine sinusförmige Einphasenspannung und einen ebenso sinusförmigen Einphasenstrom an, so wissen wir, daß z. B. bei teilweise induktiver Belastung, also nacheilendem Strom, infolge der Blindleistung die momentane Leistung nicht dauernd in der einen Richtung, sondern nur zum Teil in der einen, zum anderen Teil in der anderen Richtung strömt, wobei die mittlere Leistung der übertragenen Wirkleistung entspricht. Wir bringen das in Abb. 310 in Erinnerung. Für den Umrichter bedeutet dieser Umstand, daß die Gefäße innerhalb jeder Halbwelle abwechselnd als Gleichrichter und als Wechselrichter arbeiten müssen. Daß die Gefäße in diesem Sinne gesteuert werden können, ist, wie wir bereits früher sagten, die charakteristische Eigentümlichkeit der unmittelbaren Umrichter. Dabei bedeutet die Möglichkeit der Arbeitsweise der Gefäße als Wechselrichter, daß ihre Anoden mit Zündvoreilung gesteuert werden müssen, wobei alsdann ganz entsprechend zur Sicherstellung der Arbeitsweise der Gefäße als Gleichrichter ihre Anoden mit Zündnacheilung oder Zündverzögerung gesteuert werden müssen. Soll dabei der Umrichter störungsfrei arbeiten, womit wir meinen, daß innerhalb des Umrichters keine Ausgleichströme zur Entstehung gelangen sollen, die zu internen Kurzschlußströmen führen können, so ist außer der Einschaltung von geeigneten Dämpfungsdrosseln eine bestimmte Einstellung der Zündvoreilung und der Zündnacheilung der Anoden erforderlich. Es läßt sich zeigen[1], daß ein störungsfreier Betrieb des Umrichters immer dann gewährleistet ist, wenn die durch die Steuerung bedingten mittleren Gleichspannungen pro Halbwelle einander gleich sind, d. h. die Zündnacheilung gleich der Zündvoreilung gemacht wird.

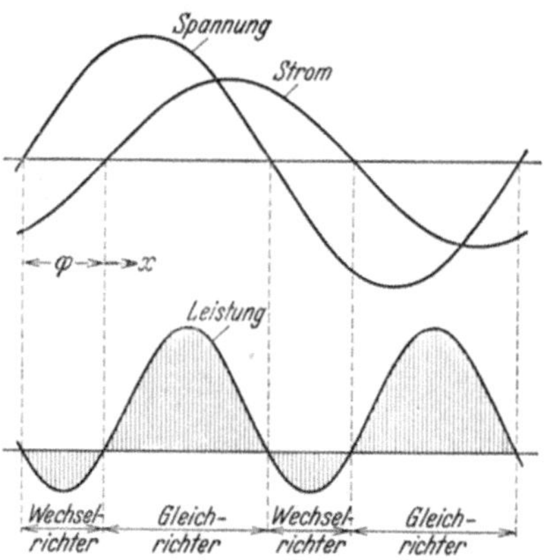

Abb. 310. Die Leistungsverhältnisse und Arbeitsweise eines Umrichters bei Übertragung von Blindleistung.

Die auf solche Weise ermöglichte Blindleistungsübertragung, beispielsweise bei einem Trapezkurvenumrichter nach Abb. 298, veranschaulichen für alle denkbaren Fälle von Phasenwinkeln des Einphasenstromes die in Abb. 311 wiedergegebenen Oszillogramme, und zwar für eine zum Teil induktive und kapazitive Belastung. Der Umrichter arbeitete dabei über einen Transformator außer auf eine Ohmsche und induktive Belastung noch auf eine Synchronmaschine. Die in den Oszillogrammen auffallende Verzerrung des Einphasenstromes ist auf den Magnetisierungsstrom des Transformators zurückzuführen, der sich bei induktiver

[1] Nach Angaben von G. Reinhardt.

Belastung zu dem angenähert sinusförmigen Strom addiert, bei kapazitiver Belastung dagegen von diesem subtrahiert.

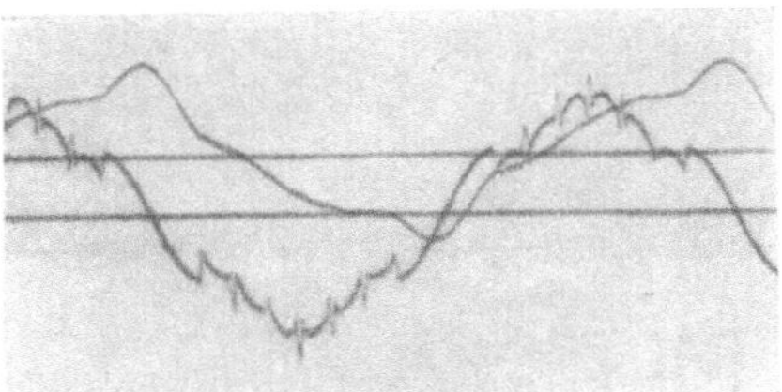

1. Wirklast: Dreiphasen → Einphasen.
Blindlast: Induktiv.

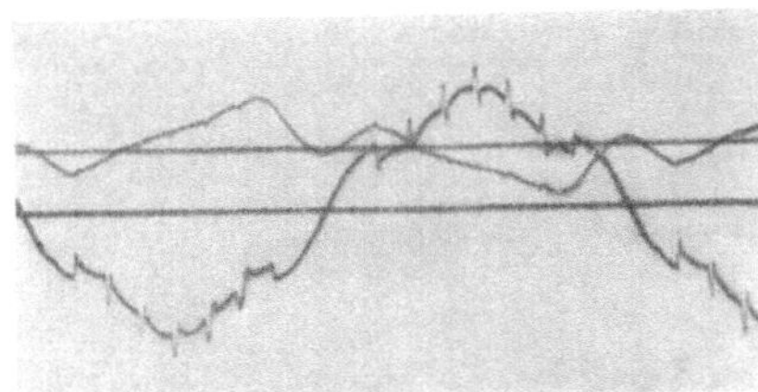

4. Wirklast: Dreiphasen ← Einphasen.
Blindlast: Kapazitiv.

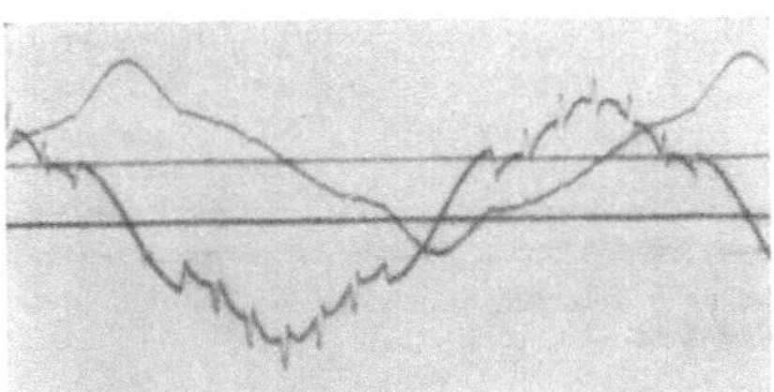

2. Wirklast: Null.
Blindlast: Induktiv.

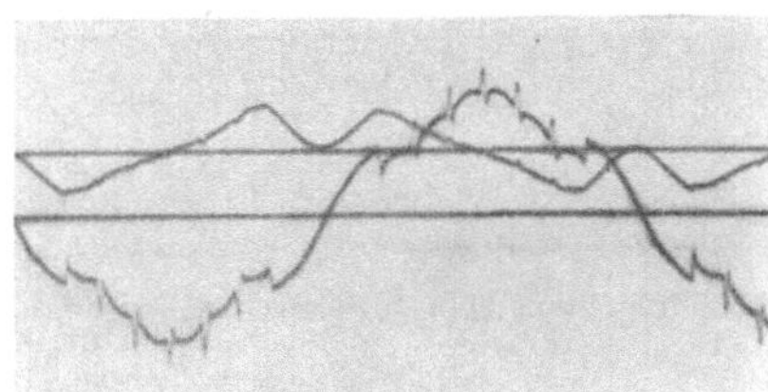

5. Wirklast: Null.
Blindlast: Kapazitiv.

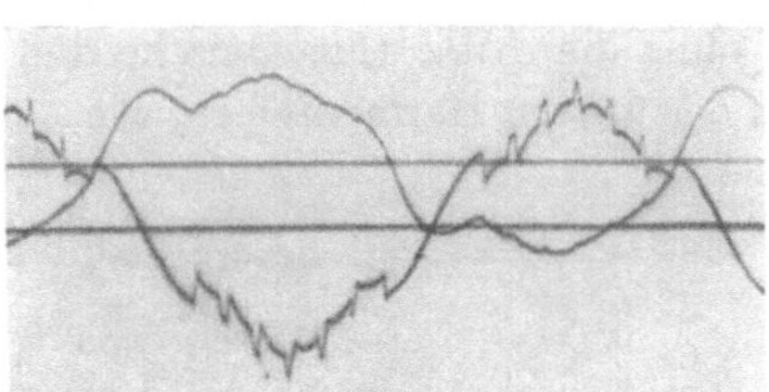

3. Wirklast: Dreiphasen ← Einphasen.
Blindlast: Induktiv.

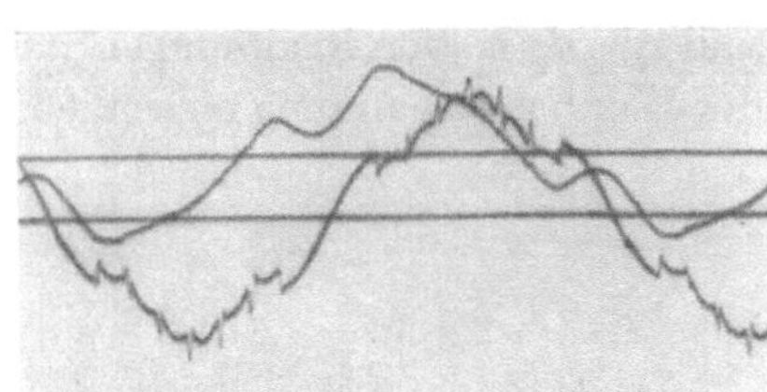

6. Wirklast: Dreiphasen → Einphasen.
Blindlast: Kapazitiv.

Abb. 311. Oszillogramme der Einphasenspannung (untere Kurven) und des Einphasenstromes (obere Kurven) eines Trapezkurvenumrichters bei Übertragung von Wirk- und Blindleistung beliebiger Richtung.

Der Steuerplan. Die für die richtige Arbeitsweise eines Umrichters in bezug auf die ihm eigentümlichen Anodenablösungen und in bezug auf die erforderlichen Zündvoreilungen und Zündnacheilungen der Anoden notwendigen Spannungsimpulse für die Steuergitter der Anoden legt man zweckmäßigerweise durch ein Schema fest, das wir als den Steuerplan bezeichnen. Einen Ausschnitt aus einem solchen Steuerplan für das Beispiel des zuletzt beschriebenen Umrichters zeigt Abb. 312. Man ersieht einmal die Kurvenform der Teilspannung e_a des ersten Teilumrichters, noch ohne Überlagerung der zugehörigen dritten Harmonischen, wobei man die durch die jeweils erforderlichen Zündvoreilungen und Zündnacheilungen bewirkten Umbildungen der Kurvenform erkennen kann, andererseits erkennt man die hierzu erforderlichen Steuer-

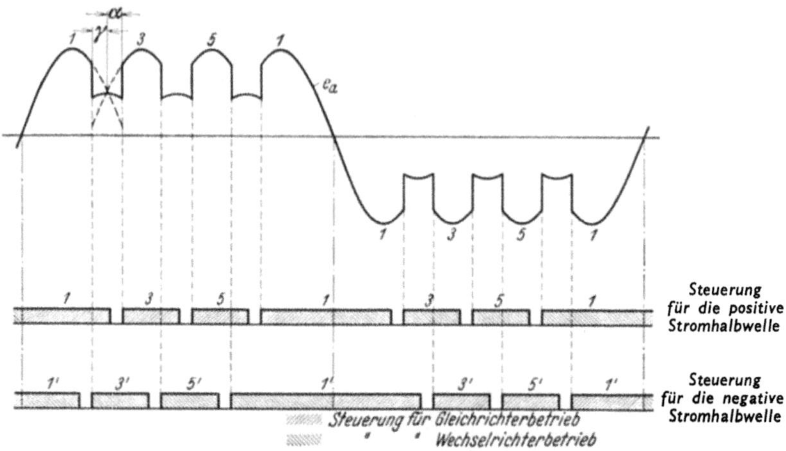

Abb. 312. Steuerplan des Zweispannungsumrichters nach Abb. 308; Steuerung des Teilumrichters für die Spannung e_a.

zeiten der Steuergitter. Die angegebenen Zahlen beziehen sich dabei auf die Numerierung der Anoden der Stromrichtergefäße.

Ein Gesamtbild von dem wirklichen Verlauf der Teilspannungen e_a und e_{II}, d. h. der Spannungen noch ohne die dritte Harmonische und der Einphasenspannung einschließlich der dritten Harmonischen, wie sie

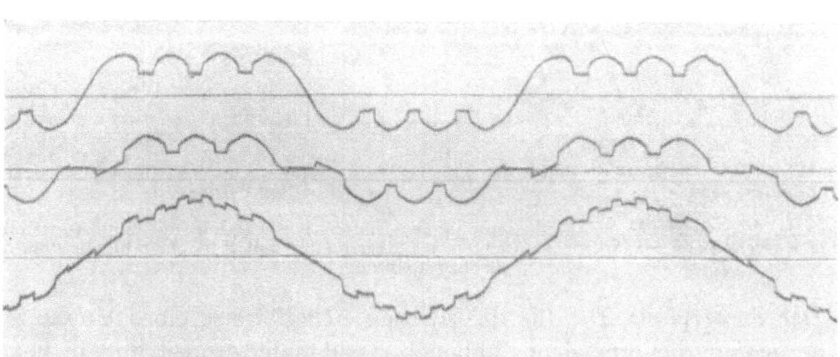

Abb. 313. Oszillogramme der Teilspannungen und der Einphasenspannung des nach dem Steuerplan nach Abb. 312 gesteuerten Umrichters.

bei einer Steuerung der Anoden nach dem Steuerplan nach Abb. 312 entstehen, geben die Oszillogramme in Abb. 313 für den leerlaufenden Umrichter. Sie zeigen eine gute Übereinstimmung mit dem konstruierten Kurvenverlauf in Abb. 312 und zeigen ferner noch einmal die recht gute Anpassung der erzielten Einphasenspannung an die Sinusform.

Damit müssen wir die Ausführungen über die unmittelbaren Umrichter beschließen. Das, was wir zur Zeit vermitteln konnten, ist nicht viel mehr als die Absteckung eines Programmes, nach dem die Entwicklung der Schaltungen und der Steuermethoden der Umrichter aller bisherigen Voraussicht nach zur Durchführung gelangen wird. Für die Darlegung dieses Programmes aber sind wir bestrebt gewesen, angesichts der heute noch immer ziemlich uneinheitlichen Auffassungen einen Standpunkt einzunehmen, der genügenden Spielraum für die vorurteilsfreie Beurteilung jeder Einzellösung offen läßt und eine von Werturteilen freie vergleichende Übersicht der Umrichterarten ermöglicht. Wir glauben damit, daß es uns gelungen ist, den objektiven Einblick in die Probleme zu geben, ohne den ein wirkliches Ausreifen ihrer technischen Lösungen unmöglich ist.

Namenverzeichnis.

Sachverzeichnis.

GPSR Compliance

The European Union's (EU) General Product Safety Regulation (GPSR) is a set of rules that requires consumer products to be safe and our obligations to ensure this.

If you have any concerns about our products, you can contact us on ProductSafety@springernature.com

In case Publisher is established outside the EU, the EU authorized representative is:

Springer Nature Customer Service Center GmbH
Europaplatz 3
69115 Heidelberg, Germany

Batch number: 10682323

Printed by Printforce, the Netherlands